Alles über Hunde

Pierre Rousselet-Blanc (Hrsg.)

Alles über Hunde

Rassen • Erziehung • Haltung

Aus dem Französischen von
Claudia Händel

Ulmer

Titel der französischen Originalausgabe:
Larousse du chien et du chiot
Races – Soins – Comportements
Erschienen 2006 bei Editions Larousse, Larousse-Bordas, Paris

Dieses Buch entstand unter der Federführung von **Dr. Pierre Rousselet-Blanc** unter Mitarbeit von:
Jean-Paul Chaurand, Veterinär, Doktor der Naturwissenschaften
Jean-François Courreau, Professor für Zootechnik, École nationale vétérinaire d'Alfort
Dominique Grandjean, Veterinär, Abteilung für Heimtiere, École nationale vétérinaire d'Alfort
Patrick Pageat, Veterinär
Germaine Petter, Forschungsleiterin am C.N.R.S.
Christiane Sacase, Journalistin
Michel Thérin, Veterinär

Wir bedanken uns bei Dominique Héripret und André Berthier, Veterinäre,
für ihre Auskunftsbereitschaft und die zur Verfügung gestellten Informationen.

Redaktionsleitung: Catherine Delprat
Redaktion: Nathalie Cornellana, unter Mitarbeit von Rupert Hasterok
Berater: Jean-Paul Chaurand; François Moutou, Veterinär; Christiane Sacase
Korrektorat: Christophe Gallier, Françoise Mousnier, Isabelle Trévinal, Édith Zha
Künstlerische Leitung: Emmanuel Chaspoul, unter Mitarbeit von Cynthia Savage
Grafische Gestaltung: Christine Dufaut
Satz und Anpassung der Rassebeschreibungen: Natacha Marmouget
Herstellung: Annie Botrel

Schemazeichnungen
Joël Blanc (Seite 335); Laurent Blondel (Seite 332); Charles Jaillard (Seiten 329, 331, 337, 338, 341, 342, 343, 344)

Bibliografische Information der Deutschen Nationalbibliothek
Die Deutsche Nationalbibliothek verzeichnet diese Publikation in der Deutschen Nationalbibliografie; detaillierte bibliografische Daten sind im Internet über http://dnb.d-nb.de abrufbar.

Wollgrasweg 41, 70599 Stuttgart (Hohenheim)
E-Mail: info@ulmer.de
Internet: www.ulmer.de
Redaktionelle Bearbeitung: Antje Springorum, Heike Schmidt-Röger
Übersetzung: Claudia Händel, Ulrike Lowis/Ade Team, Stuttgart (S. 314–359)
Umschlagentwurf: red.sign, Anette Vogt, Stuttgart
Herstellung: Ulla Stammel
DTP: Satz+Layout Fruth GmbH, München
Druck und Bindung: Graficas Estella
Printed in Singapore

ISBN 978-3-8001-5663-4

Vorwort

Heutzutage lebt in vielen Haushalten ein Hund – genauer gesagt, sind es in Deutschland über 5 Millionen! Am häufigsten werden sie als vollwertiges Familienmitglied betrachtet. Mit ihnen teilt man sich alles: Freud und Leid, ihnen schüttet man sein Herz aus, mit ihnen tröstet man sich und tut etwas gegen seine Einsamkeit. Dank der unglaublichen Rassenvielfalt gibt es für jeden Geschmack einen Hund: groß oder klein, schlank oder gedrungen, ruhig oder bewegungsfreudig, Schoß-, Wach- oder Jagdhunde ...

Um den passenden Hund zu finden, muss man zunächst gut überlegen, welcher Hund zum eigenen Lebensstil passt. Des Weiteren muss man sich über das Wesen des zukünftigen Begleiters informieren, was nicht so einfach ist, wie man glaubt. Schließlich und endlich muss man tagtäglich für sein Wohlergehen sorgen und sich um seine Ernährung sowie seine Gesundheit kümmern.

Im vorliegenden neuen Werk haben wir versucht, die neuesten Erkenntnisse zusammenzutragen, die uns das Verständnis dieses großartigen Begleiters des Menschen gestatten. Das Werk enthält eine genaue Beschreibung der in Europa gängigsten 258 Rassen sowie die unentbehrlichen praktischen Ratgeber für Haltung und Gesundheit sowohl des neu angekommenen Welpen als auch des erwachsenen Hundes – mit allen Behandlungsmethoden, die uns das 21. Jahrhundert an die Hand gibt. Des Weiteren wollten wir näher auf das Verhalten des Hundes und mögliche, manchmal schwere Verhaltensstörungen wie z. B. Aggressivität und Beißen, eingehen, die im Wesentlichen durch menschliche Fehler entstehen.

Ich freue mich, unter dieses praktische, informative, unterhaltsame und hervorragend illustrierte Werk meinen Namen setzen zu dürfen.

Pierre Rousselet-Blanc

Inhaltsverzeichnis

Teil 1

Der richtige Hund

Eine gute Wahl treffen

258 Rassen

Teil 2

Ein Hund zieht ein

Ein Welpe

Der erwachsene Hund

Hundesenioren

Teil 3

Seinen Hund kennen und verstehen

Teil 4

Pflege und Gesundheit

Anhang

Rasseverzeichnis

Der richtige Hund

Eine gute Wahl treffen

Auswahlkriterien

Die Entscheidung für einen Hund bzw. für einen Welpen muss die ganze Familie treffen – schließlich nimmt der Hund die nächsten 10 bis 15 Jahre am Familienleben teil.

Eine wichtige Entscheidung

Zunächst gilt es, sich über die an einen Hund gestellten Erwartungen klar zu werden. Das mag albern erscheinen, ist jedoch nicht unwichtig, denn wie viele Beziehungen zwischen Mensch und Hund werden zum Alptraum, weil der Hund nicht der Vorstellung entspricht, die sich der Mensch von ihm gemacht hat. Darüber hinaus ist es unabdingbar zu wissen, was man mit seinem zukünftigen Begleiter machen möchte: Hund ist nicht gleich Hund, seine Anschaffung hängt davon ab, ob er als Schoßhund, als Arbeitshund oder als Ausstellungshund gehalten werden soll.

Schließlich kann ein Hund nur in der Gruppe leben: Er muss seine menschlichen und hündischen Begleiter sehen und berühren können. Er kommt nicht mit dem Alleinsein zurecht, selbst wenn er einen kompletten Park als Auslauf hätte. Menschen, die wenig Zeit zu Hause verbringen, sei daher von der Anschaffung eines Hundes abgeraten. Ein Hund braucht Aufmerksamkeit und Zuwendung. Eine Beziehung, die frei von Regeln und Hierarchien ist, ist nichts für einen Hund. Eine solche Beziehung entspricht eher dem Naturell einer Katze.

Zu erwartende Einschränkungen

Überdenken Sie daher vor Ihrer Entscheidung Ihre zeitliche Verfügbarkeit für die Spaziergänge und das Spielen. Berücksichtigen Sie auch die Umgebung, in der Ihr Hund leben wird, besonders auch die Größe Ihres Heims: Sie schaffen sich besser keinen Leonberger oder Rottweiler an, wenn Sie nur 30 m² bewohnen und wenn Sie keine Zeit zum Spazierengehen haben und der Hund sich regelmäßig austoben kann. Kleine Hunde z. B. erweisen sich oft lebhafter und energiegeladener als ihre größeren Artgenossen. Langhaarrassen erfordern regelmäßige Fellpflege, damit keine Hautprobleme entstehen.

Damit die Ankunft eines Hundes harmonisch verläuft, müssen sich alle Familienmitglieder über die Wahl des Hundes einig sein und diese Entscheidung muss gemeinsam getroffen werden. Die Auswahl eines Hundes ist eine Entscheidung für einen Weggefährten über die Dauer von vielen Jahren. In diesem Zeitraum bringt die Anwesenheit eines Hundes gewisse Einschränkungen mit sich, sei es bei der Urlaubsplanung oder des Autotyps, der gekauft werden soll.

Daher ist es unabdingbar, sich vor einer solchen Entscheidung gut zu informieren. Ein Tierarzt kann wertvolle Ratschläge erteilen und der Leser dieses Buches findet auf den Seiten 20 bis 233 ausführliche Informationen zu den Hunderassen und ihren typischen Merkmalen. Der Verband für das Deutsche Hundewesen (VDH) stellt Interessenten Beschreibungen der verschiedenen Rassen zur Verfügung.

EINE FRAGE DER GRÖSSE
Der Staffordshire Bull Terrier (oben) braucht viel Auslauf und geistige Auslastung. Der Yorkshire-Terrier (nebenstehend) ist zwar bewegungsfreudig, kann aber leicht überallhin mitgenommen werden.

Rüde oder Hündin?

Der Großteil der Hündinnen jeder Rasse ist leichter zu erziehen als die Rüden. Sie sind ruhiger, „anhänglicher“ und Kindern und Erziehungsfehlern gegenüber viel toleranter. Ihnen wird nachgesagt, dass sie leichter Kontakt zu Menschen finden und dass sie nicht so oft ausreißen. Als Ersthund oder wenn im Haushalt Kleinkinder vorhanden sind empfiehlt sich die Anschaffung einer Hündin.

Die in der Regel zwei Mal im Jahr auftretende Läufigkeit ist besonders für Diensthündinnen von Nachteil, wobei hier durch die operative Entfernung der Eierstöcke (siehe Seite 276) Abhilfe geschaffen werden kann. Erfolgt dieser Eingriff bei der sehr jungen Hündin, hat er überdies den Vorteil, das Risiko von Erkrankungen des Genital- und Fortpflanzungsapparats erheblich zu vermindern.

Dagegen ist ein Rüde häufig schwieriger zu erziehen. Auch wenn es keine zuverlässigen Statistiken gibt, liegt das Risiko des Ausreißens bei Rüden angeblich höher.

Da in jeder Rasse die Rüden viel größer und schwerer als die Hündinnen sind, sind sie viel kräftiger. Häufig sind sie unternehmungslustiger und ihren Artgenossen gegenüber unfreundlicher, was natürlich bei Spaziergängen problematisch sein kann, besonders wenn der Hund nur mangelhaft erzogen ist.

Rassehund oder Mischling?

Ein rassereiner Welpe hat den Vorteil, dass Größe und Gewicht eingeschätzt werden können und dass bestimmte Verhaltensweisen rassetypisch sind (siehe S. 17). Der größte „Nachteil" ist sein Kaufpreis. Die Anschaffungskosten für einen Mischling dagegen liegen weitaus niedriger. Der Vorteil bei Tieren aus dem Tierschutz ist, dass sie meist schon kastriert, gechipt und geimpft sind. Der größte Nachteil bei einem Mischling ist, dass man nicht weiß, wem oder was der erwachsene Hund einmal ähnelt und dass man seine Fähigkeiten nicht abschätzen kann.

Welpe oder ausgewachsener Hund?

Achten Sie darauf, dass Ihr Welpe genügend Zeit mit seiner Mutter verbracht und die hündischen Benimmregeln gelernt hat (siehe Seite 248). Nehmen Sie keinen Welpen, der noch nicht mindestens 8 oder 9 Wochen alt ist. In diesem Alter werden in Deutschland die meisten Welpen verkauft.

Ein Welpe im Alter von 3 bis 5 Monaten ist auch noch leicht zu erziehen. Man sollte jedoch in Erfahrung bringen, warum der Welpe bis zu diesem Zeitpunkt beim Züchter geblieben ist. Ein 2 Monate alter Welpe betrachtet seinen Menschen als „Elternteil", was die Beziehung zwischen Ihnen beiden verstärkt.

SICH GUT VERTRAGEN
Das Zusammenleben zweier Rüden ist oft einfacher, wenn der zweite Hund etwas kleiner ist.

Hat der zukünftige Hundebesitzer nicht viel Zeit für die Erziehung seines Gefährten, ist er wohl beraten, einen 3 bis 4 Monate alten Welpen zu nehmen, der bereits von seiner Mutter „erzogen" wurde. Das entbindet jedoch nicht von der weiteren Erziehung des Welpen.

Die Aufnahme eines erwachsenen Hundes kann auf jeden Fall zu einer sehr guten Beziehung zwischen Hund und Familie führen. Muss man jedoch die bereits erworbene Erziehung ändern bzw. korrigieren, ist diese Aufgabe bei einem erwachsenen Hund schwieriger als bei einem Jungtier.

Begleithund oder Arbeitshund?

Hier geht es nicht um eine strikte Unterscheidung, denn ein Wachhund, Jagdhund oder Ausstellungshund können genauso gute Begleithunde für die ganze Familie sein, besonders für Kinder. Von Arbeitshunden erwartet man Arbeitseigenschaften, die das Ergebnis zweier Faktoren sind: zum einen das Erbgut von Seiten der Eltern (die Genetik), zum anderen die Ausbildung, die die Entwicklung der natürlichen Fähigkeiten zum Ziel hat und ihre Anpassung an die vom Hund zu leistende Arbeit. Zu diesem Zweck wurden die Vererber nach zwei Kriterien gezüchtet: Verbesserung der genetischen Eigenschaften und ausgeprägtere Lernwilligkeit.

Das Kapitel über die verschiedenen Hunderassen (Seiten 20 bis 233) hilft Ihnen bei der Auswahl der Rasse anhand der Verwendung des jeweiligen Hundes. Man muss sich jedoch darüber im Klaren sein, dass die sogenannten „sozio-psychologischen" Eigenschaften, die eine Rasse definieren und die man das Wesen nennt, mit Vorsicht zu genießen sind: Das Wesen eines erwachsen gewordenen Welpen hängt auch von anderen Faktoren ab, besonders von der Erziehung und den Erfahrungen, die er in seinem bisherigen Leben gemacht hat.

Ein oder mehrere Hunde?

Die Haltung von mehr als zwei Hunden sollte man Profis oder sehr engagierten Menschen überlassen, denn hierbei können viele Schwierigkeiten auftreten.

Der Vorteil einer Haltung von zwei Hunden liegt darin, dass Einsamkeit und Langeweile vorgebeugt wird. Möchte man unbedingt zwei Rüden halten, sollten diese sich in wesentlichen Punkten unterscheiden, z. B. sollte der zweite Rüde vom Körperbau her etwas kleiner und wesentlich jünger sein sowie einer als friedlich bekannten Rasse entstammen und man sollte darauf achten, dass die Rangordnung zwischen beiden eingehalten wird (siehe Seite 248). Idealerweise hält man einen Rüden und eine Hündin, aber auch zwei Hündinnen vertragen sich in der Regel gut miteinander.

MISCHLING
Er steht einem Rassehund in nichts nach – außer dass er keinen Stammbaum besitzt. Dennoch ist es schwieriger, körperliches Erscheinungsbild, Wesen und Fähigkeiten eines jungen Mischlings abzuschätzen.

Der neueste Trend in den USA geht dahin, einen zweiten Hund hinzuzunehmen, wenn der erste Hund älter wird: Der Junghund mobilisiert den älteren Hund und lässt ihn einen zweiten Frühling erleben. Außerdem ist die Trauer über den Verlust des ersten Hundes für den Halter leichter zu ertragen.

Einen Welpen aufnehmen

Kontrollieren Sie immer das körperliche Erscheinungsbild und den Gesundheitszustand des Welpen, den Sie erwerben möchten. Fell, Nase und Nasenschwamm müssen glatt und glänzend sein. Nasenlöcher und Augen dürfen keinen Ausfluss aufweisen. Die Ohren müssen sauber sein und dürfen nicht schlecht riechen. Die Häufchen des Welpen müssen wohlgeformt sein. Sehen Sie sich beim Besuch einer Zuchtstätte auch den körperlichen Zustand und das Verhalten der Mutter des Welpen an und informieren Sie sich über ihre Impfungen sowie über die Beziehung der Hunde zu der Züchterfamilie. Achten Sie auf den Raum, der dem Wurf zur Verfügung steht und auf die allgemeine Sauberkeit.

Der Welpe sollte sich fröhlich und spielfreudig zeigen, ebenso seine Wurfgeschwister. Er sollte sich nicht auf den Boden ducken oder Ihnen ausweichen, sondern neugierig auf Sie zukommen. In diesem Alter sollten Neugierde und Forschungsdrang dominieren. Zögern Sie nicht, einen Test durchzuführen (siehe Kasten Seite 19).

Heutzutage garantieren die Züchter der unterschiedlichen Rassen größtenteils die Sozialisierung des Welpen. Sie bringen ihn sehr früh in Kontakt mit unterschiedlichen Menschen (Kindern, Fremden, usw.) sowie mit anderen Tieren (Katzen, Hasen, Geflügel, usw.). Welpen, die von einer solchen Erfahrung profitieren konnten, sind ihm Erwachsenenalter in der Regel emotional sehr stabil und besitzen eine bessere Anpassungs- und Lernfähigkeit. Vorsicht bei Zuchtstätten auf dem Land, wenn Sie in der Stadt leben: solche Welpen wurden oftmals in der Sozialisationsphase nicht an den Stress des Stadtlebens gewöhnt (siehe auch Seite 251). Und ebenfalls Vorsicht bei Züchtern, die gleich mehrere verschiedene Rassen züchten!

Einen erwachsenen Hund aufnehmen

In diesem Fall wird meist ein Hund aus einer Tierschutzorganisation aufgenommen. Hier muss man sich auf jeden Fall gut informieren. Auch wenn die meisten erwachsenen Hunde angenehme Begleiter werden, einige wurden abgegeben, weil sie Verhaltensstörungen zeigten. Daher ist es wichtig, sich über den Grund der Abgabe zu informieren. In der Regel erhält man von den Tierheimangestellten ehrliche Auskunft, sie möchten die Hunde ja in ein dauerhaftes Zuhause vermitteln. Fragen Sie bei unklaren Informationen immer nach. Ein Hund, der „keine Kinder verträgt", ist häufig ein Kindern gegenüber aggressiver Hund. Ein Hund, der „Gesellschaft liebt", leidet oft an einem Angstsyndrom (siehe Seite 319), wenn er allein ist. So ein Hund wäre vielleicht für ein Rentnerehepaar geeignet, aber nicht für ein sehr aktives Paar, das von morgens bis abends unterwegs ist!

Notwendige Ausgaben

Die Haltung eines Hundes bringt Unkosten mit sich. Für das tägliche Leben muss man eine Grundausstattung besorgen: Leine, Halsband, Hundedecke, Näpfe, Bürsten und Kamm ... Zum Transport kleiner Hunde ist eine Hundetragetasche unerlässlich.

Zu den Ausgaben für das Futter und die Grundausstattung kommen noch die Tierarztkosten hinzu, die sich in den ersten Jahren vielleicht nur auf die jährlichen Impfbesuche beschränken, später jedoch ansteigen können. Darüber hinaus entstehen weitere Kosten beim Verreisen: Sonderfahrkarten, regelmäßige Impfungen, Besuch beim Tierarzt wegen Gesundheitszeugnis, das in manchen Ländern verlangt wird, usw. Wenn Sie Ihren Hund weder mitnehmen noch jemandem anvertrauen können ist eine Hundepension die beste Lösung, die wiederum sehr kostspielig ist.

Eine gute Wahl treffen

Wo und wie bekomme ich einen Hund?

Man sollte auf jeden Fall immer sehr vorsichtig sein und einige Grundregeln beachten. Bei einem Arbeitshund oder Hund für den Hundesport hängt die Entscheidung von den Erwartungen, die der Käufer an den Hund stellt, sowie von seinem Geldbeutel ab. Bei der Anschaffung eines Begleithundes stellt sich diese Frage nicht so sehr; hier wird mehr auf das Wesen des Hundes und sein Sozialverhalten geachtet.

Vor der Suche ...

Hat man sich für die Anschaffung eines Hundes oder eines Welpen entschieden, sollte man vor dem Kauf den Rat eines Tierarztes einholen. Er kennt den „örtlichen Markt" ganz gut und kann Ihnen Verkäufer oder Institutionen nennen, denen Sie vertrauen können. Er kann Sie auch über genetische Krankheiten informieren, die bei manchen Hunderassen auftreten und die manchmal den Alltag beeinträchtigen können. Eine solche Beratung ist kostenlos.

Der Kauf

Kontrollieren Sie zunächst sorgfältig die Papiere, die Ihnen jeder Verkäufer, Züchter oder Privatmann aushändigen muss (siehe Kasten). Sie enthalten zahlreiche nützliche Informationen über den Gesundheitszustand des Tieres und bei Rassehunden über seine Abstammung. Informieren Sie sich über die Aufzucht- bzw. Lebensbedingungen des Hundes und kontrollieren Sie genau seine äußere Erscheinung und seinen Gesundheitszustand.
„Liebe auf den ersten Blick" ist wichtig, vergessen Sie darüber jedoch nicht den Gesundheitszustand und das Verhalten Ihres Auserwählten (siehe Seite 15). Kaufen Sie nie aus Mitleid!

Kauf bei einem Züchter

Der Kauf eines Welpen bei einem seriösen Züchter ist zweifellos die beste Wahl, denn auf diese Weise erhält der Käufer zuverlässige Angaben über die Abstammung des Tieres, seine Eignung und kann leicht die Aufzucht- und Erziehungsbedingungen (Häufigkeit der Würfe, Anzahl verfügbarer Würfe, Anzahl und Zustand der Zuchthündinnen, usw.) bewerten. Darüber hinaus nehmen Züchter, die in einem dem Dachverband angeschlossenen Verein eingetragen sind, an einem Programm teil, das die Ausrottung von Erbkrankheiten zum Ziel hat. Für die einzelnen Rassen gibt es Welpenlisten, die entweder beim Tierarzt oder direkt per Brief oder über das Internet vom Dachverband erhältlich sind. Dennoch kann man auch bei Züchtern, die nicht Mitglied im Dachverband sind, gute Welpen erhalten. Informieren Sie sich in jedem Fall gut!

Kauf von Privat

Informieren Sie sich gut über die Aufzuchtbedingungen des Welpen. Der Welpe muss mindestens 8 Wochen alt und entweder tätowiert oder gechipt sein.

Ein über 6 Monate alter Welpe passt sich besser an sein neues Zuhause an, wenn er in einer ähnlichen Um-

BESUCH BEIM ZÜCHTER
Die Aufzuchtbedingungen der Welpen eines Wurfes mit eigenen Augen zu sehen ist entscheidend für die Auswahl.

Die obligatorischen Papiere

Die Kennzeichnung – entweder durch Tätowierung oder Mikrochip – ist für Hunde Pflicht. Der Züchter muss dem Käufer eine vorläufige Bescheinigung über diese **Kennzeichnung** aushändigen. Außerdem muss er ihm eine **Kaufbestätigung** bzw. einen **Kaufvertrag** aushändigen, der vor allem den Preis, die Bedingungen und alle Angaben über den Welpen – Rasse, Geburtsdatum, Geschlecht, Fell – und den Zweck, zu dem er erworben wird (Zucht, Ausstellung, Jagd, Bewachung), enthalten muss. Diese Angabe ist sehr wichtig, denn sie gestattet dem Käufer, wenn sich der Hund als „ungeeignet" für den bestimmten Zweck herausstellt, Regressansprüche an den Züchter zu stellen. Die Angabe **„Begleithund"** schließt daher spätere Ansprüche aus.

Die obligatorischen **Zuchtpapiere** sollen den Käufer über die Besonderheiten der Rasse (z. B. erbliche Vorbelastungen und häufige Missbildungen) erfolgte Behandlungen und den Ernährungsplan informieren.

Handelt es sich um einen reinrassigen Welpen, übergibt der Züchter eine **Ahnentafel** (zum Verkaufszeitpunkt meist noch nicht vorhanden) oder die Zuchtbuchnummer des Dachverbands.

Wird der Welpe von Privat gekauft, muss der Verkäufer dem Käufer eine Kennzeichnung und die oben erwähnte Kaufbestätigung übergeben.

In beiden Fällen muss der Verkäufer dem Käufer einen **Impfpass** aushändigen, wenn der Welpe geimpft wurde.

Anzumerken ist noch, dass die Haltung bestimmter Rassen mit Auflagen verbunden ist. Erkundigen Sie sich vorher also unbedingt nach den aktuellen Vorschriften!

SPIEL ZWEIER JUNGER LABRADORE
Durch das Spiel werden soziale Regeln und unterschiedliche Strategien erlernt, die später vom erwachsenen Hund eingesetzt werden.

gebung aufgewachsen ist (Stadt oder Land, Kinder oder andere Tiere, usw.).

Hundehändler

Bitte seien Sie vorsichtig, wenn ein „Züchter" mit dem Vermerk „billig" wirbt oder gleich viele verschiedene Rassen anbietet. Häufig sind „günstig" produzierte Welpen nicht oder schlecht sozialisiert, nicht entwurmt, geimpft oder sogar krank. In so einem Fall sparen Sie kein Geld mit dem niedrigen Anschaffungspreis – die zu erwartenden Tierarztkosten sind umso höher! Kaufen Sie auch und besonders hier nicht aus Mitleid: Für jeden verkauften Welpen werden neue Welpen produziert.

Andere Verkaufsformen

Der Verkauf über Kleinanzeigen bietet leider nur wenig bis gar keine Garantie bezüglich der Herkunft des Welpen, seiner wirklichen Rasse und seiner Aufzuchtbedingungen. Verfügen Sie nur über ein geringes Budget, sollten Sie sich an einen Privatmann unter Ihren Bekannten wenden. So können Sie die Herkunft des Welpen und die Art und Weise der Aufzucht besser beurteilen.

Tierschutzorganisationen

Die von Tierschutzorganisationen eingerichteten Tierheime nehmen viele Hunde auf, die meisten sind erwachsene Hunde. Aber auch dort trifft man leider häufig Welpen an. Informieren Sie sich bei den Tierheimmitarbeitern gut über den Hund und über den Abgabegrund. Viele Hunde landen unverschuldet im Tierheim und sind tolle Familienhunde. Auch erwachsene Hunde lernen noch gut und gern – Sie müssen sich dafür einfach nur die Zeit nehmen. Versuchen Sie in jedem Fall, Genaueres über den aktuellen Zustand des Hundes und seine Vergangenheit herauszufinden. Die meisten Organisationen informieren gründlich, nur bei wenigen müssen Sie raten, was hinter den Formulierungen wirklich steckt (siehe Seite 15), aber ist dann das Tierheim das Richtige für Sie?

Der Transport ins neue Zuhause

Um den Hund in sein neues Zuhause zu bringen, brauchen Sie unter Umständen einen Hundekäfig für das Auto. Die erste Reise in einem Auto oder mit öffentlichen Verkehrsmitteln kann bei Ihrem neuen Gefährten manchmal Unwohlsein (Erbrechen) oder Stress (Harnabsatz) auslösen. Denken Sie daran, Handtücher oder Küchentücher mitzunehmen. Lassen Sie das Fenster etwas geöffnet, wenn der Hund gestresst ist, achten Sie

Einen Welpen testen?

Es gibt zahlreiche Tests, die Aufschluss über die Persönlichkeitsstruktur eines Welpen geben sollen. Keiner ist absolut zuverlässig, jedoch helfen Ihnen solche Tests dabei, schwere Irrtümer im Moment der Auswahl des Hundes zu vermeiden. Allerdings sind diese Tests immer nur Momentaufnahmen. Die Entwicklung eines Welpen hängt von vielen Faktoren ab. Der bekannteste und am einfachsten durchzuführende Test ist der **Campbell-Test**. Er sollte von einer dem Hund unbekanntem Person, Mann oder Frau, in einer geschlossenen Umgebung durchgeführt werden.

- Der Hund soll schnell auf eine Spielaufforderung reagieren. Gehen Sie in die Hocke und rufen Sie den Hund fröhlich zu sich, indem Sie in die Hände klatschen. Der Welpe sollte schnell und schwanzwedelnd auf Sie zulaufen.
- Er sollte das Hochheben aushalten. Heben Sie das Tier vorsichtig einige Sekunden lang hoch, aber achten Sie darauf, dass Sie dem Welpen dabei nicht weh tun.
- Er sollte sich problemlos überall anfassen und berühren lassen, ohne zurückzuzucken oder versuchen zu schnappen.
- Er sollte nicht beim kleinsten Geräusch erschrecken und nicht mit Angst auf einen kleinen Reiz reagieren. Er darf sich überrascht zeigen, aber nicht übermäßig erschrecken, wenn eine Tür zuschlägt, ein Staubsauger brummt, in die Hände geklatscht wird, usw. Er sollte abseits seiner Wurfgeschwister nicht zittern und winseln.

aber darauf, dass er nicht der Zugluft ausgesetzt ist. Ihr Tierarzt kann Ihnen Medikamente empfehlen, die die Auswirkungen von Stress mildern. Läufige Hündinnen besprengt man lieber mit etwas Wasser, als sie vor der Reise trinken zu lassen. Wenn die Hündin aber stärker hechelt, müssen Sie ihr genau wie einem anderen Hund unbedingt Wasser anbieten, damit das Tier seine Körpertemperatur ausgleichen kann. Die Polster Ihres Autos schützen Sie bei einer läufigen Hündin vor der Blutflecken, wenn Sie ihr ein spezielles Höschen aus dem Zoofachhandel anziehen.

Die Fahrt sollte der Hund am besten nüchtern antreten, um Übelkeit vorzubeugen. Nur bei sehr langen Fahrten ist es angebracht, nach einigen Stunden eine kleine, leichte Mahlzeit anzubieten.

Legen Sie etwa alle zwei Stunden eine Pause ein und geben Sie dem Hund Gelegenheit, sich zu lösen und etwas zu trinken. Lassen Sie ihn außerhalb des Autos unbedingt angeleint, denn in dieser Stresssituation kann der Hund sich leicht erschrecken, weglaufen oder sogar einen Unfall verursachen.

Der Verband für das Deutsche Hundewesen (VDH)

Der VDH setzt sich aus 170 Mitgliedsvereinen zusammen. Dazu gehören 150 Rassehunde-Zuchtvereine, 16 VDH-Landesverbände sowie der Deutsche Hundesportverband. Für die Züchter, die in einem dem VDH angeschlossenen Zuchtverein züchten, gelten strenge Zuchtregeln mit dem Ziel, gesunde und sozialverträgliche Hunde zu züchten. Auf internationaler Ebene ist der VDH der internationalen Dachorganisation Fédération Cynologique Internationale (F.C.I.) angeschlossen, der übergeordneten Instanz, die über die Anerkennung einer Rasse entscheidet: An sie müssen die Herkunftsländer einer Rasse ihre Beschreibung des Bestands, der Zuchtpolitik und der Eignung der Rasse einsenden. Gegenwärtig anerkennt die F.C.I. rund 340 Rassen und Schläge. Diese Rassen sind in 10 Gruppen eingeteilt, die auf den folgenden Seiten beschrieben werden.

IM TIERHEIM...
Möchten Sie einen erwachsenen Hund aus einem Tierheim adoptieren, versuchen Sie, möglichst viele Angaben über seine Vergangenheit zu erfahren, um mögliche Probleme zu vermeiden.

Eine gute Wahl treffen

Rassen und Schläge

Hunderassen und -schläge entstanden aus dem Wunsch des Menschen heraus, die Eignung des Hundes besser an die an ihn gestellten Aufgaben anzupassen. Die nachfolgende Klassifikation zielt darauf ab, dem zukünftigen Besitzer die Wahl zu erleichtern und unterteilt die unterschiedlichen Rassen und Schläge nach ihrer Verwendung.

Klassifikation der Rassen

Vom Blickpunkt der Zoologie gehören alle Hunde, ob reinrassig oder nicht, zur Unterart *Canis lupus familiaris* (siehe S. 290). Aus praktischen Erwägungen hat man manchmal Rassen und Schläge nach ihrer Morphologie, ihrer evolutionären Verbindung untereinander oder ihren Fähigkeiten unterschieden. Der VDH hat daher eine von der Fédération Cynologique Internationale (F.C.I.) Klassifikation in 10 F.C.I.-Gruppen angenommen, die in 80 Ländern anerkannt ist. Diese Nomenklatur beruht auf historischen Gebrauchskriterien, die häufig überaltert sind, wie im Fall der Treibhunde (Rinderhütehunde). Heutzutage werden die meisten Rassehunde als Begleithunde gehalten. In der vorliegenden Auswahl sind die Rassen nach ihrer wichtigsten traditionellen Verwendung geordnet, wobei die Zugehörigkeit zur offiziellen F.C.I.-Gruppe in Klammern gesetzt ist.

Begleithunde

Die Gruppe der Gesellschafts- und Begleithunde (Gruppe 9), die auf den ersten Blick heterogen erscheint, umfasst alle Rassen, die eine besondere Eignung zum täglichen Zusammenleben mit dem Menschen zeigen: Sie können auf engem Raum leben und mit überschwänglicher Zuneigung umgehen. Viele davon, die häufig von kleiner Statur sind, stammen im Übrigen von Jagdhunden oder Molossern ab. Diese Hunde bringen der ganzen Familie vor allem Wärme, Zuneigung und Trost entgegen. Dabei spielt die geringe Größe eine wichtige Rolle: Sie sind leicht zu transportieren und zu hätscheln. Die Wahl eines Begleithundes fällt insofern leicht, als ein solcher Hund keinerlei besondere Eignung unter Beweis stellen muss.

Wach- und Schutzhunde

In dieser Kategorie finden wir alle Hunde, die den Menschen seit Jahrhunderten bei der Bewachung und Führung seiner Herden und der Bewachung seines Eigentums unterstützt haben. Vom Welsh Corgi, dem kleinsten der Hütehunde, bis hin zur riesigen Deutschen Dogge findet jeder den Hund seiner Wahl! Sie alle geben ausgezeichnete Wachhunde ab. Eine bereits veraltete Selektionszucht erfolgte anhand von Kriterien wie Schärfe, Nervenstärke, Abrichtbarkeit, Kampfgeist, Schussfestigkeit bzw. Wehrhaftigkeit zur Verteidigung eines Ortes bzw. von Eigentum. Diese Selektionszucht hat zu einer breiten Auswahl an Hunden geführt, deren Eignung vom zukünftigen Besitzer je nach Verwendung des Hundes sorgfältig beurteilt werden muss. Hinzu kommt noch die Schutzhundarbeit zur Förderung des Beutetriebs und der Triebkontrolle, die man besser einem Fachmann überlässt, wenn man nicht die erforderlichen Voraussetzungen hierfür mitbringt. Die in Deutschland am häufigsten eingesetzten Rassen sind:

- als Wachhunde: Deutscher Schäferhund, Riesenschnauzer, Belgischer Schäferhund, Airedale Terrier, Rottweiler, Dobermann,
- als Schutzhunde: Dobermann, Deutsche Dogge, Bordeaux-Dogge, Schnauzer, Bullmastiff, Mastino Napolitano sowie die Mastinos im Allgemeinen, Rottweiler und Leonberger,
- bei Wach- und Schließgesellschaften: Deutscher Schäferhund.

Hüte- und Treibhunde (Gruppe 1). Diese Hunde gingen zweifellos aus relativ schweren Hundepopulationen vom Typ Molosser hervor, die zum Schutz der Herden vor

GOLDEN RETRIEVER
Diese Hunderasse ist wegen ihrer Qualitäten als Jagd- und Begleithund sehr gefragt.

Sport und Spaß mit dem Hund

Wenn Sie gemeinsam mit Ihrem Hund sportlich tätig sein möchten, haben Sie unzählige Möglichkeiten. Sie können ihn zum Wandern, zum Joggen, zum Radfahren mitnehmen – natürlich immer je nach körperlicher Fitness und Rasse.

Sie können aber auch – meist in einem Verein oder einer privaten Hundeschule – beim Agility, Obedience, Dogdancing, Flyball, Dogfrisbee aktiv werden, aber bitte lassen Sie zuvor Ihren Hund gründlich von einem Tierarzt untersuchen, ob Ihr Hund diese Sportarten mitmachen kann. Auch Dummyarbeit oder Fährtensuche machen sehr viel Spaß und lasten Ihren Hund geistig und körperlich aus.

Schauen Sie sich einfach in Ihrer Nähe um, ob und welche Sportarten angeboten werden, nehmen Sie an einer Schnupperstunde teil und entscheiden Sie sich erst dann, ob die Sportart, der Trainer und die Trainingsmethoden Ihnen und Ihrem Hund liegen. Warten Sie in jedem Fall mit allen Sportarten, bis Ihr Hund nicht mehr wächst – meist ist das mit etwa 1 Jahr der Fall – erst dann ist Ihr Hund den Sportarten körperlich gewachsen.

Raubtieren eingesetzt wurden. Die Selektionszucht hat sich unter Aufsicht der Züchter in Richtung größerer Leichtigkeit und Schnelligkeit vor allem zur Führung und Bewachung von Herden entwickelt. Die enorme Lernfähigkeit und ihr Körperbau erlauben den Einsatz von Hütehunden in vielen Bereichen: Herdenführung, Bewachung, Abwehr, Suche, Rettung, Blindenführhund ...

Pinscher und Schnauzer (Gruppe 2). Als relative Neuzüchtung gehen sie aus demselben Hundetyp wie die Hütehunde hervor. Sie sind ein typisches Beispiel dafür, was die deutsche... Zucht hervorbringen kann und will: Diese Rassen sind sehr bewegungsfreudig, voller Energie und von entschlossenem Wesen. Mit einer festen, jedoch gleichermaßen gerechten Hand entfalten diese Hunde ihr hohes Potential für die Bewachung und Abwehr.

Molosser (Gruppe 3). Diese generell großwüchsigen Hunde vom Typ Dogge gingen aus Kriegshunden der Antike hervor, deren Abstammung man den legendären Tibetdoggen zuschreibt. Diese Rassen weisen mehr oder weniger verkürzte Kiefer auf, die in Verbindung mit einem vorstehenden Unterkiefer beim Biss fürchterlich zupacken können. Die Doggen wirken schon allein auf Grund ihrer äußeren Erscheinung sehr abschreckend, sind jedoch eher phlegmatisch und keine so gut abrichtbaren Wachhunde. Molossoide vom Typ Berghund sind im Allgemeinen schwer und massig und haben mit den Doggen ihre Abstammung gemein. Als Wachhunde haben sie seit jeher Herden gegen Räuber, seien es Menschen oder Tiere, geschützt. Von ihnen geht ein Eindruck großer Kraft aus, die einschüchternd wirkt, sie sind jedoch von gutmütigem Wesen. Das erklärt, warum sie heute genauso Wachhund wie Begleithund sind, wobei sich der Besitzer auf Grund ihrer Massigkeit durchsetzen muss.

Hundeausstellungen

Hundeausstellungen haben die Verbesserung der äußeren Merkmale sowie der Eigenschaften und Fähigkeiten der einzelnen Rassen zum Ziel. Es gibt regionale, nationale sowie internationale Ausstellungen, die entweder für alle Rassen offen sind oder aber nur für eine bestimmte Rasse. Bei den sogenannten „Begleithunden" bewerten die Richter anhand einer Reihe strenger Kriterien, inwieweit der Hund dem Ideal, dem sogenannten Rassestandard, entspricht.

Bei Arbeits- oder Gebrauchshunden kommt zu der Übereinstimmung mit dem Rassestandard noch die Eignungsprüfung für den jeweiligen Zweck (siehe Seite 297) in Laufe der sogenannten Brauchbarkeitsprüfung hinzu.

Das Bewertungsergebnis vergibt an jeden Hund eine Note. Dank einer bei einem Schönheitswettbewerb oder einer Arbeitsprüfung erhaltenen guten Note kann der Züchter für den Deckakt eines prämierten Deckrüden eine höhere Decktaxe verlangen bzw. die Welpen einer prämierten Zuchthündin besser verkaufen.

Nordische Hunde und Spitze (Gruppe 5). Diese Hunde hauptsächlich nordischen bzw. asiatischen Ursprungs weisen deutliche Gemeinsamkeiten in Morphologie und Wesen auf, stehen dem Wolf sehr nahe und sind vielseitig einsetzbar: als Zughunde, Jagdhunde, Wach- und Hirtenhunde. Obwohl sie auch häufig als Begleithunde fungieren, bewahren sie sich dennoch ihren Sinn für Rangordnung, ein gewisses Aggressionspotential und das Bedürfnis, sich zu verausgaben, was manchmal zu Problemen führt.

Jagdhunde

Jagdhunde waren lange die geschätzten Gehilfen des Menschen, weil sie ihm bei der Beschaffung von Nahrung halfen. Heutzutage haben sie sich erfolgreich an ihre neue Rolle als Begleithunde angepasst. Zu den in Deutschland bevorzugten Rassen mit ihrem freundlichen Wesen zählen Labrador und Golden Retriever, West Highland White Terrier, Yorkshire Terrier, Dackel oder auch Fox Terrier. Unter all den Rassen von der robusten Deutschen Bracke bis hin zum raffinierten Terrier, vom sportlichen Naturfreund bis zum edlen Städter ist für jeden etwas dabei.

Mit Blick auf die Verwendung als Arbeitshunde führen die Züchter gleichzeitig eine strenge Selektion hinsichtlich bestimmter erwünschter Eigenschaften durch: Geruchssinn, Vorstehen, Nervenstärke, Aufgreifen und Bringen der Beute in Feld und Wasser, Eignung zur Fährtenarbeit, Verhalten im Wasser, Eignung zur Meutejagd, Ausdauer, Schnelligkeit ... Je nach Art der Jagd muss der künftige Besitzer den Hund, der am besten dazu passt, aussuchen. Ein versierter Jäger kann seinen Hund selbst ausbilden, aber bei einer bestimmten Art von Jagd ist ein erfahrener Ausbilder gefragt.

Vorstehhunde (Gruppe 7). Vorstehhunde sind das Ergebnis einer Selektion auf die natürliche Fähigkeit, beim Annähern an Beute unbeweglich zu verharren. Laufhunde sind zweifellos der gemeinsame Ursprung all dieser Rassen, die auch heute noch eine gewisse Ähnlichkeit im Körperbau aufweisen. Dennoch unterscheidet sich jede Rasse durch Größe, Fell, Wesen sowie durch ihre Lieblingsbeute oder ihr Lieblingsgelände, so dass jeder Jäger hier sein Glück finden kann.

Apportier- und Stöberhunde (Gruppe 8). Diese Hunde wurden für verschiedenste Verwendungen gezüchtet. Unter ihnen findet man die Rassen mit der vielseitigsten Eignung. Diese Hunde arbeiten nicht weit entfernt vom Jäger, unter seinem Befehl, und eignen sich perfekt zum Aufstöbern, zur Suche und zum Apport der Beute nach dem Schuss. Letztere Eigenschaft kann zu einer regelrechten Spezialisierung führen, wenn zum Beispiel auf schwierigem sumpfigen Gelände gearbeitet werden soll.

DACKEL
Der Jagdhund für die Baujagd schlechthin – er kann auch verwundetes Wild aufspüren.

Dackel und Terrier (Gruppe 4 und 3). Zwei Schulen, zwei verschiedene Zuchtansätze, ein Ergebnis: Zum einen gibt es da eine Menge ausgezeichneter englischer bzw. englisch beeinflusster Hunde wie die Terrier, zum anderen ein außergewöhnliches deutsches Triumvirat, die Dackel. Ihre Herkunft ist keinesfalls adlig, denn es sind Schädlingsjäger, die man hauptsächlich für die Baujagd auf Fuchs und Dachs sowie die Hetzjagd gezüchtet hat. Bei der Arbeit am Naturbau gehen sie furchtlos und mit Schärfe vor. Bei Familien sind sie wegen ihrer Intelligenz und Lebhaftigkeit beliebt.

Laufhunde (Gruppe 6). Laufhunde stellen eine große Gruppe dar. Die unterschiedlichen Rassen teilen sich dieselbe Herkunft und gleichen sich heutzutage noch mehr, unabhängig von ihrer Größe oder Nationalität. Ihre Bestimmung ist dieselbe: das Wild jagen, das sie mit Spurlaut aufstöbern. Sie sind bemerkenswert ausdauernd, furchtlos und gesellig. Alle aber sind sie verschieden: im Dienste des Adels sollte sich jede Meute durch Typ, Fell, Größe bzw. Lautgebung unterscheiden.

Hundesport

Auf allen Gebieten des Hundesports gibt es Wettbewerbe: Ausstellungen und Arbeitsprüfungen sind davon die bekanntesten (siehe Kasten). Man kann noch die Hunderennen (Seite 301) und den Freizeitsport (Seite 302) hinzunehmen. Möchte man einen Hund zu diesem Zweck erwerben, muss man ganz besonders auf seine Herkunft und die Eignung der Eltern ebenso wie auf seine Ausbildung achten.

Windhunde (Gruppe 10). Mit ihrer sehr alten Abstammung stellen sie vielleicht den ersten vom Menschen spezialisierten Hundetypus dar. Als Sichthetzer sind sie an das Rennen auf offenem Gelände angepasst; dank ihres einzigartigen Gebäudes, das für diese Gruppe typisch ist. Viel mehr als die anderen Hunde haben Windhunde ihre Kritiker, die sie als dürr und reserviert bezeichnen, sowie ihre Anhänger, die sie vollendet gebaut, empfindsam und gelassen finden.

Mischlinge

Mischlinge machen die Mehrzahl unserer Tiergefährten aus. Sie treten jedoch zu Gunsten der Rassehunde oder als rasserein erscheinenden Hunde in den Hintergrund. Während der Französischen Revolution, die dem Vorrecht des Ancien Régime, einen Hund zu halten und zur Jagd berechtigt zu sein, ein Ende setzte, traten sie in Massen auf. Es gibt jedoch offensichtlich kein morphologisches Vorbild für den Mischling. Dennoch kann man von unterschiedlichen Typen sprechen, ohne zu sehr zu verallgemeinern.

Körperliches Erscheinungsbild. Der erste Typus des Mischlings trägt die Züge von Hütehunden. Er ist relativ großwüchsig – rund 60 cm Schulterhöhe – und besitzt ein ziemlich hartes und kurzes Haarkleid von dunkler bzw. Falbfärbung. Er wird häufig Wolfshund genannt.

Der zweite Typus ähnelt dem Spaniel. Er ist mittelgroß – rund 50 cm Schulterhöhe –, stämmig, mit einem leicht gerundetem Kopf und Hängeohren.

Der dritte Typus schließlich erinnert an den kurzhaarigen Foxterrier. Er ist kleinwüchsig, im allgemeinen schwarz und weiß gefärbt und wird häufig mit dem Oberbegriff „Rattenfänger" belegt.

Neben diesen drei groben Kategorien gibt es Millionen von Promenadenmischungen, die keiner Rasse ähneln. Im Laufe von Generationen haben Verpaarungen zwischen sehr unterschiedlichen Typen den Hunden eine erstaunliche Erscheinung verliehen.

Mischlinge sind Gegenstand eines falschen wiewohl hartnäckigen Vorurteils, das da lautet, dass sie viel intelligenter als ihre reinrassigen Artgenossen sind. Man kann höchstens bestätigen, dass sie die Nachfahren einer langen Tradition von „Schläue" sind, aus der sie größtenteils lebhaft und einfallsreich hervorgingen. Diesbezüglich bleibt noch anzumerken – jedoch unter Vorbehalt – dass die Vermischung der Blutlinien sie widerstandsfähiger gegen bösartige Erkrankungen gemacht hat als rein auf Schönheit gezüchtete Rassehunde. Und sie benötigen natürlich genauso viel Zuneigung wie ihre reinrassigen Artgenossen.

Affenpinscher

WIDERRISTHÖHE
Rüde und Hündin: 25 bis 30 cm.

GEWICHT
4 bis 6 kg.

KURZBESCHREIBUNG
Dieser kleine struppige Hund mit seinem Trippelgang und großen runden Augen zeigt einen typischen affenartigen Gesichtsausdruck.

WESEN
Ein charmanter, lebhafter und intelligenter Begleithund. Er weiß sehr wohl, seine Anliegen mit seiner großen Persönlichkeit durchzusetzen. Trotz seiner geringen Größe ein guter Wachhund.

Der Affenpinscher hat einen vollen, runden Kopf mit einem Schopf, der in wilden Haarsträhnen bis zu den Augen reicht. Der kurze und gerade Fang ist nicht nach oben gebogen. Die dunklen, eher runden Augen sind von einem Haarkranz umrahmt. Die kleinen, aufrechten und hoch angesetzten Ohren werden immer nach vorn gedreht und möglichst senkrecht getragen. Die Ohrinnenkanten der V-förmigen Ohren sind am Kopf anliegend. Die Schneidezähne sollten regelmäßig in einer leicht abgerundeten Linie angeordnet sein. Bei geschlossenem Fang dürfen Fangzähne, Schneidezähne und Zunge nicht sichtbar sein. Der Nacken ist gerade und eher kurz, die Kehlhaut bildet keine Falten. Die Rute ist naturbelassen. Das Körperhaar sollte hart und dicht sein. Das Kopfhaar soll möglichst hart und abstehend sein und buschige Augenbrauen, einen stattlichen Bart, einen Schopf und Backenbehaarung bilden. Das Fell ist rein schwarz mit schwarzer Unterwolle.

Ursprung

Einstmals Haushund, der auf Holzschnitten von Albrecht Dürer (1471–1528) dargestellt wurde, entstand der Affenpinscher in Deutschland. Seine entfernte Ähnlichkeit mit einem Affen hat ihm seinen Namen eingetragen. Er stammt wie der Belgische Griffon aus der Familie der Pinscher und Schnauzer, mit denen er verwandt ist.

Verhalten

Dieser kleine verspielte und energiegeladene Haushund – eine gelungene Mischung aus Überschwänglichkeit und Klugheit – spielt gerne den Clown. Er ist darüber hinaus im richtigen Moment gehorsam und ruhig.

- Der Affenpinscher ist bestens für die Wohnungshaltung geeignet und seine Fellpflege ist sehr einfach.
- Seine Familienbezogenheit, seine Unerschrockenheit und Wachsamkeit machen aus ihm einen ausgezeichneten Wächter. Er ist auch ein guter Jäger von Nagetieren.
- Auf Ausstellungen führt ein ängstliches oder aggressives Wesen zur Disqualifikation.

Affenpinscher ▲

Afghan Hound

Afghanischer Windhund

WEITERE NAMEN
Afghane

WIDERRISTHÖHE
Rüde: 68 bis 74 cm;
Hündin: 63 bis 69 cm.

GEWICHT
25 bis 30 kg.

KURZBESCHREIBUNG
Stolze Haltung, dabei Kraft und Geschmeidigkeit ausstrahlend.

WESEN
Feinfühliger Hund, der eine enge Beziehung zum Menschen eingeht.

BESONDERE KENNZEICHEN
Seine aristokratische Haltung und sein orientalischer Ausdruck.

Der lange Schädel hat einen wenig ausgeprägten Stopp. Die goldfarbenen, aber vorzugsweise dunklen Augen sind dreieckig und leicht schräg gesetzt. Die mit langem, seidigem Haar bedeckten, tief und weit hinten angesetzten Ohren fallen harmonisch herab. Der lange und starke Hals ist gut vom Kopf abgesetzt. Der Afghanische Windhund ist ein langgestreckter Hund mit geradem und muskulösem Rücken, gerader Lendenpartie, tiefer Brust, geraden Vorderläufen und stark ausgebildeten Schultern. Die kraftvollen Hinterläufe haben gut gewinkelte Sprunggelenke. Er zeigt für ihn typisches fließendes und federndes Gangwerk. Die nicht zu kurze, spärlich befederte Rute ist tief angesetzt und am Ende geringelt.
In der Bewegung wird sie erhoben getragen. Das Fell ist am ganzen Körper sehr lang, fein und seidig, mit Ausnahme des Rückens, wo es kürzer und dichter ist. Das Haar am Kopf ist von der Stirn an lang und bildet einen Haarschopf. Im Gesicht ist das Haar kurz. Ohren und Gliedmaßen sind gut mit langem Haar bedeckt. Es sind alle Fellfarben zulässig.

Afghan Hound ►

Ursprung

Die Geschichte des Afghanischen Windhundes reicht so weit in die Vergangenheit zurück, dass man ihn mit dem Spitznamen „Arche-Noah-Hund“ belegte. In zahlreichen Ländern stand der auf die Jagd von Antilopen, Gazellen und Schneepanther spezialisierte Windhund in der Gunst von Königen und Prinzessinnen, die sein vornehmes und elegantes Äußeres sowie seine rätselhafte orientalische Schönheit schätzten. In Indien setzte ihn das britische Militär als Botenhund und zur Bewachung von Militärposten ein. Die ersten Afghanischen Windhunde wurden 1890 in Großbritannien und 1930 in Frankreich vorgestellt. In Afghanistan wird dieser Windhund weiterhin zur Jagd, als Lastenträger und sogar als Wachhund eingesetzt. Die schönsten Exemplare kommen aus den Hochgebirgsregionen.

Verhalten

Der in ganz Europa und vor allem in Großbritannien berühmte Afghanische Windhund wird aufgrund seiner Anmut und seines angenehmen und unbeschwerten Wesens vor allem als Luxusbegleithund verwendet. Der intelligente, sanftmütige und feinfühlige Hund ist im Umgang mit seinem Herrn sehr überschwänglich. Fremden gegenüber zeigt sich der Hund zurückhaltend.

- Auch wenn er sich in der Wohnung ruhig verhält, ist der Afghanische Windhund in erster Linie ein Sprinter mit enormem Laufbedürfnis, das er unbedingt ausleben können muss.

▲ Afghan Hound

Aidi

ANDERER NAME
Atlas Berghund

WIDERRISTHÖHE
Rüde und Hündin: 52 bis 62 cm.

GEWICHT
25 bis 30 kg.

KURZBESCHREIBUNG
Kräftiger, muskulöser und behender Hund.

WESEN
Treu, anhänglich und sanft zu seinen Familienmitgliedern.

BESONDERES KENNZEICHEN
Sein buschiges Fell bietet Schutz vor schlechtem Wetter und vor Angriffen von Schakalen.

Dieser rustikale Hund beeindruckt durch seine Stärke. Der Kopf ist trocken, ohne Stopp, der Fang kegelförmig, der Kiefer kräftig, die Ohren halbhängend. Seine Brust ist tief und die Gliedmaßen gut gebaut. Sein hervorragendes Fell besteht aus dickem, ziemlich rauem halblangem Haar. Die Rute bildet einen schönen Busch. Die Farbe seines Fells ist sehr variabel: Falb, von Sand bis dunkler Rostfarbe, gestromt, gefleckt oder als Mantel getragen, der sehr großzügig sein kann; Braun, von Hellgelb bis Kastanienbraun; Schwarz mit Weiß gescheckt; sogar weißes Fell.

Ursprung

Dieser Hund hat seit jeher die Herden auf den Hochebenen des marokkanischen Atlasgebirges begleitet. Er ist absolut wetterhart. Seine Berufung ist die Verteidigung der Zelte und des Hab und Guts seines Herrn sowie der Schutz des Viehbestands gegen Raubtiere. Lebhaft und mutig stellt er die Schakale auf der Flucht und stöbert Vipern unter den Steinen auf.

▼ Aidi

Airedale Terrier

WIDERRISTHÖHE
Rüde: von 58 bis 61 cm;
Hündin: von 56 bis 59 cm.

GEWICHT
Rund 20 kg.

KURZBESCHREIBUNG
Der größte unter den Terriern ist gut proportioniert, gewandt, schnell und sehr anmutig.

WESEN
Lebhafter, intelligenter, geselliger und mutiger Hund.

BESONDERES KENNZEICHEN
Immer auf Zack.

Der Kopf des Airedale Terriers, der lang und flach und zwischen den Ohren nicht zu breit ist, weist einen kaum wahrnehmbaren Stopp auf. Die Backen sind flach. Beim Fang ist Stärke erwünscht, dagegen ist eine übermäßige Entwicklung der Kiefer, die rundliche Backen bedingen, nicht erwünscht. Das Vorgesicht ist gut ausgefüllt vor den Augen, die Lefzen sind geschlossen. Die kleinen und schwarzen Augen zeigen einen sehr lebhaften und intelligenten Ausdruck. Die kleinen V-förmigen Ohren werden seitlich getragen. Der kurze und gerade Rücken zeigt keine Schlaffheit, die Lenden sind muskulös. Der Airedale Terrier steht auf ganz geraden Vorderläufen. Er besitzt lange, gut liegende Schultern sowie lange und kräftige Oberschenkel. Von hinten betrachtet stehen die Sprunggelenke parallel zueinander. Die hoch angesetzte Rute wird fröhlich getragen. Das Fell ist dicht, hart und „drahtig“, mit kurzer und weicher Unterwolle. Das Fell ist lohfarben, mit Ausnahme am Sattel, der einen schwarzen oder dunkelgrauen Mantel trägt.

Ursprung

Dieser Hund verdankt seinen Namen dem Aire, einem kleinen Otternfluss in der Region von Leeds in Großbritannien. Gerade wegen der Otternjagd wurde der Hund um 1850 auf der Basis von Kreuzungen zwischen dem Otterhund und Gebrauchsterriern gezüchtet. Heute wird dieser großartige Jäger von Ottern, Hirschen und Wildschweinen, der im Ersten Weltkrieg Verwendung beim Militär fand, besonders

Verhalten

In seinem Herkunftsland wurde der Atlas Berghund dazu ausgebildet, niemals einen Fremden auf sein Territorium zu lassen.

- Dieser stets wachsame Hund ist gleichermaßen ein sehr anhänglicher Begleithund von bedingungsloser Treue gegenüber seinem Herrn und seiner Familie. Er muss richtig sozialisiert und ausgebildet werden, um Probleme wie Feindseligkeit gegenüber Besuchern und Fremden zu vermeiden.

▲ Airedale Terrier

>>

in Großbritannien auch als Polizeihund eingesetzt. Auch in Deutschland gilt er als Schutzhund, der von der Polizei bis zum Grenzschutz im Dienst ist und auch als Blindenhund zeigt, was er kann.

Verhalten

Der robuste, bewegungsfreudige und widerstandsfähige Airedale Terrier ist ein sehr vielseitiger Hund. Die Rüden sind sehr selbstbewusst, ohne jedoch aggressiv zu sein. Werden sie von anderen Rüden provoziert, ist Vorsicht angesagt. Dieser mit Menschen sehr umgängliche Hund ist ein ausgezeichneter Familienhund, der sich gut mit allen Familienmitgliedern versteht und sich nicht mit Katzen oder Geflügel im Haushalt anlegt. Er ist von Natur aus kein Ausreißer.

- Der Airedale Terrier ist sehr verspielt und anschmiegsam, liebt aber dennoch seine Unabhängigkeit und folgt Ihnen nicht überallhin. Er ist leicht auszubilden, vorausgesetzt, man überanstrengt ihn nicht oder lässt ihn die Übungen dauernd wiederholen. Hat er einmal begriffen, wer das Sagen hat bzw. verteidigt werden muss, stellt er sich perfekt darauf ein.
- Bei der Ausbildung dieses relativ empfindsamen Hundes sollte man die Stimme nicht zu stark erheben. Der Airedale Terrier kann ansonsten in perfekter Harmonie mit seinem Herrn leben.
- Mit diesem bewegungsfreudigen Hund kann man gut auf Ausstellungen gehen und Agility praktizieren. Er kann ausgezeichnet als Rettungshund eingesetzt werden.
- Der Airedale Terrier ist für die Haltung in kleinen Wohnungen eher ungeeignet.

Akita

WEITERE NAMEN
Akita-Inu, Akita Ken, Japanischer Akita

WIDERRISTHÖHE
Rüde: 67 cm;
Hündin: 58 bis 64 cm.

GEWICHT
30 bis 50 kg.

KURZBESCHREIBUNG
Großer anmutiger Hund mit geschmeidigen und kräftigen Bewegungen.

WESEN
Sehr intelligenter Wachhund.

Mit seiner breiten Stirn, dem ausgeprägten Stopp und dem geraden Nasenrücken ähnelt der Akita stark einem Schlittenhund. Die kleinen dunkelbraunen Augen sind nahezu dreieckig. Der große Nasenschwamm ist schwarz, das Gebiss kräftig. Die verhältnismäßig kleinen, dicken, dreieckigen Ohren werden aufrecht und leicht nach vorne geneigt getragen. Der Hals ist dick und muskulös, der Körper gerade und kräftig.
Dieser muskulöse und kräftige Hund besitzt breite, kräftige Lenden, eine tiefe und gut entwickelte Brust, mäßig gewölbte Rippen, einen gut aufgezogenen Bauch, eine gerade kräftige Vorderhand und eine gut entwickelte Hinterhand.
Er trägt eine dicke, hoch angesetzte und üppige, über dem Rücken eingerollte Rute. Das Fell besteht aus einer weichen und dichten Unterwolle sowie hartem und geradem Deckhaar. Es ist entweder rot-falbfarben und Sesam (rot-falbfarbene Haare mit schwarzen Spitzen) oder gestromt und Weiß. Alle Farben außer Weiß müssen weißliches Haar an Gesicht, den Unterseiten des Körpers, an der Unterseite der Rute und an der Innenseite der Gliedmaßen aufweisen.

▲ Akita

Ursprung

Der weit zurückliegende Ursprung dieser Rasse, die bereits auf 4000 Jahre alten Basreliefs erscheint, liegt im Dunkeln. Vor mehreren Jahrhunderten war dieser große Spitz zur Hochwildjagd bestimmt und lebte vom 15. bis 19. Jahrhundert im Luxus. Nur die kaiserliche Familie und die Adeligen hatten das Recht, einen Akita zu besitzen. Dieser hatte damals seine eigenen Diener, die ihn respektvoll in einer speziellen Sprache anredeten. Als Nationalhund Japans erscheint er auf zahlreichen Briefmarken und hat sein eigenes Denkmal in Tokio. Früher wurde er für Hundekämpfe abgerichtet, die inzwischen verboten sind. Heute ist die Rasse geschützt.
Der Akita hat die westliche Welt von seinen Eigenschaften als Wächter und Gefährte überzeugt. Er ist der im Ausland bekannteste Vertreter der japanischen Rasse aus der Gruppe der Spitze.

Verhalten

Dieser ausgezeichnete Wachhund braucht einen Herrn, der ihn sich unterzuordnen versteht. Er ist nicht für Menschen geeignet, die noch nie einen Hund ausgebildet haben.

- Ein gut ausgebildeter Akita kann als Spürhund eingesetzt werden. Die Rüden dürfen ausnahmslos nicht unbeaufsichtigt mit Artgenossen zusammenkommen. Nur Akitas mit einer blauen Stromung zeigen sich umgänglicher.
- Dieser Asiate ist ruhig, aber reserviert: Er behält seinen Herrn im Blick, ohne ihn jedoch zu belästigen. Er hat es gerne ruhig und ist am liebsten der Gefährte eines Junggesellen. Wenn man ihm nicht mindestens zwei Stunden täglich Auslauf gewähren kann, sollte er nicht in der Wohnung gehalten werden.

Alaskan Malamute

WIDERRISTHÖHE
Rüde: rund 65 cm;
Hündin: rund 58 cm.

GEWICHT
Rüde: rund 38 kg;
Hündin: rund 34 kg.

KURZBESCHREIBUNG
Der größte und stärkste aller Schlittenhunde.

WESEN
Umgänglich mit Menschen, ruhig und anhänglich.

Der Alaskan Malamute hat einen breiten, aber gut proportionierten Kopf, einen breiten und leicht gerundeten Schädel und schräge, dunkle und mandelförmige Augen. Die dreieckigen, aufgerichteten und im Verhältnis zum Kopf kleinen Ohren werden leicht nach vorne getragen. Der Hals ist kräftig, die Lenden sind fest und kurz und die Gliedmaßen stark bemuskelt. Die Pfoten sind fest und kompakt. Die über der Lende oder etwas tiefer getragene Rute bildet einen eleganten Federbusch. Das dicke, dichte und raue Fell ist an Hals, Schultern und Oberschenkeln reichlich vorhanden. Das Deckhaar liegt über einer öligen, dichten und wolligen Unterwolle. Die Fellfarbe umfasst alle Schattierungen von Grau bis Schwarz oder von Zobelfarben bis Rot, mit Weiß am Bauch und teilweise an den Gliedmaßen sowie einer mehr oder weniger dunklen Zeichnung in Form einer Kappe auf dem Kopf oder einer Maske im Gesicht. Ein weißer Fleck auf Stirn oder Nacken ist erwünscht. Als einzige Einheitsfarbe ist Weiß erlaubt.

Ursprung

Der Alaskan Malamute zählt zu einer der ältesten Hunderassen in Alaska. Er wird als der König der Polarhunde angesehen. Als die Europäer Kanada besiedelten, benutzten sie ihn als Lastenträger in den Bergregionen: Im Sommer war dieser Hund in der Lage, Lasten von über 20 kg zu tragen.

Verhalten

Der robuste, ausdauernde und schnelle Alaskan Malamute ist der König bei Schlittenhunderennen. Der sehr saubere, freundliche, ruhige, anhängliche und verspielte Hund wird in den USA, in Kanada und inzwischen auch in Europa sehr als Begleithund geschätzt. Er muss von klein auf konsequent ausgebildet werden. Er hat eine nicht zu unterschätzende jagdliche Motivation, die die Gewährung von Frei auf zur Herausforderung macht.

- Nichtsdestotrotz ist er ruhig und kann sich an das Stadtleben anpassen, sofern sein Besitzer ihm täglich ausreichend Auslauf gewährt, damit er seine Energie ausleben kann

▲ Alaskan Malamute

Alpenländische Dachsbracke

WIDERRISTHÖHE
Rüde: 34 bis 42 cm;
Hündin: rund 36 oder 37 cm

GEWICHT
Rund 16 bis 18 kg.

KURZBESCHREIBUNG
Diese Bracke sieht aus wie ein größerer Dackel.

WESEN
Die Bracke ist ein anhänglicher Begleiter.

Ursprung

Die Alpenländische Dachsbracke ist eine Rasse sehr alten Ursprungs und entstand in den Bergen von Böhmen und Sachsen. Sie war lange der Liebling des Adels. Heute findet man sie hauptsächlich in den österreichischen Alpen, wo sie als Jagdgebrauchshund eingesetzt wird.

Die Alpenländische Dachsbracke weist einen leicht gewölbten Schädel mit ausgeprägtem Stopp auf. Der mittellange, hoch angesetzte Behang fällt am Kopf herab. Der Körper ist langgestreckt, kräftig und gut bemuskelt. Die hoch angesetzte Rute wird leicht gesenkt getragen. Die doppelte Behaarung ist sehr dicht, mit dichter Unterwolle. Die Idealfarbe des Fells ist ein dunkles, ins Rot gehende Fauve (Hirschrot), manchmal mit schwarzer Stichelung, oder aber ein Schwarz mit klar abgegrenztem rotbraunem Brand an Kopf, Brust, Läufen, Pfoten und an der Rutenunterseite. Ein weißer Bruststern ist erlaubt.

Verhalten

Dieser eigensinnige, ausdauernde und kämpferische Lauf- und Jagdhund mit sehr feiner Spürnase findet problemlos auch die ältesten Fährten. Er ist robust und wetterhart. Im Gebirge wird er als Schweißhund zur Suche von verwundetem Hochwild oder als Laufhund auf Hasen- und Fuchsfährten eingesetzt. Darüber hinaus ist er ein ausgezeichneter Hund für alle Jagdarten.

- Diese Bracke eignet sich nicht für das Stadtleben. Selbst auf dem Land ist sie als reiner Familienhund ohne Aufgabe unterfordert.

American Cocker Spaniel

WIDERRISTHÖHE
Rüde: 37 bis 39 cm;
Hündin: 34 bis 36 cm.

KURZBESCHREIBUNG
Dieser kräftige Hund beeindruckt durch seine Entschlossenheit.

WESEN
Treu, anhänglich und leichtführig bei seiner Familie.

BESONDERE KENNZEICHEN
Kompakter Hund, dank seines Fells gut geschützt gegen Witterungseinflüsse.

Der Amerikanische Cocker Spaniel hat einen gerundeten Kopf, aber nicht übertrieben, einen breiten und tiefen Fang und viereckige Kiefer. Der Stopp ist ausgeprägt, das Jochbein ist gut betont.
Die runden und vollen, leicht mandelförmigen, möglichst dunklen Augen zeigen einen gleichermaßen sanften wie intelligenten Blick. Der lappige Behang ist auf Höhe der unteren Augenpartie angesetzt. Dieser Hund hat einen quadratischen Körper, der den Eindruck von Kraft vermittelt. Das Fell ist am Kopf kurz und fein, auf dem Körper mittellang mit genügend Unterwolle. Behang, Brust, Bauch und Glied-

▲ Alpenländische Dachsbracke

▲ American Cocker Spaniel

maßen sind gut befedert, aber nicht übertrieben. Das Haar ist seidig, glatt oder leicht gewellt. Einfarbiges Fell ist schwarz, manchmal mit Loh-Abzeichen an den körperfernen Stellen und etwas Weiß an Brust und Hals. Das Fell kann jede andere beliebige Farbe haben, vom hellsten Creme bis zum dunkelsten Rot einschließlich Braun. Bei Mehrfarbigkeit – zwei einfarbige Farben oder mehr – muss eine davon Weiß sein mit Loh-Abzeichen an den körperfernen Stellen.

Ursprung

Der Amerikanische Cocker Spaniel stammt vom Englischen Cocker Spaniel ab, von dessen Äußeren er sich im Laufe des 20. Jahrhunderts zusehends entfernt hat, als die Züchter in den USA eine Zuchtauswahl nach ästhetischen Gesichtspunkten trafen, mit dem Ziel, einen Begleithund zu züchten. Die 1946 in den USA anerkannte Rasse gelangte erst 1956 nach Frankreich. Die Verbreitung des Amerikanischen Cocker Spaniel in Europa ist vergleichsweise gering.

Verhalten

Der Amerikanische Cocker Spaniel hat sich die ganze Lebhaftigkeit des Stöberhundes bewahrt, die seine Vorfahren auszeichneten. Er ist ausdauernd, mutig, zielstrebig und schnell. Er bezaubert durch seinen von großen fransigen Ohren umrahmten runden Kopf, der in dem Kinofilm Die Schöne und das Biest von Walt Disney verewigt wurde.

- Der anhängliche, unternehmungslustige und verspielte Hund ist ein sehr angenehmer Begleiter. Er ist ausgeglichen, intelligent und leichtführig und daher einfach auszubilden. Er ist seinem Herrn sehr treu ergeben. Er kann sich an die Wohnungshaltung anpassen, vorausgesetzt, er erhält genügend Bewegung.

American Staffordshire Terrier

WEITERER NAME
Amstaff

WIDERRISTHÖHE
Rüde: 46 bis 48 cm;
Hündin: 43 bis 46 cm.

GEWICHT
17 bis 20 kg.

KURZBESCHREIBUNG
Kräftiger Hund mit sehr geschmeidigen Bewegungen.

WESEN
Lebhaft und intelligent.

BESONDERES KENNZEICHEN
Seine Ähnlichkeit mit dem Pitbull.

Der Kopf des American Staffordshire Terrier ist mittellang, mit breitem Schädel und ausgeprägtem Stopp. Die kurzen und hoch angesetzten Ohren werden als „Rosenohr" (mit den Spitzen nach hinten zeigend) oder als halbaufgerichtetes Stehohr getragen. Die dunklen und runden Augen sind tief im Schädel gebettet und liegen weit auseinander. Dieser Hund vermittelt den Eindruck von großer Stärke für seine Größe. Sein kräftiger und kompakter Körper erscheint sehr geschmeidig. Er ist gut gebaut und muskulös, dabei aber beweglich und gefällig. Er ist eher gedrungen, mit ziemlich kurzem Rücken, schwerem Hals, starken und muskulösen Schultern, tiefer und breiter Brust. Die im Verhältnis zum Körper kurze, zu einer feinen Spitze auslaufende Rute ist tief angesetzt und waagrecht getragen.

Der American Staffordshire Terrier hat kurzes, dichtes und glänzendes Haar, das sich steif anfühlen soll. Jede Farbe ist zulässig: einfarbig, mehrfarbig oder gefleckt. Reinweiße Farbe oder ein über 80 % liegender Weißanteil ist nicht erwünscht.

Ursprung

Der American Staffordshire Terrier stammt vom Staffordshire Bull Terrier ab, der im 19. Jahrhundert von den Engländern für die damals in Mode gekommenen Hundekämpfe und für den Stierkampf gezüchtet wurde. In Amerika wurde daraus ein größerer Schlag gezüchtet.

Verhalten

Der Mut des American Staffordshire Terrier ist sprichwörtlich. Er ist ein bemerkenswerter Wächter, der die Kraft einer Bulldogge mit der Beweglichkeit eines Terriers in sich vereint. Dieser Hund ist darüber hinaus intelligent und seinen Besitzern treu ergeben. Wird er gut sozialisiert, mit fester Hand und liebevoller Konsequenz ausgebildet, zeigt sich dieser hervorragende Familienhund fügsam und anpassungsfähig und auf dem Land als eifriger Rattenjäger. Für sein seelisches Gleichgewicht benötigt er viel Auslauf.

▲ American Staffordshire Terrier

>>

Grand Anglo-Français

Großer anglo-französischer Laufhund (Weiß-Schwarz, Weiß-Orange, Dreifarbig)

WIDERRISTHÖHE
Rüde: 65 bis 72 cm;
Hündin: 62 bis 68 cm.

GEWICHT
30 bis 35 kg.

KURZBESCHREIBUNG
Relativ kräftiger Hund mit starkem Knochenbau.

WESEN
Vor allem ein Jagdhund.

Der große anglo-französische Laufhund hat einen kräftigen Hals, eine breite und ziemlich tiefe Brust, eine kräftige Vorderhand und eine muskulöse Hinterhand, einen geraden und festen Rücken sowie eine lange und gerade Rute, wenn der Hund in Bewegung ist. Der ziemlich flache Behang ist mittellang und nicht eingedreht.
Das Fell ist kurz, aber ziemlich kräftig. Die Fellfarbe muss unbedingt weiß und schwarz mit großem schwarzen Mantel und mehr oder weniger ausgedehnten schwarzen Flecken sein. Diese können eine schwarze, bläuliche oder sogar lohfarbene Tüpfelung zeigen. Der große anglo-französische weiß-schwarze Laufhund ist der am häufigsten vorkommende Schlag.

Verhalten

Dieser Hund macht durch seine vornehme Art, seine Jagdleidenschaft und seine sehr gute Spürnase auf sich aufmerksam. Des Weiteren verfügt er über einen guten, kräftigen Körperbau. Als guter Meutelaufhund ist er fügsam und in der Regel überhaupt nicht aggressiv.

Der große anglo-französische weiß-orange Laufhund unterscheidet sich von dem Vorgenannten lediglich durch seine Fellfarbe: weiß-zitrone oder weiß-orange.
Der große anglo-französische dreifarbige Laufhund ist der kräftigste der Meutehunde. Es ist ein französischstämmiger Foxhound, d. h. er ist weniger schwer und dick, aber mit starkem Knochenbau, einem runden und gut bemuskelten Körper sowie mit einem gewissermaßen quadratischen Kopf. Das dreifarbige Fell geht meist mit schwarzem Mantel mit mehr oder weniger ausgedehnten Flecken, lebhaft loh- oder kupferfarbenen Abzeichen einher, ohne charboniert zu sein.

Ursprung

Diese seltene Rasse ging aus einer Kreuzung zwischen dem großen anglo-französischen weiß-schwarzen Laufhund und dem englischen Foxhound hervor.

Anglo-Français de petite vénerie

Mittelgroßer anglo-französischer Laufhund

WIDERRISTHÖHE
Rüde und Hündin: 48 bis 56 cm.

GEWICHT
Rund 25 kg.

KURZBESCHREIBUNG
Dieser ausgeglichene Hund ist robust gebaut, aber ohne Schwere.

WESEN
Gehorsam, mutig und unermüdlich.

BESONDERES KENNZEICHEN
Er besitzt ein erstklassiges Meutetemperament.

▲ Anglo-Français de petite vénerie

>> Anglo-Français de petite vénerie

Dieser Hund zeichnet sich durch ein Gebäude aus, das dem des französischen Meutehunds gleicht. Der Schädel ist länglich, der Hinterhaupthöcker wenig betont. Der Nasenrücken ist leicht konvex. Der hängende und unter der Augenlinie angesetzte Behang ist weich und leicht eingedreht. Die großen braunen Augen sind von sanftem, aber lebhaftem Ausdruck. Der Hals ist schlank, ohne Wamme, die Brust tief und gut entwickelt. Die Vorderhand ist gerade und kräftig. Der Rücken ist gerade, die Kruppe recht lang, die Oberschenkel muskulös und gut herabreichend und die Sprunggelenke leicht gewinkelt und tief angesetzt. Die mittellange und recht dünne Rute ist gut in der Verlängerung der Lendenlinie angesetzt. Sie ist reich behaart.

Die Haut ist dünn und ohne Falten, das Haar kurz, dicht und glatt. Es ist entweder dreifarbig: weiß und schwarz mit lebhaft lohfarbenen Abzeichen, schwarzer Nasenschwamm, oder weiß und schwarz mit blassen lohfarbenen Abzeichen, schwarzer Nasenschwamm oder weiß und orange, tabakfarbener Nasenschwamm.

Verhalten

Dank seiner guten Eigenschaften ordnet sich der mittelgroße anglo-französische Laufhund leicht unter. Er ist ein leidenschaftlicher Jäger. Dieser Hund vereint eine feine Nase, Ausdauer und Leichtigkeit in sich, er ist gleichermaßen mutig, hartnäckig, aktiv bei der Jagd, mit schönem Geläut. Er ist vielseitig einsetzbar, sowohl für die Hochwild- als auch Niederwildjagd. Sein bevorzugtes Wild sind Wildschweine.

- Dieser Hund wird für zwei Arten der Jagd eingesetzt: zur Hetzjagd und zur Schussjagd. Er ist ideal zur Hasen- und Fuchsjagd geeignet.

Appenzeller Sennenhund

WIDERRISTHÖHE
Rüde: 52 bis 56 cm;
Hündin: 50 bis 54 cm.

GEWICHT
22 bis 25 kg.

KURZBESCHREIBUNG
Mittelgroßer, dreifarbiger Hund mit sehr sympathischem Gesichtsausdruck.

WESEN
Lebhaft und lernbegierig.

Der kräftig gebaute Hund besitzt einen charakteristischen Kopf, der von vorn betrachtet leicht keilförmig ist. Die V-förmigen Ohren sind hängend. Der Fang ist ziemlich quadratisch. Die kleinen lebhaften, schräg gestellten Augen sind dunkelbraun. Der Hals ist kompakt, die Brust breit und tief, die Gliedmaßen gut gebaut. Die kräftige und dicht behaarte Rute wird in der Bewegung über die Kruppe gerollt seitlich getragen.

Der Appenzeller Sennenhund besitzt festes und anliegendes Stockhaar, mit sehr dichtem und glänzendem Deckhaar sowie dichter Unterwolle. Die Fellfarbe ist schwarz mit weißen oder lohfarbenen, regelmäßig verteilten und symmetrischen Abzeichen; die havannabraune Variante ist sehr selten. Kleine braun-rote Abzeichen sitzen über den Augen, eine weiße Blesse zieht sich vom Oberkopf zwischen

Verhalten

Der Appenzeller Sennenhund ist ein vielseitiger, temperamentvoller Hund. Immer in Bewegung bewacht er Herden genauso gut wie Gebäude. Er findet sogar als Zughund Verwendung und zieht die kleinen Milchwagen auf den Bauernhöfen. Seinem Geruchssinn, seiner Intelligenz und seiner Ausbildungseignung verdankt er seinen Eintritt in den Polizeidienst als Rettungshund, der besonders auf die Suche nach unter Lawinen oder Gebäudeschutt verschütteten Menschen spezialisiert ist. Der von Natur aus treue und wissbegierige Sennenhund erweist sich bei guter Ausbildung als ein guter, sympathischer und anhänglicher Begleithund. Fremden gegenüber ist er misstrauisch und manchmal etwas zu lautfreudig. Er muss freien Auslauf haben und ist für die Wohnungshaltung ungeeignet.

▲ Appenzeller Sennenhund

den Augen über den Fang und alle vier Pfoten tragen ebenfalls Weiß.

Ursprung

Dieser Schweizer Sennenhund sehr alten Ursprungs stammt sowohl von tibetischen Molossern als auch von nordischen Hunden ab. Dank einiger Hundeliebhaber, die den Appenzeller Sennenhunde Club ins Leben riefen, ist die Rasse seit 1906 in ihrer Reinzucht erhalten. Gegenwärtig gibt es Qualitätszuchten im Herkunftskanton des Hundes sowie im Kanton Bern und verschiedenen Regionen der romanischen Schweiz. Die Rasse wird auch in Deutschland gezüchtet.

Ariégeois

Ariège Laufhund

WIDERRISTHÖHE
Rüde: 52 bis 58 cm;
Hündin: 50 bis 56 cm.

GEWICHT
Rund 30 kg.

KURZBESCHREIBUNG
Leicht gebauter, anmutiger und vornehmer Meutehund, mit geschmeidigen und leichten Bewegungen.

WESEN
Fröhlich und gesellig.

Der Ariège Laufhund ähnelt den Meutelaufhunden, von denen er abstammt. Sein Schädel ist leicht gewölbt, der Hinterhaupthöcker wenig betont, die Stirn ausgefüllt. Der dünne, geschmeidige und eingerollte Behang ist knapp unterhalb der Augenlinie angesetzt.
Der eher schlanke Hals ist leicht gebogen. Die tiefe Brust reicht bis auf Ellbogenhöhe hinab. Die obere Rückenlinie ist fest.
Die gut angesetzte Rute wird fröhlich als Säbelrute getragen. Das Fell ist kurz, dünn und dicht, von weißer Farbe mit gut abgegrenzten, klaren schwarzen Flecken.
Manchmal ist das Fell über den Augen und an den Backen blass lohfarben getüpfelt.

Ursprung

Dieser kurzhaarige französische Laufhund ging aus Kreuzungen zwischen dem Briquet von Ariège und großen Meutelaufhunden hervor, unter anderem dem Bleu de Gascogne und dem Gascon Saintongeois. Zur Hetzjagd auf Hasen gezüchtet, vereint er Schnelligkeit und Sicherheit seiner Vorfahren in sich. Seine Wahlheimat ist der Südosten Frankreichs, wo er sowohl für die Hochwild- als auch die Niederwildjagd sehr geschätzt wird.

Verhalten

Der Ariège Laufhund ist ein gleichermaßen fleißiger wie ausgezeichneter Auftreiber, der viel Initiative zeigt. Sein fügsames Wesen macht seine Ausbildung sehr leicht.
Ob als Einzelhund oder in der Meute – er bewältigt auch schwieriges Gelände leicht.
Sein bevorzugtes Wild ist der Hase, er wird aber auch auf der Rehwild- oder Schwarzwildfährte eingesetzt.

▲ Ariégeois

Australian Cattle Dog

Australischer Treibhund

WEITERE NAMEN
Heeler

WIDERRISTHÖHE
Rüde: 46 bis 51 cm;
Hündin: 43 bis 48 cm.

GEWICHT
15 bis 20 kg.

KURZBESCHREIBUNG
Mittelgroßer, kräftiger Hund, ohne schwerfällig zu wirken.

WESEN
Führig und treu ergeben.

Der Australische Treibhund ist ein harmonisch gebauter Hund mit kraftvollem Fang und kräftigem Gebiss. Sein Kopf ist stattlich und besitzt nach außen geneigte Ohren. Der Körper ist eher lang. Das Fell ist glatt mit kurzer und dichter Unterwolle. Die Fellfarbe ist blau, blau getüpfelt oder gesprenkelt und darf Abzeichen am Kopf tragen. Ebenfalls zulässig ist Rot, Rot getüpfelt oder gesprenkelt, mit oder ohne Abzeichen am Kopf.

▲ Australian Cattle Dog

Ursprung

Der Australische Treibhund entstand aus Kreuzungen zwischen dem Smithfield, einer dem Bobtail nahestehenden, heute ausgestorbenen Rasse, dem Dingo, dem Collie und dem Bullterrier. Man nennt ihn auch „Heeler" wegen seines Geschicks, das Vieh in die Fersen zu zwicken, ohne ihm wehzutun. Um 1840 wurden auch Dalmatiner und Kelpies eingekreuzt. 1890 wurde die Rasse anerkannt. Seit seiner Ankunft 1978 in Europa entwickelt sich diese originelle Hunderasse allmählich weiter, besonders in Großbritannien, den Niederlanden und in Belgien. In Deutschland kann man ihn auf Obedience-Wettbewerben arbeiten sehen, wo er sich sehr ehrenvoll schlägt.

Verhalten

Der sehr unternehmungslustige Hund ist wie geschaffen für das Hüten und Treiben von Rinderherden. Er ist unerschrocken und entschlossen. Der äußerst widerstandsfähige Hund wird dazu eingesetzt, die riesigen Viehbestände im Westen Australiens, in Queensland und New South Wales im Süden zusammenzutreiben.

- Der Australische Treibhund hat eine typische Lautgebung, die dem heulenden Ruf einer Eule sehr nahekommt. Er ist hervorragend zur Bewachung geeignet. Dieser selbstbewusste Hund braucht einen durchsetzungsfähigen Hundeführer.
- Bei guter Ausbildung zeigt er sich sehr führig. Der „Cattle" braucht unbedingt genügend Auslauf und geistige Beschäftigung. Er eignet sich bestens für alle gängigen Hundesportarten. An seine Familie schließt er sich eng an.

Australian Shepherd

Australischer Schäferhund

WIDERRISTHÖHE
Rüde: 51 bis 58 cm;
Hündin: 46 bis 53 cm.

GEWICHT
20 bis 25 kg.

KURZBESCHREIBUNG
Sehr wendiger und gut gebauter Hund, wobei die Hündinnen deutlich weniger massig sind als die Rüden.

WESEN
Intelligent und leichtführig.

Der mittelgroße Australische Schäferhund besitzt einen Schädel, der genau so breit wie lang ist, einen mäßig ausgeprägten Stopp sowie einen Fang, der sich bis zum Ansatz wenig verjüngt. Die mandelförmigen Augen blicken lebhaft. Die hoch angesetzten Ohren kippen in der Erregung zur Seite wie ein „Rosenohr".
Der Körper ist eher langgestreckt.
Die Rute ist lang und gerade, aber auch natürliche Stummelruten kommen vor.
Das Fell ist mittellang und kann glatt oder

▲ Australian Shepherd

gewellt sein. Die Dichte der Unterwolle ändert sich je nach Jahreszeit. Das Haar ist kurz und glatt am Kopf. An den Hinterläufen bildet es dichte „Hosen".
Die Fellfarbe ist schwarz, bluemerle, rotmerle, rot, mit oder ohne weißen Abzeichen, mit oder ohne Brand. Der weiße Kragen ist nur am Hals zulässig.

Ursprung

Der Australian Shepherd wurde – seinem Namen zum Trotz – in der Tat vor mehr als einem halben Jahrhundert an der Westküste der Vereinigten Staaten, in Kalifornien, gezüchtet. Der amerikanische Australische Schäferhund erweist sich als sehr aktiv und führig bei der Bewachung sowohl von Rinder- als auch Schafherden, die er in Richtung Koppeln treibt.
Die kleineren Exemplare sind sehr gefragt, denn ihre Beweglichkeit ist beim Zusammentreiben der Herden am größten.

Verhalten

Dieser Hund mit seiner scharfen Intelligenz zeigt einen ausgesprochen starken Herdentrieb. Dank seiner Energie vermag der Australische Schäferhund den ganzen Tag zu arbeiten. Er zeigt sich selten streitsüchtig. Mit seinem ausgeglichenem Wesen ist dieser ausgezeichnete Begleiter sehr anhänglich und seinen Herrn vollständig ergeben. Fremden gegenüber ist er manchmal scheu. Er sollte körperlich und geistig beschäftigt werden.

Australian Terrier

WEITERER NAME
Terrier aus Australien

WIDERRISTHÖHE
Rüde: 25 cm;
Hündin: etwas niedriger.

GEWICHT
Rüde 6,5 kg,
Hündin etwas weniger.

KURZBESCHREIBUNG
Kräftiger, niedrigstehender Hund, mit einem weichen Haarschopf am Kopf.

WESEN
Lebhaft und ausgeglichen.

Der Kopf dieses Terriers ist lang, der Schädel flach. Die dunkelbraunen Augen zeigen einen lebhaften Ausdruck. Die hoch am Schädel angesetzten und kleinen Ohren sind spitz und werden gut getragen. Der Hals hat eine gute Länge und ist wohlgeformt. Der Körper ist lang im Verhältnis zur Größe, kräftig gebaut und niedrigstehend; die Hinterhand ist kräftig. Die hoch angesetzt Rute wird aufrecht, aber nicht über dem Rücken getragen.
Das Körperhaar besteht aus glattem, hartem und dichtem, rund 6 cm langem Deckhaar und kurzer, weicher Unterwolle. Die Fellfarbe ist blau, stahlblau oder dunkelgraublau mit intensiven lohfarbenen Abzeichen an Gliedmaßen und Fang.
Der Schopf ist blau und silbern oder auch klar sandfarben oder rot mit einem etwas helleren Schopf.
Auf Ausstellungen sind Fellqualität, Farbverteilung und Fellbeschaffenheit von äußerster Wichtigkeit.

Ursprung

Der erstmals in Sydney 1899 vorgestellte Hunde zählt mehrere Terrierrassen zu seinen Vorfahren: den Cairn Terrier, den Dandie Dinmont Terrier, den Irish Terrier, den Scottish Terrier und natürlich den Yorkshire Terrier, dem er sehr ähnelt.

Verhalten

Dieser kleine, struppige, kompakt und kräftig gebaute Hund ist ein ausgezeichneter Arbeitshund, gewandt und sehr kämpferisch.

- Er besitzt einen ausgeprägten Terriercharakter und benötigt eine konsequente Erziehung. Dank seiner Lebhaftigkeit, Intelligenz, Anhänglichkeit, Treue und immerwährender guten Laune eignet er sich auch als Begleithund. Als sehr aktiver Hund muss er unbedingt beschäftigt werden.

▲ Australian Terrier

Azawakh

WIDERRISTHÖHE
Rüde: 64 bis 74 cm;
Hündin: 60 bis 70 cm.

GEWICHT
Rüde: 20 bis 25 kg;
Hündin: 15 bis 20 kg.

KURZBESCHREIBUNG
Dieser Windhund mit dem Flair hohen Adels vermittelt einen Eindruck von Leichtigkeit und Beweglichkeit.

WESEN
Eine starke Persönlichkeit, unabhängig, sanft und verspielt.

▾ Azawakh

Der Azawakh ist sehr schlank und hochläufig, mit feinem, trockenem und ziseliertem Kopf. Die mandelförmigen Augen sind ziemlich groß. Der Rücken ist kurz, die Hinterhand höher als die Vorderhand. Die lange, schlank auslaufende Rute ist tief angesetzt. In der Erregung wird sie aufrecht getragen. Das kurze, dünne und weiche Fell fehlt nahezu gänzlich am Bauch. Die Fellfarbe schwankt zwischen hellem Sandfarben und dunklem Falb, schwarze Stromung ist zugelassen. Das Vorhandensein von Weiß an Brust und Rutenspitze ist erwünscht. Die Pfoten müssen Weißfärbung aufweisen.

Ursprung

Der dem Sloughi nahestehende Azawakh bewohnt die Sahara schon seit 5000 Jahren. Heutzutage wird er hauptsächlich von den Tuareg-Nomaden gezüchtet. Obwohl seine hauptsächliche Bestimmung die Hetzjagd auf Gazellen ist, wird der Azawakh, ein vornehmes und stolzes Tier, von den Nomaden auch als Prunktier und Begleithund angesehen. Dieser Windhund gelangte 1970 nach Frankreich und besitzt seit 1982 einen eigenen Rassestandard. Dank seines Erfolges bei Liebhabern wird er mit Sicherheit genauso bekannt werden wie der Sloughi.

Verhalten

Der Azawakh besitzt eine sehr starke Persönlichkeit. Er ist gleichermaßen lebhaft und aufmerksam und seinem Herrn und seiner Familie gegenüber sehr anhänglich, ohne jedoch überschwänglich zu sein. Fremden gegenüber ist er reserviert, manchmal sogar aggressiv, aber Personen gegenüber, die er annimmt, sanft und liebevoll. Seine Erinnerung ist sprichwörtlich.

- Dieser sehr feinfühlige Hund muss sehr früh ausgebildet werden, bereits ab der 6. Lebenswoche, ohne dass er sich dessen bewusst wird. Gleichzeitig muss man ihn an den Lärm in der Stadt gewöhnen.
- Dieser Windhund, der die Bequemlichkeit und die Wärme liebt, passt sich an die Wohnungshaltung an, sofern ihm sehr viel Platz zur Verfügung steht, wo er jeden Tag herumtollen und frei herumlaufen kann.
- Der Azawakh eignet sich für einen kompetenten Sportliebhaber und wird in den Windhundvereinen auf der Rennbahn und bei Coursings eingesetzt.

Barbet

Französischer Wasserhund

WIDERRISTHÖHE
Rüde: 58 cm;
Hündin: 53 cm.

GEWICHT
20 bis 25 kg.

KURZBESCHREIBUNG
Wasserhund mit Bart und dichter Haarpracht.

WESEN
Ausgeglichener Hund.

Dieser mittelgroße Wasserhund besitzt einen gerundeten Kopf mit ausgeprägtem Stopp und breitem, kurzem Nasenrücken. Der Nasenschwamm ist braun oder schwarz. Die runden und mit dicken Augenbrauen bedeckten Augen sind vorzugsweise dunkelbraun. Die langen und flachen, mit langem Haar bedeckten Ohren sind tief angesetzt. Der Hals ist kurz und kräftig. Die tief angesetzte und üppige Rute ist leicht erhoben und bildet an ihrer Spitze einen leichten Haken.
Die dicke Haut ist mit langen wolligen und lockigen Haaren bedeckt, die Stränge bilden – ein wirksamer Schutz vor schlechtem Wetter.
Das Fell ist einfarbig (Schwarz, Grau oder Braun) oder mehr oder weniger gescheckt. Alle Schattierungen von Lohfarben und Sandfarben sind laut Rassestandard erlaubt.

Ursprung

Diese sehr alte, in ganz Frankreich verbreitete Rasse wurde schon immer für die Jagd auf Wasserwild verwendet. Seit dem 16. Jahrhundert wurde sie in mehreren Werken beschrieben. Außerdem wurde der Barbet auch als Apportierhund bei der Marine eingesetzt.
Die Rasse ist der Vorfahre zahlreicher anderer heutiger Rassen, besonders des Pudels.

▼ Barbet

Verhalten

Für die Jagd auf Wasservögel sucht der Barbet das Wild, stöbert es im Schilf oder im Wasser auf und scheucht es auf. Anschließend apportiert er das von seinem Besitzer geschossene Wild. Der sehr robuste und tüchtige Hund ist sehr wasserfreudig und stürzt sich ohne zu zögern bei jedem Wetter ins Wasser.

- Der Barbet ist ein ausgeglichener Hund, weder aggressiv noch ängstlich. Er ist sehr gelehrig.
- In der Wohnung ist er ein ruhiger Gefährte, muss aber seine ganze Energie draußen ausleben können.

▲ Basenji

Basenji

WIDERRISTHÖHE
Rüde: 43 cm;

Hündin: 40 cm.

GEWICHT
Rüde: 11 kg;
Hündin: 9 kg.

KURZBESCHREIBUNG
Gut bemuskelter Hund mit anmutigen Bewegungen.

WESEN
Intelligent, unabhängig und aktiv.

Der schön ziselierte Kopf des Basenji verengt sich in Augenhöhe. Der Fang verjüngt sich von den Augen zur Nase hin. Die Kopfhaut legt sich auf besondere Art in Falten, wenn die Ohren des Hundes sich aufrichten. Die dunklen, mandelförmigen, schräg eingesetzten Augen zeigen einen unergründlichen Ausdruck. Die großen und spitzen Ohren werden aufrecht nach vorne getragen. Der Hals von guter Länge unterstreicht die stolze Haltung des Kopfes. Der Körper ist wohlproportioniert, die Brust ziemlich tief. Die Vorderläufe sind gerade, die Hinterläufe kräftig und muskulös. Die hoch angesetzte Rute bildet eine Einfach- oder Doppelrolle, indem sie sich über dem Rücken stark ringelt. Geschmeidig, anmutig, aufgeweckt und sehr ausgeglichen zeigt der Basenji eine leichtenfüßigen, sehr typischen Gang, der an den leichtfüßigen Trab eines Vollblutpferds erinnert.
Das kurze Fell ist sehr fein, glänzend und dicht. Das Fell tritt in verschiedenen Farbgebungen auf: rein Schwarz und Weiß; Rot und Weiß; Schwarz, Lohfarben und Weiß mit lohfarbenen „Melonenkernen“ über den Augen und lohfarbenen Abzeichen an Fang und Backen; Schwarz; Lohfarben und Weiß; gestromt mit schwarzen Streifen auf rotem Grund. Die klar abgegrenzten Streifen sind erwünscht. Pfoten, Brust und Rutenspitze dürfen weiß gefärbt sein.

Ursprung

Dieser Hund aus Zentralafrika ist sehr alten Ursprungs: Seine Vorfahren sind auf 5000 Jahre alten Höhlenmalereien abgebildet. Erst in den 1930er-Jahren wurden die ersten Basenjis in Europa von den Briten vorgestellt. Der Name dieses robusten Hundes bedeutet einfach nur „Bauer“.

Verhalten

Der Basenji bellt nicht: Seine Lautgebung besteht aus einer Mischung von gluckser dem Lachen und Jodeln. Sein bei aufgestellten Ohren faltenreicher Kopf verleiht ihm einen sympathischen, etwas verblüfften Ausdruck. Wie eine Katze widmet dieser Hund seiner Körperpflege viel Zeit und ist daher äußerst sauber.

- Er wird sowohl in seiner Herkunftsgegend als auch in Europa und den USA, wo er ebenfalls eingeführt wurde, als Begleithund geschätzt, ist aber nicht unterwürfig. Da er sehr führerbezogen ist, zeigt er sich diesem gegenüber sehr beschützend. Als verspielter und liebevoller Hund liebt er seine Familie. Wenn es darauf ankommt, ist er ein guter Wächter und ausgezeichneter Jäger von Niederwild.
- Der Basenji ist Fremden gegenüber sehr misstrauisch. Die Rüden können sich Artgenossen gegenüber aggressiv zeigen. Es ist empfehlenswert, den Hund sehr früh mit Katzen oder anderen Haustieren zu sozialisieren.

Basset artésien normand

WIDERRISTHÖHE
Rüde und Hündin: 30 bis 36 cm.

GEWICHT
Rund 17 kg.

KURZBESCHREIBUNG
Muskulös gebauter Basset mit länglichem Kopf und freundlichem Blick, der sich elegant zu bewegen weiß.

WESEN
Unaufgeregt, fügsam, ruhig und munter.

Langgestreckter, gut gestellter Hund mit bedächtigem, doch leichtfüßigem Gang. Der Basset artésien normand hat einen gut gewölbten Kopf von mittlerer Breite, der einen trockenen Gesamteindruck vermittelt. Die großen und dunklen Augen blicken ruhig und ernsthaft drein. Der große, in einer Spitze endende Behang, der mindestens so lang wie der Fang ist, ist spiralförmig gedreht, geschmeidig und dünn. Er ist sehr tief angesetzt. Die kurzen und mehr oder weniger halb ausgedrehten Vorderläufe dürfen niemals überknöchelt sein. Die breite und mäßig tiefe Brust zeigt ein gut vorspringendes Brustbein. Der Rücken ist breit, die Lenden sind leicht aufgezogen und die Kruppe rundlich. Die Oberschenkel sind sehr gut gefüllt, die kräftigen Sprunggelenke bilden einen leichten Höcker. Die gut angesetzte und eher lange Rute wird manchmal säbelförmig getragen. Sie fällt jedoch niemals über den Rücken. Das kurze und dichte Fell ist nicht zu fein. Das Fell ist dreifarbig (Falbfarben mit schwarzem Mantel und Weiß) oder zweifarbig (Falbfarben mit Weiß).

▲ Basset artésien normand

Ursprung

Dieser Hund für die Jagd auf Niederwild mit seinem etwas drolligen Gang stammt von dem großen Normand-Laufhund ab (Basset de Lane), der heute als ausgestorben gilt, sowie den etwas leichteren Bassets d'Artois, die wiederum selbst von dem Großen Basset d'Artois abstammen.

Verhalten

Der Basset artésien normand jagt sowohl allein als auch in der Gruppe. Mit seiner sehr feinen Nase, hartnäckig, aktiv und gewitzt zeichnet er sich vor allem bei der Flintenjagd auf Kaninchen aus. Er jagt aber auch Hasen und Rehwild.

- Seine kurzen Läufe erlauben ihm, in das dichteste Dickicht einzudringen, das ein großer Hund nicht mehr durchdringt. Er hat ein schönes Geläut, tief und dunkel. Mit seiner Intelligenz begreift er schnell, was von ihm verlangt wird und er besitzt ein hervorragendes Gedächtnis. Dieser anhängliche Hund wird sehr als Begleithund geschätzt.
- Eine Wohnungshaltung ist möglich, sofern er von klein auf daran gewöhnt wurde. Er muss jedoch täglich ausreichend Bewegung erhalten.

Basset Hound

WIDERRISTHÖHE
Rüde und Hündin: 33 bis 38 cm.

GEWICHT
25 bis 30 kg.

KURZBESCHREIBUNG
Der schwerste aller Bassets zeichnet sich durch seinen sehr langen Behang und eine sehr sympathische äußere Erscheinung aus.

WESEN
Gesellig und sehr anhänglich.

Der Kopf des Basset Hound ist groß und wohlproportioniert, gewölbt, mit einem herausragenden Hinterhauptbein. Der Stopp ist mäßig ausgebildet. Die lose Haut darf an Stirn und um die Augen mäßig Falten bilden. Die Nase ist vollkommen schwarz, außer bei hellfarbigen Hunden, bei denen sie braun oder leberfarben sein darf. Die großen Nasenlöcher sind gut geöffnet. Die Lefzen der Oberlippe überlappen die der Unterlippe beträchtlich. Bei den dunklen und leicht tiefliegenden Augen ist das Rot der Nickhaut sichtbar. Der Ausdruck ist ruhig und ernst. Der lange schmale und tief angesetzte Behang ist gut eingerollt.
Er ist sehr geschmeidig sowie fein und samtartig. Der kräftige, gut gebogene Hals von guter Länge trägt eine ausgeprägte, jedoch nicht übertriebene Wamme.
Die Vorderläufe sind kurz, kräftig und kompakt. An der tiefen, vollen Brust ist ein ausgeprägtes Brustbein sichtbar.
Der Rücken ist gerade, die Hinterhand sehr muskulös. Die ziemlich lange und gut angesetzte Rute wird in der Bewegung aufrecht getragen und bildet einen leichten Bogen. Das kurze glatte Fell ist dicht. Die Fellfarbe ist üblicherweise dreifarbig (Schwarz, Loh und Weiß) oder zweifarbig (Lemon und Weiß). Es ist aber jede andere Laufhundfarbe zulässig.

▼ Basset Hound

Ursprung

Dieser Laufhund ging aus einer Kreuzung französischer Bassets (Normand-Hund, Basset d'Artois und Basset d'Ardennes) hervor. Es gab ihn offenbar schon seit dem 16. Jahrhundert in England, denn Shakespeare liefert im Sommernachtstraum eine erstaunliche genaue Beschreibung von ihm: „Auch meine Hunde sind aus Spartas Zucht, weitmäulig, scheckig und ihr Kopf behangen, mit Ohren, die den Tau vom Grase streifen; krummbeinig, wammig wie Thessaliens Stiere; nicht schnell zur Jagd, doch ihrer Kehlen Ton folgt aufeinander wie ein Glockenspiel."
Dank der Kreuzung mit dem Bluthund hat der Basset Hound in Großbritannien seine typischen Eigenschaften erworben: gewölbter Schädel, lose Haut und herabhängende Lefzen.
Es waren jedoch die Amerikaner, die die Rasse entwickelten und in Mode brachten. Die ersten Ende des 19. Jahrhunderts in die USA eingeführten Basset Hounds wurden infolge der amerikanischen Zuchtwahl zu den bekanntesten Luxus- und Ausstellungshunden.

Verhalten

Der Basset Hound ist mit seiner Nase ein ausdauernder Jäger. Seine Stimme ist tief und melodiös. Dieser gute und hartnäckige Laufhund bevorzugt die Jagd auf Hasen, Rehwild, Kaninchen und Wildschweine. Aufgrund seines Eigensinns muss er konsequent erzogen werden.

- Dieser Hund passt sich sehr gut an das Familienleben an, kann aber wegen seines stark ausgeprägten Rudelinstinkts nicht in der Wohnung allein gelassen werden. Er braucht daher Gesellschaft und täglich lange Ausflüge. Er ist ein anhänglicher und sanftmütiger Begleiter und auch Fremden gegenüber sehr liebevoll, der niemals aggressiv oder ängstlich wird.
- Scheue und nervöse Exemplare sind keine typischen Vertreter dieser Rasse.

Bayerischer Gebirgsschweißhund

WIDERRISTHÖHE
Rüde: 47 bis 52 cm;
Hündin: 44 bis 48 cm.

GEWICHT
20 bis 25 kg.

KURZBESCHREIBUNG
Harmonischer und eher leichterer Hund.

WESEN
Ruhig und ausgeglichen. Seinem Halter gegenüber ist er eng verbunden, bei Fremden zeigt er sich misstrauisch.

Verhältnismäßig breiter Schädel. Die Schlappohren liegen am Kopf an. Die nussbraunen Augen zeigen einen schönen, klaren Ausdruck. Hals und Rücken sind sehr kräftig, der Bauch leicht aufgezogen. Der Bayerische Gebirgsschweißhund ist länger als hoch und kräftig gebaut. Seine Muskulatur ist trocken, aber sichtbar.
Das Fell ist kurz, dicht, glatt anliegend und fühlt sich etwas rau an. An Kopf und Behang ist es etwas feiner. Die Fellfarbe reicht von Tiefrot bis Fahlgelb, oder ist rotgrau gestromt oder schwarz gestichelt. Die Maske ist etwas dunkler.

▲ Bayerischer Gebirgsschweißhund >>

Ursprung

Seine Vorfahren wurden hauptsächlich als Spür- und Schweißhunde verwendet. Er wurde überwiegend von Förstern und Jägern im Gebirge eingesetzt.

Verhalten

Der ursprünglich zur Gämsenjagd eingesetzte Bayerische Gebirgsschweißhund wird heutzutage für die Jagd auf Hasen und Federwild verwendet. Er ist mutig, leidenschaftlich und bewegt sich sicher in schwierigem Gelände. Seine Sinne sind sehr ausgeprägt, besonders sein Jagdinstinkt.

- Der seinem Herrn gegenüber anhängliche, ruhige und ausgeglichene Hund verhält sich zurückhaltend gegenüber Fremden. Er muss mit viel Geduld ausgebildet werden. Er ist für das Stadtleben ungeeignet, da er viel Bewegung benötigt und jagdlich geführt werden sollte.

Beagle

WIDERRISTHÖHE
Rüde und Hündin: 33 bis 40 cm.

GEWICHT
Rund 17 kg.

KURZBESCHREIBUNG
Kräftiger und stämmiger Hund, von harmonischem, ausgeglichenem und lebhaftem Wesen, der Kraft und Energie ausstrahlt.

WESEN
Lebhafter und intelligenter Hund.

Der Kopf ist kraftvoll, ohne schwer zu sein. Der leicht gewölbte Schädel besitzt einen deutlich ausgeprägten Stopp. Der Nasenrücken ist gerade. Die großen, dunkel- oder haselnussbraunen Augen haben einen sanften und gewinnenden Ausdruck. Der breite, flache und lange Behang wird anmutig an der Backe anliegend getragen. Der Rücken ist waagrecht, die Lenden sind fest.

Das kurze und dichte Fell kommt in allen anerkannten Laufhundfarben vor, mit Ausnahme von Leberbraun. Die Rutenspitze ist weiß.

Ursprung

Diese englische Laufhundrasse ist sehr alt. Seit dem 15. Jahrhundert wurde die Rasse in Großbritannien sehr beliebt und gelangte besonders unter der Herrschaft von Königin Elisabeth I. zu Ehren. Im 17. Jahrhundert kreuzten die großen englischen Jagdreiter die Beagles mit den Harriers zum Zweck der Hetzjagd und gaben schließlich häufig den Letzteren den Vorzug. Im 18. Jahrhundert werden sie von einem Dichter in einem seiner unter dem Namen des schottischen Barden Ossian veröffentlichten Gedichte erwähnt. Nach ihrer Ankunft in Frankreich erst in der zweiten Hälfte des 19. Jahrhundert wurden die Beagles die am meisten eingesetzten und gefragtesten kleinen Laufhunde. In den USA genießen sie ebenfalls große Beliebtheit, wo sie vor allem für die Jagd auf Waschbären und Füchse eingesetzt werden.

Verhalten

Mit ihrer Energie, Entschlossenheit und Schnelligkeit sind die Beagles ausgezeichnete Helfer bei der Jagd auf Kaninchen, der Flintenjagd auf Rehwild, auf Wildschweine und Füchse. Ihrem Gebell verdanken Sie den Spitznamen „Singing Beagles“.

- Diese Hunde mit ihrer feinen Nase sind gleichermaßen charmante Begleiter und sehr sanftmütig gegenüber Menschen. Fröhlich, sympathisch und aufgeweckt zeigen sie gewöhnlich keinerlei Aggressivität oder Zurückhaltung. Der sich gut unterordnende Beagle muss sehr früh ausgebildet werden. In der Stadt muss dieser lebhafte Hund unbedingt genügend Auslauf haben.

▲ Beagle

Beagle Harrier

WIDERRISTHÖHE
Rüde und Hündin: 45 bis 50 cm.

GEWICHT
Rund 20 kg.

KURZBESCHREIBUNG
Mittelgroßer, harmonischer, edler, sehr ausgeglichener Hund mit geschmeidigen, lebhaften und sicheren Bewegungen.

WESEN
Intelligent und anhänglich.

BESONDERES KENNZEICHEN
Kräftiger und flinker Hund.

Der Kopf hat einen recht breiten Schädel, einen eher geraden Nasenrücken, einen sich verjüngenden Fang, ohne jedoch spitz zu werden. Die gut geöffneten und dunklen Augen zeigen einen freien, lebhaften und intelligenten Ausdruck. Der nahezu flache, mittellange und breite Behang ist oberhalb der Augenlinie angesetzt. Die Brust ist gut herabreichend, die Vorderläufe sind kräftig, gerade und parallel. Rücken und Lenden sind kräftig, die Oberschenkel lang, gut gefüllt und muskulös. Das Fell ist gewöhnlich dreifarbig (weiß und falbfarben mit schwarzem Mantel, manchmal grau).

Ursprung

Entgegen weit verbreiteter Annahmen ist diese Rasse eine französische Züchtung, die, wie ihr Name schon anzeigt, aus einer Kreuzung zwischen dem Beagle und dem Harrier stammt sowie der Einkreuzung des Poitevin.

Verhalten

Dieser Hund, der größer und schneller als sein Vorfahr, der Beagle, ist, eignet sich hervorragend zur Hetzjagd auf Niederwild (Rehwild, Fuchs, Hase) und zur Jagd auf Schwarzwild. So mutig wie gewitzt und voller Energie ist er mit einem außergewöhnlichen Spürsinn ausgestattet und spürt sehr gut. Aufgrund seines offenen und anhänglichen Wesens wird er ebenso sehr als Begleithund geschätzt. In der Stadt muss dieser Hund unbedingt genügend Auslauf haben.

▲ Beagle Harrier

Bearded Collie

WEITERE NAMEN
Highland Collie, Mountain Collie

WIDERRISTHÖHE
Rüde: 53 bis 56 cm;
Hündin: 51 bis 53 cm.

GEWICHT
25 bis 30 kg.

WESEN
Lebhaft, freundlich, aggressionsfrei.

BESONDERES KENNZEICHEN
Sein Bart und sein besonders sympathischer Ausdruck.

Dieser Hütehund ist kräftig gebaut, ohne zu schwer zu wirken. Der Schädel ist breit und flach, der Fang kräftig, die Ohren von mittlerer Größe und hängend, die großen Augen weit auseinander liegend. Die lange Rute ist tief angesetzt. Das Fell ist glatt hart, kräftig und zottig, eine leichte Welung ist erlaubt. Der Bart ist typisch für den Bearded Collie. Die Unterwolle ist weich und dicht. Die Fellfarbe kann alle Schattierungen von Grau aufweisen, hauptsächlich Schiefergrau, Falbfarben bis ins Rot gehend, Schwarz oder Sandfarben, mit oder ohne weiße Abzeichen an Kopf, Brust, Läufen und Rutenspitze.

Ursprung

Dieser bärtige Collie, wie schon sein Name sagt, dürfte polnische Hütehunde zu seinen Vorfahren zählen, zweifellos die Polnischen Niederungshütehunde sowie die Schottischen Hütehunde. Ursprünglich zum Treiben der Schafherden aus den Hochebenen Schottlands eingesetzt, war er Anfang des 20. Jahrhunderts nahezu ausgestorben. Erst 1950 kam bei einer britischen Züchterin der erste Wurf zur Welt, auf den die heutigen Exemplare zurückzuführen sind. Seither erfährt die offiziell anerkannte Rasse eine beständige Weiterentwicklung.

Verhalten

Der liebevoll „Beardie“ getaufte Collie hat in den schottischen Highlands, wo er große Schafherden eigenständig hütete, seinen Sinn für Selbstständigkeit, Orientierungssinn und sein Gefühl für Gefahr erworben. Er verfügt darüber hinaus über einen guten Instinkt als Wachhund, den er mit viel Gespür ausübt. Heutzutage hat dieser Hütehund die Schafweiden gegen das Familienleben eingetauscht, an das er sich bestens angepasst hat. Sehr ausgeglichen und eher ruhig – dennoch kann auch er freudige Erregung zeigen! – und nicht sehr geräuschvoll, ist dieser Hund umgänglich, besonders wenn er täglich den notwendigen Auslauf bekommt.

- Dieser liebevolle Charmeur quillt über vor Zuneigung! Er liebt seine Familie, die zu diesem verspielten, schelmischen und neugierigen Teddybär die beste Beziehung unterhalten. Dank seiner Geselligkeit lebt er gerne mit anderen Hunden und Katzen zusammen. Als sensibler und intelligenter Hund muss er ernsthaft ausgebildet werden, aber ohne Schroffheit. Er passt sich an sämtliche Lebensumstände an. Wie alle Hütehunde ist der Bearded Collie fügsam und zeigt sich für eine spezielle Ausbildung empfänglich. Vor allem bei sportlichen Wettbewerben wie Agility sieht man ihn brillieren. Der mit einer robusten Konstitution ausgestattete „Beardie“ erfreut sich einer ausgezeichneten Gesundheit. Darüber hinaus ist er beim Futter nicht wählerisch: Er frisst nahezu alles und in moderaten Mengen.
- Dagegen erfordert er gewissenhafte und regelmäßige Fellpflege. Es empfiehlt sich daher, den Bearded Collie von frühester Jugend auf ans Bürsten und Baden zu gewöhnen. Als Erwachsener fügt er sich dann leichter in sein Schicksal. Sein Fell muss täglich gebürstet werden, vorzugsweise mit einer Metallbürste mit runden Borsten, um das Haar nicht herauszureißen. Vor einem – gelegentlich wohl nötigen – Bad sollte sein Fell entwirrt werden.

▲ Bearded Collie

Bedlington Terrier

WIDERRISTHÖHE
Rüde und Hündin: rund 41 cm.

GEWICHT
8,2 bis 10,4 kg.

KURZBESCHREIBUNG
Anmutiger, geschmeidiger und muskulöser Hund.

WESEN
Liebenswert, anhänglich und sanft.

BESONDERES KENNZEICHEN
Sein birnenförmiger Kopf und seine Pudelschur verleihen ihm das Aussehen eines Schafes.

Der schmale Schädel weist keinen Stopp auf. Die Linie vom Hinterhauptbein bis zur Nasenspitze ist vollständig gerade. Die kleinen, leuchtenden und tief liegenden Augen sind häufig dreieckig geformt. Die mandelförmigen und tief angesetzten Ohren liegen an den Wangen an. Der Kiefer ist lang, die Zähne des Scherengebisses sind groß und stark. Der tief angesetzte lange Hals verjüngt sich nach oben, der Kopf wird hoch getragen. Der gut bemuskelte Bedlington Terrier hat eine hohe, ziemlich breite und tiefe Brust, eine kräftige Hinterhand und stark gewölbte Lenden. Seine Hinterläufe erscheinen länger als die Vorderläufe und verleihen ihm eine einzigartige Gestalt. Die tief angesetzte, mäßig lange und am Ansatz dicke Rute läuft spitz zu. Sie ist leicht gebogen, wird aber niemals über dem Rücken getragen.
Das dicke und flachsartige Fell steht gut von der Haut ab und neigt zur Lockenbildung, besonders am Kopf und auf dem Nasenrücken. Die Fellfarbe ist blau, braun oder sandfarben, mit oder ohne Loh. Hunde mit blauer bzw. blauer und Lohfarbe müssen einen schwarzen Nasenschwamm haben.

Verhalten

Dieser anmutige, ausdauernde, geschmeidige und muskulöse Hund bewegt sich häufig im schnellen Galopp. Außerdem war er lange Zeit der Gehilfe von Wilderern. Als furchterregender Rattenjäger jagt er auch Niederwild. Heutzutage ist er ein Begleithund geworden.

- Unter dem Deckmantel von Zurückhaltung und Traurigkeit ist der Bedlington Terrier in Wirklichkeit ein fröhlicher und intelligenter Hund ebenso wie ein ausgezeichneter Wächter, der nur zum richtigen Zeitpunkt bellt. Er hat ein gutes Wesen und ist zutraulich. Er liebt das Familienleben.
- In der Stadt braucht er lange Spaziergänge und viel Auslauf. Aufgrund seines leichten Körperbaus und seiner Schnelligkeit ist er im Agility-Sport sehr erfolgreich.

Ursprung

Dieser englische Terrier soll, wie sein Name schon sagt, aus der Stadt Bedlington in Northumberland kommen. Er soll von Bergarbeitern erzüchtet worden sein, die einen Hund haben wollten, um die in den Stollen wimmelnden Ratten zu vernichten. Seine anmutige Erscheinung verdankt der aus dem Dandie Dinmont Terrier und dem Otterhund hervorgegangene Bedlington Terrier einer Einkreuzung von Whippets.

Berger belge

Belgischer Schäferhund

NAMEN DER VIER FELLVARIETÄTEN
Laekenois, Tervueren, Groenendael, Malinois.

WIDERRISTHÖHE
Rüde: 62 cm erwünscht; Hündin: 58 cm erwünscht.

GEWICHT
Rüde: 25 bis 30 kg; Hündin: 20 bis 25 kg.

KURZBESCHREIBUNG
Kraftvoll, harmonisch und elegant, mit vollkommen ausgewogenen Körperformen.

WESEN
Ausgeglichener Hund mit lebhaftem Temperament.

Der lange und gut gemeißelte Kopf wird durch dunkle, leicht mandelförmige Augen von lebhafter Intelligenz betont. Die eher kleinen, dreieckigen und aufrechten Ohren weisen beim geringsten Anzeichen von Gefahr leicht nach vorn. Sein Gebäude kann man als quadratisch beschreiben. Die Rippen sind nicht zu sehr gerundet, aber auch nicht zu schmal. Der Rücken ist breit und gut bemuskelt. Die kräftigen Läufe stehen senkrecht. Seine Bewegung ist leichtfüßig und lebhaft, er kann unermüdlich laufen. Die üppige Rute wird hängend getragen und zeigt in Ruhestellung auf Höhe des Sprunggelenks eine Biegung.

Das Fell ist bei allen Schlägen immer dicht, anliegend und von guter Beschaffenheit. Zusammen mit der wolligen Unterwolle bildet es einen ausgezeichneten Schutzmantel. Die einzelnen Varietäten der Rasse unterscheiden sich durch ihr Fell.

Der Groenendael trägt ein einfarbig schwarzes, langes Fell (d. h., ohne ein einziges weißes Haar). Der Rassestandard erlaubt lediglich etwas Weiß an Brust (Bruststern) und Pfoten.

Der Tervueren zeichnet sich durch ein falbfarben-schwarzgewolktes oder grau-schwarzgewolktes Fell mit schwarzer Maske aus.

Der Malinois besitzt ein kurzes, falbfarben-schwarzgewolktes Fell mit schwarzer Maske am Vorgesicht. Die Rute bildet keine Fahne, die Rückseite der Oberschenkel ist mit längeren Haaren befedert.

Der Laekenois besitzt ein rauhaariges, falbfarbenes Fell mit Spuren von schwarzer Wolkung, hauptsächlich am Fang und an der Rute.

Ursprung

Dieser große rassige und elegante Schäferhund soll nach manchen Aussagen von Hütehunden in Mitteleuropa abstammen. Andere wiederum führen seine Abstammung auf eine Kreuzung zwischen örtlichen Mastinos und den aus England von flämischen Mönchen im 18. Jahrhundert importierten Deerhounds zurück. Der Belgische Schäferhund ist zudem auf Stichen der damaligen Zeit zu sehen, die im Besitz des Hofes der Herzöge von Bourgogne und Habsburg waren. Erst 1885 begann die erste Züchtung einheimischer Belgischer Schäferhunde in der Langhaar- oder Kurzhaarvarietät und in allen Farben, als sich noch niemand außer den Schäfern für diesen Arbeitshund interessierte. 1891 wurde der Belgische Schäferhundeklub gegründet und 1898 wurde der schwarze langhaarige Belgische Schäferhund Groenendael nach dem Schloss getauft, das sein Züchter restaurierte. Der erste Groenendael entstand 1879 aus einer Kreuzung eines Hütehundes (Picard) mit einer langhaarigen Hütehündin (Petite). Der aus dieser Verpaarung hervorgegangene Rüde wurde dann mit den Schwestern und Töchtern verpaart und soll der Ursprung dieser Rasse sein. Der Tervueren, der in einem Dorf im Stadtrandgebiet von Brüssel gezüchtet wurde und dem er seinen Namen verdankt, wurde 1899 vom Rassestandard ausgeschlossen und 1907 erneut als Varietät anerkannt. Gleichzeitig wurde der falbfarbene rauhaarige Belgische Schäferhund Laekenois getauft, zu Ehren des Königsschlosses von Laeken. Später wurde der Malinois aus einer Kreuzung von rau-

▲ Berger belge

Berger Blanc Suisse

haarigen und kurzhaarigen Schäferhunden von Züchtern aus der Region Malines erzüchtet. Erst 1920 erlebte der Belgische Schäferhund eine Blütezeit. Der Standard wurde klar formuliert. Der Belgische Schäferhund wird gern von Zoll und Polizei eingesetzt, er ist aber auch als Spürhund oder als Rettungshund beliebt.

Verhalten

Dieser intelligente und mit einem außergewöhnlichen Geruchssinn ausgestattete Hund vereint in sich alle Eigenschaften eines Schäferhundes, Wachhundes, Schutzhundes und Diensthundes. Aufgrund seines übersprudelnden Temperaments und seines Schutztriebs ist er ständig in Bewegung und scheint unermüdlich.

- Er ist leicht auszubilden. Als guter Fährtenhund kann er als Lawinenhund, Botenhund und Rettungshund eingesetzt werden. Heutzutage wird er häufig für Bewachungsaufgaben eingesetzt.
- Der Belgische Schäferhund ist auch ein wegen seines üppigen Fells, hier besonders der Groenendael und der Tervueren, und wegen seines anhänglichen Wesens geschätzter Begleithund. Er liebt seine Familie und ist seinem Herrn, wenn auch nicht ausschließlich, sehr treu ergeben. Als agiler und sensibler Hund verträgt er keinerlei Zwang und noch weniger eine grobe Behandlung, die Erziehung muss also einfühlsam und trotzdem konsequent sein.
- Mit seiner wunderschönen Erscheinung steht dieser Hund mit seinem besonders feurigen Temperament und seinen stark ausgeprägten körperlichen Vorzügen bei Arbeitswettbewerben im Ring immer an erster Stelle.

Weißer Schweizer Schäferhund

WIDERRISTHÖHE
Rüde: 60 bis 66 cm;
Hündin: 55 bis 61 cm.

GEWICHT
Rüde: 30 bis 40 kg;

Hündin: 25 bis rund 35 kg.

KURZBESCHREIBUNG
Robuster, mittelgroßer Schäferhund mit eleganten und harmonischen Körperformen.

WESEN
Ausgeglichener, leichtführiger Hund.

Der Weiße Schweizer Schäferhund hat einen kräftigen, mäßig langen, rechteckigen Körper. Der Kopf ist kräftig und keilförmig. Der Nasenrücken ist gerade, die Lefzen möglichst vollständig schwarz, und er hat ein Scherengebiss. Die mandelförmigen Augen sind braun bis dunkelbraun, aber niemals blau. Die großen, hoch angesetzten Ohren sind gut aufrecht und nach vorn gerichtet. Der Körper ist kräftig, der Rücken gerade und fest, die Lenden sind stark bemuskelt und die nicht zu breit Brust ist ziemlich tief.
Die Säbelrute wird relativ tief getragen. Das Stockhaar ist mittellang oder lang, mit reichlich Unterwolle, das Deckhaar glatt, dicht und von weißer Farbe.

Ursprung

Die aus Nordamerika kommenden ersten Weißen Schäferhunde wurden aus Deutschen Schäferhunden gezüchtet, die Anfang des 20. Jahrhunderts aufgrund ihrer Fellfarbe vom Rassestandard ausgeschlossen wurden. Die Rasse wurde in der Schweiz gefestigt, wo sie Anfang der 1970er-Jahre importiert wurde. Dort fassten diese Schäferhunde Fuß, ebenso wie in anderen europäischen Ländern, unter anderem in Deutschland. Seit Juni 1991 sind die Hunde als neue Rasse im Anhang des L.O.S. (Schweizer Zuchtbuch) eingetragen.

Verhalten

Dieser temperamentvolle, aber nicht nervöse Schäferhund ist mutig und sehr wachsam. Er ist ein guter Begleithund, der auch hervorragend als Rettungshund, Schutz- und Fährtenhund eingesetzt werden kann sowie bei fast allen Hundesportarten. Fremden gegenüber zeigt er sich manchmal zurückhaltend, aber bei guter Sozialisation nicht aggressiv.

- Er braucht eine konsequente, aber keine grobe Ausbildung.

▲ Berger Blanc Suisse

Berger de Beauce

Beauceron

WIDERRISTHÖHE
Rüde: 65 bis 70 cm;
Hündin: 61 bis 68 cm.

GEWICHT
27 bis 37 kg.

KURZBESCHREIBUNG
Kräftiger und gut gebauter Hund. Der Beauceron ist vor allen Dingen ein Arbeitshund, der zum Hüten von Schafen gezüchtet wurde.

WESEN
Kluger und furchtloser Hund.

▲ Berger de Beauce

Die Augen sind dunkel, horizontalliegend und von leicht ovaler Form. Die Ohren sind hoch angesetzt und hängen herab. Der Schädel ist flach und länglich mit wenig ausgeprägtem Stopp. Der Beauceron besitzt eine breite Brust, seine kräftige und robuste Statur strahlt große Kraft aus. An den Hinterläufen besitzt er doppelte Afterkrallen. Man sollte darauf achten, dass sie nicht ins Fleisch einwachsen. Die Rute, die an der Spitze einen leichten Haken bildet, reicht bis zum Sprunggelenk. Das Fell ist kräftig, kurz, dick und am Körper festanliegend, auf dem Kopf kurz. An Gliedmaßen und Rute kann es leicht fransig sein.
Die häufigste – und auffallendste – Fellfärbung ist ein tiefes Schwarz, durch einige lohfarbene Abzeichen aufgehellt; dies vor allem an den Läufen, wo sie eine Art Strumpf bilden, die dem Beauceron den Namen „Rotstrumpf" eingebracht haben. Manche Beaucerons tragen drei Farben – auch „Harlekin" genannt – die blau gefleckt mit Brand oder grau, schwarz und lohfarben ist. Eine Größe außerhalb der Standardgröße, ein zu kleiner bzw. zu schwerer Kopf, ein Nasenschwamm von anderer Farbe als schwarz, zu helle Augen, eine kupierte oder eingerollte Rute, zu kurzes oder zu langes Fell, fehlende doppelte Afterkrallen, Farben außerhalb des Standards, schlechtes Gangwerk, aggressives oder sehr ängstliches Wesen sind Fehler, die zur Disqualifikation bei Ausstellungen führen.

Ursprung

Dieser sehr alte französische kurzhaarige Hütehund stammt von den „Flachlandhirtenhunden" ab, die einst die Herden in den Gebieten mit landwirtschaftlichen Großbetrieben im Pariser Becken hüteten. Ende des 19. Jahrhunderts, als die Selektion dieser Rasse ihren Anfang nahm, wurden die langhaarigen Schläge Briard genannt und die kurzhaarigen Schläge Beauceron.

Verhalten

Der robuste und kräftige Beauceron ist ein außergewöhnlicher Hütehund. Dieser aufgeschlossene, arbeitswillige, beherzte und schnelle Hund fürchtet sich vor nichts und niemandem. Er hat einen ausgeprägten Schutztrieb.

- Wie alle Hütehunde zeigt der Beauceron ein ausgeprägtes Revierverhalten. Diesem wachsamen Hüter vertraut man häufig die Bewachung alleinstehender Häuser, Fabriken, Werkstätten, Schafställe oder Pferdeställe an. Dieser intelligente Hund wird ebenfalls beim Militär und als Rettungshund eingesetzt. Er ist darüber hinaus ein geschätzter Begleithund und liebt seine Familie, zu der er sehr sanftmütig ist.
- Dieser Hund, der viel Bewegung braucht, kann nicht eingeschlossen leben. Für ihn sind ein richtig langer Auslauf jeden Tag, bei dem er ausreichend Freilauf erhält, ein Bedürfnis. Neben der körperlichen Beschäftigung ist auch die geistige Auslastung unerlässlich, damit dieser Power-Hund sich von seiner besten Seite zeigen kann. Am besten für diesen imposanten Vierbeiner wäre ein Job, wo er täglich beweisen kann, welche Qualitäten er besitzt. Er braucht eine konsequente Erziehung. Er folgt sehr gut, vorausgesetzt, er hat einen fähigen Hundeführer, der ihn sich unterordnet. Der Beauceron braucht einen konsequenten und durchsetzungsfähigen Menschen an seiner Seite, der ihn führt und das Schutzverhalten in die richtige Bahn lenkt.

Berger de Picardie

Picardie-Schäferhund

WEITERER NAME
Picard

WIDERRISTHÖHE
Rüde: 60 bis 65 cm;
Hündin: 55 bis 60 cm.

GEWICHT
19 bis 23 kg.

KURZBESCHREIBUNG
Robuster Hund, der im Aussehen einem Griffon ähnelt.

WESEN
Sehr arbeitsfreudig und sehr anhänglich den Seinen gegenüber.

Der Picard hat einen gut proportionierten Kopf mit einem Schnurr- und Backenbart. Die mittelgroßen Augen sind heller oder dunkler, je nach Fellfarbe. Die von Natur aus stehenden Ohren sind ziemlich hoch angesetzt. Der Picard ist ein kräftiger, gut gebauter Hund. Er hat einen kräftigen und muskulösen Hals, eine tiefe Brust, starke Lenden, breite Schultern und muskulöse Gliedmaßen, die Kraft und Ausgewogenheit ausdrücken. Die behaarte Rute mit leichter Krümmung an der Spitze hängt anmutig bis zu den Sprunggelenken. Das harte, halblange, weder gelockte noch flache Haar ist rau und pflegeleicht. Die Unterwolle ist fein und dicht. Die Länge des Fells am Körper beträgt 5 bis 6 cm, an den Pfoten ist es kurz. Die Färbung des Fells bewegt sich zwischen Grau- und Falbtönen, gelegentlich auch charbonniert. Auf Ausstellungen ist ein kleiner weißer Fleck an Brust und Pfotenspitzen erlaubt.

▲ Berger de Picardie

Ursprung

Dieser robuste Hund, der einem Griffon ähnelt, hat schon die Hirten der Picardie begleitet, die die Schafe im 18. Jahrhundert hüteten. Er stammt von den alten, in Frankreich schon seit Jahrhunderten bekannten Schäferhundrassen ab. Dennoch bedurfte es der Hartnäckigkeit einiger Züchter in der ersten Hälfte des 20. Jahrhunderts, bevor daraus eine eigenständige Rasse wurde, die 1925 anerkannt wurde.

Verhalten

Dieser große Hund, dessen Fell einen undurchdringlichen Wetterschutz bildet, ist zum Arbeiten wie geschaffen. Er ist ein zäher, unerschrockener Hund mit feiner Nase und gleichzeitig einer der besten Schäferhunde.

- Im Norden Frankreichs gewährleistet er nach wie vor die Bewachung der Herden. Sein Herr muss mit seiner Sensibilität umgehen können. Wird er von klein auf gut ausgebildet, wird dieser Hund ein angenehmer und treuer Begleiter der ganzen Familie sein.
- Wegen seines Misstrauens, sogar seiner Aggressivität Fremden gegenüber ist er ein besonders abschreckender Wachhund. Aufgrund seiner Lebhaftigkeit und Bewegungsfreude ist er für die Wohnungshaltung ungeeignet.

Berger des Pyrénées

Pyrenäenschäferhund

WEITERE NAMEN
Labrit

WIDERRISTHÖHE
Rüde: 40 bis 48 cm;
Hündin: 38 bis 46 cm.

GEWICHT
8 bis 12 kg.

KURZBESCHREIBUNG
Er ist der kleinste unter den Schäferhunden.

WESEN
Lebhafter, unerschrockener und unermüdlicher Hund.

Mit seinem dreieckigen Kopf ähnelt der Pyrenäenschäferhund ein wenig einem Bärenjungen. Die dunkelbraunen Augen mit ihrem intelligenten Ausdruck sind von schwarzen Lidrändern umrahmt. Der Nasenrücken ist gerade und eher kurz. Der Nasenschwamm glänzt und ist vollkommen schwarz. Die Ohren sind von Natur aus hängend. Dieser Schäferhund mit langem Rücken, aber eher kurzer Kruppe trägt eine mittellange, gut befederte Rute, die an der Spitze einen Haken bildet. Die Vorderhand ist trocken und sehnig. Das Fell besteht aus sprödem Haar und ist ein Mittelding zwischen Ziegenhaar und Schafwolle. An den Oberschenkeln ist das lange oder mittellange Haar immer sehr üppig. Am Fang ist das Haar kurz, ebenso an Schnurr- und Backenbart. An den Seiten ist es wie durch einen Windstoß zurückgeweht. Die Fellfarbe ist ein mehr oder weniger dunkles Fauve, mit oder ohne Beimischung schwarzer Haare, ein mehr oder weniger helles Grau oder ein Harlekin in unterschiedlichen Tönungen. Einfarbig schwarze Exemplare oder mit weißen Abzeichen sind selten. Auf Ausstellungen werden übermäßig viel Haar, das die Augen bedeckt, ein quadratischer Fang, depigmentierte Lidränder,

>>

ein dicker Hals, gerade Sprunggelenke, eine schlecht getragene Rute, doppelte Daumenkrallen an der Vorderhand oder zu stark bzw. zu schwach behaarte Pfoten als Fehler gewertet.
Es existiert auch eine kurzhaarige Varietät des Pyrenäenschäferhundes. Das Haar auf dem Körper ist halblang. Der Körper ist ein wenig kürzer als der des langhaarigen Pyrenäenschäferhundes. Die Hunde dieser Varietät sind darüber hinaus weniger nervös und gefügiger. Im Übrigen zeigen sie sich Fremden gegenüber nicht so misstrauisch. Sie sind sehr fröhlich und voller Tatendrang.

Ursprung

Der Pyrenäenschäferhund ist der kleinste unter den französischen Schäferhunden. Er ging vermutlich aus örtlichen Rassen hervor, deren Ursprung sich im Dunkel der Zeit verliert. Als er anlässlich der Hundeausstellung 1921 erstmals der Öffentlichkeit vorgestellt wurde, hatte er sich bereits dank seiner Schlauheit und seines Geruchssinns als Verbindungs- und Meldehund während des Zweiten Weltkriegs ausgezeichnet. Die Rasse wurde erst 1926 offiziell anerkannt.
Dieser Hund trägt je nach Region, in der er lebt, unterschiedliche Bezeichnungen: Labrit, Chien d'Arbazie, Chien de Bagnères, Chien d'Auzun, etc.

Verhalten

Der sehr robuste, Witterung, Ermüdung und Hunger gegenüber unempfindliche Hund frisst alles, was ihm zwischen die Pfoten fällt. Stets wachsam, instinktsicher und listig bewacht er außerordentlich effizient Schafe oder auch Rinder. Er versteht sich perfekt darauf, Schafe zu führen, zusammenzuhalten, einzelne Exemplare abzusondern und abtrünnige Exemplare aufzuspüren.

- Auch heute noch ist er in seinem Ursprungsland ein unabkömmlicher und treuer Begleiter des Schäfers, dem er widerspruchslos gehorcht. Aufgrund seiner geringen Größe und seiner sympathischen Ausstrahlung nimmt man ihn gerne auch als Begleithund. Es scheint jedoch, als ob er diese Umstellung nicht besonders mag, besonders in der Stadt, wo er seine ganze Energie nicht loswerden kann. Seine Ausbildung ist nicht ganz einfach.
- Er ist sehr misstrauisch und kann sich Fremden gegenüber recht unfreundlich zeigen.

Berner Sennenhund

WIDERRISTHÖHE
Rüde: 66 bis 68 cm; Hündin: 60 bis 63 cm.

GEWICHT
35 bis 40 kg

KURZBESCHREIBUNG
Übermittelgroßer, sympathisch aussehender Hund mit vorzüglichem dreifarbigem Fell.

WESEN
Gutmütig, gesellig und sehr anhänglich gegenüber den Menschen ihrer Familie. Auch erwachsene Berner haben oft noch viel Spielfreude. Sie sind wachsam, ohne viel zu bellen.

Der Kopf mit ziemlich breitem Schädel weist einen kräftigen, mittellangen Fang auf. Die kleinen, hoch angesetzten Ohren werden flach anliegend getragen. Die dunkelbraunen und mandelförmigen Augen haben einen sanften Ausdruck. Der Hals ist muskulös. Der Berner hat einen kompakten und kurzen Körper mit breiter und tiefer Brust, was den Eindruck von Kraft vermittelt. Die buschige und an der Spitze etwas gebogene Rute wird in Ruhestellung hängend getragen. Das Fell ist glänzend, fein und glatt. Es ist lang, dick und weich, manchmal gewellt. Über den Augen, an den Backen und an allen vier Läufen hat das Fell einen braunroten Brand. Weiße Abzeichen befinden sich auf dem Nasenrücken, der Brust, den Pfoten und manchmal an der Rutenspitze.

Ursprung

Die entfernten Vorfahren des Berner Sennenhundes sind die aus Asien stammenden Molosser, die die römischen Legionen als Kampfhunde verwendeten. Einige Exemplare, die in der zukünftigen Schweiz verblieben, verpaarten sich mit einheimischen Hunden, die die Herden und Häuser bewachten. Im 19. Jahrhun-

▼ Berner Sennenhund

dert hätte der Zustrom an ausländischen Rassen den Berner Sennenhund beinahe gefährdet und es bedurfte einiger engagierter Liebhaber um 1900, die eine Bestandsaufnahme guter verbliebener Exemplare und ein erneutes Aufleben der Schweizer Nationalrasse ermöglichten. Zu jener Zeit war das Gebiet um Dürrbach das hauptsächliche Zuchtgebiet. Daher stammt auch der ursprüngliche Name „Dürrbächler", der noch heute häufig verwendet wird.

Verhalten

Der Berner Sennenhund ist nach wie vor ein vielseitig veranlagter Hund. Als ausgezeichneter Treibhund von Großvieh im Mittelland ist er unempfindlich gegenüber den dortigen sehr rauen Witterungsverhältnissen. Dieser schon immer als Wachhund arbeitende Hund kündigt Besucher durch gemäßigtes Bellen an und wirkt allein schon durch seine imposante Größe abschreckend. Er wird heute kaum noch als Zughund eingesetzt. Dennoch hat er diese Aufgabe jahrzehntelang mit beispielhaftem Tatendrang regelmäßig ausgeführt. Die verschiedenen Gebrauchszwecke bedingen eine gute Eignung zur Ausbildung, die konsequent, keinesfalls aber grob erfolgen sollte, sondern mit Geduld und Zuneigung.

- Der in der Schweiz wie anderswo zunehmend als Familienhund geschätzte Berner Sennenhund bleibt trotz seiner Eigenschaft als guter Wächter freundlich und leicht zugänglich.
- Eine von klein auf durchgeführte gute Ausbildung bringt einen ausgezeichneten Begleithund hervor. Er braucht jedoch genügend Platz und darf auf keinen Fall in der Wohnung eingesperrt leben, denn das Alleinsein erträgt er nicht.

Bichon à poil frisé

Bichon Frisé

WEITERE NAMEN
Ténériffe, Gelockter Bichon

WIDERRISTHÖHE
Rüde und Hündin: unter 30 cm.

GEWICHT
3 bis 6 kg.

KURZBESCHREIBUNG
Lebhafter Hund mit weißem, korkenzieherartigen Fell.

WESEN
Reizender Hund voller Lebensfreude.

Der Bichon trägt den Kopf stolz und hoch. Der flache Schädel, der länger ist als der Fang, ist weder dick noch schwer. Der Stopp ist wenig ausgeprägt. Der Nasenschwamm ist abgerundet, schwarz und glänzend. Die eher runden, dunklen und lebhaften Augen werden von dunklen Lidern gesäumt und dürfen nicht vorstehend sein.
Die eher feinen und halblangen Ohren hängen flach herab und sind in der Erregung leicht nach vorn gerichtet. Sie sind mit langem und fein gekräuseltem Haar bedeckt. Der Hals ist recht lang, die Brust gut entwickelt und die Kruppe leicht abgerundet. Die Flanken sind aufgezogen, die Vorderhand ist gerade, die Hinterhand breit und gut bemuskelt. Die Rute wird gebogen getragen, ohne einzurollen.
Das Fell ist dünn, seidig und gekräuselt, dessen Korkenzieherform an das Fell der Mongolenziege erinnert. Es erreicht eine Länge von 7 bis 10 cm und seine Qualität ist auf Ausstellungen von größter Wichtigkeit. Die Fellfarbe ist reinweiß.

Ursprung

Der während der italienischen Renaissance aus einer Kreuzung zwischen dem Malteser und anderen kleinen Hunden, darunter auch dem Pudel, hervorgegan-

>>

gene Bichon wurde das Lieblingstier von Ritterkönig Franz I. Der lustige und sehr intelligente Hund entthronte sogar den Pudel in den Salons des 17. Jahrhunderts. Er ist der Ausgangspunkt für das französische Verb „bichonner", was umgangssprachlich soviel wie „die Haare frisieren" bedeutet. Man kann eine Darstellung von ihm im Gemälde le Billet doux des französischen Malers Fragonard sehen. Seine Beliebtheit in Spanien, besonders im 19. Jahrhundert, war so groß, dass man daraus eine spanische Rasse machte und diesen Salonhund lange Ténériffe nannte.

Verhalten

Der Bichon frisé ist ein fröhlicher, unbeschwerter und lebhafter, aber auch sanfter Hund. Er braucht Aufmerksamkeit und viele Streicheleinheiten. Dank seines gleichbleibend sonnigen Gemüts passt er sich sehr gut an das Familienleben an und liebt die Anwesenheit seiner Menschen, mit denen er von sich aus gerne spielt.

- Er hat sich eine Vorliebe für das Landleben bewahrt, aber er passt sich auch gut an die Wohnungshaltung an. Er ist ausdauernd auf Spaziergängen. Sein Fell erfordert viel Pflege. Obwohl er kein Wachhund ist, schlägt er rechtzeitig Alarm.

Billy

WIDERRISTHÖHE
Rüde: 60 bis 70 cm;
Hündin: 58 bis 62 cm.

GEWICHT
Vom Rassestandard nicht definiert.

KURZBESCHREIBUNG
Gut gebauter, kräftiger und doch leichter Hund.

WESEN
Gehorsam und nicht aggressiv.

BESONDERE KENNZEICHEN
Das weiß- und orangefarbene Fell und die schwarz umrandeten Augen verleihen ihm sein besonderes Aussehen.

Der Billy besitzt einen mittellangen, ziemlich schlanken und trockenen Kopf. Der ziemlich breite Fang ist leicht gewölbt, der Stirnabsatz betont und der Hinterhaupthöcker sichtbar. Der mittellange, flache, etwas hoch angesetzte Behang ist im unteren Teil leicht eingedreht. Die lebhaften Augen sind gut geöffnet. Das kurze, harte, oft etwas grobe Fell ist im Allgemeinen einheitlich weiß, kann aber auch falbfarben bis milchkaffeeweiß sein oder auch weiß mit hellorangefarbenen oder zitronenfarbenen Flecken oder Mantel.

Ursprung

Dieser große Laufhund ist ein Abkömmling der Chiens blancs du Roi, den unter Ritterkönig Franz I., Henri IV. und Ludwig XIV. beliebten großen weißen Jagdhunden aus königlicher Zucht. Die Rasse wurde Anfang letzten Jahrhunderts gefestigt durch die Kreuzung zwischen dem Montembœuf und dem Céris, zwei heute bereits ausgestorbenen Rassen.

Verhalten

Der Billy ist mit einem besonders feinen Geruchssinn ausgestattet, von großer Ausdauer und zeigt einen leichtfüßigen Galopp. Er eignet sich daher vorzüglich zur Hetzjagd, vor allem auf Schwarz- und Rehwild.
Er vereint Kraft und Geschmeidigkeit in sich, begleitet von einem tief tönenden und klangvollen Geläut. Dieser Hund von einfacher Wesensart ist fügsam und zeigt sich Menschen gegenüber freundlich.

▲ Billy

Bleu de Gascogne

Blauer Gascogne-Laufhund (Groß, Klein, Griffon, Basset)

WIDERRISTHÖHE
Rüde: 65 bis 72 cm (Großer Laufhund); 52 bis 60 cm (Kleiner Laufhund); 50 bis 57 cm (Griffon); 34 bis 38 cm (Basset); Hündin: 62 bis 68 cm (Großer Laufhund); 50 bis 56 cm (Kleiner Laufhund); 48 bis 55 cm (Griffon); 34 bis 38 cm (Basset).

GEWICHT
Rund 35 kg (Großer Laufhund); Rund 25 kg (Kleiner Laufhund); Rund 20 kg (Griffon); Rund 17 kg (Basset).

KURZBESCHREIBUNG
Passionierter Laufhund von aristokratischem Äußeren.

WESEN
Sanfte, anhängliche Hunde, sehr führerbezogen, die eine konsequente Ausbildung erfordern.

BESONDERE KENNZEICHEN
Ihre schöne heulende Stimme.

Der Blaue Gascogne-Laufhund besitzt einen adeligen, kräftigen und länglichen Kopf. Der Hinterhaupthöcker ist betont, der Stopp wenig ausgeprägt, der Nasenrücken nur wenig gewölbt. Der Fang trägt einen schwarzen, gut entwickelten Nasenschwamm. Die ziemlich herabhängenden Lefzen bedecken den Unterkiefer. Die ovalen braunen oder dunkelkastanienbraunen Augen liegen unter dicken Lidern. Der sehr tief angesetzte Behang ist typisch für den Gascogne-Laufhund. Der mittellange Hals ist leicht gebogen, mit ausgebildeter Kehlwamme. Die Rute wird als Säbelrute getragen.
Körperbau und Gliedmaßen strahlen Festigkeit, Kraft und Entschlossenheit aus.

Das Fell ist recht dick, dicht, glatt und eher kurz, außer beim Blauen Gascogne Griffon, der es etwas länger, härter, rauer und struppiger trägt.
Das Fell dieses Hundes trägt ausgedehnte schwarze Platten auf vollständig schwarz-weiß getüpfeltem Grund, was ihm einen schieferblauen Schimmer verleiht.
Im Allgemeinen trägt jede Kopfseite zwei symmetrische schwarze Flecken, die von den Wangen bis zum Hals reichen. Auf dem Schädeldach lassen sie einen weißen Zwischenraum, in dessen Mitte sich häufig ein kleiner ovaler schwarzer Fleck findet, was typisch für die Rasse ist. Lohfarbene Abzeichen finden sich über den Augen, auf den Backen, unten an den Gliedmaßen und unter der Rute. Den Blauen Gascogne-Laufhund gibt es – neben dem Großen Blauen Gascogne-Laufhund – in mehreren Varietäten.

- Der Kleine Blaue Gascogne-Laufhund ist das Ergebnis einer Kreuzung zwischen einem mittelgroßen Blauen Gascogne-Laufhund und einem Rauhaar-Griffon, besonders dem Briquet Griffon Vendéen.
- Der Blaue Griffon der Gascogne, leichtfüßig und sehnig, entstand aus einer Kreuzung zwischen Griffon und Blauem Gascogne-Laufhund.
- Der Blaue Basset der Gascogne soll das Ergebnis einer im 19. Jahrhundert bei einer Meute Großer Blauer Gascogne-Laufhunde aufgetretenen Mutation sein.

>>

Verhalten

Alle Varietäten des Großen Blauen Gascogne-Laufhunds sind geborene Jagdhunde, mit sehr feiner Nase, voller Eifer, mit einer schönen, tief tönenden heulenden Stimme, der sich leicht in die Meute einordnet und sehr robust ist.

- Der Große Blaue Gascogne-Laufhund mit seinem langsamen, aber gleichmäßigen Gang wird für die Jagd auf Hochwild eingesetzt. Man trifft ihn hauptsächlich im Südwesten Frankreichs an, wo er für die Hasen- und Rehwildjagd verwendet wird. Als bemerkenswerter Spürhund mit seiner kräftigen, tiefen Stimme war er früher als Jagdhund für Wölfe und Luchse bekannt.
- Der lebhafte und aktive Kleine Blaue Gascogne-Laufhund wird hauptsächlich zur Flintenjagd eingesetzt. Der Blaue Griffon der Gascogne ist sehr vielseitig, der Blaue Basset der Gascogne mit seiner heulenden Stimme ist aktiv und flink. Das Stadtleben ist nichts für diese Jagdhunde, die frei laufen können müssen.

Anderen Meinungen zufolge soll die Rasse aus Kreuzungen zwischen den Großen Blauen Gascogne-Laufhunden und den Saintongeois-Bassets hervorgegangen sein.

Ursprung

Man sagt, dass der Große Blaue Gascogne-Laufhund im 16. Jahrhundert von Gaston Phébus, dem Grafen von Foix, aus dem St. Hubert und Laufhunden aus der Region Gascogne erzüchtet worden ist, aus der sich auch sein Name ableitet. Der Rassestandard wurde 1919 festgelegt. Nachdem der Große Blaue Gascogne-Laufhund praktisch ausgestorben war, lebt die Rasse heute wieder auf.

Bolognese

WIDERRISTHÖHE
Rüde: 27 bis 30 cm;
Hündin: 25 bis 28 cm.

GEWICHT
2,5 bis 4 kg.

KURZBESCHREIBUNG
Sein langes, reinweißes Fell verleiht im ein ästhetisches Aussehen.

WESEN
Führig und sehr gesellig.

Der Kopf des Bologneser mit flachem Oberkopf und geradem Nasenrücken weist einen ziemlich betonten Stopp auf. Der Fang endet in einem großen schwarzen Nasenschwamm. Die großen schwarzen Augen sind gut geöffnet. Die Ohren stehen leicht vom Kopf ab. Der Bologneser ist quadratisch gebaut. Er besitzt eine breite Brust, einen geraden Rücken, leicht geschwungene Lenden und eine breite, sich leicht krümmende Kruppe. Die mit sehr langen Haaren flockig befederte Rute krümmt sich über dem Rücken. Das Fell ist lang, auch flockig, aber nicht am Körper anliegend. Es muss von sehr reinem Weiß sein.

Ursprung

Der seit dem 12. Jahrhundert bekannte Bologneser war zur Zeit der Renaissance in Italien sehr in Mode. Sein Ursprung jedoch scheint über den Umweg über die Kanarischen Inseln in Malta zu liegen. Ungeachtet dessen hat er seine typischen Merkmale im Norden Italiens erhalten. Der mit dem Malteser eng verwandte Bologneser ist außerhalb Italiens kaum verbreitet, wo heute noch zahlreiche Exemplare anzutreffen sind.

Verhalten

Dieser nach außen hin ernst erscheinende, anmutige, ruhige und umgängliche Hund unterhält gerne seine ganze Umgebung. Als geselliger und anhänglicher Hund liebt er das Familienleben. Auch wenn er nicht so unternehmungslustig wie die anderen Bichons ist, braucht er doch seine tägliche Bewegung.

▲ Bolognese

Border Collie

WIDERRISTHÖHE
Rüde: rund 53 cm;
Hündin: etwas darunter.

GEWICHT
15 bis 20 kg.

KURZBESCHREIBUNG
Harmonischer und sehr schneller Schäferhund, mit beeindruckend durchdringendem Blick.

WESEN
Leichtführig und sehr intelligent, sehr großer Arbeitswille.

Der Border Collie hat einen mäßig kurzen und kräftigen Fang. Die mittelgroßen Ohren werden aufrecht oder gekippt getragen. Die gut voneinander abgesetzten und ovalen Augen dürfen braun oder blau sein. Exemplare mit Merle-Fell können auch Birkaugen haben. Ihr Ausdruck ist lebhaft und sanft zugleich. Er hat einen kräftigen Kiefer mit Scherengebiss. Mit seinem gut bemuskelten und eleganten, wohlproportionierten Köperbau sollte sich der Hund schleichend, jedoch ohne Nervosität fortbewegen. Die mittellange Rute ist fuchsartig. Das Fell ist mäßig lang und dicht, die Unterwolle ist weich und dicht. Es gibt auch eine kurzhaarige Varietät. Das Fell bildet eine gute Mähne am Hals sowie eine Fahne an der Rute. Es sind alle Farben erlaubt, wobei Weiß nie vorherrschen soll.

Verhalten

Er hat „das Auge“, sagen die Züchter. In der Tat vermittelt der Border Collie den Eindruck, dass er die Kraft seines Blickes benutzt, um Schafe und Rinder zu hypnotisieren, an die er sich wie ein Jagdhund anschleicht. Aus der Distanz arbeitend sieht er sämtliche Reaktionen der Herde in allen Situationen voraus und weiß damit umzugehen. Sein außergewöhnlicher Geruchssinn lässt ihn mitten im dichtesten Gewimmel problemlos arbeiten.

- Der Border Collie arbeitet auf Distanz nur über Pfiff oder Ruf ebenso zuverlässig und konzentriert wie an den Viehherden im Pferch. Hier besteht seine Aufgabe darin, die Widder von den Mutterschafen zu trennen oder die Herde auf die Weide zu führen. Er zeichnet sich auf jedem Arbeitswettbewerb aus.
- Der intelligente und äußerst aufmerksame Border Collie lässt sich besonders gut ausbilden. Seine Ausbildung sollte liebevoll erfolgen, da dieser sehr sensible Hund sonst nervös und ängstlich werden kann.
- Der Border Collie ist von Natur aus unterwürfig, ausgeglichen und eigensinnig. Er ist sehr führerbezogen und zeigt sich Fremden gegenüber zurückhaltend aber nicht aggressiv.
- Für ihn ist Bewegung lebensnotwendig. Von einer Haltung als Familienhund ist abzuraten, ganz besonders auch von einer Haltung in der Stadt.

Ursprung

Seine Vorfahren sollen nordische Hunde, Hütehunde von Rentierherden, sein, die beim Einfall der Wikinger in Schottland mit einheimischen Schäferhunden gekreuzt wurden. Der Border Collie verdankt seinen Namen dem hügeligen Grenzland zwischen Schottland und England, wo sich die Rasse dank der Schäfer weiterentwickelte. Er fand bereits in verschiedenen Texten aus dem 16. Jahrhundert Erwähnung. Die Rasse, so wie wir sie heute kennen, wurde im Wesentlichen wegen ihrer Arbeitseigenschaften gezüchtet und 1843 gefestigt. Ihr Rassestandard wurde bis 1976 nur vom Britischen Kennel Club anerkannt. 1988 erfolgte dann auch die Anerkennung durch die F.C.I. Obwohl der Border Collie als Familienhund immer beliebter wird und regelrecht zum Modehund geworden ist, darf der Halter den hohen Beschäftigungsanspruch dieses anspruchsvollen Hundes selbst bei Tieren aus reinen Ausstellungslinien nicht unterschätzen, will er mit seinem Hund glücklich werden. Um von der Arbeitsweise des Border Collies einen Eindruck zu bekommen, bietet sich ein Besuch der seit 1990 auch in Deutschland von der Arbeitsgemeinschaft Border Collie Deutschland im Club für Britische Hütehunde organisierten Hütewettbewerbe an.

Border Terrier

WIDERRISTHÖHE
Rüde: 37 bis 40 cm;
Hündin: 33 bis 36 cm.

GEWICHT
Rüde: 5,9 bis 7,1 kg;
Hündin: 5,1 bis 6,4 kg.

KURZBESCHREIBUNG
Dieser Terrier ist eher hochläufig und hat eine besondere Kopfform sowie große und sehr ausdrucksvolle Augen.

WESEN
Unternehmungslustiger und temperamentvoller Hund.

Der mäßig breite Schädel mit kurzem und starkem Fang zeigt eine gewisse Ähnlichkeit mit einem Otter. Die dunklen Augen zeigen einen lebhaften Ausdruck. Die kleinen, V-förmigen Ohren fallen nach vorne und liegen an den Wangen an. Der kräftige Kiefer trägt ein starkes Scherengebiss. Der Körper ist hoch, schmal und ziemlich lang. Die Vorderläufe sind gerade. Die Hinterhand mit der kräftigen Lendenpartie ist zum Laufen gut geformt. Die mäßig kurze Rute ist dick am Ansatz und läuft spitz zu. Das Fell ist harsch und dicht, mit anliegender, schützender Unterwolle. Die Fellfarbe ist rot, weizenfarben grizzle mit tan (meliert und lohfarben) oder blau mit tan (blau und lohfarben).

Ursprung

Der Border Terrier stammt aus den Cheviot-Bergen, die die Grenzen zwischen Schottland und England bilden. Jahrhundertelang wurde er als Spezialist für die Fuchs- und Marderjagd eingesetzt. Man sagt, dass dieser Hund aus dem heute ausgestorbenen English Terrier hervorging, aber auch mit dem Dandie Dinmont Terrier und dem Bedlington Terrier verwandt ist.
Als Arbeitshund folgt er einem Pferd, ohne zu ermüden.

Verhalten

Dieser sehr charakterstarke Terrier erwartet, dass man seine Unabhängigkeit respektiert. Mit seinem ausdrucksvollen Gesicht hat es manchmal den Anschein, als ob er lachen würde. Dank seiner Kühnheit und Unternehmungslust ist er ein unerschrockener und sehr guter Jäger.

- Heutzutage wird er als Begleithund geschätzt. Der Border Terrier vermag wohl Befehle zu erlernen, er wird sie jedoch nicht immer unmittelbar befolgen. Er verträgt keine grobe Behandlung und wenn man ihn ausschimpft, kann er sehr lange „schmollen“. Als sehr geselliger Hund liebt es dieser Terrier, mit seiner Familie zu spielen. Er ist nicht besonders lautfreudig, obwohl manche Exemplare eine Lautgebung haben, die dem Jodeln ähnelt.

▲ Border Terrier

Russkaya Psovaya Borzaya

Barsoi

WEITERER NAME
Russischer Jagdwindhund

WIDERRISTHÖHE
Rüde: 75 bis 85 cm;
Hündin: 68 bis 78 cm.

GEWICHT
Rund 45 kg.

KURZBESCHREIBUNG
Großer Hund von aristokratischer Erscheinung, mit sehr harmonischen Proportionen und Bewegungen.

WESEN
Ruhiger und ausgeglichener Hund.

Der schmale und lange Kopf ist trocken und fein ziseliert. Er verjüngt sich in Richtung Fang und endet in einem großen Nasenschwamm. Die großen, mandelförmigen, schräg eingesetzten, haselnuss- oder dunkelbraunen Augen sind ausdrucksvoll. Die kleinen weichen und beweglichen Ohren sind über der Augenlinie angesetzt. Erregt etwas die Aufmerksamkeit des Hundes, werden die Ohren hoch getragen. Eine imposante Größe, schlanke Konturen und ein seidig glänzendes Fell kennzeichnen diesen sehr ausgeglichenen und eleganten Hund in seiner gesamten Bewegung.
Der Rücken bildet einen Bogen, der bei Rüden stärker ausgeprägt ist. Die Brust ist tief, der Bauch gut aufgezogen. Die als Sichel- oder Säbelrute getragene Rute ist dünn und lang, aber reichlich befedert. Die Gliedmaßen sind gerade, muskulös und trocken, die Schultern lang und schräg, die Oberschenkel gut bemuskelt und lang. Das Fell des Barsoi besteht aus langem, seidigem und gewelltem Haar, das kurze Locken bildet. Auf Kopf, Ohren und vorne an den Gliedmaßen ist es kürzer und satiniert. An Hals, der Unterseite der Brust, hinten an den Gliedmaßen und am Schwanz ist das Haar dichter. Das Fell zeigt eine Kombination aller Farben mit Ausnahme von Blau, Braun und jeder Abstufung dieser Farben. Alle Farben dürfen einfarbig oder gescheckt vorkommen. Federn, „Hosen" und die Fahne der Rute sind deutlich heller als die Grundfarbe. Eine schwarze Maske ist typisch bei den schwarz-gewolkten Farben.

Ursprung

Der Barsoi ist in Russland seit neun Jahrhunderten bekannt. Im 11. Jahrhundert hatte die Tochter des Großherzogs von Kiew drei Barsois in ihrem Gefolge, als sie nach Frankreich kam, um sich mit König Heinrich I. zu vermählen. Lange war der Barsoi der Lieblingshund der großen Familien Russlands, die ihn hauptsächlich bei der Wolfs-, Fuchs- und Hasenjagd einsetzten. Seit dem Ende des 19. Jahrhunderts findet sich der Barsoi in den größten Zwingern Europas und Amerikas. Nachdem die Rasse während der Revolution von 1917 nahezu ausgerottet wurde, haben die Russen die Zucht auf Basis von verschonten Exemplaren und importierten Tieren wieder aufgenommen. Heute wird der Barsoi als Begleithund geschätzt, aber auch bei der Jagd eingesetzt.

Verhalten

Der Barsoi ist ein empfindsamer Hund, der mit viel Geduld und behutsam aufgezogen werden muss, da er keinerlei Brutalität verträgt. Da er eigensinnig und ein Dickschädel ist, braucht man viel Geduld bei seiner Ausbildung.

- Im Haus ist er ruhig und macht es sich am liebsten auf Kissen bequem. Er ist zur ganzen Familie liebevoll und zeigt sich manchmal melancholisch.
- Im Alltag ist der Barsoi beherrscht, aber angesichts von Wild erregt er sich rasch. Sein scharfer Blick lässt ihn weit sehen. Beim Jagen ist sein Galopp dank raumgreifender Schritte äußerst schnell.
- Insgesamt ist der Barsoi ein kräftiger und couragierter Windhund, der sehr viel Auslauf benötigt.

Boston Terrier

WIDERRISTHÖHE
Rüde und Hündin: 25 bis 40 cm.

GEWICHT
Leichte Exemplare: unter 6, 8 kg; Mittelschwere Exemplare: 6,8 kg bis knapp 9 kg; Schwere Exemplare: 9 bis 11,35 kg.

KURZBESCHREIBUNG
Der Hund vermittelt den Eindruck von Kraft und Eleganz und trägt eine nachdenkliche Miene zur Schau.

WESEN
Unternehmungslustiger und intelligenter Hund.

Der quadratische, faltenfreie Schädel des Boston Terriers ist oben flach. Die Stirnpartie ist gerade, der Stopp gut ausgeprägt. Das Vorgesicht ist kurz und quadratisch, breit und tief und steht in gutem Verhältnis zum Schädel. Die Lefzen bedecken die regelmäßig angeordneten Zähne. Ein leichter Vorbiss gibt dem Fang das quadratische Aussehen. Die großen, weit auseinander platzierten Augen sind rund und dunkel. Die kleinen Ohren sind von Natur aus aufrecht.
Der leicht gebogene Hals trägt den Kopf anmutig. Der Boston Terrier ist ein kompakter Hund mit breiter Brust, kurzem Rücken, einer zum Rutenansatz hin leicht abfallenden Kruppe und muskulöser Lendenpartie. Die Vorderläufe sind gerade und fest. Der wohlproportionierte, charakteristisch quadratische Boston Terrier strahlt ruhige Kraft gepaart mit viel Anmut, aus. Seine Bewegungen sind sehr rhythmisch, wobei die Vorder- und die Hinterläufe geradlinig nach vorn geführt werden. Die tief angesetzte und kurze Rute ist gerade oder schraubenförmig. Sie darf nicht oberhalb der Waagrechten getragen werden. Das Fell ist kurz, fein, glatt und glänzend; ein Fellwechsel findet nicht statt. Die Fellfarbe ist vorzugsweise gestromt, „Seal“, sie kann aber auch schwarz mit weißer Zeichnung sein. Der Rassestandard fordert eine weiße Markierung rund um den Fang, eine weiße Blesse zwischen den Augen und Weiß an der Vorderbrust. Erwünscht ist Weiß rund um den Hals, an der Vorderbrust, an den Vorderläufen und an den Hinterläufen unterhalb der Sprunggelenke.

Verhalten

Der trotz seiner Abstammung friedliche, sehr lebhafte Hund wurde zum geschätzten Begleithund. Seine Ähnlichkeit mit der Französischen Bulldogge, deren Blut er in sich trägt, hat ihm das ausgeglichene Wesen und die Liebenswürdigkeit eingetragen, die ihn besonders in den USA so erfolgreich machten, wo man ihn als „American Gentleman“ bezeichnet.
Dennoch braucht dieser Hund eine konsequente Ausbildung. Er eignet sich gut zur Wohnungshaltung, vorausgesetzt, er erhält täglich ausreichend Auslauf. Sein außergewöhnliches Wesen und seine beachtliche Intelligenz machen den Boston Terrier zu einem unvergleichlichen Begleiter, der sehr menschenbezogen, geduldig und sanft ist und sich auf dem Land und in der Stadt wohlfühlt.

Ursprung

Der 1870 aus einer Kreuzung von Bulldogge und Bull Terrier hervorgegangene Boston Terrier wurde zunächst „Boston Bull-Terrier“ getauft. Der um 1920 sehr in Mode gekommene Hund sollte sich ursprünglich bei Hundekämpfen auszeichnen, die in manchen amerikanischen Städten Tradition waren. Heutzutage ist er ein in Großbritannien und den USA sehr beliebter Begleithund.

Bouledogue français

Französische Bulldogge

WIDERRISTHÖHE
Rüde: 30 bis 35 cm;
Hündin: 29 bis 34 cm.

GEWICHT
8 bis 14 kg.

KURZBESCHREIBUNG
Ein charmanter Molosser in Kleinformat.

WESEN
Fröhlich, verspielt und anhänglich.

Die Französische Bulldogge hat eine kompakte Statur und einen soliden Knochenbau, mit einem sehr kräftigen, faltigen, breiten und quadratischen Kopf mit flachem Oberkopf, gewölbter Stirn und einem sehr stark ausgeprägten Stopp. Der kurze Nasenrücken zeigt konzentrisch verlaufende Falten. Die hervorstehenden und von schwarzen Lidrändern umrahmten Augen mit aufgewecktem Ausdruck sind dunkel, rund und vorstehend. Die Ohren werden gut aufrecht getragen. Der leicht gebogene Hals ist kurz, die Brust breit, der Rücken bemuskelt und die Lendenpartie gedrungen. Die Rippen sind gerundet, auch „walzenförmig" genannt, Bauch und Flanken sind aufgezogen. Die Vorderläufe sind gerade, kurz und dick, die Hinterläufe etwas länger und gut bemuskelt, die Pfoten rund. Die kurze und tief angesetzte Rute liegt eingerollt dicht am Hinterleib. Das Fell ist kurz, dicht, glänzend und weich. Die Fellfarbe ist ein gleichmäßiges Fauve, gestromt oder ungestromt, mit begrenzter oder überhandnehmender Scheckung. Alle Abstufungen der Falbfarbe sind zulässig, von Rot bis Milchkaffee. Völlig weiße Hunde teilt man der Farbe „gestromtes Fauve mit überhandnehmender weißer Scheckung" zu.

Ursprung

Trotz ihrer geringen Größe und ihres geringen Gewichts ähnelt die Französische Bulldogge dem englischen Bulldog alten Typs. Nach der wohl wahrscheinlichsten Theorie wurde die Französische Bulldogge im Laufe des 19. Jahrhunderts in Frankreich von englischen Textilarbeitern eingeführt und dann mit verschiedenen Rattenfängerhunden, mit Carlins und zweifellos anderen kleinen Doggen aus dem Norden und aus Belgien gekreuzt. Der daraus hervorgehende Hund wurde von vielen Kaufleuten, Weinhändlern und Fleischhauern als Rattenfänger geschätzt, die in den 1880er-Jahren die Rasse entwickelten und ihm sein heutiges Aussehen verliehen. Die Französische Bulldogge wurde der Lieblingshund der Pariser Arbeiterklasse, danach der Bourgeoisie und dann der Künstler.

▲ Bouledogue français

Verhalten

Die unerschrockene und eigensinnige französische Bulldogge ist gleichermaßen aktiv, intelligent und anhänglich – manchmal sogar übertrieben. Sie liebt ihren Herrn und ihr „Froschgesicht" verbirgt eine große Sensibilität. Insgesamt zeigt sie sich gesellig und sanft zu Menschen.

- Auch wenn sie zum Begleithund berufen ist, gibt sie doch einen guten Wächter ab. Sie ist sehr verspielt, wie ihr gewitzter Blick bezeugt.
- Die Französische Bulldogge liebt das Landleben, passt sich aber auch gut an die Wohnungshaltung an. Sie verhält sich ruhig und braucht wenig Platz. Sie will nicht gern allein gelassen werden.
- Sie liebt Spaziergänge, man sollte sie jedoch nicht überanstrengen, da die Rasse zu Kurzatmigkeit neigt.

Bouvier des Ardennes

Ardennen-Treibhund

WIDERRISTHÖHE
Rüde: 56 bis 62 cm;
Hündin: 52 bis 56 cm.

GEWICHT
Rüde: 28 bis 35 kg.
Hündin: 22 bis 28 kg

KURZBESCHREIBUNG
Kompakter, muskulöser und stämmig aussehender Hund.

WESEN
Neugierig und gesellig.

Der Ardennen-Treibhund hat einen mächtigen Kopf. Der kräftige Fang und die Kieferpartie tragen Schnurr- und Kinnbart. Die kleinen und dunklen Augen zeigen einen lebhaften Ausdruck. Er besitzt eine breite und tiefe Brust sowie kräftige Vorderläufe. Die Rute ist dick und kurz.
Das Fell darf alle Farben außer Weiß haben. Es ist hart und zerzaust, ungefähr 6 cm lang. Am Kopf und an den Gliedmaßen ist es etwas kürzer. Häufig besteht das Fell aus einer Mischung von grauen, schwarzen und falbfarbenen Haaren.

Ursprung

Dieser belgische Hund entstand vermutlich vor langer Zeit aus Kreuzungen verschiedener lokaler Rassen, die aufgrund ihrer Fähigkeit, die Herden zu treiben, und ihrer Wetterfestigkeit gezüchtet wurden. Seit dem 19. Jahrhundert wurde er zur Treibjagd eingesetzt. Sein Rassestandard wurde 1963 von der F.C.I. festgelegt.

Verhalten

Dieser vorzügliche Hütehund wird wegen seiner Unermüdlichkeit, seines Arbeitstriebs und seiner Wachsamkeit geschätzt. Er ist ein unerschrockener Wächter, der genauso gut die Herde wie seinen Herrn mit Haus und Hof beschützt.
Der Ardennen-Treibhund ist fröhlich, wendig und gesellig. Er kann sich hervorragend an schwierige Situationen anpassen. Dieser Hund ist sehr auf seine Menschen bezogen und zeigt sich Fremden gegenüber häufig misstrauisch und manchmal drohend.
Er braucht eine konsequente Hand bei der Ausbildung, die sich gegenüber diesem oft willensstarken Hund durchsetzen kann.
Dieser robuste Hund ist nicht für die Wohnungshaltung geeignet.

Deutscher Boxer

WIDERRISTHÖHE
Rüde: 57 bis 63 cm;
Hündin: 53 bis 59 cm.

GEWICHT
25 bis 30 kg.

KURZBESCHREIBUNG
Ein Sportlertyp von quadratischem Körperbau und mit kantigem Kopf und kurzem schwarzem Fang.

WESEN
Verspielt, anhänglich und selbstbewusst.

Der mittelgroße Deutsche Boxer besitzt einen Kopf, der sich idealerweise als quadratisch beschreiben lässt. Der Stirnabsatz ist deutlich ausgeprägt, der Nasenrücken leicht erhaben. Die Kiefer sind kräftig und breit, die Augen dunkelbraun und der schwarze Nasenschwamm ist leicht aufgestülpt. Die hängenden Ohren

▲ Deutscher Boxer

Verhalten

Der Boxer soll nervenstark und ausgeglichen sein. Seinem Herrn und den Seinen gegenüber ist er sehr anhänglich, Fremden gegenüber jedoch misstrauisch. Die Ausbildung kann bei diesem intelligenten Hund zu sehr guten Ergebnissen führen, die von klein auf in die Hand genommen werden muss, mit Konsequenz, jedoch nie grob. Sie muss von regelmäßigen Belohnungen begleitet werden. Der Boxer, der von Natur aus sehr verspielt, fröhlich und freundlich ist, zeigt sich aber genauso eigensinnig und etwas ungehorsam. Sein überschwängliches Temperament wird jedoch mit zunehmendem Alter gelassener.

- Dieser Hund passt sich an die Wohnungshaltung an, er braucht jedoch viel Auslauf. Wegen seines Ungestüms und seiner Bewegungsfreude sollte er häufig Gelegenheit haben, sich ohne Leine auszutoben.
- Die große Geselligkeit des Boxers, seine Eigenschaften als Wachhund und vor allem seine Gutmütigkeit Menschen gegenüber erklären seine Beliebtheit.
- Der deutsche Boxer ist ein toller Familienhund und bei allen Hundesportarten mit Begeisterung dabei.

liegen in Ruhestellung an den Backen an und fallen in der Erregung nach vorne. Der Körper mit dem kräftigen Hals besitzt eine breite und tiefe Brust, einen geraden Rücken, eine gerundete und muskulöse Kruppe. Die an langen und schrägen Schultern sitzenden Vorderläufe müssen gerade sein, die Hinterhand gut gewinkelt und stark bemuskelt. Die eher hoch angesetzte Rute ist lang und sichelförmig gebogen. Das kurze, harte, glänzende und anliegende Fell kann gelb oder gelb gestromt sein (das Gelb kann von Hellgelb bis Dunkelhirschrot vorkommen) und die Streifen müssen sich deutlich vom Grund abheben. Die auf den Fang beschränkte Maske ist immer schwarz.

Ursprung

Der wahrscheinlich von Kampfhunden molossoiden Typs der Antike abstammende Vorfahr des heutigen Boxers ist der deutschte Bullenbeißer, der dem riesigen Mastiff sehr nahe steht. Er wurde zur Jagd verwendet: Seine Arbeit bestand darin, das von den Laufhunden getriebene Wild zu packen und mit seinem Maul festzuhalten. Zum ersten Mal wurde ein Boxer 1895 in München ausgestellt. Der 1925 als Gebrauchshund anerkannte Boxer, der vom deutschen Militär während des Ersten Weltkriegs eingesetzt wurde, ist heute in allen Ländern verbreitet. Sein Aussehen hat sich vom massigen Typ zum schlanken Sporthund gewandelt.

Bracco Italiano

Italienischer Vorstehhund

WIDERRISTHÖHE
Rüde: 55 bis 67 cm;
Hündin: 55 bis 62 cm.

GEWICHT
25 bis 40 kg.

KURZBESCHREIBUNG
Kraftvoll und harmonisch.

WESEN
Ernsthaft und führig.

Der Italienische Vorstehhund hat einen kantigen Kopf mit wenig ausgeprägtem Stopp, kräftigem Kiefer, einem recht breiten Fang und voluminösem Nasenschwamm. Der Behang ist ausgeprägt, geschmeidig und nach vorne eingedreht. Die ockerfarbenen oder braunen Augen sind oval und gut geöffnet. Der Hals ist kräftig, die Brust tief, geräumig und gut

▲ Bracco Italiano

>>

hinabreichend, die Kruppe lang, breit und muskulös, die schräge Schulter kräftig. Die trockenen Gliedmaßen haben eine kräftige Muskulatur. Die am Ansatz kräftige Rute wird horizontal getragen, wenn der Hund in Bewegung ist.
Das kurze, dichte und glänzende Fell kann unterschiedliche Farben haben:

- einheitlich Weiß
- Weiß mit unterschiedlich großen, kastanienbraunen, mehr oder weniger dunklen orange- oder bernsteinfarbenen Flecken
- Weiß-Blassorange oder Weiß-Kastanienbraun gesprenkelt.
  Die Farbe des Nasenschwamms harmoniert mit der des Fells.

Ursprung

Der von vielen für den ältesten europäischen Vorstehhund gehaltene italienische Hund war bereits auf Fresken aus dem 14. Jahrhundert dargestellt. Er wurde zunächst für die Netzjagd auf Vögel eingesetzt, später dann auch für die Flintenjagd. Im 19. Jahrhundert wurde dieser eher gedrungene Hund mit Pointerblut veredelt, was zu mehr Leichtigkeit und größerer Schnelligkeit führte.

Verhalten

Der kraftvolle, intelligente und führige Italienische Vorstehhund ist widerstandsfähig und für alle Arten der Jagd geeignet. Mit seinem verlängerten und schnellen Trab geht er die Suche aktiv an und bringt das Wild gut zurück. Er bewegt sich ohne Schwierigkeiten auch in Sümpfen. Der mutige Hund ist unermüdlich.

- Auch wenn er etwas eigensinnig ist, ist er leicht auszubilden und kann sich an das Familienleben in der Stadt anpassen, sofern ihm genügend Auslauf gewährt wird.
- Er ist ein Gefährte von großer Liebenswürdigkeit.

Braque d'Auvergne

WEITERE NAMEN
Bleu d'Auvergne

WIDERRISTHÖHE
Rüde: 57 bis 63 cm;
Hündin: 53 bis 59 cm.

GEWICHT
22 bis 25 kg.

KURZBESCHREIBUNG
Große Bewegungsfreude und Eleganz kennzeichnen diesen kräftig gebauten, robusten Hund.

WESEN
Ruhiger, umgänglicher und führiger Hund.

Die Braque d'Auvergne besitzt einen langen, vom vorspringenden Jochbogen geformten Kopf, immer einen schwarzen Nasenschwamm und große ovale Augen von dunkler Nussfarbe. Die hinten angesetzten und leicht nach innen gedrehten Ohren – weder eingerollt noch flach – sind weich und seidig. Die ziemlich kräftigen Lefzen bilden einen quadratischen Fang. Der eher lange Hals ist leicht gebogen. Die flachen Flanken sind leicht aufgezogen. Der Rücken ist gerade, die Lende breit, die lange Brust gut herabreichend.

▲ Braque d'Auvergne

Die Vorderhand ist gerade und muskulös, die mittelstark gewinkelte Hinterhand hat gut bemuskelte Oberschenkel und ausgeprägte Sprunggelenke.
Die eher feine, ziemlich hoch angesetzte, konisch geformte Rute darf über das Sprunggelenk nicht hinausreichen. Das Fell ist kurz, nicht zu fein, niemals hart, und glänzend. Die Fellfarbe ist entweder schwarz mit weißer Scheckung mit unterschiedlicher Ausdehnung oder getüpfelt oder gräulich. Der Kopf soll schwarz sein, eine weiße Blesse, die sich am Kopf verlängert, wird bevorzugt.

Ursprung

An Theorien über den Ursprung dieses Vorstehhundes herrscht kein Mangel. Danach wurde er im Mittelalter von den Templern, 1798 von Rittern des Malteserordens nach Frankreich mitgebracht. Genauso gut könnte die Braque d'Auvergne aber auch von dem alten Französischen Vorstehhund abstammen, der im Laufe der Jahrhunderte mit unterschiedlichen Hunden gekreuzt wurde. Jedenfalls verdankt die Braque d'Auvergne seinen Namen den ersten großen Züchtern dieser Rasse, die im 19. Jahrhundert hauptsächlich Bewohner der Auvergne waren.

Verhalten

Dieser für die Schnepfenjagd eingesetzte Jagdhund ist für seine Ruhe und Härte bekannt. Dank seines ausgeprägten Geruchssinns arbeitet er genauso gut auf flachem Gelände wie im Unterholz und er überrascht durch seine Ausdauer: Er kann den ganzen Tag auf hartem Gelände durchhalten.

- Daneben erweist er sich auch als sanfter, treuer, anhänglicher und führiger Begleiter.
- Er passt sich gut an das Familienleben an, braucht jedoch viel Auslauf.

Braque de l'Ariège

Ariège-Vorstehhund

WEITERE NAMEN
Braque de Toulouse, Braque du Midi

WIDERRISTHÖHE
Rüde: 60 bis 67 cm; Hündin: 56 bis 65 cm.

GEWICHT
25 bis 30 kg.

KURZBESCHREIBUNG
Anmutiger und kräftiger Hund.

WESEN
Intelligent und ruhig.

Der lange Kopf endet in einem rosafarbenen oder mehr oder weniger blassbraunen Nasenschwamm. Der Schädel ist leicht gewölbt, der Stopp wenig ausgeprägt. Der lange Behang ist recht dünn und eingedreht. Die ovalen und gut geöffneten Augen haben einen sanften Blick. Der ein wenig lange Rücken ist fest, die Brust breit, tief und gut herabreichend. Die Rute ist lang. Das dichte, glänzende und kurze Fell ist blass orangefalbfarben oder manchmal braun, stark weiß gescheckt mit falbfarbener oder brauner Tüpfelung.

Ursprung

Dieser Hund aus dem Südwesten Frankreichs stammt zweifellos von dem alten Französischen Vorstehhund ab, der im 19. Jahrhundert mit Vorstehhunden des Südens gekreuzt wurde.

Verhalten

Dieser intelligente und ruhige Vorstehhund ist bekannt für seine Klugheit und seinen ausgezeichneten Geruchssinn. Er ist für jede Art der Jagd geeignet. Sein Vorstehen ist sicher. Aufgrund seiner Führigkeit ist er leicht auszubilden.

Braque du Bourbonnais

Bourbonnaiser Vorstehhund

WIDERRISTHÖHE
Rüde: 51 bis 57 cm; Hündin: 48 bis 55 cm.

GEWICHT
Rüde: 18 bis 25 kg; Hündin: 16 bis 22 kg.

KURZBESCHREIBUNG
Robust und elegant.

WESEN
Sanft und anhänglich.

Dieser Vorstehhund hat einen gerundeten Schädel mit leicht betontem Stopp, der in einen breiten Fang übergeht, der wiederum in einem Nasenschwamm endet, dessen Farbe mit der des Felles übereinstimmt. Die haselnuss- oder dunkel bernsteinfarbenen Augen haben einen intelligenten, sanften und ausdrucksvollen Blick. Der ziemlich dünne und leicht eingerollte Behang darf leicht über die Kehle hinausreichen. Der Hund hat einen muskulösen Hals, lange Schultern, eine breite, lange und tiefe Brust, kurze Lenden und eine gerundete Kruppe. Die etwas tief angesetzte Rute soll von Natur aus kurz sein. Die eher dicke Haut ist von einem feinen, dichten und kurzen Fell bedeckt. Das Fell ist entweder mit mehr oder weniger starker brauner Sprenkelung überzogen, was die Bezeichnung „weinrot" oder „verblasst fliederfarben" trägt; oder es ist falbfarben mit mehr oder weniger starker Tüpfelung, was die Bezeichnung „Pfirsichbaumblüte" trägt. Farbige Flecken am Kopf sind zulässig.

Ursprung

Der Bourbonnaiser Vorstehhund ist etwas kleiner und kompakter als die anderen Vorstehhunde. Der dem Französischen Vorstehhund nahestehende Hund wäre beinahe ausgestorben. Er ist auch heute noch wenig verbreitet.

Braque du Bourbonnais ▼

Verhalten

Auf der Jagd zeigt sich der Bourbonnaiser Vorstehhund leidenschaftlich und umsichtig. Dabei stellt er seine Ausgeglichenheit und seine Intelligenz unter Beweis. Er passt sich an jedes Gelände und jedes Wild an. Manchmal wird ihm vorgeworfen, dass seine Suche zu passiv sei; jedoch ist seine Ausbildung leicht und im Haus ist er ein ausgezeichneter, sanfter und anhänglicher Gefährte.

Braque Français

Französischer Vorstehhund

WIDERRISTHÖHE
Rüde: 58 bis 69 cm (Typus Gascogne) und 47 bis 58 cm (Typus Pyrenäen);
Hündin: 61 bis 63 cm (Typus Gascogne) und 50 bis 55 cm (Typus Pyrenäen).

GEWICHT
25 bis 32 kg (Typus Gascogne) und 17 bis 25 kg (Typus Pyrenäen).

KURZBESCHREIBUNG
Kräftiger Hund, ohne Schwere, von stolzer Erscheinung.

WESEN
Sanft und sensibel.

Der Französische Vorstehhund, Typus Gascogne, ist ein kräftiger Hund mit Adel. Er besitzt einen ziemlich kräftigen Kopf, der in einem breiten und rechtwinkligen Fang mit kastanienbraunem Nasenschwamm endet. Die dunkelgelben oder kastanienbraunen Augen haben einen freimütigen Blick. Der abgerundete Behang ist in Höhe der Augenlinie angesetzt und umrahmt gut den Kopf. Der im oberen Teil mäßig gewölbte Hals trägt eine leichte Wamme. Die Brust ist breit, der Rücken gerade, die Lende kurz und die Kruppe leicht schräg. Die Vorderhand ist gerade, breit und muskulös. Die Sprunggelenke sind mittelstark gewinkelt. Das eher grobe und reichliche Fell ist kastanienbraun, kastanienbraun und weiß, kastanienbraun und stark weiß getüpfelt oder kastanienbraun mit lohfarbenen Abzeichen, besonders über den Augen, an den Lefzen und an den Gliedmaßen. Der Französische Vorstehhund, Typus Pyrenäen, zeigt dieselben allgemeinen Merkmale wie der Typus Gascogne, jedoch ist er kleiner und leichter.

Ursprung

Der aus dem italienischen Cane da Rete hervorgegangene Hund war bereits im 17. und 18. Jahrhundert in Frankreich bekannt. In der damaligen Epoche war er ziemlich schwer und relativ langsam, aber ein bemerkenswerter Jäger. Heutzutage hat sich die Rasse in zwei separate Schläge aufgespalten. Dabei unterscheidet man den Typus Gascogne, einen gut gebauten Arbeitshund von ruhiger Wesensart sowie den Typus Pyrenäen, der eine leichtere, schnellere, aber sehr muskulöse Version des Typus Gascogne ist.

Verhalten

Der mit einem exzellenten Geruchssinn ausgestattete Französische Vorstehhund, sowohl der Typus Gascogne wie der Typus Pyrenäen, ist vorzüglich für die Jagd veranlagt. Dieser Vorstehhund ist auch ein sehr angenehmer Begleithund, der Menschen sehr liebt. Der intelligente Hund ist sehr menschenbezogen und reagiert auf alle Befehle seines Herrn, sofern sich dieser verständlich zu machen weiß. Aufgrund seiner Sensibilität verträgt er keine grobe Behandlung. Er kann sich an das Stadtleben anpassen, vorausgesetzt, er wird von klein auf daran gewöhnt und kann sich nach Belieben verausgaben.

▲ Braque Français

Braque Saint-Germain

WIDERRISTHÖHE
Rüde: 56 bis 62 cm;

Hündin: 54 bis 59 cm.

GEWICHT
20 bis 25 kg.

KURZBESCHREIBUNG
Sehr eleganter Hund mit seinem falbfarbenen und weißen Fell.

WESEN
Führig und sehr menschenbezogen.

Der schön proportionierte Braque Saint-Germain trägt seinen leicht gewölbten Kopf mit vorstehendem Hinterhauptbein mit Eleganz. Der breite Nasenschwamm mit gut geöffneten Nasenlöchern ist dunkelrosa. Die ziemlich großen und goldgelben Augen haben einen sanften und

Verhalten

Die Jagdhundausbildung dieses sowohl im Flachland als auch im Unterholz leidenschaftlich und hervorragend arbeitenden Hundes ist leicht, auch für den Apport von Wild. Dabei ist von einer schroffen Behandlung des Hundes abzusehen. Die Suche dieses Hunde ist ausgedehnt, er sucht sein Wild mit erhobener Nase, weniger ungestüm als der Pointer, aber schneller als der Französische Vorstehhund. Er jagt Rebhühner oder Schnepfen in jedem Terrain, die er mit weichem Maul apportiert. Warme Temperaturen verträgt er gut. Diese angenehme, führige und sehr anhängliche Hund zeigt sich seinem Herrn gegenüber sanft und kann auch in der Stadt leben, sofern ihm täglich lange Spaziergänge gewährt werden.

offenen Blick. Die auf Augenhöhe angesetzten Behänge sind etwas vom Kopf abgehoben. Der Hals ist muskulös und kaum gebogen, der Rücken waagrecht, die Lende kräftig, die Brust lang, tief und breit. Die Schultern sind lang, die Vorderhand ist senkrecht gestellt, die Oberschenkel sind lang und stark bemuskelt, die Sprunggelenke sind kräftig. Das kurze, nicht zu feine Fell ist mattweiß mit orangefarbener (falbfarbener) Zeichnung. Etwas Tüpfelung im Haarkleid wird toleriert.

Ursprung

Diese Rasse wurde im Laufe des 19. Jahrhunderts aus Französischen Vorstehhunden und Pointern entwickelt. Sie wurde hauptsächlich in der Region Saint-Germain-en-Laye gezüchtet, nach der sie ihren Namen hat. Der bezaubernde und äußerst rassige Braque Saint-Germain profitiert von den Eigenschaften seiner beiden Vorfahren.

▲ Braque Saint-Germain

Berger de Brie

Briard

WIDERRISTHÖHE
Rüde: 62 bis 68 cm;
Hündin: 56 bis 64 cm.

GEWICHT
25 bis 30 kg.

KURZBESCHREIBUNG
Schöner, muskulöser Hund mit lebhaften Bewegungen, der gut an seinem Fell erkennbar ist.

WESEN
Ausgeglichener Hund.

Der Briard hat einen starken und langen Kopf mit Kinn- und Schnurrbart. Die dunklen Augen werden häufig von kräftigen Augenbrauen verschleiert – dabei blicken die Augen wach, intelligent und beobachtend. Die hoch angesetzten Ohren sind mit langen Haaren versehen und hängen herab.
Die Brust ist breit und gut herabreichend, der Rücken gerade. Die Vorderhand ist kräftig und muskulös, die Hinterläufe weisen doppelte Afterkrallen auf. Die gut behaarte Rute muss bis zum Sprunggelenk reichen und tief getragen werden; sie bildet am Ende einen Haken. Das mindestens 7 cm lange Fell soll Ziegenhaar gleichen.
Alle einheitlichen Fellfarben sind zugelassen mit Ausnahme von Weiß, Kastanien- und Mahagonibraun. Zweifarbigkeit ist nicht zulässig. Die dunklen Farben sind vorzuziehen.
Auf Ausstellungen sind ein spitzer Fang, eine zu kurze Rute, ein weißer Brustfleck ausschließende Fehler. Eine Größe weniger als Mindestmaß, fehlende Afterkrallen sowie ein heller Nasenschwamm führen zur Disqualifikation.

Ursprung

Wie der Beauceron stammt dieser Hund von den „Flachlandhunden“ des Pariser Beckens ab. Seine Zucht zielte jedoch auf

>>

Langhaarigkeit ab, wohingegen beim Beauceron die Zuchtwahl auf Kurzhaarigkeit ausgelegt ist. Die Rasse wurde Ende des 19. Jahrhunderts gefestigt, nachdem der Kynologe Pierre Mégnin den Barbet (Französischen Wasserhund) mit einem kurzhaarigen Beauceron gekreuzt hatte. Aber wann genau die ersten Hunde mit dem Aussehen eines Briardes auftauchten, wird ein Geheimnis bleiben.

Verhalten

Als guter Hütehund wird der Briard wegen seiner Intelligenz, seiner Beweglichkeit und seiner Ausdauer geschätzt. Zwei oder drei Briards reichen aus, um 600 bis 700 Tiere zu hüten, ohne dass die Hunde grob werden oder beißen oder der Mensch eingreift. Heutzutage wird der immer weniger auf den Weiden eingesetzte Briard zunehmend zum Begleithund, der jedoch seine Fähigkeiten nicht verliert.

- Der Briard braucht Gesellschaft. Er muss von klein auf mit Menschen und anderen Hunden sozialisiert werden. In der Stadt muss er sehr früh an das Tragen einer Leine gewöhnt werden.
- Die sich ausschließlich auf seine Familie konzentrierende Zuneigung des Briard verstärkt seinen Beschützerinstinkt, der besonders im Hinblick auf Kinder stark ausgeprägt ist. Dies kann dazu führen, dass der Hund sich Fremden gegenüber etwas grimmig verhält.
- Der hochsensible und vertrauensvolle Briard sucht die Zuwendung. Man erreicht viel mehr bei ihm mit Belohnungen als mit Strafen. Genau wie bei der Ausbildung auch darf man aus ihm kein „dressiertes“ Tier machen.
- Der Briard holt nur dann das Beste aus sich heraus, wenn die Beziehung zu seinem Herrn stimmt und um ihm zu gefallen. Der robuste Hund steht in dem Ruf, fröhlich, gesellig, manchmal etwas schwierig und ungeeignet für die Zwingerhaltung zu sein. Er kann sich nur im familiären Umfeld entfalten.

Bulldog

Bulldogge

WEITERE NAMEN
Englische Bulldogge

WIDERRISTHÖHE
Rüde und Hündin: rund 30 bis 40 cm (Größe ist im Rassestandard nicht festgelegt).

GEWICHT
23 bis 25 kg.

KURZBESCHREIBUNG
Kurzhaariger, eher tief gestellter, aber kraftvoller und für seine Größe schwere Hund mit schwerem, entschlossenem und schnellem Gang.

WESEN
Sehr sensibel und anhänglich.

BESONDERE KENNZEICHEN
Bei hohen Temperaturen kann die Bulldogge unter Atemnot leiden.

Der Kopf der Bulldogge ist massiv und recht breit und sieht aus wie ein „Froschgesicht“ mit feinen Falten. Die kleinen dünnen, hoch angesetzten Ohren werden als „Rosenohren“ getragen. Die tief unten im Schädel eingesetzten Augen sind rund. Der Fang ist kurz und breit mit einem tiefen und ausgeprägten Stopp. Die Nasenspitze ist zu den Augen hin zurückversetzt. Die Lefzen müssen dick und hängend sein. Der Hals ist eher kurz, mit vielen losen, dicken Hautfalten im Bereich der Kehle. Die Schultern sind kraftvoll und muskulös, die Vorderläufe stämmig und die Brust geräumig und rund. Der Rücken soll hinter den Schultern leicht eingesenkt sein und auf Höhe der Lendenpartie und Kruppe einen typischen Bogen bilden (wobei der oberste Punkt der Lendenpartie höher liegt als die Schultern). Diese Oberlinie hat ihm die Bezeichnung „roach back“ (Karpfenrücken) eingetragen. Die Rute ist rund, glatthaarig und kurz. Sie wird nie über der Rückenlinie getragen.

Das Fell ist entweder einfarbig (falbfarben oder falb-gestromt) oder gescheckt (weiß mit falbfarbenen oder falbfarben-gestromten Flecken) oder weiß. Manche Bulldoggen tragen eine schwarze Maske oder einen schwarzen Fang.

Ursprung

Wie alle Hunde mit flachem Vorgesicht hatte auch die Bulldogge entfernte Ahnen, die Molosser von Epirus, die zweifellos von den phönizischen Seefahrern in England eingeführt wurden.
Zwischen dem 13. und 18. Jahrhundert wurde die Bulldogge – die damals noch nicht unserer heutigen Bulldogge glich – in England wegen des sogenannten Bullenbeißens (bull baiting) berühmt. Diese lange Zeit sehr beliebten grausamen Vergnügungen wurden 1835 durch einen Erlass des Parlaments verboten. Erst viel später wurde die Zucht wieder aufgenommen mit dem Ziel, jegliche Aggressivität herauszuzüchten. Heutzutage gibt es wieder züchterische Bemühungen, das Aussehen der Bul dogge aus der Antike wieder aufleben zu lassen.

Verhalten

Heute ist die unerschrockene Bulldogge ein besonders gelassener, ruhiger, anhänglicher und leiser Hund geworden. Sie macht sich nichts aus ihrer vielen Kraft, sondern zeigt sich vielmehr sehr geduldig, so dass sie ein hervorragender Gefährte für die ganze Familie ist.

- Dieser sensible Hund verträgt weder heftige Vorwürfe noch ungerechte Behandlung. Er sollte daher liebevoll ausgebildet werden.
- Er passt sich gut an die Wohnungshaltung an, sofern er ausreichend Bewegung erhält.
- Durch die Kurznasigkeit hat die Rasse häufig Atemprobleme.

▲ Bulldog

Bullmastiff

WIDERRISTHÖHE
Rüde: 63,5 bis 68,5 cm;
Hündin: 61 bis 66 cm.

GEWICHT
Rüde: 50 bis 59 kg;
Hündin: 41 bis 50 kg.

KURZBESCHREIBUNG
Selbstsicherer, kraftvoll gebauter, dabei harmonischer Hund, der große Stärke zeigt, ohne dabei schwerfällig zu wirken.

WESEN
Aktiv, voller Eifer und zuverlässig.

Der große und quadratische Schädel des Bullmastiff zeigt leichte Stirnfalten, wenn etwas seine Aufmerksamkeit erregt. Der Fang ist kurz mit einem betonten Stopp. Die Nase ist breit und flach mit weit geöffneten Nasenlöchern. Die Lefzen dürfen nicht hängend sein. Zwischen den dunklen, haselnussbraunen Augen sitzt eine Mittelfurche. Ein geringer Vorbiss des Unterkiefers ist gestattet. Die kleinen V-förmigen Ohren sind halbhängend und hoch angesetzt. Sie verstärken noch das quadratische Aussehen des Schädels. Der Bullmastiff hat eine breite und tiefe Brust, einen kurzen und geraden Rücken sowie eine muskulöse Hinterhand, was ihm ein stämmiges Äußeres verleiht. Er besitzt „Katzenpfoten" mit sehr harten Pfotenballen. Die hoch angesetzte, gerade oder gebogen getragene Rute ist kräftig am Ansatz und spitz zulaufend am Ende. Das kurze und dichte Fell liegt am Körper an. Seine Schattierung in den Farbtönen von Rehbraun, Rot, gestromt oder nicht, muss makellos und klar sein. Ein kleines weißes Abzeichen an der Brust ist jedoch erlaubt. Die schwarze Maske am Fang ist unentbehrlich, sie muss bis zu den Augen hin heller werden, die dunkel umrandet sind, was ihren etwas melancholischen Ausdruck noch unterstreicht.

>>

Ein ungleichmäßiges Gebiss, sogenannte „Rosenohren", langes, seidiges oder wolliges Fell, eine unkorrekte Fellfarbe sowie ein unausgeglichenes Wesen werden als schwere Fehler gewertet.

Ursprung

Dieser massive und kraftvolle Hund wurde Anfang des 19. Jahrhunderts unter dem Einfluss von Großgrundbesitzern erzüchtet, die ihre Besitztümer gegen Diebe schützen und außerdem einen ausgezeichneten Wach- und Schutzhund besitzen wollten, der genauso furchterregend wie der Mastiff, aber wesentlich schneller, leichter und angriffslustiger sein sollte. Aus diesem Grund ließen sich die Züchter anscheinend von Ende des vorigen Jahrhunderts durchgeführten Versuchen inspirieren und versuchten zunächst, den Mastiff mit anderen Wachhunden zu kreuzen. Die Resultate waren ziemlich enttäuschend und man behielt lediglich die Kreuzung mit der Bulldogge bei, um den gegenwärtigen Bullmastiff zu züchten. Den größten Beitrag zu dieser Züchtung leistete der Züchter S. S. Moseley.

Verhalten

Der intelligente und unerschrockene Bullmastiff ist ein zuverlässiger Wachhund. Vor dem Zweiten Weltkrieg traf man ihn auf sämtlichen Polizeiwachen Großbritanniens an. In Südafrika bewachte dieser Hund die Gold- und Diamantenminen. Er ist von Natur aus nicht unterwürfig, gehorcht aber, um seinem Herrn zu gefallen. Er ist sehr selbstsicher und eher unabhängig – dadurch verlangt seine Erziehung viel Konsequenz.

- Dieser Hund muss unbedingt konsequent, aber liebevoll ausgebildet werden. Er steckt voller Energie und spielt gerne, aber über seiner Liebenswürdigkeit darf man seine Stärke nicht vergessen. Er ist ganz offensichtlich wie geschaffen für Häuser und Großgrundbesitz, kann aber dennoch in der Wohnung gehalten werden, sofern er genügend Bewegung und geistige Beschäftigung erhält.

Ca de Bestiar

Mallorca-Schäferhund

WEITERE NAMEN
Perro de Pastor Mallorquin

WIDERRISTHÖHE
Rüde: 66 bis 73 cm;
Hündin: 62 bis 68 cm.

GEWICHT
Rund 30 kg.

KURZBESCHREIBUNG
Großer schwarzer Hund, kräftig und behände.

WESEN
Intelligent, anhänglich und anerkennt nur einen Herrn.

Der gut bemuskelte und auf kräftigen Läufen stehende Hund hat einen kräftigen, zum Körper gut proportionierten Kopf, ohne jedoch molosserähnlich zu werden. Der breite Fang birgt ein Scherengebiss. Die kleinen Ohren sind herabhängend. Die kleinen mandelförmigen, leicht schräg eingesetzten Augen haben einen gleichzeitig intelligenten und traurigen Blick.
Der Körper ist gut proportioniert, mit breiten und kräftigen Lenden. Die Rute reicht bis zum Sprunggelenk. Das Fell ist kurz, weich und gut anliegend. Die Unterwolle ist sehr fein.
Die Fellfarbe ist stets Schwarz, jedoch sind weiße Abzeichen an Brust und Pfoten gemäß Rassestandard zulässig. Es existiert auch eine eher seltene Langhaarvarietät.

Ursprung

Dieser große schwarze Herdenschutzhund soll um das 16. Jahrhundert entstanden sein, aus der Kreuzung einer örtlichen Rasse mit den Schäferhunden des Festlands.
Dieser Hund, der die Schaf- und Ziegenherden begleitet, ist seit jeher Teil der Landschaft der Balearen. Der Mallorca-

Schäferhund wird auch in den USA eingesetzt, wo er die Herden gegen Kojoten schützt, ebenso in Argentinien, wo er die Haziendas bewacht. Überwiegend gehalten wird er als Wächter von Haus und Hof.

Verhalten

Der Mallorca-Schäferhund arbeitet sehr selbstständig und ist stets verteidigungsbereit. Der robuste und bewegliche Mallorca-Schäferhund bewegt sich im schnellen, eleganten Galopp. Die Schäfer hängen sehr an diesen tüchtigen und tapferen Hunden, was ihnen die absolute Treue der Hunde einbringt.

- Der intelligente, führige und anhängliche Hund anerkennt nur einen Herrn. Er ist tapfer und streitsüchtig. Andere Menschen flößen ihm instinktiv Misstrauen ein.
- In der Jugend äußerst scheu, muss dieser hochsensible Schäferhund liebevoll und mit viel Feingefühl ausgebildet werden.

Cairn Terrier

WIDERRISTHÖHE
Rüde und Hündin: 28 bis 31 cm.

GEWICHT
6 bis 7,5 kg.

KURZBESCHREIBUNG
Ein in seiner Erscheinung urwüchsiger Terrier, robust, flink und voller Tatendrang.

WESEN
Sehr selbstsicher, sehr temperamentvoll, fröhlich und sehr liebevoll.

BESONDERE KENNZEICHEN
Leicht fuchsähnliches Aussehen.

Der kleine, aber im Verhältnis zum Körper gut proportionierte Kopf des Cairn Terriers ist gut behaart. Die Ohren sind spitz und aufrecht stehend, der Nasenschwamm schwarz. Der kräftige, aber nicht schwere Fang trägt starke Kiefer. Die dunkel haselnussbraunen Augen sind weit voneinander angeordnet und von buschigen Augenbrauen überwölbt. Der Cairn Terrier muss frei in seinen Bewegungen sein.

Vorder- wie auch Hinterhand sind kräftig und gut bemuskelt. Der Rücken ist gerade, die Lendenpartie kräftig. Die gut behaarte Rute wird fröhlich getragen. Das Deckhaar ist reichlich und hart, jedoch ohne grob zu sein, die Unterwolle kurz, weich und dicht. Eine Schur sollte man vermeiden, damit das typisch zerzauste Aussehen erhalten bleibt. Das Fell bietet dem Tier einen vollkommenen Schutz vor Regen. Die Fellfarbe ist cremefarben, weizenfarben, rot, grau oder fast schwarz. Bei allen diesen Farben ist eine Stromung zulässig. Typisch sind dunkle Abzeichen, besonders an Ohren und Fang. Reines Schwarz, Weiß oder Schwarz und Loh sind nicht erlaubt. Auf Ausstellungen sind Körperbau und Fellqualität von großer Bedeutung.

Ursprung

Der im Hochland und auf den Inseln im Westen Schottlands entstandene Cairn Terrier alten Ursprungs verdankt seinen Namen seiner Fähigkeit, in der cairns, also Steinhaufen, herumzustöbern, wo er hauptsächlich Dachse, Steinmarder, Iltisse, Füchse und Wildkatzen jagte.

Verhalten

Der Cairn Terrier ist fröhlich, furchtlos, frech und von einer nicht alltäglicher Lebhaftigkeit, jedoch nicht aggressiv. Er ist aktiv und beherzt bei der Jagd auf Ratten und andere Schädlinge. Als robuster und lebhafter Hund braucht er viel Bewegung. Seine lustige und sehr sympathische Form der Bewegung, gepaart mit seiner unbeschwerten und aufmerksamen Art erklären seine große Beliebtheit.

- Der Cairn Terrier ist zu einem reizenden Begleithund geworden, der konsequent, aber liebevoll ausgebildet werden muss. Er nimmt vorbehaltlos am Familienleben teil.

▲ Cairn Terrier

Canaan Dog

Kanaan-Hund

WIDERRISTHÖHE
Rüde und Hündin: 50 bis 60 cm.

GEWICHT
18 bis 25 kg.

KURZBESCHREIBUNG
Mittelgroßer Hund mit gut proportionierten Körperumrissen und quadratischem Gebäude.

WESEN
Lebhaft und leichtführig.

BESONDERE KENNZEICHEN
Einem Hund vom Wildtypus ähnelnd.

Der Fang des Kanaan-Hundes ist von mäßiger Länge und Breite. Die kleinen Ohren werden gut aufrecht getragen. Seine Augen sind mandelförmig, der Kopf ist besonders ausdrucksvoll. Die Lendenpartie ist muskulös, der Bauch gut aufgezogen. Die hoch angesetzte Rute wird über den Rücken gerollt getragen. Sein kurzes bis mittellanges Fell besteht aus harschem und geradem Haar sowie einer dichten Unterwolle. Die Fellfarbe reicht von Sandfarben bis Rotbraun, Weiß, Schwarz oder gefleckt, mit oder ohne Maske.

Ursprung

Der aus Israel stammende Hund, nach dem er benannt wurde, ist der Nachfahre einer sehr alten Rasse. Während des Sechs-Tage-Krieges machte er sich als Melde- und Botenhund sowie als Rettungshund bei den westlichen Beobachtern beliebt. Seither hat sich seine Zucht auch in Europa und den USA weiterentwickelt.

Verhalten

Der intelligente, sehr lebhafte und leichtführige Kanaan-Hund ist äußerst gelehrig. Er wird nach wie vor als Hütehund sowie als Wach- und Blindenhund eingesetzt. Fremden gegenüber ist er misstrauisch, von Natur aus jedoch zeigt er keinerlei Aggressivität.
Als anhänglicher Gefährte freundet er sich schnell mit allen Familienmitgliedern an.

▲ Canaan Dog

Cane Corso Italiano

Italienischer Corso-Hund

WIDERRISTHÖHE
Rüde: 64 bis 68 cm;
Hündin: 60 bis 64 cm.

GEWICHT
Rüde: 44 bis 50 kg;
Hündin: 40 bis 45 kg.

KURZBESCHREIBUNG
Robuster, dennoch eleganter Hund mit mächtigen, langen Muskeln.

WESEN
Sehr selbstsicher, vor allen Dingen ein Wachhund und führerbezogen.

BESONDERE KENNZEICHEN
Ziemlich großer Molosser, jedoch nicht so massiv wie der Mastino Napoletano.

Dieser Hund besitzt die typischen Merkmale eines Molossers; ein breiter Kopf, kurzer Fang sowie dicker und kräftiger Hals. Der Nasenschwamm ist groß, die mittelgroßen Augen sind fast oval geformt. Die dreieckigen, hängenden Ohren sind breit am Ansatz. Die Gliedmaßen sind kurz und kräftig und strahlen eine nicht alltägliche Kraft aus. Das Fell ist kurz, sehr dicht und anliegend, mit einer Schicht dünner Unterwolle. Die Fellfarbe kann schwarz, bleigrau, schiefergrau, hellgrau, hell falbfarben, hirschrot, dunkel falbfarben oder gestromt sein, wobei schwarz bevorzugt wird. Falbfarbene und gestromte Exemplare haben eine schwarze Maske.

Ursprung

Der ursprünglich aus Sizilien und Süditalien stammende Corso-Hund soll nach Angaben einiger italienischer Experten für diese Rasse einer der unmittelbarsten Nachfahren der alten Molosser des antiken Roms sein. Die berühmten römischen Molosserhunde (*Canis pugnacis*), wilde Kampfhunde, sollen die Vorfahren zweier

Rassen sein: zum einen des massiven und mächtigen Mastino Napoletano, zum anderen des leichteren und schnelleren Cane Corso. Seine Schnelligkeit gepaart mit seiner Wendigkeit wurden im Mittelalter für die Hetzjagd auf Schwarzwild genutzt. Der mächtige, furchtlose und schnelle Italienische Corso-Hund, ein außerordentlicher Jagdgehilfe, wurde erstmals 1591 von Erasmo da Valvasone erwähnt.
Der Niedergang der Hetzjagd bewirkte die Umstellung der Rasse auf Hofhund, der die Viehherden trieb und schützte. Er ist zudem ein erstklassiger Wachhund, was jedoch sein Beinahe-Aussterben nicht verhindern konnte. Ende der 1970er-Jahre jedoch haben vier passionierte Liebhaber der Rasse – Giovanni Bonatti, Professor Fernando Casolino, Luciano Malavesi und Dr. Stefano Gandolfi – die Rasse auf Basis einiger weniger Exemplare wieder aufgebaut. 1988 wurde der Italienische Corso-Hund auf Ausstellungen in Mailand, Florenz und Bari dem breiten Publikum vorgestellt. Im Januar 1994 wurde die Rasse offiziell vom E.N.C.I. (dem italienischen Dachverband) anerkannt. 1996 wurde der Cane Corso Haliano vorläufig von der F.C.I. als offizielle Rasse anerkannt!

Verhalten

Eine der herausragendsten Charaktereigenschaften des Cane Corso ist sein äußerst starker Bezug zu seinem Herrn.

- Seine Vorfahren haben ihm eine starke Persönlichkeit sowie ein natürliches Misstrauen vererbt. Wer unbekannt in sein Revier eindringt, muss Vorsicht walten lassen, denn der Cane Corso kann gefährlich werden. Dennoch wartet der gut ausgebildete Hund im Hintergrund auf seinen Herrn und springt erst auf, wenn Letzterer es für nötig befindet. Er ist nur für erfahrene Hundehalter geeignet.
- Mit seinen Artgenossen kommt er häufig schlecht zurecht. Der mit einem starken Schutztrieb ausgestattete Hund ist äußerst anpassungsfähig. Er kann sich als ausgezeichneter Familienhund erweisen, vorausgesetzt, er hat einen Herrn, der seine ungeheure Energie zu kanalisieren weiß. Er benötigt von klein auf eine strenge und konsequente, aber liebevolle Ausbildung.
- Für diesen Sportlertyp, der sehr viel Auslauf braucht, ist ein großer Garten absolut unerlässlich.

Cane da Pastore bergamasco

Bergamasker Hirtenhund

WIDERRISTHÖHE
Rüde: rund 60 cm;
Hündin: 54 bis 58 cm.

GEWICHT
Rüde: 32 bis 38 kg;
Hündin: 26 bis 32 kg.

KURZBESCHREIBUNG
Hund von mittlerer Größe und rustikalem Aussehen, kräftig gebaut, aber elegant in seinen Formen.

WESEN
Intelligenter und ausgeglichener Hund.

Der plump erscheinende Kopf ist von langem Haar bedeckt, das manchmal vollständig über die großen, mehr oder weniger dunkelbraunen Augen herabfällt.
Die hoch angesetzten Ohren werden halbhängend getragen. Das Gebäude des Bergamasker Hirtenhundes kann man als quadratisch bezeichnen. Der Rücken ist gerade und gut bemuskelt, die Brust breit und recht tief, die Oberschenkel gut bemuskelt. In Ruhestellung wird die Rute säbelförmig getragen. Das Fell ist sehr üppig und sehr lang und von rauer Textur (an das Fell einer Ziege erinnernd), besonders am vorderen Teil des Rumpfes. An manchen Stellen bildet das Fell Strähnen. Die Fellfarbe ist grau, einfarbig oder mit wenigen kleinen schwarzen oder weißen Flecken, oder hellfalb. Eine einheitliche schwarze Färbung ist erlaubt.

Ursprung

Nach Ansicht der Kynologen stammt dieser Hund vermutlichen von französischen Schäferhunden oder, wie der Maremmen-Abruzzen-Schäferhund, von einem in Italien eingeführten asiatischen Schäferhund ab. Demnach ist er das Zuchtergebnis einer im Norden des Landes durchgeführten Zucht.

>>

Verhalten

Der Bergamasker Hirtenhund ist dank seiner Wachsamkeit, seiner Ausgeglichenheit und seiner Unerschrockenheit ein sehr guter Hütehund. Er arbeitet engagiert und ist wetterfest.

- Als intelligenter und geduldiger Hund lernt er sehr schnell und passt sich an die unterschiedlichsten Aufgaben wie beispielsweise als Schutz- oder Rettungshund an.
  Er ist ein guter, sehr führerbezogener Begleithund.

Cane da Pastore maremmano-abruzzese

Maremmen-Abruzzen-Schäferhund

WIDERRISTHÖHE
Rüde: 65 bis 73 cm;
Hündin: 60 bis 68 cm.

GEWICHT
Rüde: 35 bis 45 kg;
Hündin: 30 bis 40 kg.

KURZBESCHREIBUNG
Dieser Schäferhund ist kräftig und majestätisch, von rustikalem, typvollen Aussehen.

WESEN
Unerschrocken und robust.

Der Maremmen-Abruzzen-Schäferhund ist von beeindruckender Statur und hat einen großen Kopf, der dem eines Bären ähnelt, sowie einen robusten Kiefer mit Scherengebiss. Die dunkelbraunen oder ockerfarbenen Augen haben einen durchdringenden Blick. Die V-förmigen, kurzen und hoch angesetzten Ohren sind in der Erregung halb aufgerichtet. Mit seinem kräftigen Hals und dem dichten Halskragen, seiner breiten Brust, den gut gewölbten Rippen und seiner bemuskelten Kruppe ist dieser Hund äußerst kraftvoll gebaut. Er trägt eine dicht behaarte Rute, die in Ruhestellung herabhängt. Das weiße Fell, gelegentlich mit hellfalber Tönung, ist sehr reich, lang und fühlt sich eher rau an. Im Winter bildet die Unterwolle einen dichten Schutz.

Ursprung

Dieser große italienische Hund mit seinem wunderschönen weißen Fell stammt von den alten Schäferhunden Zentralasiens ab. Bis 1958 unterschied man zwischen dem etwas kurzhaarigeren Maremmenhund und dem Abruzzenhund. Heutzutage sind beide unter einem einzigen Rassestandard zusammengefasst.

Verhalten

Der robuste und rustikale Maremmen-Abruzzen-Schäferhund wird als der beste Schäferhund Italiens betrachtet. Er war schon immer ein gefürchteter Feind der Wölfe. Er ist ein ausgezeichneter Wach- und Schutzhund sowohl für Herden als auch für Hab und Gut. Obwohl er unabhängig ist, befolgt er Befehle, unterwirft sich jedoch niemals vollständig. Er ist sicher kein idealer Begleithund und nicht für das Leben in der Stadt geeignet.
Dieser sehr selbstbewusste Hund muss von klein auf von einem erfahrenen Hundeführer ausgebildet werden, der seinen Willen bei ihm durchzusetzen vermag.

▲ Cane da Pastore maremmano-abruzzese

Caniche

▼ Caniche

Pudel (Königs-, Klein-, Zwerg-, Toy-Pudel)

WIDERRISTHÖHE
Rüde und Hündin:
45 bis 60 cm (Königspudel);
35 bis 45 cm (Kleinpudel);
28 bis 35 cm (Zwergpudel);
unter 28 cm (Toy-Pudel).

GEWICHT
21 bis 23 kg (Königspudel);
11 bis 12 kg (Kleinpudel);
6 bis 7 kg (Zwergpudel);
rund 2,5 kg (Toy-Pudel).

KURZBESCHREIBUNG
Harmonisch und elegant, leicht an seinem krausen Fell zu erkennen.

WESEN
Intelligent und sehr menschenbezogen.

BESONDERE KENNZEICHEN
Sein Gang sowie sein intelligenter, freundlicher Blick.

Der Pudel trägt seinen ovalen und leicht konvexen Kopf mit vornehmer Eleganz. Der Stopp ist sehr gering ausgeprägt. Die Stirnfurche zwischen den Augen ist sehr betont. Die nicht hervortretenden Backen sind durch Knochen geformt. Der kräftige Fang endet in einem gut entwickelten Nasenschwamm, der je nach Fellfarbe schwarz oder braun ist. Die Nasenlöcher sind gut geöffnet. Die mandelförmigen, leicht schräg eingesetzten Augen sind bei schwarzen, weißen oder grauen Tieren schwarz oder tief dunkelbraun und bei braunen Tieren bernsteinfarben. Die ziemlich langen, flachen, an den Spitzen gerundeten und mit langem, welligem Haar bedeckten Ohren hängen entlang den Wangen herab. Der feste Hals ohne Wamme und von mittlerer Länge ist leicht gebogen. Der Kopf wird hoch und stolz getragen. Die Brust ist ziemlich breit, der Rücken gerade und kurz und die Lendenpartie muskulös. Bauch und Flanken sind aufgezogen und verfeinern die Körperumrisse. Der Pudel steht gut auf einer geraden Vorderhand und einer kräftigen und muskulösen Hinterhand. Er hat kleine ovale Pfoten. Die von Natur aus lange, ziemlich hoch angesetzte Rute wird in der Bewegung schräg nach oben gerichtet getragen. Je nach Fell unterscheidet man zwei Pudelvarietäten. Der Wollpudel (Pudel mit lockigem Haar) hat ein dichtes, wolliges, üppiges, elastisches Fell von feiner Textur, das dem Druck der Hand widersteht. Es ist von gleichmäßiger Länge und bildet gleichmäßige Locken. Der seltene Schnürenpudel hat ein üppiges, wolliges, dichtes Fell von feiner Textur, das Schnüre von gleicher Länge – mindestens 20 cm – bildet. Die Haut ist geschmeidig, ihre Pigmentierung entspricht der Farbe des Fells. Bei weißen Pudeln soll die Hautfarbe silbergrau sein. Die Fellfarbe ist schwarz, weiß, braun, silbergrau und apricotfarben. Die braune Farbe soll rein, ziemlich dunkel, regelmäßig und warm sein. Sowohl das Grau als auch die Apricotfarbe sollen ebenfalls regelmäßig und rein ausfallen.

Ursprung

Dieser sehr weit verbreitete Hund stammt mit Sicherheit vom Nordafrikanischen Barbet ab, der mit den Arabern auf die Iberische Halbinsel kam, wo er mit dem Portugiesischen Wasserhund gekreuzt wurde. Man glaubt, dass die Bezeichnung „Caniche" von dem Begriff „Canichon" abgeleitet wurde, der damals sowohl für eine kleine Ente als auch für den die Ente jagenden Hund (Entenhund) gebraucht wurde. Als Jagdhund für Wasservögel gelangte der Pudel unter Ludwig XV. in die Salons und wurde unter Ludwig XVI. zur Miniatur. Ursprünglich hatte die heute noch praktizierte, sehr komplizierte Löwenschur zum Ziel, die Bewegungen des Hundes im Wasser zu erleichtern. Seither kamen verschiedene andere, modernere Schuren auf. Die Rasse wurde 1936 offiziell von der F.C.I. anerkannt.

Verhalten

Der lustige, etwas eingebildet wirkende, anhängliche, gesellige und hochintelligente Pudel besitzt ein ausgezeichnetes Gedächtnis und ist leicht auszubilden, alles Eigenschaften, die ihn zum perfekten Zirkusartisten befähigen. Er eignet sich für alle gängigen Hundesportarten. Seine Leidenschaft für das Wasser hat er beibehalten.

- Der Pudel hängt sehr an seinem Herrn und seiner Familie; darüber hinaus ist er ausgesprochen treu. Er muss konsequent, aber liebevoll ausgebildet werden.
- Er ist ein lebhafter, sportlicher Gefährte, der gern spielt und unermüdlich ist. Er passt sich leicht an alle Lebensbereiche an, besonders an das Stadtleben, sofern er genügend Auslauf und geistige Beschäftigung erhält.

Cão da Serra de Aires

Portugiesischer Schäferhund

WIDERRISTHÖHE
Rüde: 45 bis 55 cm;
Hündin: 42 bis 52 cm.

GEWICHT
12 bis 18 kg.

KURZBESCHREIBUNG
Gleicht in seiner Erscheinung dem Pyrenäenschäferhund.

WESEN
Sehr intelligent und lebhaft.

BESONDERE KENNZEICHEN
Wegen seines affenähnlichen Gehabes erhielt er den portugiesischen Spitznamen „Affenhund".

Der Portugiesische Schäferhund besitzt einen starken Schädel mit schönem Schnauzbart und dunklen, von starken Augenbrauen überwölbten Augen. Das Fell besteht aus langem glattem oder welligem Haar, das Ähnlichkeit mit Ziegenfell hat. Die Fellfarben sind gelb oder braun, grau, lohfarben und wolfsgrau.

Ursprung

Dieser aus einer alten einheimischen Rasse der Serra de Aires hervorgegangene Hund, der große Ähnlichkeit mit dem Pyrenäenschäferhund aufweist, erhielt vermutlich vom Briard frisches Blut. Die Rasse wurde 1932 anerkannt.

Verhalten

Dieser kräftige, robuste und genügsame Hütehund ist sehr geschickt bei seiner Arbeit. Man vertraut ihm sowohl Schafe als auch Großvieh, Pferde oder Schweine zum Hüten an. Der außergewöhnlich veranlagte Schäferhund ist seinem Herrn vollständig ergeben.

Cão da Serra da Estrela

Serra da Estrela-Berghund

WIDERRISTHÖHE
Rüde: 65 bis 72 cm;
Hündin: 62 bis 68 cm.

GEWICHT
Rüde: 40 bis 50 kg;
Hündin: 30 bis 40 kg.

KURZBESCHREIBUNG
Hund mit üppigem, ziegenhaarähnlichen Fell, glatt oder gewellt, und mit sehr ausdrucksvollem Blick.

WESEN
Lebhaft und selbstständig.

Der robust aussehende Serra da Estrela-Berghund hat einen großen und länglichen Kopf mit kräftigem Kiefer. Seine ovalen, gut geöffneten, bernsteinfarbenen Augen haben einen ruhigen und aufgeweckten Ausdruck. Die kleinen, dünnen Ohren werden hängend getragen. Der Hals ist kurz und dick. Die Lenden sind breit, kurz und gut bemuskelt. Die Gliedmaßen sind äußerst kräftig. Seine dicke und lange Rute wird in Form eines Krummsäbels getragen.
Dieser Hund vermittelt einen Eindruck von Stärke und Ausgeglichenheit. Der Rassestandard unterscheidet zwischen der kurzhaarigen und der gewellten Fellvarietät. Das dicke, glatte oder gewellte, gut am Körper anliegende Fell ähnelt Ziegenhaar. Es besitzt eine weiche und dicke

▲ Cão da Serra da Estrela

Unterwolle. Die Fellfarbe ist falbfarben, wolfsgrau und gelb, einfarbig oder mit weißen Abzeichen.

Ursprung

Die Ursprünge des Serra da Estrela-Berghundes verlieren sich in grauer Vorzeit. Vermutlich zählt er zu den ältesten Rassen auf der Iberischen Halbinsel und verdankt seinen Namen der Gebirgsregion, die seine Heimat ist: die Serra da Estrela im Norden Portugals.

Verhalten

Der dem Leonberger ähnelnde Serra da Estrela-Berghund ist ein kompakter Hund, der an das Arbeiten auf Weiden in großen Höhenlagen angepasst ist. Er ist absolut wetterfest.
Seine zahlreichen Fähigkeiten ermöglichen seinen vielseitigen Einsatz. Dank seines Mutes verteidigt er die Herden gegen Wölfe und bewacht abgelegene Gehöfte. Mit seiner Kraft und Ausdauer zieht er die Karren über die engen Bergpfade. Sein Geruchssinn macht ihn zu einem guten Jagdhund für Nieder- und Hochwild.
Er arbeit sehr selbstständig und fällt seine eigenen Entscheidungen

- Der zu den Molossoiden zählende Hund ist imposant in seinem Auftreten und eigensinnig in seinem Temperament. Feinden gegenüber ist er angriffslustig und furchterregend, seinem Herrn gegenüber jedoch sanft, treu und gehorsam. Dank seiner Intelligenz ist er sehr gelehrig, aber nicht einfach, bei der Ausbildung, die bei diesem Hund ein Muss ist.
- Fremden gegenüber kann er sich drohend verhalten. Die Portugiesen setzen ihn daher zunehmend zur Bewachung ihrer Häuser ein.

Cão de agua Português

Portugiesischer Wasserhund

WIDERRISTHÖHE
Rüde: durchschnittlich 54 cm;
Hündin: durchschnittlich 46 cm.

GEWICHT
Rüde: 19 bis 25 kg;
Hündin: 16 bis 22 kg.

KURZBESCHREIBUNG
Harmonisch gebauter Hund.

WESEN
Sehr intelligent und ungestüm.

Der Portugiesische Wasserhund hat einen gut proportionierten, großen und breiten Kopf, mit vorspringenden Jochbögen, breiter Nase und kräftigen Kiefern mit sehr gut entwickelten Eckzähnen. Die Augen sind rundlich, braun oder schwarz, die Ohren liegen am Kopf an. Seine Gliedmaßen sind korrekt senkrecht gestellt, seine Brust ist tief. Es existieren zwei Haarvarietäten: gewelltes Langhaar, leicht glänzend und weich und kürzeres Haar, dicht und matt, das zylindrische Strähnen bildet. Die Fellfarbe ist einfarbig (Schwarz, Weiß oder Braun in verschiedenen Nuancen) oder mehrfarbig (Mischung aus Schwarz oder Braun mit Weiß). Häufig werden die Hinterhand und der Fang geschoren.

Ursprung

Dieser von der portugiesischen Küste stammende hervorragende Schwimmer und Taucher, der nur an der Algarve anzutreffen ist, wird von den Fischern dazu eingesetzt, aus den Netzen ins Meer entwichene Fische einzufangen und zurückzubringen, schwimmend die Verbindung zwischen Schiff und Festland herzustellen, die Taue zu packen und die Schiffe an Land zu bewachen.

Verhalten

Der lebhafte, unerschrockene, leichtführige, eigensinnige und unermüdliche Portugiesische Wasserhund ist gleichermaßen ein guter Wach- wie Stöberhund für Wasserwild. Der außergewöhnlich intelligente Hund versteht schnell und gehorcht freudig den Befehlen seines Herrn.

▲ Cão de agua Português

Cão de Castro Laboreiro

Castro Laboreiro Hund

WIDERRISTHÖHE
Rüde: 55 bis 60 cm;
Hündin: 52 bis 57 cm.

GEWICHT
29 bis 40 kg.

KURZBESCHREIBUNG
Eher leichter Kopf auf einem kräftigen Körper.

WESEN
Treu und leichtführig.

Dieser kräftig gebaute Hütehund hat einen rechteckigen Körperbau und einen trockenen und länglichen Kopf, der für solche Hunde eher ungewöhnlich ist. Die Augen sind schräg und braun in verschiedenen Farbabstufungen. Die fast dreieckigen, mittelgroßen Ohren mit abgerundeter Spitze sind hängend. Der Rücken ist gerade. Die Lendenpartie ist breit und gut bemuskelt, die Brust hoch, breit und ziemlich tief. Die Gliedmaßen sind perfekt gerade. Die lange und gut behaarte Rute wird tief getragen. Das Fell ist sehr üppig, kurz (rund 5 cm lang), etwas rau bei Berührung, ohne jedoch hart zu sein und ohne Unterwolle. Die am häufigsten vorkommende Fellfarbe ist Wolfsgrau (gewolkte Falbfarbe) in allen Abstufungen von hell bis dunkel, wobei die dunkle Farbe am häufigsten vorkommt. Die beliebteste Fellfarbe, Wolfsgrau mit mehr oder weniger dunklen Farbabstufungen, erinnert an das Fell eines Wolfes.

Verhalten

Der treue und gehorsame Gefährte ist ein robuster Hund, der um seine abschreckende Wirkung weiß, ohne jedoch zu raufen. Dieser äußerst furchtlose Hütehund ist ein ausgezeichneter Herdenschutzhund. Man erkennt ihn bereits von weitem an seinem charakteristischen Bellen, das in tiefen Tonlagen beginnt und in anhaltenden hohen Tönen endet.

- Der eher ruhige und anhängliche Castro Laboreiro Hund liebt das Familienleben, sollte aber nur in hundeerfahrene Hände. Er ist ausgeglichen und wird als Wachhund sehr geschätzt.

Ursprung

Dieser Berghund gehört einer sehr alten Rasse auf der Iberischen Halbinsel an. Er führt seinen Namen auf ein kleines portugiesisches Dorf zurück, wo der Castro Laboreiro Hund sehr beliebt ist. Diesen Hütehund kann man in Höhenlagen bis zu 1400 Meter antreffen.

Cavalier King Charles Spaniel

WIDERRISTHÖHE
Rüde: 25 bis 34 cm;
Hündin: 25 bis 32 cm.

GEWICHT
5,4 bis 8 kg.

KURZBESCHREIBUNG
Dieser Hund mit seiner harmonischen Erscheinung ist anmutig und geschmeidig in der Bewegung und auch im Hundesport vielseitig einsetzbar.

WESEN
Fröhlich, sensibel, freundlich und sehr sanft.

▲ Cavalier King Charles Spaniel

▼ Cavalier King Charles Spaniel

Der Kopf des Cavalier King Charles Spaniel ist zwischen den Ohren nahezu flach. Der Fang ist keilförmig, der Stopp wenig betont. Die Augen sind nicht vorstehend. Sie sind groß, dunkel und im guten Abstand voneinander gesetzt. Die sehr langen und reichlich befederten Ohren sind hängend. Der Cavalier besitzt ein langes, seidiges Fell ohne Locken mit üppiger Befederung. Die Fellfarben sind dieselben wie beim King Charles Spaniel: Ruby (einfarbig tiefrot), Blenheim (kastanienrote Abzeichen auf weißem Grund), Schwarz mit lohfarbenen Abzeichen und Tricolor (weiß, schwarz und lohfarben).
Dieser gut gebaute Hund mag keine Kälte und Feuchtigkeit. Seine empfindlichen Ohren müssen kontrolliert und überflüssige Haare, die den Gehörgang behindern, entfernt werden.

Verhalten

Der Cavalier King Charles Spaniel ist ein furchtloser, sportlicher Hund, der das Wild mit der Nase und auf Sicht aufspürt. Er besitzt eine große Persönlichkeit und fürchtet sich vor nichts. Der fröhliche, freundliche, sehr sanfte und anhängliche Hund hat eine ausgeprägte Neigung zur Bequemlichkeit, aber auch zu Spaziergängen in freier Natur. Hat er einmal volles Vertrauen gefasst, ist er gesellig. Da er sensibel ist, sollte er immer freundlich und fair behandelt werden. Der intelligente und aufgeweckte Hund interessiert sich für alles, was um ihn herum geschieht.

Ursprung

Dieser kleine englische Begleithund wurde in den 1920er-Jahren von Züchtern geschaffen, die auf Basis des King Charles mit flachem Vorgesicht eine alte Varietät der Zwergspaniels wieder aufleben lassen wollten. Dieser aus einer alten asiatischen Rasse hervorgegangene Spaniel gelangte über Spanien nach Europa. Er verdankt seinen Namen Charles II. (König Karl II.), der sich nie von seinen Hunden trennte und mit deren Zucht begann. Als ursprünglicher Jagdhund hat er bis heute nicht seine jagdlichen Fähigkeiten eingebüßt, obwohl er jahrhundertelang in den Salons der Königshöfe als Schoßhund gehalten wurde. Der Cavalier King Charles Spaniel wurde schnell beliebt. Der erste Verein wurde 1928 gegründet und die Rasse offiziell 1945 anerkannt.

Ceskoslovenský Vlcak

Tschechoslowakischer Wolfhund

WIDERRISTHÖHE
Rüde: mindestens 65 cm;
Hündin: mindestens 60 cm.

GEWICHT
Rüde: mindestens 26 kg;
Hündin: mindestens 20 kg.

KURZBESCHREIBUNG
Robuster und eher großer Hund mit rechteckigem Körperbau.

WESEN
Temperamentvoll, ausdauernd und mutig.

BESONDERE KENNZEICHEN
Ist durch Körperbau, Bewegung und Behaarung dem Wolf ähnlich.

Der keilförmige Kopf ist symmetrisch und gut bemuskelt. Der Stopp ist nicht besonders ausgeprägt. Der ovale Nasenschwamm ist schwarz. Die schmalen, schrägliegenden Augen sind bernsteinfarben. Die dünnen und dreieckigen Ohren sind stehend.
Die Kiefer sind stark, die Zähne gut entwickelt. Der Hals ist trocken und sehr gut bemuskelt. Der Rücken ist fest und gerade, die Kruppe kurz und muskulös. Die hoch angesetzte Rute ist gerade herunterhängend, bei Erregung sicheförmig auf-

Verhalten

Der gegen Witterungseinflüsse sehr widerstandsfähige, ausdauernde und furchtlose Hund zeigt seinem Herrn gegenüber ungemeine Treue. Seine Ausbildung muss früh begonnen und feinfühlig und mit Konsequenz durchgeführt werden. Dieser Hund braucht viel Bewegung und geistige Beschäftigung.

>>

gerichtet. Das Fell ist gerade und dicht anliegend. Im Winter überwiegt die Unterwolle und bildet mit dem Deckhaar eine dichte Behaarung des ganzen Körpers. Die Fellfarbe reicht von Gelbgrau bis Silbergrau, mit heller Maske und hellem Haar an der Vorbrust und am Halsansatz.

Ursprung

Der aus einem Kreuzungsversuch zwischen dem Deutschen Schäferhund und dem Karpatenwolf 1955 hervorgegangene Tschechoslowakische Wolfhund profitierte seit 1965 von der systematischen Züchtung der Rasse. Er ist ein vielseitig einsetzbarer Hund, der die Vorteile des Wolfes und die Fähigkeiten des Deutschen Schäferhundes in sich vereint.

Cesky Fousek

Böhmisch Raubart

WIDERRISTHÖHE
Rüde: 60 bis 66 cm;
Hündin: 58 bis 62 cm.

GEWICHT
Rüde: 28 bis 34 kg;
Hündin: 22 bis 28 kg.

KURZBESCHREIBUNG
Harmonisch gebauter, mittelgroßer Hund.

WESEN
Freundlich und leichtführig.

BESONDERE KENNZEICHEN
Seine vornehme Haltung und sein Bart.

Der trockene und lange Kopf trägt einen breiten, dunkelbraunen Nasenschwamm. Die braunen und mandelförmigen Augen zeugen von Sanftmut und Ruhe. Der sehr hoch angesetzte Behang liegt gut am Kopf an. Die mittelstarke Rute ist auf Höhe der Rückenlinie angesetzt. Das 3 bis 4 cm lange, harte, derbe und gut am Körper anliegende Fell besitzt eine weiche und dichte Unterwolle. Das Fell weist 5 bis 7 cm lange, besonders harte und gerade Grannen auf. Der Bart ist für diese Rasse typisch. Das Haar der Augenbrauen ist schräg nach oben gerichtet. Fellfarben:

- Dunkelschimmel mit oder ohne braune Platten,
- Braun mit melierten Abzeichen an der Brust und den unteren Partien der Gliedmaßen,
- Braun ohne jegliche Abzeichen.

Ursprung

Der aus Böhmen stammende, ausgezeichnete tschechische Vorstehhund stand kurz vor dem Aussterben. Dank der Einkreuzung von Deutsch Stichelhaar wurde die Rasse vor dem Verschwinden bewahrt.

Verhalten

Der sehr robuste, derbe und ausdauernde Vorstehhund ist vielseitig einsetzbar und verfügt über hervorragende Eigenschaften für Jagd in Wäldern und Marschen. Er macht auch Jagd auf Ratten und Mäuse im Haus.

- Der Fousek braucht eine konsequente Erziehung und ist dabei sehr auf einen Menschen bezogen. Er ist nicht für das Stadtleben geeignet, da er sehr viel Raum und sehr viel Bewegung braucht.

▲ Cesky Fousek

Cesky Terrier

Tschechischer Terrier

WIDERRISTHÖHE
Rüde und Hündin: 25 bis 32 cm.

GEWICHT
6 bis 10 kg.

KURZBESCHREIBUNG
Dieser „tiefergelegte“ Terrier mit seinem schönen langen Fell verbirgt sein Gesicht hinter viel Haar.

WESEN
Ruhig und freudig.

BESONDERE KENNZEICHEN
Der abgeklärteste unter den Terriern.

Der niederläufige, geschmeidige und robuste Tschechische Terrier hat einen langen Kopf mit gut entwickeltem Nasenschwamm, einem dichten Bart und buschigen Augenbrauen. Die eher tief eingesetzten und durch überhängendes Haar gut bedeckten Augen sind hell- bis dunkelbraun. Der Kiefer ist kräftig. Die Ohren sind hängend. Die Gliedmaßen sind kräftig. Die Rute wird in der Erregung horizontal oder säbelförmig getragen. Das nicht zu üppige Fell ist lang, leicht gewellt, fein, aber fest, und seidig glänzend. Die Fellfarbe kann Graublau oder helles Kastanienbraun sein. Der Rassestandard lässt gelbe, graue oder weiße Abzeichen bei beiden Farbvarietäten zu. Das Scheren ist Vorschrift.

Ursprung

Dieser Terrier wurde von einem tschechischen Züchter, Frantisek Horák, aus dem Sealyham Terrier gezüchtet.

Verhalten

Dieser für die Jagd auf Niederwild verwendete Terrier ist ein leichtführiger, treuer und gewinnender, sehr sanfter und geduldiger Begleithund. Er ist ruhig und seine Ausbildung ist leicht, sofern sein Ausbilder es nicht an Konsequenz und Logik fehlen lässt. Er ist ein freudiger Gefährte, ohne jegliche Aggressivität, der sich Fremden gegenüber jedoch zurückhaltend verhält. Er ist ein wachsamer Zeitgenosse.

▲ Cesky Terrier

Chart Polski

Polnischer Windhund

WIDERRISTHÖHE
Rüde: 70 bis 80 cm;
Hündin: 68 bis 75 cm.

GEWICHT
Rund 40 kg.

WESEN
Selbstbewusst.

BESONDERE KENNZEICHEN
Großer Hund, kraftstrotzend und muskulös.

Der Polnische Windhund ist deutlich kräftiger gebaut und hat nicht so feine Körperformen wie die anderen kurzhaarigen Windhunde. Sein Kopf ist trocken und lang. Das Fell ist ziemlich hart und alle Fellfarben sind erlaubt.

Ursprung

Die Rasse, die vermutlich vom Saluki abstammt, war in Polen bereits seit dem 8. Jahrhundert bekannt. Früher wurde der Polnische Windhund in seiner Heimat vom Adel zur Jagd auf Fuchs und Hase verwendet, aber auch zur Wolfsjagd. In der Zeit zwischen den beiden Weltkriegen wäre er beinahe ausgestorben, aber einige wenige Exemplare blieben im Osten des Landes erhalten. Die Rasse wurde 1989 von der F.C.I. anerkannt.

Verhalten

Bei der Verfolgung ist dieser Windhund schnell, geschickt und ausdauernd. In Aktion reagiert er schnell, mutig und heftig.
Er braucht eine konsequente Ausbildung. In der Familie verhält er sich anhänglich, Fremden gegenüber zurückhaltend. Für das Stadtleben ist er ungeeignet, da er viel Raum und Bewegung braucht.

Chesapeake Bay Retriever

WIDERRISTHÖHE
Rüde: 58 bis 66 cm;
Hündin: 53 bis 61 cm.

GEWICHT
Rüde: 29,5 bis 36,5 kg;
Hündin: 25 bis 32 kg.

KURZBESCHREIBUNG
Starker, eleganter und sehr ausgewogen gebauter Hund.

WESEN
Arbeitswillig, wachsam, fröhlich und ruhig.

BESONDERE KENNZEICHEN
Sein wasserabstoßendes und gut isolierendes Fell.

Der Chesapeake Bay Retriever hat einen breiten und runden Kopf und einen Fang, der etwa gleich lang wie der Schädel ist und sich zum Ende hin verjüngt. Die hellen Augen blicken intelligent. Die kleinen, ziemlich hoch am Kopf angesetzten Ohren hängen, ohne zu sehr an den Wangen anzuliegen. Der mittellange Hals ist muskulös. Die Brust ist tief und breit, die Flanken sind gut aufgezogen. Die Hinterhand ist kräftig, die Vorderläufe sind mittellang und gerade, die Hinterläufe kraftvoll. Die mittellange, am Ansatz mittelschwere Rute ist gerade oder leicht gebogen.
Das Fell besteht aus dichtem und kurzem Deckhaar sowie einer dichten, feinen und wolligen Unterwolle, die beide fettig sind, so dass Wasser nicht bis auf die Haut des Hundes vordringt. Dank dieses fettigen, praktisch wasserabweisenden und stark gegen Kälte und eisiges Wasser isolierenden Fells ist der Chesapeake Bay Retriever trocken, sobald er sich schüttelt, wenn er aus dem Wasser kommt. Das Fell wellt sich über Hals, Schultern, Rücken und Lenden. Jede Farbe von Dunkelbraun bis Hellbraun ist zulässig. Das Fell soll vorzugsweise einfarbig sein, wobei ein weißer Fleck an Brust und Zehen zulässig ist.

Ursprung

Die Entstehungsgeschichte dieses amerikanischen Hundes geht auf das Jahr 1807 zurück, als eine englische Brigg an der Küste Marylands in den USA Schiffbruch erlitt. Unter den Überlebenden fand man Welpen aus Neufundland, die nach Kreuzung mit einheimischen Retrievern zu Vorfahren des Chesapeake Bay Retrievers wurden.
Sehr wahrscheinlich zählen auch der Irische Wasserspaniel sowie der Flat Coated Retriever und der Curly Coated Retriever zu seinen Vorfahren. Der endgültige Rassestandard des Chesapeake Bay Retriever wurde 1885 erstellt.
Heutzutage findet dieser arbeitswillige Apportierhund überall auf der Welt zunehmende Verbreitung.

Verhalten

Dieser widerstandsfähige, mutige und sehr arbeitsfreudige Hund kann selbst in widrigsten Witterungsbedingungen arbeiten. Dank seiner hervorragenden Nase ist er unübertroffen beim Apport von Wild in eisigen Gewässern, er ist jedoch gleichermaßen tüchtig bei der Arbeit an Land.

- Dieser hochintelligente Hund passt sich allen Gegebenheiten an. Der lebhafte und begeisterte Hund geht bei der Arbeit methodisch vor.
- Im Haus ist der aufgeweckte und fröhliche Hund ruhig.
- Bei der Ausbildung des Chesapeake Bay Retriever braucht es Konsequenz und Feingefühl. Der seiner Familie gegenüber sehr anhängliche Hund sollte viel Bewegung haben und geistig beschäftigt werden.

Chien d'Artois

WIDERRISTHÖHE
Rüde und Hündin: 53 bis 58 cm.

GEWICHT
28 bis 30 kg.

KURZBESCHREIBUNG
Rassiger, wie gemeißelt wirkender Hund mit herrlichem, volltönendem Geläut, mit leichtfüßigem, gleichermaßen markanten wie gleichmäßigen Gang.

WESEN
Ausgeglichen und anhänglich.

Der kräftige, eher breite und kurze Schädel ist am Oberkopf leicht gewölbt. Der gerade Nasenrücken ist leicht verlängert.

Der recht lange und nahezu flache Behang ist auf Augenlinie angesetzt. Der relativ lange und kräftige Hals zeigt sehr wenig Wamme.
Die recht weit hinabreichende Brust und der feste Rücken sind breit, die kräftigen Lenden leicht gewölbt. Die mittellangen Gliedmaßen sind kräftig, die Pfoten oval. Die recht lange Rute wird sichelförmig getragen. Das kurze, dicke und recht flache Fell ist dreifarbig dunkelfauve. Es erinnert an die Fellfarbe von Hasen oder Dachsen und ist von einem Mantel oder großen Flecken gekennzeichnet. Der üblicherweise falbfarbene Kopf ist manchmal berußt.

Ursprung

Der Chien d'Artois stammt von einer sehr alten und zu Zeiten Heinrichs des IV. und Ludwigs des XIII. hoch geschätzten Rasse ab. Nach dem Zweiten Weltkrieg glaubte man, dass die Rasse ausgestorben war, aber ein Züchter im Departement Somme schaffte es in den 1970er-Jahren, wieder einen Bestand aufzubauen. Heutzutage hat der Chien d'Artois wieder seinen Platz unter den Laufhunden gefunden.

Verhalten

Im Chien d'Artois sind alle Eigenschaften der Bracke und des Laufhundes vereint: bester Orientierungssinn, bemerkenswerter Geruchssinn und beispiellose Festigkeit beim Vorstehen. Der kräftige, ausdauernde und unerschrockene Hund arbeitet auf jedem Gelände ausdauernd und mit Raubzeugschärfe. Er eignet sich vorzüglich zur Hasenjagd in kleiner Meute und wird auch für die Wildschwein- und Fuchsjagd eingesetzt.

- Dieser ausgeglichene, anhängliche und fröhliche Begleiter muss mit Konsequenz, aber nicht grob ausgebildet werden. Der Chien d'Artois sollte jagdlich geführt werden.

Chien de Montagne des Pyrénées

Pyrenäen-Berghund

WEITERE NAMEN
Patou

WIDERRISTHÖHE
Rüde: 70 bis 80 cm;
Hündin: 65 bis 75 cm.

GEWICHT
40 bis 60 kg.

KURZBESCHREIBUNG
Großer, majestätischer Hund mit schönem weißem Fell.

WESEN
Ausgeglichen und selbstständig.

Der Pyrenäen-Berghund ist ein sehr kräftig gebauter Hund. Er hat einen kräftigen Hals, eine breite und tiefe Brust, einen festen Rücken, kräftige und gut gebaute Gliedmaßen. Seine Erscheinung ist etwas massiv, jedoch nicht ohne eine gewisse Eleganz, und sein nicht zu mächtiger, leicht gewölbter Kopf mit breitem Fang und schwarzen, wenig hängenden Lefzen und schwarzem Nasenschwamm verleihen ihm ein gutmütiges Aussehen.
Die kleinen, mandelförmigen und bernsteinfarbenen Augen werden von schwarz geränderten Lidrändern umrahmt.
Ihr Ausdruck ist sanft und verträumt.
Die recht kleinen, am Kopf anliegenden Ohren werden teilweise von Haaren verdeckt. Die Schultern sind breit und muskulös, die Brust ist breit und tief. Die Hinterläufe haben Afterkrallen. Die Vorderläufe tragen manchmal einfache oder doppelte Daumenkrallen. Die buschige und eine Fahne bildende Rute ist lang; sie wird in Ruhestellung tief, in der Erregung hoch als „Rad" getragen. Das Fell bildet einen üppigen Schutzmantel und ist dicht, ziemlich lang und geschmeidig, glatt oder leicht gewellt, am Hals, an der Hinterseite der Oberschenkel und an der

Chien d'Artois ▲

>>

Rute wesentlich länger. Die Unterwolle ist dick und wollig. Mit diesem Fell kann das Tier im Schnee liegen, ohne zu frieren. Die Fellfarbe ist einfarbig weiß oder mit grauen (dachsfarbenen oder wolfsgrauen), blassgelben oder orangefarbenen Flecken an Kopf, Ohren und bei der Geburt an der Rute und manchmal auch auf dem Körper.

Verhalten

Der wachsame und furchtlose Pyrenäen-Berghund ergreift gern die Initiative. Mit seinem unabhängigen Wesen muss er sehr früh mit großer Konsequenz ausgebildet werden. Seine laute, klangvolle Stimme zählt zu seinen Reizen. Dieser Hund spielt gerne und rollt sich liebend gerne im Schnee.

Er ist sehr selbstsicher, sanft, gelassen, sehr familienbezogen, mag jedoch keine Fremden.

- Der an sehr viel Platz gewöhnte Hund braucht viel Bewegung, um keinen Speck anzusetzen. Er ist für das Stadtleben ungeeignet.

Ursprung

Der imposante Pyrenäen-Berghund, ein Verwandter des Bernhardiners, soll ein entfernter Nachkomme der Tibetdogge sein, die sich im 5. Jahrhundert aufgrund der Völkerwanderungen aus Asien in Europa verbreitet hat. Seine Existenz wurde erstmals im 14. Jahrhundert dokumentiert. Damals bewachte dieser Hund die Schlösser der Départements Ariège und Haute-Garonne, wo er lange Zeit isoliert blieb und wo man ihn auch noch heute antrifft.

Er ist auch ein ausgezeichneter Herdenschutzhund. Obwohl der Pyrenäen-Berghund damit betraut war, die Tiere zusammenzuhalten, schützte er auch den Schäfer und seine Herde gegen Wölfe und Bären. Man legte ihm ein Metallhalsband mit nach außen weisenden Stacheln an, um zu verhindern, dass ihm die Wölfe die Kehle durchbissen.

Seine eigentliche Hauptaufgabe ist die Bewachung von Herden, aber auch seine Aufgabe als Beschützer von Haus und Hof nimmt der Pyrenäen-Berghund sehr ernst.

Chihuahua

WIDERRISTHÖHE
Rüde: 16 bis 20 cm;
Hündin: 16 bis 18 cm.

GEWICHT
500 g bis 3 kg.

KURZBESCHREIBUNG
Trotz seiner geringen Größe ein kompakter und gut gebauter Hund, leichtfüßig und anmutig in der Bewegung.

WESEN
Lebhaft und sehr aufmerksam.

BESONDERE KENNZEICHEN
Er ist der kleinste Rassehund der Welt.

Der Kopf des Chihuahua muss rund wie ein Apfel sein, vorzugsweise ohne Fontanelle, wobei jedoch eine kleine Fontanelle zulässig ist. Die Wangen sind wenig entwickelt, der Stopp ist sehr ausgeprägt. Die ziemlich kurze Nase ist leicht spitz. Der Nasenschwamm trägt eine der zugelassenen Fellfarben und ist mäßig kurz und geringfügig aufgeworfen. Der Kiefer zeigt ein Scheren- oder Zangengebiss. Die großen, glänzenden, weit auseinandergesetzten und nicht hervorquellenden Augen sind dunkel. Helle Augen sind zulässig, aber nicht erwünscht. Die großen und aufgerichteten Ohren sind ausführlich geöffnet. In der Ruhe sind sie seitlich in einem Winkel von 45° geneigt. Der Hals ist leicht gewölbt. Die mittellangen Vorderläufe sind gerade. Der kompakte Körper wird durch einen leicht aufgezogenen Bauch veredelt. Die Hinterläufe sind muskulös. Die Pfoten haben gut auseinanderstehende Zehen mit kräftigen Krallen. Die mäßig lange und flach aussehende Rute wird in der Bewegung hoch, entweder im Bogen oder halbkreisförmig, getragen. Beim Chihuahua existieren zwei Haar-Varietäten. Die erste Varietät hat ein kurzes, am ganzen Körper gut anliegendes, weiches und glänzendes Fell mit

▼ Chihuahua

Unterwolle. Die zweite, etwas seltenere Varietät, hat ein langes, feines, seidiges, glattes oder leicht gewelltes Fell, wobei eine leichte Unterwolle erwünscht ist. Als Fellfarbe sind alle Farben und alle Kombinationen erlaubt. Besonders bevorzugt werden jedoch die Farben Falbfarben, Schokoladenbraun, Weiß, Sandfarben, Silberfalbfarben, Silbergrau, Schwarz, Schwarz und Loh sowie Falbfarben gestromt.

Ursprung

Der Chihuahua stammt von einem präkolombianischen Hund, dem Techichi, ab und verdankt seinen Namen der Provinz in Mexico, aus der er zweifellos hervorging. Erst im 19. Jahrhundert wurde mit seiner Zucht in den USA begonnen und von dort trat er seinen Siegeszug in Europa an.

Verhalten

Der Chihuahua ist intelligent, lebhaft, unternehmungslustig und mutig. Als anhänglicher Hund ist er seinem Herrn über die Maßen zugetan. Er ist ein sehr guter Wachhund, der beim kleinsten Geräusch anschlägt. Etwas Festigkeit zu Beginn seiner Ausbildung genügt, um aus ihm einen folgsamen und unauffälligen Begleiter zu machen. Obwohl ihm die Wohnungshaltung zusagt, braucht er lange Spaziergänge.

Chin

Japan Chin

WIDERRISTHÖHE
Rüde und Hündin: rund 25 cm.

GEWICHT
2 bis 6 kg.

KURZBESCHREIBUNG
Kleiner Hund mit vornehmer Haltung und reichlichem Fell sowie fröhlich getragener Rute, die einen weißen Federbusch bildet.

WESEN
Sanft und aufgeweckt.

Der relativ große Kopf ist breit und flach. Der Nasenrücken ist sehr kurz und breit. Der breite Nasenschwamm mit gut geöffneten Nasenlöchern ist je nach Fellfarbe schwarz oder von heller Farbe. Die langen, dreieckigen und hängenden Ohren sind mit langem Haar bedeckt. Der Rücken ist kurz und gerade, die Lendenpartie breit und leicht gewölbt. Die über dem Rücken getragene Rute ist üppig mit langem Haar bedeckt. Die Gliedmaßen sind ebenfalls mit langem Haar befedert. Das sehr üppige Fell ist lang, glatt und seidig. Gesicht und Pfoten sind jedoch mit recht kurzem Haar bedeckt. Die Fellfarbe ist weiß mit schwarzen oder roten Abzeichen. Eine breite weiße Blesse ist besonders erwünscht.

Ursprung

Die Japaner übernahmen diesen kleinen Hund aus China, wo er von der hohen Gesellschaft gezüchtet wurde. Die Rasse fand bereits in einem Schriftstück aus dem Jahr 57 v. Chr. Erwähnung. Später wurde dieser vornehme Luxushund mit seinen riesigen und weit auseinander gesetzten Augen der Liebling der japanischen Kaiser.
Der Diebstahl eines Chins stand damals unter Todesstrafe. 1835 gelang es den Briten dennoch, mehrere Chins in den Westen einzuführen.

Verhalten

Der fröhliche und etwas ungestüme, einerseits königliche und andererseits schalkhafte Chin besticht durch sein liebenswertes und gewinnendes Wesen. Er ist sensibel und liebt das Familienleben. Seine Ausbildung muss behutsam erfolgen. Sein Gang ist stolz und leichtfüßig, wobei er die Pfoten recht hoch anhebt, was besonders würdevoll wirkt. Man muss ihn sehr früh an das Tragen einer Leine gewöhnen.

▲ Chin

Chinese Crested Dog

Chinesischer Schopfhund

WIDERRISTHÖHE
Rüde: 28 bis 33 cm;
Hündin: 23 bis 30 cm.

GEWICHT
Unter 5,5 kg.

KURZBESCHREIBUNG
Kleiner, anmutiger, schlanker und aktiver Hund in zwei Schlägen: dem zierlichen Typ (Deer Type) oder dem gedrungenen Typ (Cobby Type).

WESEN
Freudig und freundlich.

BESONDERE KENNZEICHEN
Nahezu nackter Hund.

▲ Chinese Crested Dog

Der leicht gerundete Schädel trägt lange, dünne und spitze, tief angesetzte Ohren, die aufrecht getragen werden und manchmal befranst sind. Der Stopp ist mäßig ausgeprägt. Der Kopf ist glatt, der Fang verjüngt sich leicht und endet in einem schmalen Nasenschwamm. Die dunklen Augen sind sehr weit voneinander eingesetzt. Auf dem Kopf trägt das Tier einen Haarschopf, der am Stopp beginnt und bis zum Schädelansatz reicht. Der glatte Körper weist entweder keinerlei Behaarung auf mit Ausnahme an Kopf, Rute und wenig Fell an den Pfoten oder aber er ist gut von einem feinen, weichen und seidigen Haarschleier bedeckt. Die Haut ist feinkörnig und fühlt sich warm an. Von den Liebhabern werden die kleinsten Hunde dieser Rasse, die zu den Zwergrassen zählt, bevorzugt. Die lange und spitz zulaufende Rute ist befedert. Daneben gibt es noch eine Varietät mit Unterwolle des Chinesischen Schopfhundes, die Powderpuff genannt wird (was Puderquaste bedeutet), mit sehr kurzer Unterwolle und feinem, langem Deckhaar. Jede Farbe oder Farbkombination des Fells ist zulässig.

Ursprung

Die Ursprünge dieses ungewöhnlichen Hundes liegen im Dunkeln. Von manchen Kynologen wird angenommen, dass seine Vorfahren aus China stammen und dass er in der Türkei oder in Äthiopien entstand.

Verhalten

Dieser lebhafte, fröhliche und intelligente Begleithund, der sehr liebedürftig ist, hat eine stolze Haltung. Er ist normalerweise niemals aggressiv und versteht sich gut mit seinen Artgenossen. Der Chinesische Schopfhund verströmt große Zuneigung und ist sensibel.
Er muss liebevoll ausgebildet werden. Dieser originelle kleine Hund schätzt die Bequemlichkeit.

Chow Chow

WIDERRISTHÖHE
Rüde: 48 bis 56 cm;
Hündin: 46 bis 51 cm.

GEWICHT
Rüde: 20 bis 25 kg;
Hündin: 18 bis 20 kg.

KURZBESCHREIBUNG
Kompakte, aber gut proportionierte Erscheinung mit würdevoller Haltung.

WESEN
Feinfühlig und unabhängig.

BESONDERE KENNZEICHEN
Sein bärenhaftes Aussehen und seine blauschwarze Zunge sind seine besonderen Markenzeichen.

Der flache und breite Schädel mit kaum ausgeprägtem Stopp hat einen mäßig langen Fang. Der breite Nasenschwamm ist je nach Fellfarbe schwarz oder heller gefärbt. Die dunklen und ovalen Augen dürfen bei Hunden, deren Fell blau oder cremefarben ist, heller sein. Die kleinen, an den Spitzen leicht gerundeten Ohren werden steif aufrecht getragen. Sie sind gut vorwärts über die Augen gerichtet und weit auseinanderstehend, jedoch leicht zueinander geneigt. Dadurch entsteht der für diese Rasse so charakteristische mürrische Ausdruck (Scowl).
Der Chow-Chow hat ein starkes Scherengebiss und als einziger Canide eine dunkelblaue, fast schwarze Zunge. Lefzen und Gaumen sind schwarz. Das Zahnfleisch soll vorzugsweise ebenfalls schwarz sein. Der Körper ist solide gebaut. Die breite Brust ist gut herabreichend. Der Rücken ist kurz und kräftig, die Lende kraftvoll. Die muskulöse Hinterhand mit geraden und tief angesetzten Sprunggelenken bewirkt den etwas stelzenden Gang des Hundes. Die hoch angesetzte Rute wird gut über dem Rücken getragen. Das Fell ist entweder lang- oder

▼ Chow-chow

kurzhaarig. Das lange Fell ist sehr üppig, dicht, gerade und eher grob. Es besitzt eine weiche und wollige Unterwolle. Das kurze, harsche und von Natur aus plüschartige Fell ist üppig, dicht und gerade.

Die Fellfarbe ist einfarbig – schwarz, blau, cremefarben oder weiß, ohne Flecken – oder mehrfarbig (die Unterseite der Rute und die Rückseite der Oberschenkel sind häufig heller).

Ursprung

Der Körperbau dieser sehr alten, aus dem Norden kommenden Rasse ist löwenhaft und ähnelt seltsamerweise einem alten, versteinerten, mehrere tausend Jahre alten Hund, der in Nordamerika entdeckt wurde. Vor 2000 Jahren lebte der Chow-Chow bereits in China, wo er auf zahlreichen Basreliefs dargestellt ist. Damals wurde er zur Bewachung der Herden und Dschunken, als Zughund und als Jagdhund eingesetzt. Außerdem verspeiste man manchmal sein Fleisch und trieb Handel mit seinem Fell. Ende des 19. Jahrhunderts wurde der Westen auf diesen Hund aufmerksam, der um 1900 nach Frankreich gelangte. Seither hat sich sein Leben verändert und er wurde zum Luxus- und Begleithund. Die hauptsächlich von den Engländern betriebene Zuchtauslese hat sein phlegmatisches Wesen verbessert und seine Aggressivität verringert.

Verhalten

Der seinem Herrn sehr treu ergebene, unabhängige, eigenwillige und sensible Chow-Chow muss behutsam und dennoch mit Konsequenz erzogen werden. Seine Ausbildung muss bereits im Welpenalter beginnen. Dabei sollte man die Fellpflege nutzen, um die Befehle Komm, Sitz und Platz sowie deren Befolgung einzuüben. Sein katzengleiches Wesen lässt ihn unterwürfigen Gehorsam ebenso wie überschwängliche Gefühlsbezeugungen verschmähen. Er verabscheut es, angeleint zu sein. Der ruhige, leise und sehr saubere Hund schlägt nur aus gutem Grund an. Er ist gut in der Wohnung zu halten, braucht aber täglich genügend Auslauf.

Cirneco dell'Etna

WIDERRISTHÖHE
Rüde: bis 52 cm;
Hündin: bis 50 cm.

GEWICHT
8 bis 12 kg.

KURZBESCHREIBUNG
Temperamentvoller, leicht gebauter Hund mit quadratischem Körperbau.

WESEN
Lebhaft und liebenswert.

Der lange Fang hat einen eher großen Nasenschwamm, der je nach Fellfarbe in verschiedenen Brauntönen gefärbt ist. Die ovalen und eher kleinen Augen sind ockerfarben, bernsteinfarben oder grau. Die hoch angesetzten und dreieckigen Ohren sind gut aufrecht. Die lange und tief angesetzte Rute wird in der Ruhe als Säbelrute und bei Aufmerksamkeit als Trompetenrute getragen. Das Fell ist am Kopf, an den Ohren und Gliedmaßen sehr kurz. Am Rumpf und an der Rute ist es länger, glatt und sehr anliegend. Die Fellfarbe ist einfarbig falbfarben, mehr oder weniger intensiv, oder falbfarben und weiß. Weiß einfarbig und Weiß mit orangefarbenen Flecken wird toleriert.

Verhalten

Der Cirneco dell'Etna ist ein vorzüglicher Jagdhund: Er eignet sich besonders zur Jagd auf Wildkaninchen, Fasane und Feldhühner.
Dieser robuste und intelligente Hund arbeitet dank seines ausgeprägten Geruchssinns besonders gut in steilem Gelände, wie zum Beispiel an den Hängen des Ätna.

- Dieser Hund ist auch ein guter Begleithund, sanft und anhänglich. Das Stadtleben ist nichts für ihn.

>>

Ursprung

Der von den Phöniziern nach Sizilien mitgebrachte Cirneco dell'Etna ist ein Nachfahre des Pharaonenhundes, jedoch kleiner als sein Vorfahre.

Clumber Spaniel

WIDERRISTHÖHE
Rüde: 46 bis 48 cm;
Hündin: 43 bis 45 cm.

GEWICHT
Rüde: rund 34 kg;
Hündin: rund 29,5 kg.

KURZBESCHREIBUNG
Langer, schwerer und bodennaher Hund.

WESEN
Ein Kraftpaket mit nachdenklichem Gesichtsausdruck und einem etwas eigentümlichen Gang.

Der quadratische und mächtige Schädel hat ein ausgeprägtes Hinterhauptbein und einen ausgeprägten Stopp. Der schwere und quadratische Fang trägt gut entwickelte Lefzen. Die dunklen, etwas tiefliegenden Augen dürfen kein Entropium aufweisen. Die großen, nach vorne herabhängenden Ohren sind gut mit Haar bedeckt.
Der Clumber Spaniel besitzt kräftige Schultern, eine gut herabreichende Brust sowie kurze, gerade und kräftige Gliedmaßen. Die Lendenpartie ist muskulös.
Das Fell ist reichlich, dicht, glatt und seidig und bildet an Ohren, Gliedmaßen und Rute eine Befederung.
Am Körper soll die Farbe vorzugsweise einfarbig Weiß sein, mit zitronenfarbenen Abzeichen, wobei auch orangefarbene Abzeichen erlaubt sind. Der Kopf trägt geringfügige Abzeichen, der Fang eine Sprenkelung.

Ursprung

Der aus den Zwingern der Familie Noailles stammende Clumber Spaniel wurde während der Französischen Revolution von emigrierten Aristokraten in England eingeführt und wurde in seiner Wahlheimat ein großer Erfolg.

Verhalten

Der früher als Meutehund eingesetzte Clumber Spaniel ist heutzutage ein angenehmer Begleithund. Der sehr intelligente und mit einer vorzüglichen Nase ausgestattete Hund ist ein stummer Arbeiter. Seine Suche ist langsam, aber hartnäckig. Als guter Apportierhund schrecken ihn weder kaltes Wasser noch Dornen ab. Er ist ein zuverlässiger und liebenswerter, ruhiger und verspielter Begleiter, ohne jegliche Anzeichen von Aggressivität. Dennoch muss er mit Konsequenz und Geduld ausgebildet werden. Am liebsten lebt er auf dem Land.

▲ Clumber Spaniel

Coban Köpegi

Anatolischer Hirtenhund

WEITERE NAMEN
Karabash („Schwarzkopf"), Kangal

WIDERRISTHÖHE
Rüde: 74 bis 81 cm;
Hündin: 71 bis 79 cm.

GEWICHT
Rüde: 50 bis 65 kg;
Hündin: 40 bis 55 kg.

KURZBESCHREIBUNG
Kraftvolle Gestalt, ohne Schwere. An seiner schwarzen Maske leicht erkennbar.

WESEN
Ruhig und unabhängig.

Der breite Schädel und das kräftige Vorgesicht, das etwas kürzer als der Schädel ist, deuten auf einen Molosser hin. Die eher kleinen und hoch angesetzten Ohren werden hängend, aber nicht am Kopf anliegend, getragen. Der Hals ist kraftvoll, mit etwas Wamme. Der Körper ist breit und kraftvoll, die Läufe gut bemuskelt, die Pfoten groß. Die lange, ziemlich hoch angesetzte Rute wird in Ruhestellung tief, in der Erregung hoch und eingerollt getragen.
Das Fell ist kurz und glänzend, die Unterwolle dicht. Es kann entweder kurz oder halblang sein. Fang und Ohren sind schwarz.
Die Fellfarbe reicht von Sandfarben bis Stahlgrau. Manche Exemplare zeigen ein charbonniertes Fell.

Ursprung

Dieser sehr alte Herdenschutzhund stammt vermutlich von den starken Jagdhunden Mesopotamiens ab.
Noch heute ist er der Stolz der Züchter Anatoliens aufgrund seiner Kühnheit, mit der er die Wölfe von den Herden fernhält.

Verhalten

Der Anatolische Hirtenhund verfügt über einen hervorragenden Geruchssinn und eine ausgezeichnete Sicht. Er ist ein sehr selbstständiger Hund, der nur in fachkundige Hände gehört. Fremden gegenüber verhält er sich misstrauisch, mit allen damit verbundenen Risiken. Bei guter Sozialisierung kann er sowohl ein kluger Wächter als auch ein guter Kamerad für die ganze Familie sein.

- Der Anatolische Hirtenhund ist unabhängig und wird schon auch mal, wenn sich die Gelegenheit bietet, zum Ausreißer und Jäger. Er eignet sich nicht zur Wohnungshaltung, denn er braucht viel Platz, um sich voll und ganz verausgaben zu können.
- Dieser charakterstarke Hund ist selbstbewusst, mutig und nie unterwürfig. Es ist äußerst wichtig, ihn rechtzeitig gut auszubilden, insbesondere im Hinblick auf die Leinenführigkeit.

Collie

WEITERE NAMEN
Schottischer Schäferhund

WIDERRISTHÖHE
Rüde: 56 bis 61 cm;
Hündin: 51 bis 56 cm.

GEWICHT
Rüde: 20,5 bis 29,5 kg;
Hündin: 18 bis 25 kg.

KURZBESCHREIBUNG
Dieser Hund hat sich die wichtigsten Eigenschaften des Schäferhundes bewahrt: Kraft, Geschmeidigkeit und Schnelligkeit.

WESEN
Ruhig, freundlich und anhänglich.

BESONDERE KENNZEICHEN
Seine Lebhaftigkeit und seine harmonische Erscheinung.

Der lange und schmale Schädel des Collie wird betont von mandelförmigen, meist braunen oder blauen bzw. blaugefleckten Augen wie beim Blue Merle Collie. Die mäßig großen und am Ansatz breiten Ohren werden in der Ruhe zurückgelegt getragen. Bei Aufmerksamkeit werden sie nach vorne gestellt, wobei die Spitze etwas nach vorne gekippt ist. Der Rücken ist gerade, die Rippen sind gut gewölbt und die Brust ist tief. Das Fell des Collie ist kurz, flach und hart, mit sehr dichter Unterwolle. Es gibt drei anerkannte Farben:

- Zobelfarben, von hellem Gold bis zum satten Mahagoni oder schattiert zobelfarben;
- Tricolor (dreifarbig), dabei vorwiegend Schwarz mit lohfarbenen Abzeichen;
- Blue-merle, vorwiegend hell, silbriges Blau, mit schwarzen Flecken oder schwarzmarmoriert, mit satten lohfarbenen Abzeichen.

Alle Farben können weiße Abzeichen tragen. Die Blue-merle Collies werden häufig als „Marbled Collies" bezeichnet.
Daneben gibt es noch einen anderen Collie-Schlag mit langhaarigem Fell (Rough Collie). Sein Deckhaar ist sehr dicht, glatt und fühlt sich hart an. Die Unterwolle ist weich, pelzig und sehr dicht, und bildet eine üppige Halskrause und Mähne sowie eine schöne Befederung an Gliedmaßen und Rute.

Ursprung

Seit dem 14. Jahrhundert gab es in Schottland hauptsächlich zwei Schäferhundschläge: einen mit kurzer Rute und einen mit langer Rute, aus denen die uns heute bekannten unterschiedlichen Collie-Schläge direkt hervorgingen. Am bekanntesten ist der Langhaar-Collie, der durch Lassie, die Hundehauptdarstellerin im Kino, große Beliebtheit erreichte. Die Herkunft seines Namens ist jedoch umstritten. Zum einen wird er von dem Wort coal (Kohle) abgeleitet, da seinerzeit Schwarz die vorherrschende Fellfarbe des Collie war. Zum anderen wird die Herkunft seiner Bezeichnung von der Tatsache abgeleitet, dass dieser Hund Schafe hütete, die Colleys genannt wurden. Nach einer dritten Variante könnte die Bezeichnung auch von collar (Halskragen) kommen, ein Verweis auf den sehr schönen weißen Halskragen des Collie.
Anfang des 19. Jahrhunderts waren die Rauhaar-Collies – wobei diese Bezeichnung inzwischen unzutreffend ist, da sie ein seidiges und weiches Fell besitzen – in Großbritannien ziemlich verbreitet, vor allem im Süden Schottlands. Damals wiesen sie keinerlei Ähnlichkeit mit den heu-

▲ Collie

Collie ►

tigen Collies auf. Sie waren kleiner, mit kürzerem Kopf und härterem Fell. Der Collie, dessen empirische Zuchtwahl bislang lediglich darauf abzielte, einen an seine Umgebung gut angepassten Schäferhund zu erzüchten, war rund 50 Jahre lang Gegenstand züchterischer Bemühungen, seine Erscheinung zu verfeinern und zu veredeln. Das Ergebnis war ein eleganter Schäferhund, der allmählich die Weiden gegen ein Leben als Haushund eintauschte. Heutzutage ist besonders die langhaarige Varietät weit verbreitet.

Verhalten

Der Collie ist sanft, liebenswürdig, sensibel, fröhlich und anhänglich, manchmal auch etwas ungestüm.
Der Collie, der nach Aussage der Engländer einen sehr britischen Sinn für Humor hat, ist jederzeit zu Späßen aufgelegt. Der bemerkenswert intelligente Hund ist ein guter Helfer der Polizei, ein vorzüglicher Blindenhund sowie ein unvergleichlicher Schauspieler.
Die Treue des Collie ist sprichwörtlich. Er besitzt einen sehr ausgeprägten Familiensinn und ist nur an der Seite seines Herrn oder seiner Familie glücklich. Er muss behutsam, aber konsequent ausgebildet werden. Bei ungenügender Sozialisierung wird er äußerst zurückhaltend und sogar scheu. Sein stark ausgeprägter Reviersinn macht aus ihm einen guten Wachhund, jedoch ohne jede Aggressivität.
Dieser Hund liebt seine ganze Famlie. Fremden gegenüber zeigt er sich etwas misstrauisch, so dass hier eine längere Gewöhnungsphase nötig ist. Seit jeher daran gewöhnt, weit zu laufen, braucht er viel Auslauf und Bewegung und fühlt sich in stark beheizten Wohnungen nicht wohl.
In der Stadt muss er von klein auf an den Verkehrslärm gewöhnt werden.

Coton de Tuléar

WIDERRISTHÖHE
Rüde: 25 bis 32 cm;
Hündin: 22 bis 28 cm.

GEWICHT
Rüde: 4 bis 6 kg;
Hündin: 3,5 bis 5 kg.

KURZBESCHREIBUNG
Kleiner Hund mit weißem Fell.

WESEN
Fröhlich und anhänglich.

BESONDERE KENNZEICHEN
Seine geringe Größe und sein üppiges, baumwollartiges, reinweißes Fell.

Der Kopf dieses Hundes ist leicht gewölbt und hat einen wenig betonten Stopp.
Er endet in einem geraden Fang, der einen kleinen dunklen Nasenschwamm mit gut geöffneten Nasenlöchern trägt. Die lebhaften und weit auseinander gesetzten Augen sind dunkel und sehr ausdrucksvoll. Die dreieckigen Ohren sind an der Wange anliegend. Körper und Gliedmaßen sind muskulös. Die lange und zur Spitze hin verjüngte Rute reicht bis unterhalb der Sprunggelenke hinab. Das langhaarige Fell ist fein und leicht gewellt, von baumwollartiger Struktur. Die Fellfarbe ist weiß.
Einige Spuren hellen Graus (Mischung aus weißen und schwarzen Haaren) oder falber Stichelung (Mischung aus weißen und falbfarbenen Haaren) sind auf den Ohren erlaubt und werden am Körper toleriert.

Ursprung

Der Coton de Tuléar scheint sehr alter Abstammung zu sein, denn diesen kleinen Hund gibt es bereits seit Jahrhunderten in der Provinz Toliara (Tuléar) auf Madagaskar. Zudem ähnelt er stark den Bichons,

▲ Coton de Tuléar

sowohl im Körperbau als auch in Größe und Fell, ohne dass diese beiden Rassen jedoch miteinander verwandt wären.

Verhalten

Der Coton de Tuléar ist ein charmanter, gewinnender und seinen Herrn ergebener Hund. Lebhaft und intelligent wie er ist, versteht er schnell, was man von ihm will. Wird er von klein auf ausgebildet, hält er sich sein Leben lang an einmal erteilte Verbote. So ruhig und ausgeglichen er sich im Haus verhält, so deutlich zeigt er seine ganze Energie draußen, wo er auf Spaziergängen niemals vor seinem Herrn ermüdet. Er ist gleichermaßen seinen Artgenossen wie auch Menschen gegenüber gesellig. Vor allem in Frankreich wird er wegen dieser Eigenschaften geschätzt.

Crnogorski Planinski Gonic

Montenegrinischer Gebirgslaufhund

WIDERRISTHÖHE
Rüde: 49 bis 50 cm;
Hündin: 48 bis 49 cm.

GEWICHT
20 bis 25 kg.

KURZBESCHREIBUNG
Hund mit geschmeidigem Körper.

WESEN
Ausgeglichen und leichtführig.

Der Kopf dieses Hundes mit seinem schwach betonten Stopp hat einen am Ansatz dicken und breiten Fang mit geradem Nasenrücken. Der hoch angesetzte, an den Spitzen abgerundete Behang ist ohne Falten herabfallend und am Kopf anliegend. Die Rute wird als Säbelrute unter der Rückenlinie getragen. Das kurze, dichte, raue Fell ist glänzend, anliegend und glatt. Die Unterwolle ist recht gut ausgeprägt. Die Fellfarbe ist schwarz mit roten Abzeichen. Ein weißer Brustfleck ist zulässig, aber nicht erwünscht.

Verhalten

Der in seiner Heimat sehr geschätzte, kühne, intelligente und ruhige Hund ist robust und ausdauernd. Mit seinem gut entwickelten Geruchssinn und seinem angenehmen Geläut eignet er sich vorzüglich zur Jagd auf steinigem und mit Unterholz bewachsenem Gelände. Dieser ausgezeichnete Gefährte ist ausgeglichen und friedlich. Er ist leichtführig und sehr führerbezogen. Der Hund sollte jagdlich geführt werden.

Curly Coated Retriever

WIDERRISTHÖHE
Rüde: rund 67,5 cm;
Hündin: rund 62,5 cm.

GEWICHT
31,5 bis 36 kg.

KURZBESCHREIBUNG
Dieser Retriever ist ein eleganter und geschmeidiger, kräftiger und gut aufgerichteter Hund.

WESEN
Ausgeglichen und zurückhaltend.

BESONDERE KENNZEICHEN
Sein gelocktes, Wasser abweisendes Fell und seine mühelosen Bewegungen.

Der Schädel, der genauso lang wie der Fang ist, weist einen gering ausgeprägten Stopp auf. Die Kiefer sind kräftig. Der Nasenschwamm ist schwarz oder braun bei braunem Fell. Die eher großen, aber nicht hervortretenden Augen sind schwarz bzw. braun. Die kleinen und mit kleinen Locken bedeckten Ohren werden gut am Kopf anliegend getragen. Die Lendenpartie ist kurz, tief und kraftvoll, die Brust gut hinabreichend, die Rippen sind gut gewölbt und die Flanken leicht aufgezogen. Die Gliedmaßen sind gut bemuskelt. Die Rute reicht annähernd bis zum Sprunggelenk.
Das Fell besteht aus einer dicken Masse kurzer, dicht anliegender, dichter und krauser Locken, die einen regelrechten „Persermantel“ am ganzen Körper bis hin zur Rutenspitze bilden. Die Fellfarbe ist schwarz oder braun (leberfarben).

Ursprung

Der im 19. Jahrhundert entstandene Curly Coated Retriever. Er ging aus Kreuzungen zwischen Irischen Wasserspaniels, Labrador Retrievern und Pudeln hervor.

Dalmatinac

Verhalten

Wie alle Retriever besitzt auch dieser Hund einen sehr ausgeprägten Geruchssinn und ein wasserabweisendes Fell, das ihn vor Feuchtigkeit und Nässe schützt. Er ist intelligent, mutig und selbstsicher. Bei der Jagd ist er sowohl voller Eifer als auch ausdauernd. Der Curly Coated Retriever ist ein unabhängiger Hund, der eine konsequente Hand bei der Ausbildung benötigt, die hauptsächlich spielerisch und über Belohnungen erfolgen sollte. Am besten ist für ihn das Landleben geeignet. In der Stadt muss er viel bewegt werden und man muss ihm häufig hinaus in die freie Natur.

Dalmatiner

WIDERRISTHÖHE
Rüde: 56 bis 61 cm;
Hündin: 54 bis 59 cm.

GEWICHT
Rüde: 27 bis 32 kg;
Hündin: 24 bis 29 kg.

KURZBESCHREIBUNG
Muskulöser, ausgewogener, schneller und ausdauernder Hund mit harmonischem Körperbau.

WESEN
Feinfühlig und ruhig.

BESONDERE KENNZEICHEN
Sein schwarz getupftes Fell und seine Eleganz.

Der flache und zwischen den Ohren ziemlich breite Schädel zeigt einen mäßig betonten Stopp. Der lange und kräftige Fang darf niemals spitz zulaufen. Der Kiefer ist kräftig, mit einem Scherengebiss. Der Nasenschwamm ist schwarz beim schwarz getupften Farbschlag und braun beim braun getupften Farbschlag. Die runden, klaren und glänzenden Augen zeigen einen intelligenten Ausdruck. Ob die Augenfarbe dunkel oder bernsteinfarben ist, richtet sich nach der Fellfarbe. Die eher hoch angesetzten, am Ansatz ziemlich breiten und feinen Ohren liegen am Kopf an. Der eher lange Hals ohne Wamme ist anmutig gewölbt. Die tiefe Brust darf nicht zu breit sein. Die Rippen sind gut gewölbt, der Rücken ist kräftig und die trocken bemuskelte Lendenpartie ist leicht gewölbt. Die am Ansatz dicke Rute wird zur Spitze hin dünner. Sie reicht ungefähr bis zum Sprunggelenk. In Ruhe wird sie hängend und leicht nach oben gebogen getragen. Sie wird weder zu hoch noch zu tief getragen. In Bewegung ist sie etwas über der Rückenlinie. Die Vorderhand ist gerade und kräftig, die Hinterhand ist gut bemuskelt.

Das kurze, harte, dichte Fell ist glatt und glänzend. Bei den beiden anerkannten Farbschlägen ist die Grundfarbe des Fells ein reines Weiß, die münzenförmigen Tupfen sind entweder schwarz oder braun (leberfarben).
Die Tupfen müssen rund und klar begrenzt sowie regelmäßig über den Körper verteilt sein.

Ursprung

Die Herkunft dieses sehr eleganten Hundes ist ziemlich umstritten. Es wird vermutet, dass sie auf das alte Ägypten zurückgeht, wo man bei Ausgrabungen auf Spuren von getüpfelten Hunden in den Pyramiden stieß. Die wahrscheinlichste Vermutung lautet dahingehend, dass der Dalmatiner von der Bengalischen Bracke abstammt, einer inzwischen ausgestorbenen Rasse, die jedoch im England des 18. Jahrhunderts bekannt war und dort gezüchtet wurde. Dieser Hund ist auf zahlreichen Gemälden des 17. Jahrhunderts abgebildet, vor allem an der Seite von Päpsten.
Ungeachtet aller Mutmaßungen verdankt der Hund seinen Namen der Tatsache, dass er in großer Zahl in Dalmatien gezüchtet wurde.
Wegen der Tupfen auf seinem Fell tauften ihn englische Kinder „Plum Pudding Dog“ nach dem berühmten englischen Dessert, das zu Weihnachten gegessen wird. Zu Zeiten der Postkutsche taufte man ihn „Coach Dog“ (Kutschenbegleithund), denn man ließ ihn zum Schutz der Pferdekutschen nebenherlaufen. Im 19. Jahrhundert war der Besitz eines Dalmatiners ein Zeichen für den Stand eines englischen Gentlemans wie für die reichen Südstaatler in den USA. Dort lief der Dalmatiner den von Pferden gezogenen Feuerwehrwagen voraus. Seither ist er das Maskottchen der Feuerwehrleute.
In jüngster Zeit erfreute sich die stark rückläufig gewordene Rasse dank des Films „101 Dalmatiner“ von Walt Disney wieder zunehmender Beliebtheit und ist häufiger zu sehen.

Verhalten

Dieser wunderschöne Hund ist ein charmanter, anhänglicher und treuer Begleiter, lebhaft, fröhlich, feinfühlig und freundlich. Dank seiner Intelligenz und Sanftheit ist seine Ausbildung relativ einfach. Er ist nicht aggressiv, nur in geringem Maße lautfreudig und ein guter Wachhund, obwohl er nicht misstrauisch ist.

- Der Dalmatiner ist leicht als Jagdhund auszubilden und erweist sich als tüchtiger Blindenhund. Die sehr fruchtbaren Hündinnen bringen Welpen zur Welt, deren Fell völlig weiß ist, da die Tüpfelung erst ab dem 12. Tag erscheint.
- Bei 20 % bis 30 % der Dalmatiner wird Taubheit festgestellt.

Der Dalmatiner braucht viel Bewegung und sollte viel Freilauf erhalten. Er darf nicht hart angefasst werden. In der Stadt muss er unbedingt genügend Auslauf erhalten.

Dandie Dinmont Terrier

WIDERRISTHÖHE
25 bis 30 cm.

GEWICHT
6,5 bis 11 kg.

KURZBESCHREIBUNG
Robuster und kräftiger, tiefstehender Hund.

WESEN
Sehr intelligent, anhänglich und hartnäckig.

BESONDERE KENNZEICHEN
Sein sehr sympathisches Gesicht mit den großen Augen und dem durchdringenden, entschlossenen Blick.

Der Dandie Dinmont Terrier hat einen kräftigen, gut zum Körper proportionierten Kopf, der mit seidigem Haar bedeckt ist. Die Stirn ist gut gewölbt. Die weit auseinander gesetzten Augen sind dunkel haselnussbraun. Die tief angesetzten Ohren sind dicht an den Wangen anliegend. Die Vorderläufe sind etwas kürzer als die Hinterläufe. Die eher kurze Rute (20 bis 25 cm) wird in Bewegung fröhlich getragen. Das Fell besteht aus einer Mischung aus langem, gleichzeitig hartem und weichem Haar, das es in zwei Farbschlägen gibt: den Farbschlag „Pepper“ (pfefferfarben), der von dunklem Blauschwarz bis hin zu hellem Silbergrau variiert, wobei die mittleren Schattierungen bevorzugt werden. Ein üppiger silberweißer „Topknot“ (Haarschopf) krönt den Kopf; den Farbschlag „Mustard“ (senfkornfarben), der von Rötlich-Braun bis blass Falbfarben variiert, mit einem üppigen creme-weißen „Topknot“.

Ursprung

Der vermutlich aus einer Kreuzung zwischen einem Scottish Terrier alten Typs, dem Bedlington und dem Otterhund hervorgegangene kleine Dandie Dinmont

>>

>> Dandie Dinmont Terrier

Terrier, der von James Davidson, einem schottischen Bauern, Anfang des 19. Jahrhunderts gezüchtet wurde, trägt den Namen einer Figur aus dem Roman Guy Mannering, der 1814 von Walter Scott veröffentlicht wurde.

Verhalten

Dieser kleine, schwungvolle und unermüdliche Jagdhund wird im heutigen England immer mehr als Begleithund geschätzt. Er ist sehr temperamentvoll, recht unabhängig und etwas eigensinnig.
Mit einer konsequenten Ausbildung wird dieser sensible und anhängliche Terrier zu einem guten Begleithund, der sehr wirkungsvoll Jagd auf Nagetiere und Mäuse macht.

- Zudem ist er ein tüchtiger Wachhund mit einer schönen Stimme. Er kann in der Stadt leben, vorausgesetzt, er darf täglich lange Spaziergänge machen und wird auch geistig ausgelastet.

Deerhound

Schottischer Hirschhund

WIDERRISTHÖHE
Rüde: mindestens 76 cm;
Hündin: mindestens 71 cm.

GEWICHT
Rüde: rund 45,5 kg;
Hündin: rund 36,5 kg.

KURZBESCHREIBUNG
Er ähnelt einem rauhaarigen Greyhound.

WESEN
Sanftmütig und freundlich.

Der auf Höhe des Ohrenansatzes breite Kopf verjüngt sich zu einem spitzen Fang. Die dunklen Augen haben einen sanften Ausdruck, bei Erregung ist der Ausdruck lebhaft. Die hoch angesetzten Ohren sind zurückgefaltet. Dieser Windhund hat einen sehr kräftigen Hals mit einem stark herausragenden Genick. Die lange und am Ansatz dicke Rute reicht fast bis zum Boden. Im Stand fällt sie gerade herab.

Das Fell ist dicht, dick, am Körper anliegend, harsch und knirscht beim Anfassen. Das am Körper „drahtige“ Haar ist 7 bis 10 cm lang. An Kopf, Brust und Bauch ist es viel weicher.
Die Fellfarbe ist entweder ein dunkles Blaugrau oder ein dunkleres bzw. helleres Grau. Es gibt auch die Farbschläge gestromt und gelb, sandfarben oder rotsandfarben, mit schwarzer Maske. Etwas Weiß an Brust, Zehen und Rutenspitze ist laut Rassestandard zulässig.

Ursprung

Der Schottische Hirschhund ist sehr alten Ursprungs und war seit jeher ein treuer Gefährte der schottischen Edelleute, mit denen er in den schottischen Highlands auf die Jagd von Damwild und Hirschen ging.
Es war die Lieblingsrasse des Schriftstellers Sir Walter Scott, der viel zu ihrer Bekanntheit beitrug.
Heutzutage ist die Rasse selbst in ihrem Herkunftsland selten geworden. Dennoch hat der Schottische Hirschhund nach wie vor seine Förderer, unter anderem auch in den USA.

Verhalten

Dieser sehr sportliche rauhaarige Windhund zeigt einen äußerst spektakulären gestreckten Galopp. Der Schottische Hirschhund, der im Allgemeinen nicht ganz so schnell ist wie der Greyhound, schneidet dennoch ehrenvoll bei Windhundrennen ab.

- Er ist ein sehr menschenbezogener Hund, intelligent und sanftmütig. Im Haus ist er von Natur aus eher phlegmatisch, was ihn jedoch nicht daran hindert, bei der erstbesten Gelegenheit wie verrückt herumzurennen. Er ist gehorsam und leicht auszubilden, ein friedlicher Hund, der weder misstrauisch noch aggressiv noch scheu ist.

▲ Deerhound

Deutsche Bracke

WIDERRISTHÖHE
Rüde und Hündin: 40 bis 53 cm.

GEWICHT
Rund 20 kg.

KURZBESCHREIBUNG
Der leicht und elegant gebaute Hund ähnelt den Laufhunden der Nachbarländer.

WESEN
Ruhig und ausgeglichen, mit einem großen Bewegungsdrang.

Die gut proportionierte Deutsche Bracke besitzt einen langgestreckten und schmalen Kopf mit einem äußerst schwach ausgeprägten Stopp. Der lange und breite Behang liegt gut am Kopf an. Das Gesamtbild von Körper und Gliedmaßen ergibt den Eindruck von Kraft, jedoch ohne plump zu wirken. Die eher lange Rute wird hängend oder in leichtem Bogen nach oben getragen. Das Fell ist kurz, dicht und hart. Die Fellfarbe reicht von Rot bis Gelb mit schwarzem Sattel oder Mantel und trägt weiße Brackenabzeichen: durchgehende Blesse, weißer Fang mit Halsring, weiße Brust, weiße Läufe und Rutenspitze.

Ursprung

Deutschland hat nur wenige Laufhundrassen und die Deutsche Bracke ist der klassische kleine Laufhund Deutschlands. Die seit langem bekannte Rasse bedurfte jedoch einiger Anstrengungen von Seiten der Züchter, um ausreichend gefestigt zu werden, damit ein Rassestandard erstellt werden konnte, was allerdings erst 1955 der Fall war.

Verhalten

Dieser Hund ist vor allem ein Jagdhund, sehr arbeitsfreudig und unverwüstlich auf allen Geländearten.
Sein bevorzugtes Wild ist der Hase, er wird jedoch auch für anderes, auch größeres Wild eingesetzt.
An ihm werden besonders seine Ruhe und seine Ausgeglichenheit geschätzt.
Er braucht eine konsequente Erziehung mit viel Geduld, viel Platz und viel Auslauf.

▲ Deutsche Bracke

Deutsche Dogge

WEITERER NAME
„Dänische Dogge“

WIDERRISTHÖHE
Rüde: mindestens 80 cm;
Hündin: mindestens 72 cm.

GEWICHT
50 bis 70 kg.

KURZBESCHREIBUNG
Großer schwerer Hund.

WESEN
Gutmütig und sehr anhänglich gegenüber ihrem Herrn.

BESONDERE KENNZEICHEN
Die Größe – sie ist der größte Begleithund.

Der lange, trockene, wie ein Schwanenhals gewölbte Hals verleiht dem langgestreckten und schmalen Kopf eine stolze Haltung. Der Nasenrücken soll möglichst breit sein mit einem deutlich betonten Stopp und langen Lefzen. Die kräftigen Augenbrauen, die die ovalen, möglichst dunkeln Augen umrahmen, betonen deren Ausdruck. Die unkupierten hängenden Ohren liegen an den Backen an. Bei diesem großen Hund stimmen alle Proportionen: die breite und gut hinabreichende Brust, der straffe Rücken, die breite und muskulöse Hinterhand, die langen und kräftigen Unterschenkel, die in sogenannten „Katzenpfoten“ enden. Die bis zum Sprunggelenk reichende Rute verjüngt sich leicht zur Spitze hin und wird in Ruhe hängend getragen. Das kurze, glatte und glänzende Fell ist gut anliegend. Man unterscheidet mehrere Farben: die gelbe Dogge, deren Grundfarbe von Hellgoldgelb bis zum satten Goldgelb reicht, wobei eine schwarze Maske erwünscht ist; die gestromte Dogge, mit derselben Grundfarbe, aber mit möglichst gleichmäßigen schwarzen Streifen, wobei eine schwarze Maske erwünscht ist; die

>>

schwarz-weiß gefleckte Dogge (Weiß mit schwarzem Fleckenmuster), deren Grundfarbe Reinweiß mit lackschwarzen Flecken unterschiedlicher Größe ist; die schwarze Dogge, Lackschwarz, wobei weiße Abzeichen zugelassen sind. Den schwarzen Doggen werden auch die Manteltiger, deren Körperunterseite weiß ist, und die Plattenhunde, deren Grundfarbe weiß ist, mit großen schwarzen Platten, zugerechnet.

Ursprung

Die Ursprünge der aus den großen Molossern der Antike hervorgegangenen Deutschen Dogge waren bereits Anlass unzähliger Kontroversen. In seinen Aufzeichnungen wies der Naturforscher Buffon auf diese Hunde hin, die er „Grand Danois“ (Große Dänen) nannte. Vielleicht sah er in ihnen die Nachfahren der Englischen Dogge, die skandinavischer Herkunft ist. Vielleicht ist der Name „Grand Danois“ nur eine Kurzfassung des alten französischen Wortes „danoisé“ für Hunde, die wie manche Doggen, ein Harlekinfell haben, d. h. eine weiße Grundfarbe mit schwarzen Flecken. Im Mittelalter gab es an allen Höfen Europas große doggenartige Hunde, die zur Jagd auf Großwild, zur Bewachung der Schlösser und zur Gesellschaft der Herrscher gehalten wurden. Nach zahlreichen Kreuzungen, besonders nach Einkreuzungen von Windhunden, wurden die Doggen zunehmend verfeinert und allmählich den Deutschen Doggen von heute immer ähnlicher. Die Varietät, die dem heutigen Typ zugrundeliegt, wurde seit Ende des 18. Jahrhunderts in Deutschland gezüchtet. Daher wurde der Name Deutsche Dogge angenommen. Die Engländer beanspruchten ihrerseits die Urheberschaft für diese Rasse und gaben demselben Hund den Namen „Great Dane“.

Verhalten

Dieser beeindruckende Hund leidet zu Unrecht unter dem Ruf, aggressiv zu sein. Tatsächlich zählt die Deutsche Dogge zu den friedlichsten Molossoiden überhaupt – sie ist freundlich, leichtführig und lässt sich gerne streicheln. Sie muss in engem Kontakt mit ihrem Herrn leben, den sie geradezu verehrt, und liebt das Familienleben.

- Die Deutsche Dogge muss frühzeitig an die verschiedenen Arten von Stress gewöhnt werden, die das Stadtleben mit sich bringt. Trotz ihrer Größe kommt sie mit der Wohnungshaltung gut zurecht, vorausgesetzt, sie hat ausreichend Auslauf. Fremden gegenüber ist sie zurückhaltend, jedoch nicht aggressiv. Durch ihre schiere Größe eignet sie sich gut als Wachhund. Die Ausbildung muss geduldig und behutsam durchgeführt werden.
- Ihr schwach ausgeprägter Geruchssinn, ihre Übergröße und ihre Schwere schließen eine „Karriere“ als Polizeihund aus. Das Abrichten einer Deutschen Dogge ist wenig erfolgversprechend.

Deutsch Drahthaar

Deutscher Drahthaariger Vorstehhund

WIDERRISTHÖHE
Rüde: 61 bis 68 cm;
Hündin: 57 bis 64 cm.

GEWICHT
27 bis 32 kg.

KURZBESCHREIBUNG
Wohlproportionierter Hund von gleichermaßen kräftiger und edler Erscheinung.

WESEN
Ausgeglichen und ohne Wildscheue.

BESONDERE KENNZEICHEN
Sein energischer und aufmerksamer Ausdruck.

Der der Körpergröße entsprechende Schädel ist flach, mäßig breit und weist einen deutlich ausgeprägten Stopp sowie einen breiten, langen und kräftigen Fang auf, mit leichter Ramsnase. Der Nasenschwamm hat gut geöffnete Nasenlöcher, die Lefzen sind dick und anliegend. Die möglichst dunklen Augen haben einen lebhaften Ausdruck. Der mittellange Behang ist hoch angesetzt und nicht gedreht. Der Hals ist kräftig. Die Brust ist breit und gut herabreichend, der Rücken fest und gut bemuskelt, die Lendenpartie kurz, breit und muskulös. Die lange Kruppe ist leicht abfallend. Der Bauch ist leicht aufgezogen. Die naturbelassene Rute reicht bis zum Sprunggelenk. Sie wird gerade oder leicht säbelförmig getragen. Das drahtige Haar ist hart und 2 bis 4 cm lang. Es ist anliegend und dicht. Die Unterwolle ist möglichst dicht und wasserabweisend.
Das Fell soll möglichst guten Schutz bieten. An den unteren Partien der Läufe ist das Haar kürzer, am Behang ist es dicht, an den Augenbrauen und am Fang ist es buschig und bildet einen kräftigen Bart.

Deutsch Drahthaar ▼

Verhalten

Der Deutsch Drahthaar ist ein hervorragender und überaus vielseitig einsetzbarer Jagdgebrauchshund. Er ist gleichzeitig Vorstehhund, Apportierhund, Fährtenhund und Lautgeber in einem. Dieser Hund besitzt eine sehr sichere Nase und steht fest vor, er ist robust, ausdauernd, mutig, energisch, lebhaft und schnell. Er wird für die Jagd auf alle Wildarten in allen Bodenverhältnissen eingesetzt und zeichnet sich besonders bei der Jagd in Wäldern und Marschen aus.

- Der Deutsch Drahthaar ist intelligent und gehorsam, aber auch voller Energie, angenehm, sanft und treu. Er ist von entschlossenem Wesen, häufig etwas eigensinnig und Artgenossen gegenüber selbstbewusst. Seine Ausbildung muss mit Konsequenz, aber behutsam, erfolgen. Er sollte jagdlich geführt werden. Er kann in der Stadt leben, sofern er täglich lange Spaziergänge machen kann und sowohl körperlich wie geistig gefordert wird.

Es sind nur die folgenden Fellfarben zulässig: Braunschimmel, mit oder ohne Farbplatten; Schwarzschimmel (gräuliches Fell); Braun mit oder ohne weißen Brustfleck, oder Hellschimmel (vorwiegend Weiß, mit Braun oder Schwarz vermischt).

Ursprung

Bedacht darauf, der Übermacht der englischen Vorstehhunde etwas entgegenzusetzen, wollten die deutschen Züchter im 19. Jahrhundert einen Hund züchten, dessen Linie typisch deutsch sein sollte. Der Deutsch Drahthaar ist das Ergebnis einer sorgfältigen Züchtung aus den Rassen Deutsch Kurzhaar, Pudel, Pointer, Griffon Korthals und Airedale und hat von seinen unterschiedlichen Zuchtvätern erstaunliche Fähigkeiten geerbt.
Der Deutsch Drahthaar verdankt seinen Namen seinem harten und harschen Fell. Er ist ein sehr beliebter Jagdhund.

Deutscher Jagdterrier

WIDERRISTHÖHE
Rüde und Hündin: 33 bis 40 cm.

GEWICHT
Rüde: 9 bis 10 kg;
Hündin: 7,5 bis 8,5 kg.

KURZBESCHREIBUNG
Der kompakte Deutsche Jagdterrier macht einen kraftvollen und entschlossenen Eindruck.

WESEN
Mutig, sehr selbstsicher, temperamentvoll und vital.

Der flache und zwischen den Ohren breite Schädel ist zwischen den Augen schmaler. Der Fang ist kräftig und weist einen starken Unterkiefer auf. Die großen Zähne bilden ein Scherengebiss. Die kleinen dunklen und tiefliegenden Augen blicken

▲ Deutscher Jagdterrier

>>

entschlossen. Die V-förmigen, hoch angesetzten Ohren sind leicht an den Wangen anliegend. Dieser Terrier mit einem Körper, der etwas länger als hoch ist, mit geradem und starkem Rücken und tiefer Brust ist gut auf geraden und muskulösen Vorderläufen sowie kräftigen Hinterläufen mit tiefstehenden Sprunggelenken aufgestellt. Die Rute sollte waagrecht bzw. leicht säbelförmig getragen werden.
Das Fell besteht aus sprödem, glattem, dichtem und hartem Haar oder aus glattem und dichtem Haar. Die Fellfarbe ist schwarz, dunkelbraun oder schwarzgrau meliert mit rotgelben, scharf abgegrenzten Abzeichen über den Augen, an Fang, Brust, Gliedmaßen und After. Eine helle oder dunkle Maske sowie kleine weiße Abzeichen an Brust und Zehen sind erlaubt.

Ursprung

Trotz seiner britischen Wurzeln – er stammt vom Fox Terrier, Welsh Terrier und dem Old English Terrier ab – ist der im 19. Jahrhundert entstandene Deutsche Jagdterrier ein deutscher Hund.

Verhalten

Der vor allem für die Arbeit gezüchtete, ungestüme Deutsche Jagdterrier ist ein ausgezeichneter Jagdgebrauchshund. Der lebhafte und harte, temperamentvolle Jagdterrier stöbert Füchse und Dachse auf und greift Wildschweine an.

- Der hitzige und eigensinnige Hund braucht eine fachmännische Ausbildung und gehorcht in der Regel ausschließlich seinem Herrn. Der Deutsche Jagdterrier ist sehr freiheitsliebend und verabscheut das Alleinsein. Der Fremden gegenüber misstrauische Hund ist ein guter Wächter. Er sollte jagdlich geführt werden.

Deutsch Kurzhaar

WEITERER NAME
Deutscher Kurzhaariger Vorstehhund

WIDERRISTHÖHE
Rüde: 62 bis 66 cm;
Hündin: 58 bis 63 cm.

GEWICHT
27 bis 32 kg.

KURZBESCHREIBUNG
Edle und rassige Erscheinung, die Kraft und Anmut in sich vereint.

WESEN
Ausgeglichener Hund, weder scheu noch aggressiv.

Dieser Hund hat einen trockenen und markanten Kopf. Der Nasenschwamm ist braun und vorspringend. Die mittelgroßen, sanften Augen sind von einem schönen Dunkelbraun, das ihnen einen Ausdruck von Entschlossenheit und Wohlwollen verleiht. Die Zähne sind kräftig und gesund.
Der mäßig lange Behang ist breit und unten abgerundet. Er ist hoch angesetzt und dicht am Kopf herabhängend.
Der Hals ist muskulös, die Brust tiefer als breit, der Rücken kräftig und die Schultern robust. Er ist ein recht hochläufiger Hund. Die Pfoten sind fest und rund.
Die naturbelassene Rute reicht bis zum Sprunggelenk und soll gerade bzw. leicht säbelförmig getragen werden. Das kurze, dichte, derbe und pflegeleichte Fell kann unterschiedliche Farben aufweisen:

- einfarbig Braun oder Braun mit geringen weißen oder gesprenkelten Abzeichen an Brust und Läufen,
- dunkler Braunschimmel mit braunen Platten oder braunen Tupfen mit ebenfalls braunem Kopf,
- Weiß mit brauner Kopfzeichnung und braunen Platten oder Tupfen,
- Schwarz in denselben Nuancen wie die braune bzw. Braunschimmelfarbe. Gelber Brand ist laut Rassestandard zugelassen.

▲ Deutsch Kurzhaar

Ursprung

Der Deutsch Kurzhaar ist der bekannteste Vorstehhund jenseits des Rheins. Merkwürdigerweise wurden im 15. Jahrhundert die Laufhunde in Deutschland Bracken genannt, die nichts mit den heutigen Bracken gemeinsam haben.
Auch wenn der Ursprung des Deutsch Kurzhaar recht umstritten ist, so kann man davon ausgehen, dass er denselben Ursprung wie alle Vorstehhunde hat: den Wachtelhund, der als Hund zur Netzjagd auf Federwild eingesetzt wurde. Dem Deutsch Kurzhaar soll später ausländisches Blut zugeführt worden sein (Kreuzungen mit spanischen, italienischen und portugiesischen Bracken).
Heute ist der Deutsch Kurzhaar ein hervorragender Jagdgebrauchshund, der vielseitig eingesetzt wird und bei Jägern beliebt ist.

Verhalten

Der harmonisch aussehende Deutsch Kurzhaar ist ein kräftiger, schneller und ausdauernder Hund. Er ist für seine hervorragenden jagdlichen Instinkte bekannt: Unternehmungsgeist, sicheres Vorstehen bei allen Wildarten, Suchen auf allen Geländearten, Arbeitsfreude, usw. Seine Anhänger bescheinigen ihm, dass er sich in allem auszeichnet. Dieser Sportlertyp muss das ganze Jahr über trainiert werden.

- Er ist weniger für seine Eigenschaften als Wachhund bekannt, obwohl diese bei ihm durchaus vorhanden sind. Aufgrund seiner Intelligenz und seines Gehorsams ist er leicht auszubilden und die Beziehung zu seinen Menschen ist sehr harmonisch. Er ist ein fröhlicher, umgänglicher Hund, der die Gesellschaft seiner Familie schätzt. Da er viel Energie besitzt, braucht er viel Auslauf. Von einer Wohnungshaltung ist daher abzuraten; er sollte jagdlich geführt werden.

Deutsch Langhaar

WEITERER NAME
Deutscher Langhaariger Vorstehhund

WIDERRISTHÖHE
Rüde: 63 bis 70 cm;
Hündin: 58 bis 66 cm.

GEWICHT
30 bis 35 kg.

KURZBESCHREIBUNG
Kräftiger, muskulöser und tiefgestellter Hund, dem es an Eleganz nicht mangelt.

WESEN
Angenehm und gutartig.

BESONDERE KENNZEICHEN
Seine Vielseitigkeit.

Deutsch Langhaar ▼

Der edle, lange und leicht gewölbte Kopf mit den möglichst dunklen Augen weist einen nicht zu schmalen und leicht gewölbten Nasenrücken auf. Fang und Schädel sind von gleicher Länge. Der nicht zu tief angesetzte Behang ist leicht nach vorne gedreht. Der kräftige Hals ohne Wamme verläuft in harmonischer Linie zur Brust und zu den Schultern. Die Brust ist tief, der Rücken fest, gerade und nicht zu lang. Die Gliedmaßen sind muskulös und die Pfoten mäßig lang und rund. Die Rute wird horizontal getragen, das letzte Drittel leicht aufwärts. Das gut anliegende Fell ist am Rücken und am Rumpf 3 bis 5 cm lang. Am Hals, an der Brust und am Bauch ist es länger, am Kopf ist es kürzer. An der Rute bildet es eine Fahne, an der Rückseite der Hinterläufe Hosen und an der Rückseite der Vorderläufe Federn.
Das Fell darf die folgenden Farben aufweisen:

- einfarbig Braun,
- Braun mit weißen oder geschimmelten Abzeichen,
- Dunkelschimmel oder Hellschimmel,
- Forellenschimmel (zahlreiche braune Flecken auf weißem Grund),
- Braun und Weiß.

Vereinzelt kann gelber Brand auftreten.

Ursprung

Der Deutsch Langhaar ging offensichtlich aus Kreuzungen zwischen dem Wachtelhund und französischen Spaniel hervor. Leider ist der Deutsch Langhaar selbst im Ursprungsland Deutschland nur wenig verbreitet.

Verhalten

Der Deutsch Langhaar verfügt über eine feine Nase und gute Jagdhundqualitäten.
Er ist gehorsam, mutig, arbeitswillig und bewahrt in jeder Situation die Ruhe.

- Er ist ein ausgeglichener, ruhiger und sanftmütiger Hund, sehr umgänglich und leicht auszubilden. Auch wenn er vielseitig einsetzbar ist, sollte er möglichst doch jagdlich geführt werden.

Deutscher Schäferhund

WIDERRISTHÖHE
Rüde: 60 bis 65 cm;
Hündin: 55 bis 60 cm.

GEWICHT
Rüde: 30 bis 40 kg;
Hündin: 22 bis 32 kg.

KURZBESCHREIBUNG
Robust und kräftig, gut bemuskelt, jedoch geschmeidig und ausgewogen, vermittelt der Deutsche Schäferhund gleichzeitig Kraft und Eleganz.

WESEN
Dieser sehr intelligente Hund ist besonders führig.

BESONDERES KENNZEICHEN
Seine äußerliche Ähnlichkeit mit dem Wolf hat ihm den Spitznamen „Wolfshund" eingetragen.

Der keilförmige, vorne nur wenig gewölbte Kopf wird durch mandelförmige, möglichst dunkle Augen mit sehr wachem Ausdruck betont.
Die spitz auslaufenden Ohren sind hoch angesetzte Stehohren. Bei den Welpen hängen sie bis zum 4. oder 6. Lebensmonat herunter.
Der schräg verlaufende, wenig ausgebildete Stopp mündet in einen keilförmigen, langen und kräftigen Fang mit trockenen und gut schließenden Lefzen, hinter denen sich ein eindrucksvolles Scherengebiss verbirgt. Mit seinem kräftigen und gut bemuskelten Hals, seiner tiefen Brust, dem festen, geraden und leicht abfallenden Rücken, dem leicht aufgezogenen Bauch und der breiten und kräftig ausgebildeten Lendenpartie zeigt der Deutsche Schäferhund wunderbar harmonische Körperformen. Die Vorderläufe müssen von allen Seiten gesehen ganz gerade sein. Die immer parallel stehenden Hinterläufe sind leicht rückständig.
Die Pfoten sind kräftig, die Nägel hart.
Mit seiner korrekten Gliedmaßenstellung zeigt der Deutsche Schäferhund eine lange Kruppe, die sich durch eine schöne gut behaarte Rute verlängert, die leicht in bis zu den Sprunggelenken reichendem Bogen getragen wird.
Das Fell besteht aus Stockhaar mit Unterwolle. Das möglichst dichte Deckhaar ist gerade, harsch und fest anliegend.
Am Kopf und an der Vorderseite der Läufe ist das Haar kurz. Am Hals ist es länger und üppiger und an der Rückseite der Oberschenkel bildet es Hosen.
Die Fellfarbe ist entweder Schwarz mit rotbraunen, braunen, gelben bis hellgrauen Abzeichen oder einfarbig Schwarz oder Grau, Letzteres mit dunklerer Wolkung (charboniert).

▲ Deutscher Schäferhund

Mantel und Maske sind schwarz. Kleine weiße Abzeichen an der Brust oder sehr helle Innenseiten der Läufe sind zugelassen, aber nicht erwünscht. Die Unterwolle zeigt einen leichten Grauton. Der Nasenschwamm ist immer recht groß und schwarz.

Auf Ausstellungen werden alle Fehler, die die Gebrauchsfähigkeit und die Ausdauer beeinträchtigen, bei der Bewertung eines Hundes berücksichtigt. Pigmentmängel am Nasenschwamm, zu hohe Läufe, eine zu schwere oder zu leichte Erscheinung, zu schwacher oder spitzer Fang, Rück- oder Vorbiss, mittelmäßiges Gebiss, zu weiches Deckhaar, Kippohren, eingerollte oder schlecht getragene Rute sind ausschließende Fehler. Wesensschwache, bissige oder unausgeglichene Hunde werden disqualifiziert.

Ursprung

Dieser außergewöhnliche Hund, von manchen als „Hund der Superlative“ bezeichnet, stammt aus Deutschland. Ein dem heutigen Deutschen Schäferhund ähnelnder Hund mit einem etwas helleren Fell wurde in Deutschland bereits seit dem 12. Jahrhundert beschrieben. Die Rasse verdankt ihre Entstehung der geduldigen Zuchtarbeit des Rittmeisters Max von Stephanitz, der im 19. Jahrhundert begann, mehrere Hütehundrassen zu kreuzen, um einen neuen Hund mit besten Eigenschaften zu erzüchten. Seit 1884 festigte von Stephanitz die Rasse, dann verbesserte er sie, indem er 1893 den Schottischen Schäferhund einkreuzte. Der Deutsche Schäferhund, den wir heute kennen, war geboren. Er sollte schnell große Beliebtheit erreichen.

1899 gründeten Liebhaber den ersten Verein für Deutsche Schäferhunde, der heute in Deutschland in rund 2200 Ortsgruppen über 80 000 Mitglieder zählt.

Heute ist der Deutsche Schäferhund weltweit der bekannteste und am weitesten verbreitete Hund.

Verhalten

Seine Vorzüge sind legendär: Dieser Hund ist mutig, intelligent, fügsam, treu und seinem Herrn ergeben. Stets aufmerksam, verteidigt er Letzteren verbissen bei der geringsten Gefahr. Dank seines Gebäudes ist er ein ausdauernder Traber. Mit seiner ausgezeichneten Spürnase ist er ein Meister in der Kunst des Fährtens, ob er nun einen Übeltäter aufspürt, ein Kind, das sich verlaufen hat, oder ein paar Milligramm Rauschgift im Boden einer Tasche. Sein Ruf als Polizeihund ist nicht zu überbieten.

- Leider steht der Deutsche Schäferhund in dem schlechten Ruf, angriffslustig zu sein, ungeachtet der Tatsache, dass er sich als friedvoller Rettungshund in den Bergen auszeichnet. Man kann ihm auch problemlos eine Herde zum Hüten anvertrauen.
- Der Deutsche Schäferhund muss aufmerksam, wesensfest und ausgeglichen sein. Er braucht einen Herrn, dem er sich unterordnet. Seine Ausbildung verläuft in der Regel sehr gut, denn er ist sehr leichtführig, wenn man sich bei ihm durchsetzt, ihn geduldig und mit viel Fingerspitzengefühl erzieht. Die Ausbildung beeinflusst das Verhalten des Hundes, sowohl zum Guten als auch zum Schlechten. Falsch erzogen oder stark vernachlässigt kann der Deutsche Schäferhund ein furchterregender, sogar gefährlicher Angreifer und Verteidiger werden, den nur noch sein Herr kontrollieren kann. Er kann aber auch ein anhänglicher Begleithund für die ganze Familie werden, sanft und geduldig mit allen Familienmitgliedern umgehen, denen gegenüber er sich gewöhnlich sehr beschützend verhält. Dieser friedliche Hund kann sehr gut in der Wohnung gehalten werden, vorausgesetzt, er kann täglich ins Freie und hat genügend Auslauf. Er ist ein Hund, dessen bloßer Anblick mögliche Übeltäter bereits abschreckt.
- Ein solcher Hund sollte nur bei einem guten und verantwortungsvollen Züchter erworben werden, der Ihnen sämtliche nötigen Informationen über die Eltern und das Wesen des Hundes gibt und auf absolut HD-freie Zucht Wert legt. Empfehlenswert ist es, aus einem Wurf niemals einen Welpen auszusuchen, der übererregt oder ängstlich erscheint, denn diese Wesenszüge sind die Ursache vieler Probleme.

Do-Khyi

Tibet-Dogge

WIDERRISTHÖHE
Rüde: mindestens 66 cm;
Hündin: mindestens 61 cm.

GEWICHT
Rund 65 kg.

KURZBESCHREIBUNG
Große, in ihrem schwarzen Fell sehr elegant aussehende Dogge.

WESEN
Von Natur aus ein Wachhund.

BESONDERE KENNZEICHEN
Rüden sind frühestens mit vier Jahren voll ausgereift.

Der breite und kräftige Kopf, mit breitem und gut ausgefülltem Fang, der am Ende viereckig ist, trägt kräftige Kiefer mit einem Scherengebiss. Die gut entwickelten Lefzen sind leicht herabhängend. Die mittelgroßen und ovalen, braunen Augen in allen Schattierungen sind weit auseinandergesetzt. Die mittelgroßen und dreieckigen Ohren liegen am Kopf an. In der Erregung werden sie nach vorn gerichtet. Der kräftige Hals darf keine zu starke Wamme tragen. Der Körperbau des Hundes ist kräftig. Die Brust ist recht tief, die Kruppe breit und ziemlich flach. Die Gliedmaßen sind starkknochig, die Vorderläufe senkrecht stehend und gut gewinkelt. Die mittellange Rute wird über der Kruppe gerollt getragen. Das harte und dicke Deckhaar ist nicht zu lang.
Die dichte Unterwolle wird bei wärmeren Temperaturen eher spärlich. Das Haar wirkt wie eine Mähne, an der Rute ist es buschig und die Hinterläufe sind gut befedert. Die Fellfarbe dieses großartigen Hundes kann Tiefschwarz, mit oder ohne lohfarbene Abzeichen, Blau, mit oder ohne lohfarbene Abzeichen oder Gold von Gelbgold bis zu sattem Rotgold sein.
Der Rassestandard erlaubt einen weißen Brustfleck sowie minimale weiße Abzeichen an den Pfoten.

Ursprung

Als direkter Nachfahre des Großen Tibethundes hat sich die Tibet-Dogge bis heute nahezu unverändert erhalten. Lediglich ihre Größe wurde etwas geringer. In Asien, wo sie ganze Dörfer gegen Raubtiere und Herumtreiber bewacht, hat sie ihre aggressive, bisweilen wilde Art bewahrt.

Verhalten

Die englischen Züchter, die diesem Hund eine neue Heimat gaben, haben die Rasse erheblich erneuert und verschönert. Dennoch ist dieser kraftvolle Hund, dessen sympathisches Gesicht an einen Bernhardiner erinnert, relativ selten anzutreffen. Heute ist die Tibet-Dogge ein bemerkenswerter Begleit- und Wachhund geworden, der sehr führerbezogen ist. Sie ist ruhig und recht zurückhaltend.

- Der mutige, treue und nervenstarke Hund besitzt einen sehr ausgeprägten Reviersinn und verhält sich Fremden gegenüber misstrauisch.
- Die Ausbildung des Hundes muss mit Konsequenz, jedoch nicht schroff, erfolgen, wobei die Beziehung zu seinem Herrn entscheidend für das Wohlbefinden des Tieres ist. Dieser Hund ist für das Stadtleben ungeeignet. Er muss freien Auslauf haben, um sich verausgaben zu können.

Dobermann

WIDERRISTHÖHE
Rüde: 68 bis 72 cm;
Hündin: 63 bis 68 cm.

GEWICHT
Rüde: 40 bis 45 kg;
Hündin: 32 bis 35 kg.

KURZBESCHREIBUNG
Hund mit stolzer Haltung und entschlossenem Ausdruck. Er besticht durch sein fast quadratisches Gebäude.

WESEN
Anhänglicher, jedoch charakterstarker Hund.

BESONDERE KENNZEICHEN
Seine besonders elegante Linienführung.

Der lange und knochige Kopf mit gering ausgebildetem Stopp in Form eines verlängerten stumpfen Keils setzt sich gut vom Hals ab. Seine Größe passt zum Körper. Die mittelgroßen und ovalen Augen sind dunkel, bei braunen Hunden etwas heller. Die heute naturbelassenen Ohren sind hoch am Schädel angesetzt. Sie sind mittellang, und ihr vorderer Rand liegt glatt an den Wangen an. Der Dobermann hat eine gut bemuskelte Lendenpartie, einen kurzen und kräftigen Rücken, eine abgerundete Kruppe sowie lange und gut bemuskelte Oberschenkel, die einen elastischen Gang ermöglichen. Die Vorderhand ist genauso kräftig ausgebildet wie die Hinterhand. Die Sprunggelenke müssen gut parallel und senkrecht zum Boden stehen. Die hoch angesetzte Rute darf nicht mehr kupiert werden. Das Fell ist kurz, hart und dicht, es liegt glatt und fest am Körper an. Eine Unterwolle ist nicht erlaubt.

Die Fellfarbe ist schwarz oder braun mit rostrotem, gut sauberem und scharf abgegrenztem Brand an Fang, Lefzen, Wangen, Augenbrauenbögen, Kehle, Brust, Mittelfüßen, Pfoten, an der Innenseite der Schenkel und am After.

Ursprung

Der vor rund 100 Jahren in Deutschland erzüchtete, elegante Hund verdankt seinen Namen Friedrich Louis Dobermann, der seinerzeit als Abdecker in der kleinen Stadt Apolda in Thüringen arbeitete und der die ersten Exemplare der Rasse aus einigen Kreuzungen freilaufender Hunde erhielt.

Unter den Vorfahren des Dobermanns finden sich zweifellos Pinscher, Deutsche Dogge, Beauceron und Rottweiler.

Otto Göller fixierte die Rasse nach verschiedenen Einkreuzungen besonders von Black and Tan Terriern und vermutlich von Greyhounds.

Verhalten

Da der Dobermann sich von seiner Veranlagung her sowohl als Wachhund auszeichnete wie auch über den erstklassigen Geruchssinn eines Jagdhundes verfügte, wurde er zunächst im Polizeidienst, danach im Militär als Melde- und Wachhund während des Zweiten Weltkriegs eingesetzt.

- Beim Dobermann tritt schon im Welpenalter sein sehr selbstbewusstes Wesen zutage. Fremden gegenüber verhält er sich häufig misstrauisch. Aggressives Verhalten muss sofort unterbunden werden, ohne Gewalt, aber mit großer Bestimmtheit.
- Ein gut ausgebildeter Dobermann ist zuverlässig und von beständiger Anhänglichkeit an seine Familie, der er quasi an den Fersen klebt. Er ist ein ausgezeichneter Wachhund: intelligent, wachsam, mutig, um nicht zu sagen unerschrocken und äußerst aufmerksam gegenüber der Umwelt. Sein Wesen ist Bestandteil des Rassestandards. Übermäßig aggressive, ängstliche oder zu nervöse Hunde sind von der Zucht auszuschließen.

Dogo Argentino

Argentinische Dogge

WIDERRISTHÖHE
Rüde: 62 bis 68 cm;
Hündin: 60 bis 65 cm.

GEWICHT
40 bis 50 kg.

KURZBESCHREIBUNG
Kräftiger Hund, aber ohne Schwere.

WESEN
Intelligent, fröhlich und mutig.

BESONDERE KENNZEICHEN
Ihre beeindruckende Erscheinung und ihr – fast ausnahmslos – vollständig weißes Fell.

Die Argentinische Dogge besitzt den typischen Kopf eines Molossers. Der Schädel ist massiv und konvex, mit sehr gut entwickelten Kiefern, ohne Vorbiss. Die kräftigen Zähne sind fest eingesetzt. Die mandelförmigen und weit auseinander liegenden Augen sind dunkelbraun bis haselnussbraun. Ihr Blick ist lebhaft und aufmerksam. Die Nasenlöcher sind gut geöffnet und der Nasenschwamm ist schwarz. Die naturbelassenen Ohren sind mittellang, breit, und werden hängend getragen. Sie liegen gut an den Wangen an. In der Erregung werden sie halb aufgerichtet. Der kräftige und gebogene Hals hat leichte Falten. Die Gliedmaßen sind gerade und stehen senkrecht. Die Brust ist breit und gut hinabreichend. Die säbelförmige, bis zu den Sprunggelenken reichende Rute wird natürlich hängend getragen.

Die Argentinische Dogge besitzt ein kurzes und dichtes, glattes und weiches Fell. Die Fellfarbe ist gleichmäßig reinweiß. Ein schwarzer oder dunkler Fleck um die Augen wird von den Ausstellungsrichtern toleriert.

Ursprung

Dieser etwas leichtere Hund molossoiden Typs entstand 1910 in Argentinien aus Kreuzungen zwischen Mastiff, Deutscher Dogge, Deutscher Boxer und anderen Rassen. So gelang den Züchtern eine harmonische Rasse.

Verhalten

Dieser als „hochbegabt" eingestufte Hund ist äußerst gelehrig. Er wird von der Polizei und vom Zoll Argentiniens eingesetzt. Als Jagdhund auf Pumas und Wildschweine ist er sehr schnell und besitzt eine von den Jägern sehr geschätzte Kraft. Er ist äußerst vielseitig einsetzbar, als Wach- und Schutzhund, als Lawinen- und Blindenhund und sogar als Kampfhund, als der er einstmals gezüchtet wurde. Artgenossen gegenüber verhält er sich selbstbewusst oder sogar aggressiv. Als treuer und anhänglicher Begleithund wird er sehr geschätzt.
Seine Ausbildung muss von klein auf beginnen und mit Fingerspitzengefühl, Geduld, aber auch Konsequenz, durchgeführt werden. Er ist für erfahrene Hundehalter geeignet. Für die Wohnungshaltung ist er ungeeignet.

▲ Dogo Argentino

Dogue de Bordeaux

Bordeaux-Dogge

WIDERRISTHÖHE
Rüde: 60 bis 68 cm;
Hündin: 58 bis 66 cm.

GEWICHT
Rüde: mindestens 50 kg;
Hündin: mindestens 45 kg.

KURZBESCHREIBUNG
Dieser stämmige, wohlproportionierte Koloss besitzt einen muskulösen, eher bodennah gebauten, aber dennoch harmonischen Körper.

WESEN
Ruhig, anhänglich und mutig.

BESONDERE KENNZEICHEN
Aufgrund seines gedrungenen und stattlichen Aussehens wirkt er abschreckend.

Die Bordeaux-Dogge hat einen mächtigen, ziemlich kurzen, kantigen und breiten Kopf, der durch Falten geprägt ist, sowie einen leicht vorstehenden Unterkiefer. Dabei bedecken die Oberlefzen die Unterlefzen. Die oval und sehr weit auseinander gesetzten Augen zeigen einen freimütigen Ausdruck. Die relativ kleinen und herabfallenden Ohren sind am Ansatz leicht aufgestellt und etwas dunkler als der Körper. Der nahezu zylindrisch geformte Hals ist sehr stark. Die Brust ist kräftig, lang, tief und breit, der Rücken gerade, breit und muskulös, der Bauch ziemlich aufgezogen. Die stark bemuskelte Vorderhand ist kräftig. Die Hinterhand ist kräftig und robust. Die am Ansatz dicke und an der Spitze verjüngte Rute reicht bis zum Sprunggelenk. Sie wird tief getragen.
Das kurze, glatte und feine Fell, das sich besonders weich anfühlt, ist sehr pflegeleicht. Es ist einfarbig in allen Abstufungen der Falbfarbe, von mahagoni- bis isabellfarbig. Die Maske ist schwarz, braun oder rot.

Ursprung

Zur Zeit des französischen Grafen Gaston Febus von Foix im Mittelalter waren in Frankreich zwei Doggentypen anzutreffen, wovon einer, der Alanerhund oder Fleischerhund, der Vorfahre der Bordeaux-Dogge ist. Man nannte ihn auch „Türkenhund", zweifellos als Erinnerung an die fernen Ursprünge dieses Kampf- und Jagdhundes, der zur Jagd auf Bären, Stiere und andere Hunde abgerichtet wurde. Später wurde die Bordeaux-Dogge nicht mehr zur Jagd eingesetzt, sondern zur Bewachung von Häusern – besonders der Fleischer – und von Schlössern. Danach war die Rasse rückläufig. Ende des 19. Jahrhunderts war sie nach Aussage des Kynologen Paul Mégnin aus der Region um Bordeaux praktisch gänzlich verschwunden.

Verhalten

Dieser niemals spontan aggressiv reagierende Hund ist sehr führerbezogen und schenkt seinem Herrn seine ganze Zuneigung. Die sanfte und sehr geduldige Bordeaux-Dogge verabscheut das Alleinsein und Untätigkeit.

- Aufgrund ihres Aussehens und ihrer Kraft wirkt sie als Wachhund sehr abschreckend. Sie übernimmt diese Rolle mit großer Wachsamkeit und großem Mut.
- Da sie nicht lauffreudig ist, kann sie in der Wohnung gehalten werden, vorausgesetzt, sie erhält genügend Bewegung. Die Rüden sind in der Regel sehr selbstbewusst und müssen gut sozialisiert werden.

Drentse Patrijshond

Drent'scher Hühnerhund

WIDERRISTHÖHE
Rüde: 63 cm;
Hündin: 55 cm.

GEWICHT
20 bis 25 kg.

KURZBESCHREIBUNG
Der gut proportionierte Hund ähnelt in seinem Körperbau dem klassischen Setter und besitzt auch dessen Temperament.

WESEN
Lebhaft und anhänglich.

BESONDERE KENNZEICHEN
Sein braun geflecktes Fell.

Der breite und flache Kopf hat einen keilförmigen und gut entwickelten braunen Nasenschwamm. Die bernsteinfarbenen Augen zeigen einen lebhaften Blick. Der mit langen Haaren bedeckte Behang liegt flach an den Wangen an. Die Brust ist tief, die Rippen sind langgezogen. Die längere Rute wird in Ruhe hängend, in Bewegung erhoben getragen. Das dicke Haar am Körper ist mittellang. Behang, Gliedmaßen und Rute sind befedert. Das weiße Fell des Hundes weist braune oder orangefarbene Flecken auf. Der Rassestandard erlaubt auch einen Mantel.

Ursprung

Diese aus dem Nordosten der Niederlande stammende, seit langem bekannte Rasse hat sich bis heute unverändert erhalten.

Verhalten

Dieser holländische Hund arbeitet anstrengungslos auf flachem wie in sumpfigem Gelände und jagt jegliches Federwild – hauptsächlich Rebhühner – und Haarwild. Der sehr intelligente Hund ist sehr leicht auszubilden. Er wird wegen seines feinen Geruchssinns und seines festen Vorstehens sehr geschätzt und ist ein ausgezeichneter und zuverlässiger Apportierhund.
Dieser vorzügliche Jagdhund, der sehr an seinem Herrn und an seiner Familie hängt, ist auch ein guter Wachhund. Er ist leicht auszubilden. Das Stadtleben ist nichts für ihn, denn er braucht viel Auslauf, um ausgeglichen zu sein.

▲ Drentse Patrijshond

Bull Terrier

WIDERRISTHÖHE
Rüde: rund 56 cm;
Hündin: 53 cm.
Rüde und Hündin Miniatur Bull Terrier: unter 35,5 cm.

GEWICHT
20 bis 40 kg.

KURZBESCHREIBUNG
Kräftig gebauter und gut proportionierter Hund. Dieser aktive Hund bewegt sich mit großem Vortritt in einem für ihn typischen flotten Auftreten.

WESEN
Voller Feuer, tapfer und ausgeglichenes Wesen.

BESONDERE KENNZEICHEN
Ein langer und eiförmiger Kopf mit ausgeprägter Ramsnase.

Der entschlossen aussehende Bull Terrier besitzt einen langen, starken Kopf, ohne plump zu wirken. Von vorne betrachtet sieht er eiförmig aus. Der Oberkopf ist nahezu flach. Der schwarze Nasenschwamm zeigt gut entwickelte Nasenlöcher. Der kräftige Kiefer enthält ein regelmäßiges Gebiss von guter Größe. Die dunklen, nahezu schwarzen mandelförmigen, dreieckigen Augen sind gut eingebettet und schräg eingesetzt. Die kleinen, dünnen und nahe zueinander gesetzten Ohren sind gerade aufgerichtet. Der Hals ist lang und sehr muskulös. Der Bull Terrier steht massiv und parallel auf kräftigen Läufen. Die kurze, am Ansatz dicke Rute wird horizontal getragen. Das Fell ist kurz, flach, glänzend, glatt und fühlt sich hart an. Im Winter kann eine weiche Unterwolle auftreten.
Bei weißen Hunden ist das Fell reinweiß. Hautpigmentierung und Flecken am Kopf sind keine Fehler. Bei farbigen Exemplaren muss die Farbe vorherrschend sein. Der gestromte Rassevertreter wird bevorzugt. Schwarz gestromt, Rot, Rehbraun und

▼ Bull Terrier

Tricolor sind zulässig. Blaue und leberbraune Farbe führen bei Ausstellungen zum Ausschluss.

Ursprung

Anfang des 19. Jahrhunderts waren Kämpfe zwischen Bulldoggen und Stieren in England so populär, dass die Organisatoren beschlossen, eine neue Hunderasse für diese Art von Kämpfen zu züchten, die genauso angriffslustig wie die Bulldogge, aber wendiger sein sollte. So entstand der Bull Terrier aus einer Kreuzung zwischen Bulldogge und Terrier.

Verhalten

Der ursprünglich aggressive und sogar gefährliche Bull Terrier erhielt dank gewissenhafter Zuchtbemühungen und verschiedener Einkreuzungen ein ausgeglichenes Wesen.

- Wegen seiner starken Persönlichkeit bzw. seines Eigensinns muss er unbedingt konsequent ausgebildet werden. Unter dieser Voraussetzung wird er ein zuverlässiger, ergebener und unauffälliger Begleiter.
- Allerdings erträgt der Bull Terrier das Alleinsein nicht und versteht sich auch nicht immer mit seinen Artgenossen. Daher ist es unbedingt erforderlich, ihn von klein auf mit anderen Hunden zu sozialisieren.

English Cocker Spaniel

WEITERER NAME
Cocker Spaniel

WIDERRISTHÖHE
Rüde: 39 bis 41 cm;
Hündin: 38 bis 39 cm.

GEWICHT
12,5 bis 14,5 kg.

KURZBESCHREIBUNG
Kompakter, mittelgroßer Hund.

WESEN
Ausgeglichen und fröhlich.

BESONDERE KENNZEICHEN
Seine Lebhaftigkeit und sein unermüdliches Rutenspiel.

Der Englische Cocker Spaniel hat einen gut ausgeprägten Stopp. Der Fang ist eher quadratisch, die Kiefer sind kräftig. Der Nasenschwamm ist genügend groß, um auch eine schwache Witterung aufzunehmen. Die haselnussbraunen oder braunen Augen sind voll. Der tief angesetzte Behang ist von langem, glattem und seidigem Haar bedeckt. Der muskulöse Hals ist mäßig lang. Die Vorderhand ist gerade. Die Brust ist tief, die Rippen sind gut gewölbt. Der kompakte Körper mit kurzem Rücken und muskulöser Hinterhand strahlt Kraft aus. Die naturbelassene, mittellange Rute verjüngt sich zur Spitze hin. In der Bewegung wird sie nicht oberhalb des Rückens getragen. Sie darf nie tief getragen werden. Das Fell ist glatt, einfarbig und seidig, niemals wellig. Die Gliedmaßen sind gut befedert. Alle Farben sind erlaubt. Bei Einfarbigkeit ist kein Weiß erlaubt außer an der Brust.

Ursprung

Der Englische Cocker Spaniel, gemeinhin als Cocker bezeichnet, ist eine der beliebtesten Hunderassen. Seine entfernten Vorfahren sind wie bei den anderen Spa-

▲ English Cocker Spaniel

>>

niels unter den alten Vorstehhunden zu suchen, den sogenannten „Chiens couchants" des Mittelalters (spanielartige Hunde, die vor dem Wild verharrten). Der Englische Cocker Spaniel trat in der großen Familie der Spaniels Anfang des 19. Jahrhunderts in Erscheinung, als ein mittelgroßer Spaniel, der auf die Jagd von Fasanen oder Schnepfen spezialisiert war, Cocker genannt wurde (Cocker stammt von dem englischen Begriff „woodcock", Waldschnepfe, ab bzw. von „cock", der Hahn beim Federwild). Dennoch wird er erst um 1900 als wirklich eigenständige Rasse anerkannt.

Verhalten

Der fröhliche, temperamentvolle und anhängliche Hund ist feinfühlig und muss behutsam, jedoch mit Konsequenz ausgebildet werden. Er verfügt über einen sehr ausgeprägten Geruchssinn und ist voller Eifer, hartnäckig, sehr ausdauernd und mutig bei der Arbeit. Er erweist sich als ausgezeichneter Jagdhund in Marschen und Wäldern.
Dieser gute Apportierhund besitzt die Eigentümlichkeit, nur ein paar Sekunden lang „vorzustehen" und dem Wild, wenn er es nicht recht zu packen bekommt, ein Büschel Haare auszurupfen. Dank seiner geringen Größe wird er spielend mit dichtem Unterholz und Dornendickicht fertig.

- Der Cocker ist ein sehr charmanter Begleiter mit der Eigenheit, unermüdlich mit seiner Rute zu wedeln. Der sanfte, anhängliche und sehr führerbezogene Hund hat eine sehr starke Beziehung zu seinem Herrn und folgt ihm auf Schritt und Tritt. Daher sollte er frühzeitig lernen, von Zeit zu Zeit alleine bleiben zu können. Der Cocker braucht genügend Auslauf und Bewegung, damit er nicht zu wohlbeleibt wird. Tendenziell aggressive Exemplare brauchen eine konsequente Erziehung.

English Foxhound

Englischer Foxhound

WIDERRISTHÖHE
Rüde und Hündin: 58 bis 64 cm.

GEWICHT
30 bis 33 kg.

KURZBESCHREIBUNG
Sehr kraftvoller Hund, frei in der Bewegung und mit schönem Laufstil.

WESEN
Dieser energische Hund hat viel Charakter.

BESONDERE KENNZEICHEN
Er ist der einzige englische große Meutehund.

Der Kopf des Englischen Foxhounds ist gut proportioniert, mit breitem Schädel. Die runden und braunen Augen haben einen lebhaften Ausdruck. Der eher kurze und hoch angesetzte Behang liegt am Kopf an. Der Rücken ist breit, die Lendenpartie lang, die Schultern sind kräftig. Die Gliedmaßen sind kräftig, das Sprunggelenk ist tief angesetzt.

Das kurze und glatte Fell ist dreifarbig (Weiß und Lohfarben mit schwarzem Mantel) oder weiß und orangelohfarben.

Ursprung

Die Rasse wurde um das 15. Jahrhundert herum in England gezüchtet, um einer neuen Form der Hetzjagd zu Pferd, nämlich der Fuchsjagd, gerecht zu werden. Die Bezeichnung Foxhound (Fuchshund) steht ausdrücklich für diesen Zweck. Obwohl der Foxhound kein französischer Meutehund ist, wird der lange bei Reitjagden in der Equipage geführte Hund zu den Meutelaufhunden gezählt.

Verhalten

Der unerschrockene, die Initiative ergreifende, energische und äußerst schnelle Foxhound wird in Großbritannien zur Fuchsjagd eingesetzt.
Die Hunde sind sehr ausdauernd und arbeiten selbstständig. Der auf die Hetzjagd spezialisierte Meutelaufhund eignet sich nicht als Begleithund.

▲ English Foxhound

English Pointer

Englischer Pointer

WIDERRISTHÖHE
Rüde: 63 bis 69 cm;
Hündin: 61 bis 66 cm.

GEWICHT
20 bis 30 kg.

KURZBESCHREIBUNG
Harmonisch und korrekt gebauter Hund, der Stärke, Kraft und Geschmeidigkeit ausstrahlt.

WESEN
Anhänglich und lebhaft.

BESONDERE KENNZEICHEN
Die Nummer Eins unter den Vorstehhunden.

Der Schädel hat ein ausgeprägtes Hinterhauptbein. Der Stopp ist deutlich ausgeprägt, der Nasenrücken leicht konkav, wobei die Umrisslinie des Fangs vom Fangende leicht nach hinten abfällt. Der Nasenschwamm ist breit. Die runden, haselnussbraunen oder braunen Augen haben einen sanften und glänzenden Ausdruck. Der dreieckige, ziemlich hoch angesetzte Behang liegt dicht am Kopf an. Der lange und muskulöse Hals ist leicht gebogen. Der Rücken ist recht lang, die Lenden sind kräftig, bemuskelt und leicht gewölbt. Die Vorderläufe sind gerade und fest. Die Brust ist breit, der Bauch ist leicht aufgezogen. Die Oberschenkel sind muskulös. Die mittellange Rute verjüngt sich zur Spitze hin. Das Fell ist kurz, fein, hart, glatt und stark glänzend. Die Fellfarbe ist zitronenfarben und weiß, orange und weiß, leberbraun und weiß oder schwarz und weiß. Auch einfarbig und dreifarbig ist zulässig.

Ursprung

Der von den Engländern geschaffene Pointer ging aus Spanischen Vorstehhunden hervor, die Anfang des 18. Jahrhunderts nach Großbritannien eingeführt und danach mit Französischen und Italienischen Vorstehhunden gekreuzt wurden. Im 19. Jahrhundert wurde beim Pointer noch Blut vom Setter, Bluthund, Foxhound und vermutlich vom Windhund eingekreuzt. Das Ergebnis dieser Kreuzungen war jedoch nicht sonderlich überzeugend, so dass man wieder auf die Reinzucht zurückging. Der Englische Pointer wurde weltweit sehr schnell sehr erfolgreich.

Verhalten

Dieser harmonische, elegante, sehr schnelle und passionierte Jagdhund wird hauptsächlich für die Jagd im Feld verwendet. Seine beiden herausragenden Eigenschaften sind sein unübertroffen feiner Geruchssinn und seine Schnelligkeit bei der Arbeit. Im Feld zeigt er sein ganzes Können und beweist, dass er ein echtes Vollblut ist. Der Pointer sucht das Gelände im Galopp, mit erhobener Nase, ab. Sein Vorstehen ist eindrucksvoll, der Pointer erstarrt zur Statue, während er vorsteht. Er jagt sowohl Haar- als auch Federwild. Er kann sich an alle Bodenverhältnisse anpassen, selbst an Marschen. Da ihn sein kurzes Fell nur unzureichend gegen Witterungsunbilden schützt, ist er anfällig für Kälte und Nässe. Der von Natur aus hochbegabte Jagdhund lässt sich leicht ausbilden. Bei der Ausbildung sollte man konsequent vorgehen.

- Der naturgemäß angenehme und anhängliche Hund ist ein guter Gefährte. Aufgrund seines Temperaments und seines Tatendrangs muss er seine Energie unbedingt regelmäßig ausleben können.

English Setter

English Setter ▼

Englischer Setter

WIDERRISTHÖHE
Rüde: 65 bis 68 cm;
Hündin: 61 bis 65 cm.

GEWICHT
25 bis 30 kg.

KURZBESCHREIBUNG
Hund mit kraftvoller Statur und eleganter Silhouette.

WESEN
Intelligent und feinfühlig.

BESONDERE KENNZEICHEN
Sein „katzenhaftes Verhalten" bei der Jagd.

Der Englische Setter hat einen langen und trockenen Kopf, einen oval geformten Schädel mit hervorstehendem Hinterhauptbein. Der Stopp ist deutlich ausgeprägt, der Fang ziemlich viereckig. Die glänzenden und dunkel haselnussfarbenen Augen haben einen intelligenten und sanften Ausdruck. Der Nasenschwamm mit weit geöffneten Nasenlöchern ist je nach Fellfarbe schwarz oder braun. Der mittellange und tief angesetzte Behang liegt in schönen Falten an der Wange an. Der recht lange, muskulöse und trockene Hals ist am Kopfansatz leicht gebogen. Der Körper ist mäßig lang, der Rücken kurz und gerade, die Brust tief. Die breiten und muskulösen Lenden sind leicht gewölbt. Die Gliedmaßen sind kräftig. Die annähernd in Linie des Rückens angesetzte Rute wird leicht gebogen oder säbelförmig getragen. Ihre Befederung besteht aus langen, nach unten hängenden Fransen.
Das lange, seidige und gewellte, jedoch nicht gelockte Fell ist schwarz und weiß (blue belton), orange und weiß (orange belton), zitronenfarben und weiß (lemon belton), leberfarben und weiß (liver belton) oder dreifarbig, d. h. schwarz, weiß und loh oder leberfarben, weiß und loh. Hunde mit überall vorhandener Tüpfelung am Körper werden gegenüber Hunden mit großen Flecken bevorzugt. Die Hosen an den Hinterläufen und die Befederung an den Vorderläufen reichen fast bis zu den Pfoten.

Ursprung

Der Englische Setter weist große Ähnlichkeit mit Hunden auf, die von Malern des 17. Jahrhunderts dargestellt wurden, sodass man meinen könnte, die Vorfahren des Englischen Setters seien langhaarige Vorstehhunde, sogenannte „Setting Dogs", genau wie die Spaniels.

Im 19. Jahrhundert gab es zahlreiche Zuchtzwinger für Englische Setter in Großbritannien. 1825 verbesserte ein Züchter, Edward Laverack, die Rasse, ausgehend von zwei Exemplaren guter Qualität durch Inzucht – so wurde dieser Hund im übrigen „Laverack Setter" genannt.
Die Ausstellungslinie zeigt große und elegante Hunde, die Jagdlinie zeigt kleinere, bewegungsfreudigere Hunde, die weitgehend den hier genannten Größenangaben entsprechen, die in Kontinentaleuropa anerkannt werden.

Verhalten

Der Englische Setter, ein passionierter Jagdhund mit einem guten Geruchssinn, hervorragender Reaktionsfähigkeit und einem stark ausgeprägten Jagdinstinkt, besitzt ausgezeichnete Apportierfähigkeiten. Dieser sensible Hund muss mit viel Fingerspitzengefühl ausgebildet werden.

- Schön, elegant, liebenswert und sanftmütig – der Englische Setter ist auch als Begleithund sehr beliebt. Der äußerst bewegungsfreudige Hund muss sehr viel Auslauf und geistige Beschäftigung erhalten.

▲ English Springer Spaniel

English Springer Spaniel

Englischer Springer Spaniel

WEITERER NAME
Springer Spaniel

WIDERRISTHÖHE
Rüde und Hündin: rund 51 cm.

GEWICHT
Rund 22,5 kg.

KURZBESCHREIBUNG
Wunderschöner, eleganter und muskulöser Spaniel mit schön gefärbtem Fell.

WESEN
Lebhaft und sehr anhänglich.

Der verhältnismäßig breite Schädel des English Springer Spaniel ist leicht gerundet. Der relativ breite Fang weist einen ausgeprägten Stopp auf. Die Kiefer sind kräftig und greifen perfekt übereinander. Die mittelgroßen und dunkel haselnussbraunen Augen blicken lebhaft und sanft. Der lange, herabhängende, lappige Behang ist in Augenhöhe angesetzt und gut am Kopf anliegend. Der Hals ist kräftig und muskulös. Die Brust ist tief, die Rippen sind gut gewölbt, die Lende ist kräftig, muskulös und leicht gewölbt. Die Vorderläufe sind gerade und kräftig. Die gut befederte und niedrig getragene Rute wird lebhaft bewegt.
Das Fell ist dicht, gerade und wetterfest. Es bildet eine mäßige Befederung und kommt in zwei Fellfarben vor: Leberbraun und Weiß oder Schwarz und Weiß, beide Farben mit Loh-Abzeichen.

Ursprung

Der English Springer Spaniel kann als direkter Nachkomme der im 18. Jahrhundert eingesetzten Spaniels und somit als ältester Spaniel betrachtet werden. Diese Rasse wurde dennoch erst Ende des 19. Jahrhunderts offiziell anerkannt.

Verhalten

Der aktive, lebhafte English Springer Spaniel ist ein schneller und ausdauernder Hund, dem kein Wetter zu schlecht ist. Seine Suche führt er intelligent aus und buschiert gleichermaßen erfolgreich in unübersichtlichem Gelände, im Unterholz und in Marschen, wobei seine Rute ständig in Bewegung ist. In allen Situationen stellt er seine hervorragenden Eigenschaften beim Aufjagen und Apportieren des Wildes unter Beweis. Sein Name leitet sich ab vom Englischen „spring", was soviel wie „das Wild aus der Deckung sprengen" bedeutet.

- Sein guter Charakter und seine Bindung an seine Familie machen ihn zu einem ausgezeichneten Gefährten. Bei guter Ausbildung mit viel Feingefühl, Geduld und Bestimmtheit, die bereits als Welpe begonnen werden sollte, wird der English Springer Spaniel ein führiger und gehorsamer Hund, der allerdings mit viel Jagdtrieb ausgestattet ist.

Entlebucher Sennenhund

WIDERRISTHÖHE
Rüde: 44 bis 50 cm;
Hündin: 42 bis 46 cm.

GEWICHT
Rüde: 16 bis 22 kg;
Hündin: 15 bis 20 kg.

KURZBESCHREIBUNG
Dieser harmonische Hund ist der kleinste der vier schweizerischen Sennenhunde.

WESEN
Lebhaft und freudig.

Dieser gewandte Hund hat einen ziemlich flachen Schädel, der im harmonischen Verhältnis zum Körper steht. Die Ohren sind klein und hängend, die dunkelbraunen Augen haben einen aufgeweckten und ansprechenden Ausdruck. Er besitzt eine lange Rute bzw. eine angeborene Stummelrute. Das Fell ist kurz und dicht anliegend, hart und glänzend, mit dichter Unterwolle. Das Fell ist dreifarbig: Grundfarbe schwarz mit möglichst symmetrischen lohfarbenen und weißen Abzeichen.

Ursprung

Dieser Hund verdankt seinen Namen der Region Entlebuch im Kanton Luzern.

Verhalten

Dieser gute Wachhund bewacht die ihm anvertrauten Häuser oder Bauernhöfe mit Vehemenz. Dank seiner Aufmerksamkeit und Intelligenz passt er sich leicht an die jeweiligen Lebensbedingungen an. Seiner Familie gegenüber zeigt er sich liebenswürdig, seinen Artgenossen gesellig, Fremden gegenüber jedoch misstrauisch. Der angenehme, treu ergebene und furchtlose Sennenhund braucht einen konsequenten Hundeführer

Épagneul breton

Bretonischer Spaniel

WIDERRISTHÖHE
Rüde: 48 bis 51 cm;
Hündin: 47 bis 50 cm.

GEWICHT
15 bis 18 kg.

KURZBESCHREIBUNG
Gedrungener,
doch eleganter Hund

WESEN
Intelligent und feinfühlig.

BESONDERE KENNZEICHEN
Er ist der kleinste unter den Vorstehhunden.

Der Bretonische Spaniel hat einen gerundeten Kopf, einen geraden Nasenrücken, einen sanft geneigten Stopp und einen breiten Nasenschwamm, der farblich zur Fellfarbe passt. Die vorzugsweise dunklen Augen passen harmonisch zur Fellfarbe und sind gleichermaßen sanft und ausdrucksvoll. Der Ausdruck der Augen, zusammen mit dem leicht angehobenen Ansatz des Behangs, tragen zu dem klassischen „Breton-Ausdruck" bei. Der Behang ist dreieckig, leicht gerundet und mit gewelltem Haar bedeckt. Der mittellange und gut von den Schultern abgesetzte Hals hat keine Wamme. Die geraden und feingliedrigen Vorderläufe sind muskulös. Die Oberschenkel sind breit und muskulös, das Sprunggelenk ist trocken. Die Brust ist tief, der Rücken kurz, die Lendenpartie kurz, breit und bemuskelt. Die Kruppe ist leicht geneigt, die Flanken sind wenig aufgezogen. Die hoch angesetzte Rute wird horizontal oder leicht abfallend getragen. Bei Aufregung wedelt sie heftig. Der Bretonische Spaniel kann auch rutenlos geboren werden. Die Haut ist dünn und gut pigmentiert. Das seidige, glatte oder ganz leicht gewellte Fell ist kurz am Kopf und auf den Vorderseiten der Gliedmaßen. Die Rückseite der Gliedmaßen ist reich befedert.
Das Fell kann verschiedene Farben aufweisen. Es ist entweder weiß und orange, weiß und braun oder weiß und schwarz, mit mittelmäßig überhandnehmender Scheckung in Form von unregelmäßigen Platten, oder aber gescheckt oder geschimmelt, mit lohfarbenen Abzeichen.

▾ Épagneul breton

Verhalten

Als perfekter Jagdgehilfe ist der Bretonische Spaniel der Vorstehhund schlechthin sowie ein ausgezeichneter Apportierhund von Wasserwild, dank seiner hochfeinen Nase. Aufgrund seiner Intelligenz ist er leicht auszubilden.

- Der unermüdliche Hund arbeitet voller Eifer und jagt in allen Bodenverhältnissen alle Wildarten, Haarwild sowie Federwild, vor dem Schuss sowie nach dem Schuss. Dieser Spaniel ist umgänglich und anpassungsfähig, er wird besonders wegen dieser Vielseitigkeit geschätzt, durch die er sich auszeichnet und dank der er mit den besten Vorstehhundrassen im Ausland konkurrieren kann. Noch dazu gereicht ihm seine geringe Größe bei der Jagd häufig zum Vorteil gegenüber den größeren Jagdhunden. Alles in allem erklärt das die Devise des Rasseklubs: „Ein Maximum an Qualität in einem kleinen Hund."
- Der sportliche Hund passt sich jedoch auch an die Wohnungshaltung an, wo er sich als fröhlicher und charmanter Begleiter bewährt. Seine Ausbildung sollte behutsam und doch konsequent erfolgen. Wird er in der Wohnung gehalten, braucht er wie jeder Vorstehhund regelmäßigen Auslauf.

Ursprung

Der seit langem existierende kleine regionaltypische Hund, entstanden an den Granitküsten der Bretagne, wurde im 19. Jahrhundert mit Settern, Pointern und Springern gekreuzt, die von englischen Jägern außerhalb der Jagdsaison in der Bretagne hinterlassen wurden. Diese Zufallskreuzungen wurden um 1900 zielgerichtet praktiziert, besonders mit den English Settern. Die gezielte Veredelung verlieh seinem Gebäude Format und Eleganz und brachte für die jagdlichen Eigenschaften eine gute Festigkeit im Vorstehen mit. Der erste Rassestandard wurde 1908 verabschiedet. Die Zuchtauslese erfolgte danach innerhalb der Rasse und der Typ wurde um 1950 gefestigt. International, besonders in den USA, ist dieser Spaniel sehr erfolgreich.

Épagneul bleu de Picardie

Blauer Picardie-Spaniel

WEITERER NAME
Blauer Picard

WIDERRISTHÖHE
Rüde: 57 bis 60 cm;
Hündin: nur wenig kleiner

GEWICHT
Rund 20 kg.

KURZBESCHREIBUNG
Seine kräftige und elegante Erscheinung ähnelt dem Picardie-Spaniel.

WESEN
Intelligent und sehr sanft.

BESONDERE KENNZEICHEN
Sein hingebungsvoller Blick.

Der Schädel ist oval, der Fang lang und recht breit, der Stopp ausgeprägt. Die großen und dunklen Augen haben einen ruhigen Ausdruck. Der Behang ist ziemlich dick und mit schönem gewellten Seidenhaar bedeckt.
Die langen, schlanken und muskulösen Gliedmaßen tragen reiche Fransen. Die Rute, ebenfalls reich an Fransen, darf keinen Haken bilden.

Das glatte oder leicht gewellte Fell ist bläulich mit schwarzen Flecken.

Ursprung

Der Blaue Picardie-Spaniel ging aus Kreuzungen zwischen Spaniels mit schwarzem und grauem Fell hervor, die im 19. Jahrhundert in der Picardie, den Tälern von Somme, Authie und Canche anzutreffen waren.

Verhalten

Dieser aufmerksame und tüchtige Vorstehhund, dessen Körperbau gut für die Arbeit geeignet ist, jagt intelligent und apportiert instinktiv. Der mühelos sich in den Marschen bewegende Hund erweist sich als guter Jagdhund bei allen Bodenverhältnissen. Seine Ausbildung sollte behutsam, in Form von Zuwendung und Belohnungen erfolgen. Dieser Hund arbeitet, um seinem Herrn zu gefallen.

- Der angenehme, anhängliche und liebevolle Hund wird ganz besonders wegen seines sanften Umgangs mit allen Familienmitgliedern geschätzt. Er kann sich an das Stadtleben anpassen, wenn er täglich lange Auslauf bekommt.

▲ Épagneul bleu de Picardie

Épagneul de Pont-Audemer

Pont-Audemer Spaniel

WIDERRISTHÖHE
Rüde: 52 bis 58 cm;
Hündin: etwas kleiner

GEWICHT
Rund 20 kg.

KURZBESCHREIBUNG
Gedrungener und kraftvoller Hund.

WESEN
Fröhlich und mutig.

BESONDERE KENNZEICHEN
Sein grobes und gekräuseltes Fell mit einem Haarschopf auf dem Schädeldach.

Der etwas tief angesetzte Behang mit langem und gekräuseltem Seidenhaar bedeckt, geht in den Schopf über und bildet eine schöne, gekräuselte, den Kopf gut umrahmende Perücke. Die Fellfarbe kann ein Kastanienbraun oder vorzugsweise ein grau durchsetztes Kastanienbraun mit dem Farbschimmer welken Laubes sein.

Ursprung

Dieser Spaniel ist im Zweiten Kaiserreich aus einem aus der Region Pont-Audemer (Eure) stammenden Spaniel und einem Irischen Wasserspaniel hervorgegangen.

Verhalten

Dieser bei der Entenjagd hervorragende Apportierhund arbeitet methodisch, mit festem Vorstehen und vorzüglichen Retriever- und Buschiereigenschaften. Der anhängliche Hund ist wachsam und sanft im Umgang mit Menschen. Er ist sehr gehorsam und leicht auszubilden, sofern die Ausbildung behutsam geschieht.
Als geselliger Hund kommt er gut mit seinen Artgenossen zurecht.

Épagneul français

Französischer Spaniel

WIDERRISTHÖHE
Rüde: 56 bis 61 cm;
Hündin: 55 bis 59 cm.

GEWICHT
Rund 25 kg.

KURZBESCHREIBUNG
Eleganter und kräftiger Hund, jedoch ohne Schwere, der Vornehmheit mit athletischem Gepräge verbindet. Sein harmonischer Körperbau und sein sanfter Ausdruck machen ihn unwiderstehlich.

WESEN
Sanft und intelligent.

Der Kopf ist mittellang und breit, der Nasenrücken leicht konvex und der Stopp mittelmäßig betont. Der Nasenschwamm ist gut pigmentiert, die Nasenlöcher sind weit geöffnet. Die Oberlefze darf die Unterlefze nicht übertrieben bedecken. Der lange, abgerundete und mit welligem Seidenhaar besetzte Behang ist auf Augenlinie nach hinten angesetzt. Die ziemlich großen, ovalen und dunkel bernsteinfarbenen Augen drücken Sanftmut und Intelligenz aus. Die großräumige Brust reicht bis zum Ellenbogen herab; die Lenden sind breit, nicht zu lang und kräftig bemuskelt. Die Kruppe ist breit und abgerundet. Die Gliedmaßen sind kräftig, die Oberschenkel breit, bis zum Sprunggelenk befedert, die Flanken harmonisch aufgezogen. Die etwas tief angesetzte und säbelförmige Rute reicht bis zum Sprunggelenk und fällt schräg herab. Die Rute ist reich mit langen gewellten Seidenhaaren besetzt. Das Fell ist lang, weich, glatt, seidig, am Körper reichlich vorhanden, mit einigen Wellen hinter dem Hals und über dem Rutenansatz. Es ist kurz und fein am Kopf. Die Fellfarbe ist weiß und braun in mittlerer Scheckung (wobei die Zusammensetzung der Zeichnung nicht von Bedeutung ist), manchmal überhandnehmend, mit unregelmäßigen Platten, wenig oder mittelmäßig getüpfelt und ohne Übermaß geschimmelt. Eine weiße Blesse und eine weiße Zeichnung am Kopf werden auf Ausstellungen geschätzt.

Ursprung

Dieser Spaniel, der Vorfahre der Vorstehhunde, stammt von den alten Vogelhunden ab. Die Jagdspaniels aus dem Mittelalter verharrten auf der Jagd vor dem Wild, bis das Fangnetz über das Federwild und die Hunde gezogen wurde. Ab dem 16. Jahrhundert verbreitete sich der Französische Spaniel, ein wertvoller Gehilfe der adeligen Herren auf Vogeljagd, in ganz Europa. Noch im 18. Jahrhundert stand er hoch im Kurs wegen seiner Fähigkeiten bei der Rebhuhn- und Fasanenjagd. Nach einer rückläufigen Entwicklung dieser Rasse, verursacht durch die Konkurrenz englischer Hunde, wurde sie im 19. Jahrhundert von einem jagdlich engagierten Abt vor dem Aussterben bewahrt, der auf Basis einiger Überlebender des alten Typs die Rasse so wieder aufbaute, wie man sie heute kennt.

Verhalten

Der Französische Spaniel ist mit Eifer, methodisch und hartnäckig bei der Jagd. Auch wenn er sich nicht unbedingt als schneller Läufer auszeichnet – er läuft abwechselnd im Trab und im Galopp – so arbeitet er doch in allen Bodenverhältnissen. Er eignet sich zum Apportieren und schreckt auch nicht vor kaltem Wasser zurück. Dieser außergewöhnliche Vorstehhund besitzt einen besonders stark ausgeprägten Jagdinstinkt.

- Der Französische Spaniel ist außerdem ein ruhiger, leichtführiger, aber sensibler Hund. Er verträgt keine barsche Ansprache und keinerlei grobe Behandlung. Der anhängliche und sanfte Hund wird von Familien sehr geschätzt. Als äußerst geselliger Hund kann er sich an jeden Lebensstil anpassen. Der seinem Herrn sehr zugetane Hund erträgt das Alleinsein nur schlecht. In der Stadt muss er regelmäßig Auslauf haben.

Épagneul nain continental

Kontinentaler Zwergspaniel (Papillon, Phalène)

WIDERRISTHÖHE
Rüde und Hündin: bis 28 cm.

GEWICHT
Zwei Kategorien:
Rüden und Hündinnen
von 1,5 bis 2,5 kg.
Rüden von 2,5 bis 4,5 kg und
Hündinnen von 2,5 bis 5 kg.

KURZBESCHREIBUNG
Eleganter Hund mit klaren Linien und von adeliger, vornehmer Haltung.

WESEN
Freudig und sanft.

BESONDERE KENNZEICHEN
Sein sehr feiner, kleiner und ausdrucksvoller Kopf und seine schöne Federbusch-Rute.

Der Kontinentale Zwergspaniel besitzt einen feinen Fang, der kürzer als der Schädel ist, und einen kleinen, schwarzen Nasenschwamm trägt. Der Stopp ist ziemlich betont, der Schädel nicht zu rundlich. Im Verhältnis zum Körper ist der Kopf normal proportioniert, aber etwas leichter als bei den größeren Spaniels. Die mandelförmigen und großen Augen sind dunkel und sehr ausdrucksvoll.
Die feinen Ohren sind ziemlich weit hinten am Kopf angesetzt. Es gibt zwei Varietäten: die Varietät mit hängenden Ohren, auf französisch „Phalène“ (Motte) bezeichnet. Das hängend getragene Ohr ist dennoch ziemlich beweglich und mit gewellten Haaren geschmückt, die manchmal sehr lang werden können; die Varietät mit stehenden Ohren, auf französisch „Papillon“ (Schmetterling) bezeichnet, mit gut geöffneter Ohrmuschel, die mit der Horizontalen einen Winkel von annähernd 45° bildet und die auf keinen Fall spitz aufrecht stehen darf. Der Körper ist etwas länger als hoch. Die Brust ist breit und ziemlich tief, der Bauch leicht aufgezogen, die Gliedmaßen sind gerade, kräftig und fein. Die ziemlich hoch angesetzte, eher lange Rute bildet einen eleganten Federbusch. Das Fell ohne Unterwolle ist reichlich, glänzend, gewellt (aber nicht gelockt) und fein. Am Gesicht, am Fang, auf der Vorderseite der Läufe und unterhalb der Sprunggelenke ist das Haar kurz, am Körper ist es mittellang. Am Hals bildet das Fell einen Kragen, an der Rückseite der Oberschenkel eine Hose und eine Befederung an den Ohren. Alle Fellfarben auf weißem Grund sind zulässig. Am Körper und an den Gliedmaßen muss das Weiß vorherrschen.

Ursprung

Die Ursprünge dieses Spaniels kann man bis zum 14. Jahrhundert nach Flandern zurückverfolgen. Im 16. und 17. Jahrhundert war dieser kleine Hund mit seinen wie Schmetterlingsflügel bebenden Ohren ein vertrauter Anblick. Die als „Phalène“ bezeichnete Varietät ist älter als die Varietät „Papillon“, die erst Ende des 19. Jahrhunderts erschien.

Verhalten

Der lebhafte, fröhliche, anhängliche und sehr sensible Kontinentale Zwergspaniel ist ein lustiger, sehr sauberer Begleiter mit einer robusten Gesundheit. Er liebt Publikum und hat eine schauspielerische Ader. Der kleine Hund erhält gerne viel Zuwendung. Wenn es darauf ankommt, erweist er sich als wahrhaftiger Rattenfänger und Hasenjäger.

- Der ausgeglichene, gehorsame und sehr anpassungsfähige Hund ist leicht auszubilden, vorausgesetzt, sein Herr geht dabei behutsam vor. Dieser klassische kleine Begleithund ist auch ein guter Wachhund.

▲ Épagneul nain continental

Épagneul picard

Picardie-Spaniel

WIDERRISTHÖHE
Rüde: 55 bis 60 cm;
Hündin: etwas kleiner

GEWICHT
20 bis 25 kg.

KURZBESCHREIBUNG
Der stämmige Hund mit kräftigen und sehnigen Gliedmaßen und majestätischer Kopfhaltung strahlt Ruhe und Kraft aus.

WESEN
Fröhlich und liebenswürdig.

▲ Épagneul picard

Der Fang ist lang und recht breit, der Stopp sehr schräg und der Nasenschwamm ziemlich rund und braun. Die dunkel bernsteinfarbenen und gut geöffneten Augen blicken freimütig und sehr ausdrucksvoll. Der eher tief angesetzte Behang ist mit schön gewelltem Seidenhaar besetzt. Der Hals ist gut angesetzt und gut bemuskelt. Die recht breite Brust ist tief und gut hinabreichend. Die nicht zu lange und von schönem Seidenhaar bedeckte Rute beschreibt zwei leichte Bögen. Das grobe, am Körper gewellte und am Kopf glatte Fell ist grau getüpfelt mit braunen Platten. An Kopf und Gliedmaßen sind häufig lohfarbene Abzeichen.

Ursprung

Der Picardie-Spaniel ist zweifellos sehr alten Ursprungs – die Rasse ging vermutlich aus Kreuzungen zwischen Spaniels und Wachtelhunden hervor – und in seiner Heimat, dem französischen Tal der Somme, seit langem bekannt. Das erste züchterisch vollständig gefestigte Exemplar wurde anlässlich der in Paris 1904 veranstalteten Hundeausstellung vorgestellt.

Verhalten

Dieser Jagdhund mit seinem bemerkenswerten Geruchssinn zeigt sein Können in allen Bodenverhältnissen, besonders aber in den Marschen. Als intelligenter und gehorsamer Hund steht er perfekt vor und ist ein guter Jäger von Schnepfen und Enten. Bei der Jagd ist er leichtführig und ausdauernd.

- Der sanfte und gesellige Picard-Spaniel wird auch als Begleithund geschätzt.
- Er fordert beständig die Aufmerksamkeit seines Herrn. Für ein Leben in der Stadt ist er ungeeignet, für die Wohnungshaltung noch viel mehr, denn er braucht sehr viel Raum und Bewegung.

Eurasier

WIDERRISTHÖHE
Rüde: 52 bis 60 cm;
Hündin: 48 bis 56 cm.

GEWICHT
Rüde: 23 bis 32 kg;
Hündin: 18 bis 26 kg.

KURZBESCHREIBUNG
Ein dem Chow-Chow und dem Spitz gleichender Hund, beides Rassen, aus deren Kreuzung er hervorging.

WESEN
Ausgeglichen und anhänglich.

Der Eurasier hat einen keilförmigen Kopf mit leichtem Stopp. Die mittelgroßen und nicht zu weit voneinander angesetzten Ohren werden aufrecht getragen. Die schwarzen, wie dunkel geschminkt aussehenden und leicht mandelförmigen Augen sind nicht zu tiefliegend. Der kräftige Kiefer hat ein Scherengebiss. Der Hals ist gut bemuskelt, der Rumpf ist kräftig, nicht zu kurz, der Rücken ist gerade und die Kruppe breit und kräftig.
Die Brust ist tief. Die Gliedmaßen sind kräftig und gut bemuskelt. Die Rute wird in der Erregung gerollt über dem Rücken oder seitwärts getragen.
Das Fell besteht aus einer dichten Unterwolle und einem lose anliegenden Deckhaar, das am Körper mittellang, am Gesicht kürzer und an Rute, Hosen und am Hals länger ist. Alle Farben und Farbkombinationen sind erlaubt, ausgenommen Reinweiß, weißgescheckt und Braun.

Ursprung

Der 1969 in Deutschland entstandene Eurasier ging aus einer gewünschten Kreuzung zwischen einem Chow-Chow-Rüden und einer Wolfspitzhündin hervor. Man wollte einen ausgeglichenen und freundlichen Familienhund erzüchten. Nach Einkreuzung von Samojeden wurde die Rasse 1973 offiziell von der F.C.I. anerkannt.

▼ Eurasier

Verhalten

Der ansprechende, elegante und sehr anhängliche Eurasier vereint die Eigenschaften des Chow-Chow und des Spitz in sich. Er muss verständnisvoll, aber konsequent ausgebildet werden.

- Der sehr lebhafte, fröhliche und treue Hund passt sich vorzüglich an das Familienleben an und ist freundlich. Er hat eine starke Bindung an seine Familie und verhält sich Fremden gegenüber zurückhaltend, ohne aggressiv zu sein.
- Der aufmerksame und wenig lautfreudige Eurasier ist ein guter Wachhund.

Íslenskur Fjárhundur

Islandhund

WIDERRISTHÖHE
Rüde: rund 46 cm;
Hündin: rund 42 cm.

GEWICHT
10 bis 15 kg.

KURZBESCHREIBUNG
Schwungvoll in der Bewegung und weicher Ausdruck.

WESEN
Fröhlich und verspielt.

Dieser Hütehund aus der Familie der Spitze hat einen im Verhältnis zum Fang etwas längeren Schädel, mit mandelförmigen, dunkelbraunen Augen und aufrechten, sehr beweglichen Ohren. Der Nasenschwamm ist immer schwarz, die kräftigen und regelmäßigen Zähne bilden ein Scherengebiss. Der Hals ist mäßig lang. Der Körper ist von rechteckigem Format und kräftig, ohne plump zu wirken.
Die hoch angesetzte Rute wird über dem Rücken geringelt getragen. An der Hinterhand sind doppelt ausgebildete Afterkrallen erwünscht.
Das Fell gibt es in zwei Arten. Kurzhaarig: mittellanges, ziemlich raues Deckhaar mit dichter weicher Unterwolle, mit buschig behaarter Rute. Langhaarig: Beschaffenheit wie das kurzhaarige Fell. Die Fellfarbe ist braun, loh oder grau und schwarz. Neben der vorherrschenden Farbe tritt stets Weiß auf, mit häufig unregelmäßigen Abzeichen. Lohfarbene und graue Hunde tragen oft eine schwarze Maske.

Ursprung

Der in direkter Linie vom Norsk Buhund abstammende Hütehund war der Begleiter der ersten Siedler, die sich in Island niederließen. Die durch Staupe dezimierte Rasse wäre ohne die beständigen Bemühungen einiger Züchter ausgestorben, denen sie ihre Rettung in Island und Großbritannien verdankt.

Verhalten

Der Islandhund ist ein lautfreudiger Hütehund, wodurch er äußerst nützlich beim Hüten der Herden ist. Dieser sehr sympathische Hund wird als Begleithund geschätzt. Er eignet sich dank seiner Intelligenz und seines Arbeitswillens für Hundesport aller Art.

- Der intelligente, lebhafte und anhängliche Islandhund ist sehr führerbezogen und umgänglich. Er ist neugierig und nicht ängstlich und begrüßt Besucher voller Begeisterung.
- Er braucht viel Bewegung und möchte immer dabei sein.

▲ Íslenskur Fjárhundur

Fauve de Bretagne

▼ Basset Fauve de Bretagne

Fauve de Bretagne (Griffon, Basset)

WIDERRISTHÖHE
Rüde und Hündin:
48 bis 58 cm (Griffon) und
32 bis 38 cm (Basset)

GEWICHT
Rund 23 kg (Griffon)
16 bis 18 kg (Basset)

KURZBESCHREIBUNG
Der kräftige und muskulöse Hund strahlt weniger Vornehmheit denn Kraft aus.

WESEN
Intelligent, eigensinnig, jedoch gesellig und anhänglich.

Der etwas lange Schädel des Griffon Fauve de Bretagne hat ein ausgeprägtes Hinterhauptbein. Der sich eher leicht verjüngende Fang hat einen schwarzen oder dunkelbraunen Nasenschwamm mit gut geöffneten Nasenlöchern. Die dunklen Augen schauen furchtlos drein. Der spitz zulaufende und mäßig lange Behang ist auf Augenhöhe angesetzt. Der Hals ist eher kurz und muskulös.
Die Brust ist tief und breit, der Bauch etwas nach hinten aufgezogen. Die mittellange Rute ist zum Ende hin spitz zulaufend. Sie wird leicht sichelförmig getragen.
Das Fell ist nicht zu lang, sehr rau und hart, niemals wollig oder gelockt. Die Fellfarbe ist falbfarben, von goldener Weizenfarbe bis Ziegelrot. Einige wenige verstreute schwarze Haare auf Rücken und Behang werden toleriert. Ein kleiner weißer Brustfleck ist zulässig.
Der Basset Fauve de Bretagne unterscheidet sich vom Griffon Fauve de Bretagne durch sein etwas einfacheres Wesen und durch seine Größe, die zwischen 32 und 38 cm bei einem Gewicht von 16 bis 18 kg liegt. Dieser kleine Basset mit seinem etwas kompakten Körper ist der niederläufigste aller Bassets. Er ist ein schneller und geschickter Jäger, sein Stopp ist etwas stärker ausgeprägt als beim Griffon Fauve de Bretagne.

Verhalten

Der Griffon Fauve de Bretagne ist ein passionierter Jagdhund. Dieser bei der Wolfsjagd eingesetzte, mutige Laufhund alten Ursprungs mit seiner guten Nase wird heutzutage zur Jagd auf Wildschwein und Fuchs in jedem Terrain verwendet.

- Der Griffon Fauve de Bretagne ist hartnäckig, voller Energie, aktiv, schnell und kräftig, raffiniert und arbeitswillig. Außerdem ist er unternehmungslustig und lebhaft. Manchmal ist dieser Hund etwas undiszipliniert und eigensinnig, wodurch sich die Notwendigkeit einer konsequenten Ausbildung ergibt. Als Begleithund ist er sehr angenehm, ausgeglichen, anhänglich, gesellig und freundlich. In der Stadt braucht dieser Hund sehr viel Auslauf und Bewegung.
- Der Basset Fauve de Bretagne muss vor Ablauf des ersten Lebensjahres jagdlich geführt werden. Er wird als „Wildaufscheucher“ auf Wildkaninchen, Hasen, Füchse, Hirsche und Wildschweine angesetzt. Er ist sehr robust und besitzt eine ungeheure Energie. Seine Qualitäten stimmen mit denen des Griffon Fauve de Bretagne überein. Der Basset zeigt guten Gehorsam, auch seine Ausbildung ist relativ einfach. Als Familienhund kann er sehr charmant sein, als Vollblut-Jagdhund ist er jedoch für das Stadtleben ungeeignet. Dennoch kann er sich daran anpassen, sofern er sich täglich verausgaben kann.

Ursprung

Die Vorfahren des Griffon Fauve de Bretagne, die Großen Fauves de Bretagne, bildeten schon damals riesige berühmte Meuten. Zahlreichen Kynologen zufolge ist der Griffon Fauve de Bretagne das Nachbild des Briquet du Grand Fauve. Der Basset Fauve de Bretagne ging aus dem Griffon hervor. Er wurde mit dem Basset Griffon Vendéen gekreuzt und mit dem Rauhaardackel. Im 19. Jahrhundert war die Rasse in der Bretagne sehr begehrt. Nachdem sie eine Zeit lang vernachlässigt wurde, wurde sie nach dem Zweiten Weltkrieg wieder neu belebt.

Field Spaniel

WIDERRISTHÖHE
Rüde und Hündin: rund 45,7 cm.

GEWICHT
18 bis 25 kg.

KURZBESCHREIBUNG
Edler, gut ausgewogener und kräftig gebauter Hund.

WESEN
Außergewöhnlich leichtführig und sehr feinfühlig – aber mit einer großen Portion Jagdpassion ausgestattet.

Der Field Spaniel besitzt einen schönen Kopf, der vornehm und rassig wirkt. Der gut gemeißelte Schädel hat ein gut ausgebildetes Hinterhauptbein. Der Fang ist lang und trocken. Die mandelförmigen, dunkel haselnussfarbenen Augen sind ernst und sanft im Ausdruck. Der mäßig lange und breite, sehr gut befederte Behang ist tief angesetzt. Die Brust ist gut hinabreichend und gut entwickelt. Rücken und Lendenpartie sind kräftig, gerade und muskulös, die Pfoten rund. Die naturbelassene Rute ist mittellang und tief angesetzt, sie wird niemals oberhalb der Rückenlinie getragen. Sie ist mit seidigem, gewelltem Haar befedert. Das glatte, lange, glänzende und seidige Fell ist dicht und reichlich befedert. Die Fellfarbe kann schwarz, braun (leberfarben) oder geschimmelt sein oder jede dieser Farben mit Loh-Abzeichen. Weiß oder geschimmelt auf der Brust ist erlaubt.

Ursprung

Der Field Spaniel ging während des 19. Jahrhunderts aus Kreuzungen zwischen Springer Spaniel und Englischem Cocker Spaniel mit einem Schuss Sussex Spaniel hervor. Daraus entstand ein guter Stöberer in deckungsreichen Gewässern und ein fähiger Buschierer in unübersichtlichem Gelände. Er ist wenig verbreitet.

Verhalten

Der Field Spaniel, der ruhiger ist als die anderen Spaniels, ist ein aktiver und sehr leichtführiger Hund, wenig hitzig bei der Jagd. Dennoch ist dieser Stöber- und Apportierhund ideal für die Jagd vor dem Schuss geeignet.

- Der feinfühlige, ruhige und anhängliche Field Spaniel wird zunehmend als Begleithund geschätzt. Er kann sich gut an das Familienleben anpassen. Aufgrund seines unabhängigen Naturells muss er mit viel Geduld ausgebildet werden.
- Als Vollblut-Jagdhund ist er für das Stadtleben ungeeignet.

▲ Field Spaniel

Fila Brasileiro

WIDERRISTHÖHE
Rüde: 65 bis 75 cm;
Hündin: 60 bis 70 cm.

GEWICHT
Rüde: mindestens 50 kg;
Hündin: mindestens 40 kg.

KURZBESCHREIBUNG
Kraftvoller Körperbau.

WESEN
Selbstsicher, aber gehorsam.

BESONDERE KENNZEICHEN
Die Hündinnen unterscheiden sich im Aussehen deutlich von den Rüden.

Der Fila Brasileiro hat einen großen, wuchtigen Kopf mit einem kräftigen Fang, der etwas kürzer als der Schädel ist, einen breiten Nasenschwamm, mittelgroße, mandelförmige Augen, große, V-förmige, hängende Ohren. Der Hals ist kräftig und hat eine Wamme. Der Körper ist eher lang, die Brust breit und gut hinabreichend. Die Kruppe ist etwas höher als der Widerrist. Die Gliedmaßen sind ziemlich lang und kräftig, die Rute reicht über das Sprunggelenk hinaus. Das Fell ist kurz, weich, dicht und gut anliegend. Alle Fellfarben mit Ausnahme einfarbig Weiß sind erlaubt: gestromt auf einfarbigem Grund mit mehr oder weniger dunklen Streifen, mit oder ohne schwarze Maske. Bei allen erlaubten Farbtönen dürfen weiße Abzeichen an den Pfoten, der Brust und der Rutenspitze vorhanden sein.

Verhalten

Der stürmische, tapfere und aufmerksame Fila Brasileiro ist ein guter Spürhund, der ursprünglich zum Aufspüren entflohener Sklaven eingesetzt wurde und heute als Wachhund für Viehherden und zur Bewachung von Eigentum verwendet wird.

- Bei korrekter Ausbildung durch einen erfahrenen Hundeführer lernt er guten Gehorsam. Der sehr treue Hund sucht beständig die Gesellschaft seines Herrn. Fremden gegenüber verhält er sich misstrauisch, manchmal sogar aggressiv. Der Fila sollte unbedingt gut gehorchen.
- Der Fila braucht viel Bewegung.

Ursprung

Aller Wahrscheinlichkeit nach trugen die im 17. Jahrhundert von den spanischen und portugiesischen Eroberern nach Brasilien mitgebrachten Doggen, Mastiffs und Bluthunden zur Entstehung des heutigen Fila Brasileiro bei.

▲ Fila Brasileiro

Flat Coated Retriever

WIDERRISTHÖHE
Rüde: 59 bis 61,5 cm;
Hündin: 56 bis 59 cm.

GEWICHT
Rüde: 27 bis 36 kg;
Hündin: 25 bis 32 kg.

KURZBESCHREIBUNG
Kräftig gebauter Hund mit einem harmonischen Körperbau.

WESEN
Ausgeglichener Hund mit hervorragendem Wesen – aber auch viel Temperament.

Dieser glatthaarige Retriever hat einen langen, mäßig breiten Kopf. Die mittelgroßen Augen sind dunkelbraun oder kastanienbraun, mit sehr intelligentem Blick. Der kleine Behang wird dicht am Kopf getragen. Die Brust ist tief und ziemlich breit. Die kräftigen Vorderläufe sind vollständig gerade. Kruppe und Hinterläufe sind muskulös. Die Pfoten sind rund und kräftig. Die kurze und gerade Rute wird fröhlich getragen. Das Fell ist dicht, von feiner bis mittelstarker Textur und so glatt wie möglich. Es ist, wie bei den anderen Retrieverrassen auch, wasserabweisend und isolierend. Gliedmaßen und Rute sind gut befedert.
Die Fellfarbe ist schwarz oder braun (leberfarben).

Ursprung

Der zweifellos vom Neufundländer, vom Irish Red Setter und möglicherweise auch vom Curly Coated Retriever abstammende und mit dem Labrador Retriever gekreuzte Flat Coated Retriever hatte es schwer wegen der starken Konkurrenz durch den Labrador Retriever und den Golden Retriever, die wegen ihrer besseren Nase für die Apportierarbeit bevorzugt wurden. Der Flat Coated Retriever ist aber ein ebenso intelligenter und begeisterter Apportierhund, der auch sehr gerne schwimmt und aus dem Wasser apportiert. Sein Jagdeifer, sein schönes Äußeres und sein Wesen haben das Interesse an dieser Rasse wieder neu belebt – heute ist er ein öfters gesehener Begleithund.

Verhalten

Der intelligente und passionierte Jagdhund muss fest, behutsam und geduldig ausgebildet werden. Dieser hervorragende und sportliche Jagdhund ist auch ein anhänglicher, gehorsamer, fröhlicher, liebenswürdiger und geduldiger Begleiter. Er ist ausgeglichen und gesellig und sehr führerbezogen.

- Der Flat Coated Retriever gibt auch gerne den Wachhund. Er ist ein für das Leben auf dem Land geschaffener Hund, kann sich jedoch auch an die Wohnungshaltung anpassen, sofern er mehrmals täglich Auslauf erhält und sich beim Freilauf verausgaben kann.

Fox Terrier

Fox Terrier (Glatthaar, Drahthaar)

WIDERRISTHÖHE
Rüde: unter 39 cm;
Hündin: etwas kleiner.

GEWICHT
Rüde: unter 8 kg;
Hündin: etwas leichter.

KURZBESCHREIBUNG
Hund mit vollkommenen Proportionen, der weder zu hoch noch zu niedrig auf seinen Läufen steht.

WESEN
Lebhaft und freundlich.

BESONDERE KENNZEICHEN
Seine Lebhaftigkeit und sein einzigartiger Gang.

Der nahezu flache Schädel ist beinahe gleich lang wie der Nasenrücken, der von den Augen zum Fang hin abfällt. Der Stopp ist leicht erkennbar. Die kleinen V-förmigen Ohren sind nach vorne gegen die Wangen gekippt. Die mäßig kleinen, runden, dunklen und lebhaften Augen haben einen sehr intelligenten Blick.
Der Fang ist kräftig. Die gut entwickelten Kiefer tragen ein Scherengebiss. Der muskulöse Hals ohne Wamme beschreibt eine anmutige Linie. Die Brust ist gut hinabreichend. Der Fox Terrier hat einen kurzen und geraden Rücken, eine muskulöse, leicht gewölbte und sehr kurze Lende, eine kräftige Hinterhand mit langen und kraftvollen Oberschenkeln und tiefstehenden Sprunggelenken. Die vollkommen geraden Vorderläufe bewegen sich beim Laufen parallel zueinander vorwärts wie das Pendel einer Uhr. Der Schub kommt aus der Hinterhand. Die runden und kompakten Pfoten sind recht klein.
Die hoch angesetzte Rute von guter Länge wird gerade, aber nicht eingerollt und nicht über den Rücken getragen.

>>

Je nach Fell unterscheidet man zwei Varietäten. Der Fox Terrier Drahthaar hat ein dichtes, drahtiges Fell. Die Unterwolle ist kurz und nicht ganz so hart. Das Haar auf dem Rücken und der Hinterhand ist härter als das Haar an den Seiten. An den Kiefern ist das Haar kraus und ziemlich lang, um dem Vorgesicht den Ausdruck von Kraft zu verleihen. Soll der Fox Terrier Drahthaar perfekt vorgestellt werden, ist ein „Stripping“ oder „Trimming“ – das Auszupfen des abgestorbenen Haars mit einem Trimmmesser – erforderlich.
Der Fox Terrier Glatthaar hat ein gerades, flach anliegendes, glattes, hartes, dichtes und reichliches Fell. Bei beiden Haarvarietäten ist ein vorherrschend weißes Fell sehr erwünscht. Das Fell darf auch schwarze, schwarz mit lohfarbenen sowie lohfarbene Abzeichen tragen.
Gestromte, rote, braune oder blaue Abzeichen werden auf Ausstellungen nicht toleriert.

Ursprung

Der seit dem 16. Jahrhundert bekannte Fox Terrier wird in der gesamten Literatur für seine Furchtlosigkeit und sein meisterliches Können beim Aufscheuchen des Fuchses erwähnt. Beide Haarvarietäten finden erstmals Mitte des 17. Jahrhunderts Erwähnung, der Fox Terrier in seiner heutigen Form ein halbes Jahrhundert später.

Verhalten

Der Fox Terrier, eine Kämpfernatur mit großem Wagemut und starker Persönlichkeit, weiß sich bei Fremden Respekt zu verschaffen. Er besitzt gelegentlich die Neigung, andere Artgenossen anzugreifen, daher ist eine gute Sozialisierung sowie eine korrekte Ausbildung unbedingt erforderlich.

- Der voller Energie und Temperament steckende Fox Terrier verhält sich seinem Herrn gegenüber angenehm, er ist treu und gesellig, kann sich aber auch äußerst besitzergreifend zeigen.
- Dieser Fuchsjäger, der häufig als Begleithund gehalten wird, kann sehr wirksam das Auto oder das Haus bewachen. Eine Haltung in der Stadt ist möglich, er muss aber sehr viel bewegt werden. Man muss ihn von klein auf durch Spaziergänge an die Lärmkulisse einer Stadt gewöhnen. Dieser sehr aktive Hund verträgt das Eingesperrtsein im Haus nicht und ist nicht gerne angeleint.

▲ Fox Terrier Drahthaar

Chien français

Französischer Laufhund (Weiß-Schwarz, Weiß-Orange, Dreifarbig)

WIDERRISTHÖHE
Rüde: 65 bis 72 cm (weiß-schwarz) und 62 bis 72 cm (dreifarbig); Hündin: 62 bis 68 cm (weiß-schwarz) und 60 bis 68 cm (dreifarbig); Rüde und Hündin: 62 bis 70 cm (weiß-orange).

GEWICHT
Rund 30 kg.

KURZBESCHREIBUNG
Der Französische weiß-schwarze Laufhund weist in seinem Gebäude eine starke Ähnlichkeit mit seinem Pendant, dem Französischen dreifarbigen Laufhund, auf, dem jüngsten französischen Laufhundeschlag.

WESEN
Meutelaufhunde von großer Tüchtigkeit und Ernsthaftigkeit.

Der kräftig gebaute Französische weiß-schwarze Laufhund von ausgeglichener Erscheinung hat einen leicht gewölbten Schädel. Der leicht gedrehte Behang ist auf Höhe der Augenlinie angesetzt. Das kurze, ziemlich feste und dichte Fell gibt es in drei Farbvarietäten: Das Fell des Französischen weiß-schwarzen Laufhundes ist weiß und schwarz mit großem Mantel oder mit mehr oder weniger ausgedehnten schwarzen Flecken. Dabei kann eine schwarze oder bläuliche, sogar lohfarbene Tüpfelung auftreten, diese aber nur an den Läufen. Das Fell des Französischen weiß-orange Laufhundes ist weiß-zitrone oder weiß-orange, vorausgesetzt, das Orange ist nicht zu dunkel. Das Fell des Französischen dreifarbigen Laufhundes ist schwarz, weiß und orange mit mehr oder weniger ausgedehntem Mantel, mit vorzugsweise kräftigen lohfarbenen oder sogar kupferfarbenen Abzeichen. „Wolffarbenes" Fell ist zulässig.

Ursprung

Der heute existierende Französische Laufhund ist eine Mischung verschiedener Hundepopulationen: der Französische weiß-schwarze Laufhund aus dem Blauen Gascogne Laufhund und dem Chien de Saintonge, der Französische weiß-orange Laufhund zweifellos aus dem Billy und der Französische dreifarbige Laufhund vor allem aus dem Poitevin.

Verhalten

Der auf die Hirsch- und Rehjagd spezialisierte, ungestüme und hitzige Französische Laufhund ist in der Lage, über längere Zeit ein hohes Tempo zu halten. Er wird auch bei der Baujagd eingesetzt. Man kann ihn auch als Begleithund halten, von einem Leben in der Stadt ist jedoch abzuraten.

Galgo Español

Spanischer Windhund

WEITERER NAME
Galgo

WIDERRISTHÖHE
Rüde: 62 bis 70 cm;
Hündin: 60 bis 68 cm.

GEWICHT
Rüde: 25 bis 30 kg;
Hündin: 20 bis 25 kg.

KURZBESCHREIBUNG
Windhund von mittlerem Format und einer der Vorfahren des Englischen Windhundes.

WESEN
Ernsthaft und sehr tatkräftig.

Eine gleichermaßen kompakte wie elegante Gestalt, eine leicht gewölbte Lende, eine sanft gerundete Kruppe und ein stark aufgezogener Bauch beschreiben die Umrisslinien des Spanischen Windhundes. Der lange und trockene Kopf mit kleinem Nasenschwamm ist gut vom schlanken und muskulösen Hals abgesetzt. Die Kiefer tragen starke Zähne in einem Scherengebiss, die Lefzen sind fein. Die kleinen, schrägstehenden, mandelförmigen und haselnussbraunen Augen zeigen einen ruhigen und sanften Ausdruck. Die dünnen und feinen „Rosenohren" liegen in der Ruhe am Kopf an. Die sehr lange und bewegliche Rute wird sichelförmig hängend, mit einem Haken am Ende, getragen.
Die Vorderläufe sind lang und muskulös, die Hinterläufe kräftig. Das Fell ist kurz, dicht, sehr fein und glatt. Es gibt auch eine Varietät mit halblangem Rauhaar. Alle Farben sind zulässig. In der Reihenfolge ihrer Bevorzugung unterscheidet man die folgenden Fellfarben: Falbfarben und mehr oder weniger dunkel gestromt, gut pigmentiert; Schwarz; Schwarz gefleckt, hell oder dunkel; dunkel Falbfarben; Zimt; Gelb; Rot; Weiß und schließlich Fell mit weißen Abzeichen bzw. gescheckt.

Ursprung

Man nimmt an, dass der Spanische Windhund im Zuge des Einfalls der Kelten nach Spanien gelangte oder aber von den Mauren während der Maurenherrschaft nach Spanien mitgebrachten Sloughis abstammt. Über die Jahrhunderte war er der bevorzugte Jagdhund für die Granden Spaniens. Seit mehreren Jahrzehnten wurde der Spanische Windhund gezielt mit dem Greyhound gekreuzt, um eine größere Schnelligkeit und Leichtigkeit bei Windhundrennen auf der Rennbahn zu erzielen. Einige wenige engagierte Züchter bemühen sich, bei der mittlerweile selten gewordenen Rasse den ursprünglichen Typ herauszuzüchten.

Verhalten

Dieser sehr widerstandsfähige, robuste und schnelle Windhund macht seinen eher mittelmäßigen Geruchssinn durch große Tatkraft wieder wett.
Bei dem gehorsamen, ruhigen und unverwüstlichen, sehr menschenbezogenen Hund mit sanftem Temperament sind Anhänglichkeit und Sanftheit am stärksten von allen Windhunden ausgeprägt. Er kann in der Wohnung gehalten werden, sofern er regelmäßig seine Sprints einlegen darf – er ist und bleibt allerdings ein Jäger.

▲ Galgo Español

Gammel Dansk Honsehund

Altdänischer Vorstehhund

WIDERRISTHÖHE
Rüde: 52 bis 58 cm;
Hündin: 48 bis 54 cm.

GEWICHT
Rüde: 24 bis 35 kg;
Hündin: 24 bis 31 kg.

KURZBESCHREIBUNG
Kräftiger und widerstandsfähiger Hund mit geschmeidigen und elastischen Bewegungen.

WESEN
Leichtführig und beharrlich.

Der Kopf dieses Hundes ist eher kurz, mit einem leberfarbenen Nasenschwamm und einem breiten Fang. Die etwas herabhängenden Lefzen bedecken das Scherengebiss. Die Augen sind hell oder dunkel haselnussfarben. Der lange Behang ist an den Spitzen abgerundet. Das dichte, kurze Fell ist weiß mit mehr oder weniger dunkel leberfarbenen Tupfen.

Ursprung

Der Altdänische Vorstehhund entstand aus italienischen oder spanischen Bracken, die nach Dänemark eingeführt wurden und aus Kreuzungen mit verschiedenen dänischen Jagdhunden. Er ist ein stämmiger, eleganter Hund.

Verhalten

Der Altdänische Vorstehhund ist beharrlich, mutig, robust und ausdauernd auf der Jagd. Diese Eigenschaften werden in seinem Ursprungsland sehr geschätzt. Er ist gehorsam, gut auszubilden und ein sanftmütiger und anhänglicher Begleiter.

Gascon Saintongeois

Gascon Saintongeois (Grand, Petit)

WIDERRISTHÖHE
Rüde: 65 bis 72 cm (Großer Gascon) und 52 bis 58 cm (Kleiner Gascon);
Hündin: 62 bis 68 cm.

GEWICHT
Rüde und Hündin:
Rund 35 kg (Großer Gascon);
Rund 25 kg (Kleiner Gascon).

KURZBESCHREIBUNG
Eleganter Hund, der ganz dem französischen Typ entspricht.

WESEN
Ruhig und gehorsam.

Der sehr gut gebaute und kräftige Gascon Saintongeois hat einen trockenen und langen Kopf mit einem spitzbogigen Schädel und wenig betontem Stop.

Verhalten

Als Hund der „großen Equipage“ ist der Gascon Saintongeois als Verstärkung der Meutehunde gefragt, bei denen der Einfluss des englischen Bluts als zu stark bewertet wird. Dieser listige, erfahrene, sehr instinktsichere Hund mit seiner feinen Nase wird für die Flintenjagd und manchmal für die Hetzjagd auf Hochwild eingesetzt. Seine Größe, seine Unternehmungsfreude, seine ungeheure Geschwindigkeit und sein schönes Geläut machen ihn zum geeigneten Jagdhund auf Hirsche.
Der Kleine Gascon Santongeois wird hauptsächlich für die Hetzjagd auf Hasen verwendet. Der Gascon Santongeois braucht eine konsequente Erziehung und viel Bewegung.

Der lange, recht weit nach hinten und unterhalb der Augenlinie angesetzte Behang ist dünn und gefaltet. Die Augen sind von lebhaftem Ausdruck und dunkler Farbe. Die Vorderläufe sind lang und kräftig, die Brust ist tief, die Oberschenkel sind gut bemuskelt. Die Grundfarbe des kurzen und dichten Fells ist weiß, mehr oder weniger schwarz getüpfelt und gefleckt, manchmal mit schwarzem Mantel. Blass lohfarbene Abzeichen finden sich auf den Wangen, oberhalb der Augen, an der Innenseite des Behangs und häufig an den Gliedmaßen.

Ursprung

Dieser typisch französische Meutelaufhund entstand Mitte des 19. Jahrhunderts aus einer Kreuzung zwischen dem Bleu-de-Gascogne-Laufhund und dem Chien de Saintonge.

▲ Grand Gascon Saintongeois

Irish Glen of Imaal Terrier

Irischer Glen of Imaal Terrier

WIDERRISTHÖHE
Rüde: höchstens 35,5 cm;
Hündin: höchstens 33,5 cm.

GEWICHT
Rüde: rund 16 kg;
Hündin: rund 13 kg.

KURZBESCHREIBUNG
Tiefgestellter Terrier.

WESEN
Sanftmütig und leichtführig.

Der Kopf hat eine gute Breite mit ausgeprägtem Stopp und braunen Augen. Die kleinen Rosenohren sind bei Aufmerksamkeit halb aufrecht und werden in Ruhe nach hinten gelegt. Die Vorderläufe sind kurz und kräftig, die Hinterläufe stark. Die Rute ist gut angesetzt und kräftig am Ansatz. Das mittellange, raue Fell besitzt eine weiche Unterwolle. Die Farbe ist blau gestromt, ohne schwarzen Anflug, oder weizenfarben, von hell-weizenfarben bis rötlich-golden.

Ursprung

Dieser kleine Terrier entstammt einer alten und außerhalb Irlands wenig bekannten Rasse. Er wurde seit jeher zur Jagd auf Nagetiere und auch auf Fuchs und Dachs eingesetzt.

Verhalten

Der mutige, aktive, robuste, bewegliche und bei der Arbeit lautlose Terrier ist ein passionierter Jagdhund, der arbeiten muss. Zudem ist er ein liebenswürdiger und sanftmütiger Gefährte, der gern spielt. Mit seinen Artgenossen muss er gut sozialisiert werden. Seine Ausbildung muss konsequent und mit viel Feingefühl erfolgen.

Golden Retriever

WIDERRISTHÖHE
Rüde: 56 bis 61 cm;
Hündin: 51 bis 56 cm.

GEWICHT
Rüde: 20 bis 31,5 kg;
Hündin: 25 bis 27 kg.

KURZBESCHREIBUNG
Gut gebauter, kraftvoller und muskulöser Hund mit ausgeglichenen Bewegungen.

WESEN
Sehr gesellig, intelligent und sanftmütig.

BESONDERE KENNZEICHEN
Er erinnert an einen Labrador Retriever mit langem Fell.

Der Kopf ist breit, der Fang kräftig und die Kiefer sind kraftvoll. Die dunklen und weit voneinander gesetzten Augen zeigen einen sehr sanften Ausdruck. Die Lidränder sind dunkel. Der dreieckige und mittellange Behang ist hängend. Die Brust ist gut hinabreichend. Die Gliedmaßen sind muskulös. Der Rücken ist gerade, die Lendenpartie kurz, kräftig und muskulös. Das Kniegelenk ist gut gewinkelt, die tief angesetzten Sprunggelenke sind gerade, die Pfoten rund. Die in Höhe der Rückenlinie angesetzte und getragene Rute reicht bis zu den Sprunggelenken. Das Fell ist glatt oder wellig, mit schöner Befederung und einer reichlichen und dichten, wasserabweisenden Unterwolle. Die Fellfarbe darf jede Schattierung von Gold oder Cremefarben aufweisen. Einige weiße Haare auf der Brust werden auf Ausstellungen toleriert. Die Fellfarbe darf weder rot noch mahagoni sein.

▲ Golden Retriever

>>

Ursprung

Der Golden Retriever ging Ende des 19. Jahrhunderts aus der Verpaarung eines Flat-Coated-Retriever-Rüden und einer Tweed-Water-Spaniel-Hündin hervor, einer Rasse, die inzwischen ausgestorben ist. Aus ihrer Verbindung gingen vier Welpen hervor, die eigentlichen Begründer der Rasse. Obwohl die Rasse damals noch sehr uneinheitlich war, betrieben die englischen Züchter eine Zuchtauslese, die zum Golden Retriever, wie wir ihn heute kennen, führte. Ihr Zuchtziel war es, seine Fähigkeiten beim Wasserapport zu verbessern. Das Ergebnis war ein Hund, dessen weltweiter Erfolg dem des Labrador Retrievers nur wenig nachsteht. 1913 wurde die Rasse anerkannt.

Verhalten

Dieser aktive und kräftige Hund eignet sich aufgrund seiner Robustheit und Vielseitigkeit hervorragend zur Jagd. Zudem ist er mit einem ausgezeichneten Geruchssinn ausgestattet. Dank seiner Intelligenz und Freundlichkeit erweist er sich sowohl als guter Blinden- und Therapiehund wie auch als zuverlässiger Wachhund. Der Golden Retriever wird wegen seines ruhigen, sanftmütigen, liebenswürdigen Wesens sehr als Familien- und Begleithund geschätzt.

- Das Alleinsein erträgt er nur schlecht, im Allgemeinen ist er auch wenig lautfreudig. Der sehr feinfühlige Hund muss von klein auf mit Behutsamkeit ausgebildet, darf aber nicht „abgerichtet" werden. Damit er sein ausgeglichenes Wesen bewahrt, braucht er eine Aufgabe und vor allem genügend Auslauf – wenn möglich mit einem Bad im Wasser.
- Der Golden Retriever ist ein leichtführiger und sehr geselliger Hund. Er ist ein Arbeitshund sowie ein ausgezeichneter Familienhund.

Gordon Setter

WIDERRISTHÖHE
Rüde: rund 66 cm;
Hündin: rund 62 cm.

GEWICHT
Rüde: rund 29,5 kg;
Hündin: rund 25,5 kg.

KURZBESCHREIBUNG
Harmonische und elegante Erscheinung.

WESEN
Liebenswürdig und ruhig – aber mit einer gehörigen Portion Jagdfieber ausgestattet.

Der zum Galoppieren wie geschaffene Gordon Setter zeigt harmonische und ausgewogene Proportionen. Der Kopf ist eher tief als breit. Der Schädel ist leicht gerundet, der Stopp ausgeprägt und der Fang lang, mit breitem schwarzem Nasenschwamm, der weit geöffnete Nasenlöcher zeigt. Die dunkelbraunen und glänzenden Augen blicken lebhaft. Der sehr dünne, mäßig große und tief angesetzte Behang liegt dicht am Kopf an. Der lange und trockene Hals bildet einen Bogen. Die Vorderläufe sind kräftig und gerade. Der Körper ist mäßig lang. Die eher kurze, am Ansatz dicke, sich zur Spitze hin verjüngende Rute wird waagrecht oder unterhalb der Rückenlinie leicht säbelförmig getragen. Das Fell besteht aus mäßig langem, glatten Haar ohne Wellung, das am Kopf und an den Vorderseiten der Läufe kurz und fein ist. Die Fellfarbe ist kohlschwarz, ohne Rostschimmer, mit kastanienrotem Brand an Kopf, Kehle, Brust und Gliedmaßen sowie rund um den After. Nur ein kleiner weißer Brustfleck ist gestattet.

Ursprung

Der Ende des 18. Jahrhunderts bereits in einer verwandten Art bekannte Gordon Setter wurde von Herzog Alexander von Gordon in Großbritannien Anfang des 19. Jahrhunderts gefestigt. Er trägt vermutlich Blut von Collie und Bluthund in sich. Er hat sich im Laufe der Zeit allmählich von den anderen Settern unterschieden und sich als eine robustere, wenngleich langsamere, Varietät durchgesetzt.

Verhalten

Die große Beliebtheit des Gordon Setters rührt daher, dass er gut auszubilden und für alle Formen der Jagd geeignet ist, sowohl im Feld als auch im Wald wie auch in Marschen. Der überlegt und gewissenhaft arbeitende Hund hat eine sehr feine Nase, dem kein Wild entgeht und der es vorzüglich mit weichem Maul apportiert.

- Sein gutes Naturell und sein wunderschönes Fell sorgen dafür, dass er auch als Begleithund ausgesucht wird. Dieser intelligente und gesellige Hund ist sehr menschenbezogen. Der Gordon Setter braucht eine konsequente Ausbildung und sehr viel Aufmerksamkeit. Er versteht sich gut mit der ganzen Familie und den Freunden. Er kann sich an das Leben in der Stadt anpassen, braucht aber viel Auslauf und eine jagdliche Beschäftigung.

Gos d'Atura Catalá

Katalanischer Schäferhund

WEITERE NAMEN
Perro de Pastor Catalán

WIDERRISTHÖHE
Rüde: 47 bis 55 cm;
Hündin: 45 bis 53 cm.

GEWICHT
Rüde: rund 18 kg;
Hündin: rund 16 kg.

KURZBESCHREIBUNG
Fester, mittelgroßer Hütehund mit schönem langen Fell und ausdrucksvollem Blick.

WESEN
Lebhaft und intelligent – gepaart mit Selbstständigkeit und ein wenig Eigensinn.

Der Fang dieses Hütehundes weist eine charakteristische stumpfe Pyramidenform auf. Die hoch angesetzten, hängenden Ohren sind von Haaren bedeckt. Die dunkel bernsteinfarbenen Augen schauen lebhaft in die Welt. Die Brust ist gut entwickelt, Lendenpartie und Gliedmaßen sind kräftig. Die Rute kann lang oder ganz kurz sein.

Das Fell des Katalanischen Schäferhundes ist lang, glatt oder sehr leicht gewellt und rau, mit reicher Unterwolle besonders im hinteren Körperteil. Am Kopf bildet es einen Kinn- und Schnurrbart, sowie eine Tolle und Augenbrauen.

Die Fellfarbe ist eine Mischung von lohfarbenen, mehr oder weniger rotbraunen, grauen, weißen und schwarzen Haaren.

Ursprung

Der Katalanische Schäferhund, der von alten Pyrenäen-Schäferhunden abstammt, hat seine Bestimmung in den steinigen Gebieten Kataloniens gefunden. Heutzutage wird dieser Hütehund dort auf allen Weideflächen eingesetzt.

Verhalten

Der Katalanische Hütehund ist lebhaft, intelligent und wachsam. Der im wesentlichen als Herdenschutzhund arbeitende, äußerst wetterfeste und genügsame Hund weiß verirrte Schafe bestens wieder aufzufinden und verschafft sich Respekt bei Pferden und Großvieh. Der ausgebildete, anderen Tieren gegenüber sehr energische Hund, zeigt Gehorsam. Sein Misstrauen Fremden gegenüber macht aus ihm einen guten Wachhund auf Grundstücken.

- Der treue, ergebene und sanfte Hund wird zunehmend auch als Begleithund geschätzt.

▲ Gos d'Atura Catalá

Greyhound

WEITERE NAMEN
Großer Englischer Windhund

WIDERRISTHÖHE
Rüde: 71 bis 76 cm;
Hündin: 68 bis 71 cm.

GEWICHT
Rund 30 kg.

KURZBESCHREIBUNG
Kräftig gebauter und gut aufgerichteter Windhund mit hervorragenden Proportionen und äußerst geschmeidigen Bewegungen.

WESEN
Ruhig und durchaus menschenbezogen.

BESONDERE KENNZEICHEN
Im Galopp kann er Geschwindigkeiten bis zu 70 km/h erreichen.

Der lange, flache Schädel ist mäßig breit. Der gleich lange Fang endet in einem schwarzen und spitzen Nasenschwamm. Der Stopp ist wenig betont. Kräftige und gut gemeißelte Kiefer beherbergen starke weiße Zähne, mit übergreifenden Schneidezähnen. Die vorzugsweise dunklen und glänzenden Augen zeigen einen intell -

▲ Greyhound

>>

genten Blick. Die kleinen, dünnen Ohren werden als „Rosenohren" getragen. Der lange und muskulöse Hals ist elegant gebogen. Der Körper mit seinem breiten, ziemlich langen Balkenrücken, den kraftvollen Lenden und der tiefen Brust strahlt Kraft aus. Der gut aufgezogene Bauch rundet seine eleganten Umrisslinien ab. Die Oberschenkel sind breit und muskulös. Die lange und ziemlich tief angesetzte Rute ist stark am Ansatz und verjüngt sich zur Spitze hin. Sie wird tief und leicht gebogen getragen.
Das Fell des Greyhound ist kurz, fein und dicht. Die Fellfarben des Greyhound können schwarz, weiß, rot, blau, falbfarben, sandfarben, gestromt oder jede dieser Farben mit weiß sein.

Ursprung

Als reines Produkt britischer Züchter wurde der Greyhound ursprünglich von den Phöniziern, den Kelten oder den Kroaten nach England gebracht und dort unter Heinrich VIII. für die Hasenjagd gezüchtet. Heutzutage nehmen die Greyhounds an Windhundrennen teil, wo sie hinter einer Hasenattrappe herlaufen.

Verhalten

Dieser kraftvolle und ausdauernde Hund ist der schnellste Vertreter aller Windhundrassen. Seine elegante und anmutige Körperhaltung bringt seinen Typ vorzüglich zur Geltung.

- Der zurückhaltende und feinfühlige, aber sehr auf seinen Menschen bezogene Hund ist ein charmanter, liebevoller und im Haus ruhiger Hund. Er muss bestimmt und behutsam ausgebildet werden. Fremden gegenüber verhält er sich gleichgültig. Der Greyhound muss unbedingt täglich lange Spaziergänge machen können. Am besten ist es, mit ihm Hundesport zu betreiben.

Griffon belge

Belgischer Griffon (Griffon belge), Brüsseler Griffon (Griffon bruxellois), Kleiner Brabanter Griffon (Petit Brabançon)

WIDERRISTHÖHE
Rüde und Hündin: rund 28 cm.

GEWICHT
4 bis 6 kg.

KURZBESCHREIBUNG
Robuster Hund, elegant in seiner Bewegung und mit einem quadratischen Körperbau.

WESEN
Ausgeglichen und aufmerksam.

BESONDERE KENNZEICHEN
Sein besonderer Gesichtsausdruck.

Der Kopf des Belgischen Griffon ist recht groß im Vergleich zum Körper und zeigt einen sehr ausgeprägten Stopp. Seine Augen mit schwarzen Lidrändern sind sehr groß, rund, weit voneinander gesetzt und hervortretend. Sie sollen vorzugsweise braun sein. Die Ohren sind klein und hoch angesetzt. Sie werden halb aufrecht und nach vorne kippend getragen. Die Brust ist ziemlich breit und tief. Die hoch angesetzte Rute wird hoch getragen, mit zum Rücken gerichteter Spitze.
Der Brüsseler Griffon und der Belgische Griffon haben ein raues Fell mit Unterwolle. Das Haar ist von Natur aus hart, leicht gewellt (aber nicht lockig) und besonders dicht im Gesicht mit Kinn- und Schnurrbart.
Der Brüsseler Griffon besitzt ein rotes oder rötliches Fell. Ein schwarzer Anflug an Bart und Kiefer wird vom Rassestandard toleriert.
Das Fell des Belgischen Griffon ist schwarz oder schwarz mit loh, die Abzeichen müssen rein und von satter Farbe sein. Das Schwarz kann mit Rotbraun vermischt sein, ist aber nicht erwünscht.

▲ Griffon belge

Der Brabanter Griffon hat dieselben Farben, aber mit einer dunklen Maske. Bei allen drei Fellvarietäten werden einige weiße Haare an der Brust auf Ausstellungen toleriert.

Ursprung

Alle drei Rassen des Belgischen Griffons gehen auf einen kleinen, rauhaarigen, „Smousje“ genannten Hund zurück, der im Raum Brüssel vorkam, wo er seit Jahrhunderten bekannt ist. Im 15. Jahrhundert taucht der Brüsseler Griffon auf Gemälden flämischer Maler auf. Er begleitete lange Zeit die Lohnkutscher auf ihren Fahrten und stieg dann zum Liebling der Damen auf.

Ende des 19. Jahrhunderts wurde mit der planmäßigen Zucht des Belgischen Griffon begonnen, unter Verwendung anderer kleiner Rassen, besonders des Mops. Vom Mops hat die Rasse die sehr kurze Nase und die dadurch bedingte Kurzatmigkeit sowie schnorchelnde Geräusche geerbt. Die zwei rauhaarigen Griffonrassen unterscheiden sich nur durch ihre Fellfarbe voneinander, der Brabanter Griffon ist kurzhaarig.

Verhalten

Diese kleinen Begleithunde sind neugierig, intelligent, sehr feinfühlig und voller Lebensfreude. Die selbstsicheren Hunde besitzen eine starke Persönlichkeit und können sich sogar als eigensinnig erweisen. Daher müssen sie gut ausgebildet werden, vorzugsweise über Belohnungen, für die sie sehr empfänglich sind.

- Die lebhaften und fröhlichen Zeitgenossen sind gesellig, charmant. Sie sind weder ängstlich noch aggressiv, aber sehr wachsam.
- Es sind robuste kleine Hunde, die sehr gerne spielen und laufen.

Griffon nivernais

WIDERRISTHÖHE
Rüde: 55 bis 62 cm;
Hündin: 53 bis 60 cm.

GEWICHT
Rund 25 kg.

KURZBESCHREIBUNG
Ein struppiger „Krausebart“ und sehr typvoller Vertreter seiner Rasse.

WESEN
Unabhängig und mutig.

BESONDERE KENNZEICHEN
Sein etwas trauriges Aussehen.

Der trockene und leichte Kopf geht in einen leicht bärtigen Fang über. Der schwarze Nasenschwamm hebt sich sichtbar aus einem struppigen Gesicht ab. Der Schädel ist fast flach, der Stopp leicht betont. Die weichen und halblangen Ohren sind auf Höhe der oberen Augenlinie angesetzt und hängen leicht gedreht herab. Das Fell ist lang, struppig und buschig, ziemlich kräftig und trocken. Die Grundfarbe ist immer gewolkt, wobei die Abzeichen auf Gesicht, Brust, am Ende der Gliedmaßen und unter der Rute mehr oder weniger dunkel falbfarben, jedoch nie orange, sein dürfen.

Ursprung

Es ist nahezu nichts bekannt über die Ursprünge dieses Griffons, außer dass er in den Wäldern von Nivernais entstand. Zweifellos zählt er die Chiens Gris de Saint Louis sowie die Chiens de Bresse zu seinen Vorfahren. Mehrere Einkreuzungen fremder Rassen – Griffon Vendéen, Foxhound und Otterhund – haben danach diese regionaltypische Rasse verändert.

Verhalten

Dieser robuste Jagdhund mit seiner feinen Nase wurde speziell zur Jagd auf Wildschweine abgerichtet. Der ausdauernde, stämmige und mutige, jedoch nicht waghalsige Hund mag besonders schwieriges Gelände und Unterholz. Weder Kälte noch Schnee können ihm etwas anhaben. Hitze hingegen erträgt er nur schlecht.

- Da es ein selbstbewusster – manchmal auch recht eigensinniger – Hund ist, braucht er von klein auf eine liebevolle, aber konsequente Erziehung.

▲ Griffon nivernais

Griffon Vendéen

Griffon Vendéen (Grand, Briquet, Grand Basset, Petit Basset)

WIDERRISTHÖHE
Rüde und Hündin:
60 bis 65 cm (Großer Griffon),
39 bis 43 cm (Großer Basset) und
34 bis 38 cm (Kleiner Basset).
Rüde: 50 bis 55 cm;
Hündin: 48 bis 53 cm (Briquet).

GEWICHT
Rund 35 kg (Großer Griffon);
Rund 18 kg (Großer Basset);
Rund 15 kg (Kleiner Basset);
Rund 29 kg (Briquet).

KURZBESCHREIBUNG
Diese vier Laufhundschläge werden zu unterschiedlichen Jagdzwecken eingesetzt.

WESEN
Intelligent und ausgeglichen.

BESONDERE KENNZEICHEN
Edel in Gestalt und Bewegung.

Der ziemlich gewölbte Schädel ist zwischen den Ohren nicht zu breit. Die großen und dunklen Augen haben einen lebhaften Ausdruck. Der weiche, schmale und dünne Behang ist mit langem Haar besetzt und tief angesetzt. Die Lefzen sind von starkem Bart bedeckt. Der schwarze oder – bei weiß-orangefarbenem Fell braune – Nasenschwamm besitzt weit geöffnete Nasenlöcher. Der leichte Hals zeigt keine Wamme. Die Brust ist ziemlich entwickelt, der Rücken fest und die Lenden sind gut bemuskelt. Die Oberschenkel sind kräftig. Das breite Sprunggelenk ist tief gestellt. Die ziemlich hoch angesetzte und eher lange Rute ist dick am Ansatz und verjüngt sich allmählich. Sie wird als Säbelrute getragen. Das Fell ist lang, buschig und rau, mit reichlicher Unterwolle. Es gibt verschiedene Fellfarben:

- Schwarz mit weißer Scheckung (weiß-schwarz)
- Schwarz mit falbfarbenen Abzeichen (schwarz-loh)
- Schwarz mit sandfarbenen Abzeichen
- Falbfarben mit weißer Scheckung (weiß-orange)
- Falbfarben mit schwarzem Mantel und weißer Scheckung (dreifarbig)
- Falbfarben schwarz gewolkt
- Sandfarben schwarz gewolkt mit weißer Scheckung
- Sandfarben schwarz gewolkt.

Ursprung

Der Große Griffon Vendéen zählt die Chiens blancs du Roy, die weißen Jagdhunde aus königlicher Zucht, sowie einen Griffon alten Typs zu seinen entfernten Ahnen. Die Einkreuzung von Vorstehhunden war vorteilhaft. Der Briquet stammt vom Großen Griffon Vendéen ab.

Verhalten

Der Große Griffon Vendéen ist voller Passion und Tatendrang und vollbringt wahre Wunder bei der Jagd auf Schwarzwild. Er ist ein ausgeglichener und selbstständiger Hund, der viel Bewegung braucht. Der führige, aber eigensinnige Hund muss von klein auf gut ausgebildet werden.

- Der Große Basset Griffon Vendéen zeigt sein Können besonders bei der Hasenjagd. Der sehr feinnasige Hund ist ein vorzüglicher Spürhund, mit ausgeprägter Wildschärfe, sogar auf Wildschweine. Er ist klug, aber oft dickköpfig, und muss von klein auf das Abrufen lernen. Er braucht eine konsequente Erziehung.
- Der Kleine Basset Griffon Vendéen ist ein kräftiger Hund mit leicht länglichem Körperbau und aufgewecktem Ausdruck. Er ist der perfekte Gehilfe des Jägers bei der Jagd auf Fasane und vor allem auf Wildkaninchen. Der manchmal etwas eigensinnige und passionierte Jäger ist sehr umgänglich und intelligent. Er genießt heutzutage eine gewisse Popularität als Begleithund, denn in der Familie zeigt er sich sehr klug und anhänglich.
- Der Briquet Griffon Vendéen ist ein sehniger Hund mit fließenden Bewegungen. Als Jagdhund voller Passion ist er schnell, hitzig und unerschrocken, ausdauernd und robust. Mit seiner feinen Nase und seinem lauten Geläut ist er der Spezialist für die Flintenjagd auf Hochwild und die Hetzjagd auf Hasen. Er ist sehr geschickt im unebenen Gelände und ergreift sehr gerne die Initiative. Er ist intelligent und anhänglich.
- Alle Griffon Vendéen sind für das Leben auf dem Land geschaffen, da sie sehr viel Beschäftigung und Auslauf brauchen.

Grønlandshund

Grönlandhund

WIDERRISTHÖHE
Rüde: mindestens 60 cm;
Hündin: mindestens 55 cm.

GEWICHT
Rund 30 kg.

KURZBESCHREIBUNG
Sehr kräftiger Hund, zum Ziehen von Schlitten gebaut.

WESEN
Voller Energie und freundlich, wie geschaffen für die Arbeit unter arktischen Bedingungen.

Der breite und leicht gewölbte Schädel hat einen kräftigen, keilförmigen Fang. Der große schwarze, im Sommer leberfarbene, Nasenschwamm kann im Winter heller sein. Der Körper soll kräftig und gut bemuskelt sein, die Brust tief hinabreichend und breit und der Rücken gerade. Die Gliedmaßen sind gerade, starkknochig und muskulös. Die großen und rundlichen Pfoten haben starke Krallen und Ballen. Die hoch angesetzte, dicke und buschige Rute wird bogenförmig oder leicht eingerollt über der Lende getragen. Das Fell besteht aus dichtem, glattem und harschem Deckhaar mit dichter und weicher Unterwolle. An Kopf und Läufen ist es eher kurz. Alle ein- oder mehrfarbigen Farben sind zugelassen.

Ursprung

Der Grönlandhund ist wohl eine der ältesten Hunderassen der Welt. Dank seiner außergewöhnlichen Kraft bewältigt er auch die harten Arbeitsbedingungen der Polarhunde.

Verhalten

Wie alle Nordischen Hunde besitzt auch er eine starke Persönlichkeit.
Er ist ein Schlittenhund voller Energie, zäh und mutig, passioniert und unermüdlich. Sein Jagdinstinkt ist sehr ausgeprägt.
Obwohl er Menschen gegenüber freundlich und sanft ist, ist er im Wesentlichen ein Schlittenhund und als Begleithund nicht geeignet.

▲ Grønlandshund

Großer Schweizer Sennenhund

WIDERRISTHÖHE
Rüde: 65 bis 72 cm;
Hündin: 60 bis 68 cm.

GEWICHT
Rüde: rund 40 kg;
Hündin: rund 35 kg.

KURZBESCHREIBUNG
Er ist der größte Vertreter der vier Schweizer Sennenhunde.

WESEN
Ruhig und freundlich, aber selbstständig und manchmal recht eigensinnig.

Der Große Schweizer Sennenhund hat einen kräftigen, aber nicht schweren Kopf, mit breitem und flachem Schädel, mittelgroßen, dreieckigen Ohren, die in der Ruhe flach anliegend sind. Die anliegenden Lefzen bedecken kräftige Kiefer mit einem Scherengebiss. Die mittelgro-

▲ Großer Schweizer Sennenhund

>>

ßen haselnuss- oder kastanienbraunen Augen zeigen einen aufgeweckten und freundlichen Ausdruck. Die Lenden sind breit und stark, die Kruppe lang und die Brust geräumig und tief. In der Ruhe wird die Rute hängend und bis zum Sprunggelenk reichend getragen, in der Bewegung höher. Das Fell mit dichtem und mittellangem Deckhaar besitzt eine dichte Unterwolle, deren bevorzugte Farbe von dunkelgrau bis schwarz reicht. Die Fellfarbe ist typisch dreifarbig: schwarze Grundfarbe mit symmetrischem rotbraunem Brand und weißen Abzeichen.

Ursprung

Gegen Ende des Mittelalters begleitete der Große Schweizer Sennenhund das Heer der Eidgenossenschaft in den Burgunderkriegen. 1489 wäre er beinahe ausgestorben, da ihn der Bürgermeister von Zürich als schädlich für die Weinberge und für das Wild befand. Ein Schweizer Kynologe festigte die Rasse schließlich um 1905.

Verhalten

Der selbstbewusste Große Schweizer Sennenhund ist nicht grundsätzlich einfach auszubilden – er neigt zuweilen zur Dickköpfigkeit. Er wird für die unterschiedlichsten Aufgaben eingesetzt: zur Bewachung der Rinder, zum Ziehen schwerer Lasten oder zur Bewachung von Gehöften und Gebäuden. Seine beeindruckende Physis und seine klangvolle Stimme genügen, um Eindringlinge fernzuhalten.
Er ist nicht unbedingt ein Anfängerhund – seine Ausbildung muss sehr früh und konsequent erfolgen, vor allem mit viel Geduld. Dann wird der aufgeweckte und treue Große Schweizer Sennenhund ein geschätzter Begleithund.
Die Wohnungshaltung ist nichts für ihn, da er viel Raum benötigt, um sich entfalten zu können.

Hannover'scher Schweißhund

WIDERRISTHÖHE
Rüde: 50 bis 55 cm;
Hündin: 48 bis 53 cm.

GEWICHT
30 bis 35 kg.

KURZBESCHREIBUNG
Seine Erscheinung strahlt Energie und Kraft aus.

WESEN
Nachdenklich, freundlich und folgsam – aber mit viel Jagdpassion ausgestattet.

Der Schädel ist breit und leicht gewölbt. Die Stirn ist leicht faltig, was den Hund melancholisch aussehen lässt. Der breite Behang hängt glatt herab. Die Brust ist mehr tief als breit, die Gliedmaßen zeigen eine gut entwickelte Muskulatur. Die hoch angesetzte, lange und wenig gebogene Rute ist kräftig und verjüngt sich allmählich zur Spitze hin. Das kurze und dichte Fell kann fast als harsch bezeichnet werden. Die Fellfarbe ist hell- bis dunkel-hirschrot, mehr oder weniger stark gestromt, mit oder ohne Maske.

Ursprung

Als deutscher Nachfahre des Saint-Hubert wurde der Hannoversche Schweißhund im 19. Jahrhundert auf Grundlage von Kreuzungen mit den Laufhunden des Hannoverschen Jägerhofes, aus dem Harz und dem Solling veredelt.

Verhalten

Intelligent und nachdenklich, robust, kräftig und mit einer feinen Nase ausgestattet: Dieser Hund ist ein ausgezeichneter Fährtenhund, der häufig zur Nachsuche von Hirsch und Wildschwein eingesetzt wird. Er arbeitet allein oder paarweise.
- Dieser angenehme und anhängliche Hund muss mit Konsequenz und Geduld ausgebildet werden. Für das Stadtleben ist er ungeeignet.

▲ Hannover'scher Schweißhund

Harrier

WEITERE NAMEN
Harehound (Hasenhund)

WIDERRISTHÖHE
Rüde: 48 bis 55 cm;
Hündin: geringfügig kleiner.

GEWICHT
25 bis 30 kg.

KURZBESCHREIBUNG
Der starke und leichte Harrier ist weniger kräftig, aber edler als der Foxhound.

WESEN
Lebhaft und sportlich – und mit einer gehörigen Portion Jagdtrieb ausgestattet.

Der Kopf geht über in einen eher spitzen Fang mit einem gut entwickelten, schwarzen Nasenschwamm. Die Lefzen bedecken den Unterkiefer. Die mittelgroßen, stets dunklen Augen sind nicht zu rund. Der recht kurze, nahezu flache und V-förmige Behang ist relativ hoch angesetzt. Die Brust ist tief, der Rücken gerade und muskulös, die Lenden sind kräftig und leicht gewölbt.
Das Fell ist glatt und flach, nicht zu kurz. Normalerweise ist die Grundfarbe Weiß, die alle Farbtönungen von Schwarz bis Orange trägt.

Ursprung

Der im Süden Englands entstandene Harrier war der Ausgangspunkt der großen Laufhunde. Der moderne, etwas kleinere, Harrier wurde speziell für die Jagd auf Hasen (auf Englisch hare) gezüchtet, was ihm auch seinen Namen eingebracht hat.

Verhalten

Der Harrier mit seinem außergewöhnlichen Geruchssinn ist lebhaft, schnell und ausdauernd im flachen Gelände. Sein Spurlaut ist sehr klangvoll. Schwierige Aufgaben mag er nicht besonders, dennoch ist er leicht zu führen. Der ausgezeichnet auf den Hasen gehende Hund wird ebenfalls zur Jagd auf den Fuchs und zur Flintenjagd auf Hirsche und Wildschweine angesetzt.

- Der Harrier braucht eine konsequente Erziehung, viel Auslauf und abwechslungsreiche Beschäftigung. Er ist ein lebhafter und sehr fröhlicher Gefährte.

Bichon Havanais

Havaneser

WIDERRISTHÖHE
Rüde und Hündin: 23 bis 27 cm.

GEWICHT
Unter 6 kg.

KURZBESCHREIBUNG
Kleiner Hund mit wunderschönem langen Fell.

WESEN
Außerordentlich aufgeweckt.

Der Havaneser weist einen breiten und flachen bzw. sehr wenig gewölbten Schädel auf. Der mäßig ausgeprägte Stopp mündet in einen sich gegen den schwarzen Nasenschwamm verjüngenden Fang. Die ziemlich großen, mandelförmigen Augen sollen so dunkelbraun wie möglich sein. Die etwas spitz zulaufenden Ohren sind hängend und bilden eine leichte Falte. Der Körper ist ein wenig länger als hoch, mit gut aufgezogenen Flanken. Das Fell ist weich, glatt oder gewellt, sehr lang und kann lockige Strähnen bilden. Bei dem selten vollständig reinweiß vorkommenden Fell des Havaneser sind verschiedene Tönungen von Falbfarben und Grau zulässig, auch Schwarz ist zulässig.

Ursprung

Die ursprünglich aus dem westlichen Mittelmeerraum stammende Rasse hat sich entlang der spanischen und italienischen Küste entwickelt. Seit dem 18. Jahrhundert sollen Exemplare aus Kuba importiert worden sein. Dort hat die Rasse Fuß gefasst.

Verhalten

Als enger Verwandter der anderen Bichon-Rassen zeigt der Havaneser dieselben Eigenschaften. Dieser anhängliche, fröhliche, liebenswerte und etwas närrische Hund ist ein sehr umgänglicher Begleithund, der stundenlang spielen kann. Da er sehr aufgeweckt ist, ist er außerdem ein guter Wächter, der bei der geringsten Gefahr Alarm schlägt. Er passt sich genauso gut an die Wohnungshaltung wie an das Landleben an.

▲ Bichon Havanais

Hokkaïdo

Hokkaido, Ainu

WEITERE NAMEN
Ainu-Hund, Ainu-Ken, Ainu Inu

WIDERRISTHÖHE
Rüde: von 48,5 bis 51,5 cm;
Hündin: von 45,5 bis 48,5 cm.

GEWICHT
Rund 25 kg.

KURZBESCHREIBUNG
Typisch asiatischer Hund.

WESEN
Sehr aufgeweckt und beherzt.

BESONDERES KENNZEICHEN
Seine besondere Widerstandsfähigkeit gegen Kälte.

Mittelgroßer, kräftig gebauter Hund. Schädel und Stirn sind breit, mit geradem Nasenrücken, kleinen, leicht nach vorne geneigten Ohren und lebhaften, beinahe dreieckigen Augen von dunkelbrauner Farbe. Die Vorderhand ist trocken, die Hinterhand kräftig, seine Rute dick, sichelförmig gebogen oder kräftig gerollt über dem Rücken getragen. Das Fell mit hartem und geradem Deckhaar und weicher und dichter Unterwolle ist von unterschiedlicher Farbe: Sesam (rot-falbfarbene Haare mit schwarzen Spitzen), gestromt, Rot, Schwarz, Schwarzloh oder Weiß.

Ursprung

Als ausgezeichneter Wachhund und Jagdhund für Hochwild ist der Hokkaido einer der in Japan am meisten geschätzten Hunde. Er wird seit der Antike von den Ainus, den Bewohnern der Insel Hokkaido, eingesetzt.

Verhalten

Als Jagdhund für Hochwild verfügt der Hokkaido über einen ausgezeichneten Orientierungssinn.

- Seine Ausdauer ist bemerkenswert. Aufgrund seines Mutes, seiner Treue und seiner Fügsamkeit wird der Hokkaido sehr als Familienhund geschätzt.
- Er braucht eine sehr konsequente Erziehung sowie täglich viel Auslauf.

▲ Hokkaïdo

Hollandse Herdershond

Holländischer Schäferhund

WIDERRISTHÖHE
Rüde: 57 bis 62 cm;
Hündin: 62 bis 66 cm.

GEWICHT
20 bis 30 kg.

KURZBESCHREIBUNG
Gut bemuskelter Hund, mit geschmeidigen und freien Bewegungen, intelligentem und lebhaftem Gesichtsausdruck.

WESEN
Intelligent und sensibel.

Der Holländische Schäferhund hat einen eher länglichen Kopf mit hoch angesetzten kleinen Ohren, die in der Erregung nach vorn gerichtet sind. Seine mandelförmigen Augen sind dunkel. Die Brust ist tief und ziemlich breit, der Rücken kurz und gerade. Die Rute ist in Ruhestellung gerade oder hängend und leicht gebogen. Die senkrecht stehenden Läufe haben keine Afterkrallen.
Aufgrund des Fells unterscheidet man drei Varietäten. Kurzhaar: zeichnet sich aus durch ein hartes, nicht zu kurzes Haar mit wolliger Unterwolle. Halskragen, Hosen und Rutenfahne sind leicht zu erkennen. Die Fellfarbe ist gestromt auf braunem Grund (goldgestromt) oder grauem Grund (silbergestromt) am ganzen Körper, wobei eine schwarze Maske erwünscht ist. Langhaar: besitzt ein grobes und am ganzen Körper anliegendes Fell, ohne Locken oder Wellen, nur an Kopf und Läufen ist es nicht so lang. Die Unterwolle ist dicht. Die Farben entsprechen denen beim Kurzhaar. Die Rauhaar-Varietät trägt am gesamten Körper ein sehr dichtes, hartes, buschiges Haar, mit einer besonders dichten und wolligen Unterwolle. Schnauz- und Kinnbart, Augenbrauen ebenso Hosen und Rute sind reichlich behaart. Die Fellfarbe ist

>>

Hollandse Herdershond ▼

blaugrau, pfeffer- und salzfarben gold- oder silbergestromt.

Verhalten

Dieser Hund lässt sich sehr gut ausbilden. Führig, aufmerksam, unerschrocken und selbstsicher, anspruchslos und ausdauernd – dank dieser Eigenschaften ist er ein sehr guter und auch wetterfester Hütehund. Er ist einfach zu halten.

Wegen seiner Wachsamkeit wird er zunehmend als Wachhund eingesetzt. Er wird vom Militär und der Polizei als Arbeitshund geschätzt.

- Der Holländische Schäferhund ist ein sanfter, anhänglicher und fügsamer Begleiter. Er benötigt viel Auslauf und muss täglich seine Energie loswerden können.

Ursprung

Der Holländische Schäferhund ist eine sehr alte Rasse, wie sein Nachbar, der Belgische Schäferhund. Die Rasse wurde Ende des 19. Jahrhunderts in den Niederlanden gefestigt. Sie ist in Deutschland wenig verbreitet.

Hovawart

WIDERRISTHÖHE
Rüde: 63 bis 70 cm;
Hündin: 58 bis 65 cm.

GEWICHT
25 bis 40 kg.

KURZBESCHREIBUNG
Großer, kraftvoller und imposanter Hund.

WESEN
Sehr charakterstark.

BESONDERE KENNZEICHEN
Der Geschlechtsunterschied zwischen Rüde und Hündin ist deutlich erkennbar.

Der Hovawart hat einen kräftigen Kopf mit breiter und gewölbter Stirn, dunkle Augen, dreieckige, hoch angesetzte und flach an den Wangen anliegende Ohren sowie ein kräftiges Gebiss. Die Brust ist breit, kräftig und gut hinabreichend.
Der Rücken ist gerade. Die nicht zu lange Kruppe ist leicht abfallend. Die lange und gut behaarte Rute reicht bis unterhalb des Sprunggelenks hinab. In der Ruhe

▲ Hovawart

wird sie gesenkt, in der Erregung hoch getragen. Das kräftige lange Fell ist dicht, leicht gewellt und anliegend, mit wenig Unterwolle. Die Fellfarbe kann blond (hell falbfarben), schwarz oder schwarzmarken sein (Augenbrauen, Wangen, Brust, Gliedmaßen, Unterseite des Rutenansatzes). Kleine weiße Flecken an der Brust und einzelne weiße Haare sind zulässig.

Ursprung

Der in seiner Heimat Deutschland seit langem bekannte Hovawart stammt von den asiatischen Doggen ab. Im Mittelalter bewachte er die Wohnsitze des Adels, wie dies schon sein Name verrät (Hova = der Hof, wart = der Wächter). Die mehrere Jahrhunderte lang vernachlässigte Rasse erhielt 1922 neuen Aufschwung: Züchter beschlossen, die wenigen Exemplare, die noch im Harz und im Schwarzwald lebten, zu retten.

Verhalten

Der arbeitswillige, intelligente und gehorsame Hund ist gut auszubilden und besitzt einen guten Geruchssinn. Bei Bedarf stellt er seinen Mut unter Beweis, ist jedoch niemals grundlos aggressiv. Als laufstarker und sprunggewaltiger Hund wird er als Schutz- und Rettungshund eingesetzt.

- Er ist aber auch ein sehr angenehmer, ausgeglichener, selbstsicherer und charakterstarker Familien- und Begleithund. Seinen Schutztrieb hat er sich bewahrt und setzt seine kräftige, tiefe und klangvolle Stimme bei Bedarf ein. Der Hovawart ist treu und hängt sehr an seiner Familie.
  Er braucht viel Bewegung und möchte gerne beschäftigt werden.

Irischer Setter (Rot, Rot-Weiß)

WIDERRISTHÖHE
Rüde: 58 bis 67 cm (Roter Setter) und 62 bis 66 cm (Rot-Weißer Setter);
Hündin: 55 bis 62 cm (Roter Setter) und 57 bis 61 cm (Rot-Weißer Setter).

GEWICHT
20 bis 25 kg.

KURZBESCHREIBUNG
Schlanker und rassiger Hund mit wunderschön kastanienbraunem Fell. Dieser athletische Hund ist ein hervorragender Vorstehhund.

WESEN
Leidenschaftlich und unabhängig.

Der edel aussehende und bewegungsfreudige Irische Rote Setter hat einen ovalen Schädel mit ausgeprägtem Hinterhauptbein und einen mäßig langen Fang mit beinahe rechteckigem Ende. Die nicht zu großen, dunkel haselnussbraunen oder dunkelbraunen Augen haben einen sanften und rührenden Blick. Der feine, tief und weit hinten angesetzte, mittelgroße Behang hängt eng am Kopf herab. Der muskulöse und leicht gebogene Hals zeigt keine Wamme. Die Gliedmaßen sind kräftig. Die eher tief getragene, mäßig lange Rute ist schön befranst. Die am Ansatz kräftige Rute verjüngt sich zur Spitze hin und wird auf Rückenhöhe oder etwas darunter getragen. Das flach anliegende Fell ist am Kopf kurz und fein.
Es bildet eine lange und seidige Befederung am oberen Teil des Behangs, auf der Rückseite der Gliedmaßen, an der Kehle, an der Brust und am Bauch.
Die Fellfarbe des Irischen Roten Setters ist ein sattes Kastanienbraun ohne jede Spur von Schwarz. Ein kleines weißes Abzeichen an Brust, Pfoten oder am Kopf wird toleriert.
Beim Fell des Irischen Rot-Weißen Setters ist die Grundfarbe weiß mit roten einfarbigen Flächen. Beide Farben sollte ein Maximum an Intensität und Leuchtkraft auszeichnen. Eine Tüpfelung (kleine braune oder schwarze Tupfen) im Gesicht

▲ Irish Red Setter

>>

und im unteren Teil der Gliedmaßen ist zulässig.

Ursprung

Der Irische Rote Setter ist die älteste der drei Setter-Rassen und war bereits im 18. Jahrhundert als Rasse anerkannt. Das bedeutet jedoch nicht, dass keine späteren Einkreuzungen von Englischen und Gordon Settern bzw. anderen britischen Jagdhunderassen stattfanden. Ursprünglich trug der Irische Rote Setter mehrheitlich ein rot-weißes Fell. Viele Züchter fanden Gefallen an dem roten Fell, so dass sich seit dem 19. Jahrhundert der rote Setter derart durchsetzte, dass die rot-weiße Varietät nahezu ausstarb. Sie konnte glücklicherweise vor dem Aussterben bewahrt werden und wurde nach dem Zweiten Weltkrieg in Irland als eigenständige Rasse anerkannt. Der Rot-Weiße Setter ist ein sehr angenehmer und leicht auszubildender Jagdhund für die Flintenjagd.

Verhalten

Der Irische Setter ist ein athletisch gebauter, äußerst eleganter Vollblut-Jagdhund, der seine Suche mit hoch erhobenem Kopf im Galopp durchführt. Dadurch ist er hervorragend für die Jagd auf dem Feld geeignet, aber er fühlt sich auch in sumpfigem Gelände wohl.
Er ist ein sensibler, anhänglicher, mitteilsamer und sehr unabhängiger Hund, dessen Ausbildung nicht ganz so einfach ist wie die der anderen Setter. Bei der Auswahl des Irischen Setters als Begleithund sollte diese Eigenschaft berücksichtigt werden. Wird er mit Konsequenz und Feingefühl ausgebildet, vergisst er das Gelernte nie mehr.
Dieser Hund kann in der Stadt leben, sofern er seinen Bewegungsdrang ausleben kann.

Irish Terrier

WIDERRISTHÖHE
Rüde und Hündin: rund 45 cm.

GEWICHT
Rüde: rund 12 kg;
Hündin: rund 11 kg.

KURZBESCHREIBUNG
Anmutige und rassige Erscheinung mit schelmisch funkelnden Augen.

WESEN
Furchtlos, freundlich und anhänglich.

Der Irische Terrier ist muskulös und sehnig, aber ohne Schwere. Er besitzt einen langen Kopf mit flachem Schädel, der ziemlich schmal zwischen den Ohren ist und einen sehr gering ausgeprägten Stopp. Die Kiefer sind kräftig und gut bemuskelt, der Fang ist fein gemeißelt. Die kleinen und dunklen Augen leuchten vor Intelligenz. Die kleinen V-förmigen und gut auf dem Kopf angesetzten Ohren fallen an den Wangen nach vorne. Der Hals ohne Wamme trägt eine leichte Halskrause. Die tiefe und muskulöse Brust, der kräftige und gerade Rücken, die feste und leicht gebogene Lendenpartie sowie die kräftige Hinterhand mit starken Oberschenkeln drücken die große Kraft dieses Terriers aus. In der Bewegung sollten die Gliedmaßen sich gerade bewegen. Die mäßig lange Vorderhand ist vollkommen senkrecht. Die naturbelassene Rute ist ziemlich lang.
Das Fell ist hart und harsch, drahtig, flach anliegend und sehr dicht. Es darf nicht so lang sein, dass die Körperumrisse verdeckt würden. Seine einzig längeren Haare trägt er als Bart.
Die Fellfarbe ist einfarbig: rot, rot-weizenfarben oder gelblich rot. Ein kleiner weißer Brustfleck ist laut Rassestandard jedoch erlaubt.

Irish Terrier ▼

Ursprung

Die erste Darstellung des Irischen Terriers datiert aus dem 18. Jahrhundert. Dennoch liegt die Vermutung nahe, dass seine Wurzeln viel weiter zurückreichen.

Verhalten

Der treue und ergebene Irische Terrier ist ein warmherziger, sanftmütiger und dem Menschen gegenüber liebevoller Hund. Dennoch ist er auch ein furchtloser und im Angesicht von Gefahr sogar wagemutiger Hund, der sich mit ungeahntem Ungestüm auf den Gegner stürzt. Er weiß sich bei seinen Artgenossen Respekt zu verschaffen, ist aber nicht rauflustig.

- Wie bei allen Terriern muss seine Ausbildung mit Geduld und konsequent erfolgen.

Irish Water Spaniel

Irischer Wasserspaniel

WIDERRISTHÖHE
Rüde: 53 bis 59 cm;
Hündin: 51 bis 56 cm.

GEWICHT
22 bis 26 kg.

KURZBESCHREIBUNG
Kräftig gebauter Hund mit guten Proportionen.

WESEN
Intelligent und furchtlos.

BESONDERE KENNZEICHEN
Sein lockiges Fell, das auf dem Kopf einen Haarschopf bildet, sowie seine Rute, die auch als „Rattenschwanz" bezeichnet wird.

Der Schädel des Irischen Wasserspaniels ist hochgewölbt und trägt lange Locken. Der Fang ist lang, kräftig und eher quadratisch aussehend. Der dunkelleberfarbene Nasenschwamm ist gut entwickelt. Die relativ kleinen, ovalen, mehr oder weniger dunkelbraunen Augen haben einen intelligenten Ausdruck. Die sehr langen, lappenförmigen Ohren hängen an den Backen herab und tragen lange, gedrehte Haarlocken. Die runden und großen Pfoten sind auf und zwischen den Zehen von Haar bewachsen. Die kurze und gerade, am Ansatz dicke Rute verjüngt sich zur Spitze hin.
Das Fell besteht aus dicken, festen und krausen, jedoch nicht wolligen Locken, die aber auf natürliche Weise fettig aussehen. Diese Haarlocken bedecken den gesamten Körper mit Ausnahme von Gesicht und Rute. Die Fellfarbe ist ein sattes Braun (Dunkelbraun).

Ursprung

Diese sehr alte Rasse stammt von persischen Vorfahren ab, die über Spanien nach Irland gelangten. Ihre erste Beschreibung stammt aus dem Jahr 1600. Im 19. Jahrhundert wurden Pudel und Irish Setter eingekreuzt.

Verhalten

Der fröhliche, gehorsame und intelligente Irische Wasserspaniel ist ein ausgezeichneter Wasserjagdhund, ausdauernd, unternehmungslustig, leidenschaftlich bei der Arbeit, hartnäckig. Er ist sehr temperamentvoll und braucht sehr viel Bewegung.

- Aufgrund seiner starken Persönlichkeit braucht er eine konsequente Ausbildung, die seine rassetypische Veranlagung fördert. So wird er ein angenehmer Begleiter, der sehr an seinem Herrn hängt.

▲ Irish Water Spaniel

Irish Wolfhound

Irischer Wolfshund

WIDERRISTHÖHE
Rüde: 79 bis 86 cm;
Hündin: mindestens 71 cm.

GEWICHT
Rüde: mindestens 54,5 kg;
Hündin: mindestens 40,5 kg.

KURZBESCHREIBUNG
Kräftig und dennoch elegant gebauter Hund mit lebhaften und leichten Bewegungen.

WESEN
„Zuhause ein Schäfchen, aber ein Löwe auf der Jagd".

BESONDERE KENNZEICHEN
Dem Deerhound ähnelnd, aber etwas massiger.

Der gut gebogene Hals trägt einen langen Kopf mit mäßig spitzem Fang. Die Augen sind dunkel. Die kleinen Ohren werden als „Rosenohr" getragen. Der lange Körper ist kräftig, die Brust mäßig breit und die Lendenpartie leicht gewölbt. Der Bauch ist gut aufgezogen. Die Gliedmaßen sind kräftig, die Beinstellung ist gerade. Die lange und leicht gebogene Rute ist gut behaart. Das Fell ist rau und hart an Körper, Kopf und Läufen, etwas dichter, und drahtig über den Augen und am Unterkiefer. Die Fellfarbe ist grau, schwarz, reinweiß, rot, falbfarben, gestromt oder jede andere beim Deerhound vorkommende Farbe.

Ursprung

Dieser Windhund geht zweifellos aus einer alten irischen Rasse hervor.
Der lange für die Wolfsjagd eingesetzte Hund war fast vom Aussterben bedroht ebenso wie sein Gegner, der Wolf. Einige Züchter, darunter vor allem Captain Graham, haben die Rasse neu belebt, indem sie die wenigen übriggebliebenen Exemplare mit Schottischen Hirschhunden und vermutlich auch Deutschen Doggen kreuzten.

Verhalten

Der ungeheuer kraftvolle und sehr aktive Irische Wolfshund wird praktisch kaum noch zur Jagd eingesetzt, sondern hauptsächlich als Wach- und Begleithund. Allein seine äußere Erscheinung hat eine sehr abschreckende Wirkung. Er muss konsequent, aber ohne Gewalt, ausgebildet werden. Der sehr menschenbezogene Hund ist freundlich, gehorsam und nachdenklich.
Aufgrund seines großen Laufbedürfnisses ist er für das Stadtleben eher ungeeignet.

▲ Irish Wolfhound

Istarski Gonic

Istrianer Bracke (Rauhaarig, Kurzhaarig)

WIDERRISTHÖHE
Rüde und Hündin:
46 bis 58 cm (rauhaarig);
44 bis 56 cm (kurzhaarig)

GEWICHT
18 bis 20 kg.

KURZBESCHREIBUNG
Dieser robust gebaute Hund ist sehr wendig und ausdauernd.

WESEN
Ruhig und anhänglich.

Der lange Kopf der Istrianer Bracke zeigt einen ausgeprägten Hinterhaupthöcker und einen leichten Stopp. Der Behang, der lang oder halblang sein darf, liegt an den Wangen an. Der Hals ist kräftig und eher lang, ohne Wamme. Der Körper ist länger als hoch. Das Fell ist dicht, 5 bis 10 cm lang, beim rauhaarigen Schlag hart, beim kurzhaarigen Schlag kurz, glatt und glänzend. Die Fellfarbe ist Weiß mit orangefarbenen Tupfen am Behang und orangefarbenen Abzeichen an Kopf und Körper.

Ursprung

Dieser Laufhund wurde mit italienischen Laufhundrassen gekreuzt.

Verhalten

Die Istrianer Bracke ist ein guter Gefährte, ruhig und anhänglich, vor allem aber ein hervorragender Laufhund für die Jagd auf Hase, Fuchs und Reh sowie ein unermüdlicher Schweißhund bei der Nachsuche von verwundetem Wild. Der Ausdruck dieses Laufhundes ist ernst, mithin traurig. Seine Lautgebung erfolgt in weittragendem Ton.

Jack Russell Terrier

Jack Russell Terrier ▾

WIDERRISTHÖHE
Rüde und Hündin: 25 bis 30 cm.

GEWICHT
5 bis 6 kg.

KURZBESCHREIBUNG
Dieser recht kleine Terrier ist ständig in Bewegung und zeigt einen gleichermaßen eifrigen wie sanftmütigen Ausdruck.

WESEN
Sehr lebhaft, freundlich, immer auf Achse und trotz seiner geringen Größe ein „echter" Terrier.

Der Jack Russell Terrier besitzt einen flachen Schädel. Die Länge des Fangs vom Stopp bis zur Nase sollte etwas kürzer sein als die vom Stopp zum Hinterhauptbein. Der Kiefer ist stark. Die Ohren sind entweder Knopf- oder Hängeohren. Der kompakte und muskulöse Körper kann als rechteckig beschrieben werden. Er ist länger als hoch. Die Rute ist kräftig und gerade. Die naturbelassene Rute darf in der Ruhe hängend getragen werden. In der Bewegung wird sie aufrecht getragen. Das Fell kann glatt, rau oder stichelhaarig sein. Die weiße Fellfarbe muss vorherrschen, mit schwarzen und/oder lohfarbenen Abzeichen .
Daneben gibt es noch eine andere Varietät, den Parson Russell Terrier, der größer und vom Körperbau quadratischer als der Jack Russell Terrier ist.

Ursprung

Der Begründer dieser Rasse, John genannt „Jack" Russell, wurde 1795 in Dartmouth in der Grafschaft Devon in England geboren. Während seiner Studien in Oxford begann er sich für die Jagd sowie für Hunde zu interessieren und erwarb seine erste Terrier-Hündin, Trump. Daraufhin wurde er zum parson (Pfarrer) der Pfarrgemeinde Swymbridge benannt, wo John Russell 50 Jahre lang amtierte. Dort erwachte seine Leidenschaft für die Jagd und die Hundezucht. Mit seinem Zuchtvorhaben wollte er einen kleinen, niederläufigen Hund hervorbringen, der sich in den Erdbauten durchschlängeln konnte. Der Pfarrer begann nun, die unterschiedlichsten Arbeitsterrier miteinander zu kreuzen, wobei sein Zuchtziel vorrangig auf den jagdlichen Anlagen und nicht so sehr auf einem typischen Rassebild lag. Neben seinen Zuchtbemühungen um den Jack Russell Terrier arbeitete der Pfarrer auch viel an dem Fox Terrier, was ihm die Anerkennung der gesamten Hundewelt eintrug. Er war einer der Begründer des British Kennel Clubs. Unglücklicherweise profitierte der Jack Russell Terrier nicht von den Beziehungen seines Schöpfers. Tatsächlich war die Rasse sehr uneinheitlich,

>>

was auch heute noch der Fall ist. Dies machte seine Anerkennung durch den British Kennel Club nicht gerade einfach. Die offizielle Anerkennung des Jack Russell Terriers erfolgte sozusagen „durch die Hintertür“. Da diese Terrier bei der Baujagd außergewöhnliche Fähigkeiten zeigten, wurden sie von den Jägern äußerst geschätzt. Jäger und Hobbyzüchter gründeten schließlich 1976 den ersten Parson Jack Russell Terrier Club. Nach jahrelangen Querelen bezüglich der mutmaßlichen Größe des Hundes hat der British Kennel Club die Rasse offiziell 1990 anerkannt. 2002 wurde die Rasse vorläufig anerkannt. Inzwischen ist der Jack Russell Terrier sehr in Mode gekommen.

Verhalten

Auch wenn der Jack Russell Terrier inzwischen „salonfähig“ geworden ist, hat er sich dennoch seinen Terriercharakter bewahrt! Der eigensinnige Hund zeigt ein typisches Jagdhundverhalten: stets in Alarmbereitschaft, neugierig und lebhaft, selbstsicher, ein Hund, dem es manchmal schwerfällt, ruhig zu bleiben. Für Liebhaber charakterstarker Hunde ist er ein außergewöhnlicher Gefährte. Er ist intelligent, voller Energie, unermüdlich, stets fröhlich, liebevoll und freundlich.

- Der Jack Russell Terrier lernt sehr schnell, sowohl die guten als auch die schlechten Manieren. Er muss daher konsequent ausgebildet werden und vor allem darf man es ihm nicht nachsehen, wenn er seine guten Manieren „vergisst“. Der stets wachsame Hund schlägt beim geringsten verdächtigen Geräusch rund ums Haus an.
- Trotz seiner geringen Größe sollte man nicht vergessen, dass der Terrier des Pfarrers Jack Russell durch und durch ein Jagdhund ist, der sehr viel Auslauf braucht.

Jämthund

Schwedischer Elchhund

WIDERRISTHÖHE
Rüde: 57 bis 65 cm;
Hündin: 52 bis 60 cm.

GEWICHT
25 bis 30 kg.

KURZBESCHREIBUNG
Er sieht aus wie ein großer Spitz.

WESEN
Intelligent, ruhig und selbstständig.

Der Schwedische Elchhund ähnelt mit seinem schmalen und länglichen Kopf sowie seinen aufgerichteten spitzen und beweglichen Ohren einem Spitz. Er hat ovale, dunkle Augen mit lebhaftem Ausdruck. Der Hals ist lang, stark und mit guter Aufrichtung.

Verhalten

Der im Laufe der Jahrhunderte auf die Elch- und Bärenjagd spezialisierte Hund wird heute für die Jagd auf Raufußhühner, Marder und anderes Kleinwild eingesetzt.
Seine wirkungsvolle Technik besteht darin, sich im Schnee anzuschleichen, den Beutetieren den Weg abzuschneiden und sie den Jägern zuzutreiben.

- Dieser Hund ist auch ein guter Wachhund und kann sehr gut Schlitten ziehen. Der intelligente und selbstständige Schwedische Elchhund ist nicht leicht auszubilden. Vom Militär wird er als Rettungshund verwendet. Seinen Artgenossen gegenüber verhält sich der selbstbewuste Hund nimmt immer freundlich.
- Der ruhige und ausgeglichene Hund ist ausgesprochen sanft im Umgang mit seiner Familie. Er muss täglich genügend Bewegung erhalten.

Jämthund ▼

Der Körper ist kraftvoll, die Brust gut hinabreichend und der Bauch leicht aufgezogen. Die Rute wird eingerollt über der Lendenpartie getragen. Die Gliedmaßen sind senkrecht, kräftig und beweglich. Der aus kalten klimatischen Verhältnissen stammende Schwedische Elchhund ist gegen die Kälte durch ein dickes, langhaariges und gut anliegendes Fell mit kurzer und weicher Unterwolle geschützt. Die Fellfarbe ist ein Hell- oder Dunkelgrau. Hellgraue oder cremefarbene Abzeichen finden sich seitlich am Fang, an Backen, Kehle, Brust, am Bauch, an den Läufen und unter der Rute.

Ursprung

Diese sehr alte Hunderasse hat schon in der Altsteinzeit die Menschen begleitet. Er wurde lange mit seinem norwegischen Verwandten verwechselt. Die Rasse wurde 1946 offiziell anerkannt.

Karjalankarhukoira

Karelischer Bärenhund

WIDERRISTHÖHE
Rüde: rund 57 cm;
Hündin: rund 52 cm.

GEWICHT
Rüde: 25 bis 28 kg;
Hündin: 17 bis 20 kg.

KURZBESCHREIBUNG
Sehr robuster Hund mit ausdauerndem Galopp.

WESEN
Unabhängig und lebhaft.

Von vorne gesehen besitzt der Kopf des Karelischen Bärenhundes eine dreieckige Form. Die an den Spitzen leicht abgerundeten Ohren werden aufrecht getragen. Die relativ kleinen Augen sind braun in verschiedenen Tönungen. Ihr Ausdruck ist wach und voller Feuer. Der senkrecht auf kräftigen Läufen stehende Karelische Bärenhund vermittelt den Eindruck von Kraft und Leichtigkeit.

Die eher hochläufige Erscheinung des Hundes entbehrt nicht einer gewissen Eleganz. Der Rücken ist gerade und muskulös, die Kruppe breit und kräftig, die Brust relativ tief. Die Vorderhand ist gerade und kräftig, die Oberschenkel sind lang und muskulös. Die Zehen sind kompakt, gut gewölbt und rundlich.
Dieser Hund trägt eine schöne, mittellange Rute bogenförmig über dem Rücken. Das Deckhaar ist glatt und rau, die Unterwolle weich und dicht. Das Fell bietet diesem Jagdhund, der eine Fährte stundenlang bei beliebigem Wetter verfolgen kann, perfekten Schutz gegen die Witterungsverhältnisse. Die Fellfarbe ist schwarz oder braun schattiert, häufig mit weißen Abzeichen an Fang, Hals, Brust, dem unteren Teil der Läufe und der Rutenspitze.

Ursprung

Dieser finnische Jagdhund stammt aus dem Gebiet Karelien. Die Zucht der Rasse begann 1936 mit dem Ziel, einen sehr robusten Hund für die Jagd auf Großwild zu erzüchten. Er wird hauptsächlich zur Jagd auf Elche eingesetzt.

Verhalten

Der unverwüstliche und widerstandsfähige Karelische Bärenhund ist außergewöhnlich mutig, hartnäckig, lebhaft und ein passionierter Jäger. Sein Orientierungssinn und sein Kampfinstinkt sind sehr ausgeprägt. Dank seiner nicht alltäglichen Stärke kann er gegen Tiere kämpfen, die weitaus größer sind als er: Elche, Bären und Hirsche.

- Dieser selbstsichere Hund kann sich Artgenossen gegenüber aggressiv verhalten, niemals jedoch Menschen gegenüber. Dieser sehr unabhängige Hund sollte mit Konsequenz ausgebildet werden, er hat einen sehr großen Bewegungsdrang.

▲ Karjalankarhukoira

Kavkazskaïa Ovtcharka

Kaukasischer Schäferhund

WIDERRISTHÖHE
Rüde: 65 bis 69 cm;
Hündin: 62 bis 66 cm.

GEWICHT
45 bis 65 kg.

KURZBESCHREIBUNG
Großer, kräftiger Hund.

WESEN
Robuster und eigenwilliger Herdenschutzhund.

Der Kaukasische Schäferhund hat einen massiven Schädel mit breiter Stirn, ziemlich kurzem Fang, starken Lefzen und einem kräftigen Scherengebiss. Die hoch angesetzten Ohren sind von Natur aus dreieckig, mittelgroß und hängend. Die kleinen ovalen Augen sind dunkel. Mit seinem kräftigen und kurzen Hals, seiner breiten Brust, der breiten und muskulösen Kruppe und den kräftigen Läufen strahlt dieser Schäferhund viel Kraft aus. Seine hoch angesetzte Rute in Sichelform,

>>

Hakenform oder Ringform wird bis auf das Sprunggelenk hängend getragen. Das Fell besteht aus glattem, grobem Deckhaar und einem sehr üppigen, helleren Unterhaar. Nach dem Fell unterscheidet man drei Varietäten des Kaukasischen Schäferhundes: Langhaar – das Haar bildet eine Mähne, Fransen und Hosen und eine Fahnenrute; Kurzhaar – mit dichtem Haar, und eine langhaarige Variante ohne Fransen, Mähne und Hosen. Die Fellfarbe ist unterschiedlich grau mit meist hellen bis rostfarbenen Tönen. Man sieht aber auch rostfarbige, strohgelbe, weiße, erdfarbene, gestreifte und manchmal auch gescheckte und getüpfelte Varianten.

Ursprung

Der ursprünglich aus dem Kaukasus stammende große robuste Schäferhund soll von den großen Tibetdoggen abstammen, die mit örtlichen Hunden gekreuzt wurden. Er kann sich an die unterschiedlichsten Witterungsbedingungen anpassen. Er ist von Georgien bis Kalmückien genauso verbreitet wie in den Steppen des Nordkaukasus oder in dem Gebiet um Astrachan. Die Hunde in den Steppengebieten sind vom Typ her etwas leichter als die in den Bergen. Der Kaukasische Schäferhund, der beliebteste unter den russischen Schäferhunden, wurde erstmals 1979 vorgestellt.

Verhalten

Ausgeglichener Hund, sehr robust, anspruchslos, arbeitsam und furchtlos. Dieser ausgezeichnete Wächter ist ein sehr aktiver und mutiger Hund. Seine Gangart ist ein für ihn typischer kurzer Trab und ein etwas plumper Galopp.

- Aufgrund seiner Größe ist eine Wohnungshaltung nicht einfach. Er ist kein Hund für Anfänger und muss konsequent erzogen werden. Fremden gegenüber ist er misstrauisch.

Australian Kelpie

Australischer Kelpie

WIDERRISTHÖHE
Rüde: 46 bis 51 cm;
Hündin: 43 bis 48 cm.

GEWICHT
13 bis 15 kg.

KURZBESCHREIBUNG
Robuster, mittelgroßer Hund.

WESEN
Intelligent und gehorsam – ein Kelpie steckt immer voller Energie und Tatendrang.

Der Australische Kelpie hat einen langen fuchsähnlichen Kopf mit aufrechten und spitzen Ohren. Die je nach Fellfarbe mehr oder weniger dunklen und mandelförmigen Augen zeigen einen intelligenten, eifrigen Ausdruck. Die Brust ist tief, der Rücken schön gerade. Die Rute eine kräftige Bürste, und wird tief getragen. Sie reicht ungefähr bis zum Sprunggelenk. Das Fell besteht aus einem dichten, geraden, harten und flach anliegenden Deckhaar von 2 bis 3 cm Länge und einer kurzen und dichten Unterwolle. Das Fell bildet am Hals eine Halskrause und an der Hinterseite der Gliedmaßen eine leichte Hose. Die Fellfarbe kann schwarz, schwarz und loh, rot, rot und loh, falbfarben, schokoladen(braun) oder rauchblau sein.

Ursprung

Dieser kleinere Schäferhund vom Aussehen eines Wolfes hat sehr weit zurückreichende Wurzeln. Der zweifellos Dingo-Anteile aufweisende Kelpie wurde um 1870 mit kurzhaarigen Schottischen Schäferhunden gekreuzt.

Verhalten

Der gut proportionierte und stämmige Australian Kelpie kann täglich über 60 km beim Umrunden einer großen Herde zurücklegen, die er dorthin führt, wohin er will. Der geschmeidige und sehr aktive Arbeitshund ist von unerschöpflicher Energie und bringt eine instinktive Begabung für die Arbeit an Schafen mit.

- Kelpies sind wahre Energiebündel, aufmerksam, treu, sehr arbeitswillig und gut auszubilden. Er braucht unbedingt geistige und körperliche Auslastung.

▲ Australian Kelpie

Kerry Blue Terrier

WIDERRISTHÖHE
Rüde: 45,5 bis 49,5 cm;
Hündin: 44,5 bis 48 cm.

GEWICHT
Rüde: 15 bis 18 kg;
Hündin: etwas leichter

KURZBESCHREIBUNG
Ausgewogen, stattlich und anmutig zugleich, kraftvoll und temperamentvoll, von muskulöser, gut proportionierter Erscheinung.

WESEN
Charakterstark.

BESONDERE KENNZEICHEN
Der größte Vertreter der irischen Terrier.

Der reichlich behaarte Kopf ist kräftig und ausgewogen, mit geringem Stopp. Die Kiefer sind stark. Die mittelgroßen, dunklen oder haselnussbraunen Augen zeigen einen lebhaften Ausdruck. Die dünnen Ohren sind nach vorne gerichtet. Die Brust ist gut hinabreichend, der Rücken eben und die Hinterhand kräftig. Die hoch angesetzte Rute wird aufrecht und fröhlich getragen. Das üppige, weiche und wellige Fell hat eine blaue Farbe in jeder Schattierung. Die körperfernen Stellen sind manchmal schwarz gefärbt. Schwarz oder lohfarbene Abzeichen sind nur bis zum Alter von 18 Monaten zulässig.

Ursprung

Der Ursprung dieses irischen Hundes ist sagenumwoben. Nach der Legende soll sein Vorfahr der einzig Überlebende eines Schiffbruchs an den Küsten der Grafschaft Kerry gewesen sein. Der sehr kämpferische Kerry Blue Terrier soll sämtliche Rüden der Region getötet haben und der einzige Hund gewesen sein, der für Nachkommenschaft sorgte. Vermutlich wurde dieser „heldenhafte" Hund mit dem Bedlington Terrier, dem Dandie Dinmont Terrier und dem Irischen Terrier gekreuzt wurde. Der seit dem vergangenen Jahrhundert in der Grafschaft Kerry gezüchtete Kerry Blue Terrier wurde lange Zeit auch Irish Blue Terrier genannt.

Verhalten

Der Kerry Blue Terrier ist in erster Linie ein Jagdhund für Wildkaninchen und Otter. Er ist ein hervorragender Arbeitshund, ein gleichermaßen guter Stöberhund wie fähiger Wachhund voller Mut. Seine Fröhlichkeit und Liebenswürdigkeit machen ihn zu einem beliebten Begleithund, trotz seines angriffslustigen Verhaltens gegenüber anderen Artgenossen und Haustieren. Seine Ausbildung muss konsequent, jedoch ohne Gewalt, erfolgen. Er passt sich gut an die Wohnungshaltung an, hat aber einen großen Bewegungsdrang.

▲ Kerry Blue Terrier

King Charles Spaniel

WIDERRISTHÖHE
Rüde und Hündin: 25 bis 30 cm.

GEWICHT
3,6 bis 6,3 kg.

KURZBESCHREIBUNG
Hund von kurzem Körperbau mit guten Proportionen.

WESEN
Intelligenter und unbeschwerter Hund.

BESONDERE KENNZEICHEN
Anmutig, vornehm und lebhaft. Ein kleiner Hund, der gut auszubilden ist.

Der King Charles Spaniel hat einen gut gewölbten Schädel, lange, tief angesetzte Ohren, die an den Wangen anliegen und mit langem Haar befranst sind sowie einen gut ausgeprägten Stopp. Die sehr großen und dunklen Augen liegen weit auseinander. Der Nasenrücken ist sehr kurz, der Fang ist gut aufgeworfen. Der Hals bildet einen leichten Bogen. Die Brust ist breit und tief. Die gut befederte Rute wird weder über dem Rücken noch oberhalb der Rückenlinie getragen. Das Fell ist lang, seidig und gerade. Leichte Wellen sind zulässig, das Haar darf jedoch nie gelockt sein. Gliedmaßen, Ohren und Rute tragen reichliche Fransen. Die Fellfarbe kann schwarz und loh (intensives, glänzendes Schwarz mit loh- und mahagonifarbenen Abzeichen), dreifarbig (perlweißer Grund mit gut verteilten schwarzen Flecken und leuchtend lohfarbener Abzeichen), Blenheim (perlweißer Grund und gut verteilte kastanienrote Abzeichen mit einem kreisrunden Fleck in dieser Farbe auf dem Schädel) oder Ruby (einfarbig, intensives Kastanienrot) sein. Ein weißer Brustfleck zählt als schwerer Fehler.

>>

Ursprung

Der traditionell als Begleithund eingesetzte King Charles Spaniel, der vermutlichen spanischer Herkunft ist, existierte bereits seit 1570 in England. Am Hof von Königin Elisabeth I. versteckten ihn die Hofdamen unter ihren voluminösen Röcken und nutzten den kleinen Hund im Winter als Fußwärmer.

Der Legende nach soll nach der Hinrichtung von Maria Stuart 1587 unter der Kleidung der verstorbenen Königin ein winziger blutbespritzter Spaniel gefunden worden sein, der seiner unglücklichen Herrin die Treue bis zu ihrem Tod hielt. Karl II. – nach ihm wurde dieser kleine Hund benannt – wurde stets von ihnen begleitet.

Verhalten

Der lebhafte, aufgeschlossene und feinfühlige King Charles Spaniel ist ein aktiver und anmutiger Hund. Er ist sehr ausgeglichen und von hervorragendem Wesen. Sein Geruchssinn und sein Gehör sind ausgezeichnet, sodass er zuweilen für kurze Jagden in flachem Gelände eingesetzt wird. Er ist ein zurückhaltender, sanftmütiger und anhänglicher Gefährte mit starker Beziehung zu seinen Menschen. Zudem ist er gesellig und lässt sich leicht erziehen; die Erziehung sollte jedoch mit Behutsamkeit erfolgen.

▲ King Charles Spaniel

Kishu

WIDERRISTHÖHE
Rüde: rund 52 cm;
Hündin: rund 46 cm.

GEWICHT
20 bis 25 kg.

KURZBESCHREIBUNG
Stämmig gebauter und muskulöser Hund.

WESEN
Intelligent und gehorsam.

Der keilförmige Fang verjüngt sich in Richtung Nase. Die kleinen dreieckigen Ohren sind nach vorne geneigt. Die relativ kleinen und beinahe dreieckigen Augen sind von dunkelbrauner Farbe. Die hoch angesetzte, dicke Rute wird kräftig gerollt oder sichelförmig über dem Rücken getragen. Das Fell ist hart und gerade, die Unterwolle weich und dicht. Seine Fellfarbe ist weiß, rot oder sesam (rot-falbfarbene Haare mit schwarzen Spitzen).

Ursprung

Die früher als Jagdhunde auf Rotwild und heute auf Wildschwein verwendete sehr alte Spitzrasse entstand in den bergigen Gegenden von Kishu, denen er seinen Namen verdankt. Der in Japan sehr populäre Hund wurde 1934 zum „Denkmal der Natur“ erklärt.

Verhalten

Der Kishu ist ein Jagdhund von bemerkenswerter Ausdauer. Der mittelgroße, elegante Hund mit seinem leichtfüßigen und elastischen Gangwerk wird zudem sehr als Begleithund geschätzt. Er ist bekannt für seine Intelligenz, sein Selbstbewusstsein und seine Treue. Er ist aber kein Anfängerhund. Der sehr temperamentvolle, sportliche Hund braucht viel Auslauf und Bewegung.

Komondor

WIDERRISTHÖHE
Rüde: mindestens 70 cm;
Hündin: mindestens 65 cm.

GEWICHT
Rüde: 50 bis 60 kg;
Hündin: 40 bis 50 kg.

KURZBESCHREIBUNG
Die imposante Erscheinung dieses Hundes wird durch sein dickes Fell mit langen, verfilzten Zotteln noch verstärkt.

WESEN
Sehr selbstbewusster Hund.

Der Kopf ist breit und reichlich behaart. Die horizontal eingesetzten Augen sind dunkelbraun. Die U- oder V-förmigen Ohren sind lang und hängend. Der Körper ist nahezu quadratisch, mit breiter und bemuskelter Oberlinie. Die unter dem Fell nur schwer auszumachenden Gliedmaßen sollen von guter Knochenstärke sein. Die Pfoten sind groß. Die tief angesetzte, hängende Rute reicht vorzugsweise bis zum Sprunggelenk. In der Erregung wird sie bis zur Rückenlinie angehoben. Der Komondor hat ein bemerkenswertes Fell, dessen Charakter sich durch das Verhältnis von langem, harten und sehr dichtem Deckhaar und feiner, aber dichter Unterwolle bestimmt. Ein zottig verfilztes Fell ist eine Grundforderung, es kommt jedoch auch gewelltes und verschnürtes vor. Seine Farbe erinnert an Elfenbein.

Ursprung

Dieser groß gewachsene Hütehund soll von den Wachhunden abstammen, die die Magyaren mit sich führten, als sie im 9. Jahrhundert in Ungarn einfielen.

Verhalten

Heutzutage wird der Komondor nur noch gelegentlich als Hirtenhund eingesetzt, dafür aber häufig zur Bewachung von Anwesen. Aufgrund seiner Schönheit ist er heute auch als Begleithund begehrt, passt sich aber nur schwer an die Gegebenheiten des Stadtlebens an.

- Tagsüber bewacht der sehr mutige und Fremden gegenüber misstrauische Hund ruhend und dösend sein Territorium, ohne dass ihm das Geringste entgeht. Nachts patrouilliert er regelmäßig sein Revier. Dieser selbstbewusste Hund muss sehr früh ausgebildet werden, ohne Härte, aber konsequent. Er sollte vorzugsweise nur an erfahrene Halter abgegeben werden.

▲ Komondor

Kooikerhondje

Holländischer Entenlockhund

WIDERRISTHÖHE
Rüde und Hündin: 35 bis 40 cm.

GEWICHT
10 bis 15 kg.

KURZBESCHREIBUNG
Harmonisch gebauter Hund mit fließendem und federndem Gangwerk.

WESEN
Fröhlich und gesellig.

BESONDERE KENNZEICHEN
Leichtführig, lebhaft und fröhlich. Er ist intelligent und leicht auszubilden.

Der Schädel ist ziemlich breit, etwas gewölbt, die Wangen sind gut ausgefüllt und die Lefzen nicht überhängend. Die mandelförmigen, dunkelbraunen Augen haben einen freundlichen und aufmerksamen Ausdruck. Die mittelgroßen Ohren hängen an den Wangen herab. Der Hals ist gerade und gut bemuskelt. Sein Körperbau kann als nahezu quadratisch beschrieben werden. Der Rücken ist fest, die Brust gut hinabreichend, die Vorderhand gerade. Die Rute wird etwas über der Rückenlinie getragen. Das mittellange Fell ist gerade oder leicht gewellt und nicht zu fein. Die Unterwolle ist gut entwickelt. Die Rückseite der Oberschenkel trägt Hosen, deren lange Befederung bis zum Sprunggelenk reicht.
Das Fell weist klar abgegrenzte Flecken von orange-roter Farbe auf weißem Grund auf, wobei die orange-rote Farbe dominiert.

Ursprung

Der aus den Niederlanden stammende kleine Spaniel wurde schon immer zur

>>

Jagd auf Wasserwild eingesetzt. Die Rasse wurde 1966 anerkannt. Heute werden Hunde guter Qualität gezüchtet, die sehr begehrt sind.

Verhalten

Der kleine Holländische Entenlockhund ist intelligent, aufmerksam, leicht auszubilden, aufgeweckt und unauffällig. Dank seiner feinen Nase eignet er sich hervorragend zum Aufstöbern und Apportieren von Wasserwild, das er mit Begeisterung jagt.
Der widerstandsfähige Hund verträgt gut Kälte und Nässe. Aufgrund seiner geringen Größe kann er überall durchschlüpfen. Als Familienhund schätzt man seine Fröhlichkeit, seine Liebenswürdigkeit und seine Geselligkeit. Er kann in der Stadt leben, vorausgesetzt, er hat jeden Tag viel Auslauf.

▲ Kooikerhondje

Griffon d'arrêt à poil dur

Französischer Rauhaariger Vorstehhund (Korthals)

WIDERRISTHÖHE
Rüde: 55 bis 60 cm;
Hündin: 50 bis 55 cm.

GEWICHT
20 bis 25 kg.

KURZBESCHREIBUNG
Hund von großer Kraft, voller Eifer und sehr widerstandsfähig.

WESEN
Liebenswürdig und intelligent.

Der große und lange Kopf hat einen nicht zu breiten Schädel, einen langen und quadratischen Fang mit einem leicht gewölbten Nasenrücken und einem stets braunen Nasenschwamm. Die großen braunen oder gelben Augen zeigen einen lebhaften Ausdruck. Der mittelgroße und flach am Kopf anliegende Behang ist von kurzem Haar bedeckt, das mehr oder weniger mit längeren Haaren vermischt ist. Bart und Augenbrauen sind ausgeprägt. Der Hals ist ziemlich lang, trägt aber keine Wamme. Die tiefe Brust ist nicht zu breit. Der Rücken ist fest, die Lende gut entwickelt. Die Vorderläufe sind gerade und kräftig, die Hinterläufe muskulös.

▲ Griffon d'arrêt à poil dur

Die horizontal getragene Rute ist buschig behaart. Das harte und derbe Fell besitzt eine feine und dichte Unterwolle. Es ist vorzugsweise kastanienbraun oder stahlgrau mit kastanienbraunen Flecken, kann aber auch geschimmelt sein. Die Fellfarben Weiß und Kastanienbraun sowie Weiß und Orange werden gleichermaßen akzeptiert.

Ursprung

Der in der zweiten Hälfte des 19. Jahrhunderts herausgezüchtete Korthals verdankt seine Entstehung dem Holländer Edward Korthals, Inhaber eines Zwingers im Bundesland Hessen. Um einen rein kontinentalen Jagdhund zu erhalten, der mit den britischen Hunden mithalten konnte, kreuzte er deutsche, belgische, holländische und französische Vorstehhunde miteinander und betrieb eine sorgfältige Zuchtauslese unter den erhaltenen Nachkommen. Dieser hellsichtige Kynologe konnte erstmals 1870 einen Korthals vorstellen und veröffentlichte den Rassestandard 1886. Dennoch wird zu ihrer Bezeichnung am häufigsten der Name ihres Begründers verwendet.

Verhalten

Der kräftige, eifrige und robuste Korthals eignet sich vorzüglich für die Jagd auf alle Wildarten. Dank seiner Feinnasigkeit leistet er sowohl in Marschen wie auch in tiefem Gewässer hervorragende Arbeit.

- Der sanftmütige und liebenswerte, aber unternehmungslustige Hund ist sehr sympathisch. Er ist seinem Menschen treu ergeben. Obwohl er etwas eigensinnig ist und gelegentlich auch ausreißt, ist der intelligente Hund mit Behutsamkeit einfach auszubilden. Das Alleinsein erträgt er nur schlecht, das Angeleintsein noch viel weniger. Er braucht genügend Auslauf mit der Möglichkeit, nach Belieben frei laufen zu können.

Kuvasz

WIDERRISTHÖHE
Rüde: 71 bis 76 cm;
Hündin: 66 bis 70 cm.

GEWICHT
Rüde: 48 bis 62 kg;
Hündin: 37 bis 50 kg.

KURZBESCHREIBUNG
Gut gebauter Hund von ausgewogener Erscheinung.

WESEN
Furchtlos und zuverlässig.

BESONDERE KENNZEICHEN
Sein vornehmes Äußeres und sein wunderschönes weißes Fell.

Der nicht zu wuchtige Kopf trägt kleine, V-förmige, fallende und mittelhoch angesetzte Ohren. Die dunkelbraunen, mandelförmigen Augen, der schwarze Nasenschwamm und die schwarzen Lefzen heben sich deutlich von dem weißen Fell ab. Der Hals ist kräftig, der Rücken gerade und die Lendenpartie kurz. Die lange, tief angesetzte und am Ende leicht nach oben gebogene Rute trägt eine schöne buschige Fahne. Das Fell besteht aus mäßig hartem, gewelltem und etwas steifem Deckhaar und einer feineren, flaumigen Unterwolle. Das Haar ist an den einzelnen Körperstellen von unterschiedlicher Länge. Besonders an Kopf und Gliedmaßen ist es kurz und hart. Am Hals bildet es eine Halskrause, die sich in eine Brustmähne verlängert. An der Rute ist das Fell dicht und gewellt. Die Fellfarbe ist weiß oder elfenbeinfarben.

Ursprung

Manche Kynologen glauben, dass es den Kuvasz seit der Zeit des Hunneneinfalls in Ungarn gibt. Andere dagegen meinen, dass er türkischer Abstimmung ist und zu der Zeit in Ungarn erschien, als die Mongolen in Ungarn einmarschierten.

Verhalten

Der hochintelligente Kuvasz war seit jeher ein bemerkenswerter Herdenschutzhund und ein begnadeter Jagdhund bei der Jagd auf Wölfe, Bären und Büffel. Er ist genügsam und ausdauernd, selbst das widrigste Wetter kann ihm nichts anhaben. Der heute in Ungarn äußerst populäre Hund wurde zu einem geschätzten Begleithund. Er ist seinem Menschen treu ergeben und hängt an der ganzen Familie.

- Als guter Wachhund verteidigt der Kuvasz die unter seinem Schutz stehenden Menschen mit seinem Leben. Er hat sich seinen hervorragenden Jagdinstinkt bewahrt. Die Polizei und das ungarische Militär setzen ihn als Gehilfen ein. Der Kuvasz muss konsequent, aber einfühlsam erzogen werden. Gewalt bei der Ausbildung führt dazu, dass er aggressiv wird. Der Kuvasz braucht viel Auslauf und Bewegung, Passivität erträgt er nicht.

Labrador Retriever

Labrador Retriever ▼

Labrador

WIDERRISTHÖHE
Rüde: 56 bis 57 cm;
Hündin: 54 bis 56 cm.

GEWICHT
25 bis 30 kg.

KURZBESCHREIBUNG
Gut und kräftig gebauter Hund.

WESEN
Freundlich und lernbegierig.

BESONDERE KENNZEICHEN
Seine Wasserfreudigkeit und seine große Anpassungsfähigkeit.

Der Labrador Retriever hat einen breiten Schädel mit deutlich ausgeprägtem Stopp, kräftigen Kiefern und einem breiten Nasenschwamm. Die mittelgroßen, braunen oder haselnussfarbenen Augen zeigen einen sanften und intelligenten Ausdruck. Die etwas kleinen Ohren liegen am Kopf an und sind eher hinten angesetzt. Die Brust ist breit und tief, die Gliedmaßen sind kräftig. Die am Ansatz sehr dicke Rute verjüngt sich zur Spitze hin. Sie erscheint „rund" und wird daher gemeinhin als „Otterrute" bezeichnet. Sie wird fröhlich, jedoch nicht gebogen über dem Rücken getragen. Das Fell besteht aus kurzem, dichtem Haar. Die Fellfarbe darf schwarz, schokoladenbraun oder gelb sein, wobei letztere Farbe von hellcreme bis fuchsfarben reichen darf. Ein kleiner weißer Brustfleck ist statthaft.

Ursprung

Als Nachkomme des St.-John's-Hundes, der im 18. Jahrhundert auf der Insel Neufundland westlich der Mündungsstelle des Sankt-Lorenz-Stroms in Kanada lebte, wurde der Labrador Retriever von den ansässigen Kabeljaufischern dazu verwendet, die aus den Netzen ins Meer entwichenen Fische wieder einzufangen. Der Labrador Retriever ist äußerst beliebt. Bedauerlicherweise besitzen viele Hunde eine genetische Veranlagung zur Hüftgelenksdysplasie. Daher sollte man einen Welpen nur aus einer guten Zucht aussuchen.

▲ Labrador Retriever

Verhalten

Dieser kräftige und sympathische Apportierhund erregte schnell die Aufmerksamkeit einiger Aristokraten aus der Grafschaft Dorset. Sie bauten eine planmäßige Zucht auf und verstärkten züchterisch seine Apportierfreudigkeit. Eine gute Zuchtauslese sowie verschiedene Einkreuzungen, darunter zweifellos auch von Pointern, trugen dazu bei, den Typ zu veredeln.

- Der Labrador Retriever apportiert instinktiv und stürzt sich ohne Zögern auch in eiskaltes Wasser. Seine Suchenarbeit ist ruhig, Fährten verfolgt er mit Beharrlichkeit. Der intelligente und führige Hund verfügt über einen ausgezeichneten Geruchssinn und dient der Polizei als Such- und vor allem als Drogen- und Sprengstoffsuchhund. Dank seines sanftmütigen, friedlichen und ausgeglichenen Wesens ist der Labrador Retriever als Blindenhund unschlagbar.
- Seine Treue und Anhänglichkeit gegenüber Menschen machen ihn zu einem durch und durch angenehmen Gefährten. Er ist wenig lautfreudig und zeigt sich niemals aggressiv. Er braucht von klein auf eine konsequente Ausbildung, aber ohne jeden Zwang. Damit er sein ausgeglichenes Wesen bewahrt, braucht er täglich ausreichend Auslauf und Beschäftigung. Der weltweite Siegeszug des Labrador Retriever hält ungebrochen an. Nicht zu vergessen ist aber, dass der Labrador Retriever eigentlich ein Jagdhund ist.

Lagotto Romagnolo

Wasserhund der Romagna

WIDERRISTHÖHE
Rüde: 43 bis 48 cm;
Hündin: 41 bis 46 cm.

GEWICHT
Rüde: 13 bis 16 kg;
Hündin: 11 bis 14 kg.

KURZBESCHREIBUNG
Ähnelt in seinem Körperbau dem früheren Pudel. Robuster Hund, der etwa gleich hoch wie lang ist.

WESEN
Anhänglich und gehorsam.

BESONDERE KENNZEICHEN
Sein stark gelocktes Fell.

Der Wasserhund der Romagna besitzt eine lange Rute, die knapp bis zum Sprunggelenk reichen soll. Sie wird in Ruhestellung säbelförmig getragen. Das Fell ist dicht und stark gelockt, wollig, und lässt die Unterwolle durchscheinen. Im Gesicht bildet es einen reichlichen Kinn- und Schnurrbart.

Die Fellfarbe ist einfarbig in gebrochenem Weiß, Weiß mit braunen oder orangefarbenen Flecken, Braunschimmel, einfarbig Braun oder einfarbig Orange. Manche Exemplare tragen eine dunkle Maske.

Ursprung

Der Wasserhund der Romagna ist eine alte Wasser-Apportierhunderasse, die zum Apport von Wasserwild in den Talgründen von Comacchio und in den Sümpfen um Ravenna eingesetzt wird. Im Laufe der Jahrhunderte wurden die großen Sümpfe trockengelegt und in Ackerland umgewandelt. Der Wasserhund der Romagna wurde daher auf die Trüffelsuche „umspezialisiert".

Verhalten

Dieser mit einer sehr feinen Nase ausgestattete Hund ist hervorragend zur Trüffelsuche geeignet. Der leichtführige, aufgeweckte und angenehme Begleithund braucht dennoch eine konsequente Ausbildung

- Er ist ein guter Wachhund. Er braucht viel Bewegung und sollte auch geistig beansprucht werden.

▲ Lagotto Romagnolo

Laïka

Laïka (Russisch-Europäisch, Ostsibirisch, Westsibirisch)

WIDERRISTHÖHE
Bis 58 cm (russisch-europäisch);
Bis 60 cm (ostsibirisch);
Bis 60 cm (westsibirisch).

GEWICHT
20 bis 30 kg.

KURZBESCHREIBUNG
Der Laïka ähnelt den nordischen Spitzen.

WESEN
Lebhaft und ausgeglichen

Die drei Varietäten weisen die typischen Rassemerkmale des nordischen Spitzes auf, die sich dennoch signifikant voneinander unterscheiden, um drei getrennte Rassestandards zu rechtfertigen. Der Russisch-Europäische Laïka hat eine Widerristhöhe von maximal 58 cm. Der Rücken ist stark, die Brust gut entwickelt und der Bauch merklich aufgezogen. Das harte und glatte Fell ist an Kopf und Ohren sehr kurz und am übrigen Körper etwas länger. Am Hals bildet es eine Halskrause. Die Unterwolle ist dicht. An den Backen trägt dieser Laïka sogenannte „Koteletten". Die Fellfarbe ist schwarz, grau, falbfarben und schwarz gewolkt, weiß, Pfeffer und Salz, mit weißen Flecken, oder weiß mit dunklen Flecken. Die Rute wird entweder als Ringelrute über der Kruppe oder als Sichelrute über dem Rücken getragen. Der Ostsibirische Laïka wird bis zu 63 cm hoch. Der Körper ist sehr muskulös, der Bauch leicht aufgezogen. Das Fell ist lang, grob, dicht und gerade und bildet einen schönen Kragen. Die Unterwolle ist dicht und weich.

>>

Laïka ▼

Der Westsibirische Laïka hat eine Widerristhöhe von maximal 60 cm. Der Fang ist lang und zugespitzt, die Ohren sind spitz. Der Hals ist trocken und der Körper ist gut bemuskelt. Das harte Deckhaar überlagert eine gut entwickelte Unterwolle und bildet sogenannte „Koteletten“ an den Wangen und einen Halskragen. Das Fell ist weiß, Pfeffer und Salz, rot oder grau, in allen Schattierungen. Schwarze Farbe ist erlaubt, ebenso Hunde mit Scheckung oder mit Platten der jeweiligen Farbe.

Ursprung

Der russische Hund zählt zur großen Familie der Spitze, den Nachkommen des Moorhundes, die sich in verschiedenen Regionen Nordeuropas weiterentwickelt haben. Der russische Begriff „Laïka“ bedeutet übersetzt „Bellen“. Auf der Jagd bellen die Hunde tatsächlich so lange, bis der Jäger beim Wild eintrifft.
Der Russisch-Europäische Laïka stammt aus der nördlichsten Region Europas und hat sich hauptsächlich in den zentralen Teilen Russlands entwickelt. Der Ostsibirische Laïka stammt aus den großen Waldgebieten Ostsibiriens und der Westsibirische Laïka aus den nördlich des Urals gelegenen Gebieten.

Verhalten

Diese vielseitig einsetzbaren Jagdhunde, die auch als Schlitten- und Zughunde verwendet werden, sind sehr selbstbewusst und aufmerksam. Die sehr schnellen Hunde bewegen sich vorzugsweise im Galopp. Es sind gute Wachhunde: unbestechlich und treu.
Sie anerkennen nur einen Menschen als Leitfigur, Fremden gegenüber sind sie besonders misstrauisch. Aufgrund ihrer Lebhaftigkeit und Lautfreudigkeit sind sie für die Wohnungshaltung eher ungeeignet.

Lakeland Terrier

WIDERRISTHÖHE
Rüde und Hündin: unter 37 cm.

DURCHSCHNITTLICHES GEWICHT
Rüde: 7,7 kg;
Hündin: 6,8 kg.

KURZBESCHREIBUNG
Ausgewogener und forscher Hund, flink und lebhaft.

WESEN
Fröhlich, freundlich und manchmal etwas eigensinnig.

BESONDERE KENNZEICHEN
Seine Schnelligkeit und seine Lebhaftigkeit.

Der Lakeland Terrier hat einen gut ausgewogenen Kopf mit flachem Schädel, breitem, aber nicht zu langem Fang, mit kräftigen Kiefern, die ein Scherengebiss tragen. Die Augen sind dunkel oder haselnussbraun. Die V-förmigen und ziemlich kleinen Ohren sind weder zu hoch noch zu tief am Kopf angesetzt und werden

▲ Lakeland Terrier

Landseer

aufmerksam getragen. Der Hals ist leicht gebogen, die Brust eher schmal. Die Vorderläufe sind gerade. Mit seinem kräftigen und mäßig kurzen Rücken, seiner gut geschlossenen Lendenpartie und den langen und kraftvollen Oberschenkeln hat der Lakeland Terrier einen stämmigen Körperbau. Die gut angesetzte Rute wird fröhlich getragen. Das wetterfeste Fell ist dicht, dick und hart und besitzt eine gute Unterwolle. Die Fellfarbe ist schwarz und loh, blau und loh, rot, weizenfarben, rotgrizzle, leberbraun, blau oder schwarz. Kleine weiße Abzeichen an Pfoten und Brust sind zulässig.

Ursprung

Der Ursprung des Lakeland Terrier liegt im Seengebiet in Nordengland. Er stammt direkt vom Old English Black and Tan Terrier ab, einer inzwischen ausgestorbenen Rasse, die mit dem Bedlington Terrier, dem Border Terrier und zweifellos auch dem Dandie Dinmont Terrier gekreuzt wurde.

Verhalten

Der Spezialist für Wasserarbeit und schwieriges Gelände war lange als außergewöhnlicher Jäger von Ottern, Füchsen und Dachsen im Einsatz. Auf dem Feld ist er lebhaft, mutig, furchtlos und von großer Beharrlichkeit. Sein liebenswertes Wesen und seine Fröhlichkeit machen ihn zu einem geschätzten Begleithund. Der seinem Menschen sehr zugetane Lakeland Terrier ist etwas besitzergreifend.

- Wie alle eigensinnigen Hunde braucht auch der Lakeland Terrier einen geduldigen Menschen, der ihn mit Fingerspitzengefühl und Konsequenz auszubilden weiß. Im Haus ist er ruhig, vorausgesetzt, er kann seinen großen Bewegungsdrang im Freien ausleben. Er ist ein guter Wachhund, der sich Fremden gegenüber misstrauisch verhält.

Landseer (europäisch-kontinentaler Typ)

WIDERRISTHÖHE
Rüde: 72 bis 80 cm;
Hündin: rund 67 bis 72 cm.

GEWICHT
50 bis 70 kg.

KURZBESCHREIBUNG
Der robuste Hund gleicht einem hochläufigen Neufundländer.

WESEN
Sanftmütig und selbstsicher.

Außer am Kopf soll das Fell des Landseer lang, möglichst dicht wie auch glatt sein und sich fein anfühlen. Es soll mit Unterwolle durchsetzt sein. Das reinweiße Fell trägt zerrissene schwarze Platten an Rumpf und Kruppe. Hals, Brust, Bauch, Gliedmaßen und Rute müssen weiß sein, der Kopf ist schwarz. Die Augen sind braun bis dunkelbraun.

Ursprung

Der in der Schweiz und in Deutschland gezüchtete Landseer zeigt dasselbe Wesen und dieselben Fähigkeiten wie der Neufundländer. Er verdankt seinen Namen dem Maler Sir Edwin Landseer, der die Rasse um 1837 auf seinen Gemälden darstellte. Anfang des 20. Jahrhunderts wäre die Rasse beinahe ausgestorben.

Verhalten

Der Landseer ist ein perfekter Begleiter beim Fischfang, der Jagd auf Wasserwild und allen sonstigen Aktivitäten, die mit Wasser zu tun haben. Dieser Wasserhund hilft den Rettungsschwimmern und Fischern bei ihrer Arbeit. Er ist ein ruhiger Zeitgenosse, selbstsicher und mutig. Er ist sanftmütig und seinem Herrn treu ergeben und freundlich.

- Das Stadtleben ist nichts für ihn, da er sehr viel Raum benötigt. Er benötigt eine konsequente Erziehung.

▲ Landseer

Svensk Lapphund

Schwedischer Lapphund

WIDERRISTHÖHE
Rüde: 45 bis 50 cm;
Hündin: 40 bis 45 cm.

GEWICHT
15 bis 20 kg.

KURZBESCHREIBUNG
Dieser Hund zeigt eine stolze Kopfhaltung und ist leichtfüßig und elastisch in der Bewegung.

WESEN
Lebhaft und liebenswert.

Der Schwedische Lapphund hat einen Schädel, der etwas länger als breit ist sowie einen sehr stark ausgeprägten Stopp. Der Fang ist kräftig und mit straff anliegenden Lefzen. Die runden Augen sind dunkel. Die weit voneinander abgesetzten und am Ansatz breiten Ohren sind aufgerichtet und sehr beweglich. Der Körper ist lang und kräftig.
Die ziemlich hoch angesetzte Rute reicht bis zum Sprunggelenk, wenn man sie langzieht. In der Bewegung wird sie über dem Rücken eingerollt getragen. Das Fell ist reichlich und vom Körper gerade abstehend. Die Unterwolle ist dicht und fein gelockt. Am Kopf und am unteren Teil der Läufe ist es kürzer. An der Rute ist das Haar lang und buschig und bildet um den Hals herum einen Kragen.
Die Fellfarbe ist einfarbig schwarz, eine Bronzefärbung ist typisch. Weiß ist an Brust, Pfoten und Rutenspitze zulässig. Das Weiß darf nicht überhand nehmen.

▲ Svensk Lapphund

Ursprung

Der aus Finnland stammende, seit Jahrhunderten bekannte Schwedische Lapphund, ein direkter Nachfahre des Ahnen aller Spitze, wurde schon immer zum Hüten von Vieh eingesetzt, einer Arbeit, bei der er sich auszeichnet. Früher wurde er von den Lappen zum Treiben der Rentierherden verwendet. Dieser sehr mutige Hund zögert nicht, auch Wölfe anzugreifen.

Verhalten

Der Schwedische Lapphund ist intelligent, sehr gelehrig und arbeitsfreudig. Seine Fähigkeiten als Wach- und Treibhund waren für die Rentierzüchter von großem Nutzen.
Der robuste und vielseitige Hund ist unermüdlich und gleichermaßen mutig wie ruhig.

- Heutzutage wird er als Hofhund, Wachhund und Begleithund gehalten, besonders in der Schweiz, wo er sehr beliebt ist.

Leonberger

WIDERRISTHÖHE
Rüde: 72 bis 80 cm;
Hündin: 65 bis 75 cm.

GEWICHT
60 bis 80 kg.

KURZBESCHREIBUNG
Sehr großer, kräftiger Hund von mächtigem und doch elegantem Körperbau.

WESEN
Ruhig und anhänglich.

BESONDERE KENNZEICHEN
Bellt kaum.

Der Leonberger hat einen eher länglichen Kopf, der im ganzen tiefer als breit ist, mittelgroße, möglichst dunkelbraune Augen und einen stets schwarzen Nasenschwamm. Die mittelgroßen und hoch angesetzten, hängenden Ohren liegen am Kopf an. Der Hals ist leicht gebogen, die Lendenpartie fest und die Brust tief. Die Vorderläufe sind gerade, die Hinterhand weist kräftige, stark bemuskelte Oberschenkel auf. Die Rute wird gerade getragen und in der Bewegung leicht angehoben. Sie ist sehr reich behaart.
Das Fell ist mittelweich bis derb, ziemlich lang, glatt oder sehr leicht gewellt, mit einer guten Unterwolle. An Hals und Brust bildet es eine Mähne, an den Vorderläufen eine Befederung und an den Hinterläufen Hosen.
Sein Fell ist löwengelb (hell falbfarben), rot falbfarben, dunkel falbfarben (rotbraun), sandfarben (fahlgelb oder cremefarben). Auch alle Kombinationen zwischen diesen Farben, jeweils mit einer schwarzen Maske, sind möglich. Schwarze Haarspitzen sind erlaubt, das Schwarz darf aber nie vorherrschend sein. Ein kleiner Bruststern oder helles bzw. weißes Haar an den Zehen können auf Ausstellungen toleriert werden.

Ursprung

Bezüglich der Herkunft dieses großen Berghundes existieren zwei gegensätzlichen Theorien. Die erste Theorie geht davon aus, dass der Leonberger ein Nachkomme der Tibetdoggen ist, die seit Jahrhunderten in den Zentral- und Ostalpen bekannt war. Die Existenz einer Zucht von Hunden in Österreich um 1625, die exakt dem heutigen Rassestandard entsprachen und der Fürstenfamilie von Metternich gehörten, scheint diese Theorie zu bestätigen. Die zweite Theorie geht davon aus, dass der erste Leonberger 1846 entstand und zwar aufgrund der Bemühungen eines Züchters aus der Stadt Leonberg im Bundesland Baden-Württemberg, die der Rasse ihren Namen gab (abgeleitet vom Lateinischen leo für „Löwe“ und dem Wort „Berg“). Dieser Züchter wollte einen Hund hervorbringen, der mit seinem falbfarbenen Fell löwenähnlich sein sollte, in Anlehnung an das Wappen seiner Heimatstadt. Sein Ziel soll er dadurch erreicht haben, indem er zwei Rassen, den Neufundländer und den Bernhardiner, miteinander kreuzte.

Verhalten

Der seinem Wesen nach sehr sanftmütige, ausgeglichene und anhängliche Leonberger ist ein ausgesprochener Familien- und Begleithund, der immer und überall bei seiner Familie sein möchte.
Der in Ruhe sehr träge Hund steckt ansonsten voller Leben. Er ist seiner Familie sehr treu ergeben und äußerst anpassungsfähig. Er ist weder scheu noch aggressiv und lässt sich gut erziehen.

- Wegen seiner imposanten Größe ist er eher für ein Leben im Freien gemacht als für die Wohnungshaltung – ein Haus mit Garten sollte schon sein.

Lhasa Apso

WIDERRISTHÖHE
Rüde: 25,4 cm;
Hündin: etwas kleiner.

GEWICHT
4 bis 7 kg.

KURZBESCHREIBUNG
Kompakter, aber gut ausgewogener Hund.

WESEN
Lebhaft und fröhlich.

BESONDERE KENNZEICHEN
Sein wunderschönes Fell und sein angenehmes Wesen.

Der Lhasa Apso hat einen schweren Kopf mit üppigem Kopfhaar, das nach vorne über die Augen fällt und einen Bart und Backenbart bildet. Die Ohren sind hängend und stark behaart, die Augen dunkel. Der kräftige Hals trägt eine Halskrause, die bei Rüden stärker ausgeprägt ist als bei Hündinnen. Die Rippen reichen gut zurück. Die Lendenpartie ist stark. Kruppe und Oberschenkel sind gut entwickelt. Die gut behaarte Rute endet häufig in einem regelrechten Federbusch aus langem Haar. Sie wird über der Kruppe getragen. Das Fell besteht aus schwerem, glattem, hartem und langem Haar, weder wollig noch seidig, und aus mittelmäßig viel Unterwolle. Die Fellfarben sind gold, sandfarben, honigfarben, dunkelgrau, schiefergrau oder rauchgrau. Das Fell kann auch mehrfarbig sein: Schwarz, Weiß und Braun. Alle Farben sind gleichermaßen erlaubt.

▲ Lhasa Apso

Ursprung

Der aus Tibet stammende Lhasa Apso ist eine der ältesten Hunderassen der Welt. Als heiliges Tier wurde er hauptsächlich in Klöstern gezüchtet. Da diese Hunde niemals verkauft wurden, gelangten die ersten Exemplare erst Anfang des 20. Jahrhunderts nach Europa. Das goldfarbene Fell, das dem der Tibetziege gleicht, hat ihm den Beinamen „Apso“ (auf tibetisch die Bezeichnung für eine langhaarige Bergziege) eingebracht.

Verhalten

Der fröhliche, lebhafte und sehr selbstbewusste Lhasa Apso ist ein charmanter Begleiter, sehr feinfühlig und unauffällig. Er hat ein sehr feines Gehör und schlägt sofort mit durchdringendem Gebell Alarm. Der selbstsichere und ausgeglichene Hund zeigt sich Fremden gegenüber misstrauisch.

- Diese starke Hundepersönlichkeit kann sich nur im engen Umgang mit dem Menschen voll entfalten. Im Allgemeinen schließt er sich sehr eng an eine einzige Person an und ignoriert alle anderen. Der intelligente und sehr instinktsichere Lhasa Apso muss sehr liebevoll ausgebildet werden.

Petit Chien Lion

Löwchen

WIDERRISTHÖHE
Rüde und Hündin: 26 bis 32 cm.

GEWICHT
Rund 6 kg.

KURZBESCHREIBUNG
Gut proportionierter, eher hochbeiniger Hund.

WESEN
Ruhig und sehr anhänglich.

BESONDERE KENNZEICHEN
Für die Ausstellung muss er unbedingt im Löwenschnitt geschoren sein.

Das Löwchen hat einen kurzen, ziemlich breiten Kopf. Die großen, runden und sehr dunklen Augen haben einen intelligenten Ausdruck. Die gut gefransten Ohren hängen an den Wangen herab. Die mittellange Rute wird grazil auf den Rücken gebogen getragen, ohne diesen zu berühren. Das Fell ist lang, gewellt, dicht und seidig. Alle Farben oder Farbkombinationen sind erlaubt.

Ursprung

Von dem aus Maltesern, kleinen Französischen Wasserhunden und zweifellos auch Spaniels hervorgegangenen Hund konnte man bereits im 8. Jahrhundert Darstellungen sehen. Damals war er der Liebling der Hofdamen und am burgundischen Hof. Heutzutage ist diese anerkannte Rasse außerhalb von Frankreich, Belgien und Großbritannien kaum verbreitet. Er wird auf dieselbe Weise wie ein Pudel im „Löwenschnitt“ geschoren. Dabei wird die Hinterhand geschoren und an Pfoten und an der Rutenspitze Haarbüschel ausgespart.

▼ Petit Chien Lion

Verhalten

Das intelligente, sehr anhängliche, liebenswürdige und fröhliche, sehr aufgeweckte Löwchen ist leicht auszubilden, da es sehr aufmerksam und gelehrig ist. Die Ausbildung muss einfühlsam erfolgen. Es ist ein angenehmer, ruhiger, unauffälliger Haushund, der jeder Situation gewachsen ist. Der wachsame Hund schlägt beim leisesten Geräusch an. Artgenossen gegenüber verhält er sich völlig unerschrocken und versucht, sie zu dominieren. Das Löwchen braucht regelmäßigen und ausreichend langen Auslauf.

Magyar Agar

Ungarischer Windhund

WIDERRISTHÖHE
Rüde: 65 bis 70 cm;
Hündin: 62 bis 67 cm.

GEWICHT
Rüde: rund 30 kg;
Hündin: rund 25 kg.

KURZBESCHREIBUNG
Hochläufiger, aber kraftvoller Hund von ruhiger und elastischer Gangart.

WESEN
Intelligent und zurückhaltend.

BESONDERE KENNZEICHEN
Bei Windhundrennen ist er auf manchen Strecken schneller als der Greyhound.

Der keilförmige, an der Basis ziemlich breite Kopf besitzt einen ausgeprägten Stopp, einen breiten Schädel und kräftige Backen. Die dunklen Augen zeigen einen aufmerksamen und intelligenten Ausdruck. Die recht großen Ohren müssen immer als am Hals anliegendes Rosenohr getragen werden.
Die Gliedmaßen sind parallel, lang und kräftig. Die Lende ist kräftig bemuskelt und gebogen, der Brustkorb ist gut hinabreichend und stark gewölbt, der Bauch ist aufgezogen. Die Rute reicht bis zum Sprunggelenk.
Das kurze, dichte und gut anliegende Fell kann im Winter eine dicke und reichliche Unterwolle ausbilden. Der Rassestandard erlaubt sämtliche Farben der Windhunde.

Ursprung

Als sich die Magyaren, die große Jäger waren, im Karpatenbecken niederließen, brachten sie diesen Windhund orientalischen Ursprungs mit. Bei dem vermutlich mit römischen, türkischen und asiatischen Windhunden gekreuzten Ungarischen Windhund wurde zur Zucht auf Geschwindigkeit auch der Greyhound eingekreuzt.

▲ Magyar Agar

Verhalten

Der Ungarische Windhund ist unermüdlich, ausdauernd, beharrlich und schnell bei der Jagd. Für einen Sichtjäger hat er einen beachtlichen Geruchssinn. Er bewährt sich vor allem bei der Hetzjagd und ebenfalls bei Windhundrennen.

- Der Ungarische Windhund ist zurückhaltend, ohne schüchtern zu sein, und ziemlich unabhängig. Als führiger Hund ist er leicht auszubilden. Er ist ein angenehmer, anhänglicher und treuer Begleithund. Er hat einen ausgeprägten Wach- und Beschützertrieb, ohne jedoch aggressiv oder bissig zu sein.

Magyar Vizsla

Magyar Vizsla (Rövidszörü, Drotzörü)

WEITERER NAME
Vizsla

WIDERRISTHÖHE
Rüde: 58 bis 64 cm;
Hündin: 54 bis 60 cm.

GEWICHT
22 bis 30 kg.

KURZBESCHREIBUNG
Anmutiger Vorstehhund mit wunderschöner semmelgelber Fellfarbe.

WESEN
Intelligent und führig.

Der Ungarische Vorstehhund mit seiner trockenen Muskulatur und guten Knochenbau hat einen edlen Kopf mit mäßig breitem und leicht gewölbtem Oberkopf, einen geraden Nasenrücken und einen gut entwickelten Nasenschwamm. Die Nasenlöcher sind gut geöffnet, die Kiefer kräftig und gut bemuskelt. Die Augen harmonisieren immer mit der Fellfarbe und sind möglichst dunkel. Der Behang in abgerundeter V-Form liegt am Kopf an. Der Rücken ist gerade und gut bemuskelt, die Brust tief und breit. Die Lenden sind breit, die Gliedmaßen lang, der Bauch leicht aufgezogen. Die Rute reicht bis zum Sprunggelenk. Sie wird entweder gerade oder leicht säbelförmig getragen. Das Fell des Kurzhaarigen Ungarischen Vorstehhundes (Rövidszörü) ist kurz und dicht, soll sich derb und hart anfühlen, ohne Unterwolle. Die Fellfarbe gibt es in verschiedenen Abstufungen von Semmelgelb. Sie ist überall einheitlich, der Behang kann etwas dunkler sein. Der etwas seltener vorkommende Drahthaarige Ungarische Vorstehhund (Drotzörü) weist dieselben Merkmale wie der Kurzhaarige Ungarische Vorstehhund auf. Sein „drahtiges" Fell liegt eng an, es ist kräftig, dicht und glanzlos, die Unterwolle dicht, und bildet einen Backenbart sowie Augenbrauen. Dank seiner robusteren Konstitution gegenüber dem Kurzhaarigen Ungarischen Vorstehhund zeigt er sich beim Suchen sehr zielstrebig.

Ursprung

Dieser Vorstehhund entstand aus einer Kreuzung zweier heute ausgestorbener Rassen: dem Ungarischen Laufhund und dem Türkischen Gelben Jagdhund, wobei sein Blut durch Fremdeinkreuzungen von Jagdhunden, besonders den Pointern und den Deutsch Kurzhaar, verbessert wurde. Die gezielte Zucht des Viszla begann 1920 und die Kurzhaar-Varietät wurde 1936 von der F.C.I. anerkannt. Der Drahthaarige Ungarische Vorstehhund ging in den 1930er-Jahren aus einer Kreuzung zwischen der Kurzhaar-Varietät und einem deutschen Drahthaar-Vorstehhund hervor, die darauf abzielte, ein wetterfesteres Fell zu erzüchten.

Verhalten

Dieser intelligente, immer beliebter werdende Hund eignet sich für alle Arten der Jagd. Seine Ausbildung ist leicht. Sein Vorstehen ist sicher, sowohl bei Federwild als auch bei Haarwild. Er passt seine Suche sehr gut an wechselndes Gelände an. Als geborener Apportierhund liebt er das Wasser. Man kann ihn auch als Schweißhund für Großwild ausbilden.

- Dieser Hund ist leidenschaftlich bei der Jagd, ruhig, aber lebhaft in der Bewegung und auch ein Gefährte für die ganze Familie, der sich an alle Lebensumstände anpassen an, vorausgesetzt, er erhält genügend Auslauf.
- Der Magyar Viszla verträgt keine grobe Behandlung und darf weder aggressiv noch scheu sein.

▲ Magyar Vizsla

Maltese

Maltese ▼

Malteser

WEITERER NAME
Hund aus Malta

WIDERRISTHÖHE
Rüde: 21 bis 25 cm;
Hündin: 20 bis 23 cm.

GEWICHT
3 bis 4 kg.

KURZBESCHREIBUNG
Mit seinem aufrecht getragenen Hals und seinem weißen Haarmantel wirkt der Malteser sehr aristokratisch.

WESEN
Intelligent und lebhaft.

Mit seinem eigentümlichen, „schwebenden“ Trab vermittelt der Malteser den Eindruck, als ob sein Kopf nach hinten geworfen ist. Der breite und flache Schädel hat einen sehr ausgeprägten Stopp. Die nicht vorstehenden, dunkel ockerfarbenen Augen haben einen lebhaften Ausdruck.

Die nahezu dreieckigen Ohren werden hängend getragen. Der große und schwarze Nasenschwamm öffnet sich zu ziemlich großen Nasenlöchern. Der Körper übertrifft in der Länge die Widerristhöhe um mehr als ein Drittel. Der Rücken ist gerade, die Lende breit und der Bauch eher tief. Die Rute bildet einen Bogen über der Kruppe. Sie ist dick an der Wurzel, aber dünn an der Spitze. Sie ist reichlich mit langem Haar bedeckt, das auf einer Seite in Wellen auf die Flanke und den Oberschenkel fällt. Das sehr lange, dichte, glänzende und seidige Fell ist ohne Spuren von Locken oder Kräuselung. Es teilt sich in der Mitte des Rumpfes und fällt schwer am Körper auf den Boden. Locken und Flocken sind zulässig an den Gliedmaßen. Auch auf dem Kopf ist das Haar sehr lang. Die Fellfarbe ist ein reines Weiß, höchstens ein blasses Elfenbein. Bei der Bewertung wird besonderes Augenmerk auf die Ausgewogenheit des Gebäudes, das Tragen der Rute sowie Farbe und Beschaffenheit des Fells gelegt.

Verhalten

Der sehr aufgeweckte, lustige, reizende und sanfte Hund mit lebhaftem Temperament ist ein äußerst charmanter und liebenswerter Begleiter. Er ist sehr anhänglich. Hinter seinem edlen Aussehen verbirgt sich ein robuster und unermüdlicher Hund.

- Der von Natur aus führige Hund ist leicht zu erziehen. Sein exquisites Fell erfordert tägliches Bürsten und Kämmen. Der Malteser, der beim leisesten Geräusch Alarm schlägt, wird auch sehr als Wächter geschätzt.

Ursprung

Der Ursprung dieses Hundes geht zweifellos bis auf das alte Ägypten zurück. Tatsächlich wurde eine Statuette entdeckt, die einen Bichon mit glattem Fell in einem Grab darstellt, das aus der Herrschaft von Ramses II. datiert. Dieser Hund wurde ebenfalls von dem griechischen Geographen Strabon um 150 v. Chr. beschrieben. Der Malteser verdankt seinen Namen der Insel Malta oder der sizilianischen Stadt Melita. Man könnte meinen, dass der Malteser von heute dem ursprünglichen Malteser sehr ähnelt. Es steht jedoch fest, dass Einkreuzungen mit anderen Zwergrassen erfolgten, um seine Größe zu verringern und bestimmte äußere Merkmale zu verbessern.

Manchester Terrier

WIDERRISTHÖHE
Rüde: 40 bis 41 cm;
Hündin: 38 cm.

GEWICHT
7,5 bis 8 kg.

KURZBESCHREIBUNG
Dieser kurz gebaute, schlanke Terrier hat ein wunderschönes tiefschwarzes Fell mit lohfarbenen Abzeichen.

WESEN
Lebhaft und fröhlich – dabei immer arbeitswillig und manchmal etwas eigensinnig

Der eher kompakt aussehende, aber dennoch elegante Manchester Terrier hat einen langen Kopf mit flachem, keilförmigem Schädel ohne Stirnabsatz, mit geradem Fang und ebenmäßigen Kiefern. Die kleinen, dunklen und mandelförmigen Augen glänzen. Die V-förmigen und kleinen Ohren werden gut oberhalb der Schädeldecke getragen und sind zum Kopf hin gekippt. Der ziemlich lange Hals ist zum Kopf hin leicht gebogen. Die Vorderläufe sind ganz gerade und die Hinterläufe senkrecht gestellt.
Die kurze Rute ist am Ansatz dick und läuft zum Ende hin spitz zu. Sie wird nicht über die Rückenlinie erhoben getragen.
Das Fell ist fest und besteht aus kurzem, dichtem, glattem und glänzendem Haar. Es ist tiefschwarz mit satter Mahagonifarbe, wobei sich Letztere in Form von Abzeichen an den körperfernen Stellen befindet. Auf jeder Wange und über jedem Auge befindet sich je ein lohfarbenes Abzeichen, ein lohfarbenes Abzeichen befindet sich auch unter der Rute. Die beiden Farben sind deutlich voneinander abgegrenzt.

▲ Manchester Terrier

Ursprung

Der im 18. Jahrhundert entstandene Manchester Terrier ist das Ergebnis einer Kreuzung zwischen dem Old Black and Tan Terrier, einer inzwischen ausgestorbenen Rasse, und dem Whippet. Zweifellos steckt auch ein Schuss Blut des West Highland White Terrier in ihm. Der von den Engländern mit dem Spitznamen „Ratten-Terrier" belegte aktive und mutige Hund ist der unbestrittene König unter den Rattlern. Anfang des letzten Jahrhunderts wurde er häufig in Landhäusern und Lagerhallen eingesetzt, die er von Ratten und Mäusen freihielt.

Verhalten

Der Manchester Terrier ist ein mutiger, schneller, eigensinniger und robuster Hund. Da er eine sehr starke Persönlichkeit hat, muss er konsequent erzogen werden. Dieser intelligente, treue und sehr sanftmütige Hund ist ein angenehmer Begleithund voller Lebensfreude, der sich an das Stadtleben anpasst, sofern er genügend Beschäftigung und Auslauf erhält.

Mastiff

WIDERRISTHÖHE
Rüde: mindestens 70 cm;
Hündin: mindestens 66 cm.

GEWICHT
40 bis 90 kg.

KURZBESCHREIBUNG
Gut und kräftig gebauter, kraftvoller Hund.

WESEN
Mutig und anhänglich.

BESONDERE KENNZEICHEN
Sein breiter Kopf und sein massiver Körper.

Der Mastiff besitzt einen quadratischen Kopf mit zwischen den Ohren breitem Schädel und ebener Stirn, die sich in Falten legt, wenn der Hund aufmerksam ist, und mit einem kurzen Fang. Die kleinen, weit auseinander gesetzten Augen sind von dunklem Haselnussbraun. Die kleinen, V-förmigen und sich dünn anfühlenden Ohren sind sehr hoch angesetzt und liegen an den Wangen an. Der sehr muskulöse Hals ist leicht gewölbt. Die Brust ist breit und tief, die Rippen sind gut gerundet. Rücken und Lendenpartie sind breit und muskulös, die Flanken gut hinabreichend. Die hoch angesetzte Rute verjüngt sich zur Spitze hin. Sie reicht bis zum Sprunggelenk und hängt in Ruhe gerade herab. Das kurze und eng am Körper anliegende Fell ist apricot-braun, silberbraun, rehbraun oder dunkelbraun gestromt. In jedem Fall sollten Fang, Ohren, Nasenschwamm, Augen und Stirnansatz schwarz sein.

Ursprung

Der große und massive, gut auf weit auseinander gestellten Läufen stehende Mastiff stammt vermutlich von syrischen Doggen ab, die wiederum von Tibetdoggen abstammen und von den Phöniziern

Mastín Español

▼ Mastiff

nach Europa mitgebracht wurden. Manche Kynologen sind dagegen der Ansicht, dass der Mastiff vom griechischen Molosser abstammt, der von den römischen Legionen nach England mitgebracht wurde. Unter Richard Löwenherz, seinem Förderer, wurde dieser kraftvolle Hund, der als Wachhund, Kriegs- und Kampfhund sehr geschätzt war, äußerst beliebt.

Verhalten

Dieser mutige Molosser wirkt allein schon durch seine Größe respekteinflößend. Eine sehr gute Sozialisation ist Pflicht für diesen großen Hund, ebenso das Befolgen der Grundkommandos, wenn er keine Gefahr für fremde Personen darstellen soll. Dann allerdings erweist er sich als ausgezeichneter, jedoch harmloser Beschützer.

Zum Schutzdienst eignet sich der Mastiff wegen seines Phlegmas und seiner Masse nicht. Er ist mit der richtigen Erziehung ein ruhiger, sanftmütiger und treuer Hund und braucht sehr viel Zuwendung.

Spanischer Mastiff

WEITERE NAMEN
Mastín der Extremadura,
Mastín der Mancha

WIDERRISTHÖHE
Rüde: mindestens 77 cm und vorzugsweise über 80 cm;

Hündin: mindestens 72 cm und vorzugsweise über 75 cm.

GEWICHT
50 bis 65 kg.

KURZBESCHREIBUNG
Robuster, gedrungener, genügsamer und derber Hund.

WESEN
Eine sehr starke Persönlichkeit.

Der Spanische Mastiff hat einen großen Kopf mit geradem, gut proportioniertem Fang und starkem Kiefer. Die kleinen und dunklen Augen zeigen einen aufmerksamen und sanften Ausdruck. Die dreieckigen glatten Ohren hängen. Der Rücken ist stark, die Brust breit und tief. Die Höhe der breiten Kruppe entspricht der Höhe am Widerrist. Die Gliedmaßen sind kräftig. Die Rute wird tief und in Ruhe leicht gekrümmt getragen. Das üppige Fell ist dicht, dick, halblang und glatt. An den Gliedmaßen ist es kürzer, an der Rute länger und seidiger. Der Rassestandard schreibt keine bestimmte Fellfarbe vor, bevorzugt wird Einfarbigkeit: Gelb, Falbfarben, Rot, Schwarz, Wolfsgrau oder gescheckt.

Ursprung

Der aus der Extremadura stammende Spanische Mastiff ist ein guter Wachhund und ein ausgezeichneter Herdenschutzhund, der sich nicht scheut, auch Wölfe anzugreifen. Seine Gedrungenheit legt nahe, dass die Dogge auch zu seinen Vorfahren zählt.

Verhalten

Der Spanische Mastiff wird zur Bewachung von Fabriken und Häusern eingesetzt, als Zughund und manchmal auch zur Jagd auf Wildschweine.
Der auf Fremde ziemlich abschreckend wirkende Hund braucht eine konsequente Erziehung. Für hundeunerfahrene Menschen ist er nicht geeignet.

- Der Spanische Mastiff ist ein ruhiger Hund, der aber auch lebhaft und fröhlich sein kann. Er ist seinem Herrn sehr zugeneigt. Der selbstsichere Hund, der seine Kräfte dosiert anwendet, ist treu. Sein raues und sehr tiefes Bellen ist weithin vernehmbar.

▲ Mastín Español

Mastino Napoletano

WIDERRISTHÖHE
Rüde: 65 bis 75 cm;
Hündin: 60 bis 68 cm.

GEWICHT
Rüde: 60 bis 70 kg;
Hündin: 50 bis 60 kg.

KURZBESCHREIBUNG
Kräftiger und sehr selbstbewusster Hund.

WESEN
Eine starke Persönlichkeit.

BESONDERE KENNZEICHEN
Sein langsamer, schwerfälliger Passgang, dem eines Bären ähnelnd, wobei er seinen Kopf hin und her wiegt.

▼ Mastino Napoletano

Der Mastino Napoletano besitzt einen kurzen und massigen Kopf mit breitem und flachem Schädel und einem sehr breiten und hohen Fang. Der Stopp ist gut ausgeprägt, der Nasenschwamm massig. Die am ganzen Körper reichliche Haut bildet Falten und Runzeln. Die Oberlefzen bedecken die Unterlefzen. Der Hund besitzt kleine, dreieckige, natürlich herabhängende Ohren und gut auseinander stehende Augen, wobei die Iris eine dunklere Farbe aufweist als das Fell.
Der kräftige Hals hat eine Wamme mit großen Falten. Die Brust ist tief, der Rücken muskulös, die Gliedmaßen sind gut gebaut, die Oberschenkel breit. Die am Ansatz dicke Rute verjüngt sich zur Spitze hin und reicht bis zum Sprunggelenk.
Das Fell ist kurz, rau und hart, dicht anliegend und gleichmäßig glatt. Die bevorzugten Farben sind Grau, bleigrau und Schwarz. Manchmal ist das Fell auch braun, falbfarben oder intensiv falbfarben (hirschrot). Weiße Abzeichen an Brust und Zehen werden toleriert. Alle Farben dürfen gestromt sein.

Verhalten

Der im Allgemeinen ausgeglichene, intelligente, ruhige und ergebene Hund ist sehr widerstandsfähig und mutig. Er kann gut Schmerzen ertragen und ist sehr wachsam. Sein gutmütiges Naturell darf nicht darüber hinwegtäuschen, dass er ihm unbekannten Menschen gegenüber zur Aggressivität neigt.

- Der sich seinen Artgenossen gegenüber sehr selbstbewusst verhaltende Mastino muss von klein auf konsequent von einem erfahrenen Hundehalter ausgebildet werden. Da er mit seiner mächtigen Statur als Molosserhund abschreckend genug wirkt, sollte man ihn nicht auf Angriff abrichten.
- Der durch seine schiere Körpermasse, seine Kiefer, aber auch seine Wendigkeit furchteinflößende Mastino könnte bei falscher Erziehung schwer kontrollierbar werden. Er ist ein Hund, der viel Raum benötigt.

Ursprung

Der imposante Mastino Napoletano ist ein Nachfahre der griechischen und römischen Molosserhunde, die wiederum die Tibetdogge als Stammhalter haben sollen. Er existiert seit über 2000 Jahren in der Region Kampanien im Südwesten Italiens, wo sich seine Zucht bis heute gehalten hat. Obwohl er eine Zeit lang in Vergessenheit geriet, hat er in den Ländereien am Fuße des Vesuv überlebt, wo die Züchter seine Zuchtauswahl 1947 wieder aufnahmen. Der ursprünglich durch und durch als Kampf- und Kriegshund gezüchtete Hund stand sowohl in den Diensten der Mafia als auch der Polizei.

Mittelschnauzer

WIDERRISTHÖHE
Rüde und Hündin: 45 bis 50 cm.

GEWICHT
14 bis 20 kg.

KURZBESCHREIBUNG
Gedrungener Hund mit demselben Fell wie der Riesenschnauzer.

WESEN
Lebhaft und unbeschwert.

BESONDERE KENNZEICHEN
Ein unbestechlicher und angenehmer Begleithund.

Der Schnauzer hat einen kräftigen Kopf mit flacher Stirn, einen ausgeprägten Stopp, einen geraden Nasenrücken und einen keilförmigen Fang, an dessen Ende ein schwarzer und rundlicher Nasenschwamm sitzt. Die V-förmigen Ohren sind hoch angesetzt und von Natur aus halbhängend. Die Augen sind dunkel und oval. Der edel geschwungene, trockene Hals darf weder zu kurz noch zu dick sein. Der kräftige, gedrungene Schnauzer hat einen quadratischen Körperbau. Der leicht abfallende Rücken, die gerundete Kruppe, die mäßig breite und tiefe Brust vermitteln einen kompakten Gesamteindruck. Die Gliedmaßen sind gerade und stämmig, die Oberschenkel kräftig. Die Rute ist nach oben gebogen. Das Fell ist identisch mit dem des Riesenschnauzers. Es muss regelmäßig getrimmt werden.

Ursprung

Der Schnauzer ist gleicher Herkunft wie der Riesenschnauzer (siehe dort).

Verhalten

Dieser energische Hund, der Ratten, Steinmardern, Wieseln und Dachsen hinterherjagt, braucht sehr viel Bewegung und ist ideal für das Leben auf dem Land geeignet. Der nicht übertrieben lebhafte, unerschrockene und wachsame Hund ist Fremden gegenüber misstrauisch.
Der Schnauzer ist sehr intelligent und reaktionsschnell.

- Bei feinfühliger und konsequenter Ausbildung wird er ein ausgezeichneter Begleithund. Der treue, anhängliche und verspielte Schnauzer ist sehr auf eine Familie bezogen.

▲ Mittelschnauzer

Münsterländer

Großer Münsterländer
Kleiner Münsterländer

WIDERRISTHÖHE
Rüde: 60 bis 65 cm (groß) und rund 54 cm (klein);
Hündin: 58 bis 63 cm (groß) und rund 52 cm (klein).

GEWICHT
Rund 30 kg.

KURZBESCHREIBUNG
Eleganter und gut gebauter Hund mit einem adeligen Ausdruck.

WESEN
Lebhaft, aber nicht nervös.

BESONDERE KENNZEICHEN
Trockene Außenlinie und eine edle Haltung.

Der Kopf ist trocken, der Fang lang. Die Augen sind dunkel. Der breite, an der Spitze abgerundete und ziemlich hoch angesetzte Behang ist gut anliegend. Die Brust ist tief, die Kruppe gut entwickelt. Die mit einer schönen Fahne versehene, weiße oder gefleckte Rute wird waagrecht oder leicht aufwärts getragen. Das Fell ist glatt, lang und dicht, weder

▲ Münsterländer

>>

gelockt noch abstehend und bildet schöne Fransen. Die Fellfarbe ist weiß mit schwarzen Tupfen und Platten oder schwarz geschimmelt. Der Kopf ist schwarz, manchmal mit einem kleinen weißen Fleck oder einer kleinen weißen Blesse. Das Fell des Kleinen Münsterländers ist dicht und mittellang. Es ist braunweiß, braun-schimmel mit breiten braunen Platten, mit einem Mantel und mit Tupfen.

Ursprung

Die beiden Münsterländer-Varietäten sind gleichen Ursprungs, der bis ins 19. Jahrhundert zu den Deutsch Langhaar und vielleicht auch den Französischen Spaniels sowie den englischen Rassen wie Setter und Pointer zurückreicht, die zur Verbesserung der Rasse eingekreuzt wurden. Erst Anfang des 20. Jahrhunderts wurden die beiden Rassen im Münsterland in Westfalen in unterschiedlicher Größe gefestigt.

Verhalten

Der Große und Kleine Münsterländer zeigen ihr Können auf flachem Gelände, im Unterholz und im Wasser. Sie bleiben während der Suche in der Nähe des Jägers, stehen fest vor und setzen ihren ausgezeichneten Geruchssinn bestens bei der Nachsuche auf geschossenes Wild ein, das sie mit weichem Maul apportieren. Einzigartig an ihnen ist, dass sie manchmal in der Meute zur Jagd auf Hochwild eingesetzt werden. Gelegentlich wurden sie sogar als Schäferhunde verwendet.

- Der Kleine Münsterländer ist ein hervorragender Familienhund und leicht zu sozialisieren. Der ausgeglichene und freundliche Hund braucht viel Auslauf und Bewegung.
- Der Große Münsterländer ist ein hervorragender Jagdgebrauchshund, der bei konsequenter Erziehung und viel Beschäftigung und Auslauf auch als Familienhund gehalten werden kann.

Newfoundland

Neufundländer

WIDERRISTHÖHE
Rüde: 71 cm;
Hündin: 66 cm.

GEWICHT
Rüde: rund 68 kg;
Hündin: rund 54 kg.

KURZBESCHREIBUNG
Durch seine Größe und seinen etwas rollenden Gang ist er nicht zu übersehen.

WESEN
Sanftmütig und ruhig.

Der Neufundländer ist ein großer Hund mit breitem und massivem Kopf, mäßig kurzem und ausgesprochen quadratischem Fang, verhältnismäßig kleinen, gut hinten angesetzten und gut am Kopf anliegenden, mit kurzem Fell bedeckten Ohren. Die relativ kleinen, tief eingesetzten und weit auseinander liegenden Augen sind dunkelbraun. Der massive Körper, der kräftige Hals, der breite Rücken, die tiefe Brust, die kräftige Lende zeugen von seinen athletischen Fähigkeiten. Die mittellange, dicke und gut behaarte Rute hängt herab, außer in Erregung. Das Fell besteht aus einem mäßig langen, geraden, nicht gelockten und fettigen Deckhaar und einer weichen und dichten, wasserundurchlässigen Unterwolle. Das Fell bildet eine Befederung an den Läufen. Die Fellfarben können sein:

- Schwarz, so einheitlich wie möglich, ein leichter Bronzeschimmer und etwas Weiß an Vorbrust und Pfoten sind erlaubt;
- Weiß-Schwarz, schwarzer Kopf mit vorzugsweise einer weißen Blesse zum Fang hin, schwarzer Sattel mit gleichmäßigen Abzeichen, schwarze Kruppe und schwarze Oberseite der Rute; alle anderen Partien sind weiß mit einem Minimum an Tüpfelung;
- Braun, diese Farbe reicht von schokoladenfarben bis bronzefarben. Weiße Abzeichen an Brust, auf den Zehen und an der Rutenspitze sind zulässig.

Ursprung

Dieser massive Hund zählt zu einer der wenigen in Nordamerika einheimischen Hunderassen. Seine Herkunft ist noch nicht geklärt. Dessen ungeachtet trägt er das Blut des Labrador Retrievers und der auf der Insel Neufundland Ende des 17. Jahrhunderts eingetroffenen skandinavischen Schlittenhunde in sich. Vermutlich zählen auch der Leonberger, der Bernhardiner und noch andere Rassen wie der Pyrenäen-Berghund zu seinen Vorfahren, wobei Letzterer von baskischen Fischern aus der Region Biarritz einge-

▲ Newfoundland

führt wurde. Bereits um 1700 war vom Neufundländer, dem Inbegriff des Rettungshundes, die Rede. Der von den Fischern abgerichtete Hund zog die schweren Fischnetze an Land. Im 18. Jahrhundert ließen ihn die Kanadier als Hütehund, Jagdhund, Rettungshund oder Wachhund arbeiten. Um 1880 wurde ihm sogar die Postbeförderung zwischen den verschiedenen Ansiedlungen auf Neufundland anvertraut. Die von den Kabeljaufischern in Großbritannien eingeführte Rasse wurde dort sowie in ganz Europa ein großer Erfolg.

Verhalten

Der mutige und bärenstarke Neufundländer ist ein sehr ergebener Hund. Er würde sich ohne zu zögern ins Wasser stürzen, um jemanden zu retten. Um bei dieser Arbeit erfolgreich zu sein, bedarf es allerdings einer speziellen Ausbildung und Training. Angeblich soll ein Neufundländer auf der Insel Elba Napoleon vor dem Ertrinken bewahrt haben.
Der sehr aktive Hund kann stundenlang auch in kältestem Gewässer schwimmen.

- Der Neufundländer ist intelligent, besonders sanftmütige und leichtführig, so dass er problemlos ausgebildet werden kann. Der fröhliche und unternehmungslustige Hund ist ein großer Menschenfreund. Tatsächlich wurden seinen Vorfahren nicht nur auf Widerstandsfähigkeit und Mut sorgfältig selektiert, sondern auch auf Geschicklichkeit und Treue.
- Dieser völlig gelassene Hund benötigt jedoch unbedingt einen Garten für seine Bewegungsfreiheit. Er leidet stark unter Hitze und erträgt es nicht, eingeengt und von seiner Familie getrennt zu sein.

Nihon Supittsu

Japan Spitz

WIDERRISTHÖHE
Rüde: 30 bis 38 cm;
Hündin: nur wenig kleiner.

GEWICHT
Rund 10 kg.

KURZBESCHREIBUNG
Spitz mit ausgewogenen Proportionen, sehr elegant in seinem üppigen Fell.

WESEN
Fröhlich und sehr aufgeweckt.

BESONDERE KENNZEICHEN
Seine würdevolle Ausstrahlung.

Der robuste und wendige Hund hat den spitz zulaufenden Fang aller Spitzrassen. Die Ohren sind spitz und werden aufrecht getragen. Die ziemlich großen und dunklen Augen sind leicht schräg gestellt. Der Japan Spitz hat ein üppiges langes Fell mit geradem und abstehenden Deckhaar und einer kurzen, weichen und dichten Unterwolle. Die mäßig lange, hoch angesetzte und über dem Rücken eingerollte Rute hat eine üppige Fahne. Die Mähne ist wunderschön. Die Fellfarbe ist reinweiß.

Ursprung

Die von nordischen Hunden abstammende anerkannte Spitzrasse ist schon lange in Japan verbreitet, wo sie sich sehr großer Beliebtheit erfreut.

Verhalten

Der verspielte, sehr aufgeweckte, kühne, sehr listige und intelligente Begleithund wirkt äußerst sympathisch und ist seiner Familie gegenüber sehr anhänglich.

- Er muss von klein auf mit Feingefühl und Konsequenz ausgebildet werden, damit er später nicht zu autfreudig wird.
- Er ist ein guter Wachhund, der sich Fremden gegenüber eher misstrauisch verhält.

▲ Nihon Supittsu

Norfolk Terrier

WIDERRISTHÖHE
Rüde und Hündin: 25 bis 26 cm.

GEWICHT
Rund 5 kg.

KURZBESCHREIBUNG
Kompakter und muskulöser Hund mit drahtigem Fell.

WESEN
Lebhaft und unerschrocken – dabei aber freundlich und verspielt.

BESONDERE KENNZEICHEN
Einer der kleinsten Terrier.

▼ Norfolk Terrier

Verhalten

Der Norfolk Terrier ist zwar kein Jagdhund im eigentlichen Sinne mehr, hat sich aber dessen Mut und Lebhaftigkeit bewahrt. Der anhängliche und ausgeglichene Hund ist ein ausgezeichneter Gefährte, der sich gut mit seinen Artgenossen versteht. Er ist einfach auszubilden, muss aber häufig zur Ordnung gerufen werden.

Der breite Schädel hat einen kräftigen Fang. Die Kippohren werden an den Wangen anliegend getragen, ein Merkmal, was ihn vom Norwich Terrier unterscheidet, der Stehohren hat. Die dunkelbraunen oder schwarzen Augen haben einen sehr lebhaften Ausdruck. Der ziemlich kurze und kompakte Körper steht gut senkrecht auf gleichermaßen kurzen, kraftvollen Vorderläufen. Die mittellange Rute wird stolz getragen. Das Fell ist hart, dicht und glatt, drahtig und am ganzen Körper eng anliegend. An Hals und Schultern ist es länger und buschiger. An Kopf, Ohren und Fang ist das Fell kurz und glatt. Es bildet einen leichten Schnurrbart und Augenbrauen.
Die Fellfarbe kann alle Schattierungen von Rot, Weizenfarben, Schwarz mit Lohfarben oder Grizzle annehmen. Weiße Abzeichen oder Flecken sind statthaft, aber unerwünscht.

Ursprung

Der aus dem Norwich Terrier hervorgegangene Norfolk Terrier stellte zunächst eine Varietät mit herabfallenden Ohren dar. Als eigenständige Rasse wurde er vom British Kennel Club erst 1964 anerkannt.

Norsk Buhund

Norwegischer Buhund

WIDERRISTHÖHE
Rüde: 43 bis 47 cm;
Hündin: 41 bis 45 cm.

GEWICHT
Rüde: rund 14 bis 18 kg;
Hündin: rund 12 bis 16 kg.

KURZBESCHREIBUNG
Massiver Hund mit dem Äußeren eines Spitzes.

WESEN
Listig, aber sehr treu und seiner Familie zugetan.

Der keilförmige Kopf des Norwegischen Buhunds wird durch möglichst dunkle Augen betont, was ihnen einen energischen Blick verleiht. Die Ohren sind

▲ Norsk Buhund

spitz und werden straff aufrecht getragen. Die Gliedmaßen erscheinen kurz. Die fest eingerollte Rute wird über der Mitte des Rückens getragen. Der Körper kann als quadratisch beschrieben werden. Das Deckhaar ist dick, reichlich und hart, aber eher anliegend. Am Kopf und unten an den Läufen ist es vergleichsweise kurz. Die Unterwolle ist weich und dicht.
Das Fell ist weizenfarben, seine Tönung reicht von ziemlich hell bis gelblich-rot. Die Haarspitzen sind manchmal dunkel gefärbt. Eine schwarze Maske ist zulässig, darf aber nur so wenig Weiß wie möglich tragen.

Ursprung

Der im Mittelalter in Skandinavien weit verbreitete Hund gelangte zwischenzeitlich auch nach Island, wo er isländische Rassen begründete.

Verhalten

Der Norwegische Buhund ist ein unermüdlicher Hütehund, der sommers wie winters vollen Arbeitseinsatz bringt. Der unerschrockene Hund verteidigt Tiere wie Menschen gegen Raubzeug.
Dank seiner ausgezeichneten Sicht und seines hervorragenden Geruchssinns wird er häufig zur Jagd auf Wasservögel eingesetzt.

- Bei der Ausbildung, die nicht grob sein darf, zeigt er sich geduldig und aufnahmefähig. Er ist etwas lautfreudig und sehr arbeitswillig. Dieser sehr auf seine Familie bezogene Hund kann in der Stadt leben, sofern er häufig lange Spaziergänge machen kann.

Norsk Elghund

Norwegischer Elchhund (Schwarz, Grau)

WIDERRISTHÖHE
Rüde: rund 47 cm (Schwarz), rund 52 cm (Grau);
Hündin: rund 44 cm (Schwarz), rund 49 cm (Grau).

GEWICHT
Beide Varietäten rund 20 bis 23 kg.

KURZBESCHREIBUNG
Sehr kräftig gebauter Hund mit eher kompakten Körperumrissen.

WESEN
Ruhig, unabhängig und anhänglich.

BESONDERE KENNZEICHEN
Eine leichtere Ausgabe des Spitzes.

Der Norwegische Elchhund hat einen keilförmigen Kopf mit am Ansatz breitem Fang, der sich zur Nase hin verschmälert. Die Kiefer sind kräftig. Die dunkelbraunen Augen haben einen freimütigen Blick. Die aufrecht stehenden, spitzen Ohren sind äußerst beweglich. Der Rücken ist breit und gerade, der Bauch leicht aufgezogen, die Kruppe kräftig, die Gliedmaßen sind kräftig und gerade. Der Hund trägt eine schöne, über der Lendenpartie eingerollte Rute. Den Norwegischen Elchhund gibt es in zwei Varietäten: in Schwarz, mit dichtem und rauem, glänzend schwarzem Fell, und in Grau, mit dickem, grob anzufassendem Fell, dessen sandfarbene Grundfarbe mehr oder weniger berußt ist, und mit schwarzer Maske.

Ursprung

Er gehört einer sehr alten Rasse an, die sich seit der Wikingerzeit praktisch nicht mehr weiterentwickelt hat.

Verhalten

Der Norwegische Elchhund ist ein erstklassiger Jagdhund, der aufgrund seines vorzüglichen Geruchssinns seine Beute aus mehreren Kilometern Entfernung ausmacht. Sein Mut lässt ihn auch Hirsche angreifen, deren Geweih er gut auszuweichen weiß. Der Norwegische Elchhund wird auf Bären und Wölfe angesetzt und ruft den Jäger durch anhaltende Lautgebung herbei. Er wird wegen seiner Selbstständigkeit sehr geschätzt. Dieser Athlet wird auch vom Militär und als Schlittenhund eingesetzt.

- Er ist ein ruhiger, aufgeschlossener, unabhängiger und intelligenter Begleiter, der gut auszubilden ist. Sein Leben ist die Jagd und weite Räume. Seiner Familie gegenüber ist er anhänglich und freundlich.

Norsk Lundehund

Norwegischer Lundehund

WEITERE NAMEN:
Papageitaucher-Hund

WIDERRISTHÖHE
Rüde: 35 bis 38 cm;
Hündin: 32 bis 35 cm.

GEWICHT
Rüde: rund 7 kg;
Hündin: rund 6 kg.

KURZBESCHREIBUNG
Ein kleiner und leichter Hund.

WESEN
Aufgeweckt und voller Energie.

BESONDERE KENNZEICHEN
Sechs Zehen an jeder Pfote und ein Gehörgang, der automatisch verschlossen wird, sobald er den Kopf unter Wasser steckt.

Dank seiner sehr beweglichen Wirbel kann dieser Hund den Kopf bis an die Wirbelsäule nach hinten biegen. Des Weiteren kann er seine Vorderläufe im 90°-Winkel seitlich wegstrecken. Sein dichtes und raues Fell besitzt eine weiche Unterwolle. Die immer mit Weiß versetzte Fellfarbe variiert zwischen Rotbraun bis Fahlbraun. Das Haar weist stellenweise schwarze Haarspitzen auf. Das Fell kann auch grau oder weiß mit dunklen Abzeichen sein.

Ursprung

Der Ursprung dieses Hundes aus dem hohen Norden verliert sich im Dunkel der Zeit. Heutzutage stammen die Norwegischen Lundehunde, deren Bezeichnung „Papageitaucher-Hund“ bedeutet, durchweg von einer Insel im Norden Norwegens. Früher wurden sie zur Jagd auf diese Wasservögel eingesetzt.

Verhalten

Der außerordentlich wendige Hund erklettert auch die steilsten Felshänge an den Fjorden Norwegens, um die Papageitaucher aufzustöbern.

- Er ist ein charmanter Begleithund, aufmerksam, intelligent, anhänglich, fröhlich und sehr verspielt. Außerdem ist er etwas eigensinnig. Er passt sich gut an die Wohnungshaltung an, wenn er viel Bewegung erhält.

▲ Norsk Lundehund

Norwich Terrier

WIDERRISTHÖHE
Rüde und Hündin: rund 25 cm.

GEWICHT
Rund 5 kg.

KURZBESCHREIBUNG
Stämmiger, tiefgestellter und einer der kleinsten Terrier.

WESEN
Fröhlich und sehr temperamentvoll.

Dieser kleine, kompakte und kräftige Terrier besitzt einen kräftigen „Fuchsfang“ mit kraftvollen Kiefern und starken Zähnen in einem Scherengebiss. Der breite und nur leicht gerundete Schädel weist einen deutlich ausgeprägten Stopp auf. Die kleinen, ovalen Augen sind dunkel und glänzend und verleihen ihm einen lebhaften Ausdruck. Die Lefzen sind geschlossen. Die Ohren werden aufgerichtet getragen. Der Hals ist kräftig und besitzt eine gute Länge. Die Brust ist gut hinabreichend. Die Lenden sind kurz, breit und muskulös. Der Norwich Terrier ist gut auf kurzen, kraftvollen und geraden Vorderläufen aufgestellt. Die muskulösen Hinterläufe haben gut gewinkelte Kniegelenke. Die runden Pfoten sind „Katzenpfoten“. Die Rute ist mittellang und möglichst gerade.
Das Fell ist hart, glatt und drahtig und dicht am Körper anliegend. An Hals und Schultern ist das Haar länger und buschiger und bildet eine Mähne. Die Fellfarbe ist unterschiedlich und kann alle Schattierungen von Rot, Weizenfarben, Schwarz mit Loh oder Grizzle annehmen. Weiße Flecken oder Abzeichen sind unerwünscht.

▼ Norwich Terrier

Ursprung

Dieser englische Terrier entstand 1870 in Norwich bei einem Züchter. Eine letzte Kreuzung mit einem ähnlichen Terrier mit schwarz-rotem oder grauem Fell führte zu der heutigen Rasse. Um 1914 war der Norwich Terrier beinahe ausgestorben. Die Rasse konnte wiederbelebt werden, indem man einige Exemplare mit dem Staffordshire Terrier, dem Bullterrier und vermutlich auch dem Bedlington Terrier kreuzte.

Verhalten

Der unglaublich aktive, robuste und charakterstarke Norwich Terrier muss konsequent erzogen werden. Er ist fröhlich, furchtlos, treu und sehr umgänglich mit seinem Herrn.
Da er weder streitsüchtig noch nervös ist, findet er schnell Kontakt zu Menschen.

Nova Scotia Duck Tolling Retriever

Toller

WIDERRISTHÖHE
Rüde: 48 bis 51 cm;
Hündin: 45 bis 48 cm.

GEWICHT
Rüde: 20 bis 23 kg;
Hündin: 17 bis 20 kg.

KURZBESCHREIBUNG
Mittelgroßer, kompakter und gut bemuskelter Hund.

WESEN
Sehr intelligent und schwungvoll agierend.

BESONDERE KENNZEICHEN
Er versteht es, den Köder für die Enten zu spielen.

Der Nova Scotia Duck Tolling Retriever hat mandelförmige Augen mit lebhaftem und freundlichem Ausdruck. Die dreieckigen Ohren sind hoch angesetzt. Die Rute reicht mindestens bis zum Sprunggelenk.

Das mittellange und weiche Fell besitzt eine dichte und sehr weicher Unterwolle. Das Fell ist praktisch wasserabweisend.

Ursprung

Diese in Europa wenig bekannte kanadische Rasse ist in ihrem Herkunftsland sehr beliebt.

Verhalten

Dieser Retriever ist ein Meister in der Kunst, die Aufmerksamkeit von Enten auf sich zu lenken und sie dazu zu bringen, näher heranzukommen, so dass sie vom Jäger leicht geschossen werden können. Der intelligente, leicht auszubildende und ausdauernde Nova Scotia Duck Tolling Retriever mit seiner außergewöhnlichen Reaktionsfähigkeit ist an Land genau so ausdauernd wie im Wasser. Dieser vorzüglich veranlagte Apportierhund muss retrievergerecht beschäftigt werden.

▲ Nova Scotia Duck Tolling Retriever

Old English Sheepdog

Altenglischer Schäferhund, Bobtail

WIDERRISTHÖHE
Rüde: 61 cm, Hündin: 56 cm.

GEWICHT
Rund 35 kg.

KURZBESCHREIBUNG
Robuster, untersetzter und kräftiger Hund mit freundlichem Ausdruck.

WESEN
Anhänglich „wie eine Klette“ und wild auf Streicheleinheiten.

BESONDERE KENNZEICHEN
Sein Teddybär-Aussehen, das durch seinen watschelnden Gang noch betont wird.

Der Bobtail hat einen breiten Kopf, einen schwarzen Nasenschwamm, gut voneinander abgesetzte, dunkle Augen (zwei blaue Augen werden akzeptiert), die von Haaren überdeckt sind. Die Ohren sind klein und werden flach an den Seiten des Kopfes getragen. Der Hals ist ziemlich lang, die Gliedmaßen absolut gerade. Der Körper ist eher kurz und kompakt. Die Rippen sind gut gewölbt. Die Brust ist geräumig, die Lendenpartie stabil. Die Rute ist lang, reichlich befedert und hat eine weiße Schwanzspitze. Dieser Schäferhund bewegt sich mit einem bärenhaften Rollen in der Hinterhand, wobei sein Galopp sehr elastisch ist. Das Fell ist reichlich, von harter und zottiger Struktur, und frei von Locken. Die Unterwolle bildet einen wasserfesten Flor. Die Fellfarbe kann jede Schattierung von Grau oder Blau sein. Körper und Hinterläufe sind einfarbig, mit oder ohne kleine weiße Abzeichen (Socken) an den Pfoten. Kopf, Hals, Vorderhand und Unterbauch müssen weiß, mit oder ohne Zeichnung, sein. Jede Schattierung von Braun wird von den Ausstellungsrichtern als Fehler bewertet.

Ursprung

Der Bobtail soll aus einer Mischung alter Schäferhundrassen mit einem kleinen Schuss Deerhoundblut entstanden sein. Nach anderen Quellen trafen seine Vorfahren zusammen mit den Legionen Cäsars in England ein. Dieser Schäferhund war über Jahrhunderte hinweg ein im Land weit verbreiteter Hütehund von Schafen, ganz besonders im Süden Englands sowie in Schottland. Später wurde er dann zum Begleithund und sein Arbeitstrieb hat sich auf Kinder ausgeweitet, die er sehr gut beaufsichtigt, was ihm in den USA den Spitznamen „Nanny Dog“ (Kindermädchenhund) eingetragen hat. Außerhalb der angelsächsischen Länder lautet die offizielle Rassebezeichnung Old English Sheepdog (Altenglischer Schäferhund). Er wird jedoch überall nur Bobtail (Stummelschwanz) genannt. Diesen Namen verdankt er einem alten Brauch, wonach die Rute der Arbeitshunde kupiert wurde, während die Prunkhunde, die einer Steuer unterlagen, ihre lange Rute behalten durften.

Verhalten

Seine sympathische, bärenhafte Art, sein schönes Fell, sein gutes Temperament und vielleicht seine sehr besondere, raue Stimme bescherten dieser Rasse einen ungeheuren Erfolg in sehr vielen Ländern und machten aus ihm einen angenehmen Familienhund.
Es gibt nur noch wenige Exemplare, die tatsächlich Herden hüten.

- Der ausgeglichene, intelligente und führige Bobtail lässt sich leicht ausbilden, sofern sein Herr die Ausbildung mit Konsequenz durchführt und viel mit Belohnungen arbeitet.
- Obwohl er aufgrund seiner außergewöhnlichen Haarpracht für ein Leben im Freien geradezu prädestiniert ist, passt sich der Bobtail sehr gut an das Stadtleben und die Wohnungshaltung an, sofern er stets mit seinem Herrn zusammenleben darf. Dann ist er liebevoll, ergeben und anhänglich, manchmal sogar etwas übertrieben. Er ist weder ängstlich noch aggressiv.

▲ Old English Sheepdog

Old English Sheepdog ►

Österreichischer Pinscher

Österreichischer Kurzhaariger Pinscher

WIDERRISTHÖHE
Rüde und Hündin: 35 bis 50 cm.

GEWICHT
12 bis 18 kg.

KURZBESCHREIBUNG
Kräftiger und stämmig gebauter Hund.

WESEN
Temperamentvoll.

Der kleine bis mittelgroße Österreichische Pinscher hat große lebhafte Augen und kleine V-förmige, halbhängende oder aufrechte Ohren. Die Rute wird eingerollt und meist über dem Rücken getragen. Das Fell ist kurz und glatt, mit Unterwolle. Die Fellfarbe ist semmelgelb, falbfarben, braungelb, rotbraun, schwarz oder braun, manchmal gestromt, und häufig mit weißen Abzeichen an Brust wie an den Pfoten, mit einer Blesse auf dem Fang.

Ursprung

Der Ursprung dieses mäßig großen, kurzhaarigen Hundes, der auch Österreichischer Kurzhaariger Pinscher genannt wird, ist unbekannt. Er hat wohl schon immer die Bauernhöfe und Viehherden bewacht.

Verhalten

Der energische und nur aus gegebenem Anlass Schärfe zeigende Hund ist ein bemerkenswerter Wachhund von ungewöhnlicher Wachsamkeit. Der ziemlich freundliche Hund ist leicht auszubilden und sehr anspruchslos. Er ist unauffällig und elegant, insgesamt ein fröhlicher und liebenswürdiger Begleiter. Da er sehr selbstbewusst ist, muss er gut sozialisiert werden.

- Er ist von Natur aus ein Hund fürs Land. Mindestens aber sollte er einen großen Garten zur Verfügung haben. Dennoch wird ihn sein Pinscher-Erbe dazu verleiten, Löcher zu graben und Hasen und Füchsen nachzustellen.

▲ Österreichischer Pinscher

Tiroler Bracke

WEITERER NAME
Österreichische Glatthaarige Bracke

WIDERRISTHÖHE
Rüde: 50 bis 56 cm;
Hündin: 48 bis 54 cm.

GEWICHT
Rund 20 kg.

KURZBESCHREIBUNG
Kräftig gebauter und geschmeidiger Hund.

WESEN
Angenehmer Gefährte.

Der mittelgroße Kopf mit breitem Oberkopf trägt einen langen und breiten Behang, an den Backen herabhängend. Der Körper ist lang und kräftig. Das Fell ist kurz, dicht, flach und glänzend. Die Fellfarbe ist schwarz mit lohfarbenen Abzeichen, die von hellgelb bis dunkelgelb reichen. Zwei lohfarbene Abzeichen über den Augen sind erwünscht.

Ursprung

Diese Rasse ist außerhalb ihrer Heimat kaum bekannt. Sie ist ein Nachfahre der Keltenbracke.

Verhalten

Die Tiroler Bracke ist ein ausgezeichneter Laufhund, mit kräftigen und gleichzeitig geschmeidigen Bewegungen, einem sehr feinen Geruchssinn sowie ausgeprägtem Spurlaut ausgestattet. Die Zucht hat bei ihm die besten Anlagen zur Jagd im Wald und Hochgebirge hervorgebracht. Dieser freundliche und anhängliche Gefährte braucht Platz und Auslauf.

Otterhound

WIDERRISTHÖHE
Rüde: rund 69 cm;
Hündin: rund 61 cm.

GEWICHT
Rund 32 kg.

KURZBESCHREIBUNG
Großformatiger, gedrungener und robuster Hund.

WESEN
Sanftmütiger, anhänglicher und ausgeglichener Hund.

BESONDERE KENNZEICHEN
Charakteristische Falte des Behangs, der seltsam drapiert aussieht, und Schwimmhäute an den Pfoten.

Der Kopf des Otterhunds ist eher hoch als breit, gut geformt und mit sprödem Fell besetzt, das einen Schnurrbart sowie einen leichten Backenbart bildet. Der Fang ist kräftig und tief, die Kiefer stark, die Lefzen kräftig, aber nicht übermäßig ausgeprägt. Der lange und herabhängende Behang ist am Vorderrand gefaltet oder einwärts gerollt. Er ist gut langem Fell besetzt. Die Brust ist gut hinabreichend und mäßig breit. Die Lenden sind kurz und kräftig. Die lange Rute wird gerade oder leicht gebogen getragen.

Das Fell besteht aus langem, hartem, dichtem, rauem und wasserabweisendem Deckhaar und aus Unterwolle, die leicht ölig sein können. Die Fellfarbe ist einfarbig gräulich, sandfarben, rot, weizenfarben oder blau, mit leichten weißen Abzeichen an Kopf, Brust, Pfoten und Rutenspitze, oder aber schwarz-lohfarben, blau-lohfarben, schwarz-cremefarben oder gelegentlich auch braun, lohfarben-braun, lohfarben-weiß.

Ursprung

Dieser große strubbelige Hund englischer Herkunft zählt den Bloodhound, Harrier, Foxhound, verschiedene Griffons und Terrier zu seinen Vorfahren. Die Rasse wurde speziell für die Jagd auf Ottern gezüchtet, die er bis in deren Bauten hinein unter der Wasseroberfläche verfolgt.

Verhalten

Der Geruchssinn dieses Hundes ist derart fein, dass er noch am frühen Morgen einen Otter riechen kann, der bereits nachts in den Fluss gestiegen ist. So stürzt sich der Hund in das Gewässer und macht sich auf die Jagd nach seiner Beute. Dieser unerschrockene und beharrliche Laufhund ist ein intelligenter, fröhlicher, unbeschwerter und treuer Begleiter. Er versteht sich gut mit anderen Tieren.

▲ Otterhound

Polski Owczarek Podhalanski

Tatra-Schäferhund

WEITERE NAMEN
Tatrahund, Podhalaner

WIDERRISTHÖHE
Rüde: 65 bis 70 cm;
Hündin: 60 bis 65 cm.

GEWICHT
Rund 45 kg.

KURZBESCHREIBUNG
Kompakter und stattlicher Hund, der Beweglichkeit vermittelt.

WESEN
Intelligent und unabhängig.

BESONDERES KENNZEICHEN
Ein schönes weißes Fell.

▲ Polski Owczarek Podhalanski

>>

>> Polski Owczarek Podhalanski

Der Tatra-Schäferhund hat einen starken Fang mit kräftigem Kiefer. Seine mittelgroßen Augen sind dunkel, etwas schräg gestellt und sehr ausdrucksvoll. Seine dreieckigen Ohren sind hängend. Die buschige Rute wird tief getragen. Das Fell ist kurz und dicht an Kopf, der Vorderseite der Vorderläufe und den Sprunggelenken. Am Körper ist es lang und dicht, mit dichter Unterwolle. Die Fellfarbe ist weiß. Cremefarbene Flecken sind unerwünscht.

Ursprung

Als Verwandter des Kuvasz aus Ungarn stammt dieser große Herdenschutzhund wie Letzterer von den großen Molossern Zentralasiens ab, die zur Zeit der Invasion der Barbaren nach Europa gelangten. Seit dieser Zeit hütet er die Schafe in der Hohen Tatra, dem höchsten Teil der Karpaten. Auf seine lebhafte und intelligente Art bewacht er die Herden und greift auch Wölfe und Bären an. Als sehr widerstandsfähiger Hund macht ihm das raue Klima der Region nicht zu schaffen. Dank seiner Wendigkeit kann er schnell ein verirrtes Schaf selbst im unwegsamsten Gelände wieder einfangen. Die Rasse wurde von der F.C.I. offiziell erst 1967 anerkannt. Die in Polen weit verbreitete Rasse ist in Deutschland eher selten anzutreffen.

Verhalten

Der Tatra-Schäferhund ist ein ausgesprochen unabhängiger Hund, der geistig und körperlich ausgelastet werden muss.

- Dieser Herdenschutzhund braucht einen Herrn, der ihn sich unterordnet, damit er ein zuverlässiger Wachhund wird. Aufgrund seiner recht friedlichen Wesensart kommt er gut mit seinen Artgenossen zurecht.
- Er ist ruhig, braucht aber viel Raum. Man sollt ihm mindestens einen Garten anbieten, in dem er sich nach Belieben verausgaben kann.

Pekingese

WIDERRISTHÖHE
**Rüde: 15 bis 25 cm;
Hündin: 14 bis 24 cm.**

GEWICHT
**Rüde: unter 5 kg;
Hündin: unter 5,5 kg.**

KURZBESCHREIBUNG
Hund mit untersetztem Körperbau, aber mit guten Proportionen und ausgewogener Gesamterscheinung.

WESEN
Intelligent und von starker Persönlichkeit.

BESONDERE KENNZEICHEN
Seine verschwenderische Haarpracht.

Der Pekingese hat einen massigen Kopf mit zwischen den Ohren breitem und flachem Schädel und einem sehr kurzen und breiten Fang. Eine Falte sollte in Form eines breiten umgekehrten „V“ von den Wangen zum Nasenrücken hin verlaufen. Die Nasenlöcher des schwarzen Nasenschwamms sind gut geöffnet. Der Stopp ist ausgeprägt. Die Augen sind groß, rund, dunkel, glänzend und nur wenig vorstehend. Die herzförmigen und mit sehr langem Haar befederten Ohren werden dicht am Kopf anliegend getragen. Die gleichmäßig schließenden Lefzen lassen weder Zähne noch Zunge sehen. Die hoch angesetzte und mit sehr langem Fell befederte Rute bildet einen Federbusch, der über den Rücken fällt. Die Brust ist breit, die kurzen Gliedmaßen haben schwere Knochen. Die Vorderhand ist leicht gebogen. Das lange und glatte, eher harte Fell besitzt eine dicke und weichere Unterwolle. Der Rassestandard lässt alle Fellfarben zu mit Ausnahme von Braun (leberfarben) und Albino. Bei mehrfarbigen Hunden sind die Farben gleichmäßig verteilt.

Ursprung

Der vor Jahrtausenden in China entstandene Pekingese zählt zu den ältesten

▲ Pekingese

Hunderassen der Welt. Sein Bildnis wurde auf über 4000 Jahre alten Bronzekunstwerken entdeckt. Nach der Überlieferung ging dieser kleine heilige Hund aus der Liebe zwischen einem Löwen und einer Äffin hervor. Als Verkörperung der Löwenhunde, die Buddha beschützten, war der Pekingese jahrhundertelang ausschließlich dem Kaiserhaus vorbehalten. Der umsorgte, verehrte und in Ehren gehaltene Hund sollte seinen Herrn im Jenseits beschützen und wurde bei dessen Tod geopfert.

Nach der Plünderung und Zerstörung des Sommerpalasts in Peking während des Taiping-Aufstandes 1860 holten britische Soldaten die überlebenden Pekingesen aus dem Palast und nahmen sie mit nach England.

Verhalten

Dieser klassische Luxushund ist sehr temperamentvoll und will verstanden werden.

Er muss von klein auf einfühlsam, aber konsequent ausgebildet werden, damit er im Erwachsenenalter nicht undiszipliniert ist. Der Pekingese ist intelligent und unabhängig, weder scheu noch aggressiv.

- Auch wenn er aus seiner berühmten Vergangenheit eine Vorliebe für die Bequemlichkeit beibehalten hat, so muss er doch ausreichend Bewegung erhalten.
- Dieser kleine Hund zeigt sich seinem Herrn gegenüber äußerst treu, Fremden gegenüber jedoch reserviert. Er ist ein guter, kleiner, aber mutiger Wachhund.
- Für Menschen, die sehr eigenwillige Hunde mögen, ist der Pekingese bestens geeignet.

Perdiguero de Burgos

WIDERRISTHÖHE
Rüde: 62 bis 67 cm;
Hündin: 59 bis 64 cm.

GEWICHT
Rund 30 kg.

KURZBESCHREIBUNG
Robuster, unermüdlicher Jagdgebrauchshund.

WESEN
Intelligent, ruhig und führig.

Mit seiner breiten und tiefen Brust vermittelt der Portugiesische Vorstehhund einen kraftvollen Eindruck. Seine Oberschenkel sind lang. Seine am Ansatz dicke und sich zur Spitze hin verjüngende Rute wird bei jagdlich geführten Hunden im hinteren Drittel kupiert. Sie wird hoch getragen. Das kurzhaarige Fell ist weiß mit leberfarbener Scheckung oder Tüpfelung bzw. mehr oder weniger dunkel leberfarben, mit weißen Flecken.

Ursprung

Dieser Vorstehhund gehört einer alten, sehr rein gehaltenen spanischen Rasse an.

Verhalten

Der für die Jagd auf Haar- und Federwild eingesetzte Portugiesische Vorstehhund ist ein hervorragender Jäger. Sein Geruchssinn und seine Technik sind erstklassig. Dieser leicht auszubildende Hund steht perfekt vor und bringt das Wild dem Jäger auf jedem Gelände. Bereitwillig stöbert er auch Großwild auf. Er ist ausgesprochen wetterhart.

Dieser ausgeglichene und ruhige, große, sanfte Hund ist auch ein charmanter Begleiter.

Perdigueiro Português

Portugiesischer Vorstehhund

WIDERRISTHÖHE
Rüde: 56 cm;
Hündin: 52 cm.

GEWICHT
Rüde: rund 23,5 kg;
Hündin: rund 19 kg.

KURZBESCHREIBUNG
Die große Geschmeidigkeit in den Bewegungen verleiht diesem kräftigen Hund eine gewisse Anmut.

WESEN
Sehr gesellig und anhänglich.

Der Portugiesische Vorstehhund mit seinem rhythmischen Trab hat einen Kopf, der ein wenig dick erscheint, aber in Proportion zum Körper steht, und einen dünnen, herabfallenden Behang trägt. Der Nasenrücken ist gerade, der Nasenschwamm ist schwarz oder kastanienbraun, die Nasenlöcher sind weit geöffnet. Die ovalen Augen, vorzugsweise von dunklem Kastanienbraun, sind sehr ausdrucksstark. Der gerade Hals, die tiefe und breite Brust, der kurze und horizontale Rücken, die langen und muskulösen Gliedmaßen verleihen dem Hund ein stabiles Gebäude. Die Rute ist kräftig. Das kurze, kräftige und dichte Fell ist einfarbig gelb oder braun und manchmal mit weißen Flecken.

Ursprung

Der seit dem 14. Jahrhundert bekannte Portugiesische Vorstehhund stammt vermutlich aus dem Orient. Schon im Mittelalter wurde dieser ausgezeichnete Vorstehhund wegen seiner Jagdeigenschaften hoch geschätzt. Im 16. Jahrhundert besaßen nur die Adligen das Recht, einen solchen Hund zu besitzen. Nach dem Niedergang der Rasse in den 1930er-Jahren hat sie sich dank einiger engagierter Züchter wieder gut erholt.

Verhalten

Der Portugiesische Vorstehhund ist ein aktiver Stöberer und Läufer, ausdauernd und hartnäckig auf dem Feld. Mit seinem feinen Spürsinn arbeitet dieser gute Hund mit sehr viel Freude.

- Er ist ein sehr anhänglicher und besonders geselliger und angenehmer Begleithund mit einem ruhigen Wesen.
- Er braucht eine gute Ausbildung und muss ausreichend Beschäftigung und Auslauf haben.

Perro de Agua Español

Spanischer Wasserhund

WIDERRISTHÖHE
Rüde: 44 bis 50 cm;
Hündin: 40 bis 46 cm.

GEWICHT
Rüde: 18 bis 22 kg;
Hündin: 14 bis 18 kg.

KURZBESCHREIBUNG
Hund mit langgestrecktem Körperbau und besonderem Fell.

WESEN
Sehr ausgeglichen und fröhlich.

Der Körper ist kräftig und stämmig, die Gliedmaßen sind stark und senkrecht stehend. Das gelockte und wollige Fell bildet Zotten, wenn es lang ist. Es kann entweder geschoren oder natürlich belassen werden. In jedem Fall erfordert es wenig Pflege. Die Fellfarbe ist entweder einfarbig (weiß, schwarz und braun in unterschiedlichen Nuancen) oder zweifarbig (weiß und schwarz oder weiß und braun in unterschiedlichen Nuancen).

Ursprung

Dieser Nachfahre des alten Französischen Wasserhundes (Barbet) stammt ursprünglich aus Andalusien, wo er als Hütehund und Gehilfe der Jäger auf Wasserwild sowie der Fischer eingesetzt wird.

Verhalten

Der sehr robuste Spanische Wasserhund ist gehorsam, arbeitswillig und beherzt. Er besitzt eine feine Nase. Dank seiner außergewöhnlichen Anpassungsfähigkeit kommt er mit jeder Situation zurecht, einschließlich des Stadtlebens. Aufgrund seiner Ausgeglichenheit ist er sehr leicht auszubilden.

Perro Dogo Mallorquín

Mallorca-Dogge

WEITERE NAMEN
Ca de Bou,
Perro de Presa Mallorquín

WIDERRISTHÖHE
Rüde und Hündin: rund 56 cm.

GEWICHT
Rund 36 kg.

KURZBESCHREIBUNG
Kräftiger Hund von mittlerer Größe. Der Schädel des Rüden ist wesentlich größer als der der Hündin.

WESEN
Charakterstark und sehr selbstbewusst – er sollte nur in hundeerfahrene Hände.

Die Mallorca-Dogge weist einen mächtigen Schädel auf. Der Oberkopf ist breit und fast quadratisch, der Stopp sehr ausgeprägt und die Kiefermuskeln stark entwickelt. Der Fang ist breit und schwarz. Der Hund hat große vorstehende, ovale, leicht schräg gesetzte und sehr dunkle Augen. Die hoch angesetzten Ohren sind nach hinten gezogen. Der Hals ist sehr kräftig. Der Körper ist mächtig, der Bauch aufgezogen. Die Rute reicht bis zum Sprunggelenk. Die Vorderhand, die etwas kürzer als die Hinterhand ist, ist sehr kräftig. Das Fell ist kurz und rau.
Die Fellfarbe ist gestromt, falbfarben und schwarz. Weiße Flecken am Fang, an der Brust und an den Vorderläufen sowie eine schwarze Maske sind vom Rassestandard her zulässig.

Ursprung

Der als Kampfhund gegen Stiere in der Arena eingesetzte Hund ist vermutlich sehr alten Ursprungs. Man weiß, das seine fernen Vorfahren die Mittelmeerhäfen gegen Piraten verteidigten. Der wegen seiner Stärke, seiner Unerschrockenheit und seiner Kampfbereitschaft gezüchtete Hund wurde in den sehr beliebten Hundekämpfen, auf die gewettet wurde, eingesetzt. Diese wurden von der F.C.I. erst 1992 verboten.

Verhalten

Die Mallorca-Dogge ist ein mächtiger und ausgezeichneter Wachhund, der jedoch eigensinnig ist und einen energischen und vor allem erfahrenen Herrn braucht, der seinen Willen bei ihm eisern durchsetzt.

- Der eher phlegmatische Hund bellt nur aus gutem Grund. Wegen seines sehr selbstbewussten Wesens kommt er mit Artgenossen nur schlecht zurecht, mit seiner Familie dagegen sehr gut.

Pharaoh Hound

Pharaonenhund

WIDERRISTHÖHE
Rüde: 56 bis 63,5 cm;
Hündin: 53 bis 61 cm.

GEWICHT
Rund 22 kg.

KURZBESCHREIBUNG
Eleganter und sehr schneller Hund mit Jagdpassion.

WESEN
Intelligent und freundlich.

Der Kopf dieses Hundes sieht aus wie ein stumpfer Keil, nahezu ohne Stopp. Die langen, dünnen Ohren werden bei Erregung aufgerichtet getragen. Der Pharaonenhund hat einen nahezu quadratischen Körperbau, lange Muskeln und trockene Umrisse. Der Bauch ist mäßig aufgezogen.
In der Ruhe reicht die Rute knapp unter das Sprunggelenk. In der Erregung wird sie hoch und gebogen getragen. Das Fell ist kurz und glänzend, von fein und dicht bis etwas harsch und ohne Befederung. Die Fellfarbe ist rostbraun bis dunkel rostbraun, mit weißen Abzeichen. Eine weiße Rutenspitze ist sehr erwünscht.

Ursprung

Der Pharaonenhund ist ein lebendes Beispiel für die ersten bekannten Windhunde. Seine Ähnlichkeit mit den auf Fresken des alten Ägypten dargestellten Windhunden mit den aufrechten Ohren ist unübersehbar.
Der Hund, dessen Ursprung sich in grauer Vorzeit verliert, wurde auf den Balearischen Inseln in seiner reinsten Form erhalten.

▲ Pharaoh Hound

Verhalten

Der Pharaonenhund ist ein guter Jagdhund, aktiv, geschmeidig und sehr schnell auf der Rennbahn. Zudem ist er außergewöhnlich sprunggewaltig.
Der wachsame und leidenschaftliche Jäger jagt mit der Nase und auf Sicht. Auf kurze Distanz gebraucht er auch seine Ohren in bemerkenswerter Weise.

- Der verspielte und seiner Familie gegenüber anhängliche Hund ist ein angenehmer Gefährte. Er braucht sehr viel Bewegung, was bei einer Wohnungshaltung nicht sehr einfach ist.

Piccolo Levriero Italiano

Italienisches Windspiel

WIDERRISTHÖHE
Rüde und Hündin: 32 bis 38 cm.

GEWICHT
Unter 5 kg.

KURZBESCHREIBUNG
Grazil und vornehm, ein Windhund mit losschnellendem Abstoß beim Galopp.

WESEN
Zurückhaltend, anhänglich und sanftmütig.

BESONDERE KENNZEICHEN
Seine Gestalt erinnert an eine Mini-Ausgabe des Greyhounds.

Der längliche und schmale Kopf zeigt einen nur wenig ausgeprägten Stopp. Die großen und dunklen Augen sind sehr ausdrucksvoll. Die kleinen und dünnen, in sich selbst gefalteten Ohren werden nach rückwärts getragen. Der Hals, dessen Länge gleich der Kopflänge ist, wird in der Erregung senkrecht aufgerichtet. Das Italienische Windspiel hat eine schmale, tiefe Brust, einen geraden und wohlgeformten Rücken und elegante, muskulöse Gliedmaßen, die perfekt mit dem Körper harmonieren. Die lange, dünne und zum Rutenende verjüngte Rute wird tief und in der ersten Hälfte gerade getragen, dann krümmt sie sich. Die Haut ist dünn. Das kurze und feine Fell kann schwarz, grau, schiefergrau oder gelb in allen Schattierungen sein. Etwas Weiß an Brust und Pfoten wird toleriert.

Ursprung

Als Nachkomme kleinwüchsiger Windhunde ägyptischer Herkunft war dieser kleine, elegante und grazile Miniaturwindhund schon immer der Liebling an den Höfen dieser Welt (Kleopatra, Friedrich der Große, Anna von Österreich, Franz I., usw.). Der bei den Patrizierinnen im antiken Rom sehr beliebte Hund wurde von dem französischen Dichter Lamartine besungen.

Verhalten

Der wendige, intelligente und sehr anhängliche, manchmal etwas zurückhaltende Hund, ist rassig, sehr anmutig und elegant. Häufig zeigt er ein leichtes Zittern, was ihn zerbrechlich erscheinen lässt. Der sehr treue, lebhafte und fröhliche Hund verhält sich Fremden gegenüber zurückhaltend. Wird er einfühlsam, aber konsequent ausgebildet, ist er später besser zu führen.

- Das Italienische Windspiel ist ein sanftmütiger und angenehmer Begleiter, der im Haus ruhig ist und gewisse Annehmlichkeiten schätzt. Wird er in der Stadt gehalten, muss er sich häufig austoben können.

▲ Piccolo Levriero Italiano

Deutscher Pinscher

WIDERRISTHÖHE
Rüde und Hündin: 45 bis 50 cm.

GEWICHT
13 bis 18 kg.

KURZBESCHREIBUNG
Sehr fein gemeißelter Hund von elegantem und ausgewogenem Körperbau.

WESEN
Lebhaft, selbstsicher und sehr aktiv.

Der gut proportionierte Deutsche Pinscher hat einen nicht zu kurzen, trockenen Hals, der in einen gestreckten und schmalen Kopf mündet. Die hoch angesetzten, V-förmig gefalteten Ohren sind geklappt und nach vorne gerichtet. Der Stopp ist leicht ausgeprägt. Die ovalen Augen sind dunkel. Das Gebäude des

Hundes kann als nahezu quadratisch beschrieben werden, die Körperlänge entspricht ziemlich genau der Widerristhöhe. Die mäßig breite Brust ist im Querschnitt oval. Die geraden Gliedmaßen sind stämmig und gut bemuskelt. Die Pfoten sind ziemlich rund, die Ballen sehr derb. Die Rute ist lang.
Das dicke, kurze, glänzende und glatt anliegende Fell trägt sehr unterschiedliche Farben: Es kann entweder einfarbig sein – hirschrot, rotbraun bis dunkelrotbraun – oder schwarzrot mit roten bzw. braunen Abzeichen.

Ursprung

Der sehr elegante Deutsche Pinscher, den man zu Recht als Dobermann im Kleinformat bezeichnet, ist genauso robust wie der Schnauzer. Der Pinscher ist die glatthaarige Variante des Schnauzers. Allerdings nahm das Interesse am Pinscher gleichzeitig mit der Reinzucht der Schnauzer ab. Der Deutsche Pinscher entstand in der zweiten Hälfte des 19. Jahrhunderts in Deutschland. Tatsächlich wurde die Rasse erstmals 1880 in einem deutschen Zuchtbuch erwähnt.

Verhalten

Der temperamentvolle und mutige Deutsche Pinscher ist ein guter Wächter mit einem sehr feinen Gehör. Der intelligente, selbstsichere und ausgeglichene Hund ist leicht auszubilden. Er ist unbeschwert, lebhaft und sehr familienbezogen. Dank seiner Anpassungsfähigkeit kann dieser robuste Hund auch in der Stadt leben. Als hervorragender Sportler und in seiner Haltung anspruchsloser Hund will er sein Können unter Beweis stellen. Dazu braucht er täglich viel Bewegung und Beschäftigung – sei es im Hundesport oder neben dem Fahrrad.

Podenco Canario

Kanarischer Podenco

WIDERRISTHÖHE
Rüde: 55 bis 64 cm;
Hündin: 53 bis 60 cm.

GEWICHT
Rund 25 kg.

KURZBESCHREIBUNG
Mittelgroßer Windhund.

WESEN
Widerstandsfähig und aktiv.

BESONDERE KENNZEICHEN
Sein außergewöhnliches Durchhaltevermögen.

Der Kanarische Podenco sieht aus wie ein Podenco Ibicenco (S. 172) im Kleinen. Er besitzt Katzenpfoten, während die Pfoten des Podenco Ibicenco länglich sind. In Ruhe fallen seine Ohren nach hinten. Das Fell ist kurz, glatt und dicht. Die Fellfarbe soll vorzugsweise Rot und Weiß sein. Das Rot kann mehr oder weniger satt ausfallen und von Orange bis Dunkelrot (Mahagoni) reichen. Alle Kombinationen dieser zwei Farben sind erlaubt.

Ursprung

Dieser Hund ägyptischer Herkunft zählt zu den ältesten Hunderassen.

Verhalten

Der zähe, schnelle und aktive Kanarische Podenco ist ein geschickter Kaninchenjäger. Er ist mutig und voller Eifer, und kann die härteste Tagesarbeit verrichten, ohne Anzeichen von Müdigkeit zu zeigen. Er ist ein charmanter Begleithund, ohne jede Aggressivität.
Er benötigt eine konsequente Erziehung – ist und bleibt aber immer ein begeisterter Jäger.

Podenco Ibicenco

Ibiza-Podenco (Glatthaar, Rauhaar)

WEITERE NAMEN:
Ca Eivissenc, Charnegui, Balearen-Hund

WIDERRISTHÖHE
Rüde: 66 bis 72 cm;
Hündin: 60 bis 67 cm.

GEWICHT
Rüde: rund 23 kg;
Hündin: rund 19 kg.

KURZBESCHREIBUNG
Windhund mit starkem Knochenbau und typischer Gangart, einem schwebenden Trab.

WESEN
Intelligent und ausdauernd.

BESONDERE KENNZEICHEN
Er jagt eher mit dem Geruchssinn und auf Gehör als auf Sicht.

Der lange und schmale Kopf ist ausgesprochen trocken. Die sehr beweglichen Ohren werden gut aufrecht getragen. Die hell bernsteinfarbenen, kleinen und schrägen Augen sind sehr ausdrucksvoll. Der Körper ist etwas länger als hoch. Er hat einen geraden Rücken und eine kräftige und gewölbte Lendenpartie. Schultern und Oberschenkel sind stark bemuskelt. Die lange, tief angesetzte Rute wird in Ruhe hängend getragen. Das Fell ist glatt, rau oder lang. Glattes Fell soll nicht seidig, sondern kräftig sein.
Bei der rauhaarigen Varietät soll das Haar hart und sehr dicht sein. Auf dem Kopf und an den Ohren ist es etwas kürzer, an den Gliedmaßen und an der Rute ist es etwas länger. Ein Bart ist erwünscht.
Die Fellfarbe ist vorzugsweise zweifarbig (weiß und rot) oder einfarbig (Weiß oder Rot). Bei Ausstellungen wird die rauhaarige Varietät auch in Falbfarbe zugelassen, wenn es sonst gute Hunde sind.

>>

Ursprung

Der von der Insel Ibiza stammende und auf den Baleareninseln sehr häufig vorkommende Ibiza-Podenco, ist etwas derber in der Erscheinung als die anderen Windhunde. Als Nachkomme des Pharaonenhundes ist er zweifellos von den Phöniziern auf die Balearen gebracht worden.

Verhalten

Der ausdauernde und schnelle Ibiza-Podenco ist dank seines ausgeprägten Geruchssinns gut zur Kaninchenjagd geeignet. Flink und schlau wie er ist, fängt er seine Beute rasch. Der intelligente und neugierige Hund muss geduldig und konsequent erzogen werden. Er ist ein fröhlicher, menschenbezogener Hund, der sich Fremden gegenüber gleichgültig verhält.

▲ Podenco Ibicenco

Podengo Português

Portugiesischer Podengo (Groß, Mittelgroß, Klein)

WIDERRISTHÖHE
Rüde und Hündin:
55 bis 70 cm (Groß);
40 bis 55 cm (Mittelgroß);
20 bis 30 cm (Klein).

GEWICHT
25 bis 30 kg (Groß);
16 bis 20 kg (Mittelgroß);
4 bis 5 kg (Klein).

KURZBESCHREIBUNG
Ähnelt in seinem Körperbau den spanischen Windhunden.

WESEN
Lebhaft und aufgeweckt.

Der Kopf des Portugiesischen Podengo ist trocken. Die nach vorne gerichteten Ohren sind gerade und äußerst beweglich. Die Vorbrust ist leicht betont und muskulös, die Vorderhand trocken, bemuskelt und gerade, der Bauch leicht aufgezogen. Die Oberschenkel sind lang und muskulös. Die in Ruhe hängende Rute wird in Bewegung horizontal oder sichelförmig getragen. Alle drei Varietäten gibt es in zwei Fellvarianten: kurz- und rauhaarig.

Das Fell ist glatt bei der kurzhaarigen Varietät und bei der langhaarigen Varietät rau und bildet einen Bart. Die Fellfarben sind unterschiedlich:

- Gelb und Schwarz, wobei das Gelb von hellem Falbfarben bis ganz Dunkelgelb, auch Goldbraun genannt, reicht,
- einfarbig, mit oder ohne weiße Abzeichen,
- Weiß mit Abzeichen.

Der selten vorkommende Große Portugiesische Podengo wurde zur Jagd auf Hochwild eingesetzt, der Mittelgroße Podengo zur Jagd auf Hasen und der Kleine Podengo zum Rattenfangen.

Ursprung

Der dem Ibiza-Podenco gleichende Portugiesische Podengo vom Typ Windhund mit großen aufgerichteten Ohren ist in Portugal weit verbreitet.

Verhalten

Der Mittelgroße Portugiesische Podengo wird zur Jagd auf Kaninchen, einzeln oder in der Meute, eingesetzt. Der wachsame Hund wird ebenfalls als Wach- und Begleithund eingesetzt.

- Der Kleine Portugiesische Podengo treibt die Kaninchen aus ihrem Bau heraus. Er ist ein lebhafter, sympathischer und pfiffiger Hund, der in seinem Ursprungsland sehr beliebt ist. Er braucht viel Bewegung.

Poitevin

WIDERRISTHÖHE
Rüde: 62 bis 72 cm;
Hündin: 60 bis 70 cm.

GEWICHT
Rund 35 kg.

KURZBESCHREIBUNG
Außergewöhnlich schöner und rassiger Hund, der durch seinen leichtfüßigen Galopp wie seinen mühelosen Sprung besticht.

WESEN
Mutig und unermüdlich.

BESONDERE KENNZEICHEN
Der älteste Meutelaufhund Frankreichs.

Der lange Kopf lässt die Knochenstruktur erkennen und weist hinten am Schädel einen leichten kleinen Höcker auf. Der Fang endet in einem großen und breiten Nasenschwamm. Der dünne, etwas tief angesetzte und halblange Behang ist leicht eingedreht. Der lange und dünne Hals ist ohne Wamme. Die Vorbrust ist kräftig und die Flanke leicht aufgezogen. Die Kruppe ist gerundet.
Die trockenen und kräftigen Gliedmaßen sowie der muskulöse Rücken und die muskulöse Lendenpartie zeugen gleichermaßen von Kraft wie von Leichtfüßigkeit. Die feine und mittellange Rute wird mit leichter Biegung elegant getragen.
Das kurze, pflegeleichte und glänzende Fell ist in der Regel dreifarbig (Weiß und Orange mit schwarzem Mantel), manchmal aber auch zweifarbig (Weiß und Orange).

Ursprung

Der Stammbaum des Poitevin lässt sich bis zu den weißen Jagdhunden aus königlicher Zucht (Chiens blancs du Roy), dreifarbigen englischen Laufhunden sowie englischen Windhunden verfolgen.

Poitevin ▼

Verhalten

Der Poitevin, der im 19. Jahrhundert als Wolfsjäger eingesetzt wurde, zeichnet sich heute bei der Verfolgung von Hasen, Hirschen und Rehen aus. Dieser elegante, leichtfüßige und vornehme Hund verfügt über einen hervorragenden Geruchssinn.

- Der sehr aktive und hochintelligente Poitevin hat ein kräftiges Geläut und kann seine Beute einen ganzen Tag lang verfolgen, ohne Anzeichen von Müdigkeit zu zeigen.
- Außerhalb der Jagdsaison muss der Poitevin regelmäßig lange Spaziergänge machen, um in Form zu bleiben. Das Alleinsein erträgt er nicht, er kann sein Naturell nur innerhalb einer Meute voll entfalten.

Polski Owczarek Nizinny

Polnischer Niederungshütehund, PON

WIDERRISTHÖHE
Rüde: 45 bis 50 cm;
Hündin: 42 bis 47 cm.

GEWICHT
15 bis 20 kg.

KURZBESCHREIBUNG
Mittelgroßer Hund mit langem, dichten Fell.

WESEN
Intelligent und menschenbezogen.

Der stämmige Polnische Niederungshütehund mit gleichmäßigen Gliedmaßen besitzt ein wunderschönes, langes, dickes und dichtes Fell, das nicht übermäßig gewellt ist und eine weiche Unterwolle aufweist. Die Augen sind nicht sichtbar, da sie unter dem langen Kopfhaar versteckt sind. Die Rute verschwindet ebenfalls unter langem Fell. Das Fell darf Farben und Abzeichen des Bobtails aufweisen, es sind

▲ Polski Owczarek Nizinny

>>

aber alle Farben erlaubt. Zur Fellpflege sollte der Hund zwei Mal wöchentlich gebürstet werden.

Ursprung

Der Polnische Niederungshütehund stammt von kleinen asiatischen Schäferhunden vom Typ Tibet-Terrier ab. Im 16. Jahrhundert gibt es erstmals eine Beschreibung von ihm. Nachdem er im 19. Jahrhundert nahezu ausgestorben war, ist er heute in seiner Heimat Polen wieder ziemlich verbreitet.

Verhalten

Der auch „Pon“ (Abkürzung seiner polnischen Bezeichnung) genannte kleine Schäferhund, der mit dem Bobtail und dem Bearded Collie verwandt ist, ist für sein außergewöhnliches Gedächtnis berühmt, das ihm bei der Hütearbeit und bei seiner Ausbildung gute Dienste leistet. Der schon seit Jahrhunderten als Niederungshütehund eingesetzte Pon besitzt die rassetypischen Eigenschaften eines Schäferhundes: eine stark ausgeprägte Beobachtungsgabe sowie die Kunst, sich an unterschiedliche Situationen anzupassen, indem er die Initiative ergreift.

- Der Pon ist ein robuster und sehr widerstandsfähiger Hund. Heutzutage ist dieser kleine Bär ein bevorzugter Begleithund. Er besitzt eine starke Persönlichkeit und ist seinem Herrn sehr zugetan. Aufgrund seines Selbstbewusstseins muss er von klein auf konsequent erzogen werden, damit er als erwachsener Hund den entsprechenden Gehorsam zeigt.
- Der Polnische Niederungshütehund ist sehr ausdauernd und Fremden gegenüber sehr misstrauisch. Dieser tüchtige Hund benötigt genügend Bewegung und Beschäftigung.

Porcelaine

WIDERRISTHÖHE
Rüde: 55 bis 58 cm;
Hündin: 53 bis 56 cm.

GEWICHT
Rund 28 kg.

KURZBESCHREIBUNG
Dieser französische Laufhund für Niederwild ist ein hervorragender Jagdgebrauchshund.

WESEN
Anhänglich und leichtführig.

BESONDERE KENNZEICHEN
Spurlauter Laufhund mit feiner Nase.

Der trockene und eher lange Kopf weist einen breiten Schädel mit abgerundetem Hinterhauptshöcker auf, eine flache Stirn, einen leichten Stopp und einen leicht gewölbt endenden Fang. Der lange, dünne und gut nach innen gedrehte Behang ist unterhalb der Augenlinie angesetzt. Die mittellange Rute wird leicht gebogen getragen. Das kurze, feine, dichte und glänzende Fell ist von reinem Weiß mit rundlichen orangefarbenen Flecken, die sich nie zu einem Mantel ausdehnen dürfen. Der Behang weist eine für die Rasse typische orangefarbene Tüpfelung auf.

Ursprung

Der Porcelaine ist eine der ältesten französischen Laufhundrassen, obwohl im 19. Jahrhundert Einkreuzungen mit anderen Rassen vorgenommen wurden. Seinen Namen verdankt er seinem wie weißes Porzellan schimmernden Fell.

Verhalten

Der energische, ungestüme, lebhafte und fröhliche ist ein leidenschaftlicher Jagdhund. Seine bevorzugte Gangart ist ein geschmeidiger und ausdauernder Galopp. Er eignet sich vorzüglich zur Hasen- und Rehjagd. Der Porcelaine ist ein bewundernswert guter Meutejagdhund. Aufgrund seiner Widerstandsfähigkeit und Ausdauer wird er gerne auf schwierigem Gelände eingesetzt. Er ist ein sanfter, friedlicher und verspielter Begleithund, der sehr viel Bewegung braucht und jagdlich geführt werden sollte.

◄ Polski Owczarek Nizinny

▲ Porcelaine

Pudelpointer

WIDERRISTHÖHE
Rüde: 56 bis 65 cm;
Hündin: 54 bis 65 cm.

GEWICHT
25 bis 30 kg.

KURZBESCHREIBUNG
Idealerweise zeigt das Gebäude den Typ eines Pointers schweren Schlags.

WESEN
Ausgeglichen, intelligent und lebhaft.

Der mäßig lange Kopf läuft in einen langen und breiten Fang aus. Bart und Augenbrauen sind buschig behaart. Die großen, runden, gelben oder braungelben Augen blicken aufgeweckt. Der mittelgroße Behang liegt flach an. Die Rute wird waagrecht getragen. Das Fell ist mittellang, hart, spröde, buschig und harsch. Die Fellfarbe ist schwarz, braun oder dürrlaubfarben bis hin zu weizenfarben. Weiße Flecken oder Stromung sind nicht zulässig.

Ursprung

Der Pudelpointer ging Ende des 19. Jahrhunderts aus einer Kreuzung zwischen einem Pudel und einem Pointer hervor.

Verhalten

Der für die Jagd in allen Bodenverhältnissen geeignete Pudelpointer hat vom Pointer den feinen Geruchssinn, das Ungestüm und die Lebhaftigkeit geerbt und vom Pudel die Intelligenz, den Bringtrieb und die Wasserfreude. Der Pudelpointer ist ein hervorragender Jagdhund, der energisch und begeistert arbeitet. Er ist weder aggressiv noch wildscheu. Er braucht eine konsequente Ausbildung, viel Bewegung und möglichst jagdliche Beschäftigung.

Pug

Mops

WIDERRISTHÖHE
Rüde und Hündin: bis 32 cm.

GEWICHT
6,3 bis 8,1 kg.

KURZBESCHREIBUNG
Gedrungener und gut proportionierter Hund.

WESEN
Anhänglich und unbeschwert.

BESONDERE KENNZEICHEN
Der einzigartige und bezaubernde Ausdruck seiner kugelförmigen Augen.

Der Mops, der als ausgesprochen quadratisch bezeichnet werden kann, hat einen breiten, massigen und runden Kopf mit

▲ Pug

kurzem, quadratischen Fang. Große tiefe Falten durchziehen sein Gesicht und verleihen ihm diesen ganz besonderen Ausdruck. An den Wangen sind die charakteristischen „Schönheitsflecken“ (Naeri bzw. Warzen) sichtbar. Die Stirn ist sehr breit, der Stopp stark betont. Die großen, dunklen, lebhaften und vorstehenden Augen zeigen einen sanften Ausdruck. Bei Erregung werden sie sehr glänzend und voller Feuer. Die kleinen und dünnen, hoch angesetzten, fallenden Ohren, die sich wie Samt anfühlen, werden als „Rosenohren“ oder vorzugsweise als Knopfohr (nach vorne weisend) getragen.
Der Körper ist kurz und gedrungen, die Brust breit und die Lendenpartie kräftig. Die Rute ist so eng wie möglich über die Hüfte gerollt. Eine doppelt eingerollte Rute ist das Ideal.
Das feine, kurze, weiche und glänzende Fell ist silber-, apricot-, falbfarben oder schwarz. Die hellen Farben sind von dunklen Stellen abgesetzt (Maske, Ohren, Naeri, rautenförmiger Stirnfleck, Aalstrich auf dem Rücken), wobei ein deutlicher Kontrast erwünscht ist.

Ursprung

Diese sehr alte Rasse, der einem Mastiff im Kleinformat ähnelt, stammt aus China, wo sein Abbild auf antikem Porzellan zu sehen ist. Die ersten Möpse gelangten zweifellos mit Kaufleuten nach Holland. Danach eroberten sie Mitte des 19. Jahrhunderts Großbritannien. Ihr flacher Kopf trug ihnen die Bezeichnung „Pug“ ein (aus dem Englischen, „Plattnase“).
Sein breites Gesicht mit der schwarzen Maske, seine großen kugelförmigen Augen und sein angenehmes Wesen brachten ihm häufig die Gunst illustrer Personen ein wie z. B. von Guillaume d'Orange, der Königin Marie-Antoinette, Joséphine de Beauharnais, des Herzogs von Enghien und aus der Neuzeit der Herzogin von Windsor, die alle zu seinem Erfolg beitrugen.

▼ Pug

Verhalten

Der sensible und liebevolle Mops ist ein besonders anhänglicher und freundlicher Hund, der ganzen Familie treu ergeben. Im Allgemeinen ist er immer gut gelaunt und besitzt großen Charme. Obwohl seine Ausbildung leicht ist, muss er von klein auf die Einhaltung von Regeln lernen.

- Als sehr geselliger Hund schläft er sehr gerne ganz eng neben seinen Artgenossen. Beim Atmen macht der Mops Geräusche, die eine Mischung aus Grunzen und Schnarchen sind. Er neigt dazu, im Schlaf ziemlich laut zu schnarchen. Der sehr auf seine Familie bezogene Hund ist Fremden gegenüber eher zurückhaltend.
- Der Mops ist nicht wirklich ein Sportlertyp. Er gewöhnt sich sehr gut an die Wohnungshaltung, sofern er täglich herumspringen darf.

Puli

WEITERER NAME
Ungarischer Hirtenhund

WIDERRISTHÖHE
Rüde: 39 bis 45 cm;
Hündin: 36 bis 42 cm.

GEWICHT
Rüde: 13 bis 15 kg;
Hündin: 10 bis 13 kg.

KURZBESCHREIBUNG
Mittelgroßer Hund, dessen Fell so stark entwickelt ist, dass seine Körperform völlig verdeckt ist.

WESEN
Lebhaft und aufmerksam.

Der Kopf hat einen kleinen und feinen Schädel, der unter der Kopfbehaarung verschwindet. Nur der kleine schwarze Nasenschwamm ist gut sichtbar. Die dunkelbraunen Augen blicken lebhaft. Der kraftvoll gebaute Hund hat einen kräftigen Hals, einen langen und gut hinabreichenden Brustkorb, einen festen Rücken, gerade und starke Vorderläufe sowie senkrecht stehende Hinterläufe. Die Rute ist über der Kruppe flach eingerollt und dicht mit Fell bedeckt. Das Fell besteht aus einem gröberen Deckhaar und einer feineren Unterwolle; es bildet Zotten und Schnüre, die leicht zu pflegen sind. Die Fellfarbe ist schwarz, schwarz mit geringer rostroter oder grauer Schattierung, falbfarben mit deutlicher schwarzer Maske (ein kleines weißes Abzeichen ist zulässig) oder von reinem Perlweiß.

Ursprung

Dieser ungarische Niederungshütehund, der einem Tibet-Terrier gleicht, stammt einigen Kynologen zufolge von alten Schäferhunden asiatischer Herkunft ab. Seit undenklichen Zeiten hat der Puli die riesigen Schafherden in der Puszta-Tiefebene gehütet. Mit der intensiven landwirtschaftlichen Nutzung der Puszta-Tiefebene hat der Puli als Hütehund an Bedeutung verloren.

Verhalten

Der gänzlich unerschrockene Puli ist ein sehr treuer Gefährte, der sich dennoch eine gesunde Unabhängigkeit bewahrt hat.
Er ist intelligent, fröhlich, anhänglich und sehr menschenbezogen. Fremden misstraut er.

- Dieser robuste Hund, der daran gewöhnt ist, sommers wie winters im Freien zu leben, hat sich sehr schnell an das Stadtleben angepasst, was ihm seine große Beliebtheit auch außerhalb seines Herkunftslandes gesichert hat. Er ist überall glücklich, Hauptsache, seine Familie ist bei ihm.
- Der Puli ist ein angenehmer, aber bellfreudiger Hund, der viel Auslauf braucht. Seine Ausbildung sollte behutsam und bereits recht frühzeitig erfolgen.

Pumi

WIDERRISTHÖHE
Rüde: 41 bis 47 cm;
Hündin: 38 bis 44 cm.

GEWICHT
Rüde: 10 bis 15 kg;
Hündin: 8 bis 13 kg.

KURZBESCHREIBUNG
Terrierähnlicher Treibhund mit lustigem Gesichtsausdruck.

WESEN
Lebhaft und kühn. Der Pumi ist temperamentvoll und möchte beschäftigt werden.

Der Pumi hat einen langen und schmalen Kopf. Die dunkelbraunen Augen blicken intelligent und aufgeweckt. Die aufgerichteten Ohren, deren Spitze sich nach vorne neigt, sind V-förmig und dicht behaart. Der Körper ist hager, muskulös und harmonisch. Die lange Rute bildet einen weiten kreisförmigen Bogen über der Kruppe. Das wellige, lockige Fell bildet Büschel und ist nie glatt oder filzt.

▲ Puli

Das Deckhaar ist kräftig und hart, die Unterwolle weich.
Die Fellfarbe erscheint häufig in verschiedenen Grautönen, sie kann aber auch schwarz, weiß oder falbfarben sein mit vorzugsweise schwarzem oder grauem Anflug und Maske.

Ursprung

Dieser kleine aus Ungarn stammende Treibhund mit seinem drolligen Aussehen ging vermutlich aus einer Kreuzung zwischen Puli und Hunden mit Stehohren hervor, hauptsächlich Terriern aus Deutschland und Frankreich. Seine planmäßige Zucht begann im 19. Jahrhundert. Die Rasse wurde Mitte des letzten Jahrhunderts anerkannt.
Ursprünglich wurde dieser Hund zum Hüten von Vieh und sogar von Schweinen eingesetzt. Heutzutage wird der Pumi hauptsächlich als Begleithund gehalten.

Verhalten

Dieser unermüdliche, ungestüme und lebhafte Hund leistet stets vorzügliche Arbeit. Er ist seiner Familie gegenüber sehr anhänglich, jedoch manchmal misstrauisch gegenüber Fremden.
Der Pumi ist ein bemerkenswerter Wachhund, beim kleinsten Geräusch sehr aufmerksam, jedoch sehr bellfreudig. Darüber hinaus eignet er sich vorzüglich zur Jagd auf Wild und sogar Ratten.

- Durch seine außerordentliche Lebhaftigkeit lenkt er immer die Aufmerksamkeit auf sich. Aufgrund seiner Betriebsamkeit ist dieser Hund nur bedingt für die Wohnungshaltung geeignet. Dessen ungeachtet ist er leichtführig und seine Ausbildung verläuft in der Regel problemlos.

Rafeiro de Alentejo

WIDERRISTHÖHE
Rüde: 66 bis 74 cm;
Hündin: 64 bis 70 cm.

GEWICHT
Rüde: 40 bis 50 kg;
Hündin: 35 bis 45 kg.

KURZBESCHREIBUNG
Großer, robuster und kraftvoller Hund, dessen Kopf dem eines Bären gleicht.

WESEN
Unermüdlicher Arbeitshund mit ungezwungenem Wesen.

Der stattliche Rafeiro von Alentejo hat kleine dunkle Augen mit ruhigen Ausdruck. Das Fell ist kurz oder halblang, dicht und glatt, und regelmäßig verteilt. Die Fellfarbe ist schwarz, falbfarben, gelb oder wolfsgrau, wobei diese Farben manchmal mit Weiß einhergehen. Das Fell kann auch Weiß mit Flecken dieser Farben sein und so ein geschecktes, gestreiftes oder gestromtes Fell hervorbringen.

Ursprung

Der aus örtlichen Rassen des Alentejo-Gebiets in Portugal hervorgegangene Hütehund ähnelt ein wenig dem Bernhardiner.

Verhalten

Der Rafeiro von Alentejo ist äußerst ausdauernd und sehr wetterhart. Darüber hinaus ist er genügsam und kann mehrere Tage lang ohne Futter auskommen. Der etwas derbe und kraftvolle Hund zeigt sich Fremden gegenüber drohend. Mit einer konsequenten Erziehung wird er ein vorzüglicher Wach- und Schutzhund. Der sehr führerbezogene Begleiter ist nicht für das Stadtleben geeignet.

Rhodesian Ridgeback

WEITERE NAMEN
Löwenhund

WIDERRISTHÖHE
Rüde: 63 bis 69 cm;
Hündin: 61 bis 66 cm.

GEWICHT
Rüde: 36,5 kg; Hündin: 32 kg.

KURZBESCHREIBUNG
Dieser starke und muskulöse Hund ist sehr elegant.

WESEN
Intelligent und aktiv.

BESONDERE KENNZEICHEN
Sein unter allen Hunden einzigartiger Rückenkamm

Der mittellange Kopf hat einen flachen und zwischen den Behängen breiten Schädel. Der lange und kräftige Fang trägt starke Kiefer mit gut entwickelten Zähnen. Der Nasenschwamm ist schwarz oder braun. Die runden und glänzenden Augen, deren Farbe mit der Fellfarbe harmoniert, funkeln intelligent. Der mittelgroße und ziemlich hoch angesetzte Behang liegt am Kopf an. Dieser Hund mit seinem kräftigen Hals ohne Wamme, der tiefen Brust, dem stark bemuskelten Rücken und der muskulösen Lendenpartie, mit starken Gliedmaßen, runden und kräftigen Pfoten ist sehr kraftvoll gebaut. Die am Ansatz dicke Rute verjüngt sich allmählich zur Spitze hin. Sie ist mäßig lang und wird leicht gebogen getragen. Das kurze und dicke Fell ist glänzend. Der Rückenkamm, bei dem das Fell in Gegenrichtung zum übrigen Fell wächst, beginnt unmittelbar hinter den Schultern und wird zu den Hüften hin schmaler. Ein fehlender Rückenkamm führt zum Ausschluss auf Ausstellungen. Die Fellfarbe reicht von hell Weizenfarben bis rot Weizenfarben (Lohfarben). Das einfarbige Fell darf etwas Weiß an Brust oder Zehen aufweisen.

>>

Rhodesian Ridgeback

Ursprung

Der aus Südafrika stammende Hund mit seinem Rückenkamm (ridgeback) ist sehr alten Ursprungs und wurde schon von den Hottentotten verwendet, einem Volksstamm aus Namibia. Bei der Ankunft der ersten europäischen Siedler in diesem Gebiet im Jahre 1652 trafen sie dort auf Hunde dieses Typs, die sie danach vermutlich mit robusteren Hunden wie dem Bluthund, den Mastinos und den Doggen kreuzten.

Die Rasse wurde von den Buren gefestigt und 1922 in Rhodesien offiziell anerkannt. Heutzutage ist sie besonders in den USA und in Kanada weit verbreitet.

Verhalten

Der außergewöhnlich begabte Rhodesian Ridgeback ist ein Meutehund, ein schneller, starker, energischer, beharrlicher und kühner Jagdhund. Kein Gelände ist ihm zu schwierig, er ist unempfindlich gegenüber großer Hitze, Kälte, Insektenstichen, Wasser- und Futtermangel.

- Im Haus ist er ein treuer und leichtführiger Gefährte, loyal, ruhig und anhänglich. Er weiß sich allen Gegebenheiten anzupassen. Er kann auch ein guter Wachhund sein, da er sehr gehorsam ist und nur aus gutem Grund anschlägt. Der Rhodesian Ridgeback wird auch von der Polizei eingesetzt, da er sich gut ausbilden lässt.
- Dieser Hund braucht eine Ausbildung, die konsequent, einfühlsam und mit Geduld vonstatten geht. Der sich Fremden gegenüber zurückhaltend zeigende Hund kann auch sehr gesellig sein. Artgenossen möchte er gerne dominieren.

▲ Rhodesian Ridgeback

Riesenschnauzer

WIDERRISTHÖHE
Rüde und Hündin: 60 bis 70 cm.

GEWICHT
35 bis 45 kg.

KURZBESCHREIBUNG
Kraftvoll und athletisch gebauter Hund mit kräftigen Kiefern.

WESEN
Intelligent, selbstbewusst und ausgeglichen.

BESONDERE KENNZEICHEN
Der typische Schnauzerbart am Fang.

Der Name Schnauzer weist bereits auf das typische Rassemerkmal dieses Hundes hin. In der Tat fällt sofort der struppige Fang mit Bart auf. Der Kopf des Hundes ist kräftig, ebenso das Scherengebiss. Der Nasenschwamm ist gut ausgebildet und stets schwarz. Die ovalen und lebhaften Augen werden leicht von den Brauen überschattet. Die hoch angesetzten, V-förmigen Klappohren hängen und weisen nach vorne. Der Nacken ist muskulös, Rücken und Lendenpartie sind kräftig und kurz. Die Flanken sind nicht übermäßig aufgezogen.
Der Riesenschnauzer ist stämmig und quadratisch mit elegantem Gang.
Das Fell ist drahtig hart und dicht, weder struppig noch gewellt. Auch die Unterwolle ist dicht. Der Riesenschnauzer muss regelmäßig gebürstet werden.
Alle drei Monate sollte das Fell mit einem Trimmmesser getrimmt werden. Man kann auch eine Schere verwenden, um die Haare am Kopf gleichmäßig zu schneiden.
Die Fellfarbe ist schwarz oder Pfeffer und Salz (sandfarben schwarz gewolkt). Farbnuancen von Dunkelgrau bis Silbergrau sind zulässig. Alle Farbenspiele müssen eine dunkle Maske aufweisen.

Ursprung

Dieser beeindruckende Hund soll nach Ansicht einiger Kynologen aus Kreuzungen mit dem Schnauzer, der Deutschen Dogge und dem Flandrischen Treibhund hervorgegangen sein. Anderen Quellen zufolge kann er auch das Resultat einer Kreuzung aus Hirtenhunden sein. Tatsächlich ist er das vergrößerte Abbild des Mittelschnauzers. Eine solche Homogenität kommt jedoch selten vor. Der Hund sehr alter Herkunft stammt vermutlich aus Baden-Württemberg. Eine Darstellung von Albrecht Dürer aus dem Jahre 1492 zeigt einen Schnauzer. Diesen Rattler, der auch in Werken holländischer Meister des 16. und 17. Jahrhunderts dargestellt ist, traf man hauptsächlich in Pferdestallungen an, wo er Jagd auf Nager machte. Zudem wurde er als Fuhrwerksbegleithund eingesetzt. Bis Anfang des 20. Jahrhunderts war der Riesenschnauzer außerhalb Baden-Württembergs so gut wie unbekannt. Zu jener Zeit wurde man auf seine besondere Eignung als Gebrauchshund aufmerksam und so wurde er in den Dienst der Polizei gestellt. Der während des Ersten und Zweiten Weltkriegs vom Militär eingesetzte Hund wäre beinahe ausgestorben. Einigen wenigen Züchtern ist es zu verdanken, dass sie das Aussterben dieser ursprünglichen Rasse verhindern konnten, die sich mittlerweile gut etabliert hat.

Verhalten

Dieser schöne und imposante Hund ist heutzutage sehr als Begleithund und als Wachhund gefragt. Aufgrund seines starken Bewegungsdrangs ist er ideal für sportliche Menschen geeignet. Der Riesenschnauzer eignet sich bestens für das Leben auf dem Land.

- Wegen seines sehr selbstbewussten Naturells gehört er in die Hände eines erfahrenen Halters, der sich bei ihm durchsetzen kann. Bei guter Erziehung ist der Riesenschnauzer ein angenehmer Gefährte, nicht übermäßig lebhaft, intelligent, anhänglich, verspielt und treu.
- Seine Familie geht ihm über alles und er kann sich durchaus besitzergreifend zeigen. Wird er in der Stadt gehalten, sind zwei lange Spaziergänge täglich unabdingbar.
- In der freien Natur kommen seine Jagdinstinkte wieder zum Vorschein und er jagt hinter Feldmäusen, Wieseln und anderen kleinen Säugetieren her. Er lässt sich mit Geduld und Konsequenz gut erziehen. Der zu den stärksten Hunden zählende Riesenschnauzer fürchtet sich vor nichts.

▲ Riesenschnauzer

Rottweiler

WIDERRISTHÖHE
Rüde: 61 bis 68 cm;
Hündin: 56 bis 63 cm.

GEWICHT
Rund 50 kg.

KURZBESCHREIBUNG
Stämmiger und gut bemuskelter Hund mit ausgewogenen Proportionen, dessen Gestalt auf Kraft, Wendigkeit und Ausdauer schließen lässt.

WESEN
Mutig und ausgeglichen.

BESONDERE KENNZEICHEN
Eine respekteinflößende Gesamterscheinung.

Der breite Kopf mit mittelgroßen, dreieckigen, hoch angesetzten und hängend getragenen Ohren hat eine mäßig gewölbte Stirn, einen ausgeprägten Stopp sowie mandelförmige, dunkelbraune Augen mit ruhigem Ausdruck. Der Kiefer trägt ein starkes Gebiss. Der Hals ist kräftig, die Schultern haben eine beeindruckende Breite, der Körper ist gedrungen. Die Rute wird waagrecht getragen, in Ruhe auch hängend. Dieser athletisch gebaute Hund bewegt sich natürlicherweise im Trab. Sein Fell besteht aus Deckhaar und Unterwolle. Das Deckhaar ist mittellang, hart, glatt und eng am Körper anliegend. An den Hinterläufen ist die Behaarung etwas länger. Die Unterwolle darf niemals aus dem Deckhaar hervortreten. Die Fellfarbe ist schwarz mit gut abgegrenzten Abzeichen an Backen, Fang, Halsunterseite, Brust und Läufen sowie über den Augen und unter dem Rutenansatz.

Ursprung

Nach dem Kynologen Strebel stammt dieser Hund vom Bayrischen Treibhund ab. Anderslautenden Behauptungen zufolge soll er aus Mastinos, die mit den römischen Legionen nach Deutschland zogen, hervorgegangen sein. Im Mittelalter war er in den Schweizer Kantonen Aargau und Schaffhausen sowie um Rottweil im Süden Württembergs weit verbreitet. Damals war die Stadt Rottweil ein ausgesprochenes Viehhandelszentrum. Die Viehhändler vertrauten dem Rottweiler, einem kraftvollen und unerschrockenen Hund, sowohl das Bewachen ihrer Viehherden als auch ihr Leben an. Da sie häufig große Geldsummen mit sich führten, waren sie eine bevorzugte Beute von Straßenräubern. Zudem beherbergte die damalige Reichsstadt Rottweil eine Metzgergilde. Diese wiederum züchtete den Rottweiler, der damals Metzgerhund genannt wurde. Während des Ersten Weltkriegs wurde er vom deutschen Militär eingesetzt. 1966 wurde die Rasse endgültig gefestigt und anerkannt.

Verhalten

Dieser kraftvolle, gerissene, hochintelligente und äußerst ausdauernde Hund hat viele Liebhaber. Er ist ein unerschrockener und tüchtiger Wachhund, der niemals sinnlos anschlägt. Er braucht täglich langen Auslauf und möglichst viel Freilauf.

- Der leichtführige und arbeitsfreudige Hund lässt sich gut ausbilden, sofern sein Besitzer ihn konsequent führt, d. h. ihm gegenüber seinen Willen ohne jegliche Gewalt durchsetzt, und ihn dazu bringt, seine Kraft zu dosieren, um Fremden gegenüber nicht aggressiv zu sein.
- Der leicht auszubildende Rottweiler wird im österreichischen Polizeidienst eingesetzt. Der ruhige, ergebene und nachdenkliche Hund ist geduldig und anhänglich.

Sabueso Español

Spanischer Laufhund

WIDERRISTHÖHE
Rüde: 52 bis 57 cm;
Hündin: 48 bis 53 cm.

GEWICHT
Rund 25 kg.

KURZBESCHREIBUNG
Länglicher Hund mit mächtiger Brust. Sein Ruf als Jagdhund ist unübertroffen.

WESEN
Unabhängig und lebhaft.

Der solide gebaute, hochläufige Spanische Laufhund hat einen schönen, langen Kopf mit langem und weichem Behang. Die ovalen und braunen Augen zeigen einen sehr nachdenklichen Ausdruck. Der Hals ist kräftig, die Brust breit und tief, der Rücken kräftig, der Bauch wenig aufgezogen und die Lende etwas kurz. Die Gliedmaßen sind gut bemuskelt, die Pfoten länglich. Die Rute wird lang getragen, sie soll über das Sprunggelenk hinausreichen. Das kurze, feine und dichte Fell ist weiß und orange, wobei eine der beiden Farben vorherrscht und in regelmäßigen, gut abgegrenzten Flecken, aber ohne Tüpfelung, verteilt ist. Das Orange kann zwischen Zitron und Dunkelrotbraun variieren.

Ursprung

Dieser Hund wurde bereits im Mittelalter in Spanien beschrieben.

Verhalten

Der Spanische Laufhund ist bekannt für seine Jagd auf den Hasen, obwohl er auch andere Arten von Wild mit nicht alltäglichem Mut und Tapferkeit aufstöbert. Der lebhafte und ausgeglichene Hund ist sehr ausdauernd. Wegen seiner unabhängigen Art und seines Eigensinns braucht er eine konsequente Ausbildung. Als ruhiger und anhänglicher Hund braucht dieser gute Begleiter viel Bewegung und sollte jagdlich geführt werden.

▲ Sabueso Español

St. Bernhardshund

Bernhardiner

WIDERRISTHÖHE
Rüde: 70 bis 90 cm;
Hündin: 65 bis 80 cm.

GEWICHT
55 bis 100 kg.

KURZBESCHREIBUNG
Sehr großer Hund mit gutmütigem Naturell.

WESEN
Fröhlich und friedlich

BESONDERE KENNZEICHEN
Er ist nach wie vor der Inbegriff des Rettungshundes in den Bergen, auch wenn er diese Arbeit heutzutage nicht mehr ausübt.

Der St. Bernhardshund besitzt einen breiten und leicht gerundeten Kopf mit ausgeprägtem Stopp. Der Fang endet in einem breiten schwarzen Nasenschwamm mit gut geöffneten Nasenlöchern sowie stark entwickelten und leicht überhängenden Lefzen. Bei Aufmerksamkeit bildet die Stirn Falten. Die ziemlich großen und braunen Augen haben einen sympathischen Ausdruck. Die am Ansatz breiten Ohren liegen gut am Kopf an. Der sehr starke Hals weist die typische Wamme auf. Der Rücken ist breit, die Brust ziemlich tief, die Vorderläufe sind gerade und gut gebaut, die Hinterläufe gut entwickelt und die Oberschenkel kräftig. Der Bernhardiner hat häufig Afterkrallen an den Hinterpfoten, die toleriert werden, sofern sie den Bewegungsablauf nicht behindern. Die am Ansatz breite und zum Ende hin spitz zulaufende Rute wird in Ruhe hängend und bei Erregung leicht aufwärts gekrümmt getragen.
Bei der Varietät Kurzhaar (Stockhaar) besteht das Fell aus einem dichten, glatten, anliegenden und derben Deckhaar und reichlich Unterwolle, wobei die

>>

Oberschenkel leicht behost sind und die Rute dicht behaart ist. Bei der Varietät Langhaar ist das Deckhaar mittellang, glatt und mit reichlich Unterwolle versehen. Über der Hüfte und Kruppe ist das Haar etwas gewellt und bildet eine Befederung. Die Rute ist buschig, die Hosen sind sehr dicht. Gesicht und Ohren tragen kurzes Fell.

Die typische Fellfarbe ist eine weiße Grundfarbe mit kleineren oder größeren rotbraunen Platten (Plattenhund) bis hin zu einer durchgehenden rotbraunen Decke über Rücken und Flanken (Mantelhund). Gestromtes Rotbraun ist zulässig, Braungelb wird toleriert. Dunkle Verbrämung am Kopf ist erwünscht. Brust, Pfoten, Rutenspitze, Nasenband und Kragen sind immer weiß.

Ursprung

Der Bernhardiner, ein Riese unter den Hunden und Nationalhund der Schweiz, stammt von den Tibetdoggen ab. Er ging aus Molossern hervor, die mit den Römern vor 2000 Jahren die Alpen überquerten. Es ist nicht genau bekannt, wann die ersten Vertreter dieser Rasse in das Hospiz des Großen St. Bernhard gelangten, wo sie von den Mönchen gehalten wurden. Die Hunde wurden bald zur Bewachung des Klosters eingesetzt, bevor sie ab dem 17. Jahrhundert zur Rettung verirrter Reisender in den Bergen ausgebildet wurden. Der berühmte Bernhardiner Barry, der im 19. Jahrhundert lebte, rettete 40 Menschenleben in den Bergen. Heute kann man eine Nachbildung von ihm im Museum von Bern besichtigen.

▲ St. Bernhardshund

Verhalten

Die kurzhaarige Varietät des Bernhardiners eignet sich am besten für die Arbeit in den Bergen, denn sie hält auch extrem niedrige Temperaturen aus und arbeitet leichter als die langhaarige Varietät, die in ihrem Bewegungsablauf häufig durch den an den Pfoten gefrorenen und vereisten Schnee behindert wird. Beide Varietäten sind mittlerweile aufgrund ihres beträchtlichen Gewichts nicht mehr als Rettungshunde geeignet. Dem Bernhardiner wird nachgesagt, dass er eine Lawine im Voraus „spüren“ kann. Als Rettungshund wurde er jedoch von den leistungsfähigeren Deutschen Schäferhunden und Labrador Retrievern abgelöst.

- Dieser gesellige Hund ist manchmal starrsinnig, fröhlich, sanftmütig, anhänglich, bemerkenswert intelligent und freundlich.
- Der ruhige Hund kann sich an die Wohnungshaltung anpassen, vorausgesetzt, er wird täglich mehrfach zu langen Spaziergängen ausgeführt. Seine Ausbildung muss mit Konsequenz und Geduld erfolgen.

Chien de St. Hubert

Bluthund
Bloodhound

WIDERRISTHÖHE
Rüde: rund 67 cm;
Hündin: rund 60 cm.

GEWICHT
40 bis 48 kg.

KURZBESCHREIBUNG
Großer Hund mit hohem Schädel und elastischem Gang.

WESEN
Sehr sanftmütig und ruhig.

Der für diese Rasse typische Kopf mit sehr hohem und spitz zulaufendem Schädel und stark entwickeltem Hinterhaupthöcker soll imposant sein. Die lose Haut, die Runzeln und Falten bildet, lässt den Hund melancholisch und nachdenklich aussehen. Die Lefzen sind sehr lang. Die Augen sind haselnussbraun. Der sehr lange, tief angesetzte, schmale und weiche Behang fällt in anmutigen Falten nach vorne gegen die Kiefer. Gerade und kraftvolle Vorderläufe, eine gut hinabreichende Brust, ein fester Rücken und starke Lenden sowie eine sehr mächtig bemuskelte Hinterhand bringen die Kraft dieses Hundes zur Geltung. Dieser massive und substanzvolle Spürhund zeichnet sich durch gemessene und imponierende Bewegungen aus. Die Rute wird in elegantem Bogen über der Rückenlinie getragen. Das Fell ist kurz und reichlich.
Die Fellfarbe ist schwarz und loh, leberfarben und loh und einfarbig rot, wobei schwarz-loh am meisten erwünscht ist. Dabei soll das Schwarz einen Sattel auf der Rückenpartie bilden.

Ursprung

Diese große, sehr alte Laufhundrasse wurde von den Mönchen der in den Ardennen von dem Mönch Hubert gegründeten Abtei gezüchtet und veredelt. Durch Wilhelm, den Eroberer, wurde sie in England eingeführt, wo sie den Namen Bloodhound annahm und Fuß fasste. Daraus erklärt sich, warum die Engländer für diese Rasse das Patronat in Anspruch nehmen, obwohl die Rasse offiziell als belgischen Ursprungs anerkannt wurde.

▲ Chien de St. Hubert

Verhalten

Der außerordentlich feine Geruchssinn des Bluthundes macht ihn zum besten Spürhund aller Laufhunde. Der beharrlich auf der Spur bleibende Fährtenhund besitzt ein wunderschönes Geläut in sehr tiefer Tonlage. Der intelligente, ausdauernde und mutige Jagdhund, der nicht besonders schnell ist – was auf sein entspanntes Wesen zurückzuführen ist – hat sich zu einem geschätzten Begleithund entwickelt. Er wird vor allem als Spürhund eingesetzt.

- Der Bluthund ist ein anhänglicher, sanftmütiger und ruhiger Begleithund, der sich Fremden gegenüber misstrauisch, jedoch niemals aggressiv zeigt. Er ist ein abschreckender Wachhund. Seine Ausbildung muss mit Feingefühl und Konsequenz erfolgen. Grobe Behandlung verträgt er nicht. Keine Spur ist vor ihm sicher, und er braucht viel Bewegung und geistige Auslastung.

Saluki

WEITERE NAMEN
Persischer Windhund

WIDERRISTHÖHE
Rüde: 58 bis 71 cm;
Hündin: etwas kleiner.

GEWICHT
14 bis 25 kg.

KURZBESCHREIBUNG
Stolzer Windhund von bemerkenswerter Eleganz.

WESEN
Ruhig und zurückhaltend.

BESONDERE KENNZEICHEN
Sein intensiver Blick und seine eleganten Bewegungen.

Der lange und schmale Kopf wird würdevoll von einem biegsamen und gut bemuskelten Hals getragen. Die dunklen Augen blicken in die Ferne, sie haben einen sehr sanften und forschenden Ausdruck. Die langen und beweglichen Ohren sind mit langen seidigen Haaren bedeckt und werden dicht am Kopf getragen. Die Schultern sind gut zurückliegend und gut bemuskelt. Die tiefe und lange Brust ist mäßig schmal, der Rücken ziemlich breit. Dieser Windhund hat tiefgestellte Sprunggelenke und ein gutes Sprungvermögen. Seine Erscheinung strahlt Kraft aus, gepaart mit Anmut und Gewandtheit.

▲ Saluki

Das glatte und seidige Fell bildet eine leichte Befederung an den Läufen und an der Rückseite der Oberschenkel. Es existiert auch eine Kurzhaarvarietät ohne Befederung. Alle Farben oder Farbkombinationen sind zulässig. Brindle ist unerwünscht.

Ursprung

Nach Auffassung mancher Autoren ist der aus Asien stammende Saluki mit dem Afghanischen Windhund verwandt. Wie bei diesem gibt es aufgrund der Größe des Mittleren Ostens, der von Ägypten bis zum Iran und von Arabien bis nach Syrien reicht, eine große Typenvielfalt unter den regional gezüchteten Populationen. Der Saluki, so wie wir ihn im Westen kennen, bildet jedoch eine homogene Population. Er wurde erstmals 1920 in Großbritannien eingeführt. Dieser begnadete Jagdhund hetzt die Gazellen, sowohl bei Jagden in der Wüste als auch in gebirgigem Gelände.

Verhalten

Der Saluki ist der geborene Jagdhund, schnell und ausdauernd, zur Jagd auf Wild geeignet. Der auch als Luxushund gehaltene elegante und rassige Saluki wird sowohl von den arabischen Scheichs wie auch von den Führern der Nomadenstämme gleichermaßen hoch geschätzt.

- Der sensible, anhängliche und intelligente Hund ist sehr auf seinen Besitzer geprägt, freundlich, jedoch zurückhaltend Fremden gegenüber. Seine Unabhängigkeit und Scharfsinnigkeit erfordern eine einfühlsame und rücksichtsvolle Ausbildung ohne Härte.
- Der saubere und ruhige Hund ist umgänglich, hat jedoch ein großes Laufbedürfnis, dem täglich entsprochen werden sollte. Der Saluki hat sich seinen starken Jagdtrieb und seine Bewegungsfreude bewahrt.

Samoiedskaïa Sabaka

Samojede

WIDERRISTHÖHE
Rüde: 57 bis 60 cm;
Hündin: 53 bis 56 cm.

GEWICHT
Rüde: 20 bis 30 kg;
Hündin: 17 bis 25 kg.

KURZBESCHREIBUNG
Ein typischer Spitz, kraftvoll und geschmeidig.

WESEN
Lebhaft und liebenswürdig.

BESONDERE KENNZEICHEN
Sein stattliches Aussehen, sein Charme und sein „Lächeln".

Der keilförmige Kopf ist kräftig und nur wenig gewölbt. Der Stopp ist deutlich erkennbar, der Fang kräftig und tief. Die Lefzenwinkel sollen leicht nach oben verlaufen, damit sie das typische „Lächeln" erzeugen. Die schrägen und dunklen Augen blicken lebhaft und intelligent.
Die leicht abgerundeten Ohren werden aufrecht getragen. Das nahezu quadratische Gebäude dieses arktischen Spitzes ist muskulös und ermöglicht einen raumgreifenden Gang. Die geräumige und tiefe Brust, die gut gewölbten Rippen, die kurzen und sehr kräftigen Lenden sowie die muskulösen Vorderläufe sind Ausdruck der Kraft dieses Hundes.
Die reich befederte Rute wird in Ruhe hängend, sonst über den Rücken oder zur Seite gebogen getragen.
Der Samojede besitzt ein doppeltes Fell mit weicher, kurzer und dichter Unterwolle sowie einem harscheren und glatten Deckhaar. Das am Kopf kurze Haar bildet am Hals eine ausgeprägte Mähne und Hosen an den Oberschenkeln. Die Fellfarbe ist reinweiß, cremefarben oder weiß mit Bisquit (mit einigen Bisquit-Abzeichen).

▼ Samoiedskaïa Sabaka

Ursprung

Der Samojede ist ein direkter Abkömmling des Samojeden, der einst die Samojeden-Stämme auf ihren Wanderungen begleitete. Er ist ein kräftiger und mittelgroßer Spitz, der zu einer der ältesten Rassen Sibiriens zählt. Die ersten Samojeden gelangten infolge der ersten großen Polarexpeditionen in die Arktis um 1890 nach Großbritannien. Besonders der große Polarforscher Robert Scott trug viel zur Bekanntheit der Rasse bei. Noch heute zeigt sich bei dieser Rasse ihre Widerstandsfähigkeit und ihre enge Beziehung zum Menschen, die durch das jahrhundertelange Zusammenleben in einer äußerst unwirtlichen Umgebung geprägt wurde.

Verhalten

Der Samojede, ein tüchtiger Arbeits- und Schlittenhund, wird heutzutage hauptsächlich als Begleithund gehalten. Er ist aufgeweckt und aufgeschlossen.
Er benötigt eine konsequente Ausbildung sowie sinnvolle Beschäftigung mit viel Lob. Die Rasse ist normalerweise weder scheu noch aggressiv.

- Das Stadtleben behagt ihm nicht, denn für ihn sind Raum und Platz zum Laufen lebensnotwendig.

Jugoslovenski Ovčarski pas – Šarplaninac

Jugoslawischer Hirtenhund

WEITERE NAMEN
Istrischer Schäferhund, Illyrischer Schäferhund

WIDERRISTHÖHE
Rüde: ab 62 cm;
Hündin: ab 58 cm.

GEWICHT
Rüde: 35 bis 45 kg;
Hündin: 30 bis 40 kg.

KURZBESCHREIBUNG
Beeindruckend und elegant.

WESEN
Sensibel, lebhaft und charakterstark.

Der Kopf des Jugoslawischen Hirtenhundes zeigt einen sympathischen Ausdruck. Seine schönen mandelförmigen Augen haben einen durchdringenden, aber friedlichen und etwas melancholischen Ausdruck. Dieser kraftvoll gebaute Hund besitzt eine breite Brust und kräftige Gliedmaßen. Die lange, sehr buschige Rute wird säbelförmig, in der Erregung höher getragen. Das wolfsähnliche Fell verleiht dem Tier eine natürliche Eleganz. Es besitzt eine reichliche und dichte Unterwolle. Am Kopf und den Vorderseiten der Läufe ist das Haar kurz, am übrigen Körper lang. Die gewünschten Fellfarben sind Eisengrau und Dunkelgrau, jedoch darf das stets einfarbige Fell Farbnuancen von Weiß bis fast Schwarz aufweisen.

Ursprung

Der zunächst Illirsk Ovcar oder Illyrischer Schäferhund getaufte, imposante Hund, der erstmals vor rund 2000 Jahren auftrat, stammt aus dem Sar Planina-Gebirge im Südosten von Jugoslawien und nicht weit von Albanien entfernt. Man vermutet, dass seine Vorfahren die großen Völker-

▲ Jugoslovenski Ovčarski pas – Šarplaninac

>>

wanderungen aus Asien begleitet haben. Dieser sehr starke, mit äußerst mächtigen Zähnen ausgestattete Hirtenhund ist von außergewöhnlichem Mut und ein furchterregender Gegner der Wölfe. Die stärksten Exemplare, deren Rute und Ohren im Heimatland kupiert werden, um dem Gegner keinerlei Angriffsfläche zu bieten, greifen auch Bären an. Es wird behauptet, dass drei Jugoslawische Hirtenhunde mit einem Wolfsrudel fertig werden und eine 500 Stück Vieh zählende Herde schützen können. In den Zuchtgebieten dieser Rasse wird der Hund schon immer als Wach- und Herdenschutzhund eingesetzt. Heutzutage ist er in allen Ländern, die aus der Teilung Jugoslawiens hervorgingen, anzutreffen. Er wird zur Bewachung von Häusern eingesetzt, manche Hunde stehen auch im Dienst des Militärs.
Die Rasse wurde 1939 von der F.C.I. anerkannt.

Verhalten

Seine Statur und seine Kraft erfordern eine gründliche Ausbildung, die mit Fingerspitzengefühl und Konsequenz durchgeführt werden muss. Der stolze und intelligente Hund begreift schnell, was man von ihm erwartet und wenn er sich seinem Herrn verbunden fühlt, gehorcht er gerne.
Für unerfahrene Hundeführer ist dieser Hund ungeeignet.

- Der Jugoslawische Hirtenhund ist eher ruhig. Dieser ergebene und unbestechliche Hund ist Fremden gegenüber misstrauisch und untersagt ihnen das Betreten seines Reviers. Er greift jedoch nur auf Befehl seines Herrn an. Er ist für das Stadtleben ungeeignet.

Nederlandse Schapendoes

Niederländischer Schapendoes

WIDERRISTHÖHE
Rüde: 43 bis 50 cm;
Hündin: 40 bis 47 cm.

GEWICHT
Rund 15 kg.

KURZBESCHREIBUNG
Mittelgroßer Hirtenhund mit reichlich Fell.

WESEN
Liebenswürdig und lebensfroh.

BESONDERE KENNZEICHEN
Sein leichter Körperbau, dank dessen er beim Agility wahre Wunder vollbringt.

Das sehr üppige, leicht gewellte Fell des Niederländischen Schapendoes, das bis hinunter zu den Pfoten reicht, bildet einen regelrechten Fellmantel. Die Augen verschwinden unter dem langen Kopfhaar, so dass nur der Nasenschwamm darunter hervorsieht. Am Unterkiefer trägt er einen Bart, die lange, reichliche befederte Rute hängt bis zum Boden. Das Fell ist dicht, anliegend, dünn und trocken, was den Hund etwas struppig aussehen lässt und ihm großen Charme verleiht.
Alle Fellfarben sind zulässig. Bevorzugt wird jedoch ein Blaugrau bis Schwarz.

Ursprung

Der auch „Does“ genannte kleine Hirtenhund stammt aus der holländischen Provinz Drenthe im Norden der Niederlande, einer Region, die einst aus Heideflächen bestand, über die große Schafherden zogen. Ihr Wegfall aufgrund der Urbarmachung hat den Schapendoes seiner Aufgabe beraubt und so geriet er in Vergessenheit und wäre beinahe ausgestorben. Seine Zucht wurde nach dem Zweiten Weltkrieg dank eines Liebhaberzüchters wieder aufgebaut.

Nederlandse Schapendoes ▼

Verhalten

Der lebhafte und sympathische, Fremden gegenüber sehr misstrauische Hütehund ist in seinem Heimatland sehr beliebt.
Dieser intelligente und unabhängige Hirtenhund passt sich allen Gegebenheiten an und handelt während seiner Arbeit selbstständig. Er ist ausdauernd und energisch. Dank seines leichten Körperbaus ist er ein bemerkenswerter Springer.

- Der fröhliche, liebenswürdige und überschwängliche, verspielte und freundliche Begleithund ist sehr umgänglich, ruhig und wenig lautfreudig.
- Seine Ausbildung erfordert viel Feingefühl und geschieht am besten über Belohnungen.
- Für sein seelisches Wohlbefinden ist es unabdingbar, dass der Schapendoes jeden Tag laufen und rennen darf. Er braucht unbedingt auch eine geistige Beschäftigung. Der gesellige Hund verträgt sich meist gut mit anderen Tieren.

Schipperke

WIDERRISTHÖHE
Rüde: rund 35 cm;
Hündin: rund 33 cm.

GEWICHT
3 bis 9 kg.

KURZBESCHREIBUNG
Kleiner Schäferhund mit spitz zulaufendem Fang und sehr dichtem Fell.

WESEN
Neugierig und überschwänglich.

BESONDERE KENNZEICHEN
Sehr agiler Schäferhund in Kleinformat.

Der agile und unermüdliche Schipperke hat einen Kopf mit relativ breiter Stirn und spitz zulaufendem, fuchsähnlichem Fang. Die dunkelbraunen, mandelförmigen Augen blicken lebhaft und durchdringend. Die kleinen, dreieckigen und sehr beweglichen Ohren neigen sich zueinander, wenn sie aufgerichtet sind, sobald der Hund ein Geräusch vernimmt. Die Brust ist breit und tief, der Rücken gerade, die Lenden sind breit und gedrungen, der Bauch ist leicht aufgezogen. Die Gliedmaßen sind fein und perfekt gerade. Die Rute reicht mindestens bis zum Sprunggelenk. Das Deckhaar ist reichlich, dicht, glatt, genügend hart, von fester Struktur, trocken mit Widerstand beim Anfassen. Zusammen mit der weichen und dichten Unterwolle bietet es einen vorzüglichen Schutz. Das an Kopf, am vorderen und unteren Teil der Gliedmaßen kurze Fell ist am Körper mittellang, wird jedoch um den Hals länger, wo es eine Mähne und eine Schürze bildet, die die Vorderhand breiter aussehen lassen, sowie Hosen, die die Rückseite der Oberschenkel bedecken. Die Fellfarbe ist schwarz ohne Abzeichen.

Ursprung

Der Ursprung dieses kleinen Hundes liegt im Dunkeln, jedoch ähneln seine Züge sowohl dem Spitz als auch dem Belgischen Schäferhund. Es wird angenommen, dass der Schipperke bereits im 15. Jahrhundert in Holland existierte. Er ging vermutlich aus kleinen, einheimischen „Leuvenaar" genannten Schäferhunden hervor (aus dem belgischen Arrondissement Löwen), die inzwischen ausgestorben sind. Es wird erzählt, dass König Wilhelm von Oranien dank der Wachsamkeit seines Schipperke einem Mordanschlag entging. Der Schipperke war der Lieblingshund der Binnenschiffer, die die Kanäle von Flandern und Brabant befuhren sowie der Künstler und Ladenbesitzer in der Stadt, hauptsächlich der Flickschuster, Kupferschmiede und auf Innereien spezialisierten Metzger.

Verhalten

Der stets in Alarmbereitschaft stehende Schipperke schläft immer nur mit einem Auge. Seine unstillbare Neugier diktiert sein Verhalten. Es hat den Anschein, als ob er niemals ausruht, alle Winkel des Hauses kennt und alles Verdächtige durch überzeugtes Gebell anzeigt.
Er ist ein neugieriger Schnüffler, der neben Mäusen und Ratten auch Wildkaninchen und Hasen jagt – früher stellte er seine ausgezeichneten Fähigkeiten als Rattler auch in den Lagerhallen von Getreidemühlen unter Beweis.

- Der intelligente, einfühlsame und gehorsame Hund lässt sich leicht ausbilden, sofern dabei das nötige Feingefühl eingesetzt wird. Er ist ein sehr wachsamer Familienhund.
- Der robuste kleine Schäferhund eignet sich bestens für alle gängigen Hundesportarten und muss geistig wie körperlich gut ausgelastet werden.

▲ Schipperke

Schweizer Laufhund

Berner Laufhund
Jura Laufhund
Luzerner Laufhund
Schwyzer Laufhund

WIDERRISTHÖHE
Rüde: 49 bis 59 cm;
Hündin: 47 bis 57 cm.

GEWICHT
Rüde: 16 bis 20 kg;
Hündin: 13 bis 15 kg.

KURZBESCHREIBUNG
Elegante Körperumrisse und ein schön gezeichneter Kopf.

WESEN
Sanft und freundlich – und mit einer großen Portion Jagdtrieb ausgestattet.

Der Schweizer Laufhund verdankt seinen adeligen Ausdruck im Wesentlichen seinem schmalen, gut proportionierten Kopf mit einem edel ausgebildeten, schmalen Fang. Sein langer, schmaler Behang ist herabfallend, gefaltet und eingedreht. Der Hals ist elegant und gut bemuskelt, der Rücken fest und gerade, die Brust gut herabreichend. Der Schweizer Laufhund steht auf senkrecht gestellten, sehr muskulösen Gliedmaßen. Die mittellange Rute beschreibt eine schwache Biegung nach oben. Das Fell ist kurz, glatt und dicht, sehr fein am Kopf und am Behang. Aufgrund der unterschiedlichen Fellfarben unterscheidet man vier Varietäten:

- Berner Laufhund: Weiß mit schwarzen Flecken oder einem schwarzen Sattel und lohfarbenen Abzeichen.
- Jura Laufhund: Lohfarben mit schwarzem Sattel, manchmal schwarz gewolkt, oder schwarz mit lohfarbenen Abzeichen.
- Luzerner Laufhund: sogenanntes „blaues“ Fell, d. h. schwarze und weiße Haare, sehr stark gesprenkelt, mit schwarzen Flecken oder einem schwarzen Sattel, mit hell bis dunkel lohfarbenen Abzeichen.
- Schwyzer Laufhund: Weiß mit orangenfarbenen Flecken oder orangefarbenem Sattel; manchmal leicht orangefarben getüpfelt. Ein orangefarbener Mantel ist zulässig.

Ursprung

Die Ursprünge der Schweizer Laufhunde liegen sehr weit zurück und verschmelzen mit denen der französischen Laufhunde und des Saint-Hubert. Diese Hunde gab es in der Schweiz schon zur Zeit der Römer. 1933 wurde ein Rassestandard für alle vier Varietäten des Schweizer Laufhundes erstellt.

Verhalten

Die Schweizer Laufhunde sind lebhaft, intelligent und robust. Sie sind ruhig, mit feiner Nase und kräftiger Stimme. Die für die Jagd passionierten ausgezeichneten Stöberhunde sind kraftvoll und ausdauernd.

- Der Berner Laufhund (oder Jura-Heuler) wird hauptsächlich zur Hasenjagd eingesetzt, der Jura Laufhund mehr für die Wildschwein- und Hirschjagd, der Luzerner Laufhund für die Hirschjagd und der Schwyzer Laufhund für die Jagd auf Wildkaninchen.
- Diese Hunde sind angenehme Begleiter, sanft, leichtführig und sehr führerbezogen, benötigen aber eine konsequente Ausbildung.
- Sie brauchen Platz, viel Bewegung und sollten jagdlich geführt werden.

Scottish Terrier

Schottischer Terrier

WIDERRISTHÖHE
Rüde und Hündin: 25 bis 28 cm.

GEWICHT
8,6 bis 10,4 kg.

KURZBESCHREIBUNG
Dieser niederläufige Terrier mit seinem langen Fang und seinem Bart sieht recht drollig aus.

WESEN
Unbeschwert, freundlich, unternehmungslustig und menschenbezogen.

Aufgrund seiner geringen Größe erscheint beim Schottischen Terrier der Kopf besonders lang im Verhältnis zur Körpergröße. Die mandelförmigen Augen sind dunkelbraun und von kräftigen Augenbrauen überwölbt. Der Nasenschwamm ist groß, die Ohren sind klein, spitz und aufrecht. Die breite Brust ist deutlich vor den kurzen, kräftigen Vorderläufen gelagert. Die mittellange Rute wird aufrecht oder leicht gebogen getragen. Das Fell ist rau, dicht und hart, die Unterwolle weich. Die Fellfarbe ist schwarz, weizenfarben oder gestromt.

▲ Scottish Terrier

Ursprung

Die Herkunft dieses Hundes aus den Schottischen Highlands reicht sehr weit zurück. Seinen endgültigen Namen erhielt er erst Ende des 19. Jahrhunderts. Bis dahin wurde er als Jagdhund für Dachse, Füchse und anderes Raubzeug eingesetzt. Der Schottische Terrier ist von Natur aus ein robuster, kräftig bemuskelter Hund, temperamentvoll und mutig. Die Zuchtauslese hat seine äußere Erscheinung noch verbessert, ohne jedoch sein Wesen zu verändern.

Verhalten

Der aktive, unternehmungslustige Schottische Terrier eignet sich nicht für ein passives Leben in der Wohnung. Auch wenn er einen Großteil seines Erfolges seines ungewöhnlichen Exterieurs verdankt, so entspricht sein Verhalten keineswegs einem Schoßhund.

- Dieser passionierte Jagdhund liebt es, zu springen, zu scharren und zu graben und zeigt nicht gerade vorbildlichen Gehorsam. Dennoch ist er kein „schwieriger" Hund, denn seine lebhafte Intelligenz und seine Gleichmütigkeit machen seinen Unabhängigkeitsdrang und seine Eigensinnigkeit wieder wett. Er braucht eine sehr konsequente Ausbildung, jedoch ohne Härte.
- Der sehr charakterstarke Schottische Terrier zeigt sich Fremden gegenüber gleichgültig bis misstrauisch. Auch wenn er es akzeptiert, wenn sein Herr mit ihm schimpft, wird er bei schroffer Behandlung die Zähne zeigen. Er kann sich an das Stadtleben anpassen, vorausgesetzt, er darf täglich lange Spaziergänge machen.

Sealyham Terrier

WEITERER NAME
Terrier aus Sealy Ham

WIDERRISTHÖHE
Rüde und Hündin: unter 31 cm.

GEWICHT
Rüde: rund 9 kg;
Hündin: rund 8,2 kg.

KURZBESCHREIBUNG
Der stämmige, niederläufige Terrier besitzt einen hübschen Bart.

WESEN
Lebhaft und freundlich.

BESONDERE KENNZEICHEN
Seine Unternehmungslust.

Der lebhafte Sealyham Terrier hat einen leicht gewölbten Schädel, einen schwarzen Nasenschwamm, kräftige Kiefer und einen üppigen Bart. Die runden und dunklen Augen sind mittelgroß. Die herabfallenden und an den Spitzen gerundeten Ohren werden seitlich an der Wangenpartie getragen. Die kurzen Vorderläufe sind

▲ Sealyham Terrier

>>

kräftig und gerade. Die Brust ist breit und tief. Dieser robuste Hund weist eine für seine Größe bemerkenswert kraftvolle Hinterhand mit muskulösen Oberschenkeln und kräftigen Sprunggelenken auf. Die Rute wird aufrecht getragen. Das Fell besteht aus langem, hartem und drahtigem Deckhaar und einer wetterfesten Unterwolle. Die Fellfarbe ist reinweiß oder weiß mit gelben, braunen, blauen oder dachsfarbenen Abzeichen an Kopf und Ohren. Starke und schwarze Tüpfelung wird als Fehler gewertet.

Ursprung

Der im 19. Jahrhundert in einem Dorf in Wales entstandene Terrier, dessen Name er trägt, ging aus Kreuzungen hervor, die der erfahrende Hundeliebhaber und passionierte Otterjäger Captain Edwards durchführte. Der mit den seinerzeit vorhandenen Terriern unzufriedene Züchter brachte seine eigene Rasse auf der Basis verschiedener Terrierrassen (Fox Terrier, West Highland White Terrier, Dandie Dinmont Terrier) und vermutlich des Welsh Corgi hervor. Die rigoros durchgeführte Zuchtauslese nahm viele Jahre in Anspruch.

Verhalten

Seit Anfang des 19. Jahrhunderts wird der wachsame, aktive und lebhafte Sealyham Terrier als Begleithund eingesetzt. Der früher Otter und Iltisse jagende Terrier lässt sich jedoch gerne von seinen Jagdinstinkten verführen, wenn sich die Gelegenheit dazu bietet.

- Er ist freundlich, sanftmütig und leicht auszubilden, sofern sein Herr immer die nötige Konsequenz an den Tag legt. Er besitzt ein heiteres Gemüt, ist ruhig, ausgeglichen und hängt sehr an seiner Familie.
- Dieser wenig lautfreudige Terrier passt sich leicht an das Leben in einer Wohnung an, braucht jedoch viel Bewegung.

Segugio Italiano

Italienischer Laufhund

WIDERRISTHÖHE
Rüde: 52 bis 60 cm;
Hündin: 50 bis 58 cm.

GEWICHT
Rüde: 20 bis 28 kg;
Hündin: 18 bis 26 kg.

KURZBESCHREIBUNG
Hund mit harmonischen Proportionen, mit guter Muskulatur versehen, ohne die geringste Spur von Fett, ideal geeignet, von Sonnenaufgang bis Sonnenuntergang das Wild zu verfolgen.

WESEN
Lebhaft und ausdauernd.

BESONDERE KENNZEICHEN
Der kurzhaarige Schlag ist der lebhaftere der beiden.

Der Kopf des Italienischen Laufhundes ist länglich geformt. Der große schwarze Nasenschwamm zeigt gut geöffnete Nasenlöcher. Die großen, leuchtenden, dunkel ockerfarbenen Augen zeigen einen sanften und stolzen, etwas traurigen Ausdruck. Der dreieckige, herabhängende und tief angesetzte Behang ist nach vorne gedreht, ohne sich einzurollen. Der leicht gebogene Hals hat keine Wamme.
Die lange und hoch angesetzte Rute hängt in Ruhestellung säbelförmig herab. Das Fell, das am Körper nicht länger als 5 cm sein darf, ist harsch, ausgenommen davon sind Kopf, Behang, Rute, Fang und Gliedmaßen. Am Kinn bildet es einen Kinnbart. Die Fellfarbe darf alle Schattierungen von Falbfarben zeigen, mit einem weißen Bruststern oder Weiß an Fang und Schädel, an Hals, Pfoten und der Rutenspitze. Vorzugsweise soll das Weiß auf die körperfernen Partien beschränkt sein. Die Fellfarbe darf auch Schwarz und Lohfarben sein.

Ursprung

Der Ursprung dieses Italienischen Laufhundes ist unbekannt. In seiner heutigen Form wurde er bereits auf einem auf das Jahr 1600 datierten Gemälde dargestellt. Heute trifft man ihn in Italien wieder öfter an.

Verhalten

Der schnelle, robuste, unermüdliche Italienische Laufhund jagt voller Eifer auf unterschiedlichstem Gelände. Als Spezialist für Haarwild (Wildschwein, Fuchs, Hase, Wildkaninchen) arbeitet er entweder alleine oder in der Meute. Bei der Ansitzjagd weiß er das Wild vorzüglich zu treiben.
Lebhaft und voller Eifer, besitzt er eine bemerkenswerte, sehr feine Nase sowie eine wohlklingende, sehr angenehme Stimme.

- Dieser unabhängige Jagdhund muss sehr frühzeitig mit Konsequenz ausgebildet werden. Zudem ist er ein guter Gefährte, ruhig und besonnen, mit sanftem Blick. Er braucht viel Bewegung.

▲ Segugio Italiano

Serbski Gonic

Serbischer Laufhund

WIDERRISTHÖHE
Rüde: 46 bis 56 cm;
Hündin: 44 bis 54 cm.

GEWICHT
Rund 20 kg.

KURZBESCHREIBUNG
Der gleichermaßen Kraft und Eleganz ausstrahlende Hund ist äußerst temperamentvoll.

WESEN
Energisch und beharrlich – und mit einer großen Jagdpassion ausgestattet.

Der längliche Kopf trägt einen mittelgroßen, hoch angesetzten und eng an den Backen anliegenden, hängenden Behang. Die Gliedmaßen sind kraftvoll, der Bauch ist leicht aufgezogen. Das kurze, üppige, glänzende und etwas dicke Fell besitzt eine Unterwolle. Die Fellfarbe ist ein Fuchsrot oder Gelblich-Rot mit schwarzem Mantel oder Sattel auf der Rumpfoberseite.

Ursprung

Der gut an die Bodenbeschaffenheit und das Klima seiner Heimat – das ehemalige Jugoslawien – angepasste Hund wurde der Legende nach von phönizischen Seefahrern mitgebracht.

Verhalten

Dieser unermüdliche und vorzügliche Jagdhund von Hasen, Reh- und Schwarzwild ist ein ausgezeichneter Schweißhund. Der freundliche und selbstsichere Hund zeigt eine außergewöhnliche Beharrlichkeit. Sein Herr muss Autorität besitzen. Der Hund benötigt viel Auslauf.

Shar Pei

WIDERRISTHÖHE
Rüde und Hündin: 44 bis 51 cm.

GEWICHT
Rund 20 bis 29 kg.

KURZBESCHREIBUNG
Sein Äußeres unterscheidet ihn von allen anderen Hunderassen.

WESEN
Ruhig, unabhängig und charakterstark.

BESONDERE KENNZEICHEN
Die Haut der Welpen liegt am ganzen Körper in Falten, beim erwachsenen Hund sind die Falten meist auf Widerrist und Rutenansatz beschränkt.

Der ungewöhnliche Kopf gleicht im Aussehen dem eines Nilpferdes. Die kleinen Augen sind dunkel, die sehr kleinen Ohren liegen eng am Kopf an. Die Zunge ist vorzugsweise bläulich schwarz. Der kräftige Körper ist muskulös und von gewisser Eleganz. Erwachsene Hunde ohne Hautfalten am Körper außer am Widerrist und am Rutenansatz, wo eine mäßige Faltenbildung vorhanden ist werden bevorzugt.
Die Hautfalten erfordern besondere Pflege, denn der Shar Pei neigt zu Hauterkrankungen. Die mittellange Rute ist sehr hoch angesetzt und wird entweder eng gerollt oder über dem Rücken oder zu einer von beiden Seiten gekrümmt getragen.
Das Fell ist kurz, rau und borstig. Alle einheitlichen Farben außer Weiß werden vom Rassestandard erlaubt.

▲ Shar Pei

>>

Ursprung

Sein extravagantes Aussehen machte diesen aus China stammenden Hund zum Liebling der amerikanischen Künstlerszene mit ihrem Faible für Ausgefallenes. Der Shar Pei, dessen Name wörtlich übersetzt „Sand-Haut-Hund“ bedeutet, ist sehr alter Herkunft. Sandsteinfunde an Stätten, die noch aus der Zeit vor unserer Zeitrechnung stammen, zeigen den Shar Pei. Der zunächst zur Bewachung von Tempeln eingesetzte Hund wurde später als Kampfhund gezüchtet. Darüber hinaus eignete er sich vorzüglich zur Jagd auf Wildschweine. Der unter dem alten Regime sehr geschätzte Shar Pei wurde von der revolutionären Regierung Pekings als Luxushund eingestuft und hoch besteuert. Die Rasse wäre wohl ausgestorben, wenn seine letzten Vertreter nicht in die USA importiert worden wären und dort in den 1970er-Jahren bekanntlich sehr erfolgreich waren.

Verhalten

Der Shar Pei ist ein charakterstarker Hund, der von klein auf sehr konsequent ausgebildet werden muss.
Er muss an Berührungen, besonders von Fremden, gewöhnt werden und er muss gut sozialisiert werden. Bei guter Ausbildung zeigt sich der Shar Pei gehorsam.

- Er liebt seinen Herrn, dessen volle Aufmerksamkeit er beansprucht. Zudem ist er allen Familienmitgliedern gegenüber sehr anhänglich, wobei er diese auch instinktiv beschützt. Dieser ungewöhnliche Begleiter ist außergewöhnlich anpassungsfähig. Er kann sehr gut in der Wohnung gehalten werden, sofern er täglich ausreichend Auslauf bekommt. Der kluge und disziplinierte Hund ist auch ein hervorragender Wachhund.

Shetland Sheepdog

WEITERE NAMEN
Sheltie

WIDERRISTHÖHE
Rüde: 37 cm;
Hündin: 35,5 cm.

GEWICHT
6 bis 9 kg.

KURZBESCHREIBUNG
Harmonische und elegante Erscheinung mit muskulösem Körperbau und mit einem schön geformten Kopf.

WESEN
Intelligent und fröhlich.

BESONDERE KENNZEICHEN
Sieht aus wie die verkleinerte Ausgabe des Collie.

Der Shetland Sheepdog hat einen sehr schönen Kopf mit langgestrecktem Fang, der am Ende gut gerundet ist. Seine kleinen Ohren werden bei Erregung halb aufgerichtet getragen. Die Augen sind mandelförmig und dunkelbraun. Bei den Merles sind ein oder beide Augen blau. Der Augenausdruck ist sanft und sehr lebhaft zugleich. Der Nasenschwamm ist immer schwarz.
Dieser Hund hat gut bemuskelte Gliedmaßen und gewölbte Rippen. Die tief angesetzte Rute wird in Bewegung leicht erhoben, aber niemals über der Rückenlinie, getragen. Die gut gepolsterten Pfotenballen sind an steinige Böden angepasst.
Die Natur hat den Shetland Sheepdog mit einem wunderschönen Fell ausgestattet, wobei das Deckhaar lang, glatt und hart ist, die Unterwolle weich, kurz und dicht. Das Fell bildet eine üppige Mähne und Halskrause, die den schönen Kopf richtig zur Geltung bringen. Das Fell am Kopf ist kurz. Die Rute ist gut befedert. Die Vorderläufe sind gut befedert, die Hinterläufe sind oberhalb der Sprunggelenke stark befedert. Die Fellfarbe kann dreifarbig sein: tiefschwarz am Körper, mit satten lohfarbenen Abzeichen und weiß. Bei zobelfarbenen Exemplaren ist das Fell manchmal gewolkt und reicht in seiner Schattierung von Gold bis sattem Mahagoni. Weiße Abzeichen sind an Brust, Gliedmaßen und an der Rute erwünscht. Die Farbe Bluemerle ist ein klares silbriges

Verhalten

Der Shetland Sheepdog war zweifellos der erste Hund, der in Europa für das Treiben der Herden eingesetzt wurde, eine Arbeit, die der Sheltie hervorragend leistet. Ungeachtet seiner Größe ist dieser aktive Hütehund in der Lage, große Herden zu kontrollieren.
Heutzutage wird er immer weniger in seinem ursprünglichen Arbeitsgebiet eingesetzt, er hat jedoch nichts von seinen Fähigkeiten eingebüßt und schneidet hervorragend bei Obedience- und Agility-Wettbewerben ab.

- Dieser schöne Hund wird zunehmend als Begleithund eingesetzt. Sein heiteres Gemüt hat schnell zu großer Beliebtheit geführt. Er ist von Natur aus fröhlich und hochintelligent sowie leicht auszubilden. Fremden gegenüber verhält er sich dagegen misstrauisch. Für eine gute Sozialisierung ist es empfehlenswert, mit ihm von klein auf in der Stadt Spaziergänge zu machen.
- Der sanftmütige und sensible Shetland Sheepdog verträgt weder Geschrei noch schroffe Behandlung. Er liebt das Familienleben und ist gern mit anderen Artgenossen zusammen. Er muss täglich ausreichend Auslauf haben und muss unbedingt auch geistig beschäftigt werden.

Shetland Sheepdog ▼

Blau mit schwarzer Marmorierung und vorzugsweise satten lohfarbenen Abzeichen. Weiße Abzeichen sind auch hier erwünscht. Man findet jedoch auch Shelties in den Farben schwarz-weiß oder schwarz mit Loh.

Ursprung

Der Shetland Sheepdog, eine verkleinerte Ausgabe des langhaarigen Collie, stammt von den Shetlandinseln im Norden Schottlands, denen er seinen Namen verdankt. Er ging zweifellos aus Kreuzungen von einheimischen Hütehunden mit nordischen Hunden wie Grönlandhund und Spitz hervor. Die Rasse wurde vom Britischen Kennel Club offiziell 1919 anerkannt, danach auch in anderen europäischen Ländern. Seither konzentrierte sich die Zucht darauf, die Ähnlichkeit des Shetland Sheepdog mit dem Collie zu betonen.

Shiba

WEITERE NAMEN
Shiba Inu

WIDERRISTHÖHE
Rüde: 40 cm;
Hündin: 37 cm.

GEWICHT
6 bis 10 kg.

KURZBESCHREIBUNG
Wohlproportionierter, gut gebauter Hund, sehr fließend und frei in der Bewegung.

WESEN
Sehr anhänglich und ruhig.

Der Kopf des Shiba ist breit. Der mäßig dicke Fang verjüngt sich allmählich und endet in einem schwarzen Nasenschwamm. Die dreieckigen Ohren werden aufrecht getragen. Die relativ kleinen und dreieckigen Augen sind dunkelbraun. Der eher kleine Shiba ist gut aufgerichtet und besitzt eine robuste Konstitution mit kräftigen Gliedmaßen.
Die hoch angesetzte und gut behaarte Rute wird gut eingerollt über der Kruppe oder sichelförmig getragen. Das Deckhaar ist hart und glatt, die Unterwolle weich und dicht. Die Fellfarbe ist rot, schwarzloh, sesam, schwarz-sesam oder rotsesam. Alle angeführten Farben gehen einher mit weißlichem Haar seitlich am Fang und an den Backen, unter dem Fang, an der Kehle, an der Brust und am Bauch sowie an der Unterseite der Rute und der Innenseite der Gliedmaßen.

Verhalten

Der etwas eigensinnige und unabhängige Shiba ist mit Geduld und Konsequenz leicht auszubilden. Er ist umgänglich, unauffällig und sehr sauber.

- Er hat sich perfekt an das Stadtleben angepasst. Dieser ausgezeichnete und zuverlässige Wachhund ist sehr aufgeweckt und wenig lautfreudig. Mit Artgenossen muss er unbedingt gut sozialisiert werden. Er zögert nicht, auch auf Hunde loszugehen, die weitaus stärker sind als er. Der zurückhaltende und ruhige Hund hängt jedoch sehr an seiner Familie. Mit Katzen versteht er sich häufig gut.
- Der Shiba hat es gerne bequem, was ihn jedoch nicht davon abhält, sich zu bewegen, wenn ihm danach ist. Er hat sich seinen Jagdinstinkt bis heute bewahrt.

Ursprung

Es wird vermutet, dass diese uralte Rasse, die vor rund 2000 Jahren nach Japan gelangte, von den wilden Hunden im Süden Chinas abstammt. Die Rasse entwickelte sich auf der Insel Honshu und wäre während des Zweiten Weltkriegs beinahe ausgestorben. Hundeliebhabern gelang es, die Rasse auf Basis einiger überlebender Hunde, die dem Standard am nächsten kamen, wieder aufzubauen. Der damals als Jagdhund für Kleinwild eingesetzte Shiba ist heute einer der beliebtesten Begleithunde Japans.

▲ Shiba

Shih Tzu

WIDERRISTHÖHE
Rüde: 22 bis 26,5 cm;
Hündin: 20 bis 25 cm.

GEWICHT
Rüde: 4,5 bis 8 kg;
Hündin: 4 bis 7 kg.

KURZBESCHREIBUNG
Kleiner stämmiger Hund mit überreichem Fell.

WESEN
Fröhlich und anschmiegsam.

BESONDERE KENNZEICHEN
Mit seinem Bart und seinem Haar sieht er aus wie der Weise aus dem Morgenland.

Der Shih-Tzu hat einen breiten und runden Strubbelkopf, wobei das Haar gut über die Augen fällt und einen Backen- und Kinnbart bildet. Über der Nase wächst das Haar vertikal nach oben. Der Fang ist quadratisch, kurz breit. Der Nasenschwamm ist schwarz oder dunkelbraun. Die großen und hängenden Ohren sind mit langen Haaren bedeckt, die sich mit dem Nackenhaar vermengen. Die dunklen und runden großen Augen sind nicht hervorstehend. Die hoch angesetzte und reichlich befederte Rute wird mit starkem Haarbusch gut über dem Rücken getragen. Der Körper, der länger als hoch ist, ist kräftig, mit breiter und tiefer Brust, kurzen und muskulösen Gliedmaßen mit kräftigen Knochen, die gerade sein müssen. Das Fell besteht aus langem, dichtem, nicht lockigem Haar und einer guten Unterwolle. Alle Farben sind erlaubt. Eine weiße Stirnblesse und eine weiße Rutenspitze sind wünschenswert.

▲ Shih Tzu

Ursprung

Der aus Tibet stammende Shih-Tzu, was auch „Löwenhund" bedeutet, ist eine sehr alte Rasse, die von Lhasa Apso und Pekingese abstammt. Im 16. Jahrhundert wurde allen bedeutenden chinesischen Besuchern ein Shih-Tzu zum Geschenk gemacht. Zusammen mit dem Pekingesen teilte er sich die Gunst des kaiserlichen Hofes.

Verhalten

Der Shih-Tzu zeigt unbestritten Präsenz: Seine stolze Haltung und sein üppiges Fell machen auf ihn aufmerksam. Er ist ein aufgeweckter, sehr neugieriger und aktiver Hund, der mit Feingefühl, aber konsequent erzogen werden muss. Auch wenn er sich von seinem Naturell eher unabhängig zeigt, so hängt er doch sehr an seiner Familie und freut sich, wenn man sich mit ihm beschäftigt. Dies ist unbedingt erforderlich, allein schon wegen seines Fells, das tägliche Pflege erfordert.

- Der sehr liebenswürdige und fröhliche, verspielte und unternehmungslustige Hund ist gänzlich ohne Aggressivität und immer bereit, sich anzukuscheln. Zudem ist der Shih-Tzu Artgenossen gegenüber sehr umgänglich und liebt Katzen. Er ist eindeutig der perfekte Haushund, wenn nicht gar Schoßhund, wobei diese Aussage nicht abwertend zu sehen ist. Trotzdem benötigt er ausreichend Auslauf und Beschäftigung.

Shikoku

WEITERE NAMEN
Kochi Ken (Kochi-Hund)

WIDERRISTHÖHE
Rüde: 52 cm;
Hündin: 46 cm.

GEWICHT
15 bis 20 kg.

KURZBESCHREIBUNG
Muskulöser Hund mit schönem Fell in allen Schattierungen von Sesam.

WESEN
Sehr aufgeweckt und energisch.

Die Stirn ist breit, der Fang eher lang und keilförmig, die Lefzen sind eng anliegend. Die kleinen Augen sind dunkelbraun. Der mittelgroße Shikoku trägt seine schöne Rute sichelförmig aufgerollt. Das Fell ist eher hart und glatt, die Unterwolle weich und dicht. Die Fellfarbe ist sesam, schwarz-sesam und rotsesam.

Ursprung

Der Shikoku ist eine uralte, japanische, geschützte Rasse, die aus der Provinz Kochi stammt. Sie wurde eingesetzt bei der Jagd auf Wildschweine.

Verhalten

Dieser passionierte Jagdhund, der über sehr scharfe Sinne verfügt, ist in seiner Heimat überaus beliebt. Der energische, robuste und ausdauernde Hund ist sehr selbstbewusst und gehorcht gerne, vorausgesetzt, sein Herr ist konsequent und gerecht. Der muskulöse und gut proportionierte Shikoku ist leichtfüßig und elastisch in seinen Bewegungen.

Siberian Husky

WIDERRISTHÖHE
Rüde: 54 bis 60 cm;
Hündin: 51 bis 56 cm.

GEWICHT
Rüde: 20 bis 28 kg;
Hündin: 15 bis 23 kg.

KURZBESCHREIBUNG
Von kraftvoller, aber anmutiger Gestalt, mit fließender charakteristischer Gangart.

WESEN
Sehr unabhängig.

BESONDERE KENNZEICHEN
Die blauen Augen bei einzelnen Exemplaren und seine Lautgebung, die eher an ein Heulen als ein Bellen erinnert.

Der Siberian Husky hat einen leicht gerundeten Schädel. Sein Fang endet weder spitz noch quadratisch. Die mittelgroßen und aufrecht stehenden Ohren sind innen gut und buschig behaart. Die braunen oder blauen, mandelförmigen und leicht schräg stehenden Augen haben einen lebhaften und freundlichen Ausdruck. Erwünscht sind Hunde mit blauen Augen. Ein braunes und ein blaues Auge werden akzeptiert.
Die Brust ist tief und kräftig, die Lenden sind straff und trocken. Der Siberian Husky hat die für einen Polarhund typischen, zwischen den Zehen gut behaarten Pfoten und sehr widerstandsfähige Ballen. Die Rute wird, wenn der Hund aufmerksam ist, sichelförmig über der Kruppe getragen; in Ruhe oder beim Arbeiten tief. Das Fell ist mittellang, gerade und etwas anliegend, mit einer weichen und dichten Unterwolle. Alle Farben, von Schwarz bis Reinweiß, sind erlaubt. Eine Vielfalt an Zeichnungen am Kopf ist üblich, wo sie eine Maske in Form einer Mütze oder einer Brille bilden, was bei anderen Hunden nicht zu finden ist.

Ursprung

Der Siberian Husky stammt aus dem Gebiet an dem Fluss Kolyma im Norden Sibiriens, wo er vor rund 2000 Jahren in Erscheinung trat. Die Rasse wurde von dem Volksstamm der Tschuktschen, halbnomadischen Rentierzüchtern, entwickelt und gefestigt. 1909 stellte ein Pelzhändler den Siberian Husky in Kanada vor, um an den Schlittenhunderennen teilzunehmen. Im „All Alaska Sweepstakes"-Rennen über 650 km schlug sich das erste Siberian Husky-Gespann bemerkenswert gut. Bis heute können die Nachkommen das Erbe dieses äußerst ausdauernden, eigensinnigen, wendigen und schnellen „Vollblüters" nicht verleugnen. Im kanadischen Sprachgebrauch steht husky (heiser) für

▲ Siberian Husky

>>

alle Hunde mit rauer Stimme, die Schlitten ziehen oder Seehunde jagen. Heute darf nur der Siberian Husky offiziell diesen Zusatz tragen.
Diese kleinste und leichteste aller nordischen Rassen ist auch die schnellste. Genau auf diese bemerkenswerte Geschwindigkeit wird in den zahlreichen Kreuzungen abgezielt, um immer noch leistungsfähigere Schlittenhunde zu erhalten.
Die Rasse wurde offiziell vom American Kennel Club 1930 anerkannt. Im 20. Jahrhundert hat sich der Siberian Husky auch in Europa recht gut etabliert. Passionierte Liebhaber nehmen mit ihren Hunden auch an Schlittenhunderennen teil.
Der für das Leben im Freien wie geschaffene Siberian Husky schläft gerne draußen. Er besitzt die Eigenheit, eher zu heulen als zu bellen.

Verhalten

Der intelligente, freundliche und sanftmütige Siberian Husky ist ein aufgeweckter und geselliger Zeitgenosse. Er ist außerdem sehr unabhängig, ungestüm und ein geborener Jäger. Der zu seinen Bedingungen Gehorsam zeigende Hund „vergisst“ hin und wieder seine Erziehung.

- Er verfügt nicht über die Eigenschaften eines Wachhundes in Einzelhaltung. Als ausgesprochenes Rudeltier muss er von klein auf daran gewöhnt werden, als Einzelhund zu leben. Dennoch wurde dieser angenehme und sehr saubere Hund sehr erfolgreich. Der Arbeitshund braucht unbedingt einen Hundeführer, der ihn dominiert. Er kann nicht in der Wohnung gehalten werden.
- Dieser nordische Hund passt sich gut an das gemäßigte Klima an. Er braucht sehr viel Bewegung und Beschäftigung.

Australian Silky Terrier

WIDERRISTHÖHE
Rüde und Hündin: 23 bis 26 cm.

GEWICHT
Rund 4 kg.

KURZBESCHREIBUNG
Kompakter und eleganter Terrier, der mit seinem silbrig-seidigen Fell der Star unter den Terriern ist.

WESEN
Lebhaft und sanftmütig.

Der Kopf ist mäßig lang und recht breit zwischen den Ohren. Die Augen sind klein, oval, niemals rund und so dunkel wie möglich. Die kleinen V-förmigen und hoch angesetzten Ohren sind aufrecht.
Der Australian Silky Terrier erscheint kompakt, jedoch nicht zu niedrigstehend, mit fein strukturiertem Gebäude, jedoch substanzvoll und lebhaft. Der Körper ist nicht zu lang, der Rücken ist gerade und geht in eine kräftige Lendenpartie über, die Brust ist mäßig tief. Bei der Rute werden die ersten drei Wirbel gerade oder in leichtem Bogen, aber nicht über den Rücken gezogen, getragen. Die Rute darf nicht geringelt und nicht befedert sein.
Das feine, glänzende und glatte Haar ist seidig. Das Fell darf nicht so lang sein, dass die Bewegung beeinträchtigt ist.
Bei der Fellfarbe ist jede Schattierung von Blau und Loh zulässig. Die Farben sollen möglichst intensiv sein. Die Farben Silber und Weiß sind dagegen nicht zulässig. Das Blau am Körper muss frei von Loh oder bronzefarbenem Anflug sein. Die lohfarbenen Abzeichen dürfen keine rußigen Schattierungen aufweisen.

Ursprung

Die Ähnlichkeit des Australian Silky Terrier mit dem Yorkshire Terrier ist nicht zufällig, denn Letzterer ist sein Vorfahr. Er ist ebenfalls mit dem Australian Terrier verwandt und trägt zweifellos das Blut des Skye Terriers bzw. des Cairn Terriers in sich. Der erste Standard dieser relativ jungen Rasse wurde erst 1962 erstellt.

Verhalten

Der Australian Silky Terrier ist ein typischer Terrier, fröhlich, neugierig, anhänglich, gesellig und von lebhafter Intelligenz. Dennoch sollte er von klein auf ganz konsequent ausgebildet werden.
Im Umgang mit Artgenossen zeigt sich der Australian Silky Terrier recht umgänglich. Er hat sich seine Jagdinstinkte bewahrt und ist nach wie vor ein gefürchteter Jäger von Nagetieren, wenn sich ihm die Gelegenheit zur Jagd auf diese bietet.
Diese außerhalb Australiens noch kaum verbreitete, äußerst anpassungsfähige Rasse erfreut sich inzwischen zunehmender Beliebtheit.

Skye Terrier

WIDERRISTHÖHE
Rüde und Hündin: 25 bis 26 cm.

GEWICHT
10 bis 12 kg.

KURZBESCHREIBUNG
Tiefstehender Terrier, zwei Mal so lang wie hoch, mit sehr schönem Fell.

WESEN
Sehr charakterstark.

BESONDERHEIT
Der Skye Terrier ist ein echter Terrier – mit allen Vor- und Nachteilen.

Der tiefstehende Skye Terrier hat einen kräftigen Kopf, braune Augen, einen stets schwarzen Nasenschwamm und Steh- oder Hängeohren mit anmutiger Befederung. Der Hals ist lang, die Schultern sind breit, der Rücken ist gerade. Die Läufe sind kurz, muskulös und gerade. Die Pfoten sind groß und weisen nach vorn. Die anmutig befederte Rute wird entweder hängend getragen oder erhoben in Verlängerung der Rückenlinie. Das Fell besteht aus einer kurzen, harten, dichten und wolligen Unterwolle und langem, hartem, glattem Deckhaar ohne Locken. Am Kopf ist das Fell kürzer und weicher. Die Fellfarbe ist schwarz, hell- oder dunkelgrau, falbfarben, cremefarben. Alle Farben zeigen schwarze Markierungen der Ohren und des Fangs.

▲ Skye Terrier

Ursprung

Die Insel Skye im Nordwesten Schottlands war lange ein sehr unwirtlicher, abgeschiedener Ort. Der Vorfahre des Skye Terrier, ein robuster langhaariger Terrier, der Dachse, Marder und Füchse jagte, war für die Inselbewohner schon immer der „Hund für alles“. Anfang des 17. Jahrhunderts wurden Malteser eingekreuzt, um den Skye Terrier zu erzüchten.

Verhalten

Der Skye Terrier hat bis heute offensichtlich nichts von dem Erbe seiner Vorfahren verloren. Nach wie vor ist es seine Leidenschaft, im Dickicht zu stöbern und noch am kleinsten Erdbau zu scharren. Auch wenn seine Augen von langen Haaren verdeckt sind, so entgeht ihm dank seiner feinen Nase nicht das Geringste.

- Dieser Hund ist sehr charakterstark und sein ganzes Verhalten wird von seinem starken Unabhängigkeitsdrang geprägt. Der Ein-Personen-Hund braucht einen gerechten, aber bestimmten Besitzer, der ihm seine ganze Aufmerksamkeit schenkt.
- Der Skye Terrier ist nicht gerne angeleint oder in der Wohnung, daher ist seine Haltung eher für Menschen mit Garten geeignet oder die die Möglichkeit haben, ihm täglich langen Auslauf zu bieten. Er ist ein guter Wachhund, der misstrauisch gegenüber Fremden ist.

Sloughi

WEITERE NAMEN
Arabischer Windhund

WIDERRISTHÖHE
Rüde: 70 cm;
Hündin: 65 cm.

GEWICHT
30 bis 32 kg.

KURZBESCHREIBUNG
Großer, durch und durch muskulöser Windhund von edler Erscheinung und sanftem Ausdruck.

WESEN
Sanftmütig und anhänglich.

Der Kopf des Sloughi ist langgestreckt, elegant und fein, jedoch ausreichend kräftig. Der keilförmige und lange Fang ist nahezu gleich lang wie der Schädel der flach und hinten abgerundet ist. Der Stopp ist wenig ausgeprägt. Die großen, dunklen, samtschwarzen Augen (bzw. gelb-topasfarben bei den sandfarbenen Sloughis) blicken sehnsüchtig. Die flachen

Verhalten

Der stolze und unabhängige Sloughi lässt sich leicht ausbilden, vorausgesetzt, die Ausbildung erfolgt mit dem nötigen Feingefühl. Der Sloughi verhält sich auch der ganzen Familie gegenüber sehr liebenswürdig und schätzt die bequeme Behaglichkeit eines Heims. Der sanftmütige Hund ist Fremden gegenüber zurückhaltend

- Der Sloughi ist ein guter Wachhund. Dieser Windhund passt sich gut an das Stadtleben an, sofern er von klein auf an das Stadtleben gewöhnt wird und sofern er nach Herzenslust laufen und sich verausgaben darf. Der Sloughi ist mit dem Instinkt eines Jägers ausgestattet und sehr ausdauernd hinter Wild.

>>

und dreieckigen Ohren liegen am Kopf an. Der trockene Hals ist ohne Wamme. Die Brust ist tief, der Rücken kurz, fast waagrecht, und der Bauch gut aufgezogen. Der sehr rassige Sloughi hat eine trockene Muskulatur und eine feine Haut. Die lange, dünne, nicht befederte Rute ist am Ende gebogen. Das Fell ist sehr kurz, dicht und fein.
Die Fellfarbe reicht von Hell-Sandfarben bis Rot-Sandfarben in allen Schattierungen, mit oder ohne schwarze Maske, schwarzen Mantel, schwarze Stromung oder Wolkung.

Ursprung

Die aus Asien stammenden Vorfahren des Sloughi, die bereits zu Beginn jeglicher Zivilisation dort existierten, gelangten von Asien nach Ägypten. Sie folgten den Arabern nach Nordafrika. Die unübertroffene Eleganz dieses Windhundes, seine schlichte, wenn auch etwas herbe Schönheit, eroberte die Herzen der Scheichs der Berberstämme, die bestrebt waren, diese Rasse zu erhalten und ihre jagdlichen Anlagen zu bewahren. Von allen Hunden war der Sloughi der einzige, der im Zelt und auf den Teppichen schlafen durfte, wenn er seinen Herrn nicht auf der Jagd begleitete. Derzeit ist Marokko für den Rassestandard des Sloughi verantwortlich.

Slovensky Kopov

Slowakischer Laufhund

WIDERRISTHÖHE
Rüde: 45 bis 50 cm;
Hündin: 40 bis 45 cm.

GEWICHT
15 bis 20 kg.

KURZBESCHREIBUNG
Hund mit leichtem Körperbau.

WESEN
Lebhaftes Temperament.

Der Schädel des Slowakischen Laufhundes ist flach gewölbt, der Fang lang und nicht zu breit. Der Nasenschwamm ist schwarz. Die dunklen, tief eingesetzten und mandelförmigen Augen haben einen lebhaften Ausdruck. Der mittellange, abgerundete Behang ist am Kopf anliegend und hängend. Der Hals ist kurz, muskulös und ohne Wamme. Der Körper ist länglich und eher leicht gebaut. Die Gliedmaßen sind muskulös, die Brust ist breit, der Rücken gerade und die Kruppe nicht zu lang. Das Fell ist dicht, anliegend und ziemlich lang. Die Fellfarbe ist schwarz mit braunen bis mahagonifarbenen Abzeichen an den Gliedmaßen.

Verhalten

Der Slowakische Laufhund wird für die Schwarzwildjagd eingesetzt, er ist ausdauernd und schnell, verfügt über einen hervorragend entwickelten Geruchssinn sowie einen außerordentlichen Orientierungssinn.
Er kann stundenlang einer warmen Spur folgen.
Dieser sehr charakterstarke Hund ist auch ein guter Wachhund. Er braucht eine konsequente Ausbildung und ist trotz seiner Anhänglichkeit nicht als Begleithund geeignet. Er braucht sehr viel Bewegung und sollte jagdlich geführt werden.

Irish Soft Coated Wheaten Terrier

Irischer Soft Coated Wheaten Terrier

WIDERRISTHÖHE
Rüde: 46 bis 48 cm;
Hündin: etwas kleiner.

GEWICHT
18 bis 20,5 kg.

KURZBESCHREIBUNG
Gut gebauter Terrier mit schönem gelocktem oder welligem Fell.

WESEN
Unerschrocken und sehr anhänglich.

Dieser kräftige und lebhafte Terrier hat einen flachen Schädel und einen schwarzen, gut ausgebildeten Nasenschwamm. Die Augen sind dunkel haselnussbraun, die kleinen Ohren werden nach vorne fallend getragen. Der Hals ist mäßig lang, die Brust tief und die Lendenpartie kräftig und kurz. Die Gliedmaßen sind kräftig und muskulös. Dieser stämmige und gut proportionierte Terrier darf weder zu hochläufig noch zu tiefstehend sein. Die gut angesetzte Rute wird fröhlich getragen. Das Fell hat keine Unterwolle. Es ist weich und seidig. Gelocktes Fell muss offene und weiche Locken zeigen. Die Fellfarbe darf alle Schattierungen von Hellweizen bis Rotgolden aufweisen. Der

▲ Slovensky Kopov

▼ Irish Soft Coated Wheaten Terrier

Irische Soft Coated Wheaten Terrier darf getrimmt werden. Fellfarbe und Textur des Fells sind auf Ausstellungen von größter Bedeutung.

Ursprung

Der Irische Soft Coated Wheaten Terrier, was übersetzt soviel bedeutet wie „Irischer weichhaariger weizenfarbiger Terrier", stammt von einer sehr alten Terrierrasse mit langem und weichem Fell aus dem Süden Irlands ab. Anerkannt wurde dieser Hund jedoch erst im Zeitraum zwischen den beiden Weltkriegen.

Verhalten

Der etwas wie ein Schäferhund gebaute Irische Soft Coated Wheaten Terrier ist ein äußerst vielseitig einsetzbarer Hund: als Wachhund auf dem Bauernhof oder im Haus, als Hütehund und als Jagdhund.

- Der energische und intelligente Hund ist ein ausgezeichneter Begleiter, sehr anhänglich, loyal, verspielt und sanftmütig. Fremden gegenüber ist er misstrauisch. Der unabhängige und eigensinnige Terrier braucht eine konsequente Ausbildung.
  Er kann in der Wohnung gehalten werden, braucht aber viel Auslauf.

Spinone Italiano

Spinone

WIDERRISTHÖHE
Rüde: 60 bis 70 cm;
Hündin: 58 bis 65 cm.

GEWICHT
Rüde: 32 bis 37 kg;
Hündin: 28 bis 30 kg.

KURZBESCHREIBUNG
Hund mit muskulösem und kräftigem Körperbau und einem Fell, das dem eines Griffon gleicht.

WESEN
Gesellig und leichtführig.

BESONDERE KENNZEICHEN
Sein verlängerter und schneller Trab.

In seinem Gebäude gleicht der Spinone einer Bracke, in seiner äußeren Erscheinung den Vorsteh- bzw. Laufhunden. Der Kopf weist ein ausgeprägtes Hinterhauptbein auf. Die großen und gut geöffneten Augen sind je nach Fellfarbe dunkelgelb oder ockerfarben und haben einen sanften Ausdruck. Die kräftigen Kiefer tragen ein gutes Gebiss. Der dreieckige und herabhängende Behang ist auf Augenhöhe angesetzt und leicht eingedreht. Der Hals ist kräftig und muskulös. Der Körper lässt sich beinahe in ein Quadrat stellen. Die geräumige Brust reicht bis auf Ellbogenhöhe herab. Die Kruppe ist breit, kräftig und gut bemuskelt. Die in einer Linie mit der Kruppe angesetzte und am Ansatz dicke Rute wird herabhängend oder horizontal getragen. Das Fell ist hart, dicht, steif, am Körper 4 bis 6 cm lang, an den Pfoten kürzer und hat eine lange und dichte Unterwolle. Lange und steife Haare bilden die Augenbrauenbogen, Kinnbart und Schnurrbart. Die Fellfarbe ist weiß, manchmal mit orangefarbenen oder kastanienbraunen Flecken oder weiß mit einheitlich orangefarbener oder kastanienbrauner Sprenkelung.

Ursprung

Der Ursprung dieses Hundes ist umstritten, man weiß lediglich, dass es eine sehr alte Rasse ist. Es wird vermutet, dass er aus Vorstehhunden und Laufhunden vornehmlich französischer Herkunft hervorging. Weitere Vermutungen lauten, dass der Spinone in direkter Linie von einer aus dem Piemont in Italien stammenden alten Rasse hervorgeht.

Verhalten

Der kräftige, robuste und derbe Spinone eignet sich für die Jagd in jedem Gelände, selbst in Marschen.
Er ist ein ausgezeichneter Apporteur, nahezu unermüdlich, der willig ins dornige Gestrüpp oder ins kalte Wasser geht.
Er braucht eine konsequente und gute Ausbildung.

- Der umgängliche und anhängliche Hund ist ein angenehmer und treuer Gefährte, der gerne in einer Familie lebt. Er braucht sehr viel Auslauf und Beschäftigung.

▲ Spinone Italiano

Deutscher Spitz

Wolfsspitz, Großspitz, Mittelspitz, Kleinspitz, Zwergspitz

WIDERRISTHÖHE
43 bis 55 cm (Wolfsspitz);
rund 46 cm (Großspitz);
30 bis 38 cm (Mittelspitz);
23 bis 29 cm (Kleinspitz);
18 bis 22 cm (Zwergspitz).

GEWICHT
15 bis 25 kg (Wolfsspitz);
rund 20 kg (Großspitz);
rund 10 kg (Mittelspitz);
unter 3,5 kg (Kleinspitz und Zwergspitz).

KURZBESCHREIBUNG
Kompakt gebaute Hunde mit spitz zulaufendem Fang und kleinen aufrechten Ohren, die durch ihr wunderschönes Fell bestechen.

WESEN
Liebenswert und unternehmungslustig.

Der Deutsche Spitz hat einen fuchsähnlichen Kopf, der hinten breit ist und sich bis zur Nasenspitze verschmälert. Der Nasenschwamm ist klein und rund. Die leicht schräg gestellten Augen sind dunkel. Die kleinen, dreieckigen und hoch angesetzten Ohren werden immer aufrecht getragen. Die Brust ist tief, der Rücken kurz und der Bauch nur mäßig aufgezogen. Die hoch angesetzte, buschig behaarte Rute ist gleich an der Wurzel aufwärts und über den Rücken gerollt. Diese für den Spitz typischen Rassemerkmale verändern sich je nach Größe. In dem Maße, wie die Größe abnimmt, werden die Hunde gedrungener, wird der Kopf größer und der Schädel gewölbter.
Diese besonders ausgeprägten Merkmale findet man auch beim Zwergspitz vor.
Das wunderschöne luftige Fell ist an Kopf, Ohren, Gliedmaßen und Pfoten kurz, am übrigen Körper ist es lang und besonders reichlich im unteren Teil der Gliedmaßen vorhanden. Am Hals bildet es eine Mähne. Das Deckhaar ist lang, glatt, abstehend, weder gewellt, gekräuselt oder zottig, die Unterwolle ist dick und wattig. Die Fellfarben sind wolfsgrau (graugewolkt) beim Wolfsspitz, schwarz, braun, weiß, orange, graugewolkt oder andersfarbig beim Mittelspitz und schwarz, braun, weiß, orange oder graugewolkt beim Zwergspitz (Pomeranian). Mit Ausnahme des graugewolkten Spitzes (Wolfsspitz) sind alle Fellfarben gleichmäßig einfarbig, ohne Abzeichen und ohne Flecken.

Ursprung

Als Nachkomme des Torfhundes (*Canis familiaris palustris*), der vor 6000 Jahren lebte und von dem es Skelettfunde gibt, war der Deutsche Spitz bereits um 1700 in Deutschland bekannt, wurde aber überall in Europa gezüchtet. Der durch Generationen erfahrener Züchter ständig und methodisch verbesserte Typ hat sich seine ursprüngliche Schönheit vollständig bewahrt.
Obwohl Deutschland von der F.C.I. als Ursprungsland der verschiedenen Spitze anerkannt wurde, hatten die Niederlande und Großbritannien großen Anteil an der Verbesserung der Rasse und verfügen über ein äußerst reges Zuchtgeschehen. Daher waren es auch die Engländer, die Anfang des 19. Jahrhunderts die ersten kleinen Hunde vorstellten.
In manchen Gebieten trägt der Wolfsspitz auch den Namen „Keeshond" und der Zwergspitz den Namen „Pomeranian" bzw. „Lulu de Pomeranian". Heutzutage sind der Zwergspitz und der Kleinspitz sowohl in Europa wie auch in Amerika weit verbreitet.

Verhalten

Der lebhafte und intelligente Spitz mit seinem üppigen und luftigen Fell erfreut sich bei den Liebhabern von Prachthunden größter Beliebtheit. Der in der Vergangenheit auch als Luxushund gehaltene Spitz wurde immer beliebter.

- Der Spitz ist ein guter Wächter, der sich gelegentlich sehr beherzt zeigt. Er ist sehr lautfreudig, da er sich stets in Alarmbereitschaft befindet und alles meldet, was ihm auffällt. Fremden gegenüber ist der Spitz misstrauisch, Artgenossen gegenüber verhält er sich sehr selbstbewusst.
- Seine Ausbildung ist leicht, da er sehr aufmerksam und gelehrig ist.

Dieser außergewöhnlich menschenbezogene Hund ist ein fröhlicher und listiger Gefährte, sehr umgänglich.

▲ Wolfsspitz

Mittelspitz ►

Stabyhoun

Friesischer Vorstehhund

WIDERRISTHÖHE
Rüde: rund 53 cm;
Hündin: rund 50 cm.

GEWICHT
15 bis 20 kg.

KURZBESCHREIBUNG
Kraftvoll gebauter Vorstehhund ohne Schwere.

WESEN
Sanftmütig und leichtführig.

Der Friesische Vorstehhund, der länger als hoch ist, hat ein rechteckiges Gebäude, einen trockenen Kopf mit leicht gewölbtem Oberkopf und einem kräftigen Fang. Die runden, mittelgroßen Augen sind dunkel, je nach Fellfarbe braun bis dunkelbraun, ebenso wie der Nasenschwamm schwarz oder braun ist. Der behaarte Behang ist tief angesetzt. Die Gliedmaßen sind kräftig und stark. Die lange Rute wird in Bewegung hoch getragen. Das am Körper lange und glatte Haar kann auf der Kruppe leicht gewellt sein und an den Oberschenkeln Hosen bilden. Die Fellfarbe ist schwarz, braun oder orange mit weißen Abzeichen. Eine Tüpfelung oder Schimmelung im Weiß ist zulässig.

Ursprung

Die Herkunft dieses in den Niederlanden entstandenen Hundes ist nach wie vor unbekannt.

Verhalten

Der intelligente Friesische Vorstehhund ist ein guter Jagdhund, ruhig und wachsam, mit festem Vorstehen. Gleichzeitig ist er ein sanftmütiger, leichtführiger, treuer und anhänglicher, ausgezeichneter Freund der ganzen Familie.
Der ruhige und gehorsame Hund ist leicht auszubilden, sofern er nicht schroff behandelt wird. Er ist wachsam, aber niemals aggressiv. Er sollte jagdliche Beschäftigung und viel Auslauf erhalten.

▲ Stabyhoun

Staffordshire Bull Terrier

WEITERER NAME
Staff

WIDERRISTHÖHE
Rüde und Hündin: 35,5 bis 40,5 cm.

GEWICHT
Rüde: 13 bis 17 kg;
Hündin: 11 bis 15 kg.

KURZBESCHREIBUNG
Beweglicher, für seine Größe sehr kräftiger Hund.

WESEN
Hochintelligent, sehr selbstbewusst und anhänglich. Er muss unbedingt gut sozialisiert werden.

Der Staffordshire Bull Terrier hat einen breiten Schädel mit deutlichem Stopp und einem kurzen Fang mit kräftigem Unterkiefer. Seine dunklen Augen sind rund. Seine Ohren sind „Rosenohren“ oder Halbstehohren. Der kräftige Hals ist leicht gebogen. Der Rücken ist gerade, die Lendenpartie ist leicht aufgezogen. Die eher weit auseinanderstehenden Vorderläufe und die breite, tiefe Brust betonen die Kraft dieses Tieres. Die mittellange, in einer Spitze auslaufende Rute wird ziemlich tief getragen und soll nicht stark gebogen sein. Das kurze, glatte und dichte Fell ist rot, falbfarben, weiß, schwarz oder blau. Jede dieser Farben kann mit Weiß auftreten oder in jeder Schattierung gestromt sein, mit oder ohne Weiß.

▲ Staffordshire Bull Terrier

Ursprung

Der im 19. Jahrhundert durch Kreuzungen zwischen der Bulldogge und verschiedenen Terriern hervorgegangene Staffordshire Bull Terrier, der lange in Vergessenheit geraten war, kam zwischen den beiden Weltkriegen in den USA in Mode. Der einst als Kampfhund verwendete Bull Terrier wird mittlerweile als Wachhund eingesetzt. In die USA importierte Exemplare wurden mit einheimischen Hunden gekreuzt und brachten so den American Staffordshire Terrier und den American Pit Bull Terrier hervor.

Verhalten

Der Staffordshire Bull Terrier ist intelligent und anhänglich. Aufgrund seines Unabhängigkeitssinns und seines Eigensinns braucht er eine konsequente Ausbildung. In einer engen Beziehung zu einem Menschen erweist er sich als gehorsam, zuverlässig und äußerst anhänglich. Er muss unbedingt gut mit Artgenossen sozialisiert werden und wird dann zu einem angenehmen Begleiter.

- Für diesen Hund ist die Wohnungshaltung ungeeignet, da er sehr viel Raum, Bewegung und geistige Auslastung braucht.

Suomenlapinkoïra

Finnischer Lapphund

WIDERRISTHÖHE
Rüde: 46 bis 52 cm;
Hündin: 40 bis 46 cm.

GEWICHT
Rund 25 kg.

KURZBESCHREIBUNG
Im Verhältnis zu seiner Größe ein kräftig gebauter Hund.

WESEN
Gehorsam und ruhig.

Der Finnische Lapphund besitzt einen eher breiten Kopf mit einem ausgeprägten Stopp und zum Fell passende dunkelbraune Augen. Die Länge des Körpers macht etwas mehr als die Widerristhöhe aus. Die mittellange, eher hoch angesetzte und reich behaarte Rute kann am Ende einen J-förmigen Haken bilden. Das Fell ist lang und dick, die Unterwolle fein und dicht. Alle Farben sind erlaubt, wobei die Grundfarbe vorherrschen muss.

▲ Suomenlapinkoïra

>>

>> Suomenlapinkoïra

Ursprung

Seit Jahrhunderten war der Finnische Lapphund mit seinem stark ausgeprägten Wachtrieb ein wertvoller Helfer des Menschen. Der zunächst als Lappländischer Hütehund bezeichnete Hund erhielt 1993 seinen heutigen Namen.

Verhalten

Der lange als Wach- und Hütehund von Herden verwendete Finnische Lapphund ist auch ein angenehmer Begleithund. Der intelligente Hund ist gut auszubilden. Er sollte aber körperlich und geistig gefordert werden.

Suomenpystykorva

Finnen-Spitz

WEITERER NAME
Finnischer Spitz

WIDERRISTHÖHE
Rüde: 44 bis 50 cm;
Hündin: 39 bis 45 cm.

GEWICHT
Rüde: 12 oder 13 kg;
Hündin: 7 bis 10 kg.

KURZBESCHREIBUNG
Ziemlich kompakter Spitz mit schönem rotgoldenem Fell.

WESEN
Lebhaft und mutig.

Der mittelgroße und trockene Kopf mit schmalem Fang verschmälert sich ebenmäßig zur Nase hin. Die spitzen und aufrechten Ohren sind sehr beweglich.
Die mittelgroßen und möglichst dunklen Augen zeigen einen sehr lebhaften Ausdruck. Der Körper ist fast quadratisch, der Rücken eher kurz, gerade und kräftig, die Brust tief und der Bauch leicht aufgezogen. Die Gliedmaßen sind kräftig, die Pfoten rund. Die Rute wird gekrümmt über der Lendenpartie und gegen den Oberschenkel gepresst getragen. Das Fell auf dem Kopf und der Vorderseite der Läufe ist kurz, am übrigen Körper ist es länger. Am Hals und Rücken ist das Haar sehr steif, an den Schultern ist es länger und gröber, an Rute und an der Hinterseite der Oberschenkel aufgerichtet und lang. Die

▲ Suomenpystykorva

Unterwolle ist kurz, weich und dicht und von heller Farbe. Auf dem Rücken ist das Fell rotbraun oder goldbraun, vorzugsweise glänzend. Innen an den Ohren, an den Backen, an Kehle, Brust, Bauch, an der Innenseite der Läufe, an der Hinterseite der Oberschenkel und an der Rute ist die Tönung heller. Ein weißer Streifen an der Brust und kleine weiße Abzeichen auf den Pfoten sind vom Rassestandard erlaubt.

Ursprung

Mit seinem spitzen Fang, seinen aufrechten Ohren und dem braunen Fell ähnelt der Finnen-Spitz gleichzeitig dem Fuchs und dem Chow Chow. Die aus den Grenzgebieten Asiens stammende Rasse entstand vor mehreren Jahrhunderten in Finnland und wurde Anfang des 19. Jahrhunderts gefestigt. 1979 wurde der Finnen-Spitz zum „Finnischen Nationalhund" erhoben.

Verhalten

Der seinerzeit zur Jagd auf Polarbären und Elche eingesetzte Spitz wird heutzutage hauptsächlich zur Jagd auf Vogelwild, besonders auf Auerhähne, eingesetzt. Seine Lautgebung ist gut.

- Die Ausbildung dieses Hundes erfordert viel Feingefühl und Konsequenz.
- Der aufgeschlossene und treue Finnen-Spitz ist zudem ein äußerst wachsamer und lautfreudiger Wachhund, der seinen Herrn beim kleinsten Geräusch alarmiert.
- Im Haus ist dieser schöne goldbraune Hund ein angenehmer Gefährte. Innerhalb der Familie ist er sehr freundlich, Fremden gegenüber, die er aus der Nähe überwacht, zeigt er sich dagegen eher zurückhaltend. Der äußerst saubere Finnen-Spitz verabscheut Schmutz und betreibt gewissenhafte Fellpflege.

Sussex Spaniel

WIDERRISTHÖHE
Rüde und Hündin: 38 bis 41 cm.

GEWICHT
Rund 23 kg.

KURZBESCHREIBUNG
Kräftig gebauter Spaniel mit einem schönen, dürrlaubfarbenen Fell.

WESEN
Freundliches, ruhiges Wesen.

BESONDERE KENNZEICHEN
Seine charakteristische Gangart in Form eines „Rollens".

Der breite Schädel des Sussex Spaniel ist mäßig gewölbt von Behang zu Behang. Der Stopp ist ausgeprägt. Der große Nasenschwamm mit gut entwickelten Nasenlöchern ist leberfarben. Die kräftigen Kiefer zeigen ein perfektes Scherengebiss. Die haselnussfarbenen Augen sind ziemlich groß. Der herabfallende, dicke und lappige Behang liegt dicht am Kopf an. Der kräftige und leicht gebogene Hals trägt eine Halskrause. Die Vorderläufe sind etwas kurz. Die Brust ist tief, Rücken und Lendenpartie sind muskulös. Die tief angesetzte und mäßig befederte Rute darf nie oberhalb der Rückenlinie getragen werden.
Das Fell besteht aus reichlichem, glattem Deckhaar und einer ziemlich dichten Unterwolle. Die Fellfarbe ist goldleberfarben.

Ursprung

Der im 19. Jahrhundert aus Kreuzungen unterschiedlicher Spaniels, darunter vor allem dem Clumber Spaniel, hervorgegangene Sussex Spaniel wurde 1885 offiziell anerkannt. In Europa ist dieser Spaniel kaum verbreitet. In den USA konnte er sich dank des 1981 gegründeten Rassevereins gut etablieren.

Verhalten

Der tatkräftige und lebhafte Sussex Spaniel bewegt sich mit einem deutlichen Watschelgang fort, dem charakteristischen „Rollen". Zudem besitzt er die Eigenart, bei der Arbeit Laut zu geben. Der robuste und beharrliche Spaniel mit guter Nase begibt sich ohne Eile an die Sucharbeit. Seine Ausbildung erfordert viel Feingefühl und Konsequenz. Er ist ein umgänglicher Begleithund, der viel Bewegung braucht

▲ Sussex Spaniel

Tchiorny Terrier

Schwarzer Terrier

WIDERRISTHÖHE
Rüde: 66 bis 72 cm;
Hündin: 64 bis 70 cm.

GEWICHT
Rund 40 kg.

KURZBESCHREIBUNG
Terrier von überdurchschnittlicher Größe, der sich durch seinen leichtfüßigen Gang auszeichnet.

WESEN
Ausgeglichen und mutig.

Der Kopf ist lang, die kleinen, ovalen und schräg stehenden Augen werden von buschigen Augenbrauen umrahmt. Er trägt einen starken Kinn- und Schnurrbart. Dieser große, robuste und derbe Terrier ist frei und harmonisch in der Bewegung. Das Fell ist hart, dicht und eng anliegend, die Unterwolle ist besonders gut entwickelt. Die Fellfarbe des Schwarzen Terriers ist Schwarz oder Schwarz mit grauen Haaren.

Ursprung

Der aus Riesenschnauzer, Airedale Terrier und Rottweiler hervorgegangene Terrier ist der größte unter allen Terriern.

Verhalten

Der widerstandsfähige und gut an die rauen klimatischen Bedingungen seines Heimatlandes angepasste Terrier ist ein tüchtiger, starker und ausdauernder Hund. Der Fremden gegenüber misstrauische und sehr abwehrbereite Hund braucht eine konsequente Ausbildung.
In der Familie ist er ein angenehmer und anhänglicher Gefährte. Er braucht unbedingt viel Auslauf und geistige Auslastung.

Dachshund

Teckel, Zwergteckel, Kaninchenteckel

WEITERER NAME
Dackel

WIDERRISTHÖHE
Brustumfang: über 35 cm (Teckel);
30 bis 35 cm im Alter von mindestens 15 Monaten (Zwergteckel);
bis zu 30 cm im Alter von mindestens 15 Monaten (Kaninchenteckel).

GEWICHT
Obergrenze etwa 9 kg (Teckel);
Obergrenze etwa 4,5 kg (Zwergteckel);
Obergrenze etwa 3,5 kg (Kaninchenteckel);

KURZBESCHREIBUNG
Dieser kleine, langgestreckte Hund, den es in 3 verschiedenen Größen und Fellarten gibt, bezaubert durch seinen freundlichen und klaren Ausdruck.

WESEN
Lebhaft und intelligent.

Der gleichermaßen langgestreckte wie kompakte Dachshund hat einen langen und trockenen Hals und einen fein gemeißelten Kopf, der bis zum Nasenschwamm schmäler wird. Der Fang ist lang, genügend breit und kräftig, der Nasenschwamm ist gut entwickelt. Der Stopp ist nur angedeutet. Die ovalen und lebhaften Augen sind dunkelrotbraun bis schwarzbraun und zeigen einen freundlichen, nicht stechenden Ausdruck. Der ziemlich lange, glatte und sehr bewegliche Behang ist hoch und nicht zu weit vorne angesetzt, wobei der vordere Saum dicht an der Wange anliegt.
Der Brustkorb ist oval, der Rücken gerade, fest und gut bemuskelt. Die kräftig bemuskelte Lende und die breite, leicht abfallende Kruppe sind genügend lang. Die kräftig bemuskelten Vorderläufe sind trocken und von vorne gesehen gerade gestellt, die Pfoten sind gerade nach vorne gerichtet. Ungeachtet seiner kurzen Läufe darf der Dachshund in seinem Bewegungsablauf nicht gehindert sein. Schulterblatt und Oberarm bilden einen rechten Winkel und sind gleich lang. Der Unterarm ist kurz, das Vorderfußwurzelgelenk ist stark und der Vordermittelfuß kräftig. Die Zehen sind eng aneinanderlie-

▲ Rauhaardackel

gend, gut gewölbt, mit kräftigen, gut gepolsterten, widerstandsfähigen Ballen. Die Krallen sind kurz und stark, die fünfte Zehe hat keine Funktion, darf aber nicht entfernt werden. Von hinten betrachtet stehen die Hinterläufe parallel. Die kräftig bemuskelten Oberschenkel gehen in einen muskulösen Unterschenkel über, mit kräftig sehnigem und trockenem Sprunggelenk sowie einem relativ langen, leicht nach vorne gebogenem Hintermittelfuß. Die nicht zu hoch angesetzte Rute wird in Verlängerung der Rückenlinie getragen. In ihrem letzten Drittel ist eine geringfügige Krümmung zulässig.

Der Kurzhaardackel hat ein kurzes, hartes, glänzendes und glattes Harkleid mit dichter und harter Unterwolle. Bei einfarbiger Fellfarbe kommen die Farben Rot, Rotgelb, Gelb, manchmal mit schwarzer Stichelung, vor. Bei zweifarbiger Fellfarbe gibt es die Farben Tiefschwarz oder Braun, mit rostbraunen oder gelben Abzeichen über den Augen, an den Seiten des Fangs und der Unterlippe, innen im Behang, an der Vorbrust, am unteren Teil der Gliedmaßen und an der Unterseite der Rute. Bei gefleckter Fellfarbe – getigert, gestromt – ist die Grundfarbe immer die dunkle Farbe (Schwarz, Rot oder Grau) mit unregelmäßigen grauen, aber auch beigen Flecken.

Der Rauhaardackel hat am ganzen Körper ein mit Unterwolle durchsetztes, vollkommen gleichmäßig anliegendes dichtes drahtiges Deckhaar. Am Fang zeigt sich ein deutlich ausgeprägter Bart. Die Augenbrauen sind buschig, am Behang ist die Behaarung nahezu glatt und die Rute ist gut und eng anliegend behaart. Die Fellfarbe ist überwiegend hell- bis dunkelsaufarben sowie dürrlaubfarben. Weiterhin gelten die Farben wie beim Kurzhaardackel.

Der Langhaardackel besitzt ein doppeltes Fell. Das Haar ist glatt, glänzend und eng am Körper anliegend. Unter dem Hals und an der Unterseite des Körpers verlängert es sich. Es zeigt eine deutliche Befederung und bildet eine vollständige Fahne an der Rute. Die Fellfarbe ist einfarbig, zweifarbig oder gefleckt, in denselben Farbtönen wie beim Kurzhaardackel beschrieben.

Langhaardackel, Rauhaardackel und Kurzhaardackel (von links nach rechts) ▼

Ursprung

Die Entdeckung eines Bildnisses in einem Pharaonengrab aus dem Jahr 4000 v.Chr., das einen dem Dachshund sehr ähnlichen Hund zeigt, führte zu der Meinung, dass der Kurzhaardackel alter ägyptischer Herkunft ist. Die weitaus einleuchtendere Erklärung der Kynologen lautet jedoch, dass dieser Hund aus Deutschland stammt, wo er bereits seit dem Mittelalter bekannt ist.

Aus dem Kurzhaardackel wurden die beiden anderen Varietäten gezüchtet, die sich von Ersterem lediglich durch ihr Fell unterscheiden. Gegen Anfang des 16. Jahrhunderts züchteten die Deutschen aus dem Kurzhaardackel und Spaniels den Langhaardackel. Der Rauhaardackel, dessen dickes, schützendes Fell ihn hervorragend zur Jagd eignet, ging im 19. Jahrhundert aus Kreuzungen zwischen dem Kurzhaardackel, dem Schnauzer, dem Dandie Dinmont Terrier und vermutlich dem Schottischen Terrier hervor.

Verhalten

In Frankreich werden die Dackel hauptsächlich als Begleithunde geschätzt, wohingegen sie in Deutschland und Großbritannien häufiger ihrer Bestimmung als passionierte Jagdhunde mit feiner Nase, großem Mut, Beharrlichkeit und Zähigkeit ausleben können. Sie werden für die Baujagd auf wehrhaftes Wild wie Fuchs, Otter und Dachs eingesetzt – daher auch der Name Dachshund. Diese ausgezeichneten Bauhunde sind ebenso hervorragende Schweißhunde: Sie leisten sehr gute Arbeit auf der Wundfährte.

Der Dackel ist ein instinktsicherer Hund, der gut gehorcht, sofern er mit Verstand und Konsequenz ausgebildet wird, denn es mangelt ihm nicht an Selbstbewusstsein.

- Am anhänglichsten ist der Langhaardackel, der Kurzhaardackel hat das meiste Temperament und der Rauhaardackel ist der charmanteste und bewegungsfreudigste von allen drei Varietäten. Die anhänglichen, besitzergreifenden und intelligenten Dackel neigen bei zu wenig Bewegung zu Übergewicht. Ein entsprechendes Fütterungsschema sowie ausreichend Bewegung sind daher unumgänglich. Manche Dackel sind anfällig für Dackellähme, einer Sonderform des Bandscheibenvorfalls, die eine komplexe Behandlung notwendig macht.

Tibetan Spaniel

Tibet Spaniel

WIDERRISTHÖHE
Rüde und Hündin: rund 25,4 cm.

GEWICHT
4,1 bis 6,8 kg.

KURZBESCHREIBUNG
Kleiner lebhafter Hund mit stolz getragenem, im Verhältnis zum Körper kleinen Kopf.

WESEN
Fröhlich und äußerst intelligent.

Der leicht gewölbte Schädel hat einen mäßigen, aber wahrnehmbaren Stopp. Der mittellange Fang ist stumpf und trägt einen vorzugsweise schwarzen Nasenschwamm. Er weist einen geringfügigen Vorbiss auf. Die mittelgroßen, dunkelbraunen und ovalen Augen sind ziemlich weit auseinandergesetzt. Die gut befederten, mittelgroßen und hängenden Ohren sollten etwas vom Schädel abgehoben sein, ohne jedoch abzustehen. Der Körper ist mittellang. Die Vorderläufe sind geringfügig gebogen. Die fröhlich getragene Rute bildet in Bewegung eine Rolle über dem Rücken. Sie trägt einen üppigen Federbusch. Das Fell ist eher glatt, seidig, mittellang, mit feiner und dichter Unterwolle. An Hals und Schultern bildet das Haar eine regelrechte Mähne, die Rückseite der Hinterläufe ist gut befedert. Alle Farben und Farbkombinationen sind erlaubt.

▲ Tibetan Spaniel

Ursprung

Die Ursprünge des Tibet Spaniels, der das Blut des Lhasa-Apso und des Pekingesen in sich tragen soll, sind weitgehend unbekannt. In Tibet wurde er angeblich dazu eingesetzt, die Gebetsmühlen der Mönche zu drehen, diente aber eigentlich als „Bettflasche".
Da er ein guter Wachhund ist, fungiert er auch als „Alarmglocke". Die ersten Exemplare dieser Rasse gelangten 1905 nach Großbritannien. Dennoch dauerte es bis nach Ende des Ersten Weltkrieges, bevor sich dieser Hund dort richtig etabliert hatte.

Verhalten

Der zurückhaltende, aktive und fröhliche Tibet Spaniel ist ein liebevoller und anhänglicher Familienhund mit sehr ausdrucksvollem Blick. Er ist unabhängig und muss mit Fingerspitzengefühl und behutsam ausgebildet werden, wenn er wirklich gehorchen soll.

- Dieser Hund, der sich Fremden gegenüber zurückhaltend verhält, ist ein guter und leiser Wachhund, der nur aus berechtigtem Grund anschlägt.

Tibetan Terrier

Tibet Terrier

WIDERRISTHÖHE
Rüde: 35,6 bis 40,6 cm;
Hündin: etwas kleiner.

GEWICHT
8 bis 13 kg.

KURZBESCHREIBUNG
Robuster Terrier mit gedrungenem Körperbau, dessen Kopf mit langem Fell bedeckt ist.

WESEN
Lebhaft und freundlich.

Der kompakte und kräftige Tibet Terrier hat einen mittellangen Kopf mit ausgeprägtem Stopp, der von den Ohren zu den Augen hin etwas schmaler wird und teilweise unter den langen, nach vorne über die Augen fallenden Haaren versteckt ist. Am Unterkiefer befindet sich ein kleiner Bart. Die großen und dunklen Augen liegen recht weit auseinander. Die V-förmigen, üppig behaarten Ohren hängen, liegen aber nicht zu dicht am Kopf an. Die geraden Läufe sind stark behaart. Der Tibet Terrier hat große runde Pfoten, die zwischen Zehen und Ballen reichlich behaart sind. Die mittellange, ziemlich hoch angesetzte und sehr üppig behaarte Rute wird eingerollt über dem Rücken getragen.
Das üppige und feine, weder seidige noch wollige, glatte oder gewellte Fell besitzt eine feine wollige Unterwolle. Bei dem Fell des Tibet Terrier sind alle Farben oder Farbkombinationen erlaubt, mit Ausnahme von Schokoladen- und Leberbraun.

Ursprung

Der auch „Chrysanthemenhund" genannte Tibet Terrier ähnelt gleichermaßen einem kleinen Bobtail wie auch einem Lhasa Apso. Er zählt zu einer sehr alten Rasse. Dieser Terrier ist kein Jagdhund.

▼ Tibetan Terrier

Er lebte in den Klöstern von Tibet, wo er jahrhundertelang als heilig angesehen und ein regelrechtes Kultobjekt wurde. Es wird gesagt, dass er im Ruf stand, sich dorthin zu begeben, wohin die Menschen nie gelangten, und verlorengegangene Dinge wieder aufzufinden. Im Sommer wird er geschoren und sein Fell, das mit dem Haar des Yak vermischt wird, dient zur Herstellung eines weichen Stoffes, der nahezu wasserundurchlässig ist. Heutzutage ist diese Rasse sehr beliebt.

Verhalten

Der lebhafte und intelligente, sympathische und freundliche Tibet Terrier ist ein angenehmer Begleithund. Er steckt voller Energie, ist sehr anhänglich und seinem Herrn treu ergeben, Fremden gegenüber verhält er sich zurückhaltend. Er ist gut auszubilden und muss geistig und körperlich ausgelastet werden.

Tosa

Tosa Inu

WIDERRISTHÖHE
Rüde: mindestens 60 cm;
Hündin: mindestens 55 cm.

GEWICHT
Rund 40 kg.

KURZBESCHREIBUNG
Dieser Hund beeindruckt durch seine kräftige Gestalt und sein würdiges Benehmen.

WESEN
Geduldig, mutig und charakterstark.

Der Tosa hat einen breiten Schädel, einen mäßig langen Fang, kräftige Kiefer und ein kräftiges Scherengebiss. Die kleinen braunroten Augen blicken intensiv. Die dünnen Ohren liegen an den Backen an. Der Hals ist muskulös. Die Rute reicht bis zu den Sprunggelenken. Das Fell ist kurz, hart und dicht.
Die Fellfarbe ist rot, falbfarben, apricot, schwarz und gestromt. Kleine weiße und rote Abzeichen sind laut Rassestandard zugelassen.

Ursprung

Dieser japanische Kampfhund wurde zwischen 1868 und 1912 aus einheimischen Shikokus und Bull Terriern, Bulldoggen, Deutschen Doggen und Bernhardinern erzüchtet, um einen imposanten Hund zu erhalten, der sich in Ringkämpfen bewähren sollte. Die Japaner, darunter besonders Hundekampfliebhaber und Mitglieder der Mafia, waren von seiner edlen und imposanten Erscheinung sowie seinem guten Wesen sehr beeindruckt. Anderswo ist diese Rasse kaum verbreitet.

Verhalten

Der Tosa, der beachtliche Geduld und Beherrschung bewahrt, muss sehr konsequent ausgebildet werden. Dieser furchtlose und mutige Hund wird sowohl als Wachhund wie auch als Begleithund gehalten. Er ist nur für sehr erfahrene Hundehalter geeignet. Der anderen Hunden gegenüber selbstbewusst auftretende Tosa ist jedoch nicht grundlos aggressiv. Fremden gegenüber verhält er sich misstrauisch.

▲ Tosa

English Toy Terrier

Englischer Toy Terrier

WEITERER NAME
Toy Terrier Black and Tan

WIDERRISTHÖHE
Rüde und Hündin: 25 bis 30 cm.

GEWICHT
2,7 bis 3,6 kg.

KURZBESCHREIBUNG
Kleinhund mit sehr lebhaftem Ausdruck und harmonischem Äußeren.

WESEN
Lebhaft und liebenswürdig.

▲ English Toy Terrier

Der lange und schmale, gut gemeißelte Kopf des Englischen Toy Terriers ist keilförmig. Die straffe Haut ist sehr fein. Die kleinen dunklen und glänzenden Augen sind schräg gesetzt. Die Ohren werden aufrecht in Form einer Kerzenflamme getragen. Der schlanke und anmutige Hals passt gut zur Größe des Kopfes.
Der Rücken ist kurz, die Lenden sind gut aufgezogen und die Brust ist schmal und tief. Die Gliedmaßen mit den sehr feinen Knochen stehen senkrecht und bewegen sich ähnlich wie ein Pferd im Trab. Die Rute wird tief oder säbelförmig, jedoch niemals als Trompetenrute getragen.
Das Fell ist dick, kurz, glatt, dicht und glänzend. Die Fellfarbe ist schwarz und lohfarben, wobei sich die Farben deutlich voneinander abheben. Deutliche lohfarbene Abzeichen befinden sich an den Läufen, an Brust, Fang und am After. Weißes Fell ist unerwünscht.

Ursprung

Dieser Zwergrattler entstammt einer sehr alten Rasse, die aus wiederholten Kreuzungen kleiner Manchester Terrier untereinander entstand. Um die Mitte des 19. Jahrhunderts stand er im Mittelpunkt des grausamen Vergnügens, Ratten in einer Grube zu töten. Der kleine Hund war zudem der Liebling älterer Damen, die ihn in ihren Muff steckten. Mittlerweile findet er als Haushund wieder neue Liebhaber.

Verhalten

Der furchtlose, lebhafte, intelligente und anhängliche Englische Toy Terrier ist ein sehr charmanter, umgänglicher Begleithund, der nicht ängstlich und bestens an das Stadtleben angepasst ist. Der Fremden gegenüber misstrauische Hund ist sehr lautfreudig. Er bellt mit durchdringender Stimme. Seine Ausbildung erfordert Konsequenz. Er braucht genügend Bewegung und geistige Beschäftigung.

Västgötaspets

Schwedischer Wallhund

WEITERE NAMEN
Westgotenspitz, Schwedischer Schäferspitz

WIDERRISTHÖHE
Rüde: 33 cm;
Hündin: 31 cm.

GEWICHT
9 bis 14 kg.

KURZBESCHREIBUNG
Kurzläufiger und kräftiger Hund.

WESEN
Energievoll und furchtlos.

Der Kopf ist ziemlich lang, der Schädel ist fast flach und der Stopp gut ausgebildet. Die mittelgroßen Ohren sind aufgerichtet und beweglich. Die ovalen und dunkelbraunen Augen zeigen einen ausdrucksvollen und gewinnenden Blick. Der kleine Hund ist eher langgestreckt. Er soll den Eindruck eines schwungvollen, energischen und wachsamen Hundes machen. Seine Gliedmaßen sind kurz und stämmig. Von vorne gesehen ist die Vorderhand leicht gekrümmt. Die Brust ist geräumig und tief, die Kruppe breit und leicht abfallend, der Bauch leicht aufgezogen. Es gibt zwei Formen der Rute: die lange Rute und die von Natur aus kurze Rute. Das mittellange Fell ist hart, dicht und wasserabweisend. Es besitzt eine weiche und dichte Unterwolle.
Die erwünschten Farben sind grau, graubraun, graugelb und rötlich-braun, mit dunklerem Haar auf dem Rücken, am Hals und seitlich am Körper und mit hellerem Fell an Fang, Kehle, Brust, Bauch, Gesäß, Pfoten und Sprunggelenken.
Hellere Abzeichen an den Schultern sind erwünscht. Wenig Weiß ist erlaubt.

Ursprung

Obschon eine starke Ähnlichkeit des kleinen, kräftigen und unermüdlichen Hütehunds mit dem Welsh Corgi Pembroke gegeben ist, herrscht die Ansicht vor, dass die Rasse schon immer in Schweden existiert hat.

Verhalten

Der sehr unerschrockene Treibhund zögert nicht, auch den wildesten Kühen und Stieren seinen Willen aufzuzwingen.
Er verdankt es seiner handlichen Größe und seinem besonderen Aussehen, dass er mittlerweile zu einem beliebten Begleithund geworden ist.

- Der unabhängige und sehr bewegungsfreudige Hund passt sich nur schwer an die Wohnungshaltung an.
- Seine einzigen Nachteile sind seine Angewohnheit, an allem herumzukauen, und sein Selbstbewusstsein gegenüber Artgenossen.
- Wenn man ihn gut beschäftigt, ist er ein angenehmer Begleiter.

▲ Västgötaspets

Bouvier des Flandres

Flandrischer Treibhund

WEITERE NAMEN
Vlaamse Koehond

WIDERRISTHÖHE
Rüde: 62 bis 68 cm;
Hündin: 59 bis 65 cm.

GEWICHT
Rüde: 35 bis 40 kg;
Hündin: 27 bis 35 kg.

KURZBESCHREIBUNG
Dieser bärtige Hund mit seinem struppigen Fell strahlt Kraft aus, ohne jedoch schwer zu wirken.

WESEN
Intelligenter, ausgeglichener, nachdenklicher und kühner Hund.

Der massive Kopf des Flandrischen Treibhundes mit flachem Oberkopf zeigt gut sichtbare Augenbrauen. Die Kiefer sind kräftig und stimmen in der Länge überein. Die leicht ovalen Augen sollen möglichst dunkel sein. Sie haben einen intelligenten und energischen Ausdruck. Die hoch angesetzten Ohren hängen und sind sehr beweglich. Der Flandrische Treibhund ist stattlich, aber ohne Schwere. Er hat einen kurzen, kräftigen und muskulösen Hals mit einem mächtigen Nacken.
Der Körper ist stämmig und kurz, mit kräftiger Lendenpartie, muskulösen Oberschenkeln und festen Sprunggelenken. Sie zeigen die körperlichen Fähigkeiten der Rasse. Das sich spröde anfühlende Fell besteht aus „drahtigem“, etwas struppigem Deckhaar von rund 6 cm Länge und einer feinen und dichten Unterwolle, die einen perfekten Schutz darstellt.
Normalerweise ist die Fellfarbe des Flandrischen Treibhundes grau gestromt oder schwarz gewolkt. Man trifft aber auch schwarze Flandrische Treibhunde.
Birkaugen bzw. zu helle Augen, eine nicht

Verhalten

Die Fähigkeiten der Rasse wurden von Anfang an durch natürliche Auslese bei den Treibhunden bestimmt.
Neben der Arbeit auf dem Bauernhof bestand ihre Hauptaufgabe darin, Rinderherden zu hüten und sie die Straßen entlang von den Zuchtstätten bis zu den Schlachthöfen der Großstädte zu treiben. Die zu erfüllende Aufgabe duldete keinerlei Mittelmäßigkeit, weder bei Tag noch bei Nacht. Sein Körperbau und sein Verhalten, sein ausgesprochen guter Geruchssinn, sein Unternehmungsgeist und seine Intelligenz befähigen ihn zum Fährtenhund, zum Verbindungs- und Meldehund und zum Einsatz im Polizei- und Wachdienst.
Wird er von einem Hundeführer ausgebildet, der ihn sich unterzuordnen weiß, kann der Flandrische Treibhund in der Familie leben. Allerdings sind Wach- und Schutztrieb nicht zu unterschätzen.
Das Stadtleben ist unter der Bedingung möglich, dass er genügend Auslauf erhält.

>>

schwarz pigmentierte Nase oder eine schokoladenbraune Fellfarbe oder zu viel weiße Haare führen auf Ausstellungen zur Disqualifikation.

Ursprung

Der Ursprung des Flandrischen Treibhundes ist umstritten. Es gibt Kynologen, die der Auffassung sind, dass dieser Hund von spanischen Eroberern nach Flandern mitgebracht wurden. Andere wiederum meinen, dass er aus zahlreichen Kreuzungen zwischen großen Französischen Wasserhunden, Mastinos und Schäferhunden, besonders dem Picardie-Schäferhund, hervorging. Nach einer dritten Theorie stammt er vom Beauceron und von Griffons ab. Eines jedoch ist sicher: Dieser große, franco-belgische, häufig vom Militär eingesetzte Hund wäre beinahe während der Kämpfe ausgestorben, die in Flandern während des Ersten Weltkriegs tobten. Flandrische Züchter, allen voran Hauptmann Darby, konnten diese Rasse mit einigen überlebenden Exemplaren jedoch erfolgreich wieder aufbauen. Der endgültige Rassestandard für den Flandrischen Treibhund wurde 1965 erstellt. Heute sind diese Hunde ausgezeichnete Wächter, robust, kräftig, abschreckend und mit ruhigem Temperament. Der Flandrische Treibhund ist ein ausgeglichener Gehilfe auf dem Bauernhof wie für die Polizei und gleichermaßen ein geschätzter Begleithund für die ganze Familie.

Volpino Italiano

Italienischer Volpino

WEITERER NAME
Volpino

WIDERRISTHÖHE
Rüde: 27 bis 30 cm;
Hündin: 25 bis 28 cm.

GEWICHT
Rund 5 kg.

KURZBESCHREIBUNG
Sehr kompakter Spitz mit langem, abstehendem Fell.

WESEN
Lebhaft und fröhlich.

Die Länge des Schädels übertrifft die des Fangs. Die kurzen und dreieckigen Ohren sind aufrecht und stehen eng zusammen. Die Augen sind gut geöffnet. Der quadratisch gebaute Körper ist sehr kompakt. Der Rücken ist gerade, die Brust reicht bis zu den Ellenbogen herab und die in Verlängerung der Kruppe angesetzte Rute wird immer auf dem Rücken gerollt getragen.
Das dichte, sehr lange Fell ist außergewöhnlich gerade. Es ist rau und steif und darf nie herabfallen. Es bildet einen Kragen und Fransen, die Rute ist mit sehr langem Fell besetzt. Die Fellfarbe ist einfarbig weiß oder rot. Der Rassestandard lässt auch die Champagnerfarbe zu, die aber nicht erwünscht ist.

Ursprung

Dieser kleinformatige Spitz wird seit undenklichen Zeiten in Italien gezüchtet. Viele Berühmtheiten besaßen einen Volpino. Er war der Hund Michelangelos und weiße Exemplare wurden Königin Victoria anlässlich ihrer Reise nach Florenz angeboten.

Verhalten

Der verspielte, lebhafte und liebenswürdige Italienische Volpino ist ein äußerst angenehmer Gefährte.
Mit etwas Feingefühl und Konsequenz lässt sich dieser intelligente und gehorsame Hund leicht ausbilden. Der misstrauische und sehr wachsame Hund schlägt beim leisesten Verdacht Alarm. Sein einziger Nachteil: Er ist sehr lautfreudig.

- Der Italienische Volpino ist sehr anhänglich und spielt gerne. Der seiner Familie und Umgebung gegenüber anhängliche Hund ist sehr sensibel und reagiert auf Störungen seines Lebensrhythmus oft mit übermäßiger Nervosität.

▲ Bouvier des Flandres

Weimaraner

WIDERRISTHÖHE
Rüde: 59 bis 70 cm
(Idealmaße: 62 bis 67 cm);
Hündin: 57 bis 65 cm
(Idealmaße: 59 bis 63 cm).

GEWICHT
Rüde: 30 bis 40 kg;
Hündin: 25 bis 35 kg.

KURZBESCHREIBUNG
Schöner, sehniger Hund mit kräftiger Muskulatur.

WESEN
Anhänglich und gesellig.

BESONDERE KENNZEICHEN
Sein wunderschönes silbergraues, unter den Caniden einzigartiges Fell.

▲ Weimaraner

Der Weimaraner hat einen harmonisch zur Körpergröße passenden Kopf. Auf der Stirnmitte hat er eine Vertiefung. Der breite Behang ist bei Aufmerksamkeit leicht nach vorne gedreht. Der große und dunkle Nasenschwamm geht nach hinten allmählich in Grau über. Die runden, hell bis dunkel bernsteinfarbenen – im Welpenalter himmelblauen – Augen sind von intelligentem Ausdruck. Der Hals ist muskulös, die Brust kräftig, der Rücken fest und muskulös. Die Schultern sind lang und gut bemuskelt, die Vorderläufe gerade und parallel, die Hinterläufe sehnig und muskulös. Die etwas tief angesetzte Rute ist kräftig. In Ruhestellung wird sie hängend getragen, in der Bewegung waagrecht. Das kurze, dichte, sehr dicke und eng anliegende sowie pflegeleichte Fell weist ein kurzes Deckhaar auf, das aber dichter als bei den vergleichbaren Hunderassen ist.
Die Fellfarbe ist silbergrau, rehgrau oder mausgrau und darf alle Abstufungen in diesen Farbtönen aufweisen, wobei die Farbe am Kopf und an den Behängen meist heller ist. Auf Ausstellungen werden weiße Abzeichen an den Gliedmaßen und an der Brust nur in geringem Ausmaß toleriert. Über der Rückenmitte trägt der Weimaraner einen mehr oder weniger gut ausgeprägten dunklen sogenannten „Aalstrich“. Brauner Brand ist ein schwerer Fehler.
Der um 1900 aufgekommene langhaarige Weimaraner ist weniger verbreitet als die Kurzhaarvariante. Die Länge seines Felles beträgt 3 bis 5 cm an den Seiten, es ist glatt oder leicht wellig, mit oder ohne Unterwolle. Das Haar am Behang ist lang. Das Fell bildet gute Hosen und Federn, an der Rute eine gute Fahne.

Ursprung

Der ursprünglich aus Frankreich kommende und von den Chiens Gris de Saint Louis, die bis 1450 die Meute des Königs bildeten, abstammende Weimaraner bezauberte im 19. Jahrhundert die Großherzöge von Sachsen-Weimar, die seine Zucht begannen und durch drakonische Selektion sein erstaunliches silbergraues Fell festigten. Zuvor wurde dieser Hund nur von Jägern und Förstern in Mitteldeutschland gezüchtet. Seit ungefähr 1890 wird die Rasse planmäßig gezüchtet. Man geht davon aus, dass der Weimaraner die wohl älteste deutsche Vorstehhundrasse ist.

Verhalten

Ursprünglich ein Laufhund (manchmal erwacht dieser Instinkt wieder angesichts eines laufenden Hasen), wurde der Weimaraner im 19. Jahrhundert zum Vorstehhund. Suchen und Vorstehen sind seine angeborenen Fähigkeiten, die nur noch ausgebaut werden müssen. Darüber hinaus kann dieser sehr kraftvolle Hund jegliches Wild apportieren. Er ist jedoch nicht ganz so schnell wie die anderen deutschen Vorstehhundrassen.

- Als passionierter Jagdhund ist der Weimaraner ausdauernd bei der Suche und zeigt Begeisterung, aber nicht übertrieben. Er ist zuverlässig im Vorstehen und in der Wasserarbeit. Dieser Hund verfügt auch über bemerkenswerte Fähigkeiten als Wach- sowie als Schutzhund.
- Der Weimaraner ist außerdem ein angenehmer und umgänglicher Gefährte in der Familie. Dennoch besitzt er eine starke Persönlichkeit und zeigt sich manchmal etwas eigensinnig. Wird er konsequent ausgebildet, erweist er sich als äußerst fügsam.
- Der temperamentvolle Weimaraner braucht Platz, damit er sich verausgaben kann. In der Stadt braucht er für sein Wohlergehen mehrmals am Tag Auslauf.

Welsh Corgi

Welsh Corgi Pembroke ▼

Welsh Corgi (Cardigan, Pembroke)

WIDERRISTHÖHE
Rüde und Hündin: rund 30 cm.

GEWICHT
12 bis 15 kg

KURZBESCHREIBUNG
Sein fuchsähnlicher Kopf und sein langgestreckter Körper mit fuchsschwanzähnlicher Rute.

WESEN
Lebhaft und intelligent.

BESONDERE KENNZEICHEN
Dieser Arbeitshund ist ständig in Bewegung und zu großer Ausdauer befähigt.

Der Welsh Corgi Cardigan und der Welsh Corgi Pembroke werden beide als unterschiedliche Rassen gewertet und besitzen daher jeweils einen eigenen Rassestandard. Nichtsdestotrotz ähneln sie einander sehr. Der ziemlich breite, zwischen den spitzen und aufrechten Ohren flache Schädel ist in Form und Aussehen fuchsartig. Der Welsh Corgi hat einen spitzen Fang und dunkle Augen mit klar gezeichneten Augenwinkeln und lebhaftem Ausdruck. Der Körper ist eher lang, die Brust breit und tief, der Bauch leicht aufgezogen. Die Gliedmaßen sind kurz und kräftig, wobei sich die Vorderläufe beider Rassen leicht unterscheiden: Beim Pembroke sind sie so gerade wie möglich, beim Cardigan dürfen sie leicht gebogen sein. Die Rute beider Corgis unterscheidet die beiden Rassen deutlich, denn beim Cardigan ist sie lang und buschig behaart wie beim Fuchs, während sie beim Pembroke vorzugsweise kurz sein soll.

Den größten Unterschied zwischen den Rassen schließlich macht das Fell aus. Das Fell des Cardigan ist kurz oder mittellang und hart, das jede Farbe haben darf mit Weiß, wobei das Weiß nicht dominieren darf. Das Fell des Pembroke ist mittellang, gerade glatt, niemals weich, wellig, sehr hart oder drahtig. Die Unterwolle ist dicht. Die Fellfarbe ist einfarbig: rot, falbfarben schwarz gewolkt, falbfarben oder schwarz mit Brand, mit oder ohne Weiß an Läufen, Brust und Hals. Etwas Weiß am Kopf ist zulässig.

Ursprung

Es liegt auf der Hand, dass die beiden Welsh-Corgi-Rassen ähnlicher Herkunft sind. Dennoch gibt es anderslautende Meinungen, wonach der Cardigan von den isoliert in Wales lebenden Kelten eingeführt und mit nordischen Hunden sowie anderen britischen Hütehunden gekreuzt worden sein soll, wohingegen der Pembroke um 1100 von flämischen Webern mitgebracht worden und mit bestimmten nordischen Hunden verwandt sein soll. Dessen ungeachtet besteht die Ähnlichkeit beider Rassen schon seit langem und die häufigen Kreuzungen zwischen Cardigan und Pembroke im 19. Jahrhundert haben diese Ähnlichkeit noch verstärkt. Seit 1934 hat jede Rasse ihren eigenen Standard.

Verhalten

Der unermüdliche und energische Welsh Corgi wurde zum Treiben von Schafherden, seltener auch von Rinderherden eingesetzt. Der sehr wachsame Hund ist zudem ein ausgezeichneter Wächter. Seine geringe Größe, seine drolligen Körperumrisse, seine Vielseitigkeit, seine Fröhlichkeit, sein Charme, seine Sanftmut, seine Liebenswürdigkeit und die Zuneigung, die er seinem Herrn entgegenbringt, machen ihn zunehmend beliebter. Er ist ein geselliger Hund, der keine Aggressivität kennt.

- Der lebhafte und intelligente Hund lässt sich leicht ausbilden, sofern dies mit Feingefühl und Konsequenz geschieht. Er kann sehr gut in der Wohnung gehalten werden, braucht jedoch häufigen Auslauf. Seit seinem „Einzug“ in den Buckingham-Palast 1933 wurde seine Beliebtheit als Begleithund noch größer.

Welsh Terrier

WEITERER NAME
Wales-Terrier

WIDERRISTHÖHE
Rüde und Hündin: unter 39 cm.

GEWICHT
Bis 9 kg.

KURZBESCHREIBUNG
Er ist das verkleinerte Abbild des eleganten Airedale Terriers.

WESEN
Stets fröhlich und gut gelaunt.

BESONDERHEITEN
Gut geeignet für alle Arten von Hundesport.

Der sehr ausgeglichene Welsh Terrier besitzt kraftvolle Kiefer, kleine V-förmige, ziemlich hoch angesetzte Ohren, die nach vorne gefaltet dicht an den Wangen anliegend getragen werden. Die kleinen und dunklen Augen sind sehr ausdrucksvoll. Der anmutige und mäßig lange Hals ist leicht gebogen. Die Schultern sind schräg und gut zurückgelagert, die Vorderläufe gerade und muskulös. Der Rücken ist kurz und die Lende kräftig. Die Oberschenkel sind muskulös, die Sprunggelenke gut tiefstehend. Die gut angesetzte Rute darf nicht zu fröhlich getragen werden. Das Fell ist hart, drahtig, reichlich und sehr dicht. Die Fellfarbe ist vorzugsweise schwarz mit loh oder grizzle mit loh, ohne schwarze Abzeichen an den Zehen.

Ursprung

Der aus dem Norden von Wales stammende Welsh Terrier ist zweifellos ein Nachkomme des Fox Terriers und des alten englischen Black and Tan-Terriers, der mittlerweile ausgestorben ist.

Verhalten

Der furchtlose, robuste und ausdauernde Terrier wurde für die Jagd auf Kleinwild eingesetzt und arbeitet auch mit Meutehunden zusammen. In Großbritannien wird er nach wie vor zur Baujagd auf den Fuchs verwendet. Er ist ein charmanter Begleiter mit einem fröhlichen, lebhaften Naturell, der sich selten zurückhaltend zeigt. Er ist sehr anhänglich, gehorsam und freundlich. Der Welsh Terrier ist ein selbstbewusster Hund, der eine konsequente Erziehung braucht, sich aber leicht ausbilden lässt, weil er hochintelligent und gelehrig ist. Er spielt sehr gerne. Wird er in der Stadt gehalten, braucht er viel Auslauf.

▲ Welsh Terrier

West Highland White Terrier

WEITERER NAME
Westie

WIDERRISTHÖHE
Rüde und Hündin: rund 23 cm.

GEWICHT
6 bis 8 kg.

KURZBESCHREIBUNG
Dieser kleine, kompakt gebaute Hund mit kurzem Fang und schwarzen Augen, aus denen der Schalk blitzt, ist ein kleines Energiebündel.

WESEN
Unabhängig, selbstbewusst und anhänglich.

Der West Highland White Terrier ist eine Züchtung, die Kraft und Aktivität gleichzeitig verbinden soll. Der Schädel ist leicht gewölbt, der Stopp deutlich und der Nasenrücken wird zur Nase hin schmaler. Der Nasenschwamm ist groß und schwarz. Die weit auseinandergesetzten Augen dürfen nicht rund sein, sie sol-

▲ West Highland White Terrier

>>

len möglichst dunkel sein. Die kleinen und spitzen Ohren werden vollkommen aufrecht getragen. Der muskulöse Hals mündet in die schräg zurückliegenden Schultern, die eine breite Brust umrahmen. Der Rücken ist gerade, die Lende kräftig. Obwohl die Gliedmaßen kurz sind, so stehen sie doch gerade und sind muskulös. Die eher kurze Rute wird erhoben, aber nicht über den Rücken gezogen, getragen. Das Fell besteht aus einer kurzen, weichen und dichten Unterwolle sowie aus einem rund 5 cm langen, am Körper harschen Deckhaar, das am Kopf etwas kürzer ist und nicht die Augen verdeckt, und an Rute und Ohren kurz ist. Die Fellfarbe ist weiß.

Ursprung

Der West Highland White Terrier hat den Spitznamen „Westie". Der gebürtige Schotte ist ein naher Verwandter des Cairn Terrier, da er aus weißen Welpen hervorging, die in manchen Würfen des Cairn Terrier fielen.

Verhalten

Der Westie ist furchtlos, eigensinnig, lebhaft und fröhlich. Der sehr auf seine Familie bezogene Hund ist Fremden gegenüber zurückhaltend.

- Der Westie mit seinem Terrier-typischen Temperament muss konsequent ausgebildet werden, besonders um seine übermäßige Lautfreudigkeit einzuschränken, aber ohne sein unabhängiges und leidenschaftliches Wesen zu kränken. Man darf ihm das Nichtbefolgen eines Befehls keinesfalls durchgehen lassen. Der Westie muss lange Spaziergänge machen können.
- Sein angenehmes Verhalten und sein Aussehen haben zu seiner großen Beliebtheit geführt.

Westfälische Dachsbracke

WIDERRISTHÖHE
Rüde und Hündin: 30 bis 38 cm.

GEWICHT
Rund 15 kg.

KURZBESCHREIBUNG
Die Westfälische Bracke ist die Niederlaufform der Deutschen Bracke, wirkt jedoch kräftiger und kompakter.

WESEN
Die Westfälische Dachsbracke ist treu und ernsthaft.

Der Schädel der Westfälischen Dachsbracke ist leicht gewölbt, mit geringem Stopp und leicht gewölbtem Nasenrücken. Die dunklen Augen sind klar mit freundlichem Ausdruck. Der große und mittellange Behang liegt gut am Kopf an. Der gut bemuskelte Hals ist mäßig lang. Der Körper ist langgestreckt. Die Rute ist verhältnismäßig hoch angesetzt. Sie wird entweder säbelförmig aufwärts oder hängend mit leichtem Bogen an der Spitze getragen.

Das grobe und sehr dichte Fell ist am Kopf, den Behängen und dem unteren Teil der Läufe kurz. Über dem Rücken, am Hals und an der Unterseite der Rute ist es länger.

Die Fellfarbe ist rot bis gelb mit Sattel oder einem schwarzen Mantel. Sie weist die typischen weißen Brackenabzeichen auf: Schnippe (weißer Haarstreifen) an Fang, Brust, Läufen und Rutenspitze.

Ursprung

Die seit Anfang des 17. Jahrhunderts bekannte Westfälische Dachsbracke war lange der bevorzugte Laufhund an den deutschen Königshöfen. Ihr Rassestandard wurde 1910 festgelegt.

Westfälische Dachsbracke ▼

Verhalten

Diese bei der Jagd eigensinnige, ausdauernde und kämpferische Bracke besitzt einen genauso vorzüglich entwickelten Geruchssinn wie die besten Bluthunde. Als ausgezeichneter Jagdhund bei der Jagd auf Hasen und Füchse jagt sie auch Hochwild (Hirsch und Wildschwein). Dank ihrer Geschmeidigkeit und Beweglichkeit passt sie sich an nahezu jedes Gelände an.

- Dieser anhängliche und fügsame Hund braucht eine konsequente Erziehung; er sollte aufgrund seiner Jagdpassion nur von Jägern geführt werden.

Wetterhoun

Friesischer Wasserhund

WIDERRISTHÖHE
Rüde: durchschnittlich 59 cm;
Hündin: durchschnittlich 55 cm.

GEWICHT
Rund 25 kg.

KURZBESCHREIBUNG
Hund mit eher quadratischem Körperbau.

WESEN
Ruhig und zurückhaltend, etwas eigensinnig und sehr selbstbewusst.

Der Kopf des Friesischen Wasserhundes ist kräftig und trocken, der Fang genauso lang wie der Kopf und der Nasenschwamm schwarz oder braun. Die ovalen braunen bis dunkelbraunen Augen sind leicht schräg gestellt. Die breite Brust, der kurze und gerade Rücken, die wenig abfallende Kruppe und der leicht aufgezogene Bauch geben dem Hund eine gedrungene Gestalt, ohne jedoch schwerfällig zu sein. Die lange Rute wird als Ringelrute über oder neben der Kruppe getragen.
Das aus dicken Locken bestehende, feste und dichte Fell am ganzen Körper mit Ausnahme von Kopf und Gliedmaßen soll sich fettig anfühlen. Das Fell ist einfarbig schwarz oder braun, manchmal mit weißen Flecken. Schimmelung oder Tüpfelung im Weiß ist erlaubt.

Ursprung

Der Friesische Wasserhund ist in seinem Ursprungsland, den Niederlanden, schon seit langem bekannt.

Verhalten

Der sehr aktive Friesische Wasserhund wurde von altersher zur Otterjagd verwendet und ist inzwischen ein vielseitig einsetzbarer Arbeitshund. Der mutige und selbstbewusste Hund übernimmt häufig Bewachungsaufgaben. In der Familie ist er ein ruhiger Gefährte, der sich Fremden gegenüber zurückhaltend gibt. Er ist manchmal eigensinnig und braucht eine konsequente Ausbildung. Er eignet sich nicht für das Stadtleben

▲ Wetterhoun

Whippet

WIDERRISTHÖHE
Rüde: 47 bis 51 cm;
Hündin: 44 bis 47 cm.

GEWICHT
Rund 12 kg.

KURZBESCHREIBUNG
Dieser kleine Windhund vereint große Eleganz mit Muskelkraft und Stärke.

WESEN
Sanftmütig und ruhig – ein toller Hund für sportliche Menschen.

Der elegante und anmutige kleine Windhund vermittelt gleichzeitig einen Eindruck von großer Stärke. Der lange und trockene Kopf verjüngt sich zum Fang hin. Die Augen haben einen sehr lebhaften Ausdruck. Die kleinen und feinledrigen Ohren werden als Rosenohren getragen. Der lange und muskulöse Hals ist elegant gebogen. Die Schultern sind schräg und muskulös, und zeichnen sich deutlich ab. Die Oberschenkel sind besonders kräftig entwickelt. Die Läufe des Whippet stehen gut senkrecht und zeugen von großer Schubkraft. Die Brust ist sehr tief, der Rücken breit, die Lende kraftvoll und stark. Die Rute ist lang und sich verjüngend. Sie wird in feiner Aufwärtsbiegung, jedoch in Bewegung nicht über der Rückenlinie, getragen.
Das Fell ist fein, kurz und anliegend.
Jede Farbe ist zulässig.

Ursprung

Der gegen Ausgang des 19. Jahrhunderts im Norden Englands für die Jagd auf Kaninchen gezüchtete Whippet ist ein verkleinertes Abbild des Greyhound.
Er ging aus Kreuzungen zwischen einem unbekannten Terriertyp und dem Greyhound hervor.

Verhalten

Unter der zerbrechlichen Oberfläche des Whippet verbergen sich Nerven aus Stahl – der Whippet kann in Rennen eine Geschwindigkeit von 65 km/h erreichen. Im Verhältnis ist er sogar noch schneller als der Greyhound! Er liebt Coursings auf offenem Gelände oder am Strand.

- Der Whippet passt sich sehr gut an die Wohnungshaltung an, da er Behaglichkeit schätzt und verhält sich im Haus ruhig. So verbringt er einen Gutteil des Tages mit Schlafen. Der fröhliche und anhängliche, intelligente und treue Whippet besitzt ein ausgeglichenes Wesen. Er ist leichtführig und freundlich.
- Der aufmerksame und sehr sensible Whippet lässt sich leicht ausbilden. Der etwas zurückhaltende und eher unabhängige Hund hängt sehr an seiner Familie. Auf der Beliebtheitsskala der Windhunde nimmt der Whippet derzeit weltweit den ersten Platz ein.

▲ Whippet

Xoloitzcuintle

Mexikanischer Nackthund

WIDERRISTHÖHE
Rüde und Hündin: 45 bis 55 cm (Standardgröße);
35 bis 45 cm (Mittlere Größe);
25 bis 35 cm (Miniaturgröße).

GEWICHT
4 bis 9 kg je nach Größe.

KURZBESCHREIBUNG
Nahezu haarloser, exotisch aussehender Hund.

WESEN
Friedvoll und fröhlich.

Der harmonisch und anmutig gebaute Mexikanische Nackthund hat gute Körperproportionen, mit einem eher breiten Schädel und geradem Fang. Die leicht mandelförmigen Augen variieren in der Farbe von Gelb bis Schwarz. Ihr Ausdruck ist sehr lebhaft. Die langen, eleganten und feinen Ohren sind gut aufgerichtet. Der Nasenschwamm ist tief dunkel, bei Hunden mit hellem Fell ist er rosa oder braun. Der schlanke, biegsame und gut bemuskelte Hals zeugt von großer Eleganz. Der Körper soll etwas länger als die Widerristhöhe sein. Die Lendenpartie ist kräftig und gut bemuskelt, die Kruppe leicht gerundet. Die tief angesetzte Rute reicht mindestens bis zu den Sprunggelenken. Die glatte und weich anzufühlende Haut scheint warm. Am Kopf weist der Hund ein borstiges, wenig dichtes Haarbüschel auf. Häufig können kleine Haarbüschel an den Pfoten und der Rute auftreten.
Die Farbe ist elefantengrau, grauschwarz oder schwarz, rötlich, leberfarben, bronzefarben und goldgelb. Laut Rassestandard sind auch in beliebiger Farbe gefleckte Exemplare zulässig.

Yorkshire Terrier

Ursprung

Der Ursprung dieses Hundes liegt weit zurück. Nach der Legende begleitete er die Seelen der Azteken ins Jenseits, was die Indios jedoch nicht davon abhielt, ihn als schmackhafte Delikatesse zu betrachten. Er ist zunehmend verbreitet.

Verhalten

Der ruhige und zurückhaltende Mexikanische Nackthund ist lebhaft und intelligent.

- Er ist sehr anhänglich und sehr menschenbezogen.
- Er ist ein wachsamer, wenn nicht sogar abschreckender Wachhund, der Fremden misstraut.
- Der von Natur aus nicht lautfreudige Hund bellt nur aus gutem Grund.

WEITERER NAME
Yorkie

WIDERRISTHÖHE
Rüde: 15 bis 25 cm;
Hündin: 14 bis 24 cm.

GEWICHT
Rüde und Hündin: bis 3,1 kg.

KURZBESCHREIBUNG
Dieser Zwergterrier besitzt ein prächtiges Fell, das in der Mitte des Rückens wie eine Perücke gescheitelt ist.

WESEN
Lebhaft und intelligent.

Dieser Zwergterrier hat einen recht kleinen und flachen Kopf, einen schwarzen Nasenschwamm, dunkle und strahlende Augen sowie kleine V-förmige Ohren, die aufrecht getragen werden. Die Kiefer müssen regelmäßig sein. Der Körper ist stämmig und der Rücken gerade. Die Gliedmaßen sind gerade und die Pfoten rund. Die reich mit Fell bewachsene Rute, die dunkler als das restliche Körperfell ist, wird etwas oberhalb der Rückenlinie getragen.
Das Fell ist mittellang, das gerade, glänzend und fein seidig. Die Fellfarbe ist ein dunkles Stahlblau (auf keinen Fall Silberblau und keinesfalls mit falbfarbenem, bronzefarbenem oder dunklem Haar vermischt). Das Fell an Kopf, Brust und am unteren Teil der Läufe ist von einem satten, glänzenden Falb.

Ursprung

Die Entstehung des Yorkshire Terrier fällt mit der industriellen Revolution in England zusammen. Die Arbeiter in der Wollindustrie, die am Ufer des Clyde in Schottland lebten, setzten für die Jagd einen kleinen Terrier ein, der den Namen der Grafschaft Clydesdale trug. Als die Arbeiter Schottland eingangs des 19. Jahrhunderts verließen, um nach Yorkshire zu ziehen, nahmen sie ihre Hunde mit, die sich mit einheimischen Terriern verpaarten. Damals bedeutete Wilderei trotz Verbot eine Geldeinnahmequelle und die

▲ Yorkshire Terrier

>>

kleinen Terrier waren äußerst nützlich, um die Kaninchen aus ihrem Bau herauszudrücken, die dann leichter eingefangen werden konnten. Das lange Fell der Hunde bot festen Halt bei vorzeitigem Rückzug. Zur Verbesserung der Haarlänge wurden zweifellos Einkreuzungen von Maltesern vorgenommen, die von Seeleuten nach England mitgebracht wurden.

Verhalten

Die „Yorkies" sind sehr gute Gefährten, robust, verspielt, aktiv und bewegungsfreudig, bemerkenswert gute Schwimmer und Jäger, denen auch das kleinste Mauseloch nicht entgeht. Der sanftmütige, anhängliche, hochintelligente und gesellige Yorkshire Terrier hat eine ungeheure Präsenz und ist genau der Typ Hund, den man überallhin mitnehmen kann. Seinen Artgenossen gegenüber verhält er sich umgänglich, seiner Familie ist er treu ergeben und Fremden gegenüber verhält er sich misstrauisch. Er muss sich täglich verausgaben können und kann ungeachtet seiner geringen Größe lange Spaziergänge machen.

- Der ziemlich eigensinnige „Yorkie" muss konsequent und geduldig ausgebildet werden. Er fordert immer volle Aufmerksamkeit.

Zwergpinscher

WIDERRISTHÖHE
Rüde und Hündin: 25 bis 30 cm.

GEWICHT
4 bis 6 kg.

KURZBESCHREIBUNG
Eleganter Hund mit quadratischem Körperbau, seine Hauptgangart ist ein flüssiger Trab.

WESEN
Selbstsicher und lebhaft.

Der schöne, gestreckte Kopf ist ausdrucksvoll. Der Schädel ist flach, die kräftigen Zähne bilden ein Scherengebiss. Die ovalen Augen sind dunkel. Die V-förmigen Ohren sind hoch angesetzt und von Natur aus gefaltet. Der Bauch ist leicht aufgezogen, die Gliedmaßen sind gerade. Die Rute ist lang. Das Fell ist kurz, reichlich, glatt, glänzend und am Körper anliegend.
Die Fellfarbe ist einfarbig – hirschrot oder rotbraun bis dunkelrotbraun – oder zweifarbig – schwarzrot oder lackschwarz mit roten Abzeichen an Wangen, Lefzen, Augenbrauen, Brust, Pfoten und unter der Rute.

Ursprung

Der manchmal mit dem Chihuahua verwechselte oder für einen Miniatur-Dobermann gehaltene Taschenhund ist eine kleinere Ausgabe des Deutschen Pinschers aus der Familie der Pinscher und Schnauzer, deren Wurzeln weit in die Vergangenheit zurückreichen. Er wurde erstmals im Jahr 1900 auf einer Ausstellung in Stuttgart vorgestellt. Amerikanische Züchter begeisterten sich sofort für ihn, importierten einige Exemplare in die USA und leisteten einen großen Beitrag zur Veredelung dieser Rasse.

Verhalten

Auch wenn seine geringe Größe den Zwergpinscher ideal für die Wohnungshaltung erscheinen lässt, so weist er doch ausgezeichnete Eigenschaften als Wachhund und Jäger von Ratten und Mäusen auf. In der Tat ist er ein außergewöhnlich mutiger Rattler. Der stets aufmerksame Hund warnt seinen Herrn beim kleinsten ungewöhnlichen Geräusch. Er ist ein fröhlicher und zu Scherzen aufgelegter Hund, immer in Bewegung und so sauber wie eine Katze.

- Seine lebhafte Intelligenz steht seinem feurigen Temperament in nichts nach. Der treue und anhängliche Hund hat alles, was man von einem Hund erwartet. Trotz allem ist der Zwergpinscher kein unterwürfiger Hund. Es braucht Konsequenz und viel Feingefühl bei der Ausbildung. Er erträgt weder schroffe noch vorwurfsvolle Behandlung und fordert viel Aufmerksamkeit.
- Auch wenn er sich gut an die Wohnungshaltung anpasst, muss der Zwergpinscher seine Energie draußen ausleben können, damit er nicht übermäßig nervös wird. Er ist robust und wetterfest.

▲ Zwergpinscher

Zwergschnauzer

WIDERRISTHÖHE
Rüde und Hündin: 30 bis 35 cm.

GEWICHT
4 bis 7 kg.

KURZBESCHREIBUNG
Er ist das verkleinerte Abbild der beiden anderen Schnauzer.

WESEN
Intelligent und selbstbewusst, fröhlich und arbeitswillig.

Der langgestreckte und buschig behaarte Kopf ist typisch für den Zwergschnauzer. Der Fang ist kräftig, der Nasenschwamm gut ausgebildet. Der Hals ist lang und schön geschwungen. Die V-förmigen und hoch angesetzten Ohren kippen herab. Der kraftvolle, gut aufgestellte Hund mit breiter Brust, kurzem Rücken und muskulösen Oberschenkeln ist ein athletischer Kleinhund, dessen Widerristhöhe 35 cm nicht überschreitet. Die Rute ist naturbelassen. Das Fell des Zwergschnauzers besteht aus hartem und dichtem Deckhaar sowie aus dichter Unterwolle, was dem Hund ein struppiges Aussehen verleiht. Die Fellfarbe ist einfarbig schwarz mit schwarzer Unterwolle, pfeffersalz (sandfarben schwarz gewolkt), schwarzsilber und reinweiß mit weißer Unterwolle. Das Fell muss regelmäßig gebürstet werden, um totes Haar zu entfernen, und zwar mit dem Strich. Im Idealfall wird der Zwergschnauzer täglich gebürstet und alle drei bis vier Monate fachgerecht getrimmt. Zur Erfüllung der Ausstellungskriterien muss der Zwergschnauzer getrimmt sein. Dabei wird das Haar der Augenbrauen stehengelassen und der Bart mit der Schere begradigt, damit der Kopf eine möglichst rechteckige Form erhält. Die Rute wird effiliert, damit sie eine schöne zylindrische Form erhält. Vom Rücken aus gesehen soll der Körperumriss eckig und kurz erscheinen. Die ganze Kunst des Trimmens besteht darin, den Hund genau so aussehen zu lassen.

Die Zwerghaftigkeit dieses Hundes blieb ohne die üblicherweise damit einhergehenden gesundheitlichen Mängel. Seine äußerst robuste Konstitution verdankt er seinen Ahnen.

Ursprung

Dieser Kleinhund, der das genaue Abbild des Mittelschnauzers ist, genetisch jedoch dem Riesenschnauzer nähersteht, trat in Deutschland um 1880 auf. Der Zwergschnauzer soll durch Zuchtauslese unter Kleinhunden über mehrere Generationen hinweg und durch ein sehr ausgeklügeltes Fütterungsschema entstanden sein. Anderen Meinungen zufolge kann man die Vorfahren des Zwergschnauzers vom Schnauzer ableiten bzw. sollen sie aus einer Kreuzung zwischen Schnauzer und Affenpinscher abstammen. Der Zwergschnauzer ist in Deutschland gut vertreten.

Verhalten

Der Zwergschnauzer, der genauso lebhaft und unternehmungslustig wie seine großen Verwandten ist, ist manchmal etwas dickköpfig. Der sehr sympathische und anhängliche Hund liebt das Familienleben und spielt gerne. Seine Ausbildung ist leicht, sofern er nicht schroff behandelt wird. Er benötigt nur wenig Platz, was ohne Zweifel seine zunehmende Beliebtheit in Europa und den USA erklärt. Er ist ein „modischer“ Begleithund.

- Er ist gut in der Wohnung zu halten, braucht jedoch aufgrund seines Bewegungstriebs täglich ausreichend Auslauf, um in Form zu bleiben und sich wohlzufühlen. Zu viel Passivität kann bei ihm zu Hauterkrankungen führen.
- Der sehr mutige und lautfreudige Hund hat sich den Schutztrieb des Schnauzers bewahrt. Zudem ist er ein ausgezeichneter Rattler, dessen Lieblingsbeschäftigung in der freien Natur die Jagd auf Ratten und Mäuse ist.

Ein Hund zieht ein

Ein Welpe • Seite 236 – **Der erwachsene Hund** • Seite 254
Hundesenioren • Seite 282

Ein Welpe

Der Welpe kommt

Endlich ist es soweit – Sie können Ihren Welpen abholen! Dieses lang ersehnte freudige Ereignis bringt jedoch auch einige Veränderungen mit sich, auf die Sie sich vorbereiten sollten. Vor allem Kinder müssen lernen, ihren neuen Spielgefährten zu respektieren. Für eine gute Eingewöhnung des Welpen in die Familie sollten Sie sich an einige Regeln halten.

Das neue Zuhause

Für einen Welpen ist die Ankunft in seinem neuen Zuhause ein richtiges Abenteuer, aber auch eine Belastung. Daher ist es wichtig, Bedingungen zu schaffen, um den damit verbundenen Stress zu reduzieren. Gleichzeitig sollte eine hundgerechte Erziehung dafür sorgen, dass sich das Zusammenleben positiv entwickelt. Es ist Ihre Aufgabe, die Erziehungsgrundsätze festzulegen und sie vom ersten Tag an anzuwenden. Theorie und Praxis, die unabhängig von Rasse, Größe und Geschlecht des Tieres sind, sehen im Alltag oft ganz anders aus. Daher ist es wichtig, dass Sie Ihren eigenen Weg finden.

Einen Ruheplatz auswählen

Das Körbchen des Hundes sollte an einem ausreichend geräumigen, hellen und gut belüfteten – aber zugfreien – Platz stehen. Da manche erwachsene Hunde das Geschehen im Haus und vor allem Durchgänge gerne kontrollieren, wird das Körbchen besser nicht im Flur, nahe bei einer Tür oder vor oder oberhalb einer Treppe platziert, sondern z. B. in einer ruhigen Ecke.

Die ersten Tage ...

Lassen Sie den Welpen in den ersten Tagen nach seiner Ankunft zunächst sein direktes Umfeld erkunden. So kann er sich Menschen und Umgebung anschauen, sich an alle Gerüche gewöhnen und sich die Stellen im Haus aussuchen, die ihm gefallen. Sofern diese Plätze den oben genannten Anforderungen entsprechen, können Sie dort weitere Körbchen aufstellen.

Wichtig ist, dass die Kontakte mit dem Welpen für diesen positiv und angenehm ausfallen. Positive Erlebnisse finden über Futter, Spiel, freundliche Ansprache sowie Streicheleinheiten statt. Sie sollten von Anfang an, aus den an anderer Stelle dieses Buches erwähnten Gründen (siehe nachstehend), die Orte festlegen, an denen der Hund frisst und schläft. Klären Sie auch jetzt, ob er auf hochgelegenen Plätzen wie Betten, Sofas, Sesseln usw. liegen darf. Im Zweifelsfall sollten Sie es erst einmal liebevoll, aber konsequent untersagen. Wenn gewünscht, können Sie Ihrem Hund dieses Privileg später immer noch gestatten.

... und die ersten Nächte

Durch den Umzug durchlebt der Welpe eine für ihn traumatische Situation: Er hat seine Mutter verlassen, seine Wurfgeschwister, seine bisherige Menschenfamilie und seine vertraute Umgebung und findet sich jetzt in einer ihm unbekannten Umgebung bei unbekannten Menschen und unbekannten Gerüchen wieder ... Was für eine Belastung für das Hundekind! Nachts schläft der Welpe deswegen am besten im Schlafzimmer, z. B. in einer Box neben Ihrem Bett. Dann ist er nicht allein und meldet sich in der Regel auch, wenn er raus muss. Soll er die Nächte in einem anderen Raum verbringen, bietet es sich an, wenn Sie dem Welpen dort in den ersten Nächten Gesellschaft leisten.

SÜSSE TRÄUME
Mit behutsamer Eingewöhnung wird der Welpe nachts bald friedlich schlafen.

Andere Heimtiere

Ob es ein gutes Einvernehmen zwischen zwei im gleichen Haushalt lebenden Tieren gibt, hängt wesentlich von deren Sozialisation, deren persönlichen Erfahrungen und Ihrem Verhalten ab.

Ein zweiter Hund. Besitzen Sie bereits einen Hund, wird sich der Neuankömmling innerhalb einiger Tage oder Wochen relativ problemlos an das Zusammenleben gewöhnen, vorausgesetzt, er ist zuvor angemessen sozialisiert worden. Die Beziehung zwischen beiden basiert auf einer Rangordnung. Der im Rang höhere Hund kann sich mehr Rechte herausnehmen und der im Rang niedriger stehende Hund erkennt das an. In der Regel wird der erwachsene Hund im Rang über dem Welpen stehen. Wächst der Neuankömmling heran und erreicht die Geschlechtsreife, kann sich die Rollenverteilung aber ändern. Diese geregelte Beziehung gewährleistet den Zusammenhalt im Hunderudel (siehe S. 305).

Sie sollten die Rangordnung zwischen den Hunden nicht stören ... und vor allem nicht die „Gleichberechtigung“ beider Hunde erzwingen. Bevorzugen Sie stattdessen das ranghöhere Tier, indem Sie dieses zuerst füttern, mit ihm allein weggehen, zuerst sein Fell pflegen, es als erstes streicheln und ihm sämtliche Vorrechte zugestehen, die ihm wichtig sind! Ansonsten riskieren Sie vor allem in Konkurrenzsituationen aggressives Verhalten und Auseinandersetzungen.

HUND UND KATZE Eine frühzeitige Gewöhnung des Welpen an Katzen erhöht die Chancen auf ein friedliches Zusammenleben.

Eine Katze. Bei dieser Konstellation ist alles möglich. Gute Voraussetzungen sind eine Katze, die Hunde bereits positiv kennen gelernt hat und ein Welpe, der im Rahmen seiner Sozialisation bereits an Samtpfoten gewöhnt wurde. Doch auch ohne diese Erfahrungen fällt es Welpen in der Regel noch leicht, Katzen als Hausgenossen zu akzeptieren. Am besten ist eine Beziehung, die sich über das Spiel entwickelt. Wichtig ist, die Tiere nicht zur Annäherung zu zwingen. Finden die beiden auch auf lange Sicht nicht zusammen, können Sie sich Hilfe von einem guten Hundetrainer oder auf Tierverhaltenstherapie spezialisierten Fachmann holen.

Achtung Gefahr!

Während ihrer Entwicklung und der Erforschung ihrer Umwelt knabbern Welpen alles Mögliche an, was jedoch für das Tier auch gefährliche Konsequenzen haben kann.

Das Verschlucken eines Fremdkörpers (siehe Seite 355) stellt für den Welpen ein häufiges Risiko dar. In den meisten Fällen passiert der Fremdkörper ungehindert den Verdauungstrakt und wird mit dem Kot wieder ausgeschieden. Dennoch empfehlen sich geeignete Vorsichtsmassnahmen. Wählen Sie Spielzeuge sorgfältig aus und halten Sie Gegenstände, selbst solche, die nicht von Interesse für den Welpen erscheinen, außerhalb seiner Reichweite.

Der Stromschlag ist eine weitere Gefahr für den neugierigen Welpen. Achten Sie daher darauf, den Welpen niemals in eine Situation zu bringen, in der er an einem Stromkabel kauen oder sich darin verheddern kann. Denken Sie bei einem Unglück daran, den Stecker zu ziehen (oder den Strom abzustellen), bevor Sie den Welpen anfassen.

Vergiftungen (siehe Seite 355) durch Putzmittel oder chemische Mittel für Haus und Garten, die für den Welpen und selbst den erwachsenen Hund sehr interessant sind, sind nicht selten. Schließen Sie daher solche Mittel in einen Schrank ein, um jegliches Unfallrisiko zu vermeiden.

In der Regel verläuft das Zusammenleben mit einer anderen Tierart umso besser, je besser die Sozialisierung des Welpen verlief. So kennt man beispielsweise ein friedliches Zusammenleben zwischen Kaninchen und Jagdhund. Besonders zu Anfang sollte man mit Bedacht vorgehen und das Zusammentreffen der beiden Tiere aus der Nähe beobachten und diese niemals ohne Aufsicht allein lassen.

Grundausstattung

Ob für einen Welpen oder einen erwachsenen Hund – nun heißt es, die Grundausstattung einzukaufen.

Futter- und Wassernapf

Die Näpfe müssen leicht zu reinigen sein. Am besten geeignet sind stabile und nicht rutschende Näpfe aus Keramik, Steingut oder Metall. Für Hunde mit langen Ohren gibt es spezielle hochrandige Fressnäpfe mit kleinerem Durchmesser. Erhöht stehende Näpfe auf einem Gestell sind besonders großen oder an Rückenproblemen leidenden Hunden angenehm. Reinigen Sie die Futterschüssel nach jeder Fütterung und die Wasserschüssel täglich. Letztere sollte mindestens zwei Mal pro Tag mit frischem Wasser aufgefüllt werden. Nicht verzehrtes Feuchtfutter verdirbt im Napf rasch und muss gegebenenfalls entfernt werden.

Pflege-Werkzeuge

Achten Sie darauf, dass Bürste und Kamm für den Haartyp Ihres Hundes geeignet sind. Um die Zähne des Hundes zu putzen, sollten Sie eine weiche Zahnbürste verwenden.

Halsband

Für den Welpen reicht ein einfaches Halsband aus Glattleder oder Nylon in passender Größe aus. Es darf nicht zu eng sitzen, der Welpe darf es aber auch nicht abstreifen können. Gewöhnen Sie das Hundekind langsam an das Halsband, z.B. einige Minuten pro Tag während des Spielens. Verlängern Sie allmählich die Tragedauer. Befestigen Sie keine Glöckchen daran, die den Welpen unnötig erschrecken und potentiellen Begleitern beim Spaziergang auf die Nerven gehen können.

Besser noch als ein Halsband ist ein Geschirr. Es sollte trageangenehm sein, gut sitzen und nirgendwo einengen.

Es empfiehlt sich, eine Plakette mit Ihrer Adresse am Halsband anzubringen. Dadurch kann der entlaufene Hund schneller zu Ihnen zurückgebracht werden. Denn die Nummer des Mikrochips kann nur mit Lesegerät gelesen werden (siehe nächste Seite) und nicht jeder Finder denkt daran, eine eventuell vorhandene Tätowierung zu überprüfen.

Wenn der Hund weg ist

Besitzt ein entlaufener Hund eine im Ohr eintätowierte Nummer oder einen Mikrochip, kann er oft über diese Nummer identifiziert und sein Halter benachrichtigt werden. So lange bleibt er im Tierheim. Kann der Halter nicht gefunden werden oder meldet er sich nicht, wird der Hund zur Vermittlung freigegeben. Ist ihr Hund weggelaufen, helfen oft Suchplakate beim Tierarzt, im Zoofachhandel, in Supermärkten etc. das Tier wiederzufinden.

Leine

Die Leine soll wirkungsvoll die von der Hand ausgehenden Impulse übermitteln. Die besten Ausbildungsleinen sind aus Leder, geschmeidig, leicht, und können entsprechend des Wachstums des Welpen verstellt werden (siehe Seite 253). Eine lange Leine kann das Training ergänzen.

Liegeplatz

Hundebetten gibt es in großer Auswahl. Verwenden Sie z. B. ein für die Größe des Hundes geeignetes Körbchen mit einem Kissen oder einer mit einem Betttuch überzogenen Decke. Der Ruheplatz muss leicht und regelmäßig gereinigt werden können.

Spielzeug

Spielzeuge müssen der Größe des Hundes entsprechen. Im Zoofachhandel oder über das Internet finden Sie ein breites Angebot ganz unterschiedlicher Spielzeuge. Es muss aber nicht immer teures Spielzeug sein, denn für einen Welpen kann alles werden. Es reicht aus, sicherzustellen, dass er das Spielzeug oder Teile davon nicht verschlucken oder sich damit verletzen kann und es keine schädlichen Substanzen enthält.

Vorgeschriebene Kennzeichnung

Für Reisen ins europäische Ausland ist die Kennzeichnung des Hundes mit einem Transponder, besser bekannt als Mikrochip, vorgeschrieben. Bis 2011 reicht übergangsweise auch eine Tätowierung aus. Zusätzlich ist ein EU-Heimtierpass notwendig. Auch je nach Vorschriften des Bundeslandes, in dem der Halter lebt, kann es notwendig sein, den Hund mit einem Mikrochip zu kennzeichnen, z. B. wenn er einer bestimmten Rasse angehört. Sowohl die Nummer des Mikrochips als auch einer Tätowierung können Sie bei einem zentralen Register speichern lassen (fragen Sie dazu Ihren Tierarzt), dann ist die Nummer weltweit abrufbar.

Mikrochip

Hierbei handelt es sich um eine für den Hund verträgliche elektronische Kennzeichnung in Form eines Transponders in Reiskorngröße, in dem eine 15-stellige Nummer eingespeichert ist. Die letzten 12 Ziffern stellen die nur einmal weltweit vergebene Identifikationsnummer dar. Der Chip wird mit einer Kanüle großen Durchmessers unter die Haut des Tieres gesetzt, das nennt man „chippen".

Auslesen kann man die Nummer mit einem speziellen Lesegerät, das inzwischen in der Regel alle Tierärzte und Tierheime besitzen.

Der Vorteil dieses Verfahrens liegt in seiner Zuverlässigkeit, denn die Tätowierung lässt sich im Laufe der Zeit häufig kaum noch entziffern. Es vereinfacht die Einreise im Ausland, da in manchen Ländern der Mikrochip Pflicht ist. So hilft es auch, illegale Tierimporte einzudämmen. Schließlich dient es der perfekten Markierung des Tieres. Nachteilig am Mikrochip ist das Fehlen jeglicher äußerer Kennzeichen, außer Sie befestigen eine hinweisende Marke am Halsband.

Tätowierung

Sie erfolgt mit Hilfe einer Tätowierzange meist auf der Innenseite des Ohres. Die Tätowierung enthält je nach Rassehundverein eine Kombination aus Buchstaben und Zahlen und muss einwandfrei lesbar sein. Diese Kennzeichnung wird im Impfpass oder EU-Heimtierpass und bei Rassehunden auf der Ahnentafel vermerkt.

Sehr gut gemachte und nicht zu groß geschriebene Tätowierungen sind auch beim älteren Hund noch problemlos zu lesen.

SPIELEN Fast jeder Gegenstand dient als Spielzeug, am liebsten aber spielt der Welpe mit seinem Menschen.

Ein Welpe

Pflege des Welpen

Einen Welpen pflegen heißt auf Sauberkeit achten, Erkrankungen vorbeugen, das Tier auf Parasiten kontrollieren und Auffälliges beobachten. Die Pflegemaßnahmen des Welpen durch den Menschen machen ihn mit unterschiedlichen Situationen vertraut, so dass er diese gelassen mitmacht.

Regelmäßige Körperpflege

Regelmäßige Körperpflege dient hauptsächlich zur Vermeidung von Zahnproblemen und zur Kontrolle des Gesundheitszustandes des Hundes.

Zähneputzen

Die Zähne zu putzen hat den Vorteil, dass es die Bildung von Zahnbelag und Zahnstein hemmt. Da dieser Vorgang für den Welpen in der Regel neu ist, sollten Sie ihn ganz allmählich damit vertraut machen.

Anfänglich reicht es aus, wenn Sie ihm die Zahnbürste einige Sekunden lang an die Schneidezähne halten und ihn belohnen, wenn er dies ohne Theater akzeptiert. Wenn er sich widersetzt, sollten Sie ihn festhalten und ihn in dem Moment, wo er stillhält, loben und dann aufhören. Versuchen Sie es erneut am nächsten Tag und belohnen Sie das Tier, wenn es gut darauf reagiert. Führen Sie im zweiten Schritt die Bürste über die seitlichen Zähne auf einer Seite, anfangs immer nur einige Sekunden lang. Funktioniert das gut, können Sie die Prozedur nach und nach ausdehnen. Wird das ganze Vorgehen vom Welpen gut akzeptiert, nehmen Sie sich die andere Seite vor. Der Welpe wird schnell begreifen, was er machen muss, um eine Belohnung zu bekommen, was den Lernprozess beschleunigt. Gehen Sie davon aus, dass Sie mehrere Tage brauchen, bis Sie erfolgreich sind. Dann können Sie mit dem eigentlichen Zähneputzen beginnen. Denken Sie immer daran: ganz allmähliche Steigerung der einzelnen Schritte und regelmäßige Belohnung.

Der hygienische Effekt wird hauptsächlich durch die mechanische Bewegung der Bürste bewirkt. Durch die Anwendung einer hundespezifischen Zahnpasta mit Fleischgeschmack wird das Zähneputzen besser angenommen. Verwenden Sie niemals eine Zahnpasta für Menschen, denn deren wiederholtes Schlucken kann beim Hund Entzündungen der Speiseröhre und des Magens (Gastritis) auslösen.

Ohrenpflege

Eine regelmäßige vorbeugende Ohrenreinigung wird nicht mehr empfohlen. Dagegen sollten Sie einmal in der Woche den Zustand der Ohren kontrollieren, besonders bei Hängeohren: Der Gehörgang sollte trocken und frei von Absonderungen sein und keinerlei schlechten Geruch ausströmen. Reinigen Sie bei Bedarf die Ohrmuschel und die Öffnung des Gehörgangs mit einer feuchten Kompresse. Säubern Sie aber nicht den Gehörgang selbst, dadurch könnten Sie den Schmutz tief hinein schieben und Entzündungen begünstigen.

Zur Behandlung einer Ohrerkrankung oder bei einem Befall mit Parasiten träufeln Sie das Mittel in den nach unten führen Teil des Gehörgangs ein. Massieren Sie diesen gut, damit das Mittel bis ganz nach unten gelangt, wo der Entzündungsherd sitzt. Halten Sie danach den Kopf des Hundes einige Sekunden lang fest, damit dieser das Mittel nicht wieder durch Schütteln auswirft.

Die Kontrolle der Ohren hat auch erzieherischen Wert. Gewöhnen Sie den Welpen ganz langsam daran und loben Sie ihn jedes Mal.

Augenpflege

Vertrocknete Absonderungen in den Augenwinkeln können Sie mit einem feuchten, fusselfreien Tuch entfernen. Bei leichtem Ausfluss reicht es aus, die Augenumgebung mit Wasser zu reinigen. Bei stärkerem oder gelb oder grün gefärbtem Ausfluss sollten Sie mit dem Hund einen Tierarzt aufzusuchen.

Hautpflege

Die Hautpflege beim Welpen hält sich in Grenzen. Bei Bedarf kann ein Welpe mit einem geeigneten Shampoo gebadet werden (siehe Seite 259).

Achten Sie darauf, den Welpen gründlich mit einem Handtuch oder einem Fön abzutrocknen, wobei ein Fön den Welpen erschrecken kann. Dagegen ist es sinnvoll, das Fell täglich mit einer weichen Bürste oberflächlich zu bürsten, selbst bei einem kurzhaarigen Welpen. Vergessen Sie nicht, den Welpen jedes Mal bei gutem Verhalten zu belohnen!

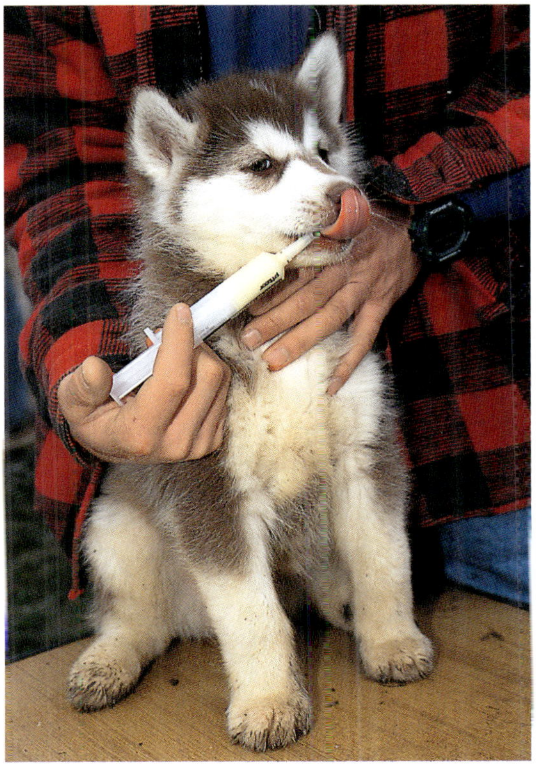

ENTWURMUNG
Dank ihrer Konsistenz sind Pasten und Gels leicht zu verabreichen.

WENN'S JUCKT
Juckreiz kann ein Anzeichen für Parasitenbefall sein.

Den Welpen untersuchen

Ein Medikament beim Welpen oder erwachsenen Hund zu verabreichen, Fieber zu messen oder Augentropfen zu geben, erfordert keine außergewöhnlichen Fähigkeiten. Sie werden häufig Gelegenheit haben, diese grundlegenden Dinge auf Anweisung des Tierarztes und häufiger noch auf eigene Veranlassung hin zu üben. Stellen Sie sich eine Hundeapotheke nach Absprache mit dem Tierarzt zusammen.

Fiebermessen. Wirkt Ihr Welpe krank oder abgeschlagen, sollten Sie seine Körpertemperatur mit einem digitalen Fieberthermometer kontrollieren, auf dessen Spitze Sie etwas Vaseline auftragen. Die durchschnittliche Körpertemperatur eines Hundes beträgt 38 °C. Der Hund sollte so stehen, dass man gut die Rute anheben und das Thermometer bis zur Markierung einführen kann. Einen kleinen Hund können Sie dazu auf den Tisch stellen. Belassen Sie das Thermometer in dieser Position, bis es piept. Halten Sie den Hund während des Fiebermessens fest. Ist der Hund groß oder widerspenstig, sollte ihn eine weitere Person festhalten.

Ein Medikament verabreichen. Manche Medikamente können mit dem Futter vermischt angeboten werden, fragen Sie dazu den Tierarzt. Mischen Sie dazu das Medikament in eine kleine Futterportion. Hat der Hund alles aufgefressen, geben Sie ihm die restliche Mahlzeit.

Frisst der Hund das Futter nicht mit Pillen, Tabletten oder Gelatinekapseln, lassen Sie ihn zunächst etwas Futter fressen, damit der Magen von dem Medikament nicht gereizt und kein Erbrechen verursacht wird. Öffnen Sie sein Maul, indem Sie auf die Lefzenwinkel drücken. Führen Sie dann das Medikament so weit hinten wie möglich hinter der Zunge ein, um einen Schluckreflex auszulösen. Halten Sie das Maul des Hundes einige Augenblicke geschlossen, während Sie gleichzeitig seine Kehle leicht massieren, was auch das Abschlucken anregt.

Pulver werden in der Regel mit etwas Wasser in einem Löffel angerührt oder in einer Spritze ohne Nadel vermischt. Um dem Welpen diese Lösung zu verabreichen, halten Sie seinen Fang nach oben, ziehen die Lefzen auf einer Seite auseinander und lassen die Flüssigkeit in seinen Hals rinnen. Flüssigkeiten und Gels werden am besten mit Hilfe einer Spritze ohne Nadelverabreicht.

Nasentropfen. Heben Sie den Fang des Welpen an und träufeln Sie die Tropfen mit einer Pipette in die Nasenlöcher. Seien Sie großzügig bei der Verabreichung, denn der Hund wird einen Teil davon wieder ausniesen.

Ohrentropfen. Wärmen Sie vorher die Flasche in der Hand an, dann ist es dem Hund angenehmer. Bei Hunden mit Stehohren sollten Sie sich für die Verabreichung einen Ort aussuchen, der schnell wieder gereinigt werden kann. Nach dem Einträufeln von Ohrentropfen schütteln die Hunde immer den Kopf und verteilen so das Präparat in der Umgebung. Lassen Sie sich bei großen Hunden helfen, so dass einer die Tropfen verabreicht und der andere den Hund festhält. Reinigen Sie die Ohren gut mit einem mit Wasser angefeuchteten Tuch. Träufeln Sie das Präparat in den nach unten führenden Teil des Gehörgangs und massieren Sie anschließend eine Minute lang das Ende des Gehörgangs, damit die Tropfen gut einziehen können.

Augentropfen. Stellen Sie sich hinter den Hund, so dass die Pipette außerhalb seiner Sichtweite ist. Ziehen Sie mit einer Hand das untere Augenlid nach unten und träufeln Sie mit der anderen Hand die Tropfen ein. Fragen Sie den Tierarzt, ob Sie das Medikament in das Lid einmassieren sollen und verwenden Sie niemals Augentropfen ohne Verschreibung des Arztes. Falls notwendig, sollte Ihnen eine zweite Person zur Hand gehen.

Giftstoffe aus dem Fell entfernen. Es kann vorkommen, dass das Fell Ihres Welpen mit Giftstoffen verschmutzt ist. Gerät Malerfarbe auf das Fell Ihres Tieres, entfernen Sie diese möglichst umgehend, zunächst mit Küchentüchern, anschließend mit einem feuchten Schwamm. Reinigen Sie das Fell mit lauwarmem Wasser und Kernseife. Schneiden Sie wenn nötig die mit Farbe verklebten Haare ab. Baden Sie abschließend das Tier. Verwenden Sie niemals Terpentinöl oder Lösungsmittel, die giftig für die Haut sind. Zur Säuberung eines Hundes, der mit Öl in Berührung kam, reiben Sie ihn mit Pflanzenöl ein, waschen Sie ihn mit Seife ab und anschließend mit Shampoo. Sind bei dem Tier Haare mit Teer verklebt, schneiden Sie die verklebten Haare ab, massieren Sie das Fell mit Pflanzenöl ein, ziehen Sie ihm einen Tag lang ein leichtes Kleidungsstück an, dass die Stelle bedeckt und waschen Sie das Fell anschließend mit Wasser und Kernseife aus.

Zäpfchen oder Einlauf. Zäpfchen werden am besten abends gegeben. Ziehen Sie einen Einweg-Handschuh an, führen Sie das Zäpfchen ein und halten Sie die Rute gegen den After gedrückt, damit der Hund den Fremdkörper nicht wieder hinausdrückt. Benötigt Ihr Hund wegen einer Erkrankung Darmeinläufe, sollten Sie sich deren Verabreichung vom Tierarzt zeigen lassen.

Was Sie noch beachten müssen ...

Leidet der Welpe unter Verdauungsstörungen oder wiederholtem Durchfall, müssen Sie schnellstens den Tierarzt aufsuchen. In diesem Alter ist die Gefahr einer Austrocknung (Dehydrierung) groß. Auch bei Husten oder Nasen- bzw. Augenausfluss muss der Hund schleunigst zum Tierarzt.

Ein Welpe, der nicht frisst, nicht spielt und sich wenig aktiv zeigt, leidet, brütet eine Infektionskrankheit aus oder hat eine andere Erkrankung. Auch dann ist ein Tierarztbesuch angeraten. Kontrollieren Sie das Wachstum der Gliedmaßen, besonders bei den großwüchsigen Rassen. Wenn Sie Fehlbildungen, Schmerzen bei Berührung, Lahmen, Zögern beim Spiel oder Sprung feststellen, gehen Sie sofort zum Tierarzt.

Kratzt sich der Welpe unablässig, müssen Sie seine Haut auf eventuellen Parasitenbefall oder Anzeichen von deren Vorhandensein kontrollieren (bei Flöhen z. B. braune Krümel im Fell). Gehen Sie im Zweifelsfall zum Tierarzt. Es gibt unterschiedliche Arten von parasitären Erkrankungen. Kreisförmiger Haarausfall sollte ebenfalls tierärztlich untersucht werden, da es sich um eine Pilzflechte handeln könnte, die auf den Menschen übertragbar ist.

Kupieren verboten

In Deutschland ist es verboten, Wirbeltieren Körperteile ganz oder teilweise zu entfernen. Ausnahmen sind z. B. nur durch die tierärztliche Begründung der Notwendigkeit des Eingriffs möglich, etwa im Rahmen der Behandlung einer Erkrankung. Diese Regelung betrifft besonders die folgenden Eingriffe:

Das Kupieren der Ohren ist verboten. In den Rassestandards der meisten Rassen wird bereits auf das Tragen naturbelassener Ohren hingewiesen. Es ist auch verboten, diese Amputation im Ausland vornehmen zu lassen. Hunde mit kupierten Ohren sind auf Ausstellungen in Deutschland nicht mehr zugelassen (Ausnahme: die medizinische Notwendigkeit des Eingriffs).

Das Kupieren der Rute ist in Deutschland grundsätzlich verboten. Neben medizinischen Gründen kann es ausnahmsweise gestattet werden bei jagdlich geführten Hunden, wenn der Eingriff für den jagdlichen Einsatz unerlässlich ist und tierärztliche Bedenken nicht entgegenstehen. Es ist ebenfalls verboten, diese Operation im Ausland vornehmen zu lassen. Hunde mit kupierter Rute sind auf Ausstellungen in Deutschland nicht mehr zugelassen (Ausnahme: die medizinische Notwendigkeit des Eingriffs oder die jagdliche Verwendung gemäß deutschem Tierschutzgesetz).

Impfungen

Regelmäßige Impfungen schützen Ihren Hund vor lebensgefährlichen, ansteckenden Krankheiten. Das unten beschriebene Impfschema ist eine Empfehlung. Je nach individueller Lebenssituation kann ein anderes Impfschema sinnvoll sein. Beraten Sie sich mit Ihrem Tierarzt, welche Impfabstände für Ihren Hund sinnvoll sind und ob er eventuell zusätzliche Impfungen benötigt.

Krankheit	Grund-immunisierung	1. Nach-impfung	2. Nach-impfung	Wiederholungs-impfungen
Staupe	8 Lebenswochen	12 Lebens-wochen	15 Lebens-monate	bis zu alle drei Jahre
Parvovirose	8 Lebenswochen	12 Lebens-wochen	15 Lebens-monate	bis zu alle drei Jahre
Hepatitis contagiosa canis (HCC)	8 Lebenswochen	12 Lebens-wochen	15 Lebens-monate	bis zu alle drei Jahre
Leptospirose	8 Lebenswochen	12 Lebens-wochen	15 Lebens-monate	jährlich
Tollwut	12 Lebenswochen	15 Lebens-monate		Nach Angaben des Impfstoff-herstellers

Ein Welpe

Ernährung des Welpen

Die Wachstumsphase des Welpen ist eine Schlüsselphase, da hier die Weichen für sein weiteres Leben gestellt werden. Daher kommt einer ausgewogenen Ernährung große Bedeutung zu, insbesondere im Hinblick auf eine einwandfreie Knochen- und Gelenkentwicklung. Nach der Entwöhnung des Welpen von der Muttermilch sollten Sie daher ein auf die besonderen Bedürfnisse des Welpen zugeschnittenes Futter verwenden.

Flaschennahrung

Die Ernährung des Welpen vor der Entwöhnung ist relativ unproblematisch, denn sie wird aus dem erhöhten Nahrungsbedarf der Mutter abgedeckt, die über ihre Milch einen Großteil der Nährstoffe an den Welpen abgibt. Für die Fütterung von Muttermilchersatz spricht:

- eine sehr große Wurfstärke oder verwaiste Welpen
- die Hündin hat keine Milch oder kann nicht säugen
- eine Gesäugeentzündung (Mastitis), die meist auf Staphylokokken oder Kolibakterien zurückzuführen ist.

Ein Welpe kann seine Körpertemperatur bis zur dritten Lebenswoche allein nicht stabil halten. Danach verläuft das Wachstum des Welpen dank der gehaltvollen Muttermilch der Hündin sehr schnell: Sein Geburtsgewicht verdoppelt sich innerhalb von acht Tagen, mit drei Wochen verdreifacht es sich und im Alter von vier Wochen beträgt es das Fünffache. Genetisch hängt das Wachstum von der endgültigen Körpergröße des erwachsenen Hundes ab. Eine Gewichtskontrolle der Welpen sollte täglich immer zu festen Zeiten erfolgen. Nehmen die Welpen zu stark zu, muss der Mutter energieärmeres Futter gegeben werden. Sind die Gewichtszunahmen der Welpen eher gering, muss die Fütterung der Mutter überprüft werden und/oder die Welpen werden ab der 3. Woche zugefüttert.

Geeigneter Muttermilchersatz

Ein guter Muttermilchersatz muss drei grundsätzliche Kriterien erfüllen, um keine schädlichen Nebenwirkungen auszulösen:

- Er muss den physiologischen Bedingungen des Verdauungstrakts des Welpen angepasst sein (Präparat für Hunde verwenden!). Durchfälle, die sich bei ungeeigneten Präparaten zwangsläufig einstellen, sind eine ernsthafte Bedrohung für den Welpen.
- Er muss der Muttermilch in den Punkten Hygiene, Wärme und Konsistenz gleich sein.
- Er muss in der Zusammensetzung der Nährstoffe und des Energiegehalts weitestgehend der Muttermilch entsprechen. Am besten greift man auf Flaschennahrung aus dem Zoofachhandel zurück. Kuhmilch ist für diesen Zweck nicht geeignet, zum einen auf Grund ihres hohen Milchzuckergehalts (Laktose), was zu Durchfall führen kann, zum anderen auf Grund ihrer geringen Konzentration an Fett und Protein.

Entwöhnung

Die Entwöhnung des Welpen von der Muttermilch hängt größtenteils von seinem weiteren Ernährungsverhalten ab.

In der Praxis gibt es keine genauen Regeln für den Beginn des Absetzens. Das einzig Wichtige ist, dabei schrittweise und langsam vorzugehen. Nur so können sich der Organismus des Welpen und vor allem der Verdauungstrakt an die neue Nahrung gewöhnen.

Die Umstellung auf anderes Futter vor der endgültigen Entwöhnung sollte ab Ende der dritten Woche des Säugens begonnen werden. Geben Sie hierzu den Welpen am besten ein bei Tierärzten oder im Zoofachhandel erhältliches Spezialfutter.

Das Absetzen erfolgt allmählich bis zur fünften oder sechsten Woche. Ab dann kann man den Welpen bis zum Alter von vier Monaten vier Mal täglich mit speziellem Fertigfutter oder selbst zubereiteter Nahrung füttern, die genau auf seinen Bedarf zugeschnitten ist.

Im Alter von sieben oder acht Wochen können Sie auf ein passendes Welpenfutter umsteigen.

ZWISCHENMAHLZEIT
Verteilen Sie die tägliche Nahrung des Welpen auf mehrere Portionen

Nahrung und Wachstum

Für ein optimales Wachstum des Welpen sind Menge und Qualität des Futters unter Berücksichtigung der einzelnen Rationen von entscheidender Bedeutung. Daher sollten Sie sich den genauen Ablauf des Welpenwachstums nach dem Absetzen vergegenwärtigen.

Wachstum ist kein einheitlicher Prozess, und zwar aus zwei wesentlichen Gründen. Rasseabhängig geht das Knochenwachstum zunächst sehr schnell vonstatten, verläuft dann in einer zweiten Phase etwas langsamer. Zudem erfolgt die Entwicklung von Knochen-, Muskel- und Fettgewebe nicht gleichzeitig. Die Bedürfnisse des Welpen während seines Wachstums variieren demzufolge je nach Wachstumsphase. Der Bedarf an Fett beispielsweise ist für den Beginn des Wachstums entscheidend, gegen Ende jedoch eher gering, denn erwiesenermaßen legt ein Fettüberschuss zu diesem Zeitpunkt den Grundstein für spätere Fettleibigkeit. Außerdem ist der Magen des Welpen im Verhältnis zu seiner Körpergröße recht klein. Daher muss man dem Welpen alle Nährstoffe in kleinen Portionen verabreichen.

NOTWENDIGE BEWEGUNG
Zur Vorbeugung von Fettleibigkeit sollte der Welpe seine Energie ausleben können.

Fertigfuttermittel wurden im Hinblick auf alle diese physiologischen Gegebenheiten konzipiert. Daher findet man heutzutage im Fachhandel rassespezifische Futtermittel, die herstellerabhängig sogar auf die unterschiedlichen Wachstumsphasen zugeschnitten sind. Manche Bestandteile (Antioxidanzien, Taurine) unterstützen zudem eine bessere Reaktion auf Impfungen und steigern die Abwehrkräfte des Welpen. Hinzu kommt noch, dass Größe und Form der Futterbrocken so angepasst sind, dass sie vom Welpen gut aufgenommen und gekaut werden können.

Welpen kleinwüchsiger Rassen. Bei der Geburt beträgt das Gewicht solcher Welpen 5 % des Gewichts ihrer Mutter. Die Mini-Hunde hören rassebedingt früher auf zu wachsen, ihre Endhöhe haben sie oft mit einem halben Jahr schon erreicht. Die Säugezeit fällt somit – relativ gesehen – sehr lange aus.

Tipps zur Flaschenernährung

Welpen fressen wenig, dafür aber häufig. In den ersten zwei bis drei Lebenswochen müssen die Kleinen etwa alle zwei Stunden Nahrung bekommen, danach vergrößert sich der Abstand pro Woche um etwa jeweils eine Stunde.

Verwenden Sie zur Flaschenernährung nur makellos saubere Utensilien. Reinigen Sie diese zunächst mit kaltem, dann mit heißem Wasser, um Klümpchenbildung des Milcheiweißes zu verhindern.

Nach der Mahlzeit massieren Sie das den Dammbereich der Welpen mit feuchter lauwarmer Watte oder Körpermilch (was die mütterliche Zunge simuliert), damit der Welpe Kot und Urin absetzen kann.

Ab der dritten Woche können die Welpen aus dem Schälchen trinken lernen.

Welpen großwüchsiger Rassen. Bei großwüchsigen Rassen können viele Probleme auftreten, die alle zu Mangelerscheinungen führen können: relativ geringes Geburtsgewicht (1 % des Gewichts der Mutter), große Wachstumsschübe über einen langen Zeitraum, relativ gesehen kurze Säugezeit, die vor dem größten Entwicklungsschub beendet ist. Eine genaue Dosierung des Futters bei Welpen großwüchsiger Rassen ist daher unabdingbar.

Ernährung des Welpen

Sie können zwischen selbst hergestelltem Futter und Alleinfuttermitteln wählen. Am wichtigsten ist dabei, dass alle Bedürfnisse des Welpen während seiner Entwicklung weder über- noch untererfüllt werden und dass bestimmte Fütterungsintervalle eingehalten werden.

Industrielles Fertigfutter hat im Hinblick auf selbst hergestelltes Futter folgenden Vorteil: Es ist das Ergebnis äußerst genauer an unterschiedlichen Hunderassen durchgeführten Studien einschließlich solcher Rassen, an denen in den letzten Jahrzehnten eine problematische Knochenentwicklung festgestellt wurde. Sie werden zweifellos das für Ihren Welpen am besten geeignete Futter im Zoofachhandel finden. Außerdem ist es nicht ganz einfach, dem Welpen eine selbst hergestellte Mahlzeit zu geben, die alle Nährstoffe – ungefähr 60 an der Zahl – in der richtigen Menge enthält.

Schließlich muss man noch wissen, dass die Preisunterschiede bei den einzelnen Marken auf Qualitätsunterschiede der Zutaten hinweisen. Besonders Proteine, ein wesentlicher Nährstoff, sind teuer, wenn sie qualitativ hochwertig sind. Ein Futter mit hoher Energiedichte (Kaloriengehalt pro 100 g Futter) kostet auch mehr. Achten Sie daher gut auf die genaue Zusammensetzung des Futtermittels.

Was Sie wissen müssen

Bei der Ernährung muss berücksichtigt werden:

- die Rasse des Welpen und seine Wachstumskurve
- seine Verdauungsfähigkeit des Futters. Eine in ihrer Zusammensetzung vollkommen ausgewogene Ernährung kann manchmal durch eine Unverträglichkeit zunichte gemacht werden.

Der Energiegehalt des Futters sollte der Endgröße des Welpen angepasst sein. Fragen Sie dazu den Tierarzt oder Züchter. Ein junger Hund ist viel anfälliger für einen Eiweißmangel als ein erwachsener Hund. Ein solcher Eiweißmangel kann zu verzögertem Skelettwachstum, bleibenden Veränderungen des Körperbaus, Blutarmut, Rückgang der Bluteiweiße sowie zu ungenügender Antikörperbildung führen, was wiederum eine höhere Infektanfälligkeit zur Folge hat.

Beispiele einer Tagesration

Welpe einer kleinwüchsigen Rasse (10 kg Körpergewicht)			
Alter (in Monaten)	**Gewicht** (in kg)	**Selbst hergestelltes Futter** (in g)	**Trockenfutter** (in g)
2	2,5	350	110
4	5,5	600	140
10	8,9	650	185

Welpe einer mittelgroßen Rasse (20 kg Körpergewicht)			
Alter (in Monaten)	**Gewicht** (in kg)	**Selbst hergestelltes Futter** (in g)	**Trockenfutter** (in g)
2	4,4	500	165
4	10,4	850	265
10	17,4	1000	315

Welpe einer großwüchsigen Rasse (40 kg Körpergewicht)			
Alter (in Monaten)	**Gewicht** (in kg)	**Selbst hergestelltes Futter** (in g)	**Trockenfutter** (in g)
2	7,7	700	270
4	18,6	1200	300
10	31,2	1800	515

HUND IM GLÜCK
Welpen lieben Büffelhautknochen!

Die Zufuhr von Kalzium und Phosphor muss genau kontrolliert werden, um schwere Knochenerkrankungen zu vermeiden (z. B. Osteofibrose, eine Nichtverknöcherung des Skeletts). Diese Krankheit tritt typischer bei Welpen auf, die ausschließlich mit Fleisch oder selbst hergestelltem Futter ohne Mineralstoffzusätze ernährt werden.

Ein Welpe darf nicht zu viel und nicht zu wenig fressen (siehe Tabelle oben). Dennoch darf man einen Welpen nicht unter dem Vorwand mästen, ihm eine Freude zu bereiten, denn dann wird er zu dick und zu schwer für sein Alter und als erwachsener Hund schnell fettleibig.

Auswahl und Häufigkeit der Mahlzeiten

Alleinfuttermittel, z. B. Trockenfutter, die an das Alter und die Endgröße des Welpen angepasst sind, haben sich in der Praxis bewährt. Damit kann die tägliche Ration besser dosiert werden. Dieser Gesichtspunkt spielt besonders bei großwüchsigen Rassen eine Rolle, z. B. zur Vermeidung von Hüftgelenksdysplasie beim Deutschen Schäferhund, Rottweiler oder Labrador Retriever.

Die meisten Futtermittelhersteller bieten auch Futtermittel für Zwerg-, Klein-, Mittel-, Groß- und Riesenrassen und manche auch nur für bestimmte Rassen an. Alleinfutter gibt es z. B. als Trockenfutter in Form von Kroketten oder als Feuchtfutter in Dosen oder Beuteln. Zusätzliche Vitamin- oder Mineralienzugaben sind in der Regel unnötig und eher schädlich.

Bis zum sechsten Lebensmonat muss die tägliche Nahrungsmenge auf drei oder auch vier Mahlzeiten aufgeteilt werden, sofern der Welpe sehr jung erworben wurde. Danach können Sie zu zwei Mahlzeiten pro Tag übergehen. Dieser Rhythmus wird inzwischen auch für erwachsene, vor allem großwüchsige, Hunde empfohlen.

Die Angaben der Tabellen oben sind nur Richtwerte und können je nach Welpen, seinem individuellen Ernährungsbedarf und dem Futtermittel variieren.

Stellen Sie Ihren Welpen mit dem Zahnwechsel langsam auf ein Futter für erwachsene Hunde um.

Ein Welpe

Welpen erziehen

Ziel der Erziehung ist es, den Hund harmonisch in seine Familie und sein Umfeld einzufügen. Voraussetzung dafür ist die Sozialisation des Welpen, damit er lernt, angemessen und offen mit Menschen, Tieren und verschiedenen Umwelteinflüssen umzugehen. Ihre Aufgabe ist es, auf dieser Basis mit dem Welpen hundgerecht weiterzuarbeiten.

Zwei Grundprinzipien

Damit ein Hund ein ihm erteiltes Kommando (ein Signal) ausführt, muss sich der Mensch seinem Hund verständlich machen können und ihm zeigen, was er von ihm erwartet. Dank des heutigen Wissens von der Art und Weise, wie der Hund lernt, hat die Erziehung große Fortschritte erzielt.

Lieber belohnen als strafen. Heutige Erziehungsmethoden zeigen, wie wichtig Belohnungen für ein schnelles und nachhaltiges Lernen sind. Die Korrektur unerwünschten Verhaltens gibt dem Welpen einen Handlungsrahmen vor. Wichtig ist, so oft wie möglich zu belohnen und so selten wie nötig zu korrigieren. Bei einer Korrektur sollte dem Welpen möglichst oft eine erlaubte Handlungsalternative angeboten werden.

Die Rangordnung. Hundeerziehung beruht auf der Einhaltung einer Rangordnung. Diese regelt das Leben innerhalb des Rudels, sorgt für stabile Beziehungen der Tiere untereinander und trägt zur Konfliktvermeidung bei. Infolgedessen muss der Welpe eine klar definierte Position innerhalb der Rangordnung seiner neuen Familie einnehmen können. Die Nichteinhaltung der Rangordnung überfordert den Hund und kann zu aggressivem Verhalten führen. Eine Rangordnung schließt keineswegs eine enge und gesellige Beziehung zum Welpen aus – im Gegenteil.

Untereinander verständigen

Die Erziehung des Welpen beruht auf Kommunikation, d. h. dem Austausch von Signalen. Während das Hauptkommunikationsmittel des Menschen die Sprache ist, verständigen Hunde sich hauptsächlich über Körpersprache (Ausdrucksverhalten) und Körpergerüche. Daher muss der Welpe lernen, den von seinem Menschen gebrauchten Worten eine Bedeutung beizumessen.

Nun merkt sich ein Hund lediglich die beiden letzten Silben eines an ihn gerichteten Wortes: wird er mit einem Wortschwall überschüttet, stört dies das Signal und erschwert den Lernvorgang.

Erteilt der Hundehalter dem Welpen ein Kommando, so nimmt dieser es nicht nur über die Betonung, sondern auch über die Gesten, die Körperhaltung und die dabei gezeigte Mimik wahr. Damit die Botschaft eindeutig ankommt, dürfen sich die genannten Signale nicht widersprechen.

Darüber hinaus müssen Sie den jeweiligen Gemütszustand seines Welpen erkennen lernen, z. B. die tief zwischen den Hinterläufen getragene Rute, die Kruppe abfallend und die Ohren angelegt, als Zeichen von Angst oder Unterwerfung. Dann sollten Sie die Übung, die der Welpe gerade ausführen soll, unterbrechen und zum Spiel übergehen.

Kommandos

Wird ein bereits erlerntes und gefestigtes Kommando gegeben, sollte der Welpe es auch ausführen. Auf die erfolgreiche Ausführung muss sofort die überschwängliche Belohnung folgen. Ein Welpe lernt sehr schnell, nicht zu gehorchen und wird dann „eigensinnig"! Andererseits sollte man einen Welpen auch nicht überfordern. Verlangen Sie von ihm nur das, was er auch tatsächlich kann. Treten Sie bestimmt, aber liebenswürdig auf. Beenden Sie eine Übung immer mit einem Spiel oder lassen Sie den Welpen sich richtig abreagieren.

Kommandos kann man dem Welpen auf zwei Arten beibringen. Die erste, „natürliche", Methode besteht darin, das Kommando mit einem vom Welpen spontan gezeigten Verhalten zu verknüpfen. Wenn er beispielsweise auf Sie zukommt, verknüpfen Sie mit diesem Verhalten das Kommando „Hier!", indem Sie es öfter wiederholen und damit den Welpen ermutigen. Bei der zweiten Methode geben Sie ein Kommando und bringen dem Welpen bei, es auszuführen, indem Sie ihn unterstützen.

Belohnungen

Die Belohnung ist für den Hund ein starker Anreiz: eine Liebkosung am Kinn, an der Brust oder seitlich am Körper, einige aufmunternde Worte, ein Leckerli oder auch ein Spiel. Damit wird bezweckt, dass der Welpe ein erwünschtes Verhalten in einer gleichartigen Situation wiederholt. Ein Verhalten, das Sie verstärken wollen, muss sofort belohnt werden. Aber Achtung: manchmal genügt eine Verzögerung von nur einem Sekundenbruchteil, dass der Welpe die Belohnung mit einem anderen Verhalten verknüpft, das auf das zu verstärkende Verhalten folgt.

•••

KLARE SACHE
Schon früh zeigen sich in Rollenspielen Elemente der Unterwerfung und des Dominanzverhaltens.

KOMMEN AUF RUF
„Hier“ ist das wichtigste Kommando in der Hundeerziehung.

Erste Lernschritte

Ein harmonisches Zusammenleben zwischen Mensch und Hund erfordert einige Grundregeln.

Den Rahmen vorgeben. Sie geben den Rahmen vor, in dem der Welpe sich bewegen und entfalten kann. Dies bietet dem Welpen einen sicheren Raum für eigene Erfahrungen und dient seiner Sicherheit, denn er kann viele Gefahren nicht einschätzen. Das heißt nicht, den Welpen ständig zu kontrollieren und zu maßregeln, sondern dann einzugreifen und zu korrigieren, wann es notwendig ist. Diese Regel gilt vom ersten Tag an: Ab dem Einzug des Welpen müssen Sie für klare und nachvollziehbare Verhältnisse sorgen.

Keine Ausnahmen. Welpen lernen sehr schnell – auch das, was sie nicht lernen sollen. Ausnahmen sorgen nur für Verwirrung beim Hundekind und es weiß bald nicht mehr, was tatsächlich von ihm erwartet wird.

Korrektur

Bei einer Korrektur handelt es sich um eine negative Erfahrung für den Welpen, die in dem Moment angewandt wird, wo er ein unerwünschtes Verhalten zeigt. Ziel der Korrektur ist es, das unerwünschte Verhalten zu unterbrechen sowie die Verringerung der Wahrscheinlichkeit eines erneuten Auftretens in einer gleichartigen Situation. Es gibt verschiedene Möglichkeiten der Korrektur, die je nach Anlass und Persönlichkeit des Welpen sorgsam bedacht angewandt werden sollten: ignorieren, verbal korrigieren (ein barsch ausgesprochenes „Nein!“), körperliches korrigieren (z. B. bedrängen, anrempeln oder Schnauzgriff) oder das Einsetzen eines Reizunterbrechers. Damit eine Korrektur erfolgreich ist, muss sie angemessen sein und zu dem Zeitpunkt ausgeführt werden, in dem der Welpe das unerwünschte Verhalten zeigt. Die Korrektur muss beendet werden, wenn sie das gewünschte Verhalten zur Folge hat, der Welpe sich unterwürfig zeigt oder sogar Angst hat. Auf keinen Fall dürfen Sie nachtragend sein.

Interessant sein. Bieten Sie Ihrem Welpen einen Grund, sich für Sie, Ihr Handeln und Ihre Anweisungen zu interessieren. Zeigen Sie ihm, dass es mit Ihnen schön spielen kann und Sie ihm Schutz und Sicherheit bieten, wenn er diesen braucht. Dazu gehören souveränes und faires Verhalten genauso wie ausgelassene Spielmomente.

Die Beißhemmung. Wenn der Welpe bei Ihnen einzieht, hat er bereits begonnen, die Beißhemmung zu erlernen. Dieser wichtige Lernprozess muss gleich nach Ankunft in seinem neuen Zuhause fortgesetzt werden, ohne dass dabei die mütterlichen Regeln ungültig werden. Beißt der Welpe während des Spiels oder während seiner Streifzüge einmal zu, sagen Sie laut „Nein!“ und unterbrechen Sie Ihre Interaktion oder das Spiel mit ihm. Wenn das nicht fruchtet, können Sie den Fang des Welpen umfassen und gegen das Zahnfleisch drücken (Schnauzgriff) und das „Nein“ wiederholen. Diese Art der Korrektur ähnelt jener durch die Mutter. Sie wird jedoch nur selten erforderlich sein und muss immer maßvoll und angemessen angewandt werden.

Abrufen

Beginnen Sie die Welpenerziehung damit, dass Sie dem Welpen seinen Namen und das Kommando „Hier“ beibringen. Entfernen Sie sich ein Stück weit vom Welpen, ob zu Hause, im Garten oder während eines Waldspaziergangs, gehen Sie in die Hocke und klatschen in die Hände oder auf die Oberschenkel. Diese Körperhaltung versetzt den Welpen automatisch in ein Spielverhalten, so dass er zu Ihnen kommt. Ermuntern Sie ihn solange durch Worte und Gesten, bis er dem Kommando nachkommt, wiederholen Sie seinen Namen und das Kommando „Hier“. Diese Wörter, die zunächst keinen Sinn für den Welpen ergeben, werden schon bald bedeutungsvoll. Denken Sie immer daran, ihn jedes Mal überschwänglich zu loben, bevor Sie ihn spielen lassen.

Egal wie lange der Welpe braucht, um zu Ihnen zurückzukommen, belohnen Sie ihn. Wird er für verzögertes Zurückkommen zurechtgewiesen, ist man auf dem besten Wege, dass der Welpe Zurückkommen mit einer unangenehmen Situation in Verbindung bringt.

Das Zurückkommen verweigern. Programmieren Sie einen Fehlschlag nicht vor. Ist Ihr Welpe in ein tolles Spiel mit einem Artgenossen vertieft, lassen Sie das Abrufen bleiben, sonst zerstören Sie die erlernte Verknüpfung von Abrufsignal und Zurückkommen. Gehen Sie lieber festen Schrittes in die entgegengesetzte Richtung und rufen Sie dann Ihren Hund ab. Wenn der Welpe bemerkt, dass Sie sich von ihm entfernen, wird er Ihnen sicherlich bald nachgelaufen kommen. Sie können sich auch verstecken und den Welpen dann rufen.

Sie können das Heranrufen auch üben, wenn Ihr Welpe an einer zehn Meter langen dünnen Leine (Schleppleine) angebunden ist, damit er sich Ihnen nicht entziehen kann. Wichtig: Er sollte damit nicht angeleint sein, wenn er mit Artgenossen spielt, da ansonsten die Verletzungsgefahr zu groß ist.

Die ersten Spiele. Spielen Sie vom ersten Tag an mit Ihrem Welpen, möglichst in Körpernähe. Da festigt das Vertrauen und macht Sie für Ihren Hund interessant. Brechen Sie das Spiel ab, wenn der Welpe zu grob oder zu wild wird oder in der Aufregung zu fest beißt oder an Ihrem Bein aufreitet. Er wird schnell begreifen, dass der Spaß zu Ende ist, wenn er sich nicht an die Spielregeln hält.

Gehen Sie nicht immer auf die Spielaufforderung des Welpen ein, sondern beginnen Sie meistens das Spiel. Dadurch lernt der Welpe, dass er nicht immer über Ihre Aufmerksamkeit verfügen kann, wenn ihm danach ist.

Sozialisierung

Die Sozialisierung muss möglichst umfassend durchgeführt werden. Suchen Sie dazu den Kontakt mit vielen Menschen, auch mit unterschiedlichem Aussehen und Auftreten, z. B. Kindern aller Altersgruppen, Senioren, Männer mit Bärten oder Personen mit Regenschirmen. Eine überschwängliche Belohnung von Seiten der Person oder des Kindes garantiert den Erfolg solcher Kontakte.

Die Sozialisierung mit Artgenossen ist unabdingbar. Daher sollte der Welpe schon bald nach seinem Einzug eine Welpenschule besuchen (siehe Kasten Seite 252), wo er mit seinesgleichen verkehren kann.

Außerdem ist es wichtig, den Welpen an das Autofahren zu gewöhnen. Beginnen Sie mit kurzen Strecken, die Sie allmählich verlängern. Manchmal muss sich der Welpe erst mit dem stehenden Fahrzeug vertraut machen. Während der Fahrt ist der Welpe am besten in einer sicher befestigten und stabilen Transportbox untergebracht.

Schließlich und endlich ist es immer nützlich, dem Welpen ganz unterschiedliche Spielzeuge oder Gegenstände zum Spielen und Erkunden zur Verfügung zu stellen. Dabei sollten Sie darauf achten, dass das Spielzeug weder verletzen noch verschluckt werden kann.

Gewöhnung an die Stadt. Das kann etwas schwierig werden, vor allem, wenn der Welpe in ländlicher Umgebung groß wurde. Damit die Gewöhnung Erfolg hat, muss sich der Welpe an unterschiedliche Stadtteile zu unterschiedlichen Tageszeiten gewöhnen können und dies möglichst bis zur 16. Lebenswoche. Der Aufenthalt im Garten eines kleinen Häuschens, selbst mitten in der Stadt, genügt nicht. Wird der Welpe dem Stadtleben nicht ausgesetzt, kann er ängstlich werden, wenn er sich in dieser Umgebung aufhält. Gute Welpenschulen machen mit ihren Kursgruppen auch Ausflüge in die Stadt, wo die Hundehalter unter Anleitung des Trainers lernen, das Hundkind mit den verschiedensten Situationen vertraut zu machen.

Agility

Bei dieser Hundesportart steht die fehlerfreie Bewältigung eines Hindernisparcours durch den Hund unter Anleitung seines zweibeinigen Sportpartners im Vordergrund. Inzwischen gehört Agility zu den beliebtesten Sportarten für Mensch und Hund und es finden Kurse in vielen Vereinen und Hundeschulen und Wettkämpfe und Turniere auf lokaler, nationaler und internationaler Ebene statt. Agility beruht auf Spiel und der „unsichtbaren Leine“ zwischen Hund und Mensch, die von Anfang an gemeinsam trainieren. Die Geräte sind verschieden: Sacktunnel und fester Kunststofftunnel, Hürden, Wippe, Slalom, Laufsteg, Wand, Weitsprung, Tisch, auf dem der Hund die Grundkommandos ausführen muss und wo er kurze Zeit unbeweglich verharren muss, bevor er wieder abspringen darf. Für Kleinrassen gibt es „Mini“-Parcours.

DAS IST TABU!
Schlechte Gewohnheiten werden schnell angenommen und sollten unterbunden werden.

AGILITY-HINDERNIS Agility eignet sich hervorragend zur spielerischen Hundeerziehung und festigt die Beziehung zum Halter.

Welpen können zwar schon spielerisch erste Hindernisse wie Laufsteg, Tunnel und Wippe erforschen, dürfen aber weder viel noch hoch springen und keine Bewegungsabläufe ausführen, die Gelenke und Wirbelsäule stark belasten. Daher sollte mit dem richtigen Training erst nach Absprache mit dem Tierarzt mit ausgewachsenen Hunden begonnen werden, an Turnieren dürfen die Hunde ab dem Alter von 18 Monaten teilnehmen.

Für das Training von kompletten Parcours sollte der Hund mindestens 15 Monate alt sein.

„Sitz“ und „Platz“

Um das Kommando „Sitz“ zu üben, hat es sich bewährt, dem Hund ein Leckerchen über die Nase zu halten. Viele Hunde setzen sich dann von alleine hin. Dann sollten Sie „Sitz“ sagen und den Hund loben und belohnen. Achten Sie dabei auf den richtigen Zeitpunkt: Geben Sie das Kommando, das Lob und die Belohnung nur dann, wenn der Hund sitzt und nicht schon wieder dabei ist, aufzustehen, da er es ansonsten mit dem Aufstehen und nicht mit dem Sitzen verknüpft. Gewöhnen Sie sich bei jedem Kommando an, den Hund aus der Übung wieder zu entlassen, z. B. durch das Kommando „Lauf“.

Für das Kommando Platz führen Sie vor der Nase des sitzenden Welpen ein Leckerchen nach unten und über den Boden. Bei dem Versuch, dem Leckerchen zu folgen, legen sich viele Hunde hin. Sagen Sie „Platz“, wenn der Hund liegt und loben und belohnen Sie ihn dann.

Stubenreinheit

Mit der Erziehung zur Stubenreinheit sollten Sie schon beim Einzug des Welpen beginnen, auch wenn sicherlich noch das eine oder andere Missgeschick passieren wird.

Zeigen Sie ihm den Platz, wo er sich draußen lösen darf. Der Welpe muss in der Regel unmittelbar nach dem Fressen, nach dem Aufwachen, nach Spiel und Aufregung sein Geschäft erledigen. Geben Sie ihm zusätzlich auch noch zwischendurch die Gelegenheit, sich draußen zu lösen. Dazu führen oder tragen Sie ihn einfach nach draußen zu dem entsprechenden Löseplatz. Sie sollten den Welpen auch im Haus beobachten und ihn schnell zum vorgesehenen Ort führen, z. B. wenn er in der Wohnung intensiv am Boden schnüffelt oder unruhig wird.

Sobald der Welpe sein Geschäft erledigt hat, loben Sie ihn sofort überschwänglich. Versuchen Sie, mit ihm nicht gleich wieder ins Haus zu gehen, damit er das Lösen nicht mit dem Beenden des Spiels verknüpft.

Wenn Sie Ihren Welpen dabei überraschen, wie er sein Geschäft im Haus erledigt, klatschen Sie in die Hände – das bewirkt eine Unterbrechung beim Lösen. Tragen Sie den Welpen hinaus und wenn er dann sein Geschäft dort beendet, loben Sie ihn. Wenn Sie dagegen die Bescherung erst später bemerken, sagen Sie nichts und beseitigen Sie das Ganze, während der Welpe sich woanders befindet. Sie dürfen den Welpen niemals bestrafen, wenn ihm in der Wohnung ein Missgeschick passiert.

Welpenkurse

Jeder geimpfte und gesunde Welpe kann an einem Welpenkurs teilnehmen.

Sinn und Zweck von Welpenkursen ist es, dem Welpen den **richtigen Gehorsam** beizubringen, seine **Sozialisierung zu fördern** und ganz allgemein seine **Anpassungs- und Lernfähigkeit zu entwickeln.** Dabei wird mit Belohnung und nicht mit „Zwangs“-Methoden gearbeitet. An dem Kurs, der von ausgewiesenen Ausbildern abgehalten wird, kann die ganze Familie teilnehmen. Die Kurse sollten auch Ausflüge in die Stadt, in ländliche Bereiche und die Vorbereitung auf besondere Situationen, wie Tierarztbesuche, beinhalten.

Clickertraining

Diese zuerst beim Delfin erprobte, dann auf den Hund übertragene Lernmethode funktioniert mittels eines **akustischen Signals** (dem „Klick" mit dem Knackfrosch), das der Welpe zunächst mit einer Belohnung (Leckerchen) verknüpft. Später muss nicht mehr nach jedem Klick ein Leckerchen gegeben werden, sondern nur noch unregelmäßig, so halten Sie die Motivation des Hundes aufrecht – er weiß ja nie, wann ein Leckerchen folgt.

Was bezweckt diese Lernmethode? Der „Klick" signalisiert dem Hund, dass er etwas richtig gemacht hat oder sich auf dem richtigen Weg befindet, und zwar zeitgenau: Der Hund kann durch das Signal unmittelbar während einer Verhaltensabfolge belohnt werden und die Botschaft für den Hund wird dadurch wesentlich klarer.

Das Ziel ist es, dass der Hund sich immer meldet, wenn er sich lösen muss.

An der Leine gehen

Dieser Punkt bereitet vielen Hundehaltern große Schwierigkeiten. Konsequentes Training lohnt sich aber, denn ein leinenführiger Hund ist ein Garant für Ruhe und Sicherheit für Sie und Ihre Umgebung.

Leine und Halsband. Die Leine sollte 200 cm lang und in der Länge verstellbar sein. Das Halsband darf nicht zu schmal sein und zu eng sitzen. Als Faustregel gilt: Zwei Finger sollten zwischen Halsband und Hals des Hundes passen. Immer mehr Hundetrainer empfehlen die Verwendung eines Geschirrs. Dieses muss dem Welpen gut angepasst sein, es darf nicht eng sitzen und scheuern, aber auch nicht zu groß sein und den Welpen dadurch in seiner Bewegungsfreiheit einschränken.

Vorgehensweise. Die Leine sollte in der Hand der gegenüberliegenden Seite gehalten werden, auf der Sie den Hund führen. Motivieren Sie den Welpen durch aufmunternde Worte und Leckerchen vor seiner Nase, Ihnen zu folgen. Läuft er auf Ihrer Höhe, wird er gelobt. Versuchen Sie nicht, den Welpen durch ständiges Ziehen und Zerren zum Laufen zu bringen, denn dadurch werden die meisten nur bockig und arbeiten gar nicht mehr mit. Denken Sie immer daran, dass der Hund nicht schon leinenführig auf die Welt kommt und dass die Straße voll von guten Gerüchen ist, die er aufnehmen möchte. Damit er bei Fuß geht, müssen Sie für den Hund interessanter als alles andere sein, also kommunizieren Sie mit ihm.

Ein harmonischer Spaziergang. Vergewissern Sie sich, dass der Hund vor Beginn der Übungen entspannt ist. Sobald Sie – in schnellem Schritt – loslaufen, versuchen Sie, die Aufmerksamkeit des Hundes auf sich zu ziehen, indem Sie mit ihm sprechen. Sehr schnell wird der junge Hund an ihrem Oberschenkel vorbeilaufen wollen. Sichern Sie sich dann seiner Zuwendung durch Ansprache oder ein Leckerchen. Jetzt befindet sich der Hund auf gleicher Höhe wie Ihr Oberschenkel, also loben Sie ihn überschwänglich. Idealerweise hängt die Leine dabei locker durch. Ziehen Sie immer die Aufmerksamkeit des Hundes auf sich, besonders in heiklen Situationen, wie zum Beispiel bei einem Richtungswechsel, der Annäherung eines Passanten oder eines anderen Hundes.

Andere Passanten und Hunde Sobald Sie von weitem eine kritische Situation erkennen, vermeiden Sie es, die Leine anzuspannen, da diese Reaktion den Hund in Alarmbereitschaft versetzt. Halten Sie stattdessen die Leine locker, machen Sie ihn auf sich aufmerksam und versuchen Sie, ohne großes Aufsehen an den Passanten oder anderen Hunden vorbei zu gehen. Gelingt das nicht, können Sie den Hund auch mit dem Kommando „Sitz" absitzen lassen.

Sauberkeit auf der Straße. Nutzen Sie den Leinenspaziergang, indem Sie dem Hund Sauberkeit auf der Straße beibringen. Will sich der Hund lösen, wird er automatisch langsamer, er schnuppert und geht in die Hocke. Bleiben Sie ruhig und lassen Sie ihn an den Straßenrand oder in den Rinnstein gehen und loben Sie ihn mit der Stimme. Streicheln Sie ihn, sobald er sein Geschäft im Rinnstein gemacht hat. Setzt der Hund Kot ab, sollten Sie diesen mit einer speziellen Kottüte oder einfach einer Plastiktüte entfernen (siehe Seite 257).

Der Welpe wird älter

Wenn der Welpe in sein neues Zuhause kommt, entstehen Beziehungen zwischen ihm und den Familienmitgliedern. Ab dem Alter von vier Monaten gilt das Hundekind als Junghund. Er wird immer selbstständiger und versucht auch, Grenzen auszutesten. Setzen Sie diesem Verhalten liebevolle Konsequenz entgegen und machen Sie sich weiterhin für Ihren Hund interessant.

Schon nach kurzer Zeit des Einzugs des Welpen sollten Sie mit ihm das Alleinsein üben. Lassen Sie ihn von Anfang an ganz kurz allein im Zimmer und dehnen Sie diesen Zeitraum allmählich aus. Kommen und gehen Sie ganz selbstverständlich, ohne sich vorher beim ihm „abzumelden", beachten Sie ihn bei Ihrer Rückkehr nicht, wenn er sich dabei zu sehr aufregt. Streicheln Sie ihn erst, wenn er sich wieder beruhigt hat. Eine harmonische, stabile und gute Beziehung zum Hund ist wichtig und für die psychische Gesundheit des Welpen von Bedeutung. Zu große Abhängigkeit kann aber dazu führen, dass sich eine übermäßige Bindung entwickelt, so dass der Hund nicht allein sein kann (Trennungsangst, siehe Seite 319).

Der erwachsene Hund

Zusammenleben mit einem erwachsenen Hund

Das Zusammenleben mit einem Hund wirkt sich in vielfältiger Weise positiv auf die Kinder und Erwachsene aus. In unserer heutigen Zeit ist der Hund ein vollwertiges Familienmitglied und nimmt an den Unternehmungen seiner Menschen teil. Für ein harmonisches Miteinander ist es wichtig, dass Sie ihm ein angemessenes Lebensumfeld bieten und ihn bei seiner Anpassung unterstützen.

Aufnahme eines erwachsenen Hundes

Ein erwachsener Hund hat bereits eine gefestigte Persönlichkeit. Das macht seine Einschätzung leichter, kann aber auch zu Problemen führen. Dank der Anpassungsfähigkeit der Hunde lassen sich in der Regel auch erwachsene Tiere gut in ein neues Umfeld integrieren. Damit dies gelingt, sollten Sie auch die mehrwöchige Eingewöhnungszeit nutzen, um die für das Zusammenleben wichtigen Regeln aufzustellen. Legen Sie fest, was erlaubt ist und was nicht. Wenn Sie der Meinung sind, dass die Erziehung des Tieres unzureichend ist, sollten Sie am besten gemeinsam mit einem Hundetrainer an einer Korrektur arbeiten. Auch hier gilt: viel loben und belohnen und hundgerecht korrigieren.

Notwendige Ausgaben

Das Halsband muss der Größe des Hundes angepasst sein, darf nicht scheuern oder zu eng sitzen. Eine sinnvolle Alternative ist häufig das Geschirr, da es die Halswirbelsäule entlastet. Es ist vor allem angeraten bei Hunden mit Wirbelsäulen- oder Herzerkrankungen oder einer Überempfindlichkeit im Kehlkopfbereich.

Die Leine sollte angenehm in der Hand liegen und das Gewicht des Hundes halten können. Ideal sind verstellbare Leinen bis zwei Metern Länge.

Dem vielfältigen Angebot des Zoofachhandels sind nach oben keine Grenzen gesetzt und wenn Sie Freude an Luxusartikeln haben, können Sie diese auch für Ihren Hund erwerben. Dabei sollten Sie aber darauf achten, dass die Artikel hundgerecht sind und das Tier nicht einschränken. Ein Mantel ist z. B. nur bei Kälte oder Nässe für wenige Hunde notwendig, z. B. solche ohne Unterwolle, alte oder manche kranken Hunde. Bei warmen Temperaturen oder gar im geheizten Zimmer braucht kein Hund einen Mantel!

Die Utensilien für die Fellpflege, die bereits für den Welpen erworben wurden (siehe Seite 238) können bei Bedarf natürlich ergänzt werden.

Unterbringung des Hundes

Hunde brauchen Familienanschluss und sollten auf keinen Fall allein im Zwinger leben müssen. Gegen die kurzfristige Unterbringung des Hundes z. B. während eines Einkaufs in einer Außenanlage ist jedoch in der Regel nichts einzuwenden. In der Wohnung sollten Sie Ihrem Hund mehrere Ruheplätze anbieten, wo er sich tagsüber aufhalten kann. Dort können Sie dann Körbchen oder Hundekissen platzieren. Diese Liegeplätze sollten der Größe des Hundes angepasst sein und ihm ein bequemes Lager bieten.

MANCHE HUNDE SIND AUSBRECHER-KÖNIGE
Achten Sie darauf, dass Ihr Hund Ihr Grundstück nicht allein verlassen kann.

Ärger vorbeugen

Hunde sind vielfach Anlass zu Beschwerden. Bieten Sie einfach keinen Grund dafür, indem Sie sich rücksichtsvoll gegenüber ihrem Umfeld verhalten.

- Achten Sie darauf, dass Ihr Hund durch sein Bellen die Nachbarn nicht stört.
- Entsorgen Sie die Hinterlassenschaften Ihren Hundes.
- Verhindern Sie, dass er Jogger, Radfahrer etc. belästigt.
- Lassen Sie nicht zu, dass Ihr Hund Passanten anspringt.
- Reinigen Sie Ihrem Hund vor dem Betreten von fremden Wohnungen oder Hausfluren von Mietshäusern verschmutzte Pfoten.

Die beste Gewähr für ein reibungsloses Miteinander sind die gute Sozialisierung und Erziehung des Hundes sowie Ihre Aufmerksamkeit und vorausschauendes Handeln. Trotzdem sollten Sie für Ihren Hund eine Haftpflichtversicherung abschießen, denn auch ein wohl erzogener und freundlicher Hund kann einen hohen Schaden verursachen.

Antibell-Halsbänder

Antibell-Halsbänder bestehen aus einem kleinen Geräuschsensor mit einer mit **harmlosem Druckgas** gefüllten Spraydose, die beide unterhalb der Kehle des Hundes befestigt werden. Beim Bellen wird ein **Sprühstoß** (meistens mit Zitronengeruch) gegen die Schnauze des Hundes gelenkt, dessen Geruch der Hund nicht mag. Die Anwendung sollte immer nur gemeinsam mit einem guten Hundetrainer durchgeführt werden. Das zumeist sehr wirkungsvolle Halsband, wenn es darum geht, Gebell rasch abzustellen, funktioniert jedoch nicht bei allen Hunden und die Wirksamkeit lässt mit der Zeit häufig nach. Außerdem kann ein solches Halsband Anzeichen eines Angstzustandes unterdrücken (siehe S. 350) und diesen sogar verschlimmern, wie jede Art von Bestrafung. Seine Anwendung entbindet den Halter daher nicht von seiner Pflicht, die **Ursache der Angstsymptome** von einem auf Verhalten spezialisierten Tierarzt oder Hundetrainer behandeln zu lassen.

Hunde in der Stadt

Besonders in der Enge einer Stadt kommt es immer wieder zu Interessenkonflikten zwischen Nichthundehaltern und Hundehaltern.
Für ein harmonisches Miteinander müssen alle den öffentlichen Lebensraum gemeinsam nutzen können. Aus diesem Grund sollten auch Hundehalter sich an die entsprechenden Vorschriften halten.

Spaziergänge

Für Hundehalter in der Stadt ist es oft eine Herausforderung, Ihrem Vierbeiner den benötigten Auslauf zu ermöglichen. Ein durchschnittlicher Hund sollte etwa zwei Stunden täglich ausgeführt werden, verteilt auf mindestens drei Spaziergänge. Allerdings ist es nicht ausreichend, den Hund an der kurzen Leine durch die Blocks zu führen. Viel zu viele Hunde trotten angeleint den Bürgersteig entlang und erledigen ihr Geschäft bestenfalls im Rinnstein, im schlechtesten Fall egal wo. Der Hund muss aber herumspringen und rennen können. Bedauerlicherweise haben die Stadtplaner nicht immer daran gedacht, ausreichend Hundeauslaufflächen, öffentliche Parks oder Gärten anzulegen, die für Hunde erlaubt, leicht zugänglich sind und wo Hunden die für ihr seelisches Wohlbefinden notwendige Bewegung gestattet ist und vor allem der Freilauf. Dann muss der Hundehalter die Mühe und die zusätzlichen Kosten auf sich nehmen, den Hund ins Auto, den Bus oder die Straßenbahn zu packen und raus ins Grüne zu fahren.

Stadthunde integrieren

Die Hundefreundlichkeit von Kommunen und Bürgern ist sehr unterschiedlich und hängt häufig auch mit den für das Bundesland geltenden Hundeverordnungen zusammen. Manche Städte zeigen sich sehr vorbildlich in der Anlage von Hundeauslaufflächen und weiteren Angeboten für Hundehalter, andere verbannen diese an den Stadtrand, wo die Freiflächen nur mit großem Aufwand zu erreichen und für die Anzahl der Hunde viel zu klein sind. Immer wieder bilden sich dann Bürgerinitiativen aus Hundehaltern, die daran erinnern, wie wichtig Hunde für Menschen sind und dass auch Hunde Platz, Freilauf ohne Maulkorb und Leine brauchen, um sich sozialverträglich zu verhalten.

Mit Engagement können die Kommunen aber das Verhältnis von Nichthundehaltern und Hundehaltern verbessern und durch Aufklärungskampagnen für mehr Verständnis und ein besseres Miteinander werben. Ein gutes Beispiel sind Kommunen, die entlang der Hundespazierwege und in der Stadt Kotbeutelspender aufstellen und Hundetoiletten einrichten und die Hundehalter dadurch dazu ermuntern, mehr Rücksicht auf ihre Mitmenschen zu nehmen. Wer sind daran nicht hält, wird durch Verwarnungs- oder Bußgeld an seine Pflichten erinnert.

AN DER LEINE
In manchen Städten besteht generelle Leinenpflicht.

Sportliche Hundehalter

Es ist immer eine schöne Sache, wenn der Hund seinen Menschen bei sportlichen Aktivitäten begleitet. Sportliche Bewegung, spielerisch ausgeübt, hat neben der Verbesserung der Mensch-Hund-Beziehung eine positive Wirkung auf die Gesundheit des Hundes. Dabei muss die Anstrengung seinen körperlichen Fähigkeiten entsprechen und Dauer sowie Intensität nur allmählich gesteigert werden, um ein Unfallrisiko zu vermeiden. Besprechen Sie sich am besten mit Ihrem Tierarzt, bevor Sie gemeinsam mit Ihrem Hund Sport treiben.

Für die Sportart ist die Größe des Hundes von untergeordneter Bedeutung: wenn sie gut trainiert sind, können selbst die kleinen Yorkshire Terrier Erstaunliches vollbringen.

Transport in der Stadt

Ob der Hund in Bus, Straßenbahn in oder U-Bahn mitfahren darf und ob er dabei gegebenenfalls einen Maulkorb tragen muss, erfragen Sie am besten bei den zuständigen Verkehrsbetrieben. Auf jeden Fall muss der Hund sich ruhig verhalten und darf die anderen Fahrgäste nicht belästigen. Wenn Sie ein Taxi rufen, werden Sie immer einen Taxifahrer finden, der Hunde mitnimmt. Dennoch kann es vorteilhaft sein, vorab die Größe des Hundes durchzugeben.

Der erwachsene Hund

Pflege des Hundes

Den Hund zu pflegen bedeutet, seine Gesundheit zu erhalten. Gleichzeitig ist es eine gute Gelegenheit, seinen Gesundheitszustand zu überprüfen und Zeit mit ihm zu verbringen. Sind die ersten Pflegemaßnahmen angenehm verlaufen, können daraus Momente inniger Verbundenheit entstehen.

Hygiene beim Hund

Eine strikte Hygiene bei Ihrem Hund, besonders in der Stadt, ist ein Garant für seine Gesundheit und kann viele Probleme vermeiden (z. B. Entzündungen, Augen- oder Ohrenausfluss). Regelmäßige oder tägliche Pflege tragen zudem dazu bei, das Vertrauen des Hundes in seinen Halter zu verstärken.

Bürsten und Kämmen

Damit der Hund sein glänzendes Fell beibehält, muss es regelmäßig gepflegt werden. In der Stadt lebende Hunde verlieren ihr vom öligen Staub der Straße verschmutztes Haar und müssen häufiger gebürstet werden als ihre auf dem Land lebenden Artgenossen. Wöchentliches Bürsten reicht bei kurzhaarigen Hunden aus, langhaarige Hunde sollte man jedoch täglich bürsten. Bürsten Sie während des Fellwechsels ruhig mehrmals am Tag. Ein Fellwechsel findet jeweils im Frühjahr und Herbst statt.

Stellen Sie den Hund auf einen Tisch, so dass Sie praktisch arbeiten können. Verwenden Sie bei einem kurzhaarigen Hund eine Bürste harten Stiften mit Noppen am Ende und bürsten Sie den ganzen Körper mit dem Strich, vom Kopf bis zur Rute und vom Rücken zum Bauch, ohne die Läufe zu vergessen. Für die Fellpflege eines langhaarigen Hundes brauchen Sie mehr Utensilien: einen Entfilzungskamm, einen Striegel, einen Metallkamm und einen Entwirrungsstriegel. Bürsten Sie zunächst das Fell, um Staub und Schmutz zu entfernen. Entwirren Sie Knoten von Hand und schneiden Sie die schlimmsten Knoten mit der Schere ab. Gehen Sie zuerst mit dem Entfilzungskamm und dann mit dem Striegel über das Fell, um verfilztes Haar zu entfernen. Kämmen Sie abschließend das Fell.

Baden

Von Tierärzten bestehen keine Bedenken gegen das Baden des Hundes, sofern Sie gute Shampoos verwenden. Die Badehäufigkeit hängt wesentlich von den Gewohnheiten des Hundes und vom Verschmutzungsgrad ab.

Der Verwendung eines ungeeigneten bzw. für den Menschen bestimmten Shampoos kann beim Hund zur Austrocknung der Haut und zum Verlust der Fettschicht der Haut führen. Heutzutage gibt es spezielle Shampoos für Hunde zum Schutz und zur Erhaltung des biochemischen Gleichgewichts der Haut. Diese Shampoos sind rückfettend und enthalten besondere Wirkstoffe, die in den Tagen nach dem Bad aktiv werden.

Bei gesunder Haut können diese Shampoos bedenkenlos verwendet werden. Leidet Ihr Hund jedoch an einer Hauterkrankung, müssen Sie sich vor dem Baden mit dem Tierarzt besprechen.

So geht's. Damit das Haar nicht verfilzt, sollten Sie den Hund vor dem Bad gründlich kämmen und bürsten. Schützen Sie das Ohrinnere des Hundes mit Wattepfropfen. Legen Sie die Badewanne mit rutschfestem Material aus. Stellen Sie den Hund darauf und duschen Sie ihn mit lauwarmem Wasser ab, wobei Sie den Duschkopf dicht am Körper halten. Fangen Sie beim Kopf an und lassen Sie das Wasser gut in das Fell eindringen. Verteilen Sie anschließend etwas Shampoo auf dem Kopf, so dass es nicht in die Augen dringt, dann auf dem Körper und den Gliedmaßen. Massieren Sie das Shampoo leicht ein, so dass es schäumt, und spülen Sie es anschließend gründlich aus, wobei Sie mit der Hand die Augen des Hundes schützen. Wiederholen Sie diesen Vorgang und spülen Sie den Hund anschließend gründlich ab, bis sich kein Shampoo mehr im Fell befindet. Ziehen Sie den Duschvorhang vor und lassen Sie den Hund sich schütteln.

Trocknen Sie das Fell des Hundes mit Handtüchern immer mit dem Strich ab, damit sich keine Knoten bilden. Sie können das Fell auch mit einem Fön trocknen, während Sie es gleichzeitig von der Haarwurzel bis zur Haarspitze bürsten, wenn das Haar herabfallen soll, oder aber in umgekehrter Richtung, wenn das Haar abstehen soll. Vergessen Sie nicht, die Wattestöpsel aus den Ohren des Hundes zu nehmen.

•••

BADEVERGNÜGEN
Auch nach einem spontanen Bad muss das Fell des Hundes gepflegt werden.

Medizinische Shampoos

Manche Shampoos funktionieren nach dem „Mikrokapsel"-Prinzip, das heißt, die in den Mikrokapseln enthaltenen Wirkstoffe bleiben auf der Haut haften und lösen sich im Lauf mehrerer Tage auf. Dabei werden die verkapselten Wirkstoffe freigesetzt, die dann auf die Haut wirken können. Man unterteilt die Shampoos nach ihrer Wirkungsweise:

- **keratolytisch und keratoregulierend.** Sie wirken gegen übermäßige Schuppenbildung auf der Hautoberfläche.
- **talgregulierend.** Sie verringern die Talgproduktion.
- **antibakteriell.** Sie wirken gegen bakterielle Infektionen und werden manchmal begleitend zu einer Antibiotika-Behandlung eingesetzt.
- **antiparasitär.** Sie werden nur bei massivem äußerem Parasitenbefall (Flöhe) eingesetzt.
- **juckreizstillend.** Mit ihrer eingeschränkten Wirkung sind sie als ergänzende Maßnahme interessant, wenn andere Behandlungen erfolglos geblieben sind und wenn sich der Hund ständig kratzt.

Augenkontrolle

Begutachten Sie täglich, vor allem morgens, die Augen Ihres Hundes und entfernen Sie getrocknetes Sekret im Lidwinkel.

Ohrenkontrolle

Die Ohren müssen regelmäßig kontrolliert werden, vor allem Hängeohren, die anfälliger für Parasitenbefall und Entzündungen sind. Zupfen Sie Haare aus, die den Gehörgang behindern, besonders bei langhaarigen Hunden. Reinigen Sie die Ohrmuschel und die Öffnung des Gehörgangs, niemals jedoch den Gehörgang selbst. Nehmen Sie stattdessen hierfür geeignete Präparate: nachdem Sie die Flasche etwas erwärmt haben, träufeln Sie einige Tropfen des Präparats in den Gehörgang. Massieren Sie anschließend den Ohrenansatz. Durch Schütteln des Kopfes wirft der Hund die gelösten Sekrete aus. Reinigen Sie das Ohr danach mit trockener Watte. Wattestäbchen sind ungeeignet, da sie dabei das Ohrensekret in den Gehörgang drücken, wo sich dann ein Pfropfen bilden kann.

UNGEZIEFERSCHUTZ
Es gibt verschiedene Mittel zum Schutz vor äußeren Parasiten.

Nasenschwamm

Der Nasenschwamm braucht keine besondere Pflege. Risse und Verhornungen sollten Sie dem Tierarzt zeigen, da diese Krankheitssymptome sein können.

Zahnpflege

Auch der Hund bleibt nicht von Zahnstein verschont. Kontrollieren Sie die Zähne Ihres Hundes, denn Zahnstein begünstigt eine Zahnfleischentzündung und lockert die Zähne.

Putzen Sie Ihrem Hund regelmäßig die Zähne mit einer Hundezahnpasta, außen wie innen – was nicht immer ganz einfach ist. Bilden sich trotz Ihrer Zahnpflege Zahnbelag und Zahnstein, lassen Sie den Zahnstein vom Tierarzt entfernen. Die Zahnsteinentfernung beim Hund erfolgt nach dem gleichen Prinzip wie in der Humanmedizin und ist ohne Risiko für das Gebiss des Hundes. Durch gute Zahnpflege können Sie jedoch die Häufigkeit dieses Eingriffs reduzieren.

Krallen

Hunde, die hauptsächlich auf Wiesen und Feldwegen spazieren gehen, nutzen ihre Krallen nicht immer ausreichend ab, so dass sie geschnitten werden müssen. Krallenschneiden ist eine heikle Angelegenheit und sollte mit einer speziellen Krallenzange vorgenommen werden. Eine solche Zange schneidet die Kralle richtig ab, anstatt sie abzuquetschen, was für den Hund sehr unangenehm ist. Man darf nicht in das rosa gefärbte Leben (die Blutader) der Kralle schneiden, das bei hellen Krallen gut zu sehen ist. Bei schwarzen Krallen kann man als Anhaltspunkt zum Schneiden die Stelle nehmen, wo obere (sichelförmige) Krallenseite und untere (gerade) Krallenseite zusammenstoßen und weiterwachsen. Schneiden Sie besser vorsichtig und wenig statt zu viel ab. Wenn Sie unsicher sind, wird der Tierarzt das Kürzen der Krallen übernehmen oder es Ihnen zeigen.

Pfoten

Kontrollieren Sie die Pfotenballen und kürzen Sie das Haar zwischen den Zehen auf eine einheitliche Länge, damit sich keine Verfilzungen bilden können. Kontrollieren Sie regelmäßig, dass der Hund keine kleinen Steinchen, Dornen oder Grannen zwischen den Zehen hat, die zur Abszessbildung führen können.

Analdrüsen

Die beidseitig des Afters befindlichen Analdrüsen sind manchmal übermäßig gefüllt. Dann kann man das typische „Schlittenfahren" des Hundes beobachten: Er rutscht mit dem Po über den Boden. Stellen Sie den Hund dem Tierarzt vor, damit dieser die Afterdrüsen entleert. Wenn Sie das in Zukunft selbst übernehmen möchten, zeigt der Tierarzt Ihnen, wie das geht.

Geschlechtsorgane

Beim Rüden ist häufig ein gelblich-grünlicher Ausfluss festzustellen, den der Hund ableckt. Dieser Ausfluss ist das Ergebnis von Absonderungen verschiedener Drüsen des Genitaltrakts und ist nicht krankhaft. Bei starkem Ausfluss sollten Sie den Hund dem Tierarzt vorstellen um zu prüfen, ob eine Erkrankung vorliegt.

Bei der Hündin ist mit Ausnahme des Ausflusses während der Läufigkeit jeglicher Scheidenausfluss krankhaft und muss tierärztlich untersuch werden. Dagegen ist ein Ausfluss bei noch nicht geschlechtsreifen Hündinnen unbedenklich und verschwindet spontan mit der ersten Läufigkeit.

Jagd auf Ungeziefer

Ein Hundeleben verläuft selten ohne Parasitenbefall: Flöhe, Zecken und anderes Getier machen dem Hund das Leben schwer. Zu ihrer Bekämpfung gibt es verschiedene Präparate, die wirksamsten bekommen Sie bei Ihrem Tierarzt. Dieser wird Sie auch beraten, welches Mittel für Ihren Hund am besten geeignet ist.

Antiparasiten-Shampoo. Es wird während des Badens angewendet. Es sollte bei massivem Befall zusammen mit einem Spot-On-Präparat verwendet werden.

Spot-On-Präparate. Dies sind die derzeit wirksamsten Präparate gegen Parasitenbefall. Der auf die Haut aufgetragene Wirkstoff hält mehrere Wochen lang an. Studien haben gezeigt, dass die Verteilung des Wirkstoffs auf die Haut beschränkt bleibt. Achtung beim Baden des Hundes: das Spot-On-Präparat sollte mindestens zwei Tage vor oder frühestens zwei Tage nach dem Baden aufgetragen werden.

Flohspray. Insektenspray wird von Hunden wegen des Sprühgeräuschs als unangenehm empfunden. Außerdem ist seine Wirkung relativ schwach.

Flohpulver. Insektenpulver ist nicht besonders praktisch, weil es tief in das Haarkleid eindringen muss. Achten Sie beim Auftragen darauf, dass sich Ihr Hund nicht ableckt. Bürsten Sie anschließend ausgiebig sein Fell. Insektenpulver ist lediglich für ganz junge Welpen interessant, bei denen die Anwendung von Spot-On-Präparaten nicht angeraten ist.

Flohhalsband. Es wirkt gegen Flöhe oder auch gegen Flöhe und Zecken, gibt den Wirkstoff eventuell aber auch an die Umgebung ab. Es muss in regelmäßigen Abständen ausgewechselt werden.

Tabletten. Sie verhindern das Schlüpfen der Flohlarven und tragen zur Flohbehandlung der Umgebung bei.

Desinfizierung des Hundekorbs. Bei einem Befall mit Parasiten sollten Sie den Hundekorb und die Stellen, an denen der Hund sich gerne aufhält, behandeln. Denn diese Orte sind dann z. B. mit Floheiern verseucht, so dass eine Neuansteckung des Hundes begünstigt wird.

HUNDGERECHTES STYLING
Pflege ist wichtig, aber bitte nicht übertreiben wie bei diesem Yorkshire Terrier.

Antiparasitika zur Umgebungsbehandlung. Sie sind aus den eben genannten Gründen bei einem zu empfehlen. Die entsprechenden Mittel zur Umgebungsbehandlung sind bei Ihrem Tierarzt erhältlich.

Hund beim Frisör

Häufig ist es einfacher und sicherer, Ihren Hund einem Fachmann zum Scheren zu überlassen, als dies selbst zu übernehmen. Die früher gelockten oder rauhaarigen Rassen vorbehaltene Kunst des Scherens wird heutzutage an allen Hunden praktiziert, an Rassehunden ebenso wie an Promenadenmischungen, auch wenn nur wenige Hundehalter davon Gebrauch machen.

Professionelle Schur

Professionelle Hundesalons verfügen über geeignete und moderne Geräte: einen speziellen Tisch, Effilierscheren in allen Größen zum Schneiden oder Ausdünnen, Schermaschinen mit unterschiedlichen Scherköpfen, harte und weiche Bürsten (Seidenborsten, Wildschweinborsten, usw.), Lederhandschuhe, Striegel, Kämme und Föne. Manche Salons verwenden eine Badewanne mit Seiteneinstieg, damit sie das Tier nicht hochheben müssen.

Bei der Schur werden verschiedene Techniken angewandt: das Scheren, das Trimmen, d. h. das Auszupfen von abgestorbenem Haar von Hand oder mit einem stumpfen Trimmmesser, und schließlich das Modellieren des Haarkleids mit Effiliermesser und Kamm, um die körperlichen Vorzüge des Hundes herauszustellen. Trimmen ist nur bei Rauhaarrassen wie Terriern, Schnauzern und Rauhaardackeln sinnvoll. In der Regel werden die Hunde vor der Schur gebadet.

Pflegeprodukte

Das Angebot an Shampoos, Lotionen und Cremes für Hunde ist schier unerschöpflich ein Dutzend Shampoos für alle Haararten und Fellfarben, Pflanzenöle für den

Eine Schur nach Rassestandard

Die bei Ausstellungshunden unverzichtbare Schur empfiehlt sich, wenn der Hund dem Rassestandard entsprechen soll. Diese Kriterien haben sich im Laufe der Jahre verändert. Die Löwenschur beim Pudel verschwindet zu Gunsten der Modernen Schur, die wesentlich harmonischer und zeitgemäßer ausfällt. Professionelle Hundescherer berücksichtigen das Erscheinungsbild des Hundes, um es noch vorteilhafter zu unterstreichen.

Ein Pudel muss alle zwei Monate geschoren werden. Rauhaarrassen wie Fox Terrier, Schnauzer usw. müssen alle drei Monate geschoren bzw. getrimmt werden. Wer dies als Halter selbst übernehmen möchte, findet in der Regel über die Rassezuchtvereine Kontakt zu Fachleuten, die spezielle Scher- und Trimmseminare anbieten.

Fellglanz, Antifilz-Präparate oder Volumen-Lotionen für Hunde, speziell auf die Haarstruktur abgestimmte Après-Shampoos, Festiger und selbst Eau de Toilette. Diese teilweise fantasievollen Produkte sind in Hundefriseursalons, im Fachhandel, den Tierabteilungen der Kaufhäuser und selbst in Apotheken erhältlich – sind im Alltag aber selten notwendig.

Kleine Wehwehchen

Im Laufe eines Hundelebens kommt es immer wieder zu kleineren Verletzungen (z. B. Insektenstiche oder kleine Wunden), die Sie mit wenigen Handgriffen einfach behandeln können. Ihr Hund ist von Ihnen abhängig. Daher liegt es an Ihnen, diese Handgriffe zu lernen, mit denen seine Schmerzen gelindert und die meisten seiner Probleme gelöst werden können.

Hunde tragen

Einen kleinen Hund kann man leicht hochheben, indem man eine Hand unter seinen Brustkorb schiebt und mit der anderen das Hinterteil stützt. Ein großer Hund wird hochgehoben, indem man mit beiden Armen jeweils die Vorder- und die Hinterläufe umfasst.

Harmlose Wunden

Ist die Wunde schmutzig (Erde, Pflanzenreste, usw.), sollten Sie sie mit sauberem Wasser spülen und die Wundumgebung anschließend mit einer antiseptischen Lösung desinfizieren. Decken Sie die Wunde wenn notwenig mit steriler Gaze und einem nicht zu fest sitzenden Verband ab, der täglich erneuert werden sollte. Wichtig: Verbände an den Pfoten sollten Sie ohne fundierte Vorkenntnisse nur vom Tierarzt anlegen lassen.

Verschluckte Fremdkörper

Versuchen Sie, den locker im Rachen liegenden Gegenstand mit einer Pinzette herauszuziehen. Ist das nicht möglich, müssen Sie den Hund zum Tierarzt bringen. Versuchen Sie nicht, Erbrechen bei Ihrem Hund herbeizuführen, dies kann oft mehr schaden als nutzen. Hat der Hund etwas Giftiges gefressen, ist das ein Notfall: schnell zum Tierarzt.

Ballenentzündung

Hat Ihr Hund weite Strecken auf hartem Boden zurückgelegt, kann dies zu einer starken Ballenentzündung führen. Baden Sie seine Gliedmaßen in lauwarmem Wasser und trocknen Sie sie behutsam ab. Tragen Sie eine Cortisonsalbe auf und schränken Sie die Bewegungsfreiheit des Tieres 48 Stunden lang ein. Bessert sich der Ballen in dieser Zeit nicht, müssen Sie mit dem Tier zum Tierarzt. Vorbeugend können Sie die Ballen mit spezieller Creme pflegen.

DEN HUND HOCHHEBEN Stützen Sie Ihren Hund beim Hochheben immer gut ab.

Insektenstiche

Versuchen Sie, den Stachel vorsichtig mit einer Pinzette zu entfernen und legen Sie etwas Eis auf, um dem Tier Linderung zu verschaffen. Wurde der Hund in den Fang gestochen und bildet sich ein Ödem, verabreichen Sie kein Medikament, sondern bringen Sie das Tier unverzüglich zum Tierarzt. Wird der Hund nicht behandelt, kann er an Atemstillstand sterben.

Fremdkörper im Auge

Suchen Sie unverzüglich den Tierarzt auf und informieren Sie ihn am besten vorher telefonisch. Achten Sie beim Transport des Hundes darauf, dass das Auge keiner Zugluft ausgesetzt ist und vermeiden Sie Berührungen des Auges.

Erfrorene Gliedmaßen

Frottieren Sie die Gliedmaßen energisch mit einem Handtuch, um sie wieder zu erwärmen und legen Sie einen nicht zu festen Verband an. Bringen Sie den Hund anschließend schnell zum Tierarzt.

Einen Maulkorb anlegen

Für einen improvisierten Maulkorb nehmen Sie einen langen Stoffstreifen, führen diesen um das Maul herum, verknoten ihn oben, wickeln ihn nochmals herum und verknoten ihn unten und befestigen die beiden Enden hinter den Ohren. Diese Vorgehensweise ist sehr wirksam und beeinträchtigt die Atmung des Hundes nicht. Legen Sie keinen Maulkorb um, wenn der Hund erbrechen muss.

Einen Verband anlegen

Es ist nicht immer leicht, die Wunden zu schützen, denn viele Hunde stören sich daran. In der Veterinär- wie in der Humanmedizin lässt man inzwischen Wunden vorzugsweise an der Luft heilen, da die Narbenbildung besser und schneller vonstatten geht. Entgegen einer leider weit verbreiteten Auffassung trägt der Hund nicht zur Narbenbildung bei, wenn er sich leckt, sondern dies verzögert und verunreinigt die Wunde.

Vor dem Anlegen eines Verbandes muss die Wunde gesäubert und mit steriler Gaze abgedeckt werden. Ein Verband darf niemals zu eng oder zu dick angelegt werden. Moderne atmungsaktive Verbände dürfen nicht durch zusätzliche Verbandlagen abgedeckt werden. Der Verband muss nach Absprache mit dem Tierarzt erneuert werden und darf nicht zu sehr am Fell kleben, da sonst beim Abnehmen des Verbandes Haare ausgerissen werden und die Haut dadurch gereizt wird – am besten schneiden Sie festgeklebtes Haar einfach ab. Verbände an der Pfote sollte immer der Tierarzt anlegen.

Verband am unteren Teil eines Laufs. Führen Sie den Verband gleichmäßig, vorzugsweise in Form einer Acht, um die Gliedmaße herum. Fixieren Sie ihn mit Heftpflaster, das mit beiden Enden weit über das Fell hinausreicht.

Verband am oberen Teil eines Vorderlaufs. Zur besseren Fixierung führen Sie den Verband in Form einer Acht um den Brustkorb herum.

Verband am oberen Teil eines Hinterlaufs. Führen Sie den Verband über die Hüfte in Form einer Acht, um den Penis beim Rüden nicht einzuklemmen.

Verband am Körper. Führen Sie den Verband um den Körper herum und fixieren Sie ihn mit einem breiten elastischen Band, das ihn an Ort und Stelle hält. Sie können ihn auch beidseits mit Heftpflaster fixieren, das weit über das Fell hinausreicht und ihn mit einem Strickschlauch abdecken, der Aussparungen für die Gliedmaßen hat.

Verband auf Gesäugehöhe. Schneiden Sie für die Hinterläufe Löcher in den Strickschlauch.

Verband am Kopf. Legen Sie den Verband in Form einer Acht und um die Ohren herum an, so dass der Hund ihn nicht abstreifen kann.

Halskragen

Damit der Hund sich nicht die Wunde leckt oder sich am Kopf kratzt, kann man ihm einen Halskragen in Form eines stumpfen Kegels aus Pappe zurechtbasteln. Besser sind jedoch im Handel erhältliche transparente Halskragen, die die Sicht des Tieres nicht einschränken. Mit dieser Lösung brauchen Sie keinen Verband anzulegen.

Die Hausapotheke

- Desinfektionslösung
- Wundsalbe
- Antibiotische Salbe
- Kohletabletten für Hunde
- Entwurmungsmittel
- Präparat gegen Reisekrankheit und Beruhigungsmittel für Reisen
- Ohrenreiniger
- Ballensalbe zur Pfotenpflege
- Digitales Thermometer
- Watte, sterile Kompressen, normaler und elastischer Verband, Heftpflaster, Tupfer
- Pinzette zum Entfernen von Dornen
- Rundschere
- Zeckenzange

erwachsene Hund

Ernährung des Hundes

Ein erwachsener Hund muss anders ernährt werden als ein Welpe. Der Verdauungsapparat des Hundes und sein ganzer Organismus sind für eine Ernährung ausgelegt, die hauptsächlich aus Fleisch besteht. Dabei müssen Sie sowohl Rasse, Größe, Alter, Bewegungsintensität und Körpergewicht Ihres Hundes sowie eventuell vorhandene Nahrungsmittelunverträglichkeiten, Allergien oder Erkrankungen berücksichtigen.

Verdauung der Nahrung

Verdauung besteht in der Zerlegung der Nahrung in ihre Bausteine – die Nährstoffe, die vom Körper für sein Wachstum, seine Erhaltung oder seinen Energieverbrauch verwendet werden. Zunächst wird die Nahrung mit den Zähnen grob zerkleinert. Für die Zerlegung der Nahrung in ihre Bestandteile hat der Speichel keine Bedeutung. Die Nahrung wird dann im Verdauungstrakt aufgespalten und die Nährstoffe durch die Darmwand aufgenommen. Anschließend werden die Nährstoffe über das Blut an die lebenswichtigen Organe transportiert.

Hunde fressen nicht ausschließlich Fleisch und verfügen über einen einfachen Verdauungstrakt mit einem Magen und einem relativ kurzen Darm. Der Zeitraum zwischen der Nahrungsaufnahme und der Ausscheidung beträgt in der Regel rund 10 Stunden. Während dieser Zeit werden die Nährstoffe durch physikalische Prozesse (Kauen, Magenbewegungen) oder chemische Prozesse (Magensäfte, Galle) zerlegt, wobei die unverdaulichen Bestandteile über den Kot ausgeschieden werden.

Die Verdaulichkeit kann definiert werden als die „scheinbar genutzte" Futtermenge, also die Menge, die nicht als Kot ausgeschieden wird. Die tägliche Ausscheidungsmenge gibt mehr oder weniger Aufschluss über die gute – oder weniger gute – Verdaulichkeit des Futters. Je weniger Kot der Hund ausscheidet, desto höher ist die Verdaulichkeit seiner Nahrung, allerdings spielen weitere Faktoren auch eine Rolle.

Bedeutung der Nährstoffe

Ein Futtermittel besteht aus vielen Nährstoffen mit unterschiedlichen Auswirkungen auf Stoffwechsel und Verdauung. Die Nährstoffe müssen in der täglichen Ration des Hundes im richtigen Verhältnis zueinander stehen, damit die Gesundheit des Hundes gewährleistet ist. Der Hund muss täglich die notwendige Kalorienmenge – und zwar ausreichend – aufnehmen, aber ebenso Mineralstoffe und Vitamine. Die richtige Futtermenge bemisst sich aus der Zusammensetzung der Nahrungsbestandteile.

Futter – ein Energielieferant. In erster Linie ist Futter ein Energielieferant. Dafür sind gleich drei Nährstoffe zuständig: Fette, Kohlehydrate und Proteine (Eiweiße).

Die Fette tierischer oder pflanzlicher Herkunft werden von Gallen- und Bauchspeicheldrüsensekret gespalten. Die tägliche Ration eines Schlittenhundes in der Rennsaison kann beispielsweise zu 50 % aus Fett bestehen, ohne dass dies bei ihm zu Erkrankungen führen würde, und so die Leistung des Hundes erhöhen.

Die Kohlehydrate kommen in den Grundformen Zucker, Stärke (Teigwaren, stärkehaltige Gemüse) und Zellulose (Pflanzenfasern und Pflanzenmembranen) vor. Zucker und Stärke werden von den Bauchspeicheldrüsenenzymen verdaut (Amylasen, d.h. kohlehydratspaltende Enzyme, zerlegen beispielsweise die Stärke). Zellulose, die zu 20 % bis 80 % aus Pflanzenmembran besteht, kann durch Enzyme nicht zerlegt werden, erleichtert jedoch die Aufnahme von Mineralstoffen, Wasser und Gallensalzen und trägt zur Darmreinigung bei.

Proteine zum Aufbau. Sowohl tierische wie pflanzliche Proteine bestehen aus Aminosäuren. Aminosäuren werden ganz unterschiedlich verdaut. Manche Aminosäuren werden durch die Salzsäure im Magen und Enzyme des Magens und der Bauchspeicheldrüse abgebaut und vom Dünndarm aufgenommen. Andere Aminosäuren dagegen sind schlecht verdaulich, z. B. solche pflanzlichen Ursprungs, schlecht gekochte oder aus Sehnen und Bändern gewonnene. Sie gären im Dickdarm und sind der Auslöser für Durchfall. Ein gut verdautes Protein wird vom Organismus nicht unbedingt auch gut verwertet. Die stark salzsäurehaltige Magensäure des Hundes

Mineralstoffe – Aufgaben und Vorkommen

Mineralstoffe	Aufgabe im Organismus	Vorkommen
Kalzium (Ca)	Aufbau der Knochen, Reizleitung im Nervensystem	Knochenmehl, Kalziumkarbonat, Kalziumphosphat
Phosphor (P)	Aufbau der Knochen, Stabilität der Zellmembranen, Energiestoffwechsel	Knochenmehl, Phosphate
Natrium (Na)	Regulation des Wasserbestandes	Kochsalz
Kalium (K)	Regulierung des SäurenBasen-Gleichgewichts, Energiestoffwechsel	Kochsalz
Magnesium (Mg)	Aufbau der Knochen, Funktion der Nerven, Energiestoffwechsel	Knochenpulver, Magnesiumoxid,
Eisen (Fe)	Bildung des Blutfarbstoffs, Zellatmung, Enzyme	Fleisch, Eisensalze
Kupfer (Cu)	Bildung von roten Blutkörperchen, Knochenbildung, Verlangsamung der Zell- oxidation	Knochenmehl, Kupfersalze, Fleisch
Kobalt (Co)	Bildung von roten Blutkörperchen, Multiplikation der Erythrozyten	Fleisch, Hefe
Mangan (Mn)	Verantwortlich für die Funktion verschiedener Enzyme, Knorpelbildung	Mangansalze
Jod (I)	Produktion des Schilddrüsenhormons	Meersalz, Fisch
Zink (Zn)	Bestandteil verschiedener Enzyme, wichtig für die Regeneration der Haut	Zinksalze

erlaubt ihm in der Regel, verdorbenes Futter (z. B. Kadaver) ohne Verdauungsstörungen zu fressen. Obwohl Proteine auch Energielieferanten sind, haben sie doch in erster Linie Aufbau- und erhaltungsfunktion: Aufbau und Erhalt von Knochen, Muskeln, Nervengewebe – kurzum, von allem, was das Lebewesen Hund ausmacht.

Mineralstoffe und ihre zahlreichen Wechselwirkungen. Hierbei unterscheidet man zwischen Mengenelementen (Kalzium, Phosphor, Magnesium) und Spurenelementen (z. B. Kupfer, Eisen, Zink), die in winzigen Mengen benötigt werden. Jeder Mineralstoff hat im Organismus unterschiedliche Aufgaben (siehe Tabelle Seite 265) und ist von großer Bedeutung. Die üblichen Futterrationen des Hundes, vor allem die Fleischrationen, decken seinen Mineralstoffbedarf nicht vollständig ab. Mineralstoffmangel kann zu Erkrankungen der Knochen, des Blutes, der Nerven und sogar zu Hormonstörungen führen (z. B. ein Ungleichgewicht des Phosphor-Kalzium-Verhältnisses, Magnesium- und Jodmangel oder Mangel an Spurenelementen). Eine Überversorgung mit Mineralstoffen ist ebenfalls schädlich. Die Zufuhr von Mineralstoffen muss für jede einzelne Ration gesondert bemessen werden.

Vitamine – nicht zu viel und nicht zu wenig. Vitamine sind zum Erhalt der Körperfunktionen unerlässlich. Die meisten Vitamine kann der Organismus nicht selbst herstellen, daher müssen sie über die Nahrung zugeführt werden. Fehlt ein Vitamin ganz oder teilweise, können Mangelerscheinungen auftreten, die langfristig zu schweren Erkrankungen führen. Ein Vitaminüberschuss jedoch ist genauso schädlich wie ein Vitaminmangel.

Der Hund benötigt insgesamt 13 Vitamine (siehe Tabelle links). Jedes Vitamin hat eine bestimmte Funktion und sorgt beispielsweise für die Regeneration der Haut, gute Sehkraft, normales Wachstum, gute Verwertung von Fetten durch den Organismus und die Versorgung von Blutgefäßen und Nervengeweben.

Vitamine – Aufgaben und Vorkommen

Vitamine	Aufgaben	
Vitamin A	Beeinflussung der Sehkraft, Unterstützung des Wachstums, Widerstandskraft gegen Erkrankungen	Fischlebertran, Leber, Eier
Vitamin D	Gleichgewicht des Phosphor- Kalzium-Stoffwechsels, Verbesserung der Kalziumaufnahme	Fischlebertran, Eier
Vitamin E	Wirkung als Antioxidant (Zellschutz), Vorbeugung von degenerativen Muskelveränderungen	Milch, Getreidekeime, Eier
Vitamin K	Bildung von Blutgerinnungsfaktoren	Fisch, Leber, Getreide
Vitamin B1 (Thiamin)	Wichtig für den Kohlehydratstoffwechsel und die Nervenfunktion	Getreide, Kleie, Hefe
Vitamin B2 (Riboflavin)	Wichtig für den Stoffwechsel von Aminosäuren und Fetten	Getreide, Milch, Hefe
Vitamine B4 (Adein und Cholin)	Fettverarbeitung in der Leber, wichtiger Leberschutzfaktor	natürliche Zutaten
Vitamin B6 (Pyridoxin)	Beteiligung am Protein-, Fett-, Kohlehydratstoffwechsel sowie an der Blutbildung	Getreide, Milch, Fisch, Hefe
Vitamin B12 (Cobalamin)	Proteinstoffwechsel, Synthese des Blutfarbstoffs	Leber, Fisch, Milchprodukte
Niacin	Wichtig für die Regeneration der Haut	Getreide, Hefe, Fisch, Eier
Folsäure	Wichtig für den Aufbau von Eiweißen, Synthese des Blutfarbstoffs	Hefe, Leber
Vitamin B5 (Pantothensäure)	Beteiligung an der Wundheilung	Leber, Fisch, Milchprodukte, Reis
Vitamin H (Biotin)	Wichtig für die Regeneration der Haut, Stoffwechsel der Kohlehydrate, Fette und Eiweiße	Hefe, natürliche Zutaten

Essentielle Fettsäuren. Mit Hilfe der für das Tier lebensnotwendigen Fettsäuren (Linolsäure, Linolensäure, Arachidonsäure) können die Proteine seiner Futterration am besten verwertet, werden. Fettsäuren sind in Pflanzenölen und in tierischen Fetten enthalten. Sie sind für ein gutes Fell und die Herstellung von Gewebshormonen von großer Bedeutung. Nicht nur Hunde mit Fellproblemen profitieren von der regelmäßigen Beimischung eines Tee- oder Esslöffels Färberdistelöl zum Futter.

Das richtige Futter

Die Ernährung muss den Bedarf an Nährstoffen abdecken, deren Zusammensetzung je nach Alter, Umständen und Gesundheitszustand variiert.

Selbst hergestellte Rationen

Bei selbst hergestelltem Futter für Ihren Hund müssen Sie darauf achten, dass die Zusammensetzung der Nahrung in ihren Nährstoffen und Vitaminen ausgeglichen ist und dem Bedarf des Hundes entspricht. Die Nährstoffe kommen in unterschiedlichen Produkten vor (siehe Tabelle rechts). Denken Sie bei der Zusammenstellung der Futterrationen immer daran:

- Bieten Sie nur rohes oder mäßig gekochtes Fleisch (kein rohes Schweinefleisch) an, lassen Sie es niemals im Fett braten.
- Reis oder Teigwaren müssen lange gekocht werden.
- Erhitzen Sie niemals das Öl, das Sie der Futterration hinzugeben.
- Ergänzen Sie Futter-Kalk oder Calcium, wenn Sie keine Knochen füttern.

Fertigfuttermittel

Die Futtermittelindustrie hat im Laufe der letzten Jahre ihre Produkte unter folgenden Gesichtspunkten weiterentwickelt:

- Bessere Schmackhaftigkeit des Futters und breiteres Futterangebot für höhere Akzeptanz durch den Hund.
- Schonende Verarbeitung, so dass Geschmack als auch die Fettsäuren (Omega-3- und Omega-6-Fettsäuren) sowie die als Antioxidantien wirkenden Vitamine in erhalten bleiben, ggf. werden diese extra zugegeben.
- Längere Haltbarkeit (Verpackungen, die die Verderblichkeit der Futtermittel reduzieren und Futtersäcke, deren Verschluss eine optimale Haltbarkeit garantiert)
- Anpassung an die Vielfältigkeit der Hunderassen, Größenverhältnisse (Klein-, Mittel-, Groß- und Riesenhunde), besondere Umstände (säugende oder trächtige Hündinnen, Sporthunde oder Arbeitshunde, ältere Hunde, Übergewicht, Bewegungsmangel) sowie Erkrankungen eines Hundes (siehe Seite 272), für die diese Spezialfuttermittel ergänzend bzw. teilweise zur Behandlung eingesetzt werden.

Bei den auf dem Markt neu hinzugekommenen Zutaten unterscheidet man zwei Arten:

- **Probiotika,** dem Futtermittel hinzugefügte lebende Mikroorganismen (Milchsäurebakterien, Hefe). Sie erleichtern die Verdauung bestimmter Nährstoffe, beeinflussen die Darmflora günstig und stärken die Widerstandskraft gegen Infektionskrankheiten.
- **Präbiotika,** gärende, unverdauliche Nahrungsmittelbestandteile, die die Verdauung erleichtern und die Zusammensetzung der Darmflora im Dickdarm günstig beeinflussen.

Vielfältiges Angebot

Industrielles Fertigfutter ist in großer Markenvielfalt erhältlich. Es zeichnet sich durch eine leichte Handhabung und Aufbewahrung und günstige Preise aus. Tierärzten und zahlreichen Ernährungsspezialisten zufolge sind diese Fertigfutter vollkommen ausgewogen und bestens zur Abdeckung des Nährstoffbedarfs Ihres Hundes geeignet. Man unterscheidet vier Hauptarten von Futtermitteln.

Alleinfuttermittel decken den gesamten Nährstoffbedarf des Tieres ab, da sie alle Nährstoffe in ausgewogener Form zuführen.

Ergänzungsfuttermittel werden anderen Einzelfuttermitteln zugesetzt (Flocken, Fleisch, Getreide, usw.),

Nährstoffe und ihr Vorkommen

Nährstoffe	Vorkommen
Protein (Eiweiß)	Fleisch (roh oder leicht gekocht), gekochter Fisch, gekochte Eier, Milchprodukte (wenn sie der Hund verträgt), Käse. Bitte vermeiden: stark fetthaltige und sehnige Schlachtabfälle, roher Fisch. Rohe Eier nur selten oder nicht geben.
Stärke	Gut gekochtes Getreide (Reis, Teigwaren, Getreide). Bitte vermeiden: stark sehnige Schlachtabfälle, roher Fisch.
Ballaststoffe	Grünes Gemüse (grüne Bohnen, Karotten, gekochter Salat), Kleie (in sehr geringen Mengen). Bitte vermeiden: Kohl, Zwiebeln, weiße Rüben.
Fett	Tierisches Fett (Rindertalg, Schweineschmalz), Pflanzenöle (Margarine, Pflanzenfett). Bitte vermeiden: ranziges oder gekochtes Fett.
Mineralstoffe	Knochenmehl, Kalziumkarbonat, Mineralstoffzusätze, Hefe (Vitamine), Milchprodukte (Kalzium). Bitte vermeiden: jegliche Überdosierung.

Regeln für eine gute Ernährung

Nachstehend einige Tipps für eine gute Ernährung Ihres Hundes.

- Wechseln Sie ein Futter, das Ihr Hund verträgt, nicht oder nur selten. Futterumstellungen sollten langsam vorgenommen werden.
- Führen Sie einen Futterwechsel zur Vermeidung von Durchfällen im Zeitraum von einer Woche durch: 20 % des neuen Futters in den ersten beiden Tagen, dann 40 % des neuen Futters in den zwei darauf folgenden Tagen, dann zwei Tage lang 60 % und danach 80 % des neues Futters, bis es schließlich komplett umgestellt ist. So können sich Verdauungstrakt und Darm leichter auf das neue Futter einstellen.
- Am besten wird die Tagesration aufgeteilt (eine kleinere Mahlzeit morgens und eine größere abends). Bei großen Hunden sollten Sie die Futtermenge unbedingt auf zwei Mal verteilen.
- Ihr Hund ist kein Mülleimer – geben Sie ihm bitte keine Tischabfälle.
- Verwenden Sie nur waschbare, nicht rostende Futternäpfe ohne Ecken und Kanten. Ideal sind Edelstahl- oder Keramiknäpfe.
- Denken Sie daran, Ihrem Hund in einem anderen Napf immer frisches Wasser bereitzustellen. Die tägliche Wassermenge bei einem normal aktiven Hund entspricht dem 3- bis 4-fachen der Aufnahme von Trockenmasse, das heißt, es kommen 60 bis 80 ml Wasser auf ein Kilo Körpergewicht.

da Letztere allein nicht für eine ausgewogene Tagesration ausreichen.

Diätfuttermittel werden zusätzlich bei Behandlungen bestimmter Erkrankungen wie z. B. starkem Übergewicht, Niereninsuffizienz oder Diabetes eingesetzt.

Beifutter sollte dem Hund nur in geringen Mengen und mit Anrechnung an die gesamte Tagesration gegeben werden, z. B. als Belohnung oder als Leckerli.

Industrielle Futtermittel gibt es in drei Formen:

- als Trockenfutter (Kroketten, Beifutter) mit einem Feuchtigkeitsgehalt von 5 % bis 10 %
- als Halbfeuchtfutter (weiche Kroketten) mit einem Feuchtigkeitsgehalt von 20 % bis 25 %
- Feuchtfutter (Dosen und Beutel) mit einem Feuchtigkeitsgehalt von 65 % bis 80 %.

Berücksichtigt man nun die Trockensubstanz, dann bieten Kroketten das beste Preis-/Leistungsverhältnis, die in den Dosen und Beuteln enthaltene Feuchtigkeit wird teuer bezahlt.

Etiketten richtig lesen

Lassen Sie sich beim Kauf von Futtermitteln nur von den Nährstoffangaben und den tatsächlich verwendeten Rohstoffangaben leiten und nicht von schönen Verkaufsargumenten. Im Zweifelsfall können Sie sich an den Hersteller wenden und genauere Auskünfte verlangen.

Richtige Futtermenge

Ein erwachsener Hund benötigt ein anderes Futter und im Verhältnis zum Körpergewicht eine geringere Futtermenge als ein Welpe.

Bei der Erhaltungsfütterung wird hauptsächlich darauf geachtet, durch eine gute Verdaulichkeit des Futters und die richtige Menge das Gewicht zu halten und den Nährstoffbedarf des Hundes ausgewogen zu decken.

Eine optimale Zusammensetzung

Ein gesunder, erwachsener und durchschnittlich aktiver Hund benötigt bei seinen Mahlzeiten in der Regel eine ausgewogene Zusammensetzung von Rohprotein, Rohfett, Rohfaser, Kalzium und Phosphor.

Für selbst hergestellte Hundenahrung gibt es zahlreiche Fachliteratur, die sich ausgiebig mit diesem Thema beschäftigt und passende und leicht nachvollziehbare Rezepte bietet. Hunde mit z. B. sehr hoher oder sehr niedriger Aktivität benötigen unter Umständen eine andere Zusammensetzung ihrer Nahrung als Otto-Normalhund.

Fertigfutter richtig dosieren

Bei kommerziellem Fertigfutter können Sie leicht überprüfen, ob das von Ihnen gewählte Produkt den Richtwerten entspricht (auch da bitte Trockenmasse und Feuchtmasse nicht verwechseln). Dosenfutter ist in aller Regel hochkalorisch, lassen Sie sich nicht von den angegebenen „nur" rund 10 % Rohprotein täuschen – nach Umrechnung auf die Trockenmasse ergeben sich zwischen 30 und 40 % Rohprotein.

Ist der Kaloriengehalt des Futters bekannt, muss nur noch auf die tatsächlich angebotene bzw. verzehrte Futtermenge umgerechnet werden. Sie können die Energiewerte des Futters aber auch beim Hersteller erfragen. Die sicherste Methode, die richtige Futtermenge zu geben, besteht in der wöchentlichen Gewichtskontrolle.

Füttern Sie Ihrem Hund kein Hochleistungsfutter, das ist wirklich nur für Hunde, die jeden Tag viele, viele Stunden schwer und konzentriert arbeiten müssen, also Schlittenhunde im Training oder Wettbewerb oder Hütehunde im Einsatz. Spaziergänge von zwei bis drei Stunden täglich oder auch drei Mal wöchentlich Agilitytraining machen Ihren Hund noch nicht zum Hochleistungssportler!

COLLIE Gesundheit und ausgewogene Ernährung spiegeln sich im Fell wider.

Arbeitshunde

Hunde im täglichen Arbeitseinsatz (z. B. Hütehunde) oder Schlittenhunde während des Trainings oder in der Wettkampfsaison haben einen erhöhten Energiebedarf gegenüber durchschnittlich sportlich aktiven Familienhunden.

Da der Energiebedarf in Phasen großer körperlicher Leistung stark vom normalen Bedarf abweicht, ist eine schrittweise Futterumstellung angebracht, um Verdauungsstörungen zu vermeiden. Die erforderliche Futtermenge wird zu Anfang des Arbeitstrainings allmählich erhöht bzw. umgekehrt allmählich wieder auf den Erhaltungsbedarf verringert, wenn der Hund weniger arbeitet.

Manche Futtermittelhersteller bieten spezielle Alleinfuttermittel, sogenanntes Leistungsfutter, von hoher Nährstoffqualität an.

Ernährung in verschiedenen Fortpflanzungsphasen

Die Fortpflanzung hat beim Rüden keinerlei Einfluss auf den Nährstoffbedarf. Die Hündin hat während einer Trächtigkeit und in der Phase, in der sie ihre Jungen säugt, einen erhöhten Nährstoffbedarf, auf den geachtet werden muss.

Die Läufigkeit. Während der Läufigkeit (Blutung und anschließende Empfängnisbereitschaft) hat die Hündin keinen veränderten Nährstoffbedarf. Es ist ausreichend, ihr Futter und die Portionen nach dem Erhaltungsbedarf zu orientieren.

Die Trächtigkeit. Während der ersten sechs Trächtigkeitswochen bis zum 35. Tag der Trächtigkeit entsteht kein deutlich erhöhter Nährstoffbedarf. Dagegen erfordert das schnelle Wachstum der Föten im letzten Trächtigkeitsdrittel (der Fötus nimmt 95 % seines Gesamtgewichts während des 40. und 63. Trächtigkeitstages zu) eine erhöhte Nährstoffzufuhr.

In der letzten Trächtigkeitswoche haben viele Hündinnen geringeren Appetit, was hauptsächlich auf die starke Ausdehnung bzw. Gewichtserhöhung des Unterleibs zurückzuführen ist. Dies steht dem gestiegenen Nährstoffbedarf entgegen, sodass das Futter in seinem Energiegehalt, seinem Geschmack und seinem Nährstoffgehalt angepasst werden muss, damit die Hündin in jedem Fall ausreichend Nährstoffe und Vitamine aufnimmt.

Auch die Verteilung der täglichen Portion auf mehrere Mahlzeiten ist dabei sinnvoll. Dabei gilt es, die Vitalität des Wurfes optimal zu gewährleisten sowie das Gewicht der Hündin stabil zu halten, wobei die Gewichtszunahme durch die starke Entwicklung der Milchdrüsen 10 % nicht überschreiten sollte.

Das Säugen. Im Gegensatz zu den beiden vorgenannten Phasen hat das Säugen einen hohen Nährstoffbedarf zur Folge. Dies wird vor allem durch die außergewöhnlich gehaltvolle Milch der Hündin verursacht, die besonders reich an Fetten und Eiweißen ist sowie in ihrer großen Milchleistung.

Während der Appetit der Hündin mit ihrer Milchproduktion zunimmt, muss ihr Nährstoffbedarf auf der Höhe der Milchleistung (zwischen der 3. und 5. Woche Säugewoche) durch eine höhere Zufuhr vor allem an Eiweißen, Fetten, Kalzium und Vitamin A gedeckt werden. Dies erfordert die Aufteilung der Tagesration auf mindestens drei Teilrationen. Darüber hinaus ist auf einen sehr hohen Energiegehalt des Futters zu achten.

Sorgen Sie für eine ausreichende und ständige Wasserversorgung. Am besten stellen Sie den Wassernapf direkt neben den Liegeplatz, damit die Hündin auch während des Säugens trinken kann. Stillen erzeugt großen Durst!

So ernährt kann die Hündin die ganze Energie verbrauchen, die zur Bedarfsdeckung während des Säugens erforderlich ist, ohne Gefahr zu laufen, zu sehr abzunehmen. Kurz vor und während der Säugezeit dürfen keine Futterwechsel durchgeführt werden!

Für Anfänger in der Hundezucht ist es sinnvoll, sich bei anderen Züchtern dieser Rasse sowie bei auf Ernährungsberatung spezialisierten Tierärzten über die Fütterung während der Trächtigkeit und Säugephase der Hündin zu informieren.

Fertigfutter: Täglicher Bedarf

Gewicht des Hundes (in kg)	Energiebedarf * (in kcal)	„Premium"-Futter ** (in g)
1	132	32
5	440	108
10	142	180
15	1006	243
20	1247	300
25	1476	353
30	1691	402
35	1900	455
40	2100	503

*** Energiewert des Futters:**

– Feuchtfutter (Konserven), durchschnittlicher Energiewert: 1100 kcal E.M./kg Futter.

– Halbfeuchtfutter (Plastikbeutel), durchschnittlicher Energiewert: 2800 kcal E.M./kg Futter.

– Trockenfutter (Kroketten), durchschnittlicher Energiewert: 3200 kcal E.M./kg Futter.

*** „Hochwertige" Futtermittel.*

Der erwachsene Hund

Ernährung als Gesundheitsvorsorge

Heutzutage steht dem Hundehalter ein breites Angebot an Diätfuttermitteln zur Verfügung, die als begleitende Therapie zu einer medizinischen Behandlung oder auch nur als Gegenmaßnahme gegen eine Krankheitsverschlechterung eingesetzt werden. Durch die Verwendung spezieller Fertigfutter können Sie auch die Lebensqualität Ihres alternden Hundes verbessern.

Spezialdiäten

Eine spezielle Diät bei Erkrankung kann klinische Symptome verzögern und die Behandlung wirksam unterstützen. So gesehen steht die Ernährung an erster Stelle in der sanften Medizin, wird jedoch leider häufig vernachlässigt.

Übergewicht

Fettsucht beginnt, wenn ein Hund 10 % über seinem Normalgewicht auf die Waage bringt, er leidet an Fettsucht, wenn es 20 % sind. Untersuchungen zufolge sind rund 30 % aller Hunde klinisch gesehen übergewichtig.

Viele Hundehalter messen den „paar Pfund" zu viel auf den Rippen keine große Bedeutung zu und nehmen das Übergewicht ihres Hundes hin. Tatsächlich jedoch ist Übergewicht bzw. Fettsucht (Adipositas) eine eigenständige Erkrankung und umso beunruhigender, als dass sie

- andere Erkrankungen verursacht oder verschlechtert (Herz- und/oder Lungeninsuffizienz, Diabetes)
- Risiken im Vorfeld von Operationen erhöht (Narkose ist schwierig, wenn nicht gar gefährlich)
- das Auftreten von Nährstoffmängeln begünstigt
- die Fortpflanzungsfunktionen beeinträchtigt (Verringerung der Libido und der Spermaqualität beim Rüden, Verringerung der Fruchtbarkeit bei der Hündin)
- Erkrankungen des Fortbewegungsapparats verursacht (Arthrosen, Bandscheibenvorfälle).

Ursachen des Übergewichts

Eine der entscheidendsten Ursachen für Übergewicht ist die Ernährung verbunden mit einem Mangel an Bewegung. Manche Rassen haben eine genetische Veranlagung zu Übergewicht, z. B. Labrador Retriever. Hier kommt es wirklich auf die Ernährung des Welpen an, denn die Zunahme an Fettgewebe beim übergewichtigen Hund resultiert aus dem Größenwachstum der Fettzellen, hauptsächlich jedoch aus ihrer zahlenmäßigen Zunahme. Der überernährte Welpe produziert jede Menge Fettzellen, die sich wie kleine Ballons anstatt mit Luft mit Fett füllen. Die Futterdosierung beim Welpen ist daher außerordentlich wichtig – aus einem dicken Welpen wird meist ein dicker erwachsener Hund. Genauso wichtig ist es, nicht zu viele Leckerchen nebenbei zu geben, sondern diese in Maßen zu füttern und immer auf die gesamte Tagesration anzurechnen.

Manchmal hängt Übergewicht auch mit schweren Erkrankungen wie Schilddrüsenunterfunktion und Cushing-Syndrom zusammen oder es ist das Resultat dieser Erkrankungen. Jeder übergewichtige Hund gehört tierärztlich untersucht.

Die notwendige Diätkost. Ist die Diagnose Übergewicht einmal gestellt, hängt der Erfolg einer Diätkost von der Gewissenhaftigkeit und Konsequenz des Hundehalters ab, damit der Hund die verordnete Diät auch einhält.

Omega-3-Fettsäuren bei Arthrose

Die in manchen Fischarten vorkommenden Omega-3-Fettsäuren haben sich als sehr wirksam bei Arthrose erwiesen. Wissenschaftliche Studien konnten zeigen, dass Omega-3-Fettsäuren den Abbau des Gelenkknorpels hemmen und das Entzündungsgeschehen verringert, so dass der Schmerz nachlässt.

Folgestudien zeigten, dass Futtermittel mit einem erhöhten Gehalt an Omega-3-Fettsäuren sowie dem richtigen Verhältnis von Omega-3- und Omega-6-Fettsäuren zueinander das Ausmaß der Symptome bei Arthrose in nur 21 Tagen nach Beginn der Behandlung reduzieren können.

Wenn Ihr Hund an Arthrose leidet, sollten Sie den Tierarzt nach einem geeigneten Futtermittel fragen.

- Wiegen Sie Ihren Hund wöchentlich zur Gewichtskontrolle und zur Kontrolle der tierärztlich angeordneten Gewichtsabnahme.
- Lassen Sie sämtliches Beifutter, das sehr zucker-, stärke- und fetthaltig ist, weg. Ersetzen Sie es z. B. durch Apfelstückchen.
- Kürzen Sie die Futterration nach Absprache mit dem Tierarzt.
- Reduzieren Sie den Fettanteil der Ration.

Zur Reduzierung der täglichen Futtermenge unter Beibehaltung der richtigen Nährstoffmenge ist ein spezielles Fertigfuttermittel am besten geeignet, das den jeweiligen Nährstoffbedarf deckt. Die Diätkost geht Hand in Hand mit körperlicher Aktivität und gegebenenfalls einer Änderung der Ernährungsgewohnheiten.

Auch mit selbst hergestelltem Futter ist eine Diät durchführbar. Die Tabelle zeigt eine Diät für einen durchschnittlich übergewichtigen Hund.

Vergleich zwischen Erhaltungsbedarf und Diätkost

Für 1 kg Futter:

	Erhaltungsration (in g)	Ration bei Übergewicht (in g)
mageres Rindfleisch	420	–
weißes Fleisch		
oder magerer Fisch	–	330
gekochter Reis	430	300
Karotten	130	180
Weizenkleie	–	180
Sonnenblumenöl	20	10

Pro Monat kann man eine realistische Gewichtsabnahme von 5 % bis 7 % des Körpergewichts des Hundes erwarten und so dem Hund wieder ein Stück Gesundheit, Vitalität und Lebensqualität zurückgeben.

Chronische Niereninsuffizienz

Chronische Niereninsuffizienz kann als der fortschreitende und irreversible Verlust der Nierenfunktion definiert werden: Filterfunktion, Ausscheidung sowie Hormonregulierung und -aktivität. Diese Erkrankung tritt auf, wenn über 75 % der Nieren ausfallen. Die Krankheit ist eine der häufigsten nicht unfallbedingten Todesursachen bei Fleisch fressenden Säugetieren. Angesichts des Abbaus der Nierenfunktion soll die Diät den vollständigen Funktionsverlust verzögern sowie daraus entstehende Erkrankungen vermeiden helfen.

Wird bei einem Hund eine chronische Niereninsuffizienz diagnostiziert, muss ein geeigneter Ernährungsplan umgesetzt werden, um bestimmte unangenehme Begleiterscheinungen dieser Krankheit zu lindern und den Krankheitsverlauf zu überwachen.

Eine angepasste Ernährung. Die Niereninsuffizienz war Gegenstand ausführlicher Studien sowohl hinsichtlich ihrer Funktionsweise, ihrer Folgen und ihres Verlaufs. Sie ist das beste Beispiel dafür, wie ein hochwertiges industrielles Fertigfutter an alle Aspekte eines Krankheitsprozesses angepasst werden kann.

Die einwandfreie Qualität der Rohstoffe ist von ausschlaggebender Bedeutung. Das gilt sowohl für frische als auch für Fertigfuttermittel.

Die verschiedenen Bestandteile (Proteine, Fette, Faserstoffe, usw.) müssen somit hochwertig sein:

- Proteine: Fleisch, Fisch, Casein (Eiweiß aus der Milch), Eier mit Schale
- Fette: Butter, gereinigte Pflanzen- und Fischöle, Schweineschmalz, Geflügelfett
- Faserstoffe: grünes Gemüse (zur Vermeidung stark phosphorhaltiger Produkte wie Getreidemehl)
- Stärke: vorzugsweise Maisstärke oder Tapiokastärke, da beide nur ganz geringe Mengen an Pflanzeneiweiß enthalten.

Selbst hergestelltes Futter sollte sich an die genannten Angaben anlehnen.

Andere Krankheiten

Die richtige Ernährung spielt bei der Behandlung und Prophylaxe der meisten Erkrankungen des Hundes wie Diabetes, Harnsteinen sowie harmloseren Erkrankungen wie Verstopfung und Hautproblemen eine wichtige Rolle.

Diabetes

Die Zuckerkrankheit bedeutet einen chronisch überhöhten Blutzuckerwert (Hyperglykämie). Ihre Ursachen sind zum einen genetisch, zum anderen durch äußere Einflüsse bedingt, und in den meisten Fällen auf eine zu geringe Insulinproduktion der Bauchspeicheldrüse zurückzuführen. Der größte Anteil an Diabeteserkrankungen betrifft erwachsene Hunde. Die folgenden Faktoren begünstigen diese Erkrankung:

- Rasse (z. B. Deutscher Schäferhund, Collie, Pekingese, Deutscher Boxer)
- Alter (zwischen fünf und zwölf Jahren)
- Geschlecht (betroffen sind doppelt so viele Hündinnen wie Rüden)
- Übergewicht (hauptursächlich, in Verbindung mit Bewegungsmangel).

Beim erwachsenen Hund treten zwei verschiedene Formen des Diabetes auf. Der insulinunabhängige Diabetes kann nur durch Ernährung beeinflusst werden und der insulinabhängige Diabetes erfordert zwingend tägliche Insulingaben in Verbindung mit einer speziellen Futterzusammensetzung und regelmäßigen Fütterungszeiten.

Im Falle eines insulinunabhängigen Diabetes kann der Hund mit einer speziellen Diät behandelt werden, die in Absprache mit dem Tierarzt zusammengestellt werden sollte.

Die Tagesration muss auf drei bis vier Fütterungen zu festen Zeiten verteilt werden, wobei entweder spezielle Diätfuttermittel oder angepasstes, selbst hergestelltes Futter verwendet werden.

Im Falle eines insulinabhängigen Diabetes ist ebenfalls eine vom Tierarzt empfohlene Diät notwendig, die unter anderem keine Einfachzucker wie Saccharose enthalten darf.

Beispiele einer selbst hergestellten Futterration

Für 1 kg Futter:

Bei chronischer Niereninsuffizienz	
weißes Fleisch	250 g
Karotten	300 g
Tapiokastärke	380 g
Sonnenblumenöl	65 g
gereinigtes Lachsöl	5 g
Mineralstoff- und Vitaminzusatz	

Vollfuttermittel als Trocken- oder Feuchtfutter mit erhöhtem Proteingehalt zur langfristigen Therapie bei Niereninsuffizienz sind auch beim Tierarzt erhältlich.

Bei Diabetes	
weißes Fleisch und Leber	250 g
gekochter Reis	250 g
grünes Gemüse	420 g
Weizenkleie	50 g
Sonnenblumenöl	10 g
Ergänzungsfuttermittel für Diabetes	20 g

plus zusätzlich einen Apfel als Leckerli, ohne Risiko einer zu hohen Zuckergabe

Atopische Dermatitis

Bei der atopischen Dermatitis handelt es sich um eine allergisch bedingte Hauterkrankung, die durch intensiven Juckreiz gekennzeichnet ist. Die genetisch bedingte Überempfindlichkeit wird durch allergieauslösende Stoffe wie Hausstaubmilben, Pollen usw. hervorgerufen. Häufig werden die allergisch bedingten Symptome durch zusätzliche bakterielle Infektionen und schwere, selbst verursachte Hautverletzungen noch verschlimmert. Die Behandlung ist äußerst schwierig und häufig bleibt tierärztlich nur die Begrenzung der Symptome.

Harnsteine

Harnsteine sind Kristalle, die zur Verengung oder Verstopfung der Harnröhre führen können. Erkrankungen der ableitenden Harnwege werden auch Urolithiasis genannt. Nach Schätzungen sind über 2 % der in der tierärztlichen Praxis vorgestellten Hunde davon betroffen, wobei einige Rassen mehr als andere betroffen sind: Chihuahua, Yorkshire Terrier, Pudel, Dackel und vor allem Dalmatiner. Dalmatiner neigen zu Harnsteinbildung. Beim Hund unterscheidet man unterschiedliche Formen der Urolithiasis je nach Art der Harnsteine: Struvitsteine, Uratsteine, Cystinsteine, Silikatsteine.

Auch wenn die diätetische Behandlung der Urolithiasis vom Tierarzt in Abhängigkeit der jeweiligen Harnsteine festgelegt wird, kann der Hundehalter auch das Futter selbst zubereiten, spezielle Rezepte gibt es in Fachliteratur. Dabei sollte daran gedacht werden, Hefe, Innereien und rotes Fleisch zu vermeiden.

Sonstige Erkrankungen

Zahlreiche andere Erkrankungen erfordern ebenfalls eine Futteranpassung.

Verstopfung kann durch Erhöhung des Rohfasergehalts, die Gabe von Kleie oder mit einem entsprechenden Alleinfutter behoben werden.

Hautprobleme allergischer Natur können sich durch eine nicht angepasste Ernährung noch verschlechtern. Ohne spezielle Fütterung kann es zu schweren Hautentzündungen kommen. Bestes Mittel zur Diagnose und Behandlung ist eine Ausschlussdiät, deren Inhaltsstoffe nicht im Verdacht stehen dürfen, beim Hund eine Allergie auszulösen. Daher verwendet man dazu Rohstoffe, die wahrscheinlich bisher nicht in der Hundenahrung vorgekommen sind, z. B. Kartoffeln als Kohlehydratlieferant und bestimmte Fleischsorten.

Chronische Durchfälle müssen genau diagnostiziert werden, bevor ein in der Regel hochverdauliches Spezialfutter verschrieben wird.

Herzinsuffizienz wird heutzutage durch eine salzlose Diätfütterung behandelt, obwohl die Wirksamkeit einer solchen Diät noch nicht abschließend wissenschaftlich bewiesen wurde.

Der Kampf gegen Zahnstein. Zahnstein ist eine häufige Erkrankung der Zähne vor allem beim älteren Hund. Zahnstein begünstigt die Vermehrung von Bakterien, was der Grund für den starken Mundgeruch ist. Zudem ist Zahnstein die Ursache für Zahnfleischentzündung und bei Nichtbehandlung derselben kann er zur Lockerung der Zähne oder zu Eiterfluss am Zahnfleisch führen. Dies ist sehr schmerzhaft und kann den Hund beim Fressen behindern, bis zur vollständigen Nahrungsverweigerung.

Es ist wichtig, den Zustand der Zähne von Zeit zu Zeit zu kontrollieren und regelmäßig Zahnstein entfernen zu lassen. Die Zahnsteinentfernung wird unter Narkose unter Verwendung von Instrumenten aus der Humanmedizin durchgeführt.

Eine angepasste Fütterung kann die Bildung von Zahnbelag und somit von Zahnstein verzögern. Einige Futtermittelhersteller haben speziell geformte Kroketten entwickelt, die durch das Kauen so zerbrechen, dass dabei die Zähne gereinigt werden. Rinderkopfhaut oder ähnliche Kauartikel reinigen ebenfalls die Zähne. Auch durch die Rohfütterung mit Knochen werden die Zähne mechanisch gereinigt. Vorbeugend sollten die Zähne des Hundes regelmäßig geputzt werden.

AUSTRALIAN SHEPHERD
Eine angepasste Ernährung sorgt dafür dass Ihr Hund in Form ist.

Fortpflanzung und Geburt

Die Fortpflanzung bei Hunden, zumal bei Rassehunden, erfolgt in der Regel im Rahmen eines planmäßigen Zuchtgeschehens. Dabei werden künftige Zuchthündinnen und Deckrüden unter genetischen Gesichtspunkten ausgewählt und es wird dabei zunehmend mit künstlicher Besamung gearbeitet. Viele Mischlinge sind das Ergebnis ungeplanter Vermehrung, oft reicht schon ein kurzer Moment der Unachtsamkeit aus und der Rüde und die läufige Hündin haben die Gelegenheit genutzt.

Geschlechtsreife

Sie setzt bei kleinen Rassen um den 6. und bei großen Rassen um den 9. bis 18. Lebensmonat herum ein. Die Fruchtbarkeit bei großen Rassen dauert in der Regel bis zum 7. Lebensjahr an und bei kleinen Rassen bis zum 12. oder sogar 15. Lebensjahr, wobei Ausnahmen die Regel bestätigen.

Beim Rüden kann die Geschlechtsreife als der Zeitpunkt definiert werden, zu dem die ersten Spermien auftreten.

Die Hündin ist mit der ersten Läufigkeit geschlechtsreif. Danach pendelt sich der Rhythmus bei den Hündinnen der meisten Rassen auf zwei Läufigkeiten pro Jahr ein. In der Regel hält eine Läufigkeit drei Wochen an, der Eisprung tritt spontan und nur ein Mal während eines Zyklus auf. Er findet zu unterschiedlichen Zeitpunkten während des Zyklus statt, in der Regel zwischen dem 11. und 13. Tag nach Beginn der Blutung. Das kann jedoch je nach Rasse variieren und selbst bei ein und derselben Hündin von Zyklus zu Zyklus unterschiedlich sein. Desgleichen ist auch die während des Eisprungs freigesetzte Zahl an Follikeln jeweils unterschiedlich.

Die Bedeutung des Eisprungs

Heranwachsende Eier bilden im Eierstock Hormone – die Östrogene –, die für Veränderungen des Körpers (Schwellung der Schamlippen, Blutung) und des Verhaltens verantwortlich sind. Dann werden in der sogenannten Östrusphase die befruchtungsfähigen Eier aus dem Eierstock abgegeben. Im Verhalten äußert sich diese Phase darin, dass die Hündin den Rüden annimmt und die Paarung zulässt. Die Hündin weist die in der Tierwelt äußerst seltene Eigenschaft auf, dass bereits vor dem Eisprung Progesteron gebildet wird. Aus diesem Grund wird an Hand des Progesteronspiegels die Ovulationsphase ermittelt. Das Progesteron soll die Gebärmutter auf das Einnisten der befruchteten Eizellen in der Gebärmutter und die Trächtigkeit vorbereiten. Die Progesteronproduktion der Gelbkörper hält während der gesamten Trächtigkeit an. Nach der Geburt fällt der Progesteronspiegel ab, so dass die Milchgebung einsetzen und die Gebärmutter sich wieder zurückbilden kann.

Muss Nachwuchs sein?

Jedes Jahr werden viele tausend unerwünschter Hunde in Tierheimen abgegeben oder ausgesetzt. Es ist verständlich, wenn sich der Hundehalter Nachwuchs seiner Hündin wünscht. Doch vorher gilt es, folgende Punkte zu bedenken:

Sind die Hündin und der ausgewählte Rüde gesund? Der Tierarzt sollte beide gründlich untersuchen.

Vererben die Elterntiere Krankheiten? Dies sollte mit Hilfe des Tierarztes ausgeschlossen werden.

Halter von Rassehunden sollten nur angeschlossen an einen Zuchtverein züchten. Dazu müssen die Hunde anerkannte **Ahnentafeln** und die Zuchtzulassung besitzen und weitere Vorgaben erfüllt werden.

Es können hohe Tierarztkosten entstehen, für die Hündin besteht immer ein Gesundheitsrisiko.

Sind genug Interessenten vorhanden, die einen Welpen aufnehmen werden?

ZARTE ANNÄHERUNG
Der Rüde wird von den Pheromonen angezogen, die die Hündin während der Läufigkeit abgibt.

Wichtige Fragen

Möchte man seine Hündin bedecken, sollte man sich folgende Fragen stellen: Ist sie befruchtungsfähig und zu einer Geburt in der Lage? Die Hündin sollte ihre körperliche Reife erlangt haben und auf keinen Fall während der ersten Läufigkeit vom Rüden gedeckt werden, da das Becken zu diesem Zeitpunkt noch nicht vollständig ausgewachsen ist. Kann man sich um die Welpen kümmern und sie anschließend auch alle unterbringen? Wie findet man einen geeigneten Deckrüden? Der verbreitete Glaube, wonach die Hündin für ihr seelisches Gleichgewicht einen Wurf braucht, ist falsch.

Verpaarung

Auch darüber, wie man „mit Sicherheit" den Zeitpunkt des Eisprungs bei einer Hündin und somit den Deckzeitpunkt bestimmen kann, kursieren viele irrige Meinungen: wenn die Hündin die Rute im Moment des Eisprungs zur Seite legt, wenn die Hündin den Rüden akzeptiert, wenn der Scheidenausfluss transparent wird und durch in die

VOR DER VERPAARUNG Manchmal braucht es Zeit, bis die Hündin ihren Deckpartner akzeptiert.

Vagina eingeführte Teststreifen. Auch wenn diese Methoden gelegentlich erfolgreich waren, so führten sie doch in den meisten Fällen zu Fehlschlägen und können keineswegs als zuverlässig betrachtet werden!

Es gibt zwei zuverlässige Methoden, um den genauen Zeitpunkt des Eisprungs zu ermitteln.

Der Scheidenabstrich. Hierbei führt der Tierarzt einen Tupfer entlang der Scheidenwand bis ungefähr zum Gebärmutterhals ein. Dadurch gewinnt er Absonderungen und Zellen, die auf ein Glasplättchen gestrichen werden.

Die mikroskopische Untersuchung des Abstrichs gibt sofort Aufschluss über den Eisprung. Desweiteren erhält man über den Abstrich gleichzeitig eine Aussage über eine mögliche Gebärmutterinfektion, über die jeweilige Zyklusphase oder über das Vorhandensein von Spermien.

Die Progesteronbestimmung. Der Progesteronwert im Blut steigt innerhalb von drei bis fünf Tagen vor dem Eisprung rapide an. Bei Erreichen eines bestimmten Wertes sollte der Deckakt in den darauf folgenden zwei Tagen stattfinden. Diese Progesteronbestimmung ist zuverlässig und wird zunehmend eingesetzt.

Idealerweise kombiniert der Tierarzt beide Vorgehensweisen, wobei der Scheidenabstrich den Zeitpunkt der Blutentnahme für den Progesterontest bestimmt. Für Züchter ist dieses Vorgehen sehr effizient, denn dadurch wird ein Maximum an befruchteten Eiern erreicht und die Hündin muss nicht unnötig transportiert werden.

Einen Deckrüden finden

Der Geruchssinn spielt bei der Partnerwahl die größte Rolle und ist entscheidend für die sexuelle Stimulierung eines Rüden. Ein Rüde kann über mehrere Hundert Meter den Geruch einer läufigen Hündin wahrnehmen, wenn der Wind günstig steht. Mehrere Drüsensekrete, die Vaginalsekretionen, der Kot und vor allem der Urin sind reich an Pheromonen, die auch ein wichtiges Kommunikationsmittel zwischen den einzelnen Hunden darstellen.

Besitz und Verteidigung eines Reviers sind für den Rüden notwendige Voraussetzung, um eine Partnerschaft und sexuelle Aktivitäten einzugehen. Daher sollte man immer die läufige Hündin in das Revier des Deckrüden bringen, da sich auch die Hündin dann in der Regel verträglicher zeigt.

Bei Rüden wie bei Hündinnen bestehen ausgeprägte sexuelle Vorlieben, die manchmal zur Ablehnung eines Sexualpartners führen. Bei der Wahl eines Deckrüden sollte der Halter der Hündin größten Wert auf Gesundheit, Erbgesundheit und ein freundliches Wesen des Rüden legen.

Empfängnisverhütung bei der Hündin

Hormonelle Läufigkeitsverhütung. Dabei wird die Läufigkeit durch das Spritzen von bestimmten Hormonen (Progestagenen) spätestens einen Monat vor der nächsten zu erwartenden Läufigkeit unterdrückt. Hat die Läufigkeit bereits eingesetzt, muss man spätestens am zweiten oder dritten Tag der Läufigkeit mit der Behandlung beginnen. Achtung: Die regelmäßige Verabreichung von Progestagenen bleibt nicht ohne Wirkung und kann das Auftreten einer Pyometra (Gebärmuttervereiterung) begünstigen.

Kastration. Bei der Kastration der Hündin werden die Eierstöcke operativ entfernt, häufig auch zusätzlich die Gebärmutter. Dieser Eingriff kann in jedem Alter vorgenommen werden.

Sterilisation. Bei diesem Eingriff werden die Eileiter abgetrennt und die Hündin wird dadurch unfruchtbar – wird aber weiterhin läufig werden!

Erste Annäherungsversuche

Auch wenn es meist der Rüde ist, der sich auf die Suche nach einer Partnerin begibt, bleibt die Hündin doch nicht immer passiv. Auch sie kann sich auf die Suche nach einem Kindsvater machen und sollte deswegen zumindest während der kritischen Zeit der Läufigkeit angeleint bleiben. Sie kann gegenüber einem unerfahrenen und naiven Rüden die Initiative ergreifen und manche Hündinnen bieten sich einem in die Wahl gefassten Rüden energisch an.

Sorgen Sie im Rahmen des Möglichen dafür, dass sich die Hunde vor dem eigentlichen Deckakt kennenlernen und miteinander herumtollen können. Bei Rassen mit einem höheren Aggressionsniveau kann es bei der Verpaarung manchmal Schwierigkeiten geben.

Die Annäherungsversuche des Rüden bestehen darin, Hals, Ohren, After, Scheide der Hündin zu beschnuppern und mit der Rute zu wedeln. Die Hündin bleibt dabei entweder ruhig oder macht ihm spielerische Avancen. Beide Hunde zeigen Spielaufforderung, oft gefolgt von ausgelassenem Spiel. Die Hündin reagiert auf das Lecken der Vulva bei fortgeschrittenen Annäherungsversuchen, indem sie ihre Kruppe anhebt und die Rute zur Seite legt. Ist die Hündin zum Deckakt bereit, bleibt sie ruhig stehen, lässt sich vom Rüden besteigen, ungeachtet der manchmal sehr unterschiedlichen Größenverhältnisse.

Deckakt

Eine paarungswillige Hündin bleibt ruhig stehen, während der Rüde sie besteigt und seinen Penis einführt. Ist der Penis in die Scheide eingedrungen, wird er dort durch einen Muskel in der Vagina festgehalten (Hängen). Die Samenabgabe (Ejakulation) erfolgt im selben Moment wie das Hängen und setzt sich bis zum Ende des Hängens fort. Das Hängen dauert gewöhnlich zehn bis dreißig Minuten. Sobald der Schwellknoten des Penis abschwillt, gehen die Hunde auseinander und beide lecken sich ihre Genitalregion.

Nach der Verpaarung zeigt der Rüde keinerlei besonderes sexuelles Interesse. Die Erholungsphase geht jedoch sehr rasch vonstatten und es kann bis zu rekordverdächtigen fünf Geschlechtsakten pro Tag kommen, wenn man die Hunde gewähren lässt.

Häufig kommt es nicht gleich beim ersten Besteigen zur Penetration und die Annäherungsphase kann sich mehrere Male wiederholen. Der Rüde steigt wieder von der Hündin ab und dann wird die Hündin aktiv und nimmt von allein eine Paarungsposition ein. Erfahrene Deckrüden kommen bei paarungswilligen Hündinnen in weniger als einer Minute zur Penetration. Ist die Hündin nicht paarungsbereit und der Rüde zudem noch unerfahren, kann sich die Annäherungsphase noch über Stunden ohne einen einzigen Geschlechtsakt hinziehen. Die jeweiligen Hundehalter sollten in der Nähe des Geschehens bleiben. Häufig wird die Hündin aggressiv oder sie zieht sich zu schnell zurück, so dass der Rüde verletzt werden kann. Niemals darf man beim Hängen die Hunde zu trennen versuchen, denn daraus können für Rüde und Hündin ernsthafte Verletzungen an den Geschlechtsorganen entstehen. Es ist ratsam, den Deckakt 48 Stunden nach der ersten Verpaarung zu wiederholen.

Befruchtung

Folgt auf den Geschlechtsakt die Befruchtung, hört die Läufigkeit vier oder fünf Tage nach dem Deckakt auf und die Hündin verweigert sich dem Rüden.

In dieser Zeit muss darauf geachtet werden, dass nicht ein anderer Rüde zufällig die Hündin besteigt, denn dank des „Doppelbefruchtung“ genannten Phänomens können immer noch ein paar unbefruchtete Eier von neuen Spermien befruchtet werden und daraus Welpen entstehen, die einen anderen Vater haben.

Nach der Verpaarung ist es selbst für Tierärzte meist schwierig, vor Ablauf des ersten Monats nach der Verpaarung festzustellen, ob eine Hündin trächtig ist, es sei denn, sie lässt sich zu einem bestimmten Zeitpunkt den Unterleib ohne sich zu verkrampfen abtasten.

Ein Ultraschall kann im Laufe der vierten Woche einen sicheren Trächtigkeitsnachweis erbringen. Röntgen und Ultraschall können gegen Ende der Trächtigkeit Aufschluss über die Größe der Föten, ihre Lage und die Beschaffenheit des Beckens geben. Letzteres ist mitunter für die Einschätzung des Geburtsablaufs hilfreich.

SÄUGEN EINES BERNHARDINER-WURFS
Die Welpen finden instinktiv gleich nach der Geburt die mütterlichen Zitzen.

Künstliche Besamung

Bei dieser Methode wird Sperma in die Vagina der Hündin verbracht, wenn ein natürlicher Deckakt nicht möglich ist. Dabei kann es sich um Frisch-, Gefrier- oder Tiefkühlsperma handeln.

Künstliche Besamung mit Frischsperma. Auf diese Methode kann man zurückgreifen, wenn ein Deckakt nicht möglich ist, z. B. bei Ablehnung des Rüden oder Unerfahrenheit. Das vom Rüden gewonnene Sperma wird mikroskopisch untersucht: Ist es von zufriedenstellender Qualität, wird es mit Hilfe einer Spezialsonde in die Vagina und möglichst dicht am Gebärmutterhals eingeführt. Die Wanderung der Spermien in Richtung Gebärmutterhals kann unterstützt werden, indem man die Hinterhand der Hündin einige Minuten lang anhebt.

Künstliche Besamung mit Gefrier- oder Tiefkühlsperma. Diese Methode empfiehlt sich dann, wenn die beiden Deckpartner geografisch weit entfernt voneinander leben oder bei Tiefkühlsperma, wenn es sich um einen hochwertigen Deckrüden handelt. Das Sperma wird gewonnen, kontrolliert, in eine Zellschutz- und Nährlösung gegeben und anschließend bei 4 °C gekühlt oder tiefgefroren (in flüssigem Stickstoff bei einer Temperatur von -196 °C).

Der Vorteil dieser Methode liegt darin, dass über einen Zeitraum von mindestens mehreren Jahren das genetische Erbe eines Deckrüden vorhanden ist und so die rassetypischen Merkmale einer Rasse fixiert oder aber neue Merkmale eingezüchtet werden können, ein Austausch zwischen verschiedenen Ländern möglich ist oder dass sogar eine im Aussterben begriffene Rasse gerettet werden kann.

Welpen werden geboren

Die Geburt ist ein natürlicher Vorgang, bei dem Sie im Prinzip nicht eingreifen müssen. Beobachten Sie aus der Distanz, ob alles gut abläuft. Helfen Sie der Hündin erst, wenn ein Welpe nicht ausgetrieben werden kann (siehe Kasten Seite 278 und Seite 279), wenn der Welpe die Zitzen nicht findet oder andere Probleme auftreten.

Ein außergewöhnliches Erlebnis

Mit der Geburt der Welpen werden Sie sich neuen Aufgaben ausgesetzt sehen: die Betreuung der säugenden Mutter, bei Komplikationen die Flaschenernährung der Welpen, die Überwachung der Mutter und ihrer Kleinen usw.

Diese Sorgen werden weitgehend durch das Vergnügen wettgemacht, das Sie beim Aufwachsen der Welpen und ihrer wachsenden Beziehung zu Ihnen erleben, wobei sie täglich wagemutiger und eigenständiger werden. Verbringen Sie möglichst viel Zeit mit den Hundekindern.

Kaiserschnitt

Der bei schwierigen Geburten praktizierte Kaiserschnitt kann für die Hündin und ihre Welpen lebensrettend sein. Wann ist ein Kaiserschnitt notwendig? Die Geburt kann schwierig werden, wenn

- die Hündin ein zu enges Becken hat
- der Fötus zu groß ist.

Überschreitet die normalerweise 63 Tage dauernde Trächtigkeit den 70. Tag, muss ein Kaiserschnitt gemacht werden.

Wenn die Geburtswehen unzureichend sind, verabreicht der Tierarzt der Hündin ein wehenförderndes Mittel. Erweist sich diese Maßnahme als unzureichend, ist ein Kaiserschnitt erforderlich.

Operationsmethode

Der Tierarzt nimmt den Eingriff unter Vollnarkose vor. Dabei erfolgt ein Einschnitt an Bauch oder Flanke, dann an der Gebärmutter. Die Welpen werden der Gebärmutter entnommen und falls nötig wieder belebt. Anschließend wird die Wunde genäht.

Jetzt können Sie alle Tiere mit nach Hause nehmen. Kontrollieren Sie häufig die Operationswunde und suchen Sie den Tierarzt bei der kleinsten Komplikation auf.

Geburt

Bereiten Sie schon ein bis zwei Wochen vor dem Geburtstermin eine Wurfkiste mit sauberen Laken vor. Wenn der Termin herannaht, wird die Hündin häufig unruhig. Sobald die Wehen einsetzen, wird die Atmung der Hündin schneller und sie hechelt. Es kommt zu einem klaren Schleimaustritt aus der Scheide, ein Anzeichen dafür, dass der erste Welpe kommt. Jeder Welpe kommt in einer Fruchthülle zur Welt. Die Mutter beißt die Nabelschnur durch und leckt den Welpen ab und regt dadurch dessen Atmung an. Anschließend frisst sie die Plazenta auf, die Wehen und Milchbildung fördert.

Die Welpen kommen in unterschiedlichen Zeitabständen zur Welt: alle paar Minuten oder im Abstand von einer Stunde oder mehr. Der erste Welpe hat es am schwersten, da er den Weg durch den Geburtskanal für seine Geschwister bahnen muss.

Nach der Geburt ruht sich die Mutter erleichtert aus. Sorgen Sie für Ruhe, geben Sie ihr zu trinken. Hat sich die Hündin bisher normal verhalten, besteht kein Grund zur Besorgnis. Sie wird ihren mütterlichen Instinkten folgen. Die meisten Hündinnen haben zwischen 24 Stunden und einer Woche nach der Geburt Ausfluss. Wechseln Sie die Laken häufig. Die ersten Tage wird die Hündin vielleicht ihre Wurfstätte verteidigen und die Zähne zeigen, wenn sich ihr ein Fremder nähert.

Wann müssen Sie eingreifen?

Tritt trotz der Austreibungswehen der Welpe nicht aus dem Geburtskanal aus, nehmen Sie das Köpfchen mit einem sauberen Tuch in die Hand und ziehen Sie fest, aber vorsichtig daran. Machen Sie nicht weiter, wenn er feststeckt, sondern rufen Sie stattdessen den Tierarzt.

Es kann vorkommen, dass sich eine erstgebärende Hündin unmittelbar nach der Austreibung nicht weiter um den Welpen kümmert. Nehmen Sie in einem solchen Fall eine mit Alkohol desinfizierte Schere und schneiden Sie die Nabelschnur durch, aber nicht zu dicht am Nabel des Welpen. Binden Sie die Nabelschnur dann mit steriler Verbandsnaht ab. Streifen Sie mit einem sauberen Tuch die Fruchthülle vom Welpen, rubbeln Sie ihn kräftig, um seine Atmung anzuregen und legen Sie den Welpen an die Zitzen. Beobachten Sie die Hündin und ihre Welpen. Häufig besteht die Gefahr, dass die Mutter ihre Welpen erdrückt, indem sie sich versehentlich auf sie legt.

Handaufzucht der Welpen

Normalerweise ist die Hündin in der Lage, alle ihre Welpen zu ernähren. Bei einem sehr großen Wurf oder bei Erkrankung der Hündin bleibt nur die Flaschenernährung mit einem speziellen Sauger. Im Zoofachhandel gibt es speziellen Muttermilchersatz für Hunde.

Mutterlose Welpen

Ein mutterloser Welpe muss bis zu 2 Wochen nach der Geburt 24 Stunden lang anfangs zwölf, in der zweiten Woche zwölf bis zehn Mal gefüttert werden, in der 3. und 4. Woche acht Mal und in der 5. Woche sechs Mal. Das Saugloch muss groß genug sein, damit die Milch problemlos durchläuft.

Halten Sie den Welpen in der hohlen Hand und füttern Sie ihn vorsichtig, damit er sich nicht verschluckt. Streichen Sie nach der Fütterung mit einem lauwarmen Wattebausch über sein Bäuchlein. Damit ersetzen Sie die Zunge der Mutter, die durch beständiges Lecken die Darmtätigkeit und die Ausscheidung anregt.

UNTERORDNUNG
Das Lecken der Schnauze hat sich aus dem Futterbetteln der Welpen entwickelt.

Wann muss der Tierarzt kommen?

- Wenn die Trächtigkeit länger als 63 Tage anhält.
- Wenn ein grünlicher Scheidenausfluss auftritt.
- Wenn nach Abgang des Fruchtwassers trotz Austreibungsphase der Hündin kein Welpe austritt.
- Wenn die Zeit zwischen der Geburt zweier Welpen als 1,5 Stunden dauert oder die Hündin nicht mehr presst.
- Wenn die Hündin unmittelbar nach der Geburt zu zittern und zu hecheln beginnt. Dann handelt es sich um eine Eklampsie, die notfallmäßig mit Kalziumspritzen zu behandeln ist. Eine Eklampsie kann nach der Geburt oder während des ersten Säugemonats auftreten.
- Es ist immer sinnvoll, dass der Tierarzt nach der Geburt Mutter und Kinder begutachtet. Er kontrolliert, ob auch kein Welpe mehr in der Gebärmutter verblieben ist und ob bei der Hündin Anzeichen einer Infektion festzustellen sind.

Mit oder ohne Hund verreisen

Wohin auch immer Sie verreisen möchten, Ihr Hund ist glücklich, wenn er dabei sein darf. Eine Reise, vor allem in ein anderes Land, muss jedoch gut vorbereitet werden, damit Zwei- und Vierbeiner auf ihre Kosten kommen. Ist die Reise für den Hund jedoch zu beschwerlich oder kann er Sie aus anderen Gründen nicht begleiten, können Sie ihn in der Hundepension oder beim Dog-Sitter unterbringen.

Betreuung des Hundes

Sie müssen verreisen und können Ihren Hund nicht mitnehmen. Bevor Sie etwas unternehmen, sollten Sie sich informieren, wie Ihr Hund während Ihrer Abwesenheit am besten untergebracht ist. Welche Betreuungsform Sie auch wählen, Sie sollten schriftlich festhalten, ggf. in einem Vertrag, wie Ihr Hund versorgt werden soll und welche Pflichten Sie und der Hundesitter haben.

Die Hundepension. Aus der Fachpresse, bei Tierschutzorganisation und beim Tierarzt erhalten Sie Adressen von Hundepensionen. Gute Pensionen sind schnell ausgebucht. Melden Sie daher Ihr Tier mindestens zwei Monate vorher an. Ihr Hund muss geimpft und gesund und sollte gechippt oder tätowiert sein. Überprüfen Sie die Führung der Hundepension, den Zustand der Hunde, das „Freizeitangebot" für die vierbeinigen Gäste und das Verhalten der Verantwortlichen. Je nach gebuchtem „Komfort" erhält der Hund eine einfache Einzelbox oder gar eine richtige „Suite" mit Hundehütte und Spielplatz. Informieren Sie die Pension über die Gewohnheiten Ihres Hundes und seine Ernährung. Lassen Sie ihm eine Decke mit seinem heimischen Geruch da. Rufen Sie an, um sich zu vergewissern, ob alles gut geht. Die Preise enthalten keine Tierarztkosten, falls Ihr Hund erkrankt.

Dog-Sitting und Urlaubsfamilie. Sie können Ihren Hund auch zu Freunden, Nachbarn oder Ihrer Familie geben. Alternativen sind, ihn von Privatpersonen betreuen lassen, die sich in Anzeigen dafür anbieten oder ihn zu einem anderen Hundehalter geben und im Gegenzug dessen Hund während des Urlaubs betreuen. Schließlich gibt es noch Hundebetreuung im eigenen Haus. Die Betreuungspersonen wohnen während Ihrer Abwesenheit bei Ihnen und kümmern sich um Ihren Hund. Ist Ihr Hund an die ständige Anwesenheit von Menschen gewöhnt, sind Dog-Sitting oder die Urlaubsfamilie die besten Lösungen.

Unterwegs

Informieren Sie sich vor Ihrer Abreise umfassend bei der Fluggesellschaft, dem Hotel, dem Campingplatz oder dem Tourismusbüro Ihres Urlaubslandes.

Bürokratische Formalitäten. Planen Sie Ihren Urlaub mit Vierbeiner bereits im Vorfeld. Die bürokratischen Formalitäten sind je nach Land unterschiedlich, daher informieren Sie sich am besten vorab bei der Botschaft oder dem Konsulat des Urlaubslandes. Manche Länder verlangen ein Gesundheitszeugnis und haben strenge Vorgaben. Der europäische Heimtierausweis ist ein Muss, wenn Ihr Hund innerhalb der EU mit unterwegs ist.

Im Hotel. In den vielen Reiseführern werden Hotels angegeben, die auch Tiere akzeptieren. Fremdenverkehrsvereine und Reisebüros informieren Sie über die Vorschriften bezüglich der Anwesenheit von Hunden am Strand oder in Naturschutzgebieten.

Im Auto. Hunde mögen das Auto, vor allem jüngere Hunde jedoch werden häufig reisekrank oder unruhig. Präparate gegen Reisekrankheit beim Hund bekommen Sie bei Ihrem Tierarzt. Verabreichen Sie diese nach den Anweisungen des Tierarztes oder der Packungsbeilage.

Der Hund muss im Auto gut gesichert sein. Am besten sind Hund und Menschen im Auto geschützt, wenn der Vierbeiner in einer gut befestigen Transportbox reist, hinter einem stabilen Gitter im Kofferraum eines Kombis untergebracht oder mit einem speziellen Gurt auf dem Rücksitz angeschnallt ist. Lassen Sie ihn nicht die Nase durch das Fenster stecken, so vermeiden Sie, dass er an einer Ohren- oder Halsentzündung erkrankt. Denken Sie daran, Futter- und Wassernapf, sein Kissen oder seine Decke mitzunehmen. Halten Sie mindestens alle 300 km an und führen Sie Ihren Hund an der Leine spazieren, vorzugsweise an einem ruhigen Ort. Lassen Sie niemals einen Hund im parkenden Auto in der Sonne sitzen.

Im Zug. Hunde mit der Größe einer Hauskatze reisen in einer Transportbox kostenlos mit. Für einen großen Hund müssen Sie eine Kinderfahrkarte lösen, zusätzlich muss er einen Maulkorb tragen.

Im Flugzeug. Mit bis zu 5 (–8) kg Körpergewicht kann ein Hund in der Regel im Passagierraum in einer Tasche mitreisen. Denken Sie daran, ihn bei der Flugreservierung mit anzugeben, denn pro Flug sind in der Regel nur drei Tiere erlaubt. Ein großer Hund reist im Frachtraum in einer speziellen Transportbox. Erkundigen Sie sich nach den genauen Regelungen der gewählten Fluggesellschaft.

Auf dem Schiff. Je nach Schifffahrtsgesellschaft reist der Hund entweder im Zwinger oder in Ihrer Kabine. Informieren Sie sich genau bei der Reservierung. Aktuelle Impfungen und ein Gesundheitszeugnis sind erforderlich.

Am Strand

In vielen Badeorten sind die Strandabschnitte unterteilt in solche, wo Hunde erlaubt oder deren Aufenthalt verboten ist. Ob der Vierbeiner am Strand ohne Leine laufen darf, wird entweder generell geregelt oder ist z. B. nur zu bestimmten Tageszeiten oder in bestimmten Monaten erlaubt. Halten sich bitte an die in der Öffentlichkeit geltenden Hygienevorschriften.

Duschen Sie Ihren Hund nach einem Bad im Meer gründlich ab, um sein Fell von Sand und Salz zu reinigen.

Nehmen Sie den Hund nicht zum Sonnenbaden mit, er bleibt dann besser in der Urlaubsunterkunft. Lassen Sie den Hund niemals im Auto. Die Temperaturen im Innenraum können seinen Tod bedeuten.

Hundesenioren

Leben mit einem Hundesenior

Selbst ein Tierarzt kann nicht genau sagen, ab welchem Alter ein Hund als alt eingestuft werden kann. Große Hunde zeigen viel früher Alterserscheinungen als kleine. Dabei spielen unter anderem die bisherigen Arbeitsaufgaben des Hundes, seine Krankengeschichte oder auch seine Ernährung eine entscheidende Rolle.

Der Alterungsprozess

Altern ist das Ergebnis von Zell-, Stoffwechsel- und Organveränderungen, deren Auswirkung auf den Hund kaum eingeschätzt werden kann. Wie beim Menschen kann man davon ausgehen, dass der Alterungsprozess allmählich, quasi unbemerkt, fortschreitet, bis seine Auswirkungen ihn nach einigen Jahren sichtbar machen, sozusagen als Resultat sich beschleunigender, biochemischer Kettenreaktionen. Zahlreiche Studien sehen in den freien Radikalen und oxidativen Reaktionen den Auslöser hierfür (siehe Seite 284).

Die körperlichen Anzeichen. Die Anzeichen für den Alterungsprozess sind zahlreich. Die Veränderung der Zellen hat weitreichende Folgen. Sie ist insbesondere die Ursache der Gehirnalterung und von Verhaltensänderungen (siehe weiter unten). Ein Blick auf einen alten Hund genügt, um zahlreiche Veränderungen festzustellen. Besonders im Gesicht wird er oft dünner oder knochiger. Dabei handelt es sich um einen Wasserverlust im Gewebe und besonders der Haut. Bei manchen Hunden verfärbt sich das Fell und bei vielen Hundesenioren kann man eine Trübung der Linsen, ein nachlassendes Gehör, eine nachlassende Sehkraft und wegen möglicherweise vorhandener Gelenkbeschwerden einen langsamen und manchmal schwerfälligen Gang feststellen. Im Alter bildet sich oft auch schneller Zahnstein und in der Folge kann der Atem des Hundes unangenehm riechen. Andere Veränderungen vollziehen sich eher unbemerkt: nachlassende Abwehrkräfte, zunehmende Anfälligkeit für Prostataerkrankungen, Tumoren, Knochenentmineralisierung, Nieren-, Herz- und manchmal auch Leberfunktionsstörungen. Schließlich verändert sich auch hauptsächlich im Darmtrakt das Verdauungsgeschehen, so dass es zu Verstopfung oder Durchfall kommen kann, manchmal noch verstärkt durch andere gleichzeitig auftretende Erkrankungen. Natürlich treten diese Veränderungen nicht zwingend und bei allen Hunden auf.

Verhaltensänderungen. Auch Hunde können unter Demenz leiden. Die Anzeichen sind vielfältig und nicht alle Hunde sind davon betroffen. Zu den Verhaltensveränderungen, die auftreten können, gehören

- Vergesslichkeit und Verlust der Sauberkeit (Harn- und Kotabsatz)
- nachlassendes Sozialverhalten: der Hund interagiert nicht mehr so viel, will weniger fortgehen, verhält sich dem Besitzer gegenüber gleichgültiger
- zunehmende Desorientierung: er scheint „in seiner Welt" zu leben, erkennt bekannte Personen nicht mehr, liegt lange Zeit in einer Ecke oder gegenüber einem Möbelstück, läuft um den Tisch herum
- veränderter Schlafrhythmus: schläft tagsüber viel, läuft nachts ziellos herum, manchmal immer dieselbe Strecke.

Glücklicherweise treten nicht alle diese Veränderungen gleichzeitig bei ein und demselben Hund auf!

Notwendige Anpassung

Der Hundehalter kann zur Verlangsamung des Alterungsprozesses beitragen, indem er möglichst viele Anreize bietet: Spiele, Spaziergänge, qualitativ hochwertige Sozialbeziehung usw. Dabei geht es hauptsächlich darum, den Hund nicht in einen Zustand der Gleichgültigkeit abgleiten zu lassen. Beim Auftreten von Krankheitsanzeichen sollte immer der Tierarzt aufgesucht werden, denn nicht alle Beschwerden haben ihre Ursache im Alter und viele können erfolgreich behandelt oder einer Verschlimmerung vorgebeugt werden.

Das Zusammenleben mit einem Welpen. Es ist sehr unterschiedlich, wie ein alter Hund auf das Zusammenleben mit einem Welpen regiert. Für viele Hundesenioren ist die Gesellschaft eines jungen Artgenossen eine Bereicherung und sie werden dadurch animiert, wieder aktiver zu sein. Andere sind von einem quirligen Welpen vielleicht überfordert und versuchen, sich diesen möglichst auf Abstand zu halten. Es ist Ihre Aufgabe darauf zu achten, dass der alte Hund von dem jungen nicht allzu sehr belästigt wird und ihm die Möglichkeit bieten, sich zurückzuziehen, wenn ihm danach ist. Andererseits müssen Sie auch aufpassen, dass der alte Hund den jungen Hund nicht unangemessen maßregelt. Hat der Hundesenior Schmerzen, kann er auf die Annäherung des Welpen auch sehr barsch reagieren, besonders, wenn er überrascht wurde. Dann müssen Sie die beiden besonders gut beobachten.

Ernährung des älteren Hundes

Der Alterungsprozess, der alle Organe des Hundes beeinflusst, ist größtenteils die Folge von Oxidationsreaktionen (siehe Kasten Seite 284). Es gibt jedoch industrielle

ALTER DEUTSCHER SCHÄFERHUND
Der betagte Hund ist nicht mehr so aktiv und neigt zu Gewichtszunahme.

Fertigfutter mit antioxidativer Wirkung, die zur Verlangsamung dieses Prozesses beitragen. Dagegen ist erwiesen, dass jeder Ernährungsfehler unabhängig vom Alter des Tieres den Alterungsprozess beschleunigt. Daher ist bei der Ernährung des alternden Hund Folgendes zu beachten:

- auf eine gute Verdaulichkeit und Verträglichkeit des Futters achten
- mehrere Mahlzeiten täglich erleichtern die Nährstoffaufnahme und entlasten den Verdauungsapparat
- Reduzierung der Futtermenge des alternden Hundes entsprechend der reduzierten körperlichen Aktivität. Dabei muss beachtet werden, dass der Hundesenior trotzdem alle benötigten Nährstoffe in ausreichender Menge und in einem ausgewogenen Verhältnis bekommt
- hoch betagte Hunde verlieren oft an Gewicht, obwohl sie reichlich Nahrung zu sich nehmen. Sie benötigen ein energiereiches, aber leicht verdauliches Futter
- vermeiden Sie häufige oder zu schnelle Futterumstellungen

Für eine bessere Schmackhaftigkeit bieten sich bekömmliche und häufige Mahlzeiten mit ausgeprägtem Geschmack an. Damit der Geschmack nicht verloren geht, setzen Sie das Futter nicht der Luft oder Hitze aus (Feuchtfutter), weichen Sie Trockenfutter einige Minuten lang in lauwarmem Wasser ein und erhitzen Sie Dosenfutter auf 40 °C.

Im Zoofachhandel gibt es spezielles Futter für betagte Hunde verschiedenen Alters. Wenn Sie das Futter für Ihren Hundesenior selbst zubreiten möchten, sollten Sie sich an guter Fachliteratur orientieren oder sich mit einem auf Ernährungsberatung spezialisierten Tierarzt beraten.

Im Angesicht des Todes ...

Der Tod des Hundes ist ein von allen Hundehaltern gefürchteter Augenblick und verlangt von ihnen große Trauerbewältigung, was in unserer heutigen Zeit meist respektiert wird. Dann stellt sich häufig die Frage, ob ein neuer Gefährte an die Stelle des verstorbenen Gefährten treten soll und wenn ja, zu welchem Zeitpunkt und welches Tier.

Einschläferung. Die Einschläferung, meist Auslöser starker Emotionen, wird zunehmend von Hundehaltern befürwortet, die ihren Hund nicht leiden sehen möchten. Um diese Entscheidung treffen und später auch vertreten zu können, sollte man sich hierzu mit dem Tierarzt beraten. Der Entschluss muss gut überlegt sein und sollte möglichst von allen Familienmitgliedern getragen werden.

Die Einschläferung erfolgt heutzutage durch die Injektion einer tödlichen Dosis eines Narkotikums in die Vene, das völlig schmerzfrei ist und wodurch der Hund einschläft.

Vorkehrungen treffen. Ist die Entscheidung für die Einschläferung gefallen, sollte man mit dem behandelnden Tierarzt hierzu einen Termin vereinbaren, damit dieser entsprechend Zeit einplanen kann. Die Tierärzte sind sich der Tragweite dieser Handlung wohl bewusst, ebenso der Belastung, mit der sich der Besitzer konfrontiert sieht. Entsprechend kann dieser Besuch nach den Wünschen des Tierhalters gestaltet werden: genaue Informationen, ein letzter inniger Moment mit dem Hund, bei der Einschläferung dabei sein oder nicht.

Der Tierhalter kann sich selbst um den Tierkörper kümmern und diesen entsprechend den gesetzlichen Regelungen (Informationen gibt es bei den Ordnungsämtern) beisetzen oder sich mit einem Tierbestattungsinstitut in Verbindung setzen, dass den Tierkörper entweder auf einem Tierfriedhof beerdigt oder verbrennt. Er kann diese Angelegenheit auch dem Tierarzt überlassen, der ein entsprechendes von ihm oder vom Tierhalter ausgesuchtes Unternehmen benachrichtigt.

Die Kosten für eine Tierkörperverbrennung sind je nach Unternehmen verschieden. In manchen Fällen dürfen die Tierhalter auf Wunsch bei der Verbrennung anwesend sein, ein ganz wichtiger Schritt auf dem Weg zur Trauerbewältigung. Sie erhalten anschließend die Asche des Tieres oder aber die Asche wird von dem Unternehmen verstreut.

Der Hundefriedhof ist eine kostspieligere Alternative, man kann dort aber sein Gefühl für seinen Hund ausdrücken.

Antioxidantien

Aus dem eingeatmeten Sauerstoff entstehen beim ganz normalen Stoffwechselgeschehen jedes Organismus reaktive Sauerstoffverbindungen oder Sauerstoffradikalen, auch „Freie Radikale“ oder „Oxidantien“ genannt, die beträchtliche Veränderungen bewirken können. Um das Ausmaß der Folgen dieser Reaktionen zu verstehen, muss man wissen, dass die Veränderung der Funktion der Zellmembran (Zellhülle) verantwortlich für zahlreiche Veränderungen des Körpers ist. Diese Prozesse sind auch verantwortlich für das, was man zusammenfassend als „Altern“ bezeichnen kann.

Antioxidantien sind Stoffe, die die Fähigkeit besitzen, die Freien Radikalen zu neutralisieren und so die Radikalbildung zu reduzieren. Der Wirkmechanismus dieser zahlreichen und sehr unterschiedlichen Stoffe ist verschieden. Die bekanntesten Antioxidantien sind **Vitamin A, C und E sowie Selen**. Sie stellen das Gleichgewicht zwischen Freien Radikalen und dem Radikalenfängersystem her, indem sie deren Auswirkungen begrenzen. Vielen Futtermitteln sind Antioxidantien beigemischt, um zu verhindern, dass das Futter schnell ranzig wird.

EIN NEUER HUND Trotz aller Ähnlichkeit werden Sie nie wieder denselben Hund finden.

Notwendige und manchmal lange Trauer

Nach dem Tod ihres Hundes möchte ein Drittel der Tierhalter kein neues Tier mehr. Die Bindung zwischen Halter und Hund kann so stark sein, dass die Trauerzeit sich über sehr lange Zeit hinzieht.

Studien haben gezeigt, dass sich der Trauerprozess in vier Etappen unterteilen lässt: Verweigerung, Wut, Schuld und schließlich die Akzeptanz des Todes. Die Tierkörperverbrennung oder Bestattung, ein erster Schritt zur Bewältigung der Trauer, wird zunehmend in Anspruch genommen. Der Tod eines Hundes kann Erinnerungen an andere Todesfälle wecken, kann bei älteren Menschen den Gedanken an den eigenen Tod auslösen, kann der Verlust des letzten Andenkens an einen bereits verstorbenen Menschen oder einen vergangenen Lebensabschnitt bedeuten.

Trauer und Kinder. Nach Auffassung von Experten ist der Tod eines Haustieres eine nützliche Erfahrung für Kinder. Obwohl er sich je nach Alter des Kindes anders auswirkt, so wird sich das Kind der biologischen Realität doch bewusst und kann sich mit dem Tod als solches auseinandersetzen. Je nach Alter des Kindes ist es sinnvoll, den Tod des Tieres nochmals Revue passieren zu lassen, genau zu erklären, was vorgefallen ist, das Kind über dieses Ereignis sprechen zu lassen oder es das Ereignis in Zeichnungen verarbeiten zu lassen.

Trauer und Erwachsene. Bei Erwachsenen kann der Tod des Tieres manchmal zu Schwierigkeiten bei der Arbeit, Rückzug, Appetitverlust und sogar Depressionen führen. Die Reaktionen aus dem Umfeld sind unterschiedlich: Mitleid, Abschwächung oder Kritik, bis hin zu Ironie. Der von seinem sozialen Umfeld abgelehnte Tierhalter kann zu allem Überfluss auch noch Schuldgefühle hinsichtlich seiner Trauer entwickeln.

Einen neuen Hund aufnehmen

Jeder Hundehalter verhält sich anders. Manche suchen sich „denselben" Hund aus. Soll heißen, einen Hund derselben Rasse, desselben Geschlechts, wenn möglich, mit derselben Abstammung. Der Hund bekommt denselben Namen und wird baldmöglichst angeschafft. Solch ein Hund hat keine eigene Existenzberechtigung, er ist nichts anderes als ein Abklatsch des verstorbenen Hundes und der andauernde Vergleich zwischen den beiden geht immer zu seinen Ungunsten aus und lässt ihm wenig Raum (Ersatzhundsyndrom).

Andere Hundehalter schaffen sich erst nach der Trauerphase einen Hund an und bevorzugen dabei das genaue Gegenteil des verstorbenen Lieblings. Solch ein Hund wird um seinetwillen angeschafft. Er repräsentiert das Leben, das weitergeht.

Eine dritte Lösung besteht darin, bei den ersten Alterserscheinungen einen Welpen ins Haus zu holen. Der Welpe kann bei dem älteren Hund einen „zweiten Frühling" auslösen.

Der richtige Zeitpunkt für die Einschläferung

Die Einschläferung soll Ihrem Hund das durch eine unheilbare Krankheit verursachte Leiden oder eine starke Abnahme seiner Vitalfunktionen ersparen. Hier einige Eckpunkte zur besseren Einschätzung.

- Kann der Hund problemlos fressen und trinken oder erbricht er z. B. häufig?
- Kann er seine Ausscheidungen kontrollieren?
- Kann er noch ohne Gleichgewichtsprobleme laufen?
- Leidet er an Schmerzen, die nicht mehr zu lindern sind?
- Welche Prognose stellt der Tierarzt?

Seinen Hund kennen und verstehen

Domestizierung

Die ersten eindeutigen archäologischen Spuren des Hundes liegen 14.000 Jahre zurück. Seither ist die Geschichte des Hundes eng mit der Geschichte des Menschen verknüpft. Der Hund ist dem Menschen in alle fünf Kontinente gefolgt und hat sich wie dieser an alle Witterungsverhältnisse angepasst.

Die große Familie der Caniden

Die Spezies Hund weist eine innerhalb derselben Art bislang unübertroffene Vielgestaltigkeit (Polymorphismus) auf. Vom Chihuahua bis zum Mastino Napoletano gehören alle Hunde derselben Art an, so dass es heutzutage unmöglich ist, den Typ des allerersten Hundes festzustellen: War er groß oder klein? Wie war er gebaut? Nach wie vor sind noch viele Fragen zu seinem Ursprung und seiner Domestizierung offen.

Schon seit langem weiß man um den Ursprung des Pferdes und des Schweins – warum also tut man sich so schwer damit, den Ursprung eines uns so nahestehenden Tieres herauszufinden? Eine der möglichen Antworten auf diese Frage ist, dass die ganz oben in der Nahrungskette angesiedelten Caniden zahlenmäßig weniger vertreten sind als ihre Beutetiere und daher auch in den versteinerten geologischen Schichten weniger vertreten sind als die *Herbivoren* (Pflanzenfresser). Zudem weisen die prähistorischen Caniden wenige deutlich ausgeprägte Merkmale auf und die Abstammungsverhältnisse der einzelnen Arten untereinander waren weitaus schwieriger herauszufinden als bei den Katzen: auch die Entwicklungsgeschichte der Katzen ist noch weitgehend unbekannt.

Der Mensch ist an dieser Unwissenheit nicht unbeteiligt – sei es auf Grund ungeeigneter Untersuchungsmethoden, sei es, weil das Hauptaugenmerk der Forscher an den paläolithischen Fundstätten sich lange Zeit nur auf menschliche Überreste richtete.

Evolution der Hunde

Miaciden

Die Entwicklungsgeschichte der Hunde nahm vor rund 50 Millionen Jahren im Tertiär *(Paläozän)* mit dem Auftreten kleiner Raubtiere *(Carnivoren)*, den *Miaciden* ihren Anfang. Diese ursprünglichen Raubtiere, die eher einem Marder ähneln als einem Dalmatiner und die eine erstaunliche Entwicklung durchliefen, zählen zu den Vorfahren der Canidae, der Hunde.

Hundeartige *(Canoidea)*

Die ältesten Gattungen waren vor 35 Millionen Jahren in Nordamerika vertreten, erreichten dann Europa und Asien und schließlich Südamerika und Afrika. Sie ähnelten mehr einem Wiesel als einem Hund (die Gattungen *Cynodictis* bzw. *Hesperocyon*): obwohl typisch hundeartig, erinnern die Merkmale des Schädels und der Gesamterscheinung an Marderartige: langer kräftiger Schwanz, Vorder- und Hintergliedmaßen nicht gleichmäßig ausgebildet, die längliche Lendenregion – all dies sind Merkmale der primitiven Hundeartigen, die im Laufe der Entwicklung verschwinden.

So vollzogen sich in 30 bis 15 Millionen Jahren zahlreiche Veränderungen, die den neuzeitlichen Hundetyp verkörpern: größere Gestalt und längere Gliedmaßen. Diese Entwicklung bringt unter anderem zwei noch heute bekannte Unterfamilien hervor, die *Canini* (echte Hunde, Gattung *Canis*) und *Vulpini* (echte Füchse, Gattung *Vulpes*).

DER SCHAKAL
Der in Afrika und Asien verbreitete Schakal ernährt sich von Kleinsäugern, Reptilien und Aas.

Komplizierte Abstammungsverhältnisse

Zu jenem Zeitpunkt werden die Abstammungsverhältnisse der Ahnen des Hundes kompliziert, denn eine große Anzahl an Fossilien sind alle Anwärter auf einen Platz im Stammbaum unserer heutigen Hunde. Die Gattung *Canis* trat vor 24 Millionen Jahren im Miozän auf in Form der Gattung *Canis etruscus*, die etwas kleiner als der heutige Wolf war und vermutlich in Form der Gattung *Canis mosbachensis*, manchmal als Untergattung der Ersteren angesehen. Eine der beiden Gattungen könnte der Vorfahre des Wolfes sein. Zu jener Zeit existierten jedoch noch andere Spezies *(Canis cipio, Canis michauxi, Canis cdoxus etc.)* und die Verwandtschaftsverhältnisse untereinander konnten noch nicht aufgeklärt werden. Wieder andere Spezies konnten mit dem Schakal oder dem Koyoten in Verbindung gebracht werden.

Lange Zeit war es Paläontologen auf Grund fehlender Fossilien der Übergangsformen nicht möglich, den Wolf mit seinem hundeähnlichen Verhalten oder den Schakal oder Koyoten, beide in etwa gleich groß, als direkten Vorfahren des Hundes zuzuordnen. Schließlich ergaben Analysen des Erbgutes des Wolfes, dass der Wolf *(Canis Lupus)* der dem Hund am nächsten stehende Verwandte und dessen Vorfahre ist. Mehrere wissenschaftliche Institutionen haben daher entschieden, den Hund als *Canis lupus familiaris* zu führen – was ihn als Haustierform des Wolfes kennzeichnet. Moderne Genetik und Biologie werden zweifellos weiterhin zur Aufklärung einer noch ungewissen Entwicklungsgeschichte beitragen.

DER KOYOTE
Der in Nordamerika überall verbreitete Koyote lebt sogar in Städten.

Der Wolf, Ahnherr des Hundes

Das Erscheinen von *Canis lupus*, der Spezies Wolf, wie wir sie heute kennen, datiert vermutlich zurück auf das Quartär (jüngster Zeitabschnitt der Erdgeschichte) vor 1,64 Millionen Jahren. Bei dieser Spezies handelt es sich um eine Art, die sich an alle natürlichen Umgebungen anpassen kann. In der Tat wurden Überreste des Wolfes in sehr unterschiedlichen Landschaften und Klimazonen gefunden: Tundra, Taiga, Laubwälder, Steppen, mediterranen Zonen ... Diese Details sind unter Paläontologen noch umstritten und über die Klassifizierung der Überreste nach Art bzw. Unterart herrscht nicht immer Einhelligkeit.

Annäherung von Mensch und Wolf

Bislang wurde noch nie ein Skelett des Hundes, d. h. von *Canis lupus familiaris*, in den geologischen Schichten, die noch aus der Zeit vor dem Cro-Magnon-Menschen datieren, also vor rund 30 000 Jahren, gefunden.

Studien zur Sozialstruktur primitiver Völkerstämme und zum Verhalten von Wolfsrudeln zeigen eine Annäherung dieser beiden Jägergruppen. Beide Gruppen weisen zahlreiche Ähnlichkeiten auf: Die Menschen im Paläolithikum waren Nomaden, deren Sozialleben um Jagen und Sammeln kreiste. Die Wölfe wiederum, die meist in Rudeln von mehreren Tieren zusammenleben, sind in erster Linie Raubtiere, Aasfresser und gelegentlich sogar Pflanzenfresser. Beide Gruppen jagen unterschiedliche Beutetiere (Hasen, Biber) und Tiere, die wesentlich größer sind als sie selbst (Hirsche, Elche, Rentiere).

Die Jagd vorwiegend auf größere Tiere erfolgt in der Gruppe, beide Gruppen passen sich an jedes Gelände an und ändern ihre Annäherung je nach den Umständen. Wölfe jagen vorzugsweise geschwächte Tiere, denen sie abwechselnd nachstellen, es sei denn, sie veranstalten eine regelrechte Treibjagd.

Die jeweiligen Jagdformen von Mensch und Wolf sind daher äußerst ausgefeilt und erfordern eine Sozialisierung und Rangordnung sowohl im menschlichen Volksstamm als auch im Wolfsrudel. An der Jagd nehmen nur die Stärksten teil, männliche wie weibliche Tiere. Alle anderen warten auf den Ertrag der Jagd im Lager.

Dieselbe Beute, dasselbe Revier, dieselbe Jagdtechnik, eine analoge Sozialisierung – so viele Komponenten, die zur Annäherung von Mensch und Wolf beitrugen. Damit eine Domestizierung einer ganzen Art – nicht zu verwechseln mit der Zähmung eines Einzeltieres! – überhaupt möglich ist, müssen die Vertreter der Art die Änderung ihrer Lebensweise und ihre Lebensraumes annehmen. Je ähnlicher sich die Lebensformen der Arten sind, umso leichter fällt dies. Die Entwicklungsgeschichte ist voll von fehlgeschlagener Domestizierung: die Ägypter versuchten vergeblich, Hyänen, Füchse, Gazellen und Großraubkatzen zu zähmen. Landwirtschaft und Sesshaftigkeit sind die Voraussetzung für die Domestizierung von Arten wie dem Schaf, der Ziege oder dem Schwein, wohingegen der Wolf sich anpasst.

Frühe Domestizierung

Auf dieser Grundlage kann man sich die Umstände der frühen Domestizierung vorstellen. Die Faszination war gegenseitig: der Mensch war vom Wolf fasziniert, den er bei der Jagd beobachtete und dessen Heulen als Kommunikations- und Orientierungshilfe diente. Der Wolf war vom Menschen fasziniert, der ihm die Essensreste überließ oder ihn vom Schutz des Lagerfeuers profitieren ließ. Zweifellos haben Mensch und Wolf bei der Verteidigung ihres Jagdreviers zusammengearbeitet. Die Aufnahme eines bei der Jagd gefundenen jungen Wolfs war sicherlich der zweite Schritt bei der Domestizierung. War der Wolf erwachsen geworden, musste er ins Rudel zurückkehren, bis es dem Menschen gelang, sich die Treue eines Tieres zu sichern. Nun sprach nichts dagegen, dass sich die Tiere im Lager der Menschen vermehrten und dass sich dieser aus der Veränderung der Lebensform ergebende Wandel verfestigte. Von diesem Szenario existiert kein Beweis in Form von Fossilien und man weiß nicht, über welchen Zeitraum es sich erstreckt hat, sicherlich jedoch über Jahrtausende, vielleicht sogar 100000 Jahre.

Der einzige Beweis ist der durch die Domestizierung bewirkte Wandel: Reduzierung der Größe des Tieres, Verkürzung des Gesichts. Die ersten Mumien geben Aufschluss über die Erscheinung des Hundes: von mittlerer Größe (50 bis 55 cm Widerristhöhe), Stehohren, halblanges Fell, buschige Rute, kurzer Fang. Die an allen Ausgrabungsstätten, wo man Spuren der Domestizierung vorfand, entdeckten Funde sowohl in Nordamerika als auch in China, in Europa oder im Mittleren Orient weisen dieselben Merkmale auf.

Domestizierte Hunde und Wildformen

Die Vermehrung der Hunderassen ist ein Phänomen, das eindeutig nach der Domestizierung des Hundes auftrat. Bedeutung und Verwendung der ersten Hunde sind unbekannt. Auch wenn sie sehr früh zur Jagd und sehr wahrscheinlich auch als Wächter eingesetzt wurden, so bleiben doch einige Fragen hinsichtlich ihrer Funktion als Gefährten in den neolithischen Gesellschaften offen. Funde zu sehr alten Bestattungsgebräuchen bei Hunden sprechen für eine frühe gegenseitige Zuneigung. In China dagegen legen Funde von 5000 Jahre alten Hundeskeletten im Abfall nahe, dass die Hunde auch Nahrungsmittel waren.

Ein großes Fragezeichen stand lange hinter dem australischen Dingo. Nach neuesten Analysen seines Erbgutes kam er vor rund 4000 Jahren mit asiatischen Seeleuten nach Australien. Durch seine rasche Verbreitung über den australischen Kontinent und seine kooperative Jagdweise war er sicherlich auch Konkurrenz für einige Arten, vor allem die carnivoren Beuteltiere. Der von den Aborigines sehr jung gefangene und als Haustier gehaltene Dingo wurde, domestiziert oder wildlebend, von europäischen Siedlern, deren Schafherden er angriff, verfolgt.

Die Vermischung mit dem Haushund gefährdet jedoch gegenwärtig seine Eigenständigkeit und kann langfristig zum Aussterben der Dingos führen.

Hund als Haustier

In unserer heutigen Gesellschaft hat sich der Hund zunehmend zum Haustier und sogar zu einem vollständigen Familienmitglied entwickelt. Immer wichtiger wird auch seine Funktion als Gesellschafter besonders für allein lebende Menschen. In jüngsten Untersuchungen ist der Hund in 80 % der Fälle wie eine „Vertrauensperson", der weder missbilligt noch wertet, und der auf Grund sei-

DIE DOMESTIZIERUNG DES HUNDES
Der Hund war noch vor Ziege, Schaf und Schwein die erste domestizierte Art.

ner Veranlagung ein hohes Maß an Verständnisfähigkeit für die Stimmungen seines Menschen aufbringen und eine sehr enge emotionale Beziehung zu ihm eingehen kann.

Ein Haushund kann auch ein Mittel sein, um soziale Beziehungen innerhalb eines sozial gestörten Milieus oder eine Beziehung zur Natur wieder herzustellen. Dank seines Hundes kann der einsame Hundehalter seine Lebensfreude und sein Verantwortungsbewusstsein wiederfinden und sich wieder gebraucht fühlen.

Ein Nebeneffekt dieser Annäherung sind Angebote aller Art passend für jede Zielgruppe, ganz nach menschlichem Vorbild: Hundefachzeitschriften, Jahrestreffen, Geschenke, Bekleidung, Schmuck, Ferienclubs, Urlaub mit Hund, Verbesserung der Leistungsfähigkeit, „Dog-Sitting" ...

Inzwischen ist der Hund auch auf sehr vielen Familienfotos zu sehen – er zählt heute bei vielen Haltern als vollwertiges Familienmitglied.

Das Verantwortungsbewusstsein des Hundehalters geht oft so weit, dass er testamentarisch verfügt, dass die Versorgung seines Hundes auch nach seinem Ableben gesichert ist.

BEDROHT
Durch die Vermischung mit Haushunden ist die Existenz des Dingos bedroht.

Ein soziales Tier

Hund und Mensch

Im Laufe der Evolution fanden zwei unterschiedliche Arten zueinander, die jedoch entscheidende Gemeinsamkeiten aufwiesen: Menschen wie Hunde waren Jäger und beide Arten bildeten soziale Verbände. Mit großer Wahrscheinlichkeit war die Ähnlichkeit ihrer Sozialstrukturen der gemeinsame Ausgangspunkt zunächst für die Zusammenarbeit und später für den engen Kontakt.

Gemeinschaft

Wurde der Hund als Welpe mit Artgenossen und Menschen richtig sozialisiert, kann er in eine Menschenfamilie integriert werden und akzeptiert den Menschen als engen Sozialpartner, genau wie Hunde. Für ein hundegerechtes Leben mit Vierbeiner ist es wichtig, dass es eine Rangordnungsstruktur in der gemischten Gemeinschaft gibt, die Status und Rollenverteilung definiert. Indem der Hundehalter seine Erziehung an die Hundepsychologie anpasst, kann er zahlreiche Verhaltensprobleme vermeiden, die aus einer unzureichenden Rangordnungsklärung innerhalb des Mensch-Hund-“Rudels“ resultieren. Damit sich die Beziehung harmonisch gestaltet, ist das Wissen um die Kommunikation mit dem Hund von grundlegender Bedeutung.

Festzustellen bleibt jedoch auch, dass sich die Erziehungsmethoden immer weiter entwickeln. Für die Praxis bedeutet dies, dass man manchmal auf sehr uneinheitliche Erziehungskonzepte trifft. Die heute vorwiegende Aufgabe des Hundes, Gesellschafter und Begleiter zu sein, hat sicherlich damit zu tun, dass die Beziehung zum Hund heutzutage nicht ausschließlich zweckgebunden ist, sondern Freuden bereiten soll, so dass die Hundehalter die Ausübung von Gewalt ablehnen.

Verständigung zwischen Mensch und Hund

Gemeinhin gilt der Hund als das Tier, das alles kann, nur nicht sprechen. Diese Feststellung zeugt von gesundem Menschenverstand und ist daher interessant. Zwar erfolgt die Verständigung mit dem Hund nicht über die Sprache, da die Worte für den Hund keinen Sinn ergeben. Auch wenn der Hund nicht sprechen kann, so kann er doch nahezu alles andere. Und auf diesem „alles andere“ beruht die Verständigung.

Gesten und Tonfall. Wir Menschen verständigen uns nur mit Worten, wobei ihr Inhalt von nicht-verbalen Signalen beeinflusst wird. Tonfall, Gesichtsmimik, Pupillendurchmesser und Körperbewegungen (Haltung und Rhythmus des Bewegungsablaufs) spielen eine mindestens genauso wichtige Rolle wie die Worte. Mit dem Hund verhält es sich genauso, auch wenn seine Kommunikation gänzlich aus Gesten und verschiedenen Lauten und deren Tonfall besteht.

Ausgesprochene Worte sind Hörsignale, die der Hund mit einer Situation oder einem erwarteten Verhalten in Verbindung bringt. Wenn man daher einen Hund absitzen lässt, muss er das Kommando „Sitz“ erst lernen, um dies korrekt auszuführen. Effektiver sind oft körperliche Signale, die die entsprechende Bewegung nahe legen, allerdings müssen auch diese erst eingeübt werden – dies bereitet dem Hund meist keine Probleme.

Überzeugend sein. Die mit dem Wort verknüpfte Handlung kann zu einer Situation gehören, die für die Rangordnung des Hundes bedeutsam ist. Daher sind es die nicht-verbalen Signale des Hundehalters, die den Befehl entweder verstärken oder abschwächen. Stellen wir uns beispielsweise einmal vor, dass ein Rüde auf den gewöhnlich für seinen Herrn reservierten Sessel gestiegen ist. Der Hund nimmt sich das Privileg heraus, auf diesem erhöhten Platz zu liegen. Erteilt der Halter dem Hund das Kommando vom Sessel zu steigen, verlangt er vom Hund, ihm dieses Privileg einzuräumen und selbst darauf zu verzichten. Gibt er das Kommando, ohne sich zu

Ausbildungssequenz

Körperhaltung und Gesten des Menschen spielen eine zentrale Rolle bei der Ausbildung.

Scheidungshunde

Per Gesetz wird der Hund als **bewegliches Gut** definiert und im Scheidungsfall als solches behandelt. Ohne Einigung (z. B. im Ehevertrag) wird daher das künftige Sorgerecht für den Hund anhand von Dokumenten zugesprochen, die einen **Eigentumsnachweis** darstellen: Kaufvertrag, Ausweis, usw.

fragen, ob der Hund gehorchen wird, machen sein Tonfall, sein Blick und seine Körperhaltung (leicht vornüber gebeugt) dem Hund deutlich, dass sein Mensch es ernst meint. Folgt der Hund, erkennt er den Menschen in dieser Situation als dominant an. Ist sich dagegen der Besitzer über den Ausgang dieser Angelegenheit unsicher, vermitteln Tonfall, Gesichtsausdruck und Körperhaltung dem Hund dessen Dilemma. Das kann in manchen Fällen (in denen die Beziehung grundsätzlich gestört ist) dazu führen, dass der Hund den Menschen bedroht, um weiterhin dieses Privileg für sich in Anspruch zu nehmen. Solche Situationen können dramatisch werden und sind beispielhaft für all jene, in denen der Halter sich wegen mangelnder Überzeugungskraft und vielleicht aus Angst vor dem Hund als nicht kompetente Führungspersönlichkeit zeigt.

Sich gut mit seinem Hund verständigen. An obigem Beispiel kann man gut erkennen, wie wichtig die Verständigung für die Einführung und den Erhalt einer Rangordnung innerhalb der Gemeinschaft ist. Das Zusammenwirken beider Signale (des verbalen wie des nicht-verbalen Signals) gewährleistet eine wirksame Informationsübertragung. Häufig führt ungenügende Kenntnis von Sinn und Zweck einer bestimmten Reaktion des Hundes dazu, dass der Halter verwirrende Informationen weitergibt. So nützt auch lautes Schreien in der Regel wenig, wenn der Hund wegläuft. Um den Hund zurückzurufen, wenn er frei läuft, muss der Mensch sehr überzeugend wirken, auf jeden Fall viel interessanter als andere Artgenossen oder Spielzeuge sein, die bis jetzt den Hund beschäftigt haben. Leider wird der Hundebesitzer ungeduldig, wenn der Hund sich beim Zurückkommen Zeit lässt. Sein Gesicht verzerrt sich und lässt schon jetzt die Maßregelung erkennen, die der Hund beim Zurückkommen erwartet. Deswegen gehen viele Hunde dann nicht zu ihrem Halter, sondern bleiben auf Distanz oder vergrößern diese sogar noch. Dieses Beispiel illustriert die Komplexität des Zusammenspiels von Informationen, die von Mensch zu Hund über den optischen und akustischen Kanal weitergegeben werden.

Hunde und Kinder

Kann man einen Begleithund gefahrlos bei Kindern lassen? Die Einstellung des Hundes Kindern gegenüber wird durch die Sozialisierung geprägt. Ist die Sozialisierung richtig verlaufen, zeigt der Hund ein ähnliches Verhalten, wie er es bei der Aufnahme eines Welpen zeigen würde. Das Kind muss die Regeln zu respektieren lernen, die das Zusammenleben mit dem Hund bestimmen, z. B. sich daran halten, dass der Hund an seinem Schlafplatz nicht gestört werden darf. Zwischen Kind und Hund kann sich sehr schnell eine starke Beziehung entwickeln und beide werden zu einer perfekten Verständigung finden.

Dennoch empfiehlt es sich, Kinder unter 10 Jahren und Hunde nicht unbeaufsichtigt zu lassen. Es kann immer wieder einmal vorkommen, dass das Kind im Verlauf z. B. eines Spiels etwas macht, was den Hund reizt und ihn provoziert, oder dass das Kind die einem Angriff vorausgehenden Alarmsignale nicht richtig interpretiert (siehe Seite 316). Bei Kindern unter 3 Jahren ist Wachsamkeit angesagt, da so kleine Kinder nicht in der Lage sind, die Reaktionen eines Hundes zu deuten (Knurren etc.). Aus diesem Grund können solche Situationen zu schweren Unfällen führen.

Hunde und Jugendliche

Die Geduld, die ein Hund gegenüber den Späßen des Kindes zeigt, ändert sich, sobald aus dem Kind ein Jugendlicher wird. Aus dem Kind mit Welpenstatus innerhalb der Rangordnung wird nun ein vollwertiger Mitspieler im sozialen Spiel.

Nehmen wir als Beispiel den Fall eines Rüden, der mit einem Jungen zusammenlebt. Ist der Hund gut in die Familie integriert, läuft alles gut ab, trotzdem kann es zu Missverständnissen kommen. Der Jugendliche wird vielleicht versuchen, seine Macht, die er in sich aufsteigen fühlt, an dem Hund zu testen. Was der Hund bislang toleriert hat, weil das Kind keine Konkurrenz war, kann nun zu einer Konfliktsituation führen, auf die der Hund mit Knurren reagiert. Daher muss man dem Jugendlichen die Situation erklären und ihn anhalten, die Regeln im Zusammenleben mit Hund zuakzeptieren und umzusetzen.

Im Falle eines Mädchens wird dieses noch mehr als früher die Gesellschaft des Hundes suchen. Welche Eltern konnten in dieser Zeit nicht die unaufhörlichen Zärtlichkeitsbekundungen und langen Diskussionen im Flüsterton bemerken, die ihre Tochter mit dem Hund der Familie führte? Häufig wird der Hund im Zimmer seiner jungen Freundin seine Zelte aufschlagen. Doch auch hier muss man die Situation erklären und den vom Hund eingenommen Platz innerhalb der Rangordnung genau definieren, damit das Gleichgewicht der Familie nicht aus dem Lot gerät.

Der Hund in der Familie

Die im Laufe eines Lebens des Hundehalters eintretenden Veränderungen wirken sich auch auf den Hund aus und können die bestehende Ordnung stören. So führt manchmal die Ankunft eines Neuankömmlings – Lebensgefährte, Schwiegervater oder Schwiegermutter – zu Konflikten. Denn einem Fremden oder dem „Eindringling“ gegenüber sind die meisten Hunde nicht so tolerant wie gegenüber ihren vertrauten Menschen. Probleme können auch dadurch entstehen, dass die neuen Familienmitglieder bisher noch keine Erfahrung im Umgang mit Hunden hatten und dadurch Signale senden, die zu Missverständnissen führen. Außerdem kann der Tod eines Familienmitglieds manchmal zu Angststörungen führen, wenn zwischen dem verstorbenen Menschen und dem Hund eine übermäßige Bindung bestand. In der Regel sind die Folgen (Unruhe, Appetitlosigkeit, Schlafstörungen) vorübergehender Natur und hören nach einigen Tagen oder Wochen ganz auf.

Hauptsächlich sind es Krisensituation für die Besitzer – eine konfliktreiche Trennung oder Scheidung, Arbeitslosigkeit usw., – die den Gemütszustand des Hundes und sein Gleichgewicht beeinflussen. Bei einem Paar kann beispielsweise einer der Partner versuchen, in einem Konflikt den Hund auf seine Seite zu ziehen, ihn dazu ermutigen, die Position des anderen Partners nicht zu respektieren bzw. ihm gegenüber sogar aggressiv zu werden – und dann die Schuld dem Opfer zuschieben, das „nichts von Hunden versteht“. Für den Hund fängt das Problem häufig mit der Rückkehr in eine „normale“ Situation nach einer Versöhnung oder Trennung an, denn die Person, die den Hund für sich instrumentalisiert hat, verlangt nun wieder von ihm, den Partner wie vormals zu akzeptieren. Ein anderes Beispiel: Während einer längeren Zeit der Arbeitslosigkeit neigt der Besitzer dazu, eine starke Bindung zwischen ihm und dem Hund aufzubauen, indem er sich mehr um ihn kümmert. Diese verstärkte Zuwendung kann möglicherweise der Grund für Trennungsangst beim Hund sein (siehe Seite 319), die ab dem Tag, an dem der Hundebesitzer wieder regelmäßig außer Haus geht, auftritt.

WOHLFÜHLEN MIT HUND
Die Anwesenheit eines Hundes fördert das Wohlbefinden seines älteren Halters.

Gesundheitsfaktor Hund

Mehrere Studien haben die Bedeutung des Hundes für die **physische und psychische Gesundheit** des Hundehalters ausgewertet. Demnach trägt das Streicheln eines Hundes dazu bei, Herzfrequenz und Blutdruck beim Menschen zu senken. Außerdem leiden Hundehalter weniger an harmlosen Erkrankungen und Rückenschmerzen. Ein Hund macht einfach glücklicher ...

Daher wird der Hund manchmal bei der Behandlung depressiver Menschen eingesetzt. Ein treuer Hund hat auch eine positive Auswirkung auf allein lebende, besonders ältere, Menschen: seine Pflege und Haltung strukturieren ihren Tagesablauf.

Hunde und Senioren

Ältere Menschen werden vom Hund nicht anders als andere Erwachsene wahrgenommen. Hauptsächlich sind es deren körperlicher Zustand und Reaktionsfähigkeiten, die eine Verhaltensänderung beim Hund bewirken können. So kann es vorkommen, dass ältere Menschen eine Verständigung mit dem Hund über Futtergaben suchen. Die aus körperlichen Gründen als leichter empfundene Verständigung über Futtergaben als über das Spiel führt dazu, dass Futtergaben die Entwicklung von Unruhe und sogar Reizbarkeit beim Welpen begünstigen, ganz zu schweigen von Übergewicht.

Nichtsdestotrotz sind Hunde für ältere Menschen oft wie eine „Vertrauensperson“, und sie haben eine enge, für beide gleichermaßen wohltuende Beziehung zueinander (siehe Kasten links). Durch den Hund werden sie ermuntert, aus dem Haus zu gehen und gleichzeitig werden sie aus ihrer Isolation gerissen dank der vielen Kontakte, die sich auf den Spaziergängen ergeben. Sogar in manchen Seniorenresidenzen sind Heimtiere gern gesehen.

Ein soziales Tier

Der Hund in der Gesellschaft

Schon immer hat der Hund dem Menschen bei seiner Arbeit geholfen. Spießdreher, Scherenschleifergehilfe, Karrenzieher für den Milchmann – dies sind nur ein paar Beispiele für Tätigkeiten des Hundes, die es heute nicht mehr gibt. Im Laufe der Zeit entstanden jedoch neue Tätigkeiten und Einsatzbereiche, genau wie im Hundesport.

Militär- und Polizeihunde

Die hauptsächlich zur Bewachung und im Wachdienst eingesetzten Hunde dienen auch als Spürhunde. Sie stellen Verbrecher und spüren Rauschgift oder Sprengstoffe auf.

Der Deutsche Schäferhund, ein robuster und unerschrockener Hund, ist der bei weitem am häufigsten eingesetzte Gebrauchshund, dazu kommen vor allem noch Belgische Schäferhunde. Als Spürhunde kommen aber auch andere Rassen in Betracht, z. B. der Labrador Retriever.

Ausbildung und Auswahl

Die Hunde müssen ein ausgeglichenes Wesen besitzen und schussfest sein (siehe Seite 303). Ihre Arbeitsanlagen werden ausgiebig getestet. Wichtig ist dabei vor einem ausgeprägtes Spielverhalten, da z. B. die Spürhunde spielerisch an ihre Aufgaben herangeführt werden und diese auch im Spiel lernen. Doch auch eine gute Sozialisation und der gelassene Umgang mit Umweltreizen aller Art sind die Voraussetzungen, die ein guter Polizei- oder Militärhund mitbringen muss. So sollte sich ein Diensthund beim Verfolgen einer Fährte nicht von einem vorbeihoppelnden Kaninchen auf die falsche Spur lenken lassen. Nicht jeder in Betracht gezogene Hund schafft es bis zum Diensthund im Einsatz.

Nach der „Einarbeitungszeit" beginnt die eigentliche Ausbildung der Hunde. Jeder Hund wird seinem zukünftigen Ausbilder zugewiesen, mit dem er ein Gespann bildet. Anschließend erfolgt ein zehn- bis dreizehnwöchiger Grundlehrgang, an den sich eine Spezialausbildung unter Anleitung eines Betreuers anschließt. Dabei perfektioniert das Gespann seine Kenntnisse und Fähigkeiten auf Grundlage von Übungswiederholungen und Belohnungen für korrektes Ausführen. Die Hundeführer durchlaufen parallel zu der praktischen Ausbildung im Gelände auch eine theoretische Ausbildung.

Der Wach- und Patrouillenhund wird auf Schussfestigkeit und auf Angriff auf Befehl trainiert. Der Spürhund setzt seine Nase ein und muss die Ausdauer aufbringen, eine Fährte über lange Distanzen zu verfolgen: 12 bis 15 km, sogar bis zu 18 km. Der Suchhund arbeitet lautlos und lernt, mögliche Verstecke aufzuspüren. Auch wenn die Bewachung in der Natur des Hundes liegt, so ist der Wachdienst eine erworbene Fähigkeit und der Hund muss stundenlang auf seinem Posten bleiben können. Die Karriere von Militärhunden ist im Alter von 8 bis 10 Jahren zu Ende und die meisten Hunde verbringen den Rest ihres Lebens bei ihrem Ausbilder.

Minensuchhunde

Der auf den Geruch von Sprengstoffen trainierte Minensuchhund lernt, deren Vorhandensein ohne Berührung anzuzeigen, meist durch Vorsitzen. Die Ausbildung beginnt bereits im Alter von vier bis fünf Monaten. In diesem Bereich werden Deutsche Schäferhunde, Malinois, Rottweiler, Labradore und sogar Pudel eingesetzt. Auch hier muss das Gespann gut zusammenhalten. Der Hundeführer muss die kleinste Änderung im Verhalten seines Hundes erkennen, denn ein Fehler kann tödlich sein. Minensuchhunde sind daran gewöhnt, in grellem Licht und unter großem Lärm zu arbeiten.

DER IDEALE WACHHUND
Er muss wachsam sein und ein ausgeglichenes Wesen besitzen.

Wach- und Patrouillenhunde

Wach- und Schließgesellschaften setzen zunehmend Wachhunde als Unterstützung der Wachleute ein. Die von den Wachleuten, mit denen zusammen sie eingesetzt werden, gut ausgebildeten Hunde erfüllen ihre Schutzaufgabe hervorragend. Es kann jedoch auch vorkommen, dass sie jeden Abend vor Ort allein gelassen werden, mit allen damit verbundenen Risiken und Gefahren.

Drogenspürhunde

Seit den sechziger Jahren, die einen Aufschwung des Drogenhandels mit sich brachten, haben Zoll- und Polizeibehörden Hunde zum Aufspüren von Drogen eingesetzt, deren hervorragender Geruchssinn auch den leistungsfähigsten Geräten haushoch überlegen ist. Der Hund wird ausgebildet, auf kleinste Spuren von Drogen, deren Gerüche er wahrzunehmen gelernt hat, zu reagieren. Das Aufspüren von Drogen ist Hunden mit äußerst ausgeprägtem Geruchssinn, großer Gelassenheit und Widerstandsfähigkeit vorbehalten. Der Hundeführer muss auch noch die kleinste Reaktion seines Hundes deuten können. An vielen Flugplätzen ist es ganz normal, dass Hunde das Gepäck oder zumindest verdächtige Gepäckstücke kontrollieren. Auch das beste Versteck ist bei einem guten Drogenspürhund nutzlos und wird bald entdeckt.

DER RETTUNGSHUND Rettungshundestaffeln vollbringen wahre Wunder bei großen Katastrophen.

Rettungshunde

Hier unterscheidet man Katastrophenhunde, Lawinensuchhunde und Wasserrettungshunde – sie alle sind auf eine bestimmte Aufgabe spezialisiert.

Trümmersuchhunde

Katastrophenhunde werden bei Erdbeben, Erdrutschen, Explosionen, Bränden eingesetzt, d. h. jedes Mal, wenn es gilt, unter Schutt begrabene Überlebende aufzuspüren. Für diese Aufgabe werden vom Deutschen Schäferhund bis zur Promenadenmischung alle geeigneten Hunde eingesetzt.

Erforderliche Eigenschaften. Die Hunde werden nach ihrer Führigkeit, ihrer natürlichen Anlage zum Suchen, ihrer Ausdauer, ihrem Sinn für Zusammenarbeit, ihrer Intelligenz und ihrem Mut ausgesucht. Die Grundlagen ihrer Ausbildung ähneln denen der Lawinensuchhunde (siehe unten), aber die Aufgaben werden in einer anderen Umgebung gestellt.

Rettungshunde sind daran gewohnt, Trümmer abzusuchen, im Dunkeln zu laufen, in die Kanalisation einzusteigen, auf unsicheren Gerüsten zu laufen und sogar auf Feuerwehrleitern zu klettern. Ihr Einsatz ist besonders wichtig, wenn Ortungsgerät fehlt oder lauter Krach von Bulldozern und Schlagbohrhämmern mögliche Lebenszeichen übertönen.

Der Hundeführer eines Katastrophenhundes muss diesem überallhin folgen, auch unter schwierigsten Bedingungen und Bodenverhältnissen, um die Reaktionen des Hundes wahrnehmen zu können.

Einsatzablauf. Die Einsätze erfolgen in aller Ruhe. Zur Sicherheit lässst man ein von einem Hund wahrgenommenes Lebenszeichen immer durch ein zweites Tier bestätigen. Auch wenn Katastrophenhunde die besten Spürhunde sind, so lässt ihre Leistung im Laufe der Stunden doch nach. Ihr Einsatzzeitraum ist daher begrenzt.

Flächensuchhunde

Die Flächensuche ist in Deutschland die häufigste Einsatzart für Rettungshunde. Ihre Ausbildung gleicht der der Trümmersuchhunde. Bei der Flächensuche geht es häufig um die Suche von vermissten Personen im Gelände, z. B. ältere verwirrte Menschen, die bei einem Spaziergang die Orientierung verloren haben.

Lawinensuchhunde

Der Bernhardiner mit seinem Branntweinfässchen um den Hals, der den von Lawinen verschütteten Menschen zu Hilfe eilt, ist legendär – in dieser Form aber auch ein Mythos. Heutzutage wird diese Aufgabe von Deutschen Schäferhunden übernommen, die 35 % der Lawinensuchhunde stellen, ebenso von Belgischen Schäferhunden, Labrador Retrievern und anderen Rassen mit ausgeprägtem Geruchssinn und robuster Statur, die allesamt leistungsfähiger als der Bernhardiner sind.

Erforderliche Eigenschaften. Hunde im Einsatz müssen mindestens 12 Monate alt und völlig gesund sein. Da ihre Aufgabe sehr anstrengend ist, werden zum einen ihre Herzfrequenz und zum anderen ihre Augen auf Verletzungen durch die Reflektion der Sonne auf dem Schnee kontrolliert. Die mit Hochleistungsfutter ernährten Hunde werden täglich bei jeder Witterung auf unwegsames Gelände geschickt und erhalten wöchentliche Ausbildungs-/Trainingsstunden. Lawinensuchhunde scheiden im Alter von sieben bis acht Jahren aus dem Dienst aus, selten später.

In der ersten Woche der Ausbildung „spielt" der Hund, seinen unter Schneehaufen begrabenen Hundeführer zu erkennen, die mit der Zeit immer tiefer und auf einem immer größeren Gelände aufgebaut werden. Sobald er den Geruch seines Hundesführers aufgenommen hat, scharrt der Hund wie wild im Schnee und verdient sich so seine Belohnung. In der zweiten Woche arbeitet der Hund zusammen mit seinem Hundeführer und lernt, eine ihm unbekannte Person aufzuspüren. Die Freude am Aufspüren der Person und die Zufriedenheit seines Hundeführers sind eine wirksame Motivation. Nach der Ausbildung wird das Gespann an einen Wintersportort oder eine Helikopterbasis gebracht. Die Leistungsfähigkeit der Gespanne wird in sechs bis acht Lehrgängen pro Jahr überprüft.

Einsatzablauf. Die Wirksamkeit der Lawinensuchhunde ist dem gefährlichen Einsatz von Lawinensonden auf der Schneedecke an den mutmaßlichen Verschüttungsstellen eindeutig überlegen. Häufig spürt der Hund einen Überlebenden auf, nachdem die Fläche bereits sondiert wurde. So verwundert es auch nicht, dass z. B. in Frankreich rund 30 % der Lawinenopfer ihr Leben den Lawinensuchhunden verdanken.

Wasserrettungshunde

Bei der Rettung von Menschen im Wasser ist der Neufundländer in seinem Element. Dieser dank seiner als Steuer verwendeten Rute und mit seinen breiten Pfoten unvergleichliche kräftige und widerstandsfähige Schwimmer ist mit einem wasserabweisenden Haarkleid ausgestattet, dem auch eiskaltes Gewässer nichts anhaben kann.

Die Ausbildung des Neufundländers beginnt schon im Alter von 2 Monaten an Land, wo er übt, einen geworfenen Gegenstand zurückzubringen. Der ältere Hund lernt, im Meer eine Boje oder einen anderen Gegenstand zu apportieren, und später dann seinen Hundeführer oder andere Menschen, die einen Ertrinkenden simulieren, am Arm zurückzubringen. Die Distanz zum Ufer wird dabei allmählich ausgedehnt und das Tier lernt, auch von Steilhängen ins Wasser zu springen, denn der Hund muss dort eingreifen, wo die Anwendung gewöhnlicher Mittel versagt.

In Deutschland werden Hunde nicht zur Wasserrettung eingesetzt, trotzdem gehen immer mehr Hundehalter dieser Beschäftigung mit ihren Vierbeinern z. B. in Vereinen nach.

Hüte- und Herdenschutzhunde

Während Hütehunde (z. B. Border Collie) vorwiegend das Vieh zusammentreiben oder in die vom Schäfer angegebene Richtung führen, ist es die Hauptaufgabe der Herdenschutzhunde (z. B. Pyrenäen-Schäferhund, Kuvasz, Kangal), das Vieh zu bewachen. Dazu werden die Welpen auf das später zu bewachende Vieh sozialisiert und verteidigen es vor Raubtieren und Dieben. Allerdings kommt es bei der Bewachung der Herde selten zu Auseinandersetzungen, vielmehr reicht oft die Präsenz der stattlichen Vierbeiner aus, um die unerwünschten Gäste von ihren Vorhaben abzubringen.

Da die großen Viehherden zunehmend seltener werden – heutzutage werden die Schafe in Koppeln gehalten und per Lastwagen transportiert – machen viele Hunde, die einst den ganzen Tag mit der Herde arbeiteten, heute Karriere als Begleithund.

Hütehunde, wie Collie und Bearded Collie, sind gute Begleithunde und der Deutsche und der Belgische Schäferhund werden heute oft als Polizei- oder Rettungshund eingesetzt – sie alle eignen sich auch für die verschiedensten Hundesportarten.

WASSERRETTUNG Auch der Wasser liebende Neufundländer braucht zur Wasserrettungsarbeit eine Ausbildung.

Hilfshunde

Blindenführhunde waren lange die einzigen Hilfshunde. Heute gibt es überall auf der Welt Vereine zur Ausbildung von Hilfshunden und die Ärzte sind sich zunehmend der Bedeutung des Hundes in der Therapie bewusst.

Assistenzhunde

Labrador Retriever, Golden Retriever und z. B. auch Deutsche Schäferhunde eignen sich als Servicehunde für motorisch behinderte Personen. Sie laufen geschickt an der Seite von Rollstühlen, heben auf den Boden gefallene Gegenstände auf, tragen die Tasche ihres Besitzers, öffnen und schließen Türen, drücken auf Lichtschalter und auf Knöpfe in Fahrstühlen, um nur einige ihrer Fähigkeiten aufzuzählen. Die besten unter ihnen können bis zu achzig Kommandos ausführen – das stolze Ergebnis einer etwa einjährigen Ausbildung. Nach der Ausbildung begleiten die Ausbilder die Hunde in ihren neuen Familien für etwa sechs bis acht Wochen und halten intensiven Kontakt mit den betreuten Hunden und ihren Menschen.

Die ausgewählten Hunde sind sanftmütig, ruhig, gehorsam und robust. Um Leistungsabfällen vorzubeugen – verursacht durch die feste Bindung an ihren Herrn – werden sie regelmäßig auf Lehrgänge geschickt und behalten ihre Leistungsfähigkeit bei.

Blindenführhunde

Auf Grund seiner Größe – die den Umgang des Blinden mit dem Geschirr erleichtert – ist der Labrador Retriever einer der bevorzugten Blindenführhunde. Zunehmend werden aber auch Mischlinge dafür eingesetzt. Die Hunde werden zwischen dem zweiten und sechsten Lebensmonat anhand ihrer Sanftmütigkeit, ihrer Intelligenz, ihrer Gelehrigkeit und ihres gelassenen Wesens ausgesucht. Häufig werden Hündinnen wegen ihrer Führigkeit und ihrer Aggressionsfreiheit gegenüber Artgenossen ausgesucht. Die Welpen kommen in eine von einem Betreuer ausgewählte Gastfamilie, wo sie die Grundlagen guten Verhaltens – Gehorsam, Leinenführigkeit usw. – erlernen, was ihre weitere Ausbildung erleichtert.

Die eigentliche Ausbildung beginnt, sobald der Hund zwischen 12 und 18 Monaten alt ist und dauert rund vier bis sechs Monate. Diese Übungsstunden werden unter der Federführung eines Betreuers des Vereins absolviert. Der Hund lernt, vor einem Hindernis, auf einem Spezial-Parcours oder in einer echten Situation die Initiative zu ergreifen. Er muss in der Lage sein, Gefahrensituationen zu erkennen und sie zu bewältigen. Gleichzeitig wird er in Kontakt mit seinem blinden Herrn gebracht, um das – unabdingbare! – Einvernehmen zwischen den beiden zu erleichtern.

BLINDENFÜHRHUND Labrador Retriever sind Führhunde für Blinde und motorisch behinderte Menschen. Die Ausbildung zum Blindenführhund beginnt schon sehr früh und die Junghunde werden sehr sorgfältig ausgewählt.

Gehörlosenhunde

Als erstes kamen die Amerikaner auf die Idee, Hunde als Hörersatz für Hörgeschädigte auszubilden. Die Gehörlosenhunde aller Rassen werden auf Grund ihrer Führigkeit, ihres Gehorsams und ihrer Klugheit ausgewählt und müssen darüber hinaus aufmerksame Wachhunde sein. Die meisten Gehörlosenhunde sind Mischlinge – häufig sogar aus dem Tierheim.

Ihre Ausbildung dauert fünf Monate, in der sie lernen, Handzeichen zu verstehen und ohne Bellen, sondern durch eine Bewegung, darauf zu reagieren. Sie reagieren auf Türklingeln, das Klingeln eines Weckers und des Telefons, auf das Weinen eines Kindes usw. Ihre ständige und liebevolle Anwesenheit durchbricht die Einsamkeit der Gehörlosen, verringert ihre Ängste und schafft mehr Kontakt mit Menschen.

Therapiehunde

Auch in Deutschland gewinnt die Therapie mit Tieren bei den unterschiedlichsten Krankheitsbildern immer mehr an Bedeutung. Ein Bereich davon sind die „Besuchshunde". Immer mehr Krankenhäuser, Seniorenresidenzen etc. gewähren speziell ausgebildeten Hunden, die von Freiwilligen geführt werden, Zugang zu den Kranken. Die Verbesserung des Gesundheitszustandes, sowohl physisch wie psychisch, ist bemerkenswert, vor allem bei langwierigen Erkrankungen und besonders bei Kindern. Einer Studie zufolge reagieren ältere Alzheimer-Patienten positiv auf die Anwesenheit eines Hundes. Man konnte auch einen Rückgang bei Depressionen beobachten.

DEERHOUND IN VOLLEM GALOPP
Alle Windhundrassen sind zum Coursing zugelassen.

Bei älteren, schwer behinderten Menschen konnte man auch eine Verbesserung ihrer Stimmung und ihrer körperlichen Aktivitäten bemerken, dank der ständigen Anwesenheit eines Hundes in der medizinischen Einrichtung, in der sie sich befanden. Dazu bleibt anzumerken, dass man sich in Deutschland mehr Krankenhäuser und medizinischen Einrichtungen wünscht, die die Anwesenheit eines Hundes oder anderen Tieres als selbstverständlich betrachten.

Hunde im Gefängnis

In den USA wurde von Ausbildern und Veterinären die Idee entwickelt, Häftlinge Hunde für motorisch behinderte Personen ausbilden zu lassen. Andere Häftlinge erlernen zur Wiedereingliederung in die Gesellschaft das Scheren von Hunden. Die Anwesenheit von Hunden führt zu einer eindeutigen Verbesserung zwischen Wärtern und Inhaftierten und somit zu besserer Führung der Inhaftierten und weniger Schwierigkeiten.

Sporthunde

Schon seit Urzeiten war der Hund ein nützlicher Begleiter des Menschen. Nacheinander war der Hund Jäger, Wachhund, Hütehund, sogar Kriegshund und schließlich wurde er der Freund des Menschen. Auch wenn der Begriff des Sporthundes erst Anfang unseres Jahrhunderts auftauchte, ist ein Ende der Entwicklung des Hundesports zur großen Freude von Herr und Hund nicht abzusehen.

Windhundrennen

Windhundabbildungen finden sich bereits im 4. Jahrtausend vor Christus. Die schnellsten aller Hunde waren seit jeher Gefährten bei der Jagd und wertvolle Gesellschafter. Aus der Hetzjagd wurde über die Jahrtausende hinweg eine sportliche Freizeitbeschäftigung, die lange Zeit nur dem Adel vorbehalten war. Heute ist die Hetzjagd auf lebendes Wild in Deutschland verboten, doch der Reiz der schnellen Hatz hat noch immer seine Anhänger. So entstanden im 19. Jahrhundert die ersten Hunderennbahnen in England, weitere folgten in vielen Ländern.

Beim Rennen auf einer Rennbahn hetzen die nach Rassen und Klassen aufgeteilten Windhunde mit farbigen Renndecken eine Attrappe (falscher Hase) hinterher. Der Whippet, ein kleiner Windhund (50 cm Widerristhöhe bei rund 15 kg Körpergewicht), kann bis zu 15 m pro Sekunde laufen und läuft eine Bahnlänge von maximal 400 m. Der Greyhound läuft schneller als 18 m pro Sekunde und bewältigt genau wie andere große Windhundrassen (Sloughi, Saluki, Afghanischer Windhund, Barsoi usw.) meist eine Bahnlänge von 480 m.

Eine andere Windhundsportart, die dem natürlichen Jagdverhalten der Windhunde eher entspricht, ist das Coursing. Diese Disziplin simuliert das Hetzen einer Attrappe auf Sicht auf unterschiedlichem Gelände, ergänzt durch natürliche Hindernisse. Dabei treten jeweils zwei Hunde gegeneinander an und es wird nicht nur die Geschwindigkeit, sondern auch die Jagdtechnik des Hundes bewertet.

In Deutschland sind Windhundrennen und Coursing reine Amateurveranstaltungen unter der Obhut des Deutschen Windhund Zucht- und Rennverband e.V. und den ihm angeschlossenen Vereinen, die die über ganz Deutschland verteilten Rennbahnen unterhalten. Um an diesen Sportwettbewerben teilnehmen zu können, müssen die Hunde im Besitz einer Rennlizenz bzw. einer Coursinglizenz sein. Vor dem Rennen werden die Hunde tierärztlich untersucht und auch während der Veranstaltung ist immer ein Tierarzt anwesend, denn bei solch hohen Geschwindigkeiten ist die Gefahr von Verletzungen groß. Neben nationalen Wettbewerben gibt es auch internationale Veranstaltungen bis hin zu Weltmeisterschaften.

Schlittenhunde- und Pulkarennen

Die Anfang des vergangenen Jahrhunderts in Alaska und Kanada entstandenen Schlittenhunderennen werden inzwischen als eigenständige Sportart betrachtet. Der erste offizielle Wettbewerb (Nome-Candle-Nome oder All Alaska Sweepstake) über eine Distanz von 652 km fand 1907 statt.

Dieser von zahlreichem Publikum auch auf den Straßen der Stadt verfolgte Sport hat sich immer mehr weiter entwickelt und es entstanden Schlittenhunde-Sprint-Etappenrennen in drei Etappen von 6 bis 30 km je nach Kategorie. Schlittenhunderennen wurden 1932 zur olympischen Disziplin und 1971 als Nationalsport von Alaska erklärt.

Die verschiedenen Wettbewerbe. Jedes Jahr finden auf dem amerikanischen Kontinent Hunderte von Schlittenhunde-Wettbewerben statt, darunter einige von Weltruf: Iditarod, das längste Rennen (nahezu 2000 km), das härteste und berühmteste Rennen (zum Gedenken an die Rettung der Stadt Nome 1929 anlässlich einer Diphterie-Epidemie, als die Hundegespanne das Serum aus Anchorage hertransportierten; All Alaska Sweepstake, das älteste Rennen; Yukon Quest: 1400 km zwischen Dawson City (Kanada) und Fairbanks (Alaska); Anchorage Fur Rendez-Vous (Weltmeisterschaft im Schlittenhundesprintrennen in der offenen Klasse, die Zehntausende begeisterter Zuschauer auf die 4th Avenue von Anchorage lockt.

In Europa finden Hunderte von offiziellen Wettbewerben (Geschwindigkeits- und Ausdauerwettbewerbe) in den Monaten von Dezember bis April statt, auch in Deutschland gibt es eine engagierte Schlittenhunde-Szene.

Besonders zu erwähnen und das einzige Rennen, das jedes Jahr viele amerikanische Gespanne anlockt: das Alpirod Royal Canin (1988 ins Leben gerufen), das in mehreren Etappen auf einer Gesamtstrecke von 1000 km quer durch Italien, Frankreich, Schweiz, Deutschland und Österreich verläuft.

Pulkarennen. Das Pulkarennen hat seinen Ursprung in Skandinavien. Beim Pulkarennen ist der Musher (Schlittenhundeführer) auf Langlaufskiern mit einer einfachen Seilverbindung mit einem einzigen Hund verbunden, der eine mit 20 kg Gewicht beschwerte Kunststoffwanne zieht: die Pulka.

Mit über 150000 in Skandinavien und mehreren hundert in Nordeuropa zugelassenen Pulka-Mushern sind bei diesem laufintensiven und ökologischen Sport die besten Ergebnisse mit Jagdhunden zu erzielen, die daran gewöhnt sind, allein und schnell zu arbeiten und somit schneller als die nordischen Hunde auf kurzen Distanzen von 12 km sind.

Die verschiedenen Verbände. Der Schlittenhundesport ist auf internationaler, auf europäischer und auf deutscher Ebene mit den Schlittenhundesportverbänden organisiert. Außer den vier nordischen Hunderassen (Siberischer Husky, Grönlandhund, Alaskan Malamute, Samojede) sind alle zur Ausübung dieses Sports geeigneten Hunde zugelassen, oft auch die berühmten Alaskan Huskies.

Wettbewerbe

Rennhunde, Wettkampfhunde oder Leistungshunde sind Hochleistungssportler, die von ihren Besitzern und Tierärzten vorbereitet und betreut werden. Das Training folgt einem bestimmten Ablauf zur Steigerung der Leistungsfähigkeit.

An erster Stelle wird die Ernährung genau unter die Lupe genommen, um sie entsprechend der gewünschten Leistungen anzupassen. Wettbewerbe und Training stellen besondere Anforderungen an den Körper des Hundes wie beim menschlichen Sportler: Probleme mit Muskeln, Sehnen, Gelenken, Stoffwechselstörungen, Dehydrierung, Stress, usw., die von Spezialisten behandelt werden.

Vielseitigkeitssport

Im Vielseitigkeitssport sind überwiegend Hunde großwüchsiger Rassen (Deutscher Schäferhund, Belgischer Schäferhund, Beauceron, Briard, usw.) anzutreffen. Das Training findet in aller Regel auf einem umfriedeten Gelände statt. Es gibt mehrere Prüfungsstufen mit jeweils ansteigendem Schwierigkeitsgrad.

Die drei Säulen im Vielseitigkeitssport sind Unterordnung, Fährtenarbeit und Schutzdienst. In der Unterordnung sind Übungen wie Freifolge, Abrufen, Überspringen von Hürde und Steilwand, Apport eines Gegenstands und viele weitere Übungen enthalten. Bei der Fährtenarbeit lernt der Hund, eine ausgelegte Fährte so lange zu verfolgen, bis er am Ende seine verdiente Belohnung erhält. Die meisten Hunde sind hier mit Feuereifer bei der Sache. Zum Schutzdienst gehören Stellen und Verbellen des Helfers, Revieren nach dem Helfer, Verhinderung eines Fluchtversuches, Abwehr eines Angriffs und weitere Übungen. Im Vielseitigkeitssport ist eine sach- und fachgerechte Ausbildung sehr wichtig, die Hunde müssen im Welpenalter gut sozialisiert werden.

Agility

Diese Sportart (siehe Seite 251) wird mit außergewöhnlicher Begeisterung ausgeübt und hat sich in den letzten Jahren zu einem regelrechten Boom entwickelt. Ob das Training im selbst gebauten Parcours im eigenen Garten, in der Hundeschule oder im Verein oder die Teilnahme an anspruchsvollen Wettbewerben bis hin zur Weltmeisterschaft – die 1978 auf der berühmten englischen Ausstellung „Crufts" eingeführte Sportart ist im Begriff, die Hundesportart Nummer Eins zu werden. Das Schöne daran:

Wer keine Bestrebungen hat, Pokale oder Urkunden zu gewinnen, kann den Sport ganz an seine und die Leistungsfähigkeit des Hundes anpassen und nur zum Spaß trainieren. Denn wenn es allen Beteiligten Spaß macht, festigt es auch die Beziehung zwischen Mensch und Hund.

Neue Sportarten

Im Laufe der letzen Jahre entstanden mehrere neue Sportarten für Mensch-Hund-Teams:

- **CaniCross.** Dabei geht um mehrere Sportarten mit Hund gleichzeitig, z. B. Laufen und Radfahren. Der Hundeführer muss mit dem vor ihm laufenden und angeleinten Hund einen vorgegebenen Parcours absolvieren.
- **Hunde-Frisbee.** Dabei muss der Hund eine Kunststoff-Wurfscheibe im Flug auffangen und dem Hundeführer zurückbringen, dabei werden ganze Küren eingeübt.
- **Flyball.** Hindernisparcours bestehend aus vier Hürden, die der Hund alleine überspringen muss. Hinter den Hürden steht die Flyballmaschine und der Hund muss dort die Auslösetaste mit der Pfote drücken, den Ball im Flug auffangen und mit dem Ball möglichst schnell über die vier Hürden zurück ins Ziel rennen.
- **Flygility.** Neue Sportart, die Agility und Flyball miteinander verknüpft. Ist im Begriff, eine anerkannte Sportart zu werden.
- **Dog Dancing.** Sportart mit dem Ziel, mit dem Hund gemeinsam zu Musik zu „tanzen". Bei Wettbewerben bewerten die Richter künstlerische und technische Qualität der Darbietung sowie die Beziehung zwischen Hundeführer und Hund. Eine schöne Beschäftigung auch für Hundehalter ohne Wettbewerbsabsichten.

Nachsuchen- und Jagdprüfungen

Es gibt zahlreiche Prüfungen auf den einzelnen Spezialgebieten der Jagdhunde mit Prüfungen zur Auszeichnung der besten Fähigkeiten. Die Hunde werden nach Geschwindigkeit, jagdlicher Motivation, Geruchssinn und Gehorsamkeit eingestuft – und natürlich nach ihrem Erfolg bei der gestellten Aufgabe.

So gibt es z.B. Nachsuchenprüfungen auf der Schweißfährte (Schweiß ist das Blut eines verletzten Wildtieres). Diese Prüfungen werden entweder auf der natürlichen oder der künstlichen angelegten Wundfährte abgehalten. Weiterhin werden die Eigenschaften von Vorstehhunden, Apportierhunden, Stöberhunden und Hunden bei der Arbeit im Bau eines Tieres (Fuchs oder Dachs) getestet. Es gibt weiterhin z. B. Prüfungen, ob die Hunde Spurlaut beim Verfolgen einer Fährte geben, ins Wasser gehen und nicht erschrecken, wenn ein Schuss fällt (Schussfestigkeitsprüfung). Die schwierigsten Prüfungen bestehen aus der Kombination mehrerer Aufgaben. Ziel dieser Prüfungen ist nicht vorwiegend der Sieg oder die Ehrung, sondern die Feststellung der Eigenschaften und Fähigkeiten, die ein Hund zur Erfüllung seiner jagdlichen Aufgabe mitbringt bzw. erlernt hat, was wichtig für den Einsatz in der Praxis und die Auswahl der zur Zucht verwendeten Tiere ist.

SCHLITTENHUNDE-GESPANN
In Eis und Schnee sind Schlittenhunde in ihrem Element.

Hunde sind Rudeltiere

Hunde sind sehr soziale Tiere. Häufiger Kontakt mit ihren menschlichen Sozialpartnern ist für sie wichtig, doch mindestens genauso wichtig ist der möglichst tägliche Umgang mit Artgenossen. Dieses Kommunikationsbedürfnis müssen Sie respektieren, denn es ist für das Wohlbefinden des Hundes von großer Bedeutung.
In Gesellschaft von Artgenossen kann der Vierbeiner seine natürlichen Verhaltensweisen ausleben und ganz Hund sein.

JAGEN IN DER MEUTE

Die Hunde verfolgen die Fährte, bis sie die Beute gefunden und gestellt haben

Leben im Rudel

Das Verhalten des Haushundes, das sich von wild lebenden Hunden herleitet, folgt denselben Regeln. Die weiter vorne beschriebenen verschiedenen Sozialisierungsphasen des Hundes gelten auch für Welpen, die in einer Menschenfamilie aufwachsen.

Um sein Überleben innerhalb des Rudels sowie dessen Zusammenhalt zu gewährleisten, muss jeder Welpe die Regeln beachten, die das Verhalten des Rudels bestimmen. Innerhalb des Rudels sind Rollen verteilt und jedem Rudelmitglied ist ein Rang zugewiesen. Letzterer kann sich ändern. Die ranghöchsten männlichen und weiblichen Rudelmitglieder besitzen in der Regel das Vorrecht der Fortpflanzung. Sie bestimmen ebenfalls häufig, wann welche Aktivitäten stattfinden – aber nicht immer.

Ranghohes Tier eines Rudels zu sein bedeutet auch, viele Pflichten inne zu haben, z. B. die anvertrauten Tiere vor Gefahren zu schützen. Zählen große Tiere zur Beute des Rudels, wird häufig im Team gejagt, um die Erfolgschancen zu erhöhen. Oft ernähren sich wild lebende Hunde aber von Abfällen und nutzen jede Quelle, um an eine Mahlzeit zu kommen. Diese Nahrungsquellen oder erlegte Beute zu beschützen und zu sichern, ist eine wichtige Aufgaben der Gemeinschaft, an der alle Mitglieder beteiligt sind. Dies gilt auch für die Sicherung des Territoriums, in der die Hunde leben, vor allem der Bereich, in dem der Nachwuchs aufgezogen wird. Je knapper die Nahrungsressourcen im Lebensraum sind, desto energischer werden in der Regel das Territorium und die Nahrungsquellen gegen fremde Artgenossen verteidigt.

Der Hund – ein geborener Jäger

Obwohl der Hund auch pflanzliche Nahrung zu sich nimmt, ist er doch überwiegend ein Fleischfresser. Manche Hunde, die nicht vom Menschen ernährt werden oder sich ihre Nahrung nicht auf andere „bequeme" Weise beschaffen können, sind wieder zurück in die Wildnis und leben dort oft schon seit Generationen wieder ähnlich ihren Vorfahren, den Wölfen. Das beste Beispiel dafür ist der australische Dingo. Niederwild oder kleine Säugetiere, wie Mäuse, werden oft meist allein erlegt, während Hochwild in der Regel in der Meute gejagt wird.

Der Hund als Einzeljäger

Ein Hund auf der Jagd nach Niederwild setzt zunächst seinen Geruchssinn, danach den Gesichtssinn und ergänzend manchmal auch das Gehör ein. Ist eine Beute in Bewegung, löst sie beim Hund das Jagdverhalten aus. Doch Hunde graben Beute auch aus, bei Mäusen und Ratten oft sogar ganze Nester.

Während der Jagd geben manche Hunde Laut, wenn sie eine Spur verfolgen (Spurlaut), andere nur bei Sichtkontakt mit dem Wild (Sichtlaut) und wieder andere jagen vollkommen lautlos. Wenn eine vom Gewicht her nicht so leichte Beute (Wildkaninchen oder Hase) flieht, verfolgt der Hund seine Beute und versucht, sie im vollen Lauf zu packen. Bei sehr kleinen Tieren (Mäuse, Feldmäuse, Ratten) springt der Hund mit gestreckten Läufen in die Luft und mehrmals in Folge mit geschlossenen Vorderläufen auf die Beute und packt sie erst, wenn sie nur noch zuckt. In beiden Fällen erfolgt der Tod der Beute, indem ihr das Rückgrat gebrochen wird. Der Hund hält die Beute fest zwischen seinen Kiefern fest und schüttelt sie heftig, was zum Ausrenken der Wirbelsäule führt.

Meutejagd

Im Gegensatz zu Niederwild wird Hochwild (z. B. Hirsche oder Wildschweine) in der Meute gejagt, was bei sozialen Caniden die Regel ist, wenn es sich um große Beutetiere handelt. Der Hund ist in der Lage, seine Beute über einen langen Zeitraum hinweg zu verfolgen. Bluthunde beispielsweise können ihr Opfer über 24 Stunden lang verfolgen, wobei die Zuchtauslese die Ausdauer verbessert hat.

Wenn mehrere Hunde ein Wild großes Wild verfolgen, zeigen eingespielte Teams häufig einen gut koordinierten Ablauf des Jagdgeschehens. So wechseln sich die Hunde bei der direkten Verfolgung ab und versuchen, die Beute bis zur Erschöpfung zu hetzen, um sie besser packen zu können.

War das Team erfolgreich, wird das Wild überwältigt und getötet. Anschließend nimmt sich jeder der Beteiligten, was er bekommen kann. Teile der Beute werden vielleicht auch mit zu den Zurückgebliebenen Rudelmitgliedern am Lager gebracht oder für Notzeiten versteckt bzw. verbuddelt.

Kommunikationssysteme

Zur Gewährleistung des Zusammenhalts und der Sicherheit des Rudels müssen die Hunde Informationen austauschen können. Diese Lebensnotwendigkeit, die bei

OPTISCHES SIGNAL
oben: Durch Hinlegen zeigt der rechte Hund, dass er sich unterwirft.
oben rechts: Dieser Hund fühlt sich nicht wohl.

allen sozialen Tieren, Insekten wie Säugetieren, besteht, hat zur Entwicklung von sehr leistungsfähigen Kommunikationssystemen geführt. Jegliche Kommunikation erfordert einen Sender und einen Empfänger. Damit das Signal verständlich ist, muss es aus Elementen bestehen, die von den Sinnesorganen des Empfängers wahrgenommen werden können, besonders von den Organen, die in einer gegebenen Situation empfangsbereit sind. Jedes Sinnesorgan hat seine Kommunikationskanäle. Davon gebraucht der Hund in der Regel deren drei: Sehen, Hören, Riechen. Auch der Tastsinn wird zur Kommunikation eingesetzt, und zwar im direkten Körperkontakt der Tiere.

Missverständnisse vermeiden

Das ausgeprägte Sozialverhalten und die enorme Anpassungsfähigkeit des Hundes machen es ihm erst möglich, als enger Partner mit dem Menschen zusammenzuleben.

Auch wenn heute viele Hundehalter versuchen, mit ihrem Vierbeiner auf einer Basis zu kommunizieren, die er auch verstehen kann, kommt es immer wieder zu Missverständnissen. Eine herzhafte Umarmung wirkt auf Hunde in der Regel bedrohlich, obwohl der Mensch damit seine Zuneigung zum Tier ausdrücken möchte. Ein nicht gut sozialisierter und vor allem fremder Hund kann darauf durchaus mit aggressivem Verhalten reagieren, ob er nun nur droht oder tatsächlich zuschnappt. Der eigene Hund, zu dem ein stabiles Vertrauensverhältnis besteht, wird diese Liebkosung über sich ergehen lassen, auch wenn sie ihm vielleicht nicht unbedingt behagt. Anzeichen dafür sind z. B. der abgewandte Blick und die zurückgelegten Ohren. Reagiert der Hund mit solchen Unbehagen darauf, sollte man ihm das künftig besser ersparen. Viele Hunde sehen uns Zweibeinern diese alltäglichen Missverständnisse nach, ohne daraufhin Verhaltensproblemen zu zeigen. Ziel im Zusammenleben mit dem Hund sollte es sein, eine Atmosphäre des Vertrauens zu schaffen.

Optische Signale

Der Sehsinn ist für die Verarbeitung optischer Signale zuständig. Er muss eine Vielfalt von komplexen Signalen aufnehmen und zu verwertbaren Informationen für den Hund aufbereiten. Dank seiner Anpassungsfähigkeit und bei ausreichender Sozialisation ist der Hund auch in der Lage zur Kommunikation mit anderen Spezies, vor allem dem Menschen.

Viele übermittelte Signale haben eine feste Bedeutung. Bestimmte Körperhaltungen und Gesichtsausdrücke stehen z. B. für Drohgebärden, Unterwerfung oder Spielaufforderung. Allerdings ist selten nur die Gestik eines Körperteils aussagekräftig, sondern es muss die gesamte Körperhaltung und Mimik des Gegenübers bewertet werden, um dies korrekt einzuschätzen. Manche optische Signale sind ritualisiert und dienen der Einschätzung des anderen. Macht sich ein Hund z. B. groß, hebt dabei den Kopf, stellt die Ohren und die Rute auf, will er auch groß erscheinen und imponieren.

Andere optische Eindrücke müssen erst bewertet werden, z. B. die Fortbewegungsgeschwindigkeit eines Spielpartners. Im Bruchteil einer Sekunde entscheidet der Hund, ob er den Spielkameraden verfolgen oder ihm den Weg abschneiden muss, um ihn zu erreichen.

Hunde können auch neue optische Signale und deren Bedeutung lernen. Dies ist z. B. sehr nützlich, um dem Hund Kommandos in Form von Sichtzeichen beizubringen, z. B. der erhobene Zeigefinger als Signal für das Kommando „Sitz".

Doch auch alltägliche Handlungen können für den Hund zu einem optischen Signal werden: Wenn der Mensch die Leine vom Haken nimmt, weiß der Vierbeiner, dass nun ein Spaziergang ansteht.

Verbale Signale

Durch die vom Menschen betriebene Zuchtauslese kann die Bellfreude je nach Rasse stark variieren, ist aber auch bei den einzelnen Hunden einer Rasse unterschiedlich. Neben dem Bellen gibt es noch mehr Lautäußerungen, z. B.:

- Knurren in bedrohlichen Situation oder manchmal aus Angst.
- Jammern bei Angst oder Schmerz (z. B. wenn sich der Hund einen Dorn in die Pfote eingetreten hat).
- Bellen in einer positiven Situation (z. B. im Zusammenhang mit einer Spielaufforderung).
- Bellen als Aufforderung (z. B. Anbellen des Hundehalters, damit es endlich zum Spaziergang losgeht).
- Bellen in einer Alarmsituation (z. B. wenn es an der Tür klingelt oder der Hund scheinbar verdächtige Geräusche gehört hat).

Der Welpe fiept automatisch in einer Notlage, um seine Mutter zu rufen, die dann automatisch darauf reagieren wird.

Riechen

Geruchseindrücke (olfaktorische Signale) sind für den Hund von großer Bedeutung. Für den Hund wichtige Gerüche können in zwei Arten von chemischen Signalen eingeteilt werden: zum einen sind es Stoffe, die er selbst oder Artgenossen produzieren; zum anderen sind es Stoffe, die er in seiner Umgebung vorfindet.

Hautabsonderungen. Bei der Kommunikation des Hundes scheinen mehrere Körperpartien an der Produktion von Botenstoffen beteiligt zu sein. Die Haut, die Talg- und Schweißdrüsen sondern unterschiedliche Stoffe ab, die es ermöglichen, andere Individuen wiederzuerkennen. Manche dieser Drüsen werden bei Begegnungen zwischen Hunden ausgiebig beschnuppert. Sogar die Pfotenballen oder die Haut der Zehenzwischenräume können an den chemischen Signalen beteiligt sein – die Möglichkeiten sind vielfältig.

Ausscheidungen. Andere Absonderungen sind besser bekannt, besonders die Absonderungen der Analdrüsen, die beim Kotabsatz Informationen z. B. über Geschlecht, Sexualzyklus und Status weitergeben, aber auch Alarmduftstoffe bei Kotabsatz aus Angst. Dieses Phänomen ist unter Tierärzten bekannt, die wissen, dass die folgenden Hunde wegen der hinterlassenen Duftsignale wesentlich angespannter sind, wenn der Hund vorher aus Panik Kot abgesetzt hat. Die Analdrüsen spielen auch bei der individuellen Wiedererkennung eine Rolle und werden daher bei Begegnungen ausgiebig beschnuppert.

Der Urin. Urin ist ein wichtiger Pheromonträger, der über die Spezies, Geschlecht, Rangposition und die Paarungsbereitschaft des Senders informiert. Pheromone sind flüchtige Stoffe, die als Hormone auf den aufnehmenden Empfänger wirken. Durch das Absetzen von Urinmarken gibt der Hund viele Informationen über sich preis, so dass andere Hunde ihn nur anhand seines Duftes erkennen können, ohne dass diese sich vorher begegnet sind.

So ist die Tatsache des Harnabsatzes durch Anheben des Beins Teil eines weitaus komplexeren Systems, als es den Anschein erweckt: es verbindet das chemische Signal mit einer optischen Markierung (der hoch angebrachte Urinfleck) und mit einer Körperhaltung (das Bein so hoch wie möglich anheben).

Umgebungsgerüche. Neben den von verschiedenen Drüsen produzierten chemischen Botenstoffen nimmt der Hund Duftstoffe aus seiner Umgebung auf. Wer hat noch nicht einen Hund dabei beobachtet, wie er sich in Aas, Kot oder Urin – oder anderen, für uns eher unappetitlichen Dingen – wälzt? Man merkt sehr schnell, dass sich der Hund nicht zufällig an einem Objekt seiner Wahl reibt, sondern versucht, durch das Reiben an Ohrrückseite, Kruppe und Nackenansatz den Geruch des Objektes anzunehmen. Bis heute konnte die Wissenschaft noch nicht eindeutig klären, warum Hunde dieses Verhalten zeigen. Eine Möglichkeit wäre, dass sie versuchen, ihre eigenen Körperdüfte zu überdecken – fest steht jedenfalls, dass sie sich nicht wälzen, um ihren Halter zu ärgern …

DAS STINKT
Viele Hunde lieben es, sich in Kot oder Aas zu wälzen. Häufig wälzen sich Hunde aber auch aus reiner Lebensfreude im trockenen Gras oder auf anderen warmen Fleckchen.

Sexualverhalten

Während bei Wolfsrudeln häufig nur das ranghöchste Paar das Privileg der Fortpflanzung hat, wurde bei wild lebenden Haushunderudeln beobachtet, dass oft mehrere Hündinnen für Nachwuchs sorgen. Auch Hundezüchter können immer wieder beobachten, dass es selten zu Problemen unter den Hunden kommt, weil mehrere Hündinnen Welpen haben.

Jedoch zeigen sich Rüden häufig aggressiver, wenn läufige Hündinnen in der Nähe sind. Der Grund dafür ist ganz einfach: Jeder möchte seine Gene weitergeben. Dann kann es unter den Rüden auch schon einmal zu ernsthaften Auseinandersetzungen um die Gunst der Hündin kommen.

Vor der Paarung spielen Rüde und Hündin häufig miteinander. Es ist schließlich die Hündin, die dem Rüden signalisiert, dass sie zur Paarung bereit ist, indem sie stehen bleibt und ihre Rute zur Seite dreht. Der Paarungsakt dauert nicht selten 30 Minuten, manchmal sogar noch länger.

Währenddessen schwillt der Penis des Rüden an und er und die Hündin sind untrennbar miteinander verbunden. Gewaltsames Auseinanderziehen kann schwere Verletzungen der Sexualorgane bei beiden zur Folge haben. Die lange Dauer erhöht die Chancen des Rüden auf eine erfolgreiche Befruchtung. Doch ganz sicher, dass er der alleinige Vater des folgendes Kindersegens ist, kann er sich nicht sein. Denn die Hündin kann sich während der Zeit der Empfängnisbereitschaft mit mehreren Rüden paaren und so können die Welpen eines Wurfs verschiedene Väter haben – bei einem geplanten Deckakt sollte dies allerdings nicht der Fall sein.

BEGRÜSSUNGSZEREMONIE Das Beschnuppern des Afters gehört zum Kennenlernen unter Hunden. Man sollte die Hunde dabei gewähren lassen.

Aggressionsverhalten

Konflikte können zu Bedrohungen und sogar Kämpfen zwischen einzelnen Rudelmitgliedern führen. Echte Konfrontationen bleiben dennoch die Ausnahme, denn die Wirksamkeit des ausgefeilten Kommunikationssystems gestattet es, auf den Einsatz der Zähne zu verzichten. Gut sozialisierten Hunden ist in der Regel nicht an einem ernsten Kampf gelegen und es braucht lange, bis ein Konflikt in aller Konsequenz ausgetragen wird. Denn den Hunden ist bewusst, dass sie bei einem Kampf mit der Absicht, den anderen zu verletzen, ebenfalls schwere Verletzungen erleiden können. Bevor es zu einem ernsten Gefecht kommt, wird meist die ganze Palette des Drohverhaltens an den Tag gelegt mit der Absicht, die Sache gütlich zu beenden. Gute Sozialisation beider Tiere vorausgesetzt, hat jedes zu jeder Zeit die Möglichkeit, die Sache friedlich zu beenden, indem es sich trollt oder eine Unterwerfungsgeste zeigt. Übrigens ist der Hund, der die Deeskalation des Konflikts herbei führt, längst nicht immer der Schwächere oder unterlegene, denn auch hier gilt oft: „Der Klügere gibt nach." Kommt es z. B. zu einer Auseinandersetzung um einen Knochen, kann durchaus der stärkere Hund dem schwächeren die Beute überlassen, wenn diese ihm nicht wichtig genug ist, sich ernsthaft darum zu streiten.

Wettbewerbsaggression

Wichtige Ressourcen, z. B. eine läufige Hündin, ein begehrter Liegeplatz oder knappe Nahrung können zu Aggression führen. In der Regel laufen diese Konflikte in drei typischen Stufen ab: Drohung, wenn das gegenüber nicht nachgibt folgt der Angriff und am Schluss unterwirft sich der Unterlegene.

Meist reicht die Drohung, um den Konflikt zu lösen: der Hund stellt die Rückenhaare auf, legt die Ohren an, entblößt die Fangzähne und seine Pupillen erweitern sich – das von Hundehaltern beschriebene Phänomen der „grünen Augen", das dadurch entsteht, dass man aus bestimmten Winkeln die Netzhaut erkennen kann. Der Gang des Hundes ist steif, er nähert sich seinem Gegner, indem er den Kopf nach vorne reckt und sich gleichzeitig breit an den Schultern macht. Je bedrohlicher seine Haltung ist, umso größer ist die Chance, dass sich sein Gegner kampflos unterwirft. Kann der Konflikt nicht gütlich geregelt werden, kann es zu ernsthaften Verletzungen kommen.

Angstaggression

Sie wird ausgelöst, wenn das Tier keinerlei Fluchtmöglichkeit mehr hat. Nehmen wir noch einmal das Beispiel des Hundes, der verarztet wird. Stellen wir uns vor, dieser Hund hat eine Irritationsaggression gezeigt, nachdem er vom Tisch gesprungen ist, auf dem er vorher lag, um sich

AGGRESSIVITÄT UNTER HUNDEN
Auf eine Drohung folgt nur dann ein Angriff, wenn die Drohung nicht ausreicht, um einen Gegner abzuschrecken.

hinter einem Sessel zu verstecken. Der Besitzer, wütend darüber, dass er gebissen wurde, geht schnellen Schritts auf den Rückzugsort des Hundes zu, um ihn zu korrigieren und stellt sich so hin, dass der Hund nicht fliehen kann. Der bereits in die Enge getriebene Hund stürzt sich ohne Vorwarnung auf seinen Besitzer, während er dabei möglicherweise noch uriniert, kotet und seine Analdrüsen entleert. Er speichelt stark und versetzt seinem Besitzer mehrfach heftige Bisse, bevor er an einen anderen Rückzugsort flüchtet, wo er mehrere Minuten verharrt, um wieder zu Atem zu kommen und damit sich sein Herzschlag wieder normalisiert.

Angstaggression wird glücklicherweise nur in Ausnahmefällen ausgelöst (manche Autoren haben hierfür die Bezeichnung „kritische Reaktion" geprägt), kann aber auf Grund ihrer Plötzlichkeit und Heftigkeit Auslöser von schweren Unfällen sein.

Territorialaggression

In einem Rudel ist es Aufgabe eines jeden Mitglieds, das Territorium vor Eindringlingen zu schützen. Daher ist es ein ganz normales Verhalten, wenn ein Hund sich aggressiv gegenüber Fremden zeigt und es hat nichts mit seiner Stellung in der Gemeinschaft zu tun. Sie haben auch kein Rangordnungsproblem mit Ihrem Hund, wenn dieser den Postboten laut kläffend stellt. Der Hund geht nur seinem Job nach, wenn er den täglichen Eindringling meldet.

Allerdings sollten Sie den Hund so weit erzogen haben, dass Sie ihn zurückpfeifen und ihm signalisieren können, dass es nun in Ordnung ist und Sie sich jetzt um den Besuch kümmern.

Eine gute Sozialisierung und das positive Kennenlernen vieler verschiedener Menschen kann die Territorialaggression verringern. Je nach ursprünglicher Verwendung zeigen sich auch einige Rassen territorialer und in der Tendenz misstrauischer gegenüber Fremden, insbesondere solche Hunde, zu für Wach- und Schutzaufgaben gezüchtet wurden.

Mütterliche Aggression

In der anfänglichen Erziehungsphase der Welpen hält sich die Hündin abseits vom Rudel und kontrolliert die Umgebung ihres Wurflagers. Sie wird daher jeden Fremden bedrohen, der sich nähert, und zum Angriff übergehen, sollte dieser sich nicht an ihre vorausgeschickte Warnung halten.

Durch ein gutes Vertrauensverhältnis zum Menschen kann es bei einigen Hündinnen – besonders bei erfahrenen Hundemüttern – jedoch durchaus gelingen, auch fremde Menschen in Begleitung des Halters an das Wurflager zu führen. Wie heftig und wie lange eine Hündin ihre Welpen beschützt, ist individuell verschieden.

Beschwichtigungsgesten

Will ein Hund z. B. eine angespannte Situation entschärfen und das Gegenüber in eine wohlmeinende Stimmung bringen, zeigt er mitunter Beschwichtigungsgesten. Dazu zählen das Pföteln, Schnauze lecken und sich klein machen. Das Lecken der Schnauze ist ein Verhalten, dass sich aus dem Futterbetteln der Welpen ableitet.

Auch dem Menschen gegenüber werden Beschwichtigungssignale gezeigt. Jedoch muss die Bedeutung immer von der Situation abhängig gemacht werden. So macht sich der Hund z. B. klein, wenn er einer Bestrafung entgehen will. Pföteln kann jedoch auch als Aufforderung gezeigt werden und der Hund versucht damit vielleicht zu erreichen, dass Sie sich ihm zuwenden, ihm etwas geben oder mit ihm spielen. Auf Beschwichtigungssignale sollte immer positiv reagiert werden.

Vom Rudel zur Familie

Die wichtigsten Entwicklungsstufen

Der bei der Geburt mit nur wenigen unkonditionierten Reflexen ausgestattete Welpe durchläuft verschiedene Entwicklungsstufen, die sein späteres Wesen und Verhalten formen. Verschiedenste Umweltreize sind lebensnotwendig, damit der Welpe später weder ängstlich noch aggressiv wird, sondern sich „in seiner Haut" wohlfühlt.

Vor der Geburt

Der Einfluss der pränatalen Phase auf das zukünftige Verhalten und die zukünftigen Anlagen des Hundes ist noch wenig erforscht. Erste Forschungsergebnisse deuten jedoch an, dass die Welpen einer Mutter, die während der Trächtigkeit in einem reizarmen Umfeld oder Stress ausgesetzt war, ebenfalls schnell in Stress geraten und es ihnen schwerer fällt, beängstigende Situationen oder viele Reizen zu bewältigen. Mit Ultraschallgeräten konnte beobachtet werden, dass die Welpen auf Bewegungen oder Schlucken reagieren, wenn sie durch die Bauchwand der Mutter angestoßen werden.

Neu geboren

Die neotanale Phase beginnt ab dem Moment, in dem der Welpe von seiner Fruchthülle befreit wird. Das Neugeborene ist vollständig von der Betreuung durch seine Mutter abhängig. Sein Nervensystem ist noch in der Entwicklung und die Sinnesorgane, mit Ausnahme des Tastsinns und teilweise des Geruchssinns, sind kaum funktionsfähig. Die Skelettmuskeln sind noch nicht vollständig mit Nervenfasern versorgt, was die Fortbewegungsmöglichkeiten und die Körperhaltung des Welpen beträchtlich einschränkt. Das vegetative Nervensystem des Welpen, das für die Darmmotorik zuständig ist, funktioniert ebenfalls noch nicht: aus diesem Grund kann der Welpe von sich aus noch nicht selbstständig Urin oder Kot ausscheiden. Somit zeigt der Welpe keine willkürliche Handlungen, die zur Erfüllung einer Funktion führen, sondern es sind unkonditionierte Reflexe, die ihm im Wesentlichen ermöglichen, die mütterliche Zitze zu erreichen und auf die Aufforderungen der Mutter zu reagieren.

Erste Reflexe

Ob ein unkonditionierter Reflex vorliegt, kann mit wenigen einfachen Tests geprüft werden. Der Wühlreflex ist zu beobachten, wenn man einem Welpen, der auf einer geraden Fläche liegt, die halb geöffnete Hand vor die Nase hält. Der Welpe wird versuchen, sich in der Hand zu verkriechen. Dieser Reflex erlaubt ihm, die mütterliche Zitze zu finden. Er verschwindet nach dem 14. Tag, ungefähr zu dem Zeitpunkt, wenn die Welpen die Augen öffnen und der Gesichtssinn über den Tastsinn dominiert. Berühren die Lippen des Welpen einen weichen und warmen Gegenstand, wird durch diese Berührung der Saugreflex ausgelöst. Darmtätigkeit und Ausscheidung werden durch die Mutter angeregt, die Bauch und Hinterleib des Welpen leckt.

Da die Welpen bis zum 14. Tag taub und blind sind, reagieren sie daher vor allem auf zahlreiche Reize des Tastsinns und Wärmeempfindens.

Übergangsphase

Die Übergangsphase beginnt mit dem Öffnen der Augen. Beim Öffnen der Augenlider ist die Funktionsfähigkeit der Augen noch nicht gleich gegeben. Man muss ein ge Tage warten, bevor die Sehkraft den Tastsinn in den Situationen ersetzt, in denen sich der Welpe orientieren muss.

Diese Phase ist vor allem eine Phase der raschen Entwicklung der Großhirnrinde. Der Welpe entwickelt seine Sinneswahrnehmungen: Geschmack, Geruch und etwas später das Gehör. Die Entwicklung des Gehörs bedeutet im Grunde das Ende der Übergangsphase. Das kann man leicht beobachten, wenn der Welpe bei Geräusche in seiner Umgebung wahrnimmt. Sind die Ohren und die entsprechenden Nervengewebe funktionsfähig, reagiert der Welpe darauf, indem er sich auf seinen Gliedmaßen erhebt und sich dann wieder fallen lässt: er zuckt zusammen. Die positive Reaktion auf diesen Reflex kennzeichnet den Übergang zu der Sozialisierungsphase.

Sozialisierungsphase

Während dieser längeren Lebensphase bis etwa zur 16. Lebenswoche erwirbt der Welpe die Grundlagen für alle Verhaltensweisen, wie Kommunikationsformen, die für sein Leben im Rudel oder in seiner Familie notwendig sind. Darüber hinaus wird er sein ganzes Lebensumfeld genau erforschen.

Prägung

Wie alle warmblütigen Wirbeltiere (Vögel und Säugetiere), kommt der Welpe zur Welt, ohne zu wissen, welcher Spezies er angehört. Er muss daher erst lernen, sich mit seiner eigenen Spezies zu identifizieren. Dieser besondere Lernvorgang wird Prägung genannt. Zu diesem

AUGEN AUF
Die Augen öffnen sich um den 14. Tag nach der Geburt.

Zweck müssen seine Sinnesorgane funktionsfähig sein und muss er eine Bindung zu einem Individuum – unter normalen Bedingungen zu der Mutter – aufbauen können, das für ihn sorgt und ihn beschützt. Diese Phase der Artgenossenprägung dauert gewöhnlich von der sechsten bis zur achten Lebenswoche.

Nach dieser Phase kommt der Welpe in der Regel in seine neue Familie. Hat das Hundekind vorher beim Züchter oder seinem Vorbesitzer ausreichend Kontakt zu Menschen und Artgenossen gehabt, wird es diese als Sozialpartner akzeptieren – und somit auch seine neuen Menschen als Familie annehmen.

Sozialisierung

In dieser Zeit legt sich der Welpe eine regelrechte „Datenbank" an, mit deren Hilfe er die vielfältigen Eindrücke seiner Umgebung aufnimmt und sein Verhalten daran anpasst.

Umso reicher an Reizen seine Umgebung ist – ohne den Welpen zu überfordern, umso stabiler ist der Welpe in seinem Wesen und umso besser kann er sich an unterschiedliche Umgebungen anpassen. Positive Erfahrungen mit Menschen, Artgenossen und anderen Tieren und die vom Tier unter diesen günstigen Bedingungen abgespeicherten Informationen fördern später eine vertrauensvolle Beziehung.

„KNABBERTEST" Der Welpe testet Gegenstände mit dem Maul.

Rang- und Rudelordnung lernen

Während der Sozialisierungsphase wird auch die Rudelordnung erlernt. Der Welpe muss lernen, seine Wünsche entsprechend der im Rudel geltenden Regeln zu kontrollieren. Dazu ist Kontakt mit Artgenossen unterschiedlichen Alters unerlässlich.

Das Hundekind testet die Grenzen im Umgang mit Artgenossen und Menschen aus und muss lernen, wie weit es gehen darf und wann sein Verhalten unerwünscht ist und gegebenenfalls Konsequenzen zur Folge hat. Das Erlernen dieser Kontrolle bzw. sozialen Hemmung ist unverzichtbar, damit aus dem Welpen ein sozialverträglicher Hund wird.

Auf dieselbe Art und Weise lernt der Welpe im Spiel, den Gebrauch seiner nagelneuen Zähne zu kontrollieren. Packt ein Welpe sein Wurfgeschwister etwas zu heftig, fängt Letzterer an zu schreien, beendet das Spiel oder wehrt sich eventuell auf schmerzhafte Weise. Der andere Welpe lernt nun, den Druck seiner Kiefer zu kontrollieren und die Aggression einzustellen, wenn sich sein Gegner auf den Rücken legt und damit eine Unterwerfungshaltung zeigt. Das Sozialspiel ist der beste Rahmen, um die Regeln für das Rudelleben und die Verständigungsrituale zu erlernen.

Das Spiel ist ebenfalls eine Gelegenheit für den Welpen, Strategien zu entwickeln, besonders im Verlauf von Konfrontationen innerhalb des Wurfes. Erfolgreiche Strategien werden später im Erwachsenenalter übernommen.

Auch die Mutter maßregelt den Welpen, wenn es notwendig ist. Zu aufdringliches oder gar freches Verhalten wird mitunter mit dem Schnauzbiss geahndet, indem die Mutter den Fang des Welpen mit ihrem Gebiss umgreift.

Für die weitere Entwicklung und vor allem für die Erziehung bringt ein gut sozialisierter Hund nur Vorteile mit sich: Er ist neugierig, möchte mit den Menschen zusammenarbeiten, ist Neuem gegenüber freundlich und aufgeschlossen, so dass sich leicht auch viele Freundschaften unter den Haltern entwickeln können.

Geschlechtsreife

Im Alter von etwa sechs Monaten bei kleineren Rassen und rund 10 Monaten bei größeren Rassen werden Rüde und Hündin geschlechtsreif: Rüden heben nun vermehrt das Bein und Hündinnen werden das erste Mal läufig.

Genau wie Menschenkinder machen auch Hundekinder eine Pubertät durch. Dabei spielen die Hormone verrückt und die jungen Vierbeiner stellen Erlerntes häufig wieder in Frage. Mit liebevoller Konsequenz muss ihr Halter sie nun unterstützen und einen Rahmen vorgeben. Auf dem Weg zum Erwachsenwerden sind die Junghunde nun dabei, eine stabile Persönlichkeit zu entwickeln, was ein Prozess von mehreren Monaten ist. Vor allem bei großwüchsigen Hunden und insbesondere bei

Rüden kann es noch 1,5 Jahre dauern, bis die keine Kindsköpfe mehr sind. Dabei schlagen sie oft über die Stränge und es fehlt ihnen oft an Ausdauer und Einsehen, besonders schwierige und langwierige Aufgaben zu meistern. Doch wenn der Halter diesen Weg verständnisvoll und mit Hundeverstand begleitet, macht es eines Tages scheinbar „klick" und der Hund weiß genau, was von ihm erwartet wird und führt es vorbildlich aus. Doch bis dahin ist es ein langer Weg und der Hund darf während dieser Entwicklung nicht überfordert werden, sondern muss stattdessen optimal gefördert werden.

Erwachsen werden

Den Beginn der Erwachsenenphase des Hundes kann man an zwei Eckpunkten festmachen: dem Ende des Wachstums oder der psychischen Reife. Das Ende des Wachstums tritt daher je nach Rasse in verschiedenen Altersstufen ein: bei den kleinen Rassen früher, meist mit dem 8. Monat, bei den großen Rassen zwischen dem 18. und 24. Monat. Die psychische Reife ist individuell verschieden, man kann jedoch verallgemeinert sagen, dass sie in der Regel zwischen dem 18. und 24. Monat abgeschlossen ist.

Wie lange der Hund nun seine optimale physische Kondition behält, hängt wesentlich von seiner Größe und seiner Rasse ab. Es kommt immer wieder vor, dass Hunde kleiner Rassen 18 oder 19 Jahre alt werden, was jedoch die Ausnahme ist. Hunde großer Rassen erreichen kaum dieses Lebensalter, sondern sind mit 13 oder 14 Jahren bereits hoch betagt – ihre durchschnittliche Lebenserwartung liegt weit darunter.

•••

LEFZENLECKEN
Das Lecken der Lefzen ist ein Demutsverhalten.

Das Umfeld

Mehrere Studien haben die immense Bedeutung eines sogenannten „angereicherten" Umfelds für die soziale und emotionale Entwicklung des Welpen nach der Geburt aufgezeigt. Ein angereichertes Umfeld ist das Resultat verschiedener und zahlreicher Reize: Spiele allein oder zu mehreren mit allen Arten von Gegenständen, die regelmäßig ausgetauscht werden, Sozialkontakte mit sehr unterschiedlichen und unbekannten Personen, mit artfremden Tieren, unterschiedliche akustische Geräusche, verschiedene Parcours mit Hindernissen oder Spielen, usw. Unter solch günstigen Bedingungen aufgezogene Welpen sind emotional wesentlich stabiler und entwickeln weitaus weniger Angstzustände im Erwachsenenalter.

Erfahrene Züchter berücksichtigen diese Erkenntnisse und bringen die Welpen in Kontakt mit anderen Tieren, fremden Menschen, usw.

Unerwünschtes Verhalten

Hunde nehmen einen zunehmend wichtigen Platz in unserem sozialen Leben ein. Gewöhnt sich das Haustier eine Unart an, können davon sowohl sein Halter als auch dessen ganze Familie betroffen sein. Um ein unerwünschtes Verhalten zu verhindern oder es dem Hund abzugewöhnen, bedarf es eines guten Verständnisses des Hundesverhaltens.

Kotfressen

Der wissenschaftliche Terminus für dieses Verhalten, das die meisten Hundebesitzer als ausgesprochen unangenehm empfinden, lautet Koprophagie. Beim Hund ist der Verzehr von Exkrementen von Pflanzenfressern (etwa Pferde- oder Kuhmist) normal, und auch bei Welpen von weniger als sechs Monaten ist dieses Verhalten nicht beunruhigend (und verschwindet später im Allgemeinen). In diesen beiden Fällen kann man natürlich versuchen, das Kotfressen zu unterbinden, wird jedoch mit seinen Erziehungsmaßnahmen meist scheitern: Das Tier wird vermutlich auch weiterhin versucht sein, Exkremente zu fressen. Auch erwachsen fressen viele Hunde noch Kot von anderen Tieren, nicht nur Pflanzenfressern. Daher ist es immer sinnvoll, einen Hund mit Koprophagie vom Tierarzt untersuchen zu lassen, um eine Erkrankung auszuschließen.

DIE BEGRÜSSUNG
Dabei handelt es sich um ein ritualisiertes Verhalten.

Das Begrüßungsritual

Ein Ritual ist ein elementares Verhalten (wie Fressen oder Trinken), das schrittweise und bereits sehr früh beim Welpen eine die Funktion übernimmt, mit anderen in Kontakt zu treten und sich zu verständigen. In der Tat eignet sich jedes elementare Verhalten zur Ritualisierung, wenn sich das Verhalten der Umgebung des Hundes entsprechend gestaltet. Die meisten Hunde legen beim Begrüßungsritual ein gemäßigtes Verhalten an den Tag, das niemanden stört. Insbesondere bei großen Hunden kann die Begrüßung jedoch so energisch sein, dass es seinen freundlichen Charakter verliert und beinahe aggressiv anmutet – sowohl für das direkte Umfeld als auch für Besucher, die solche unangemessenen Freundschaftsbekundungen selten zu schätzen wissen.

Inhalt der Botschaft

Die meisten Hundehalter reagieren ähnlich, wenn ihr Vierbeiner versucht, an ihnen hochzuspringen: Sie weisen ihn mit drohender Stimme zurück, stoßen ihn weg oder schlagen ihn sogar. Die Wirkung dieser Maßnahmen allerdings ist ganz anders als erwartet – der Hund wird noch energischer ... Dabei muss man bedenken, dass es sich um ein Ritual handelt, um eine nonverbale Kommunikation, deren Funktionieren wesentlich von ihrem typischen Rhythmus und ihrer typischen Intensität abhängt (in welchem Grad also die bedeutendsten Elemente des Rituals betont werden). Ein Hund, der ein überschwängliches Begrüßungsritual veranstaltet, will seine Freude darüber kundtun, dass sein Herrchen wieder da ist. Außerdem jedoch übermittelt er seine Botschaft, um von seinem Kommunikationspartner eine gleichartige Reaktion zu erfahren. Wenn nun der Hundehalter irritiert oder gar aggressiv reagiert, versteht der Hund gar nichts mehr und versucht, seine Botschaft noch deutlicher zu übermitteln, indem er die wichtigsten Elemente betont – ähnlich wie wir Menschen, wenn wir im Gespräch zum hundertsten Mal etwas wiederholen, was unser Gesprächspartner einfach nicht verstehen will. Und da der Hund nicht locker lässt, gibt der Hundehalter schließlich auf, um je nach Laune Streicheleinheiten oder Strafe zu verteilen. Das hindert den Hund keinesfalls daran, dieses für alle Beteiligten unangenehme Ritual immer wieder zu wiederholen. Folglich trägt eine solche Reaktion in keiner Weise dazu bei, das Problem zu lösen.

Lösungen

Die einzig wirkungsvolle Methode ist die Deritualisierung: Dazu muss derjenige, dem das Ritual gilt, auf eine Antwort verzichten und sich gleichgültig zeigen. Der Hund wird seine Freude daraufhin zunächst noch deutlicher zeigen, um eine Antwort zu provozieren, nach einigen Tagen jedoch erwartungsvoll sitzen bleiben und seiner Begeisterung nur noch mit einem diskreten Schwanzwedeln Ausdruck verleihen. Dann hat der Halter die Gelegenheit, ein neues Ritual zu schaffen, etwa indem er den Hund streichelt und mit ihm spricht.

Aggressives Verhalten

Man unterscheidet zwischen verschiedenen aggressiven Verhaltensweisen. Einige hat der Mensch sich zunutze gemacht, andere bedürfen dringend der Behandlung durch einen gut ausgebildeten Hundetrainer.

- Die **Aggression aufgrund von Dominanzstreben** sollte beim vollständig sozialisierten Hund unterdrückt sein. Taucht sie dennoch auf, weist sie auf ein gestörtes Gleichgewicht im „Rudel", dem familiären Umfeld, hin. In diesem Fall ist unbedingt ein guter Hundetrainer aufzusuchen.
- **Durch Irritation bedingtes aggressives Verhalten** (siehe Seite 309) kommt normalerweise nicht vor.

UNWIDERSTEHLICH
Alle Hunde wühlen gerne im Müll.

Andernfalls sollte man unbedingt Rat bei einem mit Verhaltenstherapie vertrauten Hundetrainer suchen.

- **Territoriale Aggression** (siehe Seite 309). Es gibt wohl keine Verhaltensweise, über die mehr Fehlinformationen verbreitet und angesichts derer mehr Irrtümer begangen werden.
  Als Mitglied der Mensch-Hund-Gemeinschaft – des Rudels – ist es Aufgabe des Hundes, das Territorium zu bewachen, Eindringlinge zu melden und diese ggf. auch abzuwehren. Ein gut sozialisierter und erzogener Hund, mit einer vertrauensvollen Beziehung zu seinem Menschen, wird ebenfalls das Territorium bewachen und bei Fremden anschlagen, sollte von seinem Halter aber soweit gelenkt werden können, dass er auf ein Signal des Menschen hin den Besucher als willkommen anerkennt und diesem gegenüber keine Aggression zeigt. So könnte das ablaufen: Sobald der Halter herbeikommt, um zu sehen, was los ist, platziert sich der Hund in leicht zurückgezogener Position neben ihm und wartet ab, was geschieht. Reagiert der Hundehalter freundlich auf die Neuankömmlinge und lässt er sie eintreten, begrüßt der Hund diese und bedroht sie nicht weiter. Wenn sich jedoch der Tonfall ändert, der Hund spürt, dass sein Halter die Situation als beunruhigend oder bedrohlich empfindet, beginnt er zu knurren und hilft im Falle eines Konflikts bei der Verteidigung.
  Auf keinem Fall darf es der Hund sein, der zulässt, dass Neuankömmlinge eintreten, und der ihre Bewegungen kontrolliert: Dies sollte stets die Entscheidung der Halter sein, denn sie stehen in der Rangfolge über dem Hund. Sind sie nicht zu Hause, lässt der Hund keinen Eindringling ins Haus, es sei denn, es handelt sich um Personen, die er schon häufig dort hat ein- und ausgehen sehen. Dieses Verhalten des Hundes entspricht also einem guten Wachverhalten und bedarf keiner Umerziehung: Es entsteht aus einer gelungenen Sozialisation des Tieres. Sind die Hundehalter hingegen gezwungen, ihren Hund anzuleinen oder einzusperren, um die Sicherheit ihrer Gäste zu gewährleisten, handelt es sich um ein Verhalten, das der Behandlung bedarf.
- **Jagdverhalten:** Die Jagd auf Beutetiere ist keine aggressive Handlung. Die jagdliche Motivation kann mehr oder weniger vollständig ausgeprägt sein – es kommt ganz darauf an, was der Halter aus seinem Hund macht und welche Anlagen der Hund besitzt. Wird er vollständig unterbunden, kann das beispielsweise einer gejagten Katze das Leben retten. Gelegentlich macht sich der Mensch das Jagdverhalten vollkommen unverändert zunutze, etwa bei Hetzjagden. Am häufigsten wird der Beutetrieb genutzt, um die anvisierte Beute aufzustöbern, etwa bei der Jagd mit dem Gewehr, bei der Vorstehhunde oder Laufhunde zum Einsatz kommen. Beim Hütehund entspricht das Überwachen und Zusammentreiben der Herde der ersten Phase der Rudeljagd auf Pflanzenfresser. Hütehunde werden jedoch darauf abgerichtet, die letzte Phase der Jagd, die vollständige Isolierung und Tötung eines Herdenmitglieds, auszulassen. Dennoch gelingt diese Abrichtung nicht immer.

Jagd auf Haustiere

Der Hund ist ein Jäger, der es mit den verschiedensten Beutetieren aufnehmen kann, von der Maus bis zu mittelgroßen Huftieren. Wenn das Rudel groß genug ist, jagt er sogar große Huftiere. Katzen, Geflügel und Schafe sind die Haustiere, die seinen Jagdtrieb im Besonderen wecken.

Katzen

Katzen sind eine potenzielle Beute, die nahezu jeden Hund in Aufregung versetzt – selbst wenn er mit einer Katze in der Familie lebt. Als Tiere, die auf dem Territorium des Familienrudels auftauchen, wirken Katzen ausgesprochen stimulierend auf Hunde. Im Allgemeinen bleibt es bei einer Verfolgungsjagd, und die Katze kann ihrem Jäger entkommen. Es gibt jedoch auch Hunde, die wahre Spezialisten in der Katzenjagd sind und mehrere Katzen in der Woche töten. Der wiederholte Erfolg und die wohlwollende Nachsichtigkeit zahlreicher Hundehalter angesichts dieses Verhaltens ermutigen einen solchen Jäger dazu, den Katzen in seiner Umgebung keine ruhige Minute mehr zu lassen.

Geflügel und Schafe

Die Jagd auf Schafe und Geflügel ist ohne Zweifel eine der unangenehmsten Unarten bei Hunden. Ob Schafherde oder Hühnerhof – hier findet der Hund seine Beute in einer umgrenzten Umgebung von eingeschränkter Größe. Unabhängig von eigener Rasse und Typ der Beute zeigen alle Jäger ein vollkommen unorganisiertes Jagdverhalten, sobald sie sich in einem begrenzten Umfeld mit einem Überfluss an Beute befinden. Sie fangen alles, was sich in ihrer Reichweite befindet, töten, ohne die Beute tatsächlich zu fressen, und hören nicht auf, bis ein Großteil der Tiere erlegt ist. Darüber hinaus wirkt eine Beute, die sich bewegt und dabei laute Geräusche von sich gibt, ausgesprochen anregend auf jeden Jäger. Angesichts dieser Fakten ist es nicht verwunderlich, dass es immer wieder zu Zwischenfällen kommt und Hunde, die Hühner und Schafe töten, damit einfach nicht aufhören.

Man hat schon mit zahlreichen Methoden versucht, dieser Unart Herr zu werden – dabei haben sich nur wenige als wirkungsvoll und praktikabel erwiesen. Da es sich beim Jagdverhalten um ein vollkommen normales, zutiefst arttypisches Verhalten handelt, sind Misserfolge bei der Umerziehung häufig vorprogrammiert. Am besten ist es, den Kontakt zwischen Hund und Federvieh bzw. Schafen schlicht zu vermeiden.

Streunen

Allein der Begriff des „Streunens" beschreibt diese Verhaltensweise nicht angemessen. Um die Gründe für die mehr oder weniger langen „Ausflüge" eines Hundes zu verstehen, gilt es, sich mit der Sozialisation des Welpen und seiner Verhaltensentwicklung auseinanderzusetzen. Wenn der Hund dem Welpenalter entwachsen ist, wird er häufig von seiner Mutter verstoßen, außerdem von einem in der Rangfolge über ihm stehenden Rüden, zumeist von seinem Vater. Dies führt dazu, dass er sein Leben am Rande des Rudelterritoriums fristet und sein Glück bei anderen Rudeln versucht.

Betrachtet man die Ursprungsfamilien von typischen „Streunern" genauer, stellt man häufig fest, dass die Tiere dort von ihren Haltern nicht ins Familienleben integriert werden oder dass es sich um Hunde handelt, die zwar gut integriert waren, jedoch durch die Geburt eines Kindes (oder eine andere Veränderung innerhalb der Familie) in der Hierarchie nach unten gerutscht sind. Folglich versucht der Hund, die Familie zu verlassen – zunächst nur für kurze Zeiträume, dann immer länger und länger. Trifft er dabei auf andere Hunde oder Menschen, die ihn willkommen heißen, kommt er schließlich gar nicht mehr zurück. Auch der Sexualtrieb kann eine entscheidende Rolle spielen: Der Duft von läufigen Hündinnen kann Rüden dazu veranlassen, weite Strecken zurückzulegen.

Lösungen

Zunächst kann eine Einfriedung des Grundstücks sehr hilfreich sein. In der Folgezeit gilt es dann, dem Tier wieder einen festen Platz im Familienleben einzuräumen, ohne es jedoch dabei allzu sehr zu verwöhnen.

Ein weiterer Lösungsweg besteht in der Anschaffung eines zweiten Hundes, um so ein passenderes Gruppengefüge entstehen zu lassen. Dabei sollte bei der Einführung eines neuen Hundes unbedingt ein auf Verhaltensprobleme spezialisierter Tierarzt hinzugezogen werden, damit man es nicht plötzlich mit zwei Ausreißern zu tun hat.

Doch grundsätzlich ist auch bei diesem Problem Vorbeugung die beste Lösung. Man sollte sich bereits zum Ende der Welpenzeit darum bemühen, den Hund über die verschiedensten gemeinsamen Aktivitäten an sich zu binden – dann wird er erst gar nicht zum Ausreißer. Sollte es im Familienleben einmal notwendig werden, den Hund hintenanzustellen, holen Sie sich Rat bei einem Tierarzt und gestalten Sie die Situation so, dass Ihr Hund nicht den Eindruck hat, von seinem Platz verdrängt zu werden.

AUSREISSER Häufig stellen Streuner über weite Strecken einer läufigen Hündin nach.

Vom Rudel zur Familie

Verhaltensstörungen

Verhaltensstörungen sind fast immer Folge einer misslungenen Sozialisation des Hundes und sollten keinesfalls auf die leichte Schulter genommen werden: Bereits beim ersten Auftreten von Symptomen sollte ein Tierarzt aufgesucht werden. Nach einer Untersuchung kann dieser dann entscheiden, ob das Fehlverhalten krankheitsbedingt ist oder ob es sich um ein psychologisches Problem handelt, das behandelt werden muss.

Trennungsangst

Trennungsangst ist eine der häufigsten Verhaltensstörungen und einer der meistgenannten Gründe für das Abgeben eines Tiers. Es handelt sich um einen Angstzustand, der auftritt, ohne dass der Hund sich tatsächlich in Gefahr befindet: Allein durch das Gefühl der Einsamkeit werden sowohl physische als auch psychische Reaktionen ausgelöst. Trennungsangst tritt in mehr oder weniger deutlicher Ausprägung bereits beim Welpen auf, doch zu voller Entfaltung kommt sie zumeist beim jungen, heranwachsenden Hund. Daneben kann sie auch nach einer Phase besonders enger Bindung zum Halter auftreten, etwa nach Mutterschutz, Krankheit, Arbeitslosigkeit usw. Dies gilt insbesondere für Hunde, die eine schwierige oder unvollständige Ablösung von der Mutter erlebt haben.

Entstehung der Angst

Ein Welpe ist nicht ohne weiteres in der Lage, mehrere Stunden am Tag allein zu sein – für viele Welpen ist dies jedoch noch immer Alltag. Ein alleingelassener Welpe zeigt unter Umständen physiologische Angstreaktionen (Urinieren, Darmentleerung, Erbrechen), jault verzweifelt, stellt die Wohnung auf den Kopf und ist gelegentlich sogar aggressiv und zerstört das Mobiliar. Bei ihrer Rückkehr sehen sich die Hundehalter dann mit entnervten Nachbarn und einem großen Chaos konfrontiert. Ihre Reaktion ist dann gemeinhin sehr widersprüchlich: Einerseits halten sie das Verhalten des Welpen für Rache und bestrafen ihn, andererseits füttern sie ihn mit kleinen Leckerbissen und reden ihm gut zu, wenn sie das nächste Mal weggehen. Nicht zuletzt liegt es auch an diesem widersprüchlichen Verhalten, dass eine schlechte Angewohnheit sich schließlich zu einem echten Problem entwickelt.

Verschlimmerung der Angst

Viele Hunde werden für ihr Verhalten bestraft und manche sogar geschlagen, wenn der Halter wieder nach Hause kommt. Ganz abgesehen davon, dass diese Bestrafung völlig unangemessen ist, kann der Hund sie wegen des viel zu großen zeitlichen Abstands gar nicht mit dem Fehlverhalten verknüpfen. Im Gegenteil, das Tier wird die Rückkehr seiner Halter schon sehr bald mit Schlägen in Verbindung bringen. Aus diesem Grund nimmt der Welpe dann, wenn er hört, dass seine Menschen zurückkehren, die verschiedensten Demutshaltungen ein, um ihren Zorn zu mäßigen. Die Halter wiederum halten das für ein Schuldbekenntnis und sehen sich in ihrem Zorn gerechtfertigt. Die Strafen erzeugen umso mehr Angst, als sie nach einer Zeit der Not und Verzweiflung erfolgen, wobei die Rückkehr der Halter eigentlich den Beginn einer angenehmen Zeit bedeuten müsste. Die beruhigende Ansprache der Halter vor ihrem Weggang hat nicht die erwünschte Wirkung. Der Hund versteht zwar die Bedeutung der Worte nicht, doch die nonverbalen Elemente der Rede kann er durchaus entschlüsseln: Er erkennt die Beunruhigung im Gesicht seiner Besitzer, die sich fragen, mit welchen Katastrophen sie wohl bei ihrer Rückkehr konfrontiert werden. Diese Anzeichen von Beunruhigung versetzen das Tier in einen Alarmzustand, einen Zustand extremer emotionaler Anspannung.

Zwei Faktoren spielen in dieser Phase der Angstverschlimmerung eine wichtige Rolle: Die Strategien des Welpen zur Durchbrechung seiner Isolation scheitern, und unter Umständen kommen dazu noch die Unmutsäußerungen der Nachbarn. In der Tat versucht der Hund sich seiner unangenehmen Situation mit einer ganzen Reihe von Verhaltensweisen zu entziehen. Erweisen sich diese ganzen Maßnahmen als unwirksam, zeigt das Tier Angstreaktionen, also vollkommen unkontrollierte emotionale Ausbrüche, und gerät in einen Zustand „erworbener Angst". Und genau das geschieht, wenn ein Welpe von seinen Besitzern allein gelassen wird und sie einfach nicht mehr finden kann. Darüber hinaus versuchen eventuell anwesende Nachbarn je nach Grad ihrer Tierliebe, den jaulenden Hund irgendwie zum Schweigen zu bringen oder zu trösten – dabei verstärken sie mit ihrem Klopfen gegen die Wand und „beruhigendem" Gemurmel hinter der Wohnungstür die Lautäußerungen des Tieres zunächst noch weiter, weil es sich durch sie ermuntert fühlt.

Behandlung

Hat der Hund erst einmal einen Angstzustand erreicht, ist eine medizinische Behandlung in vielen Fällen unumgänglich, die mit einem auf Verhaltenstherapie spezialisierten Tierarzt und ggf. einem Hundetrainer gemeinsam durchgeführt werden sollte. Bestimmte Medikamente können den Hund für eine Verhaltenstherapie zugänglich machen, mit der Weggehen und Zurückkom-

TRAURIGER WELPE
Ein Hund, der häufig allein ist, kann Angststörungen entwickeln

BESSER NICHT
Spiele und vor allem Zerrspiele sollten nach bestimmten Regeln ablaufen.

men der Halter entritualisiert werden und die dem Tier den Schrecken des Alleinseins nimmt, sodass es sich daran gewöhnt. Eine vollständige Heilung ist nicht immer möglich, doch jede Verbesserung ist erstrebenswert.

Angstzustände durch mangelnde Sozialisierung

Diese Erkrankung findet zunehmend Verbreitung. Dies liegt vor allem an den vielen in Massen produzierten Hunden, die nicht hundegerecht aufwachsen und oft viel zu früh von Mutter und Geschwistern getrennt werden. Ein Welpe muss im Verlauf seiner Entwicklung vielerlei Anregungen erfahren, um sich an die Umgebung zu gewöhnen, in der er leben wird. Die Erkrankung ergibt sich daraus, dass die Sozialisation des Tieres sich in einem Umfeld vollzieht, das sich grundlegend von dem unterscheidet, in dem es als erwachsener Hund leben wird. Das gilt etwa für Welpen, die auf dem Land groß werden, nie zu mehr als zwei Menschen Kontakt haben, noch nie ein Auto gehört oder gesehen haben und später in einem städtischen Umfeld leben. Ein Tier, das mit solchen Stimuli nicht vertraut ist, gerät jedes Mal in einen Angstzustand, wenn es sie erlebt. Kommt es sehr häufig zu solchen Erlebnissen und der Hund kann sich nicht ihnen nicht entziehen, besteht die Gefahr, dass er in einen pathologisch verängstigten oder depressiven Zustand gerät.

Bei den meisten Hunden kommt es nach drei bis vier Wochen in der neuen Umgebung zu einer vollständigen Ausprägung des Krankheitsbildes. Die Besitzer klagen dann über Panikreaktionen des Tieres, sobald sie es ausführen wollen. Zu beobachten sind dann zwei Typen von Symptomen: Entweder der Welpe uriniert ohne Unterlass, leert häufig seinen Darm, erbricht sich gelegentlich auch und reagiert aggressiv auf jeden, der sich ihm nähert, oder er rührt sich nicht vom Fleck, leckt sich ständig bestimmte Körperpartien (was zu Entzündungen führen kann) und will andauernd fressen oder trinken. In diesem Fall ist die Erkrankung vollständig ausgebildet.

Die Prognose ist abhängig von dem Alter, in dem das Tier dem Tierarzt vorgestellt wird. Ein entscheidender Faktor ist jedoch vor allem die Geduld seiner Halter. Die Behandlung erfordert oft den Einsatz bestimmter Medikamente, z. B. Antidepressiva. Sobald eine ausreichende Linderung der Angstsymptome eingetreten ist, muss man mit dem Hund eine Desensibilisierungstherapie beginnen, die nach mehreren Monaten ein beinahe normales Leben erlaubt.

Kontaktverweigerung

Diese Form der Depression tritt bereits in den ersten Lebenstagen auf und ist in vielen Punkten vergleichbar mit dem Autismus beim Kind. Folgende Symptome sind typisch:

- Der Welpe hat ein ausdrucksloses Gesicht, unabhängig davon, welche Emotionen er empfindet.
- Er erträgt keinerlei Körperkontakt: Sobald man ihn hochheben oder auch nur anfassen will, gerät er in Panik.
- Das Tier reagiert überaus empfindlich auf Lärm jeder Lautstärke.
- Es zeigt kein Spielverhalten.
- Der Hund erträgt keinen Blickkontakt: Erkrankte Welpen laufen weg, sobald man ihnen in die Augen schaut.

Diese Erkrankung, die auf eine bedeutende Störung in der ersten Phase der Kontaktaufnahme mit der Mutter zurückzuführen ist, ist sehr schwerwiegend, denn sie verhindert jede normale Beziehung. In der Prognose ist große Zurückhaltung geboten, mit einer Behandlung kann nur bedingt eine Heilung erzielt werden. Dabei muss über eine Dauer von acht bis zu achtzehn Monaten die gesamte Familie eingebunden werden, und der Zeitaufwand, der zusätzlich zu den normalen Aufgaben eines Hundehalters anfällt, beträgt 20 Minuten bis eine Stunde täglich. Zur Vermeidung von Panikattacken sollte eine entsprechende Medikamentierung erfolgen.

Übermäßiger Bewegungsdrang

Die Symptome der Hyperkinesie oder auch Hyperaktivität sind sehr leicht erkennbar. Das Tier befindet sich ständig in Bewegung, kann kaum still sitzen oder stehen, läuft ohne Unterlass umher, springt herum, dreht sich im Kreis, zwickt oder beißt beim Spielen oder schnappt bei Berührung nach der Hand. Dabei ist das Umherlaufen eher hektisch und hat nichts mit der wesentlich ruhigeren und strukturierteren Erkundungstätigkeit zu tun, mit der ein Hund Informationen über seine Umgebung sammelt. Es kommt häufig zu den verschiedensten Lautäußerungen. In seinem Sozialverhalten ist das Tier sehr überschwänglich, seine Reaktionen auf verschiedenste und vertraute Stimuli sind stark übertrieben. Ursache dieser Verhaltenauffälligkeit ist eine unvollständige Sozialisation.

Zur Behebung dieser Störung gibt es eine ganze Reihe von Verhaltenstherapien, zu denen unterstützend eine medikamentöse Behandlung erfolgt. Zunächst einmal müssen sich die Halter darüber klar werden, inwieweit sie zum Fortbestehen des Krankheitsbildes beitragen haben, um ihr Verhalten entsprechend ändern zu können. Dann gilt es, den Gehorsam des Tieres zu trainieren, denn damit lernt der Hund, sein Verhalten zu kontrollieren. Schließlich kann man den Hund dazu erziehen, ein Verhalten (etwa Sitz zu machen) anzunehmen, das sich nicht mit Verhalten verträgt, das man ihm abgewöhnen will (Umherlaufen im Haus, Herumspringen usw.).

Angelerntes aggressives Verhalten

Dieses Verhalten belastet vor allem die Beziehung zwischen Hund und Mensch. Die aggressiven Verhaltensweisen, die die Besitzer beklagen, sind oft nur eine Reaktion auf eine nicht eindeutig gegebene Rang- und Rollenverteilung zwischen Mensch und Hund und in der Folge die Überforderung des Tieres. Der Welpe lernt von Anfang an nicht, sich zu kontrollieren, er darf zwicken, im Bett schlafen und wird vom Tisch gefüttert. Gleichzeitig wollen seine Besitzer, dass er gehorcht, verbieten ihm Dinge, die in seiner Logik zu den Vorrechten des Ranghohen gehören, also der Rolle, die ihm seine Halter bis dahin zugestanden haben. In dieser Situation kann der Hund mit Aggression reagieren. Sehr rasch lernt das Tier, dass Beißen eine sehr wirkungsvolle Reaktion ist, die Einschüchterungsphase kommt zu ihrem Ende – das Stadium der Überaggressivität ist damit erreicht, und das unerwünschte Verhalten ist zum Krankheitsbild geworden.

Im Idealfall sollte man bereits im Stadium der Einschüchterungsphase intervenieren, doch ein Großteil der Hundehalter sucht erst Hilfe, wenn der Hund bereits übermäßig aggressiv ist. Die Prognose bei angelernter Aggressivität ist im Allgemeinen gut, wenn die Halter sich über ihre Rolle in der Angelegenheit klar sind. Andernfalls ist es sinnlos, mit einer Behandlung zu beginnen: Ohne die Zusammenarbeit mit den Haltern ist sie zum Scheitern verurteilt. Eine erfolgversprechende Therapie beruht auf, bei der Mensch und Hund geschult werden. Ist der Hund bereits übermäßig aggressiv und leben Kinder in der Familie oder die Halter sind bereits sehr alt, ist auch eine Trennung von dem Tier zu erwägen.

Phobien

Phobien sind Angstreaktionen (Flucht, Ausweichen) die durch einen Stimulus ausgelöst werden, der keinerlei reale Bedrohung für das Tier darstellt, jedoch zu heftigen Stressattacken führt. Phobien entwickeln sich in drei Phasen.

Im dynamischen Stadium reagiert der Hund nur auf einen bestimmten Stimulus phobisch (einfache Phobie). Seine Reaktionen sind vollkommen organisiert und zie-

DEPRIMIERTER HUND
Bei einem älteren Hund können zahlreiche äußere Einflüsse zu Depressionen führen.

len darauf ab, sich der Situation physisch zu entziehen: Er läuft weg oder versteckt sich.

Im Stadium der Intensivierung, wenn es dem Hund nicht gelungen ist, sich dem phobischen Stimulus zu entziehen, kommt es zu immer stärkeren – zunächst physiologischen (Urnieren und Koten aus Angst, starke Speichelbildung, Beschleunigung von Herzschlag und Atem) – emotionalen Reaktionen, zu denen sich jedoch sehr bald angstmotivierte Reaktionen gesellen.

Im letzten Stadium zeigt das Tier neben immer stärkeren emotionalen Reaktionen auch eine übermäßige Wachsamkeit. Nach und nach entdeckt es immer mehr Stimuli, die dem Panik auslösenden Stimulus vorausgehen, und reagiert auf diese dann ebenso phobisch wie

Wann muss der Hund behandelt werden?

	Beobachtetes Verhalten	**Diagnose**
Apathie	Der Welpe erkundet seine Umgebung nicht, macht keinerlei Dummheiten, spielt nicht und sucht keinen Kontakt zu Ihnen.	Es handelt sich um Entwicklungsstörungen, die eine langfristige Therapie notwendig machen.
Fresssucht	Ihr Hund frisst ohne Unterlass und läuft ständig auf der Suche nach etwas Essbarem durchs Haus.	Meist weist Fresssucht auf einen Angstzustand hin, es kann sich jedoch auch um eine Stoffwechselstörung handeln.
Provokatives Verhalten	Ihr Hund, der gerade seine Geschlechtsreife erreicht hat, schränkt den Bewegungsspielraum der im Haushalt lebenden Menschen ein – verwehrt ihnen evtl. sogar den Zugang zu bestimmten Räumen.	Der Hund nimmt sich Rechte heraus, die eigentlich den ranghohen Mitgliedern der Gemeinschaft zustehen – und das sollten die Menschen sein. Suchen Sie einen guten Hundetrainer auf.
Depression	Eine Person oder ein Tier, zu dem Ihr Hund eine wichtige Beziehung hatte, ist nicht mehr da. Dies kann zu einer reaktiven Depression mit Appetitverlust und Gleichgültigkeit gegenüber der Umwelt führen.	Dauert der Zustand mehr als acht Tage lang an, muss eine Therapie erfolgen, damit aus der depressiven Verstimmung nicht eine ernsthafte Depression entsteht.
Inkontinenz	Der Welpe verrichtet seine Notdurft nachts im Schlaf.	Es handelt sich häufig um eine Angststörung, die mit einer zu strengen Erziehung zusammenhängen kann. Die Inkontinenz kann aber auch Folge einer Organerkrankung sein
Lecken	Ihr Hund leckt sich über lange Zeiträume hinweg das Fell, knabbert an seinen Krallen oder reißt sich das Fell aus.	Ursache kann eine Hauterkrankung sein, häufig ist jedoch eine Angststörung oder die Ritualisierung des Leckens, ausgelöst durch einen Juckreiz, der Grund.
Bedrohliches Verhalten	Der Hund bedroht ein Familienmitglied oder einen Menschen, mit dem er eigentlich vertraut ist.	Lassen Sie den Hund vom Tierarzt untersuchen, um festzustellen, ob dieses Verhalten Folge von Schmerzen oder einer neurologischen Erkrankung ist. Kann eine Krankheit ausgeschlossen werden, ist eine Verhaltenstherapie bei einem guten Hundetrainer angeraten, bevor sich das Verhalten steigert.
Senilität	Ihr Hund scheint wieder zum Welpen zu werden: Er gehorcht nicht mehr, ist nicht mehr stubenrein und heult ohne Grund.	Dabei handelt es sich nicht um ein unumkehrbares Symptom des Alterns. Es gilt, die Situation zu analysieren und eine geeignete Therapie zu finden.
Durst	Ihr Hund trinkt große Wassermengen (mehrere Liter) und uriniert beständig ein wenig.	Nachdem der Tierarzt sichergestellt hat, dass es sich nicht um eine Organerkrankung handelt, ist eine Therapie bei einem guten Hundetrainer sinnvoll. Es kann sich um das Symptom einer Angststörung oder um ein Ritual handeln.
Halluzinationen	Sobald Ihr Hund in einem entspannten Zustand ist, verfolgt er mit den Augen einen imaginären Gegenstand oder spitzt die Ohren und beginnt zu jaulen.	Dabei kann es sich um Halluzinationen handeln, die unverzüglich tierärztlich behandelt werden müssen.

auf den ursprünglichen Stimulus. In ihrer ausgeprägtesten Form führt die Phobie schließlich dazu, dass der Hund nahezu alle Elemente in seiner Umgebung darin einschließt.

Die Prognose bei Phobien ist im Allgemeinen gut, wobei man jedoch die Einschränkung machen muss, dass eine Heilung vom Stadium der Krankheit und von der Kooperationsbereitschaft des Halters abhängt. Die Behandlung besteht in der Gabe von Angstlösern oder Betablockern in Kombination mit einer Verhaltenstherapie.

Mangelndes mütterliches Verhalten

Die Hündin beginnt in den letzen 24 bis 48 Stunden vor der Niederkunft, sich ungewöhnlich zu verhalten. Anstatt ein Nest vorzubereiten, ist sie aufgeregt und unruhig. Mit dem Einsetzen der ersten Wehen kann man regelrechte Panikattacken beobachten. Die Hündin lässt sich nicht nieder, um ihre Jungen zur Welt zu bringen, sondern läuft durch die Wohnung, sucht die Nähe ihrer Besitzer und presst die Welpen im Gehen heraus, wobei sie laute Schreie ausstößt. Bei zahlreichen Hündinnen mit diesem Krankheitsbild ist die Geburt sehr schwer, weil das Tier nicht presst, und die Hilfe eines Tierarztes und unter Umständen auch ein Kaiserschnitt werden nötig. Wenn die Welpen auf der Welt sind, vermeidet die Hündin jeden Kontakt mit ihnen, lässt sie sogar sterben. Gelegentlich läuft sie auch weg und reagiert aggressiv auf die Jungen, wenn man sie ihr an die Zitzen legen will.

Dieses Verhalten tritt bei Hündinnen auf, die nicht vollständig sozialisiert sind und deren Befruchtung nicht freiwillig, sondern auf Betreiben des Menschen stattgefunden hat. Meist wurden diese Tiere unter Zwang gedeckt oder künstlich befruchtet, weil sie den Rüden während ihrer Läufigkeit ablehnten.

Die Prognose bei dieser Verhaltensstörung ist sehr zurückhaltend, wenn es sich um für die Zucht bestimmte Hündinnen handelt. Die Ergebnisse der aktuellen therapeutischen Methoden können nicht als zufriedenstellend gelten. Dennoch gibt es Maßnahmen, die die Aussichten auf eine erfolgreiche Geburt erhöhen.

Panikstörung

Es handelt sich um eine Angststörung, deren Symptome in Situationen auftreten, in denen objektiv keinerlei Bedrohung für den Hund besteht. Die Anfälle treten in massiver Ausprägung auf.

Massive Angstkrisen

Beim Hund manifestieren sich die Krisen meist in Störungen des Herzlungensystems mit unmittelbar folgendem Erbrechen: Die Atmung ist massiv beschleunigt, der Hund schnappt nach Luft, zittert, und man kann an seiner linken Flanke beobachten, wie das Herz sich zusammenkrampft. Gelegentlich fällt das Tier zu Boden und strampelt einige Sekunden lang mit den Beinen. Man kann den Anfall beenden, indem man das Tier in den Arm nimmt, es streichelt und ihm gut zuspricht. In einer selten auftretenden, jedoch sehr heftigen Form der Erkrankung versucht der Hund der Situation zu entfliehen, ohne jedoch sein Verhalten kontrollieren zu können, und springt etwa gegen eine Wand oder durch ein Fenster.

Einige Rassen sind besonders anfällig für diese Erkrankung: der Zwergpudel, der Basset artésien normand, der Irish Setter und der Dobermann. Die Prognose ist gut, Ausnahmen sind allerdings Hunde mit Herzerkrankungen, was glücklicherweise nur selten vorkommt. Die im Wesentlichen medikamentöse Behandlung besteht in der Gabe von Betablockern, die auf das Herzlungensystem wirken und ggf. anderen Medikamenten.

Immer wiederkehrende Angststörungen

Diese Störungen äußern sich in periodisch auftretender Verhaltensänderungen und organischen Beschwerden. Die organischen Symptome bestehen im Wesentlichen aus Störungen des Verdauungsapparates, wobei Erbrechen bei weitem am häufigsten auftritt. Diese Art der Angststörung kann sich in zwei unterschiedliche Richtungen entwickeln: Entweder gelingt es dem Hund, sich durch aggressive Verhaltensweisen zu isolieren und damit seine Angst zu unterdrücken – er lernt, dass Beißen ein wirkungsvolles Mittel ist, um sich zu beruhigen, und wird zum systematischen Beißer. Oder seine angstinduzierten Aggressionen erlauben es dem Tier nicht, den Kontakt mit seiner Umwelt zu vermeiden, was zu zunehmenden Hemmungen und schließlich zu dauerhaften Angststörungen führt.

Dauerhafte Angststörungen

Bei diesen Störungen handelt es sich um die am weitesten fortgeschrittenen Angststörungen, die das Verhalten des Hundes dauerhaft und tief greifend verändern: Er meidet soziale Beziehungen, verzichtet auf das Erkunden der Umgebung, und man kann das Auftreten von Ersatzhandlungen beobachten: Verhaltensweisen, die in keinerlei Zusammenhang mit der Situation stehen, in der sie auftreten, jedoch die emotionale Anspannung mindern.

Beim Hund können das drei unterschiedliche Verhaltensweisen sein: das Berühren seines eigenen Körpers, Fressen und Trinken. Durch das Lecken des eigenen Körpers können kahle Stellen auftreten, die die Halter schließlich zum Besuch beim Tierarzt veranlassen.

Die Prognose ist gut, eine Therapie im Allgemeinen wirkungsvoll. Sie besteht in der Gabe von Angstlösern und bestimmten Antidepressiva, begleitet von einer Verhaltenstherapie, bei der die Faktoren, die in der Vergangenheit zur Entstehung der Angststörung geführt haben, korrigiert werden.

Reaktive Depression

Zu dieser Form der Depression kommt es als Reaktion auf ein heftiges emotionales Erlebnis. Dabei betrachtet man Traurigkeit und Niedergeschlagenheit, wie sie typischerweise unmittelbar nach einer Stresssituation auftreten, nicht als Krankheitsbilder. Diese Symptome gelten als „Sparmaßnahmen" des überbeanspruchten Nervensystems. Abgesehen von Tieren, die nach dem Stresserlebnis jede Nahrungsaufnahme verweigern, behandelt man Hunde in den ersten sechs bis acht Tagen nach dem auslösenden emotionalen Erlebnis nicht. Wenn jedoch die folgenden Symptome über diesen Zeitraum hinaus dauerhaft auftreten, spricht man von einer reaktiven Depression: Gleichgültigkeit gegenüber der Umwelt, Ausstoßen von Schmerzenslauten ohne körperlichen Schmerz, Verweigerung der Nahrungsaufnahme, indifferentes Verhalten gegenüber möglichen Sexualpartnern.

Die Prognose ist gut – Ausnahme sind Tiere, die dem Tierarzt erst zu spät nach einer langen Nahrungsverweigerung vorgestellt werden: Ihr Leben ist ernsthaft in Gefahr.

Die Behandlung der reaktiven Depression besteht im Wesentlichen in der Gabe von Antidepressiva ohne beruhigende Wirkung. Körperliche Betätigung oder eine sinnvolle Beschäftigung ist eine gute Ergänzung der Therapie und kann den Heilungsprozess beschleunigen.

Im Alter auftretende Depression

Von dieser Form der Depression sind im Wesentlichen Hunde ab sieben oder acht Jahren betroffen. In der Symptomatik vereinen sich die klassischen Anzeichen einer Depression (Gleichgültigkeit, Traurigkeit) mit dem neuerlichen Auftreten kindlicher Verhaltensweisen (Verlust der Stubenreinheit, orale Erkundung der Umgebung), angelernte Verhaltensweisen gehen verloren. Häufig wird der Hund dem Tierarzt vorgestellt, weil er nicht mehr stubenrein ist (und sich gelegentlich sogar im Schlaf löst) oder wiederholt Fremdkörper verschluckt hat.

Die Ursachen der Krankheit sind komplex. Es scheinen nur Tiere betroffen zu sein, die an einer unbehandelten Angststörung erkrankt waren, die sich in der Folge schließlich zu einer involutiven Depression entwickelt hat. Auch organische Gründe spielen eine Rolle – Alterung des Gehirns, Neigung zur Schilddrüsenunterfunktion, Gefäßinsuffizienz. Darüber hinaus können bestimmte Ereignisse zum Entstehen der Depression beitragen, insbesondere die Aufgabe einer bestimmten Tätigkeit (Polizeihunde, die die Altergrenze überschritten haben, ausgemusterte Jagdhunde) oder Veränderungen in der familiären Hierarchie, etwa wenn ein junger Hund angeschafft wird.

Die Prognose ist im Allgemeinen günstig, es sei denn, die Hirnfunktionen sind durch Krankheit grundlegend eingeschränkt. Empfohlen ist zusätzlich zu einer eventuellen Therapie mit speziellen Medikamenten eine regelmäßige körperliche Betätigung zusammen mit den Haltern zur Förderung der sozialen Bindung.

Überaggressives Verhalten bei alten Hunden

Der alternde Hund entwickelt manchmal ein zunehmend aggressives Verhalten zu anderen Hunden, Fremden oder sogar seinen Haltern. Es tritt insbesondere bei der Pflege, unter Zwang und ganz allgemein in Situationen auf, die in der Vergangenheit in keiner Weise problematisch waren. Häufig beißt das Tier ohne die üblichen vorangehenden Drohgebärden zu.

Das Hinzuziehen eines Tierarztes ist unbedingt notwendig, denn Ursache dieser Verhaltensstörung können Schilddrüsenprobleme sein. Die Behandlung erfolgt im Wesentlichen mit Medikamenten. Wenn es noch möglich ist, kann auch eine kognitive oder Verhaltenstherapie hilfreich sein.

Nutzen einer Therapie

Bei Verhaltensstörungen gibt es im therapeutischen Bereich bemerkenswerte Fortschritte – dies ist im Wesentlichen dem Einsatz von Medikamenten aus der Humanpsychiatrie und der besseren Kenntnis der Lernprozesse beim Hund zu verdanken. Mit den neuen therapeutischen Möglichkeiten werden die Fälle, in denen das Einschläfern oder Weggeben eines Hundes die einzige Lösung ist, um die Sicherheit der Halter zu gewährleisten, immer seltener.

Chirurgische und biologische Methoden

Die Kastration gehört zweifellos zu den am häufigsten angewandten Methoden zur Behebung von Verhaltensstörungen. Durch die Verringerung der im Körper vorhandenen Sexualhormone können verschiedene unerwünschte Verhaltensweisen (gesteigertes Sexualverhalten, übermäßiges Markieren), die durch diese Substanzen verursacht werden, abgestellt werden. In allen anderen Fällen sollte es sich im besten Falle nur um eine begleitende Therapiemaßnahme handeln, sie muss jedoch immer sorgsam abgewogen werden.

KEIN HUNGER
Nahrungsverweigerung kann ein Hinweis auf eine psychische Störung sein.

Hormonbehandlungen kommen häufig bei ähnlichen Indikationen wie für eine Kastration zum Einsatz. Um die Erfolgsaussichten einer chirurgischen Kastration zu testen, ist man bemüht, insbesondere Rüden mithilfe von Progestativa und Antiandrogenen nur vorübergehend zu kastrieren.

Weitere Hormonbehandlungen etwa mit Schilddrüsenhormonen und Kortison kommen – in niedrigen Dosen – bei schweren Depressionen zum Einsatz. Es zeigt sich, dass damit gute Resultate erzielt werden.

Psychotrope Medikamente

Diese Wirkstoffe können das Verhalten verändern. Sie werden auf der Grundlage ihrer spezifischen Eigenschaften wie folgt klassifiziert:

- **Neuroleptika** kommen bei aggressiven Verhaltensweisen zum Einsatz.
- **Substituierte Benzamide** werden verwendet, um bestimmte aggressive Verhaltensweisen (ausgelöst durch Angst oder Irritation) und emotionale Reaktionen zu dämpfen, insbesondere solche, die von Verdauungsproblemen begleitet sind.
- **Angstlöser** werden bei dauerhaften Angstzuständen verschrieben.
- **Betablocker** wurden ursprünglich zur Behandlung von Herzerkrankungen eingesetzt, inzwischen finden sie auch mit gewissem Erfolg Einsatz bei der Therapie von Panikstörungen.

Therapien

Damit bezeichnet man die Gesamtheit aller Maßnahmen, die es durch Veränderung der Umwelt des Hundes erlauben, dem Tier ein gewünschtes Verhalten anzutrainieren. Dabei kommen zwei Therapiearten zur Anwendung: Verhaltenstherapien und kognitive Therapien. Wichtig ist immer die Umsetzung mit gut geschulten Hundetrainern und eventuell auch mit spezialisierten Tierärzten.

Verhaltenstherapien

Bei einer Verhaltenstherapie wird das Verhalten des Hundes durch Konditionierung oder Desensibilisierung (oder Gewöhnung) beeinflusst. Mithilfe positiver oder negativer Verstärker werden neue Verhaltensweisen erlernt. Die Konditionierung kann bei nahezu allen Verhaltensstörungen Anwendung finden, allerdings sind die Erfolge recht unbeständig. Dennoch kann man mit entsprechenden Methoden für den Anfang rasche Erfolge erzielen, die die Situation für den Hundehalter erträglicher machen.

Die Desensibilisierung (allmähliches Verschwinden der Reaktion auf einen Stimulus, dem das Tier immer wieder ausgesetzt wird) ist eine geeignete Methode zur Behandlung von Phobien und durch mangelnde Sozialisation ausgelösten Angstzuständen.

Kognitive Therapien

Sie erlauben es, das Verhalten eines Hundes zu verändern, indem man ihm neue Informationen über seine Umwelt liefert. Dies muss in einer ihm verständlichen Weise geschehen, sodass er seine Wahrnehmung von Situationen, die Auslöser für Konflikte und Störungen sind, neu organisieren kann. Bei Störungen des Sozialverhaltens hat sich eine Therapie bewährt, in der eine gezielte Rangeinweisung des Hundes angestrebt wird. Die verschiedenen Familienmitglieder nutzen dabei Ereignisse, die für die hierarchischen Strukturen von Bedeutung sind, um dem Hund seinen Rang in der Gemeinschaft zu zeigen. Bei diesen Methoden lassen erste Ergebnisse ein wenig länger auf sich warten, doch solange die Familie ihre Fehler nicht wiederholt, sind sie überaus stabil.

Pflege und Gesundheit

Erscheinungsbild des Hundes

Die Morphologie, die Lehre von der äußeren Gestalt, ist für die Untersuchung eines Hundes oder für den Vergleich zweier Tiere sehr nützlich. Angesichts der vielfältigen Erscheinungsformen, die man bei Hunden beobachtet, bildet sie bei Wettbewerben die Grundlage für die ästhetische Beurteilung der Tiere.

Die verschiedenen Körperteile

Der Kopf verfügt über eine große Anzahl sichtbarer Merkmale, für die es allesamt eine eigene Bezeichnung gibt. Diese Merkmale, die auf der Zeichnung unten dargestellt sind, spielen eine wichtige Rolle, wenn man einen Hund auf einem Wettkampf vorstellt, da Hunde sich gerade durch die charakteristischen Ausprägungen ihres Kopfes auszeichnen.

Den Absatz zwischen Stirn und Nase bezeichnet man als Stopp. Je nach Rasse kann er sehr ausgeprägt (etwa beim Boxer) oder auch kaum vorhanden sein (Windhund). Der Nasenrücken führt vom Stopp bis zur Nase, zwischen den Ohren liegt die Stirn. Die Länge dieser beiden Linien sowie der Winkel, den sie bilden, dienen als Parameter zur Beschreibung der Kopfform und werden häufig in Rassestandards verwendet.

Der Abstand zwischen den Jochbögen, zweier Knochen, die sich zwischen Auge und Ohr leicht ertasten lassen, entspricht der Kopfbreite und ist ein ergänzender Parameter zu den beiden oben genannten. Zur Beschreibung der Kopfgröße verwendet man häufig den Kopfumfang, gemessen über Stirn, Jochbögen und Kehle des Hundes.

Vom Nacken bis zur Kruppe

Hinsichtlich seiner Morphologie weist der Nacken, die Verbindung zwischen Kopf und Rumpf, wenig charakteristische Merkmale auf – ganz im Gegensatz zum Rumpf. Der Widerrist, an dem die Größe vierbeiniger Säugetiere gemeinhin gemessen wird, ist wohl das wichtigste. Auf den Widerrist folgen Rücken, Lende und Kruppe. Der Rücken stützt den Brustkorb, die Flanke den Unterleib und die Kruppe das Becken.

Der Rippenbogen ist die Verbindungslinie zwischen den Enden der letzten Rippen. Diese Linie markiert den Übergang zwischen Brustkorb und Hinterleib. Mit Lende bezeichnet man den Bereich der Lendenwirbel, als Hüfte die am Körper sichtbare Ausformung des Beckens und nicht das Gelenk selbst.

Die Mehrzahl der Bezeichnungen für das äußere Erscheinungsbild beschreibt sehr detailliert das Skelett des Hundes. Sie bilden Ansatzpunkte bei der Vermaßung des Tieres, zur Beschreibung von Linien und zur Berechnung von Winkeln, ebenso dienen sie als Parameter bei der Beurteilung der Beinstellung.

Bei den Vordergliedmaßen dient der morphologische Terminus „Schulter" zur Bezeichnung der Schulterblätter – das Gelenk heißt „Schultergelenk". Das „Handgelenk" beim Hund heißt Vorderfußwurzelgelenk und ist nicht zu verwechseln mit dem Kniegelenk an den Hinterläufen.

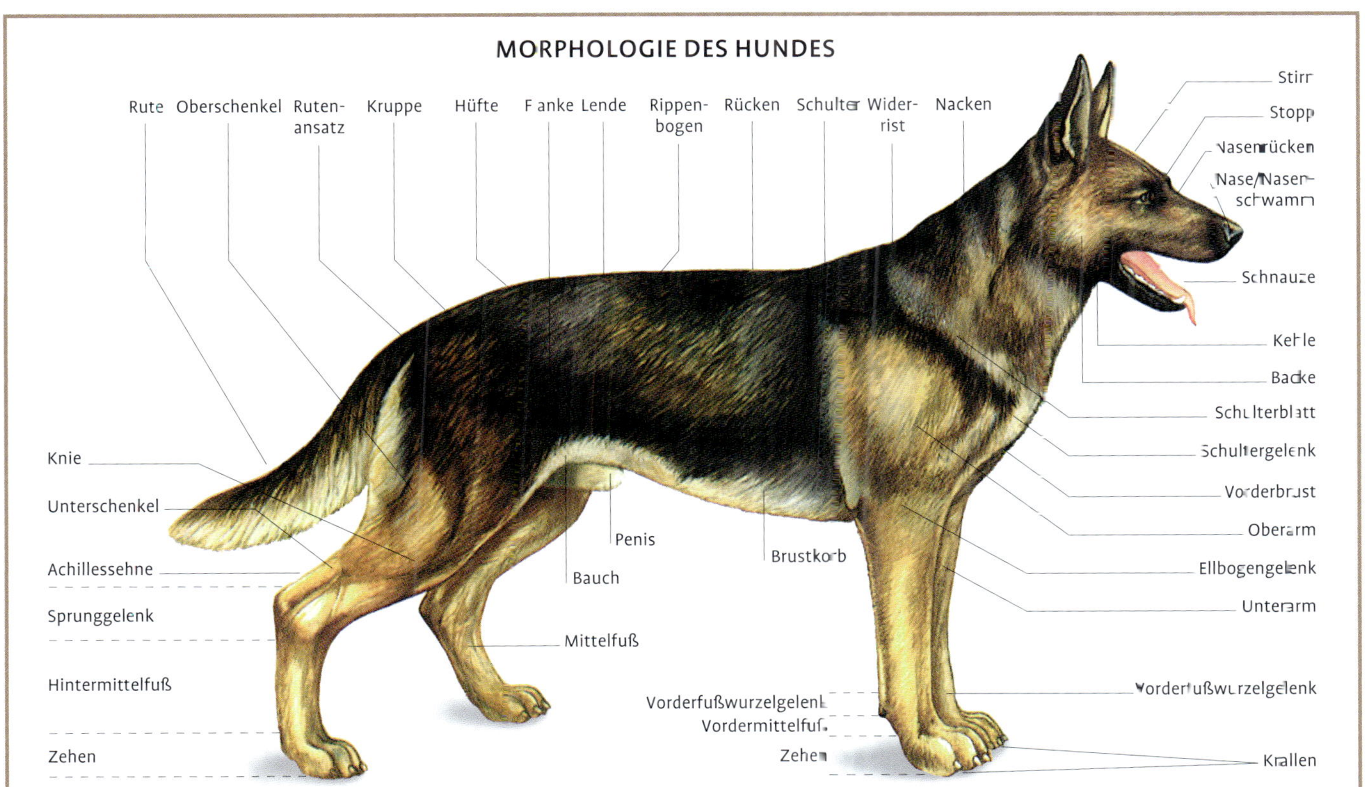

Mittlere Linienführung: Französischer Spaniel

Kurze Linienführung: American Staffordshire Terrier

Lange Linienführung: Ungarischer Windhund

Die drei Hundetypen

Man unterscheidet anhand des äußeren Erscheinungsbildes drei Hundetypen:

- **Mittlere Linienführung:** Diese Hunde zeichnen sich durch einen ausgeprägten Stopp aus. Nasenrücken und Stirnlinie sind gleich lang. Die meisten Jagdhunde (Spaniel, Setter usw.) gehören zu diesem Typus, aber auch zahlreiche Hütehunde (Beauceron, Briard usw.).
- **Kurze Linienführung:** Typisches Charakteristikum ist ein sehr ausgeprägter Stopp, der Nasenrücken ist kürzer als die Stirnlinie, das Profil konkav, das Erscheinungsbild insgesamt kompakt und massiv. Diesem Typus gehören zahlreiche große Hunderassen wie etwa die Molosser (American Staffordshire Terrier, Bullmastiff, Mastino Napoletano usw.), aber auch kleinere Begleithunde (Pekingese, Mops, Französische Bulldogge usw.) an.
- **Lange Linienführung:** Dieser Typus zeichnet sich durch einen flachen Stopp, einen langen Nasenrücken, ein konvexes Profil und einen eleganten Körperbau mit langen Läufen aus. Zu seinen Vertretern zählt man alle Windhunde und einige Collies und Terrier.

Gliedmaßenstellung

Dieser Begriff bezeichnet die Ausrichtung der Gliedmaßen zum Boden, wenn der Hund sich im Stand befindet. Die Beurteilung erfolgt dabei von vorne, von der Seite und von hinten. Für jede Gliedmaße wird eine Richtungsachse bestimmt, die direkte Linie zwischen Ansatzpunkt des Laufes (mittleres Drittel des Schulterblattes bei den Vorderläufen, Hüftgelenk bei den Hinterläufen) bis zu dem Punkt, wo die Gliedmaße den Boden berührt. Im Idealfall sollte diese Achse aus allen Ansichten vertikal verlaufen, um die Gelenke zu schonen und die Leistungsfähigkeit zu verbessern, doch bei bestimmten Rassen kann es dort Abweichungen geben, die nicht als Fehler gelten.

Vorderläufe

Ausschließlich der Unterarm verläuft aus beiden Ansichten vertikal. Aus der Vorderansicht muss die Verbindungslinie zwischen Buggelenk, Unterarm, Vorderfußwurzelgelenk und Vorderzehen vertikal verlaufen. Verläuft sie nach außen, spricht man von einer bodenweiten Stellung, verläuft sie nach innen, von einer bodenengen Stellung. Ebenfalls als Fehler gelten zu weit einwärts (O-Bein-Stellung) oder auswärts (X-Bein-Stellung) gedrehte Pfoten. Ist der Vordermittelfuß in der Profilansicht lang und stark angewinkelt, ist der Hund lang gefesselt, ist er hingegen kurz und vertikal ausgerichtet, ist das Tier steil gefesselt.

Hinterläufe

Bei den hinteren Gliedmaßen verläuft theoretisch ausschließlich der Hintermittelfuß aus beiden Ansichten vertikal. Betrachtet man den Hund von hinten, muss die Verbindungslinie zwischen Kniegelenk, Sprunggelenk und Zehen senkrecht verlaufen. Abweichungen von dieser Ideallinie beschreibt man ähnlich wie bei den Vorderläufen, wobei man bei nach auswärts gerichteten Füßen und eng stehenden Sprunggelenken von einer kuhhessigen Stellung spricht. Als Fehlstellung gilt es ebenfalls, wenn der Bodenkontakt vor (vorständig) oder hinter (rückständig) der gedachten vertikalen Richtungsachse liegt.

Im engeren Sinne bezeichnet das Wort „Pfote" nur die äußersten Extremitäten, doch im allgemeinen Sprachgebrauch hat es sich eingebürgert, die komplette Extremität als Pfote zu bezeichnen. Die Pfoten können eine runde oder längliche Form haben. Der Vorderfuß hat fünf Zehen, der Hinterfuß vier.

FUSSFORMEN

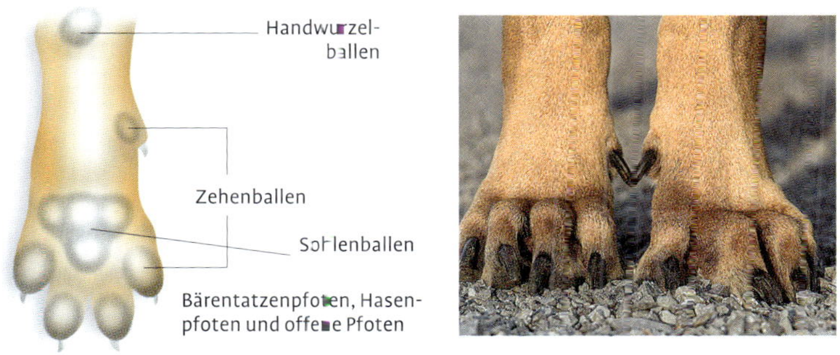

DIE GLIEDMASSENSTELLUNG

Gebiss

Hunde verfügen wie alle Fleischfresser über ein Gebiss, das optimal auf ihre Ernährungsgewohnheiten abgestimmt ist. Charakteristisch ist die Ausprägung der Eckzähne und einiger Backenzähne, die dafür sorgen, dass die Tiere Nahrung problemlos aufnehmen und zerteilen können. Ein erwachsener Hund hat 42 Zähne – jede Kieferhälfte hat drei Schneidezähne, einen Eckzahn, vier vordere Backenzähne und im Oberkiefer zwei und im Unterkiefer drei hintere Backenzähne.

Die Schneidezähne sind klein und spielen eine untergeordnete Rolle. Die wichtigsten Backenzähne sind die Reißzähne, die sich in Ober- und Unterkiefer jeweils an drittletzter Position befinden (letzter vorderer Backenzahn im Oberkiefer, erster hinterer Backenzahn im Unterkiefer). In ihrem Zusammenspiel sind die Reißzähne regelrechte Scheren, und für den Haushund sind sie die wichtigsten Zähne, wobei er sie nicht mehr zum Töten seiner Beute verwendet. Der vor dem Reißzahn gelegene Backenzahn und der Reißzahn dienen dem Zerteilen der Nahrung, die folgenden Zähne ihrer Zerkleinerung. Die oberen Reißzähne sowie die folgenden Backenzähne in Ober- und Unterkiefer haben drei Wurzeln, sodass sie im Falle einer Entzündung wesentlich schwieriger zu entfernen sind als die übrigen Zähne.

Scherengebiss, Rückbiss, Vorbiss

Bei geschlossenem Fang sollten die Schneidezähne des Oberkiefers knapp über die des Unterkiefers greifen, wobei der untere Eckzahn vor dem oberen liegt, während die vorderen und hinteren Backenzähne von Ober- und Unterkiefer aufeinander beißen. Dieses sogenannte Scherengebiss entspricht der normalen Kieferstellung bei Hunden, es gibt jedoch einige Abweichungen. Am häufigsten ist der Vorbiss, bei dem die unteren Schneide- und Eckzähne vor den oberen stehen. Diese Abweichung ist bei vielen Rassen mit kurzer Linienführung normal, jedoch ein Fehler bei anderen Hunden (Pudel, Yorkshire Terrier). Ragt der Oberkiefer über den Unterkiefer hinaus, spricht man von einem Rückbiss.

DIE ENTWICKLUNG DES GEBISSES

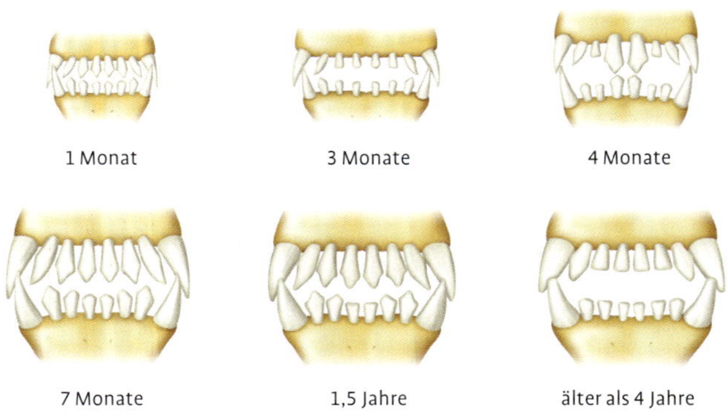

Alter	Charakteristika
21 Tage	Durchbruch der Eckzähne
25–30 Tage	Durchbruch der Schneidezähne und der vorderen Backenzähne
4 Monate	Wechsel der vorderen beiden Schneidezähne
4,5 Monate	Wechsel der seitlichen Schneidezähne
5 Monate	Wechsel der Eckzähne
6 Monate	Wechsel der vorderen Backenzähne, Durchbruch der hinteren Backenzähne
7 Monate	das erwachsene Gebiss ist vollständig
1,5–2 Jahre	Nivellierung der vorderen beiden Schneidezähne im Unterkiefer
2,5–3 Jahre	Nivellierung der seitlich neben den vorderen beiden Schneidezähnen gelegenen Schneidezähne im Unterkiefer
3,5–4 Jahre	Nivellierung der vorderen beiden Schneidezähne im Oberkiefer
4,5–5 Jahre	Nivellierung der seitlich neben den vorderen beiden Schneidezähnen gelegenen Schneidezähne im Oberkiefer

DIE ANORDNUNG DER ZÄHNE

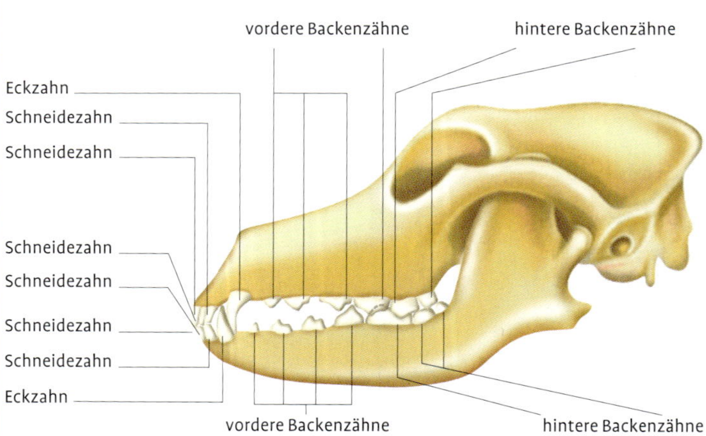

Entwicklung des Gebisses

Wie alle Säugetiere haben auch Hunde ein Milchgebiss (32 Zähne), das sich bis auf den ersten vorderen Backenzahn erneuert. Darüber hinaus entwickelt sich das Gebiss durch seine Abnutzung im Laufe der Zeit immer weiter. Der Milchzahnwechsel und der Grad der Abnutzung der Schneidezähne dienen als Grundlage für die Altersbestimmung, wobei diese Methode früher wesentlich häufiger Anwendung fand als heute, da sie recht ungenau ist. Sinnvoll ist ihr Einsatz lediglich beim Welpen, da einzig der Zeitraum, in dem die Milchzähne ausfallen und das Gebiss nachwächst, sich unabhängig von Rasse und Hund zuverlässig bestimmen lässt. Die Abnutzung hängt in großem Maße von Rasse und Ernährung ab.

Ohren

Die Ohren des Hundes tragen wesentlich zu seinem Aussehen bei. In Form, Größe und Ansatz sind sie ebenso vielfältig wie die Erscheinungsbilder der unterschiedlichen Hunderassen. Am augenfälligsten und auch am leichtesten zu beschreiben ist wohl die Art, wie ein Hund seine Ohren trägt – aufrecht stehend oder hängend.

Aufrecht stehende Ohren

Aufrecht stehende Ohren, wie auch der Wolf als Vorfahr des Hundes sie trägt, sind keinesfalls am weitesten verbreitet. Typisch sind sie für Rassen, die noch sehr urtümlich sind, wie etwa der Spitz, und sie tragen wesentlich zum wolfsähnlichen Aussehen einiger Hütehundrassen bei. In Form und Größe sind Hundeohren sehr unterschiedlich: ob kleine, gleichseitige Dreiecke beim Spitz, große Trapeze bei der Französischen Bulldogge oder gleichschenklige Dreiecke beim Deutschen Schäferhund. Dabei muss man deutlich zwischen von Natur aus aufrecht stehenden Ohren und nach dem Kupieren (heute verboten) aufgerichteten Ohren unterscheiden.

Mehr oder weniger hängende Ohren

Die mehr oder weniger hängenden Ohren haben sich mit der Domestizierung des Hundes entwickelt. Im Vergleich zu aufrecht stehenden Ohren kann man zwischen halb aufgerichteten Ohren wie beim Shetland Sheepdog (nicht mehr als die Hälfte der Ohrmuschel ist nach vorne gekippt), halb hängenden Ohren wie beim Foxterrier (mehr als die Hälfte der Ohrmuschel ist nach Art eines Visiers nach vorn gekippt) oder beim Whippet (die Ohren sind nach hinten gekippt) und hängenden Ohren, wie sie bei den Jagdhunden weit verbreitet sind, unterscheiden.

Bei den hängenden Ohren gibt es vielerlei Varianten, die sich aus dem Ansatz des Ohres (über- und unterhalb der Augenhöhe), dem Abstand des Ohres vom Kopf (abhängig von der Festigkeit des Knorpels an der Ohrmuschel) sowie seiner Form und Größe ergeben. Für fast alle Rassen sind die Merkmale des Ohres im Rassestandard definiert. Man kann davon ausgehen, dass die Ohren eines Hundes im Alter von rund einem Jahr vollständig ausgebildet sind und damit seine Merkmale und auch Fehler feststehen.

Rute

Der Schwanz oder die Rute ist bei den verschiedenen Hunderassen sehr unterschiedlich ausgeprägt: Er wird mehr oder weniger hoch getragen, ist mehr oder weniger gebogen, mehr oder weniger dick und mehr oder weniger lang.

Rutenansatz

Ansatz und Biegung des Schwanzes tragen bei vielen Rassen wesentlich zu ihrem charakteristischen Erscheinungsbild bei. Dabei erfolgt seine Beurteilung, wenn das Tier in entspannter Haltung steht, denn die Rute gibt bekanntermaßen Auskunft über die geringsten Stimmungsschwankungen der Tieres: Hat ein Hund Angst oder will sich demütig zeigen, trägt er den Schwanz niedrig und eingezogen, ist er aufgeregt oder wütend, zeigt die Rute in konkaver Biegung nach oben.

Zahlreiche Hüte- und Wachhunde haben eine eher hängende Rute, während Vorsteh- und Laufhunde ihren Schwanz eher waagerecht und leicht gebogen tragen. Wenn diese Hunde aufmerksam sind, erhebt sich ihre Rute häufig über die Waagerechte hinaus und ragt sogar vertikal in die Höhe, wie es auch typisch für die Terrier ist. In seiner aufgerichteten Position kann sich der Schwanz auch einrollen und wie beim Spitz bis auf den Rücken reichen. Bemerkenswert sind Besonderheiten wie die Korkenzieherrute bei der Bulldogge oder das geringelte Rutenende einiger Windhundrassen.

Fehlende Rute

Es gibt nur wenige Hunderassen, bei denen die Rute natürlicherweise fehlt oder verkümmert ist, dies ist etwa beim Bobtail der Fall. Seit dem Kupierverbot 1998 dürfen in Deutschland nur noch jagdlich geführte Hunde kupiert werden.

Haarkleid

Der Begriff „Haarkleid" bezeichnet das Fell des Hundes mit Angabe von Farbe und Länge der Haare. Vom genetischen Standpunkt aus ergibt sich aus diesen beiden Komponenten eine vergleichsweise geringe Anzahl von Basiskombinationen. Doch jede dieser beiden Komponenten tritt in zahlreichen Nuancen auf, und daraus ergibt sich, wie alle Hundeliebhaber wissen, von jeher die Schwierigkeit, das Haarkleid zu beschreiben. So ist aus diesem Grund eine ganze Flut von Begrifflichkeiten entstanden. Das Haarkleid spielt bei der Bestimmung der Rasse eine entscheidende Bedeutung, auch wenn es innerhalb einer Rasse stets Varianten gibt. Für die Mehrzahl der Rassen ist die Anzahl der zugelassenen Haarkleider beschränkt und bestimmte Haarkleider gelten als unerwünscht.

Was die Struktur des Haares angeht, so ist die Sache einfach: Man unterscheidet zwischen kurzem und langem (wobei Variationen in diesem Fall sekundär sind), feinem oder rauem und schließlich glattem, gewelltem und krausem Fell.

Dreieckig, spitz, aufrecht stehend: Deutscher Schäferhund

Gekippt und klein: Zwergpinscher

Zarte, nach hinten gekippte, rosenförmige Ohren: Whippet

Hoch angesetzte dreieckige Ohren: Epagneul breton

Lange, zarte, gerollte Ohren: Basset Hound

Tief angesetzte hängende Ohren: Field Spaniel

Hängend getragene Rute: Großer Schweizer Sennenhund

Über dem Rücken gerollt: Finnischer Spitz

Hoch und fröhlich getragen: Soft Coated Wheaten Terrier

Geringelte Rute: Mops

Aufrecht getragen: Scottish Terrier

Waagerecht getragen, sichelförmig: Chien d'Artois

Fellfarben unserer Hunde

1982 verfasste Professor Bernard Denis, Spezialist für Hundegenetik, auf der Basis neuester genetischer Erkenntnisse eine Nomenklatur zur Haarfarbenbestimmung des Hundes, die in groben Zügen hier beschrieben werden soll.

Primäre Haarkleider: Es gibt sehr einfache Haarkleider, die aus **einfarbigen Einzelhaaren** bestehen. Enthalten diese Haare keinerlei Pigmente, ist die Haarfarbe rein weiß, bei einer dunklen Pigmentierung (Eumelanin) ist die Haarfarbe schwarz oder braun, bei einer hellen Pigmentierung (Phäomelanin) ergeben sich falbfarbene Haarkleider (die Nuancen sind zahlreich, die Bezeichnungen reichen von „Golden", „Rot", „Kastanie", „Weizen" bis zu „Orange"). Bedingt durch ein bestimmtes Gen können die Pigmente bei den letztgenannten beiden Typen verdünnt auftreten. Es ergeben sich dann die Farben Blau (verdünntes Schwarz), Beige (verdünntes Braun) und Sand (verdünntes Falb). Von einem primären Haarkleid spricht man auch dann, wenn das falb- oder sandfarbene Haar an der Spitze dunkler pigmentiert ist und sich so der Eindruck eines Schattens auf dem Fell ergibt. Diese Schattierungen bei falb- und sandfarbenem Haarkleid sind sehr verbreitet und erwecken gelegentlich einen grauen Farbeindruck.

Abgeleitete Haarkleider: Sie machen eine zweite Gruppe aus und sind wesentlich komplexer als die primären Haarkleider, da sie aus der Kombination von **Haaren verschiedener Farbe** entstehen. Gelegentlich ruft die innige Mischung der Farben die Illusion eines einfarbigen Haarkleides hervor. So kann bei der Mischung schwarzer und weißer Haare ein grauer Farbeindruck entstehen, wobei der Hund schwarz geboren wird und die weißen Haare später hinzukommen. Graubeige (Braun und Weiß) und mischfarbene (Falb und Weiß) Haarkleider entstehen auf die gleiche Weise, sind jedoch seltener. Wesentlich weiter verbreitet sind mehrfarbige Haarkleider, die aus einem Nebeneinander von Flecken unterschiedlicher Farben bestehen. Dies gilt für Haarkleider mit Mantel (weit verbreitet: Falb mit schwarzem Mantel, auch Schwarzloh genannt), Haarkleider mit Abzeichen (zum Beispiel Schwarz mit falben Abzeichen), gestromte Haarkleider (dunkle Querstreifen auf falbem Grund) und gesprenkelte Haarkleider (als Merle oder Harlekin bezeichnet), für die Flecken unverdünnter Pigmentierung auf einem Grund derselben, jedoch verdünnten Pigmentierung kennzeichnend sind.

Gescheckte Haarkleider: Sowohl auf primären als auch auf abgeleiteten Haarkleidern können weiße Flecken vorkommen, die man als Schecken bezeichnet. Häufig sind die weißen Schecken wiederum dunkel oder falb getüpfelt oder innig gemischt mit schwarzen oder blauen (gräuliche Färbung) oder roten oder braunen (rötliche Färbung) Haaren.

Schwarz: Groenendael

Beige: Weimaraner

Blau: Italienisches Windspiel

Mahagoni: Irish Setter

Schattiertes Falb und Weiß: Collie

Falbgestromt: Boxer

Fahlrot: Basset fauve de Bretagne

Sand: Sloughi

Grau: Pudel

Braun: Chihuahua

Falb mit schwarzem Mantel: Deutscher Schäferhund

Braun-Weiß mit rotstichiger Tüpfelung: Deutsch Kurzhaar

Dreifarbig: Schwarz/Braun/Weiß: Beagle

Schwarz mit falben und weißen, dunkel getüpfelten Abzeichen: Grand Bleu de Gascogne

Schwarzloh: Rottweiler

Schattiertes Falb: Griffon de Belgique

Der Körper des Hundes

Fortbewegung und Gangwer

Im Knochengerüst des Haushundes finden sich bis heute die Charakteristika seiner wilden Vorfahren, der Wölfe, auch wenn sich die Gliedmaßen in den verschiedenen Rassen sehr unterschiedlich entwickelt haben. Die Muskulatur jedoch ist von Rasse zu Rasse sehr unterschiedlich ausgeprägt: Nur durch regelmäßiges Training bleibt das Tier stark und kräftig.

Skelett

Wie bei allen Wirbeltieren besteht die zentrale Körperachse des Hundes aus der Wirbelsäule. Sie setzt sich aus sieben Halswirbeln, 13 Brustwirbeln, sieben Lendenwirbeln, drei Kreuzbeinwirbeln und rund 20 Schwanzwirbeln zusammen. Die Wirbelsäule erlaubt kraftvolle, geschmeidige Bewegungen, wie sie typisch für fleischfressende Säugetiere sind. Die Brustwirbel sorgen für den Zusammenhalt des Brustkorbes, der das Herzlungensystem selbst bei heftigen Bewegungen des Tiers schützt. Neun der 13 den Brustkorb umfassenden Rippenpaare sind direkt mit dem Brustbein verbunden. Die Rippenpaare 10–12 sind indirekt mit dem Brustbein verbunden, das 13. Rippenpaar ist das sogenannte freie Rippenpaar. Seine Gelenkigkeit verdankt der Hund seinem Nacken- und Lendenbereich, nicht seinem Rücken.

Vordergliedmaße

Die Besonderheit der vorderen Gliedmaße besteht darin, dass sie nicht durch echte Gelenke mit dem Rumpf verbunden ist. Der einzige Knochen des Schultergürtels, das Schulterblatt (Scapula), wird lediglich von kräftigen Muskeln am Brustkorb gehalten. Die Ränder des großen, flachen Schulterblattknochens sind ebenso wie die Schulterblattgräte, die im Gräteneck (Acromion) endet, tastbar. Aus dem Oberarmknochen ragt ein Höcker (Tuberculum majus) hervor. Zwischen Tuberculum majus und Acromion liegt das Schultergelenk. Der Unterarm besteht aus zwei miteinander verbundenen Knochen, der Speiche und der Elle, die sich – anders als beim Menschen – nicht umeinander drehen können, um eine Drehbewegung der Hand zu erreichen. Der lange und kompakte Fuß besteht aus der Vorderfußwurzel, die sich aus sieben in zwei Reihen angeordneten Knochen zusammensetzt, von denen das am weitesten zurückliegende Erbsenbein seitlich tastbar ist. Es folgen Vordermittelfußknochen und die fünf Zehen, wobei der „Daumen" stark verkümmert ist.

Hintergliedmaße

Die hintere Gliedmaße beginnt mit dem kräftigen Beckengürtel, zu dem Sitz-, Darm- und Schambein gehören. Die beiden Schaufeln des Darmbeins stützen sich an das Kreuzbein und markieren das Ende der Kruppe. Das Hüftgelenk besteht aus der Gelenkpfanne (Acetabulum) im Becken, in der der runde Oberschenkelkopf liegt. Am Oberschenkelhals ist eine Erhöhung tastbar, der Trochanter (Rollhügel), der sich seitlich des Oberschenkelkopfes befindet. Das Knie bildet die Verbindung zwischen Oberschenkel, Schien- und Wadenbein und Kniescheibe. Das sehr dünne Wadenbein hat keinerlei stützende Funktion.

SKELETT DES HUNDES

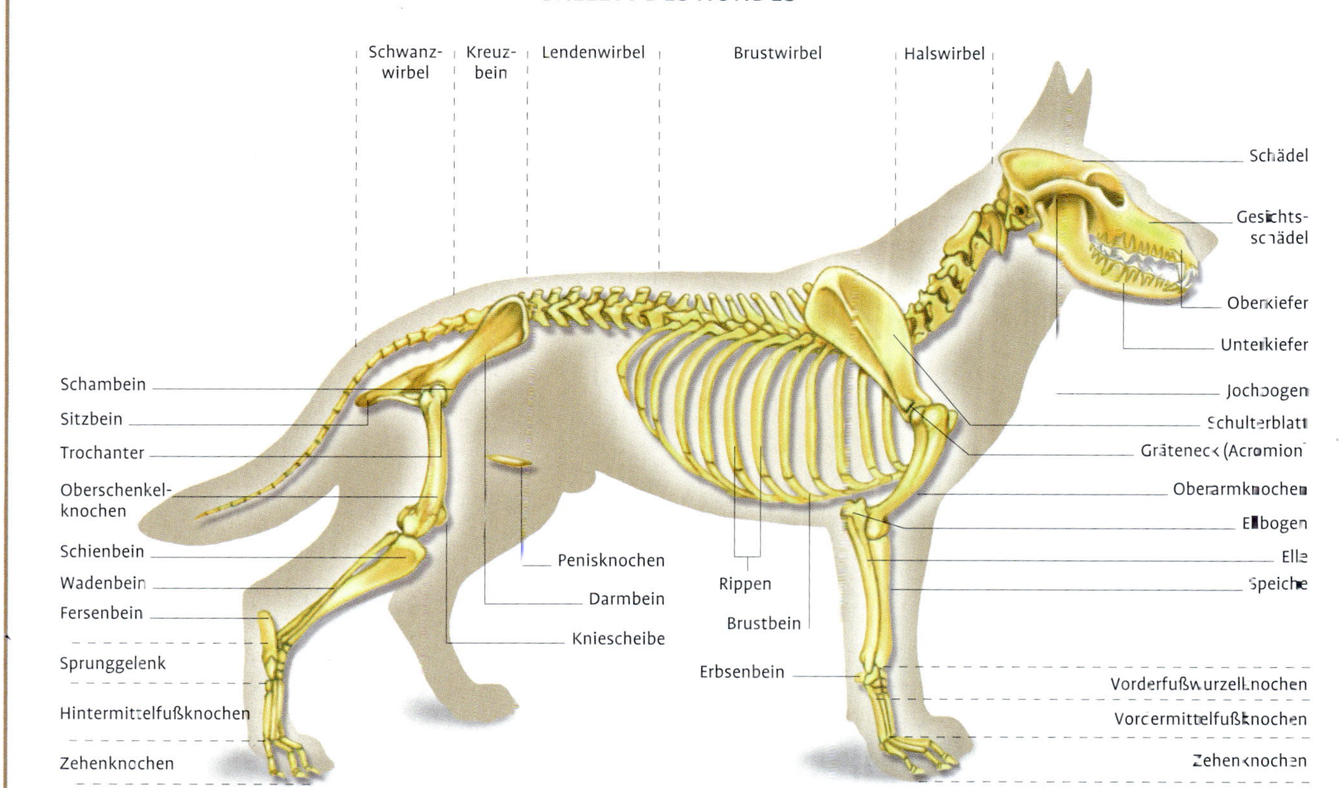

Der Hinterfuß besteht wie der Vorderfuß aus drei Abschnitten: dem Sprunggelenk, zusammengesetzt aus zahlreichen kleinen Knochen, deren seitlichster, das Fersenbein, nach hinten heraussteht. Es folgen der Hintermittelfußknochen und schließlich die vier Zehen.

Spezifische Anpassung des Skeletts

Kennzeichnend für die Anpassung des Skeletts an die Fortbewegung des Hundes sind folgende Merkmale:

- Die Wirbelsäule ist sehr stark und biegsam.
- Die Gelenke sind so ausgerichtet, dass in der Bewegung eine größtmögliche Effizienz erreicht wird. Streck- und Beugebewegungen werden auf Kosten von Rotation und Drehungen um die Mittelachse begünstigt.
- Die Füße sind sehr lang gestreckt und relativ starr: Dadurch werden die langen Gliedmaßen nicht zu schwer, die wichtigsten Muskelmassen liegen nah am Rumpf.

Muskeln

Die Muskeln sind sehr zahlreich und hinsichtlich ihrer funktionellen Bedeutung sehr unterschiedlich: Die wichtigsten sind in der Abbildung unten dargestellt. Allein rund 18 Muskeln dienen dem Anlegen, Knicken, Drehen und Aufrichten der Ohren. Aufgrund seiner zahlreichen Gesichtsmuskeln hat der Hund eine ausgeprägte Mimik – sein Repertoire ist wesentlich größer als beispielsweise das einer Katze. Zu den kräftigsten Muskeln des Hundes gehören der Kaumuskel und der Schläfenmuskel, die dem Schließen des Kiefers dienen. Mithilfe dieser Muskeln kann ein Hund einen Druck von mehr als 200 kg/cm^3 ausüben. Wieder andere Muskeln befähigen den Hund, sehr schnell zu rennen, weite Strecken zurückzulegen oder auch sehr eindrucksvolle Sprünge zu machen.

Gangarten

Sein Bewegungsapparat erlaubt dem Hund drei Gangarten: den Schritt, die langsamste Gangart, bei er immer mit drei Füßen am Boden ist, den Trab, der typisch für Jagd- und Hütehunde ist, und schließlich den Galopp, die schnellste Gangart. Jede dieser Gangarten kann in ihre einzelnen Phasen zerlegt und im Hinblick auf die entsprechenden Muskelmechanismen analysiert werden, wobei diese in ihrer grundlegenden Abfolge in jeder Gangart gleich bleiben. Ein Hund kann jederzeit zwischen Sprüngen, Kurven, Galopp, Trab usw. abwechseln, ohne zu ermüden. Er springt mit Leichtigkeit in die Höhe und nach vorn und im Wasser bewegt er sich ganz selbstverständlich mit den Bewegungen, die er auch im Trab macht.

MUSKULATUR DES HUNDES

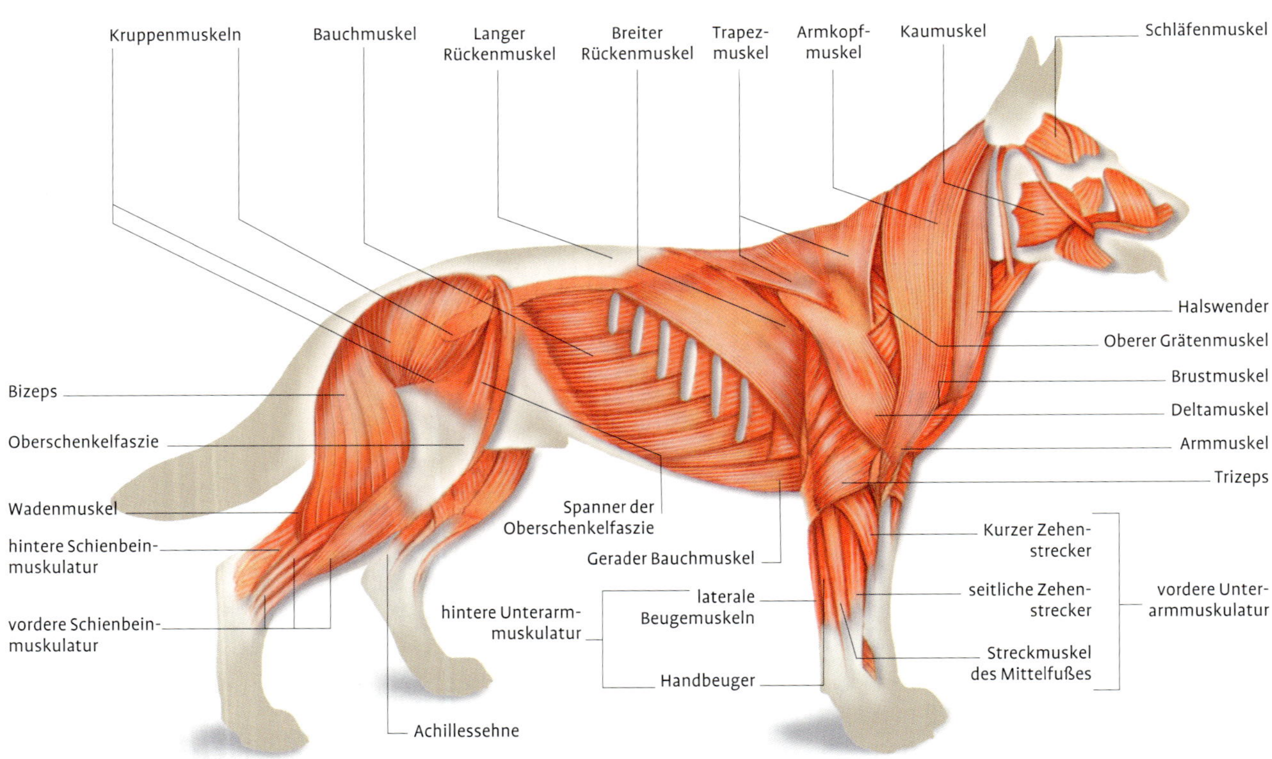

Galopp

Analysiert man die Bewegungsabläufe im Galopp, erkennt man drei Phasen: die Schwebephase, in der kein Bein den Boden berührt, dann die Landephase, in der das Gewicht des Körpers auf ein Vorderbein verlagert wird, das den Schwung mitnimmt, und schließlich die Absprungphase, in der ein Hinterbein für einen dynamischen Impuls sorgt. Bei einer genaueren Analyse der Phasen erkennt man, dass das Vorderbein sich bereits in der Schwebephase auf den Bodenkontakt vorbereitet. Es ist weit nach vorn gestreckt, um möglichst viel Raum zu gewinnen. Während der Landephase dämpft das Vorderbein zunächst den Aufprall und verlängert dann der Schwung durch die Kontraktion von Trizeps und hinterer Unterarmmuskulatur. Gleichzeitig schieben sich die Hinterbeine unter den Körper, dabei ist ein Bein gestreckt, um den Schritt zu verlängern. In der Absprungphase treten die stärksten Muskeln des Körpers in Aktion: die Gesäßmuskeln und der vierköpfige Oberschenkelmuskel. Das energische Ausstrecken des Hinterbeines geht mit einer Streckung der Wirbelsäule einher, wodurch der Impuls verstärkt wird.

Trab und Schritt

Beim Trab handelt es sich um eine Folge von Schwebe- und Landephasen, die keinen hohen Energieaufwand erforderlich macht.

Der Schritt besteht aus zwei symmetrischen Phasen: das Versetzen des Beinpaares links vorne/rechts hinten, gefolgt vom Beinpaar rechts vorne/links hinten.

Der Sprung

1 2 3

1. Absprung – 2. Schwebephase – 3. Landung

Gangarten

Galopp

Ende der Schwebephase | Landung auf dem linken Vorderbein | Landung | Absprung

Trab (der Bewegungsablauf im Schritt ist identisch)

Versetzen des Beinpaares rechts vorne/links hinten | Versetzung des Beinpaares links vorne/rechts hinten

Der Körper des Hundes

Organe

Im Großen und Ganzen ist das Organsystem des Hundes – wie bei allen Säugern – ähnlich organisiert wie beim Menschen. Doch es gibt einige Besonderheiten, die wichtig für das Verständnis des Hundes und seiner Bedürfnisse sind.

Verdauungsapparat

Auf dem langen Weg durch den Verdauungstrakt werden bestimmte Bestandteile des Speisebreis modifiziert und verwertet. Seine Beschaffenheit hängt im Wesentlichen von der speziellen Ernährungsform ab. Der Verdauungstrakt des Hundes verfügt über alle für Fleischfresser typischen Merkmale: Der Darm ist kurz, die anhängenden Drüsen (Leber, Bauchspeicheldrüse) sind hoch entwickelt. Die beiden Analdrüsen liegen links und rechts vom After und zeigen bauchwärts. Sie spielen für die Verdauung keine Rolle, doch ihre Sekrete machen es Hunden möglich, sich untereinander zu erkennen. Die Analdrüsen verstopfen leicht und sind daher häufig entzündet.

Speiseröhre und Magen

Der Verdauungstrakt beginnt in der Mundhöhle. Von dort aus wird der Speisebrei unverändert über die Speiseröhre in den Magen transportiert. Der beim Hund sehr voluminöse Magen sondert große Mengen Magensaft ab. Position und Größe des Magens sind abhängig davon, wie viel der Hund gefressen hat. Sein äußerstes Ende, der Magenpförtner, ist allerdings an der rechten Seite der Bauchhöhle fixiert. Es kann insbesondere bei großen Hunden passieren, dass der gefüllte, an beiden Enden „aufgehängte" Magen sich bei heftigen Bewegungen verdreht. Dadurch ist der Verdauungstrakt blockiert und eine Passage des Speisebreis nicht mehr möglich. Die lebensbedrohliche Magendrehung gehört zu den häufigsten Gründen für einen Notfallbesuch beim Tierarzt.

Dünndarm und Dickdarm

Der Magenpförtner bildet den Übergang zum Dünndarm, der wiederum aus drei unterschiedlich langen Abschnitten besteht, die alle einen Durchmesser von rund zwei Zentimetern haben: Der erste Abschnitt ist der hufeisenförmige Zwölffingerdarm von 60 cm Länge, der rechtsseitig mit der Bauchhöhle verwachsen ist. Mit dem Leerdarm folgt der längste Abschnitt des Dünndarms (4 m bei einem mittelgroßen Hund), der verschlungen in dem Bereich der Bauchhöhle liegt, der nicht von den übrigen Organen beansprucht wird. Der letzte Abschnitt schließlich, der rund 20 cm kurze Hüftdarm, bildet die Verbindung zum Dickdarm. Der Dünndarm ist nicht nur der Hauptort für die Aufnahme von Nährstoffen, sondern sorgt durch seine Sekrete auch für die reibungslose Passage des Speisebreis. Der Zwölffingerdarm ist der komplexeste Abschnitt des Dünndarms: Hier enden Gallengang und Bauchspeicheldrüsengang, außerdem steuert er die Kontraktionen des Magens. Der Dickdarm ist ca. 60 cm lang und hat einen Durchmesser von 3–4 cm. Auch er ist in drei Abschnitte unterteilt: in den aufsteigenden Teil, den Querdarm und den absteigenden Teil, der im Becken in den Mastdarm übergeht, dessen äu-

ORGANE DES RÜDEN (RECHTE SEITE)

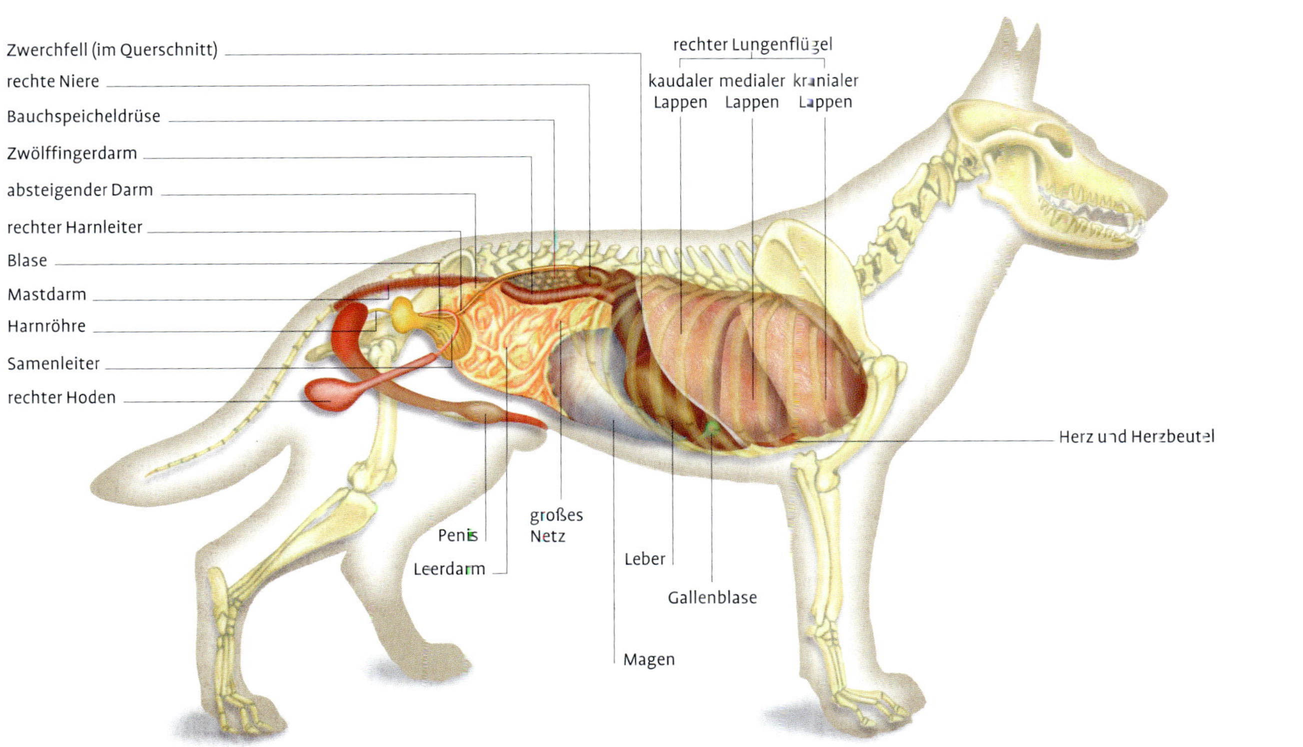

ßerster Schließmuskel den Anus bildet. Die Aufhängung des Darms unterhalb des Lendenbogens besteht aus bindegewebsartigen Strängen, dem Darmgekröse, das je nach Abschnitt mehr oder weniger gespannt ist. Zwölffingerdarm und Querdarm sind fest fixiert, während Leerdarm und absteigender Darm beweglich sind. Die Darmpassage dauert zwischen 15 und 24 Stunden, hängt jedoch auch von den Ernährungsgewohnheiten ab. Der Hund ist – genau wie der Mensch – nicht in der Lage, Zellulose zu verdauen. Mahlzeiten mit hohem Zelluloseanteil passieren den Darm daher schneller.

Leber und Bauchspeicheldrüse

Diese beiden anhängenden Drüsen sind von beachtlicher Größe, da sie große Mengen an Körpersäften produzieren, die für die Verdauung von Eiweißen und Fetten unerlässlich sind. Die Leber liegt vollständig in der Zwerchfellkuppel. Da sie hinter den Rippen versteckt ist, lässt sie sich nur schwer ertasten. Sie erstreckt sich bis an die linke Körperseite. Die Bauchspeicheldrüse liegt rechts unterhalb des Lendenbogens in der Krümmung des Zwölffingerdarms.

Herz und Lunge

Der Hund verfügt über einen rechten und einen linken Lungenflügel. In der rechten Herzhälfte mit Vorhof und Kammer kommt das sauerstoffarme Blut aus dem gesamten Körper an und wird in die Lunge gepumpt. Das dort mit Sauerstoff angereicherte Blut fließt über den linken Vorhof in die linke Herzkammer, die es wiederum an den gesamten Organismus verteilt. Die beiden Lungenflügel bestehen jeweils aus mehreren Lungenlappen und nehmen einen großen Teil des Brustkorbs ein, ohne sich jedoch an die gesamte Brustwand zu drücken. Das Herz befindet sich zwischen der dritten und sechsten Rippe in der Brusthöhle, dabei ist es leicht um sich selbst gedreht, sodass linke Herzkammer und linker Vorhof nach vorn gewandt sind. Die linke Herzkammer hat eine wesentlich dickere Wand als die rechte. Die Vorhöfe und Kammern sind durch Herzklappen voneinander getrennt. Die Mitralklappe auf der linken Herzseite ist dabei am schwächsten und häufig Auslöser von Herzinsuffizienzen beim älteren Hund.

Die durchschnittliche Pulsfrequenz liegt bei 70–130 Schlägen pro Minute, kann jedoch bei großer Anstrengung mehr als 200 betragen. Der Puls ist abhängig von Alter, Körperfülle und Trainingszustand des Hundes. Die Atemfrequenz liegt im Ruhezustand bei 10 bis 30 Atemzügen, kann aber auch Werte über 100 erreichen, wenn der Hund hechelt. Das Hecheln dient der Regulation der Körpertemperatur: Beim Hecheln verdunstet der Speichel im Mund und sorgt so für Abkühlung. Die Atemfrequenz ist leicht messbar, da sich der Brustkorb mit je-

ORGANE DER HÜNDIN (LINKE SEITE)

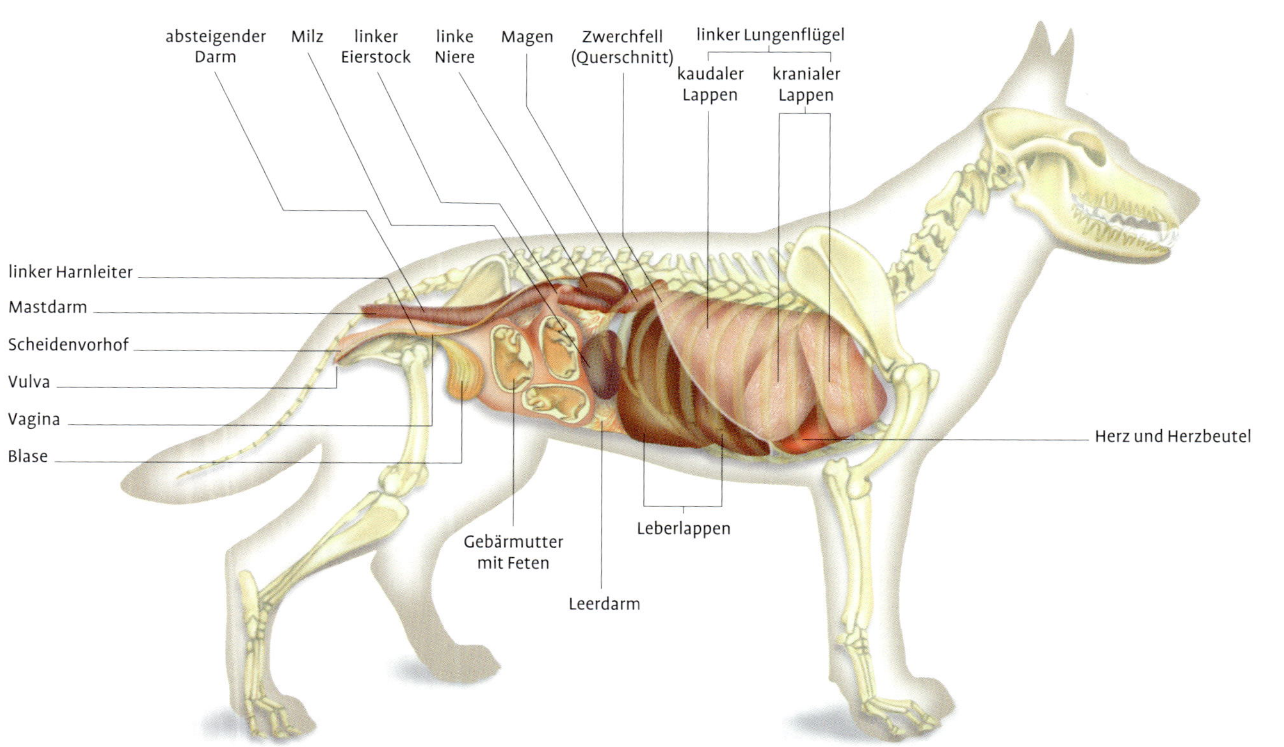

dem Atemzug hebt und senkt. Der Puls kann entweder am bauchwärts gelegenen Teil des Brustkorbs oder an der Innenseite des Oberschenkels an der Oberschenkelschlagader erfühlt werden.

Urogenitaltrakt

Nieren und Blase

Die Nieren sind Ausscheidungsorgane. Sie liegen unterhalb der Lenden in der Bauchhöhle. Die linke Niere liegt etwas weiter vorne als die rechte und ist nicht im Lendenbereich fixiert. Die Nieren filtern harnpflichtige Stoffe aus dem Blut und gewährleisten damit die Aufrechterhaltung der physiologischen Konstanten (Harnstoff, mineralische Salze, Wasser usw.). Insbesondere bei älteren Hunden kommt es häufig zu Fehlfunktionen der Nieren.

Der Urin wird zunächst im Nierenbecken gesammelt und dann über den Harnleiter in die Blase geleitet. Die Blase des Hundes ist außergewöhnlich dehnbar, was es dem Hund theoretisch ermöglicht, sehr selten zu urinieren. Der Urin gelangt schließlich über die Harnröhre aus dem Körper, wobei die Harnröhre bei der Hündin kurz, beim Rüden hingegen lang ist und auch der Weiterleitung des Spermas dient.

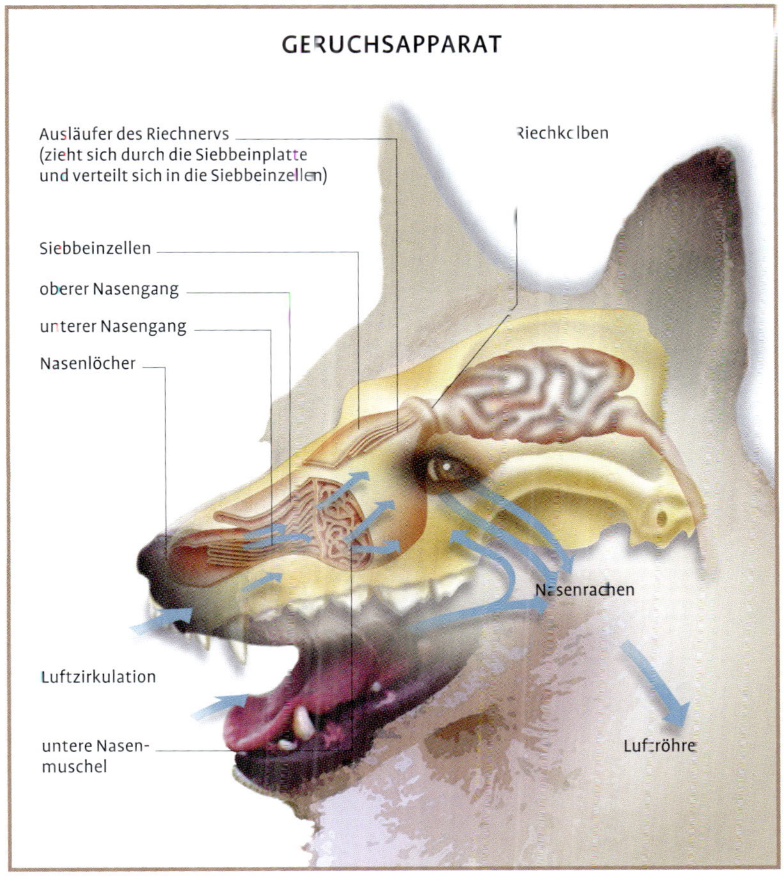

Geschlechtsorgane des Rüden

Die Hoden befinden sich unterhalb des Anus und sind nach der Pubertät dauerhaft funktionstüchtig. Die in den Hoden produzierten Samenzellen werden in den röhrenförmigen, auf den Hoden aufliegenden gewundenen Nebenhoden gesammelt und schließlich bei der Paarung über den Samenleiter hinausgeschleudert. Die Samenleiter münden im Becken auf Höhe des Blasenhalses in die Harnröhre. Dort befindet sich auch die Prostata, eine große, zweilappige Drüse, die auf dem Beckenboden aufliegt, die Harnröhre umschließt und bei älteren Hunden häufig vergrößert ist. Sie produziert beim Koitus ein Sekret, das sich mit dem Samen vermischt. Die Harnröhre besteht beim Rüden aus zwei Teilen, einem kurzen – dem Pars membranacea – im Becken und einem längeren – dem Pars spongiosa – im Penis. Der Penis wiederum besteht aus einem Schwellkörper, der auf dem Penisknochen aufliegt. Der Penisknochen hat auf der Unterseite eine Rinne für die Harnröhre. Er endet in der länglichen Eichel, in deren Spitze die Harnröhre austritt. Einzig die Eichel hat erwähnenswerte erektile Fähigkeiten. Sie sorgt dafür, dass der Penis während der Erektion in der Vagina bleibt.

Geschlechtsorgane der Hündin

Das weibliche Tier hat zwei Eierstöcke, die nah bei den Nieren liegen, von einer Fettschicht umgeben und an sehr starken Bändern aufgehängt sind. Jeder Eierstock stößt zur Zeit des Eisprungs Eizellen aus. Der Eisprung findet bei der Hündin zwei Mal im Jahr etwa neun bis 13 Tage nach Einsetzen der Blutung statt. Die Eizellen wandern in den Eileiter, wo sie befruchtet werden, und dann in die Gebärmutter. Die Gebärmutter bei der Hündin hat zwei Hörner (1–2 cm Durchmesser im Ruhezustand) und einen sehr kurzen Körper. Die Gebärmutterhörner erstrecken sich vom Lendenbereich bis zum Anfang des Beckens. Bei Trächtigkeit verfünffacht sich ihre Größe. Nach der zweimonatigen Trächtigkeit bilden sie sich sehr schnell wieder auf ihre normale Größe zurück. Die Gebärmutter endet im Gebärmutterhals, der die Verbindung zur Vagina bildet.

Vagina und Scheidenvorhof sind bei der Hündin so stark gebogen, das eine Untersuchung des Gebärmutterhalses auf natürlichem Weg sehr schwierig ist. Der Scheidenvorhof mündet in die Vulva, die sich aufgrund der Biegung der Vagina im Verhältnis zum Beckenboden bauchwärts befindet.

Die Hündin säugt ihre Welpen mit fünf Zitzenpaaren, die sich von der Brust- bis zur Leistenregion erstrecken. Die Milchproduktion setzt mit der Geburt der Welpen ein, gelegentlich kommt es jedoch auch vor, dass rund zwei Monate nach der letzten Hitze eine Laktation ohne vorherige Trächtigkeit einsetzt – die Hündin ist scheinträchtig.

DER SEHSINN Die Position der Augen vergrößert das Sichtfeld.

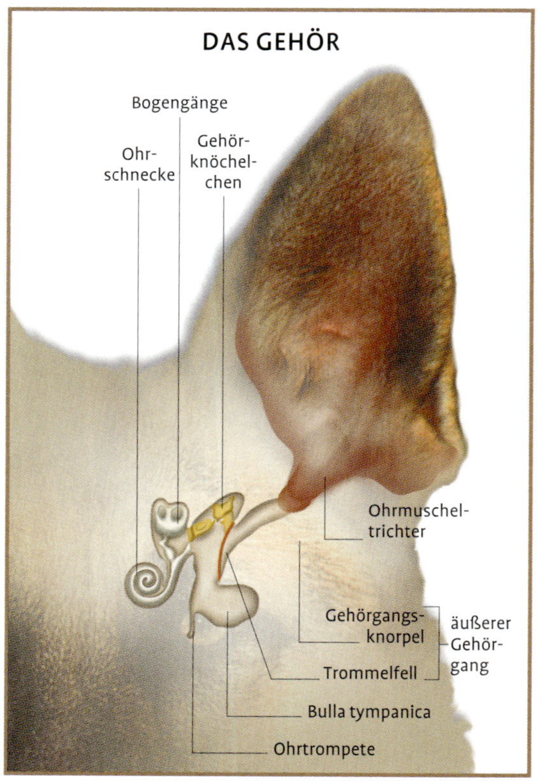

Sinnesorgane

Kaum etwas fasziniert den Menschen mehr am Hund als dessen ausgeprägte Sinnesorgane.

Geruchssinn

Der Geruchssinn ist der am stärksten ausgeprägte Sinn des Hundes. Er verfügt über mehr als 200 Millionen Riechzellen (der Mensch hat nur 5 Millionen), die auf der beachtlichen Oberfläche der Nasenmuscheln und der Stirnhöhlen angesiedelt sind. Ein Hund kann Tausende von Geruchsnuancen unterscheiden, und das, wenn der Mensch gar nichts riecht. Wenn er hechelt, ändert sich die Strömungsrichtung von Luft und Duftstoffen in den Nasenhöhlen, was sein Riechvermögen noch weiter steigert (siehe S. 343). Ob bei der Jagd oder bei der Suche nach Lawinenopfern, Sprengstoffen, Drogen oder Trüffeln – der Mensch macht sich den guten Geruchssinn des Hundes häufig zunutze.

Geschmackssinn

Die Maulhöhle des Hundes ist mit Sinneszellen ausgestattet. Der Hund kann vier Geschmacksrichtungen unterscheiden: sauer, salzig, bitter, süß (Ballaststoffe). Ballaststoffe haben keinen spezifischen Geschmack, transportieren aber unter anderem bei den Caniden die

Empfindung der Geschmacksrichtung süß. Bei der Beurteilung von Nahrung spielt allerdings der Geruch die wichtigste Rolle, gefolgt von Geschmack und Konsistenz.

Gehörsinn

Der Gehörsinn ist ebenfalls ein hochgradig entwickelter Sinn. Unter anderem dank seiner großen und beweglichen Ohrmuscheln und der großen Bulla tympanica (Teil des Schläfenbeins) kann der Hund Töne insbesondere im hohen Frequenzbereich wesentlich besser wahrnehmen als der Mensch. Darum verwendet man im Umgang mit Hunden auch Ultraschallpfeifen (zwischen 20 000 und 35 000 Hertz).

Der äußere Gehörgang des Hundes ist gebogen, sodass bei der Reinigung des Ohres nur der vertikale Teil problemlos zugänglich ist. Damit liegt das Trommelfell gut geschützt am Ende des horizontalen Abschnitts, allerdings kann sich dort auch sehr leicht Ohrenschmalz ansammeln.

Sehsinn

Der Sehsinn des Hundes, so sagt man, sei schlechter als der des Menschen. In der Tat sieht der Hund anders: Da sich auf seiner Netzhaut weniger Zapfen befinden, nimmt er Farben definitiv schlechter wahr. Doch aufgrund der großen Anzahl von Stäbchen sieht er in der Dämmerung wesentlich besser.

Die seitliche Stellung seiner Augen verschlechtert zwar seine räumliche Wahrnehmung, vergrößert sein Gesichtsfeld aber erheblich (250° gegenüber 160° beim Menschen) – er sieht also auch das, was schräg hinter ihm passiert.

IMMER AUF DER HUT
Auch wenn der Hund ruht, ist sein Gehör wach.

Medizinischer Ratgeber

Alarmzeichen

Es erweist sich häufig als nützlich, einen Überblick über die möglichen Erkrankungen eines Hundes zu haben. Noch besser ist es aber, zu reagieren, bevor überhaupt die ersten Symptome einer Krankheit auftreten.

Allgemeine Anzeichen

Abmagerung

Der Zustand manifestiert sich durch ein Schwinden des Körperfetts. Häufig geht er mit Appetitlosigkeit einher und kann Anzeichen für zahlreiche Unregelmäßigkeiten sein. Neben mangelndem Appetit gibt es viele Gründe für einen Gewichtsverlust: Es kann es sein, dass das Tier zu wenig zu fressen bekommt, an Verdauungsproblemen (schlechte Verwertung der Nahrung aufgrund eines Parasitenbefalls, Entzündungen oder Geschwüre im Verdauungsapparat, schlechte Verdauung aufgrund einer Bauchspeicheldrüseninsuffizienz) oder einer Stoffwechselkrankheit (Schilddrüsenüberfunktion, Diabetes) leidet oder, im schlimmsten Fall, an Krebs erkrankt ist.

Maßnahme: Lassen Sie den Hund sofort gründlich von einem Tierarzt untersuchen.

Anämie

Als Anämie bezeichnet man die Verminderung der Konzentration von Hämoglobin im Blut. Hämoglobin ist der Blutfarbstoff in den roten Blutkörperchen, der für den Sauerstofftransport im Körper zuständig ist. Die möglichen Ursachen der Anämie sind zahlreich: verminderte Produktion von roten Blutkörperchen im Knochenmark, Eisenmangel, Vitamin-B12-Mangel, chronische Leber- oder Nierenentzündung, parasitäre Erkrankungen (Rickettsien, Babesiose). Auch akute oder chronische Blutungen können eine Anämie verursachen.

Symptome: Bei einer Anämie sind die Schleimhäute von Mund, Augen und Genitalien blass, weitere Anzeichen sind Erschöpfung, Müdigkeit und ein erhöhter Puls.

Maßnahmen: Rasch zum Tierarzt. Über eine angemessene Behandlung muss der Tierarzt entscheiden.

Appetitverlust

Bei mangelndem Appetit oder vollständigem Appetitverlust spricht man von Anorexie. Sie kann psychische Gründe haben und durch ein traumatisches Erlebnis bedingt sein, oder durch eine Erkrankung des Mauls, des Halses, der Speiseröhre oder des Darms verursacht werden. Auch Fieber und Infektionskrankheiten sorgen für einen mangelnden Appetit. Die Anorexie kann bei einer Leber-, Nieren- oder Krebserkrankung auch chronisch sein.

Maßnahmen: Achten Sie darauf, ob der Hund weitere Symptome zeigt (Erbrechen, Bauchschmerzen, Fieber). Das kann dem Tierarzt bei seiner Diagnose helfen.

Auffälliges Verhalten

Ein Hund, der plötzlich sehr erregt ist, sich im Kreis dreht oder Gleichgewichtsstörungen hat und dessen Kopf extrem zur Seite geneigt ist, hat vermutlich einen Schlaganfall erlitten. Die Anzeichen variieren je nach Schweregrad und vom Anfall betroffener Hirnregion. Es kann daneben zu Krämpfen oder im Gegenteil auch zu Lähmungserscheinungen kommen.

Maßnahmen: Der Hund braucht Ruhe und die Behandlung durch einen Tierarzt.

Erschöpfung, Müdigkeit

Ein anstrengender Tag mit viel Bewegung bei der Jagd, beim Sport oder beim Spiel kann durchaus zu einem Erschöpfungszustand führen, aber da wirkt ein kleiner Schönheitsschlaf Wunder. Wenn der Hund allerdings häufig oder dauernd erschöpft ist und ihm schon die kleinste Anstrengung zusetzt, ist dieser Zustand alarmierend und könnte Anzeichen für eine ernsthafte Erkrankung sein, etwa ein chronisches Herzleiden wie die Herzinsuffizienz beim älteren Hund, eine Anämie oder eine bakterielle oder parasitäre Infektion z. B. durch Zecken.

Symptome: Der Hund ist matt und reagiert kaum oder gar nicht mehr auf vertraute Reize. Er scheint ständig zu schlafen, erhebt sich nur gelegentlich, um sich sofort wieder irgendwo hinzulegen, wo er vollkommen erschöpft weiterschläft.

Maßnahme: Messen Sie die rektale Temperatur, die zwischen 38 ° und 39 °C liegen sollte. Fieber ist ein häufiger Grund für Erschöpfungszustände. Überprüfen Sie die Farbe des Urins und den Kot. Handelt es sich um eine Hündin, überprüfen Sie, ob sie unter einem Scheidenausfluss leidet, und prüfen Sie, wann sie zuletzt läufig war. Wenn der Schwächezustand länger als 24 Stunden andauert, sollten Sie zu einem Tierarzt gehen.

Fettleibigkeit

Davon sind viele Hunde betroffen, vor allem ältere Tiere kastrierte Hunde sowie Tiere, die zu wenig Bewegung haben oder mit Süßigkeiten gefüttert werden.

Maßnahmen: Ein fettleibiger Hund sollte unbedingt unter Aufsicht eines Tierarztes auf Diät gesetzt werden.

Gelbsucht (Ikterus)

Eine Gelbsucht entsteht durch einen übermäßigen Abfall der Hämoglobinkonzentration im Blut (Hämoglobin ist der Blutfarbstoff in den roten Blutkörperchen, der für den Sauerstofftransport im Körper zuständig ist). Die möglichen Ursachen sind zahlreich: Infektionskrankheiten (z. B. Leptospirose, Hepatitis, Abflussbehinderungen in der Gallenblase.

Symptome: Beim gelbsüchtigen Hund sind Haut und Schleimhäute an Mund, Augen und Genitalien gelb gefärbt. Je nach Ursache der Erkrankung variiert die Farbe von einem hellen bis zu einem kräftigen Gelb. Gelegentlich ist der Urin braun, der Stuhl dunkel.

Maßnahmen: Gelbsucht ist ein Anzeichen für eine ernsthafte Erkrankung, darum sollte sofort ein Tierarzt aufgesucht werden.

Gesteigerter Durst

Krankhaft gesteigerter Durst (Polydipsie) tritt bei Diabetes, Nephritis (Nierenentzündung), Magenbeschwerden und Austrocknung (Dehydrierung) auf und kann außerdem psychisch bedingt sein.

Symptome: Wie groß das Bedürfnis zu trinken ist, hängt von der Ursache des Durstes ab: Ein Hund, der an einem Diabetes insipidus erkrankt ist, kann literweise Wasser trinken. Auch bei einer Magenschleimhautentzündung beobachtet man einen gesteigerten Durst.

Maßnahmen: Um die Ursache der Polydipsie festzustellen, bedarf es einer umfangreichen Diagnostik mittels Blut- und Urinuntersuchungen.

Gesteigerte Nahrungsaufnahme

Krankhaft gesteigerte Nahrungsaufnahme (Polyphagie) kann auch zu Fettleibigkeit führen.

Symptome: Der Hund stürzt sich auf seine Mahlzeiten und scheint ständig vollkommen ausgehungert zu sein. Tritt die Polyphagie in Kombination mit gesteigertem Durst und einer erhöhten Urinmenge auf, kann sie Anzeichen für eine Zuckerkrankheit (Diabetes) sein.

Maßnahmen: Notieren Sie alle Auffälligkeiten. Dies hilft dem Tierarzt bei Diagnose und Therapie.

Anzeichen für Atemwegserkrankungen

Atemlosigkeit

Wird die Atemlosigkeit nicht durch körperliche Anstrengung ausgelöst und vergeht nach kurzem Ausruhen nicht, weist sie z. B. auf eine Herzerkrankung oder in Kombination mit einer erhöhten Körpertemperatur auf eine Atemwegserkrankung hin.

Symptome: Die Atemlosigkeit geht mit einer erhöhten Atemfrequenz und Luftnot einher. Der Hund sitzt mit gespreizten Hinterläufen und offener Schnauze, sein Brustkorb dehnt sich beim Atmen stark aus. Gelegentlich beobachtet man eine Violettfärbung der Schleimhäute. Dabei handelt sich um ein schweres Symptom, das durch ein Lungenödem, Flüssigkeitsansammlungen im Rippenfell, eine Zwerchfellhernie ausgelöst werden kann.

Maßnahme: Luftnot ist stets ein Anzeichen für eine schwere Erkrankung. Sofort zum Tierarzt.

Husten

Husten ist ein Anzeichen für eine Irritation der Luftröhre oder der Bronchien. Es gibt verschiedene Formen.

Symptome: Husten tritt häufig anfallsartig auf, er kann trocken sein oder mit dem Auswurf von Schleim einhergehen. Bei einer infektiösen Bronchitis ist er akut, kann aber auch chronisch sein: Dann entwickelt er sich über mehrere Wochen oder gar Monate hinweg. Bei jungen, sehr kleinen Hunden (Yorkshire Terrier, Pudel) kann die Ursache für den Husten eine Anomalie der Luftröhre (Luftröhrenkollaps) sein. Dieses Leiden tritt auch häufig bei älteren Hunden auf, bei denen es durch eine Herzinsuffizienz oder Lungenkrankheit (chronische Bronchitis) ausgelöst werden kann.

Maßnahmen: Bei akutem Husten sollte sowohl gegen die Infektion als auch gegen die Entzündung behandelt werden, besprechen Sie sich mit Ihrem Tierarzt. Bei jungen Hunden ist ein Husten unverzüglich zu behandeln. Bei chronischem Husten gibt ein Röntgenbild Aufschluss über die Ursache der Erkrankung, und es kann eine angemessene Therapie ausgewählt werden.

Nasenausfluss, Niesen

Ein leichter Nasenausfluss kann durch Temperaturschwankungen, Feuchtigkeit oder eine vorübergehende Irritation ausgelöst werden, ein andauernder Ausfluss über mehrere Tage hinweg hingegen ist nicht normal. Er kann beide Nasenlöcher oder nur eines betreffen, dünnflüssig und transparent oder auch grünlich und eitrig sein. Ursachen können eine chronische Entzündung, eine Pilzinfektion oder, im schlimmsten Fall, ein Tumor in den Nebenhöhlen sein. Niesen ist ein häufig mit Nasenausfluss assoziiertes Symptom.

Maßnahmen: Für eine genaue Diagnose müssen die Nasenhöhlen geröntgt werden, außerdem ist eine Biopsie vorzunehmen.

Erkrankungen des Verdauungstrakts

Durchfall

Symptome: Der Kot ist flüssig, weich oder enthält unverdaute Nahrungsmittel, oder er ist im Gegenteil breiig, in Stücken und mit Schleim versetzt. Außerdem kann die Anzahl der Darmentleerungen erhöht sein, ebenso das Volumen des Kots. Stellen Sie fest, ob der Kot frisches oder verdautes Blut enthält, und achten Sie auf weitere Symptome wie Erbrechen, Bauchschmerzen und Erschöpfung, dann kann der Tierarzt feststellen, ob die Ursache für das Leiden im Dünn- oder Dickdarm liegt.

Maßnahmen: Geben Sie dem Hund 24 Stunden lang nichts zu fressen, füttern sie ihn dann nach und nach wieder mit kleinen Portionen gekochtem Reis und Hähnchenfleisch oder Magerquark. Wenn der Durchfall sich nicht legt und das Tier sehr matt ist, sollten Sie zum Tierarzt.

Erbrechen

Als Fleischfresser kann der Hund sich erbrechen. Dabei muss das Erbrechen nicht unbedingt ein Anzeichen für eine ernsthafte Erkrankung sein, sondern kann auch schlicht durch zu hastiges Fressen bedingt sein. Akutes und häufiges Erbrechen ist hingegen ein Alarmzeichen.

Symptome: Es gilt zu beobachten, ob der Hund sich in bestimmten Abständen nach dem Trinken oder Fressen erbricht, ob das Erbrochene gallig ist und ob weitere Symptome vorliegen. Erbrechen, das nach den Mahlzeiten auftritt, hat seine Ursachen häufig im Magen-Darm-Trakt. Mit dem Beobachten weiterer Symptome und einem Blutbild lässt sich feststellen, ob ein Nieren- oder Leberleiden oder eine Infektion Ursache der Beschwerden sind. Versucht der Hund ergebnislos und unter großer Anstrengung, sich zu erbrechen, und beginnt sein Bauch, sich aufzublähen, bringen Sie ihn rasch zum Tierarzt. Es handelt sich dann vermutlich um eine akute Magendrehung, die in wenigen Stunden zum Tod führt – hiervon sind meist große Hunde betroffen.

Maßnahmen: Um welche Art von Erbrechen es sich auch immer handelt, geben Sie dem Hund 24 Stunden lang nichts zu fressen. Lassen Sie ihn bei Bedarf etwas Wasser trinken. Sollte das Erbrechen wieder auftreten, stellen Sie den Hund dem Tierarzt vor, damit dieser das Erbrechen und seine Ursache behandelt – bei starken Beschwerden auch früher.

Maulgeruch

Maulgeruch tritt insbesondere bei Zahnstein auf, der manchmal auch von einer eitrigen Zahnfleischentzündung begleitet wird. Stoffwechselerkrankungen wie die bei einer Niereninsuffizienz auftretende Urämie können ebenfalls Ursache für Maulgeruch sein.

Maßnahmen: Das Übel lässt sich je nach Ursache mit Antibiotika und lokalen Antiseptika beheben. Regelmäßige Zahnsteinentfernung beugt Maulgeruch vor.

Erkrankungen der Harnwege

Die Beobachtung des Urins und des Harnlassens (Miktion) liefert wichtige Informationen für die Diagnose von Erkrankungen der Harnwege (Nieren, Harnleiter, Harnblase, Harnröhre) und allgemeinen Erkrankungen.

Symptome: Für gewöhnlich ist der Urin des Hundes hellgelb, klar und beinahe geruchlos. Im Falle einer Infektion hingegen kann er trüb sein oder Blut enthalten. Dabei gilt es darauf zu achten, wann das Blut beim Harnlassen auftritt (am Anfang, am Ende, die ganze Zeit). Blut im Anfangsurin weist beim Rüden auf eine Prostataentzündung hin. Orange eingefärbter Urin kann Anzeichen für eine Gelbsucht sein. Die Art, wie der Hund Wasser lässt, kann ebenfalls wichtige Informationen liefern. Bei einer Blasenentzündung oder Harnröhrenentzündung verspürt der Hund Schmerzen beim Urinieren: Häufig setzt sich Tier in Position und lässt nur einige Tropfen Wasser.

Maßnahmen: Veränderungen des Urins oder Unregelmäßigkeiten beim Wasserlassen müssen unbedingt tierärztlich untersucht werden. Kann der Hund gar keinen Harn mehr ausscheiden, ist ein unverzüglicher Besuch beim Tierarzt angezeigt, denn das Verbleiben von Urin in der Blase kann zu einer Niereninsuffizienz führen.

NASENAUSFLUSS
Ausfluss aus der Nase sollte vom Tierarzt abgeklärt werden.

Erkrankungen des Genitaltrakts

Bei der Hündin

Symptome: Jeder Scheidenausfluss bedeutet eine Anomalie (abgesehen von einigen Tropfen Blut während der Hitze). Befindet sich Eiter in der Scheide und die Hündin leckt sich ohne Unterlass, was im Allgemeinen zwei Monate nach der letzten Hitze vorkommt, liegt möglicherweise eine Vereiterung der Gebärmutter vor, eine Pyometra. Weitere Anzeichen dafür sind Mattigkeit, großer Durst und das Ausscheiden großer Urinmengen. Besonders aufmerksam sollte man Hündinnen beobachten, die Injektionen zur Empfängnisverhütung erhalten oder eine medikamentöse Abtreibung hinter sich haben. Blutungen außerhalb der Hitze können Hinweis auf einen Eierstock-, Gebärmutter- oder Scheidentumor sein.

Maßnahmen: Alle Symptome sind besorgniserregend und machen einen unverzüglichen Besuch beim Tierarzt notwendig. Gibt eine nicht trächtige Hündin etwa zwei Monate nach der Läufigkeit Milch und sind die Zitzen angeschwollen, macht sie eine ausgeprägte Scheinträchtigkeit durch.

Beim Rüden

Größe und Aussehen der Hoden sollten regelmäßig beobachtet werden, insbesondere bei älteren Hunden. Die Vergrößerung eines Hodens bedeutet stets eine Anomalie und macht einen Besuch beim Tierarzt notwendig.

Neurologische Erkrankungen

Symptome: Gerät ein gemeinhin ruhiger Hund plötzlich in Aufruhr und läuft grundlos aufgeregt hin und her, kann das ein Anzeichen für eine allgemeine Unruhe, das Bedürfnis, nach draußen zu gehen oder einen sexuellen

STRAHLENDES GEBISS Regelmäßige Pflege sorgt für gesunde Zähne.

Erregungszustand sein. Wird der Hund jedoch aggressiv, erkennt seine Halter nicht mehr, stößt sich, dreht sich im Kreis oder zieht sich in eine Ecke zurück und stemmt den Kopf gegen die Wand, hat er möglicherweise Halluzinationen oder ein Tumor oder Ödem drückt auf das Gehirn. Ein Schlaganfall oder eine Stoffwechselerkrankung sind ebenfalls mögliche Ursachen. Unabhängig vom Alter des Hundes kann jederzeit ein Krampfanfall oder ein krampfartiger Zustand eintreten. Bei einem generalisierten epileptischen Anfall stürzt das Tier zu Boden, und sein Körper wird starr und krampft. Gelegentlich kommt es auch zu Zuckungen, einem erhöhten Speichelfluss und dem unkontrollierten Ausscheiden von Urin und Kot. Im Allgemeinen dauert so ein Anfall einige Minuten, dann steht das Tier auf und erholt sich nach einem Augenblick der Verwirrung wieder. Im Falle einer schweren Erkrankung (Enzephalitis, Meningitis, Vergiftung, Tumoren, Stoffwechselstörungen) treten die Anfälle immer wieder auf, und auch zwischen den Krisen zeigt das Tier ein anomales Verhalten.

Maßnahmen: Erleidet der Hund einen epileptisch bedingten Krampfanfall, benötigt er absolute Ruhe in einem abgedunkelten Raum. Konfrontieren Sie ihn mit keinerlei Reizen (nicht mit ihm sprechen, nicht streicheln), denn jede Stimulation verlängert der Anfall, der im Allgemeinen nach wenigen Minuten vorübergeht. In jedem Fall ist es angeraten, einen Tierarzt zu konsultieren. Bei einem Rückfall, wenn die Krise ungewöhnlich lang ist oder das Tier sich nach dem Anfall nicht vollständig erholt oder noch weitere Symptome zu beobachten sind, muss das Tier unbedingt zum Tierarzt (Risiko einer Vergiftung). Verliert der Hund vollständig das Bewusstsein und der Körper des Tieres erschlafft, kann eine Herzerkrankung oder ein Insulinkoma vorliegen, falls es sich um ein an Diabetes leidendes Tier handelt, das mit Insulin behandelt wird – der Hund muss dann unbedingt sofort zum Tierarzt. Auch heftige Lähmungserscheinungen stellen einen Notfall dar – sie können Folgen eines Traumas (Verkehrsunfall), einer Knorpelfaserallergie oder einer Hämorrhagie (innere Blutung) sein.

Störungen des Bewegungsapparates

Bruch

Im Falle eines Knochenbruchs kann der Hund das betroffene Bein aufgrund der Schmerzen gar nicht mehr belasten: Man beobachtet dabei eine abnorme Beweglichkeit an der Bruchstelle und Knirschgeräusche der Knochen. Bewegen Sie die verletzte Gliedmaße möglichst nicht. Bringen Sie den Hund schnell und behutsam zum Tierarzt.

Lahmheit

Tritt die Lahmheit plötzlich und sehr ausgeprägt auf, ist sie im Allgemeinen Anzeichen für große Schmerzen (Bruch) oder eine Gelenkschädigung (Arthrose, Verstauchung, Arthritis, Bänderriss). Möglicherweise liegt auch eine Verletzung des Ballens oder der Zehen vor. Ist das Lahmen zunächst weniger stark und verschlimmert sich mit der Zeit, kann die Ursache eine Gelenkversteifung oder eine verminderte Beweglichkeit des Gelenks sein.

Symptome: Gelegentlich kann es vorkommen, dass ein Hund auf drei Beinen läuft oder ein Bein schont, wenn er sich vertreten hat. Ist eine hintere Gliedmaße betroffen, kann ein Kreuzbandriss im Knie die Ursache sein. Insbesondere bei kleinen Hunderassen beobachtet man gelegentlich, dass sie ein Hinterbein vorübergehend nicht belasten. Ursache kann eine ausgerenkte Kniescheibe sein, was man vom Tierarzt überprüfen lassen sollte. In manchen Fällen lahmt ein Tier nicht immer auf demselben Bein. Es leidet möglicherweise an Polyarthritis, einer schmerzhaften Entzündung, die wechselweise verschiedene Gelenke befällt. Bei älteren Hunden wird das Lahmen auf den Vorderbeinen häufig durch Arthrose verursacht.

Maßnahmen: Tritt die Lahmheit sehr plötzlich auf, sollte man das Bein vorsichtig abtasten (Vorsicht: Bei großen Schmerzen könnte der Hund beißen), um festzustellen, wo genau es schmerzt und ob sich die Gelenke heiß anfühlen. Auch Ballen und Zehen sind gründlich auf Verletzungen, Dornen oder Grannen zu untersuchen, die einen Abszess verursachen können. Wenn die Gründe für die Lahmheit nicht eindeutig festzustellen sind oder es sich um ein Gelenkproblem handelt, ist ein Besuch beim Tierarzt notwendig.

Hauterkrankungen

Abszess

Nach einer Auseinandersetzung (Bisse, Kratzer) mit einem anderen Hund oder einer Katze kann es passieren, dass sich nach einigen Tagen ein eitriger Abszess bildet.

Symptome: Die betroffene Körperregion ist angeschwollen, dann bricht der Abszess auf, und Eiter fließt aus.

Maßnahmen: Reinigen Sie die Wunde und tragen Sie eine antiseptische Lösung auf. Ist der Hund matt, appetitlos und hat Fieber, ist eine Behandlung durch den Tierarzt mit Antibiotika angeraten.

Analer Juckreiz

Häufig liegt ein analer Juckreiz vor, wenn der Hund sich in den Anus beißt oder mit dem Hinterteil über den Boden rutscht. Dies kann Anzeichen für einen Befall mit Darmparasiten (Würmer) oder eine Verstopfung der Analdrüsen sein. Möglicherweise handelt es sich auch um ein lokales Symptom einer Autoimmunerkrankung.

Maßnahmen: Die Analdrüsen müssen durch den Tierarzt entleert werden. Kommt es zu einem Abszess oder einer Fistel, muss der betroffene Bereich desinfiziert werden, außerdem ist die Gabe von Antibiotika notwendig. Gelegentlich muss auch ein chirurgischer Eingriff erfolgen.

Haarausfall

Lokaler Haarausfall kann durch intensives Kratzen oder Lecken der betroffenen Region entstehen. Ursache können Pilzinfektionen – runde kahle Stellen von einigen Zentimetern Durchmesser – oder hormonelle Erkrankungen (z. B. Schilddrüsenunterfunktion) mit symmetrischem Haarausfall am ganzen Körper sein. Intensives Lecken, das zu Haarausfall (Leckdermatitis) insbesondere an den Vorderpfoten führt, ist häufig Symptom eines Angstzustandes, der dringend der Behandlung bedarf.

Maßnahmen: Bei Pilzinfektionen erfolgt eine Behandlung mit Fungiziden, die entweder oral verabreicht oder lokal aufgetragen werden. Handelt es sich um eine generalisierte Pilzerkrankung, ist das Baden des Tieres in einer antimykotischen Lösung zu empfehlen. Zur Abklärung von Schilddrüsenerkrankungen führt der Tierarzt Bluttests durch.

Juckreiz

Kratzt Ihr Hund sich häufig, untersuchen Sie Haut und Fell und achten Sie darauf, ob das Tier möglicherweise Flöhe hat, die die häufigste Ursache für Juckreiz sind. Gelegentlich erkennt man lediglich ihre Ausscheidungen – kleine schwarze Punkte im Fell, insbesondere auf dem Rücken und im hinteren Körperbereich. Bei Hunden, die besonders allergisch auf Flohstiche reagieren ist nach einigen Stunden eine entzündliche Hautreaktion zu beobachten.

Weitere Ursachen für Juckreiz können eine extrem erhöhte Talgdrüsenproduktivität, Neurodermitis, Autoimmunerkrankungen usw. sein.

Maßnahmen: Ggf. Anti-Flohbehandlung (siehe Seite 261). Hat das Tier keine Flöhe, stellen Sie es sofort dem Tierarzt vor.

Augenerkrankungen

Symptome: Ein tränendes Auge sollte näher untersucht werden. Es kann sich um eine infektiös oder allergisch bedingte Bindehautentzündung handeln, die meist einen leichten Verlauf hat. Ursache kann aber auch eine Hornhautentzündung oder ein Hornhauttrauma sein. Eine Blaufärbung des Auges kann durch eine Linsentrübung oder ein Linsenödem, das bei Hornhautentzündungen häufig auftritt, bedingt sein. Eine schmerzhafte Schwellung des Augapfels in Kombination mit einem verminderten Sehvermögen weist auf Grünen Star hin.

Maßnahmen: Dauerhafte Beschwerden an den Augen machen einen Besuch beim Tierarzt notwendig.

Erkrankungen an den Ohren

Symptome: Kratzt Ihr Hund sich häufig an den Ohren und ist das Ohrenschmalz schwarz eingefärbt und übel riechend, leidet das Tier möglicherweise an Ohrenräude. Juckreiz und ständiges Kopfschütteln weisen auf einen Gefäßriss im Ohr hin. Dieser kann zu einem Bluterguss im Ohr führen, den man daran erkennt, dass das Ohr geschwollen ist und herunterhängt. Bakterielle Infektionen können die Ursache für schmerzhafte akute oder chronische Entzündungen sein, wobei der Hund den Kopf zur Seite des betroffenen Ohres neigt. Im Gehörgang findet sich dann eine zähe oder eitrige Flüssigkeit.

Maßnahmen: Erkrankungen der Ohren müssen durch den Tierarzt behandelt werden. Es besteht die Gefahr, dass sie sich ins Mittelohr ausdehnen und Gleichgewichtsstörungen verursachen.

Besuch beim Tierarzt

Auswahl des Tierarztes: Sofern es sich nicht um einen Notfall handelt, sollten Sie sich über die Sprechzeiten informieren, und erkundigen Sie sich, ob ein Termin notwendig ist und ob der Arzt Hausbesuche macht.
Im Wartezimmer: Lassen Sie den Hund im Wartezimmer immer angeleint. Besteht die Gefahr, dass er aggressiv auf andere Tiere oder Menschen reagiert, sollte er einen Maulkorb tragen. Halten Sie das Tier auch im Behandlungsraum ggf. an der Leine.
Die Akte: Wenn Sie zum ersten Mal den Tierarzt aufsuchen, legt dieser eine Akte mit Ihren persönlichen Daten und allen wichtigen Informationen zu Ihrem Hund an: z. B. Rasse, Geschlecht, Alter, Chip-Nummer, Impfungen, Krankheiten und chirurgische Eingriffe.
Während der Untersuchung: Setzen Sie den Hund auf den Behandlungstisch und reagieren Sie rasch, wenn er aggressiv zu werden droht. Wenn er keinen Maulkorb trägt, sollte man ihm gegebenenfalls ein Maulband anlegen, um unangenehme Zwischenfälle zu vermeiden.

Bleiben Sie während der Untersuchung nahe bei Ihrem Hund, halten Sie ihn am Halsband und sichern sie seinen Kopf, damit er nicht schnappen kann.

Medizinischer Ratgeber

Erste Hilfe

Wenn man weiß, wie man im Notfall rasch und sinnvoll reagiert, kann man damit seinem Hund das Leben retten. Um die rettenden Handgriffe zu beherrschen und erste Hilfe leisten zu können, ist eine Kenntnis der bedeutendsten Verletzungen beim Hund unerlässlich.

Brüche

Der Hund hat sich ein Bein gebrochen. In diesem Fall ist es besonders wichtig, darauf zu achten, die verletzte Gliedmaße nicht zu bewegen. Ggf. fixieren Sie behutsam den Bruch in der vorgefundenen Position. Bringen Sie den Hund schnell zum Tierarzt.

Hat der Hund neben dem Bruch eine offene Wunde, reinigen Sie diese und legen ein sauberes Stofftuch darauf. Handelt es sich um eine schwerere Bruchverletzung (Schädel oder Wirbelsäule), heben Sie den Hund vorsichtig auf ein Brett und bringen ihn sofort zum Tierarzt. Bewegen Sie ihn dabei so wenig wie möglich.

Ein Knochenbruch macht es dem Hund unmöglich, den betroffenen Körperteil zu bewegen-jede Bewegung verursacht ihm große Schmerzen. Daher ist es unbedingt wichtig, dem Hund einen Maulkorb anzulegen, auch wenn es sich um ein sehr sanftes Tier handelt: Aufgrund des Schmerzes könnte er reflexartig zubeißen.

Elektrischer Schlag

Hunde und insbesondere Welpen, die mit Steckern oder Elektrokabeln spielen, erleiden leicht Verbrennungen in der Mundhöhle. Diese Verletzungen heilen schlecht und verursachen Schwierigkeiten bei der Nahrungsaufnahme. Gehen Sie auf jeden Fall zum Tierarzt.

Insektenstiche

Der Hund reibt sein Gesicht über den Boden oder kratzt sich mit den Pfoten: Er wurde von einem Insekt gestochen. Insektenstiche können eine allergische Reaktion (Ödem, Nesselausschlag) auslösen, die sich durch Schwellungen um Augen, Schnauze und Ohren äußert, eventuell auch durch stark tränende Augen. Diese Reaktionen stellen sich 15 bis 20 Minuten nach dem Stich ein. Nach einer Behandlung mit Kortison und Antihistaminen gehen die Symptome rasch zurück.

Hitzschlag

Bei einem schweren Hitzschlag hechelt der Hund, um seine Körpertemperatur zu senken, er ist sehr geschwächt und stark überhitzt (rektale Körpertemperatur: 40 ° oder 41 °C). Daneben kann es zu starker Speichelbildung kommen. Hunde erleiden häufig einen Hitzschlag, wenn sie bei hohen Temperaturen und starker Sonneneinstrahlung im geschlossenen Auto gelassen werden. Wenn die Lufttemperatur sehr hoch ist und die Luft nicht ausgetauscht wird, kann sich die Körpertemperatur des Hundes auf mehr als 41 °C erhöhen.

Als Erstes gilt es in einem solchen Fall, dem Hund Abkühlung zu verschaffen. Platzieren Sie ihn im Schatten und besprenkeln oder übergießen ihn mit kühlem (nicht eiskaltem!) Wasser. Gelegentlich ist es notwendig, den Hund zu beatmen (Schnauze verschließen, drei bis vier Sekunden über die Nasenlöcher beatmen, dann Zeit zum Ausatmen lassen, Vorgang zehn bis zwölf Mal pro Minute wiederholen). Der Hund muss so schnell wie möglich zum nächsten Tierarzt gebracht werden. Wenn das nicht möglich ist, den Hund in eine Wanne mit lauwarmem Wasser setzen, dann die Wassertemperatur nach und nach senken.

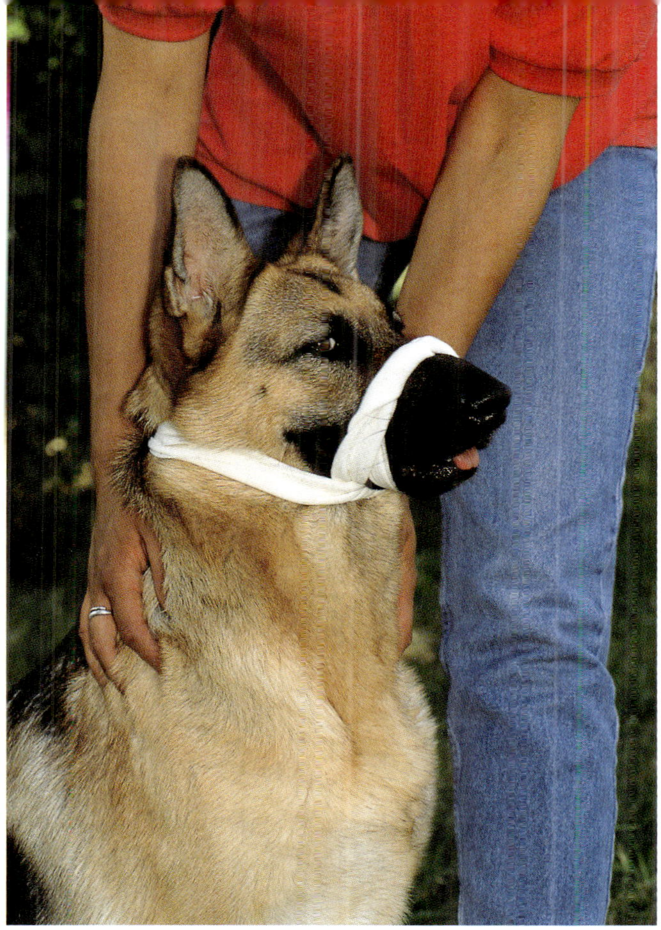

NOT MACHT ERFINDERISCH
Improvisierter Maulkorb aus einer Mullbinde.

Krampfanfall

Ist der Krampf nur von kurzer Dauer, handelt es sich vermutlich um einen epileptischen Anfall (siehe Seite 353). Erstreckt er sich allerdings über einen längeren Zeitraum, kann es sich um eine Vergiftung handeln, deren mögliche Ursache man herausfinden sollte.

Auf jeden Fall braucht der Hund Ruhe. Halten Sie jede Aufregung von ihm fern und gehen Sie rasch mit ihm zum Tierarzt.

Lungenödem

Das zentrale Symptom eines Lungenödems ist akute Luftnot. Die Schnauze des Hundes ist geöffnet, er hechelt, seine Mundschleimhäute sind aufgrund des Sauerstoffmangels blau eingefärbt, und es kann zu Nasenausfluss kommen. Meistens resultiert ein Lungenödem aus einer Insuffizienz der linken Herzkammer, kann aber

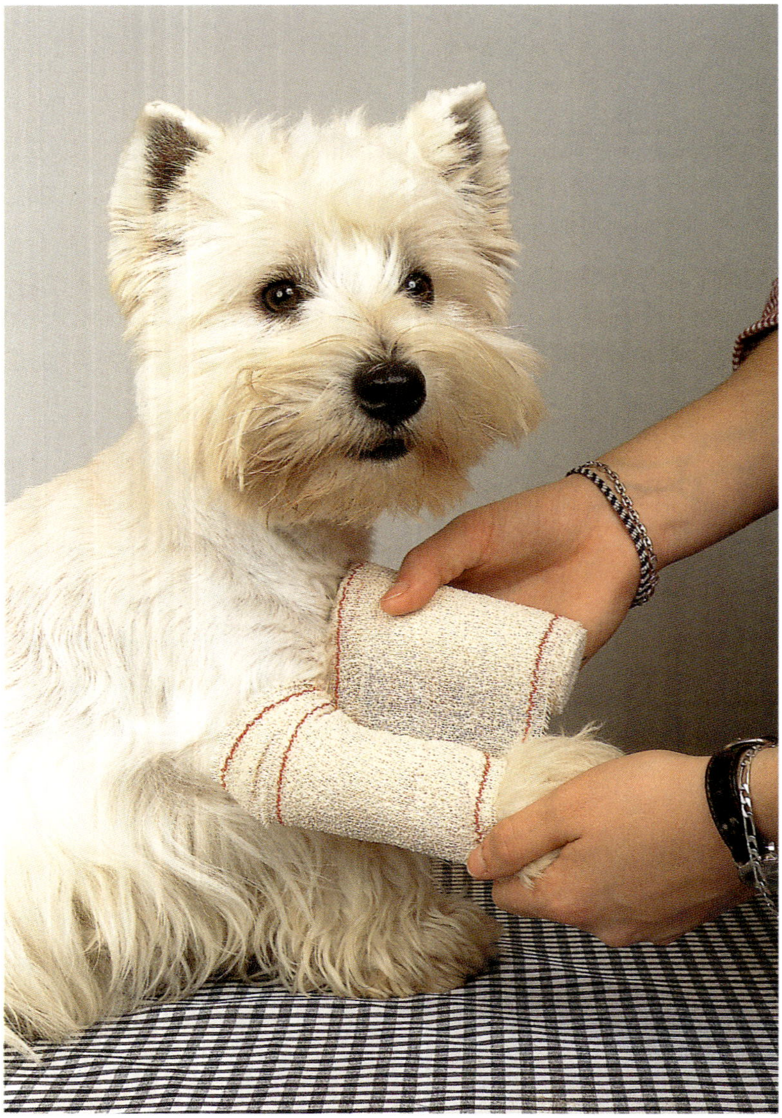

VERLETZUNGEN
Legen Sie einen provisorischen Verband an – den Rest macht der Tierarzt.

auch durch das Einatmen von Rauch, einen Stromschlag oder einen Luftröhrenkollaps bedingt sein.

Es handelt sich um einen dringenden Notfall, der Hund benötigt unbedingt Sauerstoff. Die Notfallbehandlung besteht im Einsatz von Diuretika, der Verabreichung von gefäßerweiternden Medikamenten und gegebenenfalls in einer Beatmung mit der Sauerstoffmaske. Ist das Ödem Folge einer Herzerkrankung, ist der unblutige Aderlass eine unerlässliche Notfallmaßnahme. Dabei wird eine bedeutende Blutmenge in den Extremitäten zurückgehalten, um den arteriellen Druck zu vermindern. Ein Lungenödem macht eine sofortige Notfallbehandlung durch den Tierarzt notwendig.

Bei Herzinsuffizienz kann es auch zu einem weniger auffälligen, chronischen Lungenödem kommen. Symptome sind Husten und Atembeschwerden.

Magendrehung

Typische Anzeichen für eine Magendrehung (Magendilatation) beim Hund sind plötzliche Unruhe, starker Speichelfluss und mühevolle Versuche, sich zu erbrechen. Der Bauch ist aufgebläht, angespannt und schmerzt. Das Tier ist kurzatmig und hat Luftnot. Dann stellt sich ein Schockzustand ein: Der Hund fällt ins Koma und stirbt ohne angemessene Behandlung nach kurzer Zeit. Grund für eine Magendilatation ist eine übermäßige Ansammlung von Gas und Flüssigkeit im Magen, die aus einer Magendrehung resultiert. Sobald der Schockzustand eingetreten ist, herrscht allergrößte Eile für eine Notfallbehandlung. Die Erkrankung tritt häufig nach körperlicher Betätigung kurz nach der Nahrungsaufnahme auf, wobei große Hunde eine besondere Risikogruppe darstellen.

Bringen Sie den Hund so schnell wie möglich zum Tierarzt: Die Überlebenschancen des Tieres verringern sich sehr rasch.

Sofern der Magenpförtner durchlässig ist, kann der Mageninhalt möglicherweise mit einer Sonde entfernt werden. Liegt allerdings eine Magendrehung vor, muss der Magen in einer Notoperation entleert und richtig positioniert werden. Der Hund muss in jedem Fall an eine Infusion gelegt und einige Tage lang beobachtet werden, denn es kann in der Folge zu Herzbeschwerden kommen. Die Prognose bei dieser Erkrankung ist zurückhaltend zu beurteilen.

Schockzustand

Beim Hund manifestiert sich ein Schockzustand durch kalte Glieder, einen erhöhten und schwachen Puls, einen starren Blick und blasse Schleimhäute. Zur Vermeidung eines Komas besteht dringender Handlungsbedarf.

Nehmen Sie eine Herzmassage vor oder beatmen Sie den Hund. Bei der Herzmassage massiert man das Tier mit der Handfläche mit kräftigen, rhythmischen Stößen hinter der Schulter auf den mittleren Rippen (Herzgegend). Massieren Sie ihn nötigenfalls auch im Auto auf dem Weg zum Tierarzt.

Für eine künstliche Beatmung müssen Sie dem Hund das Halsband abnehmen, seine Zunge sollte seitlich aus der Schnauze hängen. Legen Sie nun die flachen Hände hinter den Schultern auf die Rippen des Tieres und pressen Sie rhythmisch den Brustkorb zusammen, damit die Luft entweichen kann, dann warten Sie, bis er wieder in Normalposition ist. Vorgang alle fünf Sekunden wiederholen.

Für eine Mund-zu-Nase-Beatmung verschließen Sie die Schnauze des Hundes mit einer Hand und beatmen ihn drei bis vier Sekunden über die Nasenlöcher. Geben Sie ihm dann Gelegenheit zum Ausatmen. Vorgang zehn bis zwölf Mal pro Minute wiederholen.

Verbrennungen

Leichte Verbrennung: Kühlen Sie die betroffene Stelle mit kaltem Wasser, um den Schmerz zu lindern. Danach die Brandwunde mit Brandsalbe versorgen. Legen Sie einen Verband an und wechseln ihn täglich.

Schwere Verbrennung: Verbrennung nicht mit fetthaltigen Produkten behandeln. Den Hund schnellstmöglich zum Tierarzt bringen.

Sonderfälle: Wurde die Verbrennung durch ein chemisches Produkt, ein Pflanzenschutz- oder Reinigungsmittel verursacht, sollten Sie die betroffene Stelle gründlich auswaschen.

Vergiftungen

So leicht Hunde Fremdkörper verschlucken, so leicht verleiben sie sich auch Substanzen ein, die sich als giftig erweisen können. Am häufigsten kommt es zu Vergiftungen durch Rattengift (Antikoagulanzien, die häufig in Kellern ausgestreut werden), Metaldehyd (das im Garten verwendete Schneckenkorn), organische Chlor- und Phosphorverbindungen (Insektizide) und Ethylenglykol (Frostschutzmittel fürs Auto). Bei allen Arten von Vergiftungen muss der Hund schnellstmöglich zum Tierarzt gebracht werden.

Notfallmaßnahmen: Bei einer Vergiftung ist häufig eine sofortige Behandlung nötig, um den Hund zu retten. Die erste Maßnahme besteht darin, ihn vom Quell des Übels zu entfernen, sofern sie ihn identifizieren konnten.

Falls Sie wissen, was der Hund gefressen hat, wenden Sie sich sofort an den Giftnotruf oder einen Tierarzt und folgen Sie deren Anweisungen. Etwaige Gegenmittel müssen Sie dem Hund sofort verabreichen. Fahren Sie sofort zum Tierarzt und informieren Sie den Tierarzt vorher über ihr Kommen. Hat der Hund das Gift gerade erst zu sich genommen, verhindern sie dessen Absorption, indem Sie dem Tier ein Brechmittel verabreichen, es sei denn, das betreffende Gift ist ätzend – dann darf der Hund nicht erbrechen!

Rattengift: Bestimmte Gifte haben eine verzögerte Wirkung. Rattengift etwa setzt den Gerinnungsfaktor des Blutes herab. Die Symptome zeigen sich erst nach drei Tagen: Blutungen, Schwierigkeiten beim Atmen, oberflächliche Hämatome und blasse Schleimhäute (Anämie). Es muss so schnell wie möglich mit einer Therapie mit Vitamin K und Koagulanzien begonnen werden, außerdem benötigt der Hund eine Bluttransfusion.

Strychnin und Metaldehyd: Diese beiden Substanzen haben schwere Auswirkungen auf das Nervensystem (Angstzustände, Zittern, Muskelspasmen, Krämpfe, Koma). Der Hund benötigt eine Infusion, damit die Giftstoffe leichter eliminiert werden können, außerdem krampflösende Medikamente.

Insektizide: Die Vergiftung mit Insektiziden (organische Chlor- und Phosphorverbindungen) zieht das Nervensystem (Rastlosigkeit, Mattigkeit, Krämpfe), den Verdauungsapparat (Speicheln, Erbrechen, Durchfall), die Augen (tränende Augen, Pupillenverengung) und die Atemwege (Blaufärbung der Schleimhäute) in Mitleidenschaft. Für diese Gifte gibt es ein Gegengift, außerdem sollten die Symptome therapiert werden.

Frostschutzmittel: Eine Vergiftung mit Ethylenglykol (Frostschutzmittel) verursacht Symptome im Nervensystem (Krämpfe, Koma), in den Harnwegen (der Hund uriniert gar nicht oder kaum noch), in den Atemwegen (Schwierigkeiten beim Atmen). Es gibt ein Gegengift, das möglichst schnell Anwendung finden sollte, da sich sonst eine schwere Niereninsuffizienz einstellt.

Verletzung mit starker Blutung

Der Hund ist verletzt und blutet stark. Er ist gestürzt, wurde gebissen oder hat sich geschnitten. Es kann sinnvoll sein, ihm einen Maulkorb anzulegen, da er aufgrund der Schmerzen möglicherweise beißt.

Leichte Blutung: Pressen Sie ein Stück Verbandmull oder sauberen Stoff auf die Wunde.

Starke Blutung: Drücken Sie bei starken Blutungen an den Pfoten, bei denen hellrotes Blut austritt, die Schlagader ab, die sich vorne und hinten an der Innenseite der Beine befindet. Wenn Sie auf den Tierarzt warten müssen, binden Sie das Bein mit einer Binde oder einem Band zwischen Wunde und Herz ab, jedoch nicht zu fest. Das Bein sollte nicht länger als eine halbe Stunde abgebunden bleiben.

Ist eine Vene verletzt, ist das austretende Blut dunkelrot, binden Sie das Bein fünf Zentimeter oberhalb der Wunde ab. Machen Sie einen Knoten und stecken Sie einen Stift in den Knoten. Drehen Sie den Knoten nun so lange, bis die Blutung aufhört. Fixieren Sie den Knoten.

Verschluckter Fremdkörper

Ihr Hund hat einen Fremdkörper verschluckt – bleiben Sie ruhig. Kleinere Gegenstände wie Steine oder Knöpfe durchwandern den Darm problemlos. Geben Sie dem Tier faserreiche Kost (Sauerkraut) zu fressen, die Fasern umhüllen den Fremdkörper und erleichtern die Passage durch den Verdauungsapparat, die im Allgemeinen ein bis drei Tage dauert.

Bleibt der Fremdkörper dem Hund im Hals stecken, können Sie versuchen, ihn vorsichtig mit zwei Fingern oder einer Pinzette wieder zu entfernen. Wenn Sie den Gegenstand nicht entfernen können, der Hund Schmerzen hat, sich erbricht, Fieber bekommt oder sich nicht mehr löst, sollten Sie rasch mit ihm zum Tierarzt gehen – möglicherweise ist eine Operation notwendig.

Medizinischer Ratgeber

Auswahl von Tierarzt und Therapien

Ob alternative Medizin oder Schulmedizin, inzwischen gibt es auch für kranke Hunde die verschiedensten Therapiemöglichkeiten.

Alternative Medizin

Über lange Zeit hinweg stand die Human-Schulmedizin den sogenannten alternativen Therapieformen mehr als skeptisch gegenüber. Dabei sollte man jedoch bedenken, dass diese schon vor den großen Entdeckungen des 20. Jahrhunderts durchaus wirksam war. Das gilt auch für den Bereich der Tiermedizin: Die Menschen experimentierten bei der Versorgung der Tiere mehr oder weniger erfolgreich mit Heilkräutern und Heilerden. Und in anderen Ländern war man mit den verschiedensten Heilmethoden durchaus erfolgreich bei der Behandlung von Menschen und Tieren, mögen die wissenschaftlichen Grundlagen auch ungeklärt sein. Heute steht auch unseren Hunden das gesamte therapeutische Spektrum der alternativen Medizin zur Verfügung.

Homöopathie

Die Homöopathie ist in der Humanmedizin weit verbreitet, und inzwischen hat sie auch unter Tierhaltern und Tierärzten zahlreiche Anhänger. Manche Tierärzte arbeiten ausschließlich nach homöopathischen Grundsätzen, andere wiederum setzen ihre homöopathischen Kenntnisse nur in bestimmten Fällen ein.

- **Das Ähnlichkeitsprinzip** („simili similibus curant") ist weithin bekannt: Eine Substanz, die in normaler Dosierung Krankheitssymptome hervorruft, bekämpft in hochgradig verdünnter Form eben diese Symptome. So bekämpft das Gift der Honigbiene in hoher Verdünnung Entzündungen, und Phosphor hilft bei Durchfall ... Doch Vorsicht! Auch in der Homöopathie ist es mit dem bloßen Verordnen von Rezepten nicht getan. Eine sorgfältige neurologische und physiologische Untersuchung ist auch dort unerlässlich, denn ein homöopathisches Medikament, das bei einem nervösen Hund wirksam ist, hat auf einen trägen Hund nicht dieselbe Wirkung.
- **Homöopathische Medikamente** werden meist als Tabletten oder Globuli verabreicht. Einem homöopathischen Tierarzt stehen 2000 Medikamente zur Behandlung zur Verfügung.

Akupunktur

Die Akupunktur bei Tieren geht direkt aus der Tradition der chinesischen Medizin hervor. Es existieren „Landkarten" vom Körper des Tieres, auf denen die Stellen eingezeichnet sind, an denen die Nadeln zu setzen sind. Die Akupunktur kommt insbesondere in der Schmerztherapie und bei neurologischen Erkrankungen zum Einsatz. Jüngst konnten im Versuch mithilfe der Thermographie einige der Prozesse sichtbar gemacht werden, die durch die Stimulation eines Akupunkturpunktes in Gang gesetzt werden.

Zahlreiche Akupunkteure bieten ihre Therapien ergänzend zu schulmedizinischen Behandlungen an.

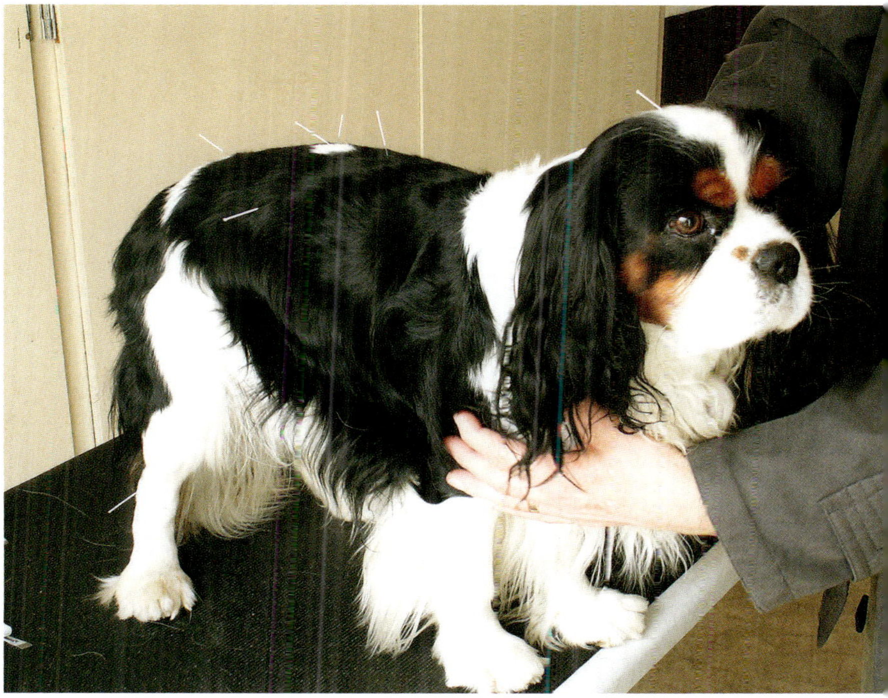

AKUPUNKTUR: Mit ihr erzielt man bei vielen Erkrankungen gute Erfolge.

Pflanzenheilkunde

Die Pflanzenheilkunde hat zahlreiche Anhänger. Man kann sich die charakteristischen Eigenschaften einer Pflanze auf verschiedene Weise zunutze machen: Die Heilpflanzen können in ihrer Gesamtheit angewandt werden (einfache Anwendung), als Extrakte von essentiellen Ölen (Aromatherapie) oder in Form von konzentrierten Wirkstoffen aus bestimmten Pflanzenteilen (Knospen, Wurzeln, Triebe etc.), in diesem Fall spricht man von Geminotherapie.

Osteopathie

Schädel und Wirbelsäule sind das Gerüst des tierischen Organismus, von dem sämtliche Nerven ausgehen, die wiederum bis an jeden Punkt des Körpers reichen und die Körperfunktionen steuern. Die Nerven treten durch kleine Löcher aus. Verengen sich diese, verursacht das Schmerzen und Dysfunktionen. Durch die richtigen Handgriffe am betroffenen Wirbelsäulenabschnitt können die Schmerzen gelöst werden. Insbesondere bei Lähmungen und Schmerzen kann eine osteopathische Behandlung indiziert sein. Doch Vorsicht: Hüten Sie sich vor Scharlatanen, nur ein ausgebildeter Osteopath kann die Behandlung gefahrlos durchführen.

Physiotherapie

Ziel der Physiotherapie ist es, die Funktionsfähigkeit von Muskeln oder Muskelgruppen wiederherzustellen sowie mit physiotherapeutischen Methoden für eine verbesserte Beweglichkeit und Koordination zu sorgen. In der Tiermedizin findet die Physiotherapie erst seit Kurzem

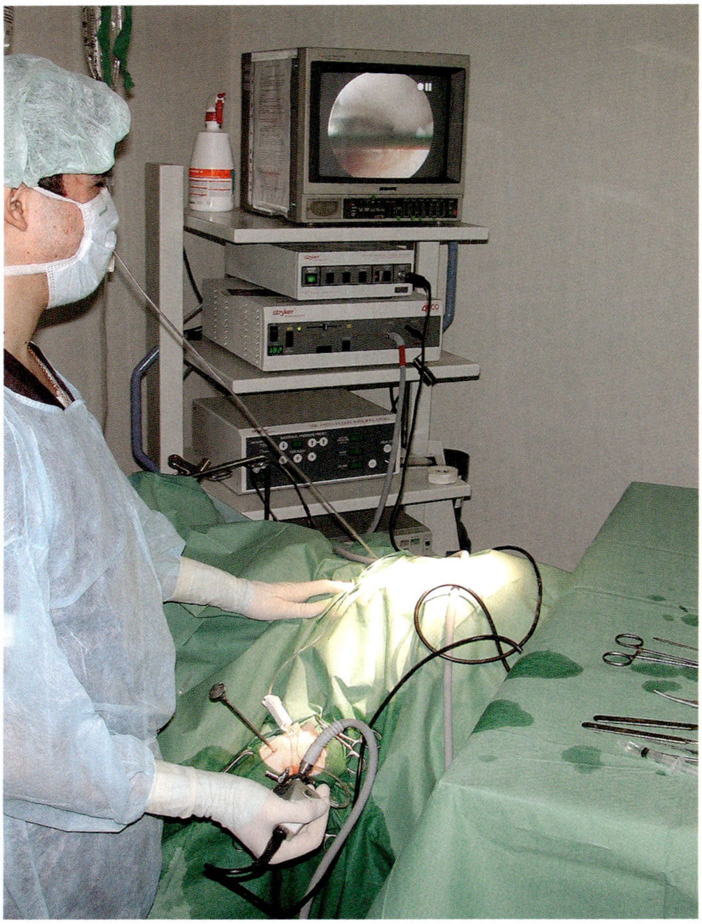

IM OP
Endoskopische Eingriffe sind heute an der Tagesordnung.

Anwendung und ist noch nicht weit verbreitet. Funktionelle Defizite können nach Unfällen auftreten oder durch Schmerzen ausgelöst werden, die wiederum Folge von Arthrosen, degenerativen Schädigungen oder Druckbelastung sind. Die Therapie beruht auf den folgenden Prinzipien: Hemmung von Entzündungsprozessen durch Kältebehandlung, Wiederherstellung körperlicher Funktionen etwa nach einem chirurgischen Eingriff, Vermeidung von Muskelatrophien oder Wiederaufbau von Muskeln, Massagen und Wärmeanwendungen zur Lockerung von Muskelverspannungen (und damit zur Schmerzlinderung) sowie zur Verbesserung der lokalen Durchblutung.

Schulmedizin

Tiermedizin und -chirurgie standen lange Zeit im Schatten der Humanmedizin, doch in den letzten Jahrzehnten haben diese Bereiche sowohl in der Öffentlichkeit als auch unter Praktikern beträchtlich an Ansehen gewonnen. Ob im Wissenschaftsbetrieb oder in der Klinik, die Tierärzteschaft ist stets auf dem neuesten Stand. Mediziner spezialisieren sich und suchen nach den besten Heilmethoden für Tiere.

Ein Grund dafür, dass bestimmte Behandlungsverfahren keine verbreitete Anwendung finden, liegt mit Sicherheit an den hohen Kosten, die sie verursachen. Doch zumindest in der westlichen Welt greift man mehr und mehr auch auf diese Therapien zurück, da spezielle Krankenversicherungen für Hunde es zahlreichen Haltern möglich machen, die Kosten, die durch diese aufwendigen Methoden entstehen, zu tragen.

All diese Verfahren müssen zunächst eine größere Verbreitung finden, damit die Kosten sinken und immer mehr Tiere davon profitieren können. Und die Methoden werden immer besser. Mehrmals im Jahr finden nationale und internationale Konferenzen und Kongresse statt, bei denen sich die Ärzte aus der Praxis über die neuesten therapeutischen Möglichkeiten informieren können.

Diagnoseverfahren

Am Anfang jeder gelungenen Therapie steht eine genaue Diagnose, und vor dem Beginn einer Therapie gilt es, umfangreiche Informationen zusammenzutragen. Die medizinische Biologie ist heute für jeden Tierarzt verfügbar. Die Bestimmung physiologischer Konstanten ist jederzeit möglich – entweder in speziellen Labors oder in der eigenen Praxis. Bei besonders komplizierten Fällen werden alle erdenklichen Werte untersucht. In der Krebsforschung sind die histologischen Verfahren identisch mit denen der Humanmedizin. In der Augenheilkunde werden Untersuchungen wie die Elektroretinographie durchgeführt. In der Neurologie arbeiten Tierärzte mit Scannern und Verfahren wie der Elektromyographie.

Zahlreiche Tierärzte sind für die Durchführung von Ultraschalluntersuchungen ausgerüstet, die in der Kardiologie ergänzend zur bereits weit verbreiteten Elektrokardiographie eingesetzt werden. Nicht zu vergessen ist auch die systematische Auseinandersetzung mit der tierischen Psyche: In der Verhaltungsforschung hat es in den letzten Jahren massive Fortschritte gegeben. Auf dieser Grundlage lassen sich auch schwere psychische Störungen von Haustieren gezielt diagnostizieren, und es stehen heute seriöse Therapien zu ihrer Behandlung zur Verfügung. In der Tiermedizin wird man sich in Zukunft immer mehr der Methoden bedienen, die man aus der Humanmedizin kennt. So findet etwa die Forschung zur Kernspinresonanz (NMR) zunehmend Zugang zu zahlreichen tiermedizinischen Hochschulen auf der ganzen Welt.

Fachgebiete

Zum einen gibt es Allgemeintierärzte, deren besonderes Interesse keiner speziellen Erkrankung gilt, oder echte Fachtierärzte, die sich auf die Erforschung spezifischer Pathologien spezialisieren. Ein Diabetes oder andere Hormonerkrankungen werden heute ganz anders behandelt als noch vor einigen Jahrzehnten. Diagnose und Therapie von Krebserkrankungen gehören heute zum Alltag. Sie werden natürlich chirurgisch behandelt und man greift auch auf Chemo- und Strahlentherapien zurück.

Heute gibt es zahlreiche praktische Ärzte, die sich auf ein Fachgebiet spezialisiert haben und in internationalen Vereinigungen zusammengeschlossen sind. Durch gemeinsame Forschung und den Austausch von Knowhow tragen sie wesentlich zum Fortschritt in der Tiermedizin bei. In der Augenheilkunde ist durch den Einsatz von Laser- und Ultraschalltechnologien die Behandlung von Netzhaut- und Linsenverletzungen möglich – vor einigen Jahren war das noch undenkbar.

Veterinär-Kardiologen schenken herzkranken Hunden mithilfe von Medikamenten und fortschrittlichen Technologien wie dem Herzschrittmacher, die bis dato dem Menschen vorbehalten waren, zahlreiche Lebensjahre. In der Dermatologie werden heute alle Probleme rund um Haut und Haar behandelt – früher fristete dieser Bereich in der Veterinärmedizin ein Schattendasein.

Dank der systematischen Erforschung des Wasserstoffwechsels sind heute wundersame Heilungen durch die ausgeglichene Gabe von Infusionen möglich, es gibt Blutbanken für Hunde und im Bereich der Zahnmedizin treten seit einiger Zeit Zahnärzte in die Fußstapfen ihrer Kollegen aus der Humanmedizin und spezialisieren sich auf kieferorthopädische Therapien und Zahnprothesen sowie die Behandlung schadhafter und kariöser Zähne.

Chirurgie

Diesem faszinierenden Bereich wenden sich zahlreiche Veterinäre zu:

- **Allgemeine Chirurgie:** Die meisten Tierärzte betätigen sich in ihrer Praxis auch chirurgisch. Nach allen Regeln der Kunst arbeiten sie unter aseptischen Bedingungen, stillen Blutungen und verschließen Gefäße. Dabei kommen dieselben Instrumente und Verfahren zum Einsatz wie in der Humanchirurgie, jedoch angepasst an die Größe und Anatomie des Tieres. Grundlage für die Fortschritte in der Veterinärchirurgie war die Weiterentwicklung der Anästhesie. Die heute verfügbaren Narkosemittel, ob Injektions- und gasförmige Narkotika, erlauben in ihrer Zusammensetzung die individuelle Abstimmung von Dauer und Tiefe der Narkose unter Berücksichtigung von voraussichtlicher Operationsdauer und Gesundheitszustand des Tieres. Für unter Schock stehende oder ältere Hunde sind Operationen heute wesentlich weniger riskant als früher, und für einen guten Chirurgen ist heute nichts unmöglich.
- **Orthopädische Chirurgie:** In diesem Bereich haben sich die eindrucksvollsten Entwicklungen vollzogen. Komplizierte Knochenbrüche, die noch vor zehn Jahren ein Todesurteil für das Tier waren oder zu einer massiven Behinderung führten, werden heute erfolgreich von orthopädischen Chirurgen gerichtet. Angeborene oder erworbene Fehlbildungen werden korrigiert. Es sei nur die Behandlung von Hüftgelenksdysplasien genannt: Chirurgische Verfahren wie die Osteotomie sowie komplette Prothesen aus Titan oder Kunststoff haben Einzug in die OPs der Veterinär-Orthopäden gehalten.
- **Neurochirugie:** Der Fortschritt hat auch hier Einzug gehalten: Rückenmarksdekompression, Ablation von Hirntumoren.
- **Kardiovaskuläre Chirurgie:** Zu diesem Bereich kann man nur eines sagen: Dass sie den Hunden zugute kommt, ist nur recht und billig, schließlich mussten sie nur allzu häufig als Versuchskaninchen herhalten müssen.

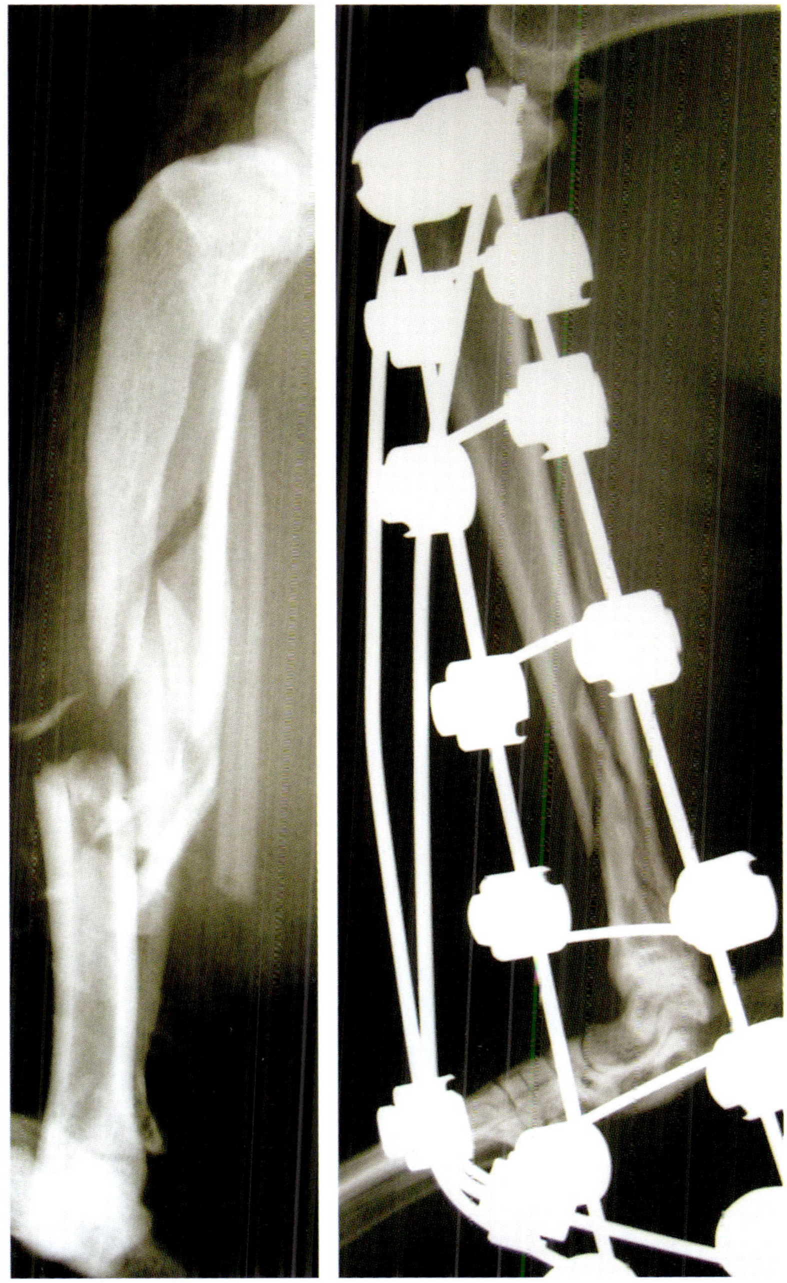

CHIRURGIE: Hier kommen vielfältige Verfahren zu Einsatz, etwa externe Fixatoren wie hier.

Medizinischer Ratgeber

Lexikon der Hundekrankheiten

Dieses Lexikon gibt Ihnen einige Basisinformationen an die Hand, damit Sie Krankheitssymptome schneller erkennen und Ihrem Tierarzt diese beschreiben können.

A

Abort

Spontaner oder induzierter Abbruch einer bestehenden Trächtigkeit. Für Spontanaborte kommen verschiedene Faktoren in Frage: endokrin bedingt (unzureichender Progesteronspiegel), infektiös bedingt (Herpesviren, Bakterien), parasitär bedingt (Toxoplasmen), genetisch bedingt (Chromosomenanomalien). Klinische Beobachtungen ergaben, dass physische oder psychische Traumata einen Abort auslösen können. Induzierte Aborte werden vom Tierarzt auf Verlangen des Tierhalters aus verschiedenen Gründen vorgenommen. Im Hinblick auf spätere Komplikationen bei einem wiederholten Eingriff ist darauf nur im Ausnahmefall zurückzugreifen.

Abszess

Siehe S. 350, für Zahnabszess siehe Maulgeruch S. 349.

Akne

Siehe Pyodermie.

Akute Magenerweiterung

Siehe S. 349.

Allergie

Überschießende Abwehrreaktion (Hypersensibilität, Überempfindlichkeitsreaktion) auf bestimmte Allergene, die sich in unterschiedlichen Krankheitsformen mit Symptomen an verschiedenen Organen äußern können. Am deutlichsten ist dieser entzündliche Prozess an der Haut erkennbar. Siehe Dermatiden.

Alopezie

Haarschwund, Haarausfall. Siehe S. 351.

Analdrüsen (Überfüllung der)

Siehe S. 260. Beim Deutschen Schäferhund wird angenommen, dass die Fisteln (siehe dort) Ausdruck einer Autoimmunerkrankung sind und daher als solche behandelt werden.

Anämie (Blutarmut)

Anämie wird als Verminderung der Konzentration des roten Blutfarbstoffs Hämoglobin – Sauerstoff-Transporteur in den roten Blutkörperchen – im Blut definiert. Die Ursachen hierfür können zahlreich sein: Störung der Bildung roter Blutkörperchen im Knochenmark, Eisenmangel, Vitamin B12-Mangel, chronische Leber- oder Nierenerkrankungen, Parasitenbefall (Babesiose, Rickettsiose), aber auch akute oder chronische Blutungen.

SYMPTOME Eine Anämie manifestiert sich durch Blässe der Mund-, Augen- und Genitalschleimhäute in Verbindung mit allgemeinen Symptomen wie Atemnot, Müdigkeit, beschleunigte Herzfrequenz.

MASSNAHMEN Die tierärztliche Behandlung der Anämie erfolgt nach Diagnose der Ursache und weiterer Untersuchung (Blutanalyse).

Anurie (Harnverhaltung)

Fehlende Harnproduktion auf Grund einer Nierenfunktionsstörung oder einer Verstopfung der Harnleiter. Siehe Nephritis und Harnsteine.

Arthritis

Arthritis wird als die Gesamtheit entzündlicher Prozesse definiert, die zu degenerativen Veränderungen eines oder mehrerer Gelenke führen. Diese Veränderungen können infektiös, traumatisch oder immunologisch bedingt sein. Bei der infektiös bedingten Arthritis kommt es zur Überwärmung und Schwellung. Diese Form der Arthritis ist meist auf ein einziges Gelenk beschränkt. Hinzu kommen starke Schmerzen, der Hund schont sein Bein. Immunologisch bedingte Arthritis wird häufig als Polyarthritis bezeichnet und betrifft mehrere Gelenke gleichzeitig oder nacheinander. Infektiös bedingte Arthritis zieht eine langwierige Antibiotikabehandlung nach sich. Immunologisch bedingte Arthritis bedarf zusätzlicher Untersuchungen, denn die Diagnose ist nicht immer einfach und die Behandlung komplex.

Arthrose

Diese Gelenkserkrankung ist sehr schmerzhaft und führt manchmal zu Knochenveränderungen. Sie tritt als Verschleißerscheinung vor allem beim älteren Hund auf, kann aber auch bei allen Hunden auf Grund von Übergewicht, Dysplasien, Verstauchungen, Knochenbrüchen sowie häufigen Rezidiven (Jagdhunde, Schlittenhunde) auftreten.

SYMPTOME Der arthrotische Hund läuft steif und hat besonders bei feucht-kaltem Wetter Schmerzen, er lahmt und verweigert bestimmte Bewegungen (vor allem das Springen). Diese Symptome verstärken sich noch durch Feuchtigkeit und übermäßige Aktivität (nach der Jagd). In der Regel lassen die Symptome nach etwas Aufwärmung nach.

MASSNAHMEN Bei der Behandlung der Arthrose ist darauf zu achten, dass der Hund regelmäßig bewegt, aber nicht überlastet wird und bei Übergewicht abnimmt. Bei starken Schmerzen kann man Analgetika und Antiphlogistika zu verabreichen. In bestimmten Fällen ist ein operativer Eingriff (Dysplasie) erforderlich.

Aseptische Osteonekrose des Femurkopfes oder Calvé-Legg-Perthes-Erkrankung

Knochenschwund auf Höhe des Femurkopfes beim Junghund durch unzureichende Blutzufuhr. Die Erkrankung erfordert eine operative Behandlung, um eine Invalidität des Hundes zu verhindern.

Askaridiose

Siehe Endoparasiten.

Aszites (Bauchwassersucht)

Flüssigkeitsansammlung in der Bauchhöhle, deren Zusammensetzung je nach Ursache variiert. Die häufigsten Ursachen für eine Aszites sind eine Rechtsherzinsuffizienz, eine Peritonitis, ein Bauchhöhlentumor und Leberzirrhose.
Im Zweifelsfall kann eine Punktion der Bauchhöhle entscheidend zur Diagnosestellung beitragen.

Atopie

Siehe atopische Dermatitis.

Atopische Dermatitis

Eine häufigere, durch intensiven Juckreiz gekennzeichnete Dermatitis, verursacht durch eine durch Einatmen von Allergenen wie Hausstaubmilben, Pollen, Schuppen usw. ausgelöste Überempfindlichkeit („Allergie"). Eine genetische Disposition wird vermutet, häufiger betroffene Rassen sind unter anderen Terrier und Setter.
Von der saisonal auftretenden Erkrankung sind besonders Junghunde betroffen. Sie äußert sich durch intensiven Juckreiz, Haarausfall und Rötungen der Haut (peripheres Erythema), manchmal noch verstärkt durch eine bakterielle Superinfektion (Pusteln, Krustenbildung).
Die häufigsten Lokalisationen sind Gesicht, die Innenseite der Oberschenkel, die Zehenzwischenräume und die Perianalregion.

AV-Blocks

Siehe Herzrhythmusstörungen.

B

Babesiose

Eine durch Zecken übertragene Infektionskrankheit, die durch Babesien hervorgerufen wird. Der Entwicklungszyklus der Babesien beim Hund ist sehr komplex und findet in verschie-

denen Entwicklungsstadien in den roten Blutkörperchen statt.
SYMPTOME Nach einer Inkubationszeit von zwei bis fünfzehn Tagen treten folgende Symptome auf: massive Zerstörung der roten Blutkörperchen – Anämie (blasse Schleimhäute) –, später dann eine typische rot- bis grünbraune Färbung des Harns. Des Weiteren kann man Fieber und Schwäche beobachten. In der Literatur sind auch atypische klinische Symptome beschrieben. Schließlich können unter bestimmten Umständen Leber- und/oder Nierenkomplikationen auftreten. Ohne Behandlung führt die Krankheit innerhalb von 5 bis 6 Tagen zum Tod. Der chronische Verlauf folgt auf die akute Form und ist vor allem durch Anämie gekennzeichnet. Zur Behandlung dieser Krankheit gibt es wirksame Medikamente.

Bandwürmer
Siehe Endoparasiten.

Benigne Prostatahyperplasie (gutartige Prostatavergrößerung)
Siehe Prostata.

Blepharitis (Lidentzündung)
Infektiöse und allergische oder traumatisch bedingte Lidentzündung.

Bronchitis (akute, chronische)
Akute oder chronische Entzündung der Bronchien. Auslöser der akuten Formen sind hauptsächlich Infektionen mit Bakterien oder Viren, aber auch andere Ursachen: Rauch, Staub ... Die chronische Bronchitis tritt häufig beim älteren Hund auf. Das Leitsymptom einer Bronchitis ist der Husten. Bei chronischen Verläufen ist der Husten zunächst stark und anfallsartig, manchmal auch die Ursache für Erbrechen, später dann wird der Husten trocken und schmerzhaft.

Bronchopneumonie
Eine schwere und eitrige Entzündung der kleinen Bronchien und der benachbarten Lungenalveolen.
SYMPTOME Symptome für eine Bronchopneumonie beim Hund sind Mattigkeit, Gewichtsverlust, Fieber. Der auftretende Husten ist schwach, kurz und schmerzhaft. Eine sehr ausgedehnte Infektion der Lungen kann schwere Atemnot hervorrufen.
MASSNAHMEN Eine Röntgenaufnahme des Thorax zeigt das Ausmaß der Erkrankung. Der an Bronchopneumonie erkrankte Hund muss mehrere Wochen lang mit Antibiotika behandelt und regelmäßig röntgenologisch beobachtet werden.

C

Canine Demodikose (Haarbalgmilbe-Räude)
Die Canine Demodikose ist eine durch die Haarbalgmilbe hervorgerufene parasitäre Hauterkrankung, von der hauptsächlich Jungtiere ab dem 3. Monat befallen werden. In geringer Zahl kommen diese Milben auch bei vielen klinisch gesunden Tieren vor. Zum Ausbruch kommt es bei Jungtieren mit schlechten Aufzuchtbedingungen und Störungen des Immunsystems. Es ist schwierig, den Parasitenbefall vollständig einzudämmen, sodass die Erkrankung wiederkehren kann, wenn der Hund erwachsen ist. Die Canine Demodikose äußert sich durch Haarausfall und Juckreiz, häufig begleitet von entzündlichem Geschehen. Sie tritt an den Gliedmaßen und in der Augenumgebung auf („Brillenbildung") oder sie kann generalisiert, den ganzen Körper betreffend, auftreten. Im weiteren Verlauf kann auch eine bakterielle Superinfektion auftreten (Pyodermie, eitrige Hautentzündung), die schwer auszuheilen und bei Nichtbehandlung äußerst gravierend ist.

Caniner Diabetes mellitus
Der canine Diabetes mellitus ist durch einen Anstieg der Glukosekonzentration (Traubenzucker) im Blut und Glukoseausscheidung über den Harn gekennzeichnet. Eine Disposition für diese Erkrankung zeigen besonders Hunde mit Übergewicht und Bewegungsmangel sowie Hündinnen im Diöstrus (der auf die Läufigkeit folgenden Phase) oder trächtige Hündinnen.
SYMPTOME Beobachtet werden eine übermäßige Flüssigkeitsaufnahme und vermehrter Harnabsatz, eventuell ein abrupt auftretender Katarakt. Der erkrankte Hund magert ab, sein Harn hat den typischen Apfelgeruch. Werden die Symptome nicht erkannt, fällt das Tier ins Koma und stirbt. Eine Blut- und Harnanalyse bestätigen die Diagnose. In den meisten Fällen besteht beim Hund ein insulinabhängiger Diabetes mellitus.
MASSNAHMEN Behandelt wird mit Insulin (blutzuckersenkendes Hormon) per Injektionen. Art, Insulinmenge und Häufigkeit der Injektionen sind oftmals schwer zu ermitteln, so dass der Tierarzt das Tier manchmal einen Tag lang unter Beobachtung behält, um regelmäßig nach einer Insulingabe den Blutzuckerspiegel kontrollieren zu können. Hündinnen sollten vor Einstellung der korrekten Insulinmenge kastriert werden, denn durch das komplexe Zusammenspiel der Hormone führen die Östrogene (Fortpflanzungshormone) zu einer Erhöhung des Blutzuckerspiegels.

Cushing Syndrom (Hyperadrenokortizismus)
Das Cushing Syndrom oder Hyperadrenokortizismus ist eine schwerwiegende Erkrankung, die ausgelöst wird durch eine gesteigerte Sekretion von Kortikoiden aus der Nebennierenrinde. Die Auslöser eines Cushing Syndroms können hypophysär (hormonelle Regulationsstörungen) oder, seltener, die Nebennierenrinden (Nebennierenrindentumor) sein. Betroffene Hunde sind in der Regel erwachsen oder älter.
SYMPTOME Man beobachtet vermehrtes Trinken und vermehrten Harnabsatz, Bauchdehnung, Muskelatrophie (Muskelschwund) sowie Schlappheit. Beim Hund zeigt sich häufig eine bilaterale, an beiden Flanken sowie am Bauch symmetrisch ausgeprägte Alopezie: die Haut ist dünn und durchscheinend und weist Mitesser (schwarze Punkte) auf. Bei Hündinnen tritt die Läufigkeit unregelmäßig oder gar nicht auf, Rüden haben eine verminderte Reproduktionsaktivität.
MASSNAHMEN Ein hypophysäres Cushing Syndrom wird medikamentös behandelt, wobei die Behandlung langwierig und nie ohne Risiko für die Leber ist: Daher muss regelmäßig die Leberfunktion kontrolliert werden (Blutanalyse). Bei Nebennierenrindentumoren ist die chirurgische Entfernung die Methode der Wahl, sofern nur eine der beiden Nebennieren betroffen ist.

D

Degenerative Myelopathien
Unter degenerativen Myelopathien versteht man die Gesamtheit aller neurologischen Erkrankungen, die mit einer Zerstörung des Rückenmarks einhergehen. Darunter gehören auch Virusinfektionen (Myelitis) und degenerative Veränderungen wie Entzündungen in der thorakolumbalen Region, die motorische Störungen der Hinterhand auslösen. Besonders der Deutsche Schäferhund ist anfällig für diese Erkrankung.

Dermatophytose
Siehe auch Mykosen. Bei der Dermatophytose handelt es sich

um einen Pilzinfektion der Haut, d. h. um Pilzbefall von Haut, Fell und Krallen mit Dermatophyten. Sie ist durch unspezifischen oder meist lokal begrenzten Haarausfall von mehreren Zentimetern Durchmesser gekennzeichnet. Daneben existiert noch eine eitrige Form, das sogenannte Kerion, die hauptsächlich am Kopf vorkommt. Die infizierte Haut ist leuchtend rot, erhaben und bildet eine nässende knopfförmige Hautveränderung. In den meisten Fällen lösen die Pilzflechten keinen Juckreiz aus und wirken sich nicht auf den Allgemeinzustand aus, sind jedoch äußerst ansteckend, auch für den Menschen.
MASSNAHMEN Bei vereinzelten Läsionen wird lokal mit Fungiziden (Salbe, Milch, Creme) behandelt. Bei starkem Befall muss der ganze Körper (mit Bädern) und allgemein mit Antibiotika und speziellen Fungiziden behandelt werden.

Dermatosen

Hautkrankheiten parasitären, allergischen oder entzündlichen Ursprungs. Zu den parasitären Hauterkrankungen zählen die Räude (Demodikose, Sarkoptesräude, Cheyletiellose) und die Mykosen (Pilzflechten usw.). Andere Hauterkrankungen werden häufig von Allergien (Flohallergiedermatitis, atopische Dermatitis) verursacht. Diese beim Hund häufig auftretenden Erkrankungen zeigen als Leitsymptom Juckreiz. Manche Hauterkrankungen führen zu mehr oder weniger starkem Haarausfall (Alopezien) oder Infektionen (Pyodermien). Siehe Alopezie, Räude, Flohallergiedermatitis (FAD), Mykosen und Pyodermie.

Diabetes insipidus (Wasserharnruhr)

Beim Diabetes insipidus ist die Ursache eine Hormonstörung in der Hypophyse (unzureichende Produktion des antidiuretischen Hormons, ADH), psychische Störungen (psychogene Polydipsie) oder, seltener, eine Nierenfunktionsstörung. Eine Diagnostik ermöglicht die Feststellung der genauen Ursache und ihre Behandlung.
SYMPTOME Der Diabetes insipidus äußert sich durch ständigen Harnabsatz und durch ein gesteigertes Durstgefühl.
MASSNAHMEN Ist die Hypophyse verantwortlich, besteht die Behandlung darin, das Hormon ADH in den Konjunktivalsack einzugeben. Bei einer erhöhten Trinkwasseraufnahme, die auf psychische Ursachen zurückzuführen ist, führt die Behandlung der Grunderkrankung und die vorübergehende Verabreichung eines Anxiolytikums zur Heilung des Hundes.

Diarrhö (Durchfall)

Durchfall kann durch eine Entzündung der Darmschleimhaut bedingt sein.
SYMPTOME Der Kot ist entweder sehr flüssig, ungeformt, mit unverdauten Futteranteilen oder aber weich, auf einem Haufen, und mit Schleim überzogen.
Es tritt vermehrter Kotabsatz (mehrmals pro Tag) in größeren Mengen auf. Es sollte auch auf das Vorhandensein von frischem Blut (lebhaftes Rot) oder verdautem Blut (schwarz) ebenso wie auf Begleitsymptome geachtet werden: Schmerzen im Unterbauch, Erbrechen, Abgeschlagenheit. Anhand dieser Symptome kann der Tierarzt die Ursache des Durchfalls im Grimmdarm oder im Dickdarm lokalisieren.
MASSNAHMEN Hat Ihr Hund Durchfall, lassen Sie ihn 24 Stunden lang fasten und füttern Sie ihn danach mit kleinen Mahlzeiten bestehend aus gut durchgekochtem Reis und weißem Fleisch. Ist der Durchfall unbeherrschbar und wirkt das Tier sehr matt, stellen Sie es spätestens am 3. Tag dem Tierarzt vor (Jungtiere schon deutlich früher!).

E

Ehrlichiose

Gegen diese auch Rickettsiose genannte Infektionskrankheit gibt es keine Schutzimpfung. Erreger der Krankheit sind von Zecken übertragene Rickettsien, die die roten Blutkörperchen des Hundes befallen. Am häufigsten sind Hunde mit Auslandsaufenthalt in Afrika, dem Mittleren Orient, Amerika oder im Mittelmeerraum (dort Korsika und Südfrankreich) befallen.
SYMPTOME Die Inkubationszeit beträgt zehn bis zwanzig Tage, bevor Symptome auftreten: Der Hund frisst nicht mehr, er ist abgeschlagen und hat Fieber. Er hat Nasenbluten und Blutungen in der Unterhaut. Seine Schleimhäute sind blass. Ohne Behandlung nimmt die Krankheit einen chronischen Verlauf und kann zum Tod führen. Eine Blutanalyse weist die Erreger nach.
MASSNAHMEN Die Behandlung erfolgt durch Antibiotikagabe über mehrere Wochen. Bei einem sehr anämischen Tier kann eine Bluttransfusion notwendig werden.
PROPHYLAXE In Endemiegebieten sollte man den Hund vor Zeckenbefall durch Zeckenhalsbänder oder Spot-on-Mittel schützen. Wird Ihr Hund trotz dieser Maßnahmen von Zecken befallen, entfernen Sie diese umgehend.

Eklampsie

Eklampsie ist das Auftreten von Krämpfen innerhalb der ersten 3 Wochen nach der Geburt. Sie ist die Folge einer verminderten Kalziumkonzentration im Blut.

Ektropium

Beim Ektropium handelt es sich um eine Auswärtswendung des Lidrands. Man unterscheidet zwischen angeborenem (beim Bernhardiner, dem Englischen bzw. Amerikanischen Cocker Spaniel) oder erworbenem (nach einer Entzündung, nach einem Trauma, beim älteren Hund) Ektropium. Die Folgen sind Bindehautentzündung und Tränenfluss.
MASSNAHMEN Ein Ektropium kann nur operativ korrigiert werden.

Ellbogengelenksdysplasie (ED)

In Europa hat sich diese Erkrankung in den letzten Jahren zunehmend verbreitet. Wie bei der HD (Hüftgelenksdysplasie) ist auch bei der ED die Problematik dieselbe, obwohl nach Meinung der Kliniker die ED zu weitaus stärkeren Beeinträchtigungen führt. Das Ellbogengelenk trägt 80 % des gesamten Körpergewichts. ED kann die Folge mehrerer Erkrankungen sein: Am häufigsten sind Osteochondrosis dissecans (OCD) und fragmentierter Processus coronoideus (FPC). Als Auslöser werden eine Reifestörung des Knochens, ein ungleichmäßiges Wachstum der Unterarmknochen sowie eine mechanische Überbelastung des Gelenks verantwortlich gemacht.
SYMPTOME Die ED kommt bei Junghunden großwüchsiger Rassen im Alter von vier bis fünf Monaten vor; häufig sind beide Gelenke betroffen. Zweifellos steht eine genetische Veranlagung hierfür außer Frage, jedoch ist auch zu reichhaltige Ernährung ein bedeutender auslösender Faktor. ED führt zu ent-

▲ Ein Hund mit Zystitis setzt vermehrt Harn ab.

zündlichen Reaktionen, Gelenkkapselspannung, vermehrter Gelenksfüllung, Zunahme der Schmerzen und schließlich zu Lahmheit. Der Krankheitsverlauf geht rasch in einen arthrotischen Prozess über: Das Gelenk verdickt sich, die Palpation und die passive Beugung sind schmerzhaft. Bei Bewegung des Gelenks können Knirschgeräusche hörbar sein. Die Beweglichkeit ist eingeschränkt. Bei immer wiederkehrender Lahmheit wird Besitzern einer Hunderasse mit entsprechender Disposition zu dringender Vorstellung des Hundes beim Tierarzt geraten. Zwischen dem 10. und 14. Lebensmonat hat sich der arthrotische Prozess bereits verfestigt.
MASSNAHMEN Die Diagnosestellung erfolgt röntgenologisch oder arthroskopisch. Behandelt wird entweder medikamentös und/oder chirurgisch.

Endoparasiten

Spulwürmer. Spulwürmer sind Rundwürmer, die vor allem Junghunde befallen. Die Würmer können von der Mutter auf die Welpen übertragen werden, manchmal über die Milch, am häufigsten jedoch über das Trinkwasser oder das Futter. Die bekanntesten Symptome sind abwechselnd Durchfall und Verstopfung, Abmagerung, schlechter Allgemeinzustand und andere Symptome, bei massivem Darmverschluss und Darmdurchbruch. Die Diagnosestellung erfolgt durch eine Kotuntersuchung. Entsprechende Anthelmintika sind zur Behandlung sehr wirksam.
Bandwürmer. Bei Hunden treten eine Reihe von Bandwürmern auf, wobei der Gurkenkernbandwurm der häufigste ist. Durch Fressen der im Zwischenwirt (Flohlarven) befindlichen Bandwurmeier nimmt der Hund diesen Parasit in sich auf. Der Befall macht sich bemerkbar in Form des bekannten „Schlittenfahrens" des Hundes, Durchfall und das Vorhandensein von Bandwurmgliedern (reiskornförmig) im Kot. Die Mittel zur Bekämpfung des Bandwurms sind sehr wirksam.
Palisadenwürmer. Im Dünndarm (manchmal auch im Magen) lebende Wurmparasiten, die im Larvenstadium durch die Haut des Welpen eindringen oder mit der Muttermilch geschluckt werden. Die Larven durchlaufen mehrere Entwicklungsstadien, um sich dann als ausgewachsene Würmer an der Darmwand festzusetzen. Der Palisadenwurm ist im Wesentlichen ein sogenannter Blutwurm (ernährt sich von Blut) und verursacht eine Anämie (diese Parasitose ist auch als „Anämie der Meutehunde" bekannt, da dieser Parasit meist Tiere, die in Gruppen leben, befällt) und Verdauungsstörungen wie abwechselnd Durchfall und Verstopfung, später dann extrem starke Durchfälle. Beim Hund können Palisadenwürmer Immunabwehrreaktionen auslösen, die einen erneuten Befall verhindern.
Peitschenwürmer. Der Hund infiziert sich mit Peitschenwürmern durch Aufnahme der in der Natur vorkommenden Eier. Diese Blutwürmer rufen ein klassisches klinisches Bild hervor: Anämie, Durchfall, Abmagerung. Entsprechende Wurmkuren sind wirksam.

Enteritis

Enteritis ist eine entzündliche Erkrankung des Dünndarms oder Dickdarms oder von beiden und verursacht Durchfall.
Akute Durchfälle. Sie sind häufig harmlos, wenn sie nach einer abrupten Futterumstellung oder Stress auftreten. Sie sind besorgniserregender, wenn Infektionen mit Bakterien oder Viren ursächlich sind.
Chronische Durchfälle. Durchfall kann chronisch werden. Ursache für sehr flüssige, manchmal blutige Durchfälle sind Parasiten wie Kokzidien oder Rundwürmer (Hakenwürmer, Peitschenwürmer).
MASSNAHMEN Die meisten harmlosen Durchfälle sind schnell behoben. Der Hund bekommt einen Tag lang nur Wasser zu trinken, ein Mittel gegen den Durchfall sowie ein Präparat verabreicht, das einen Schutzfilm auf der Darmschleimhaut bildet. Sind Parasiten die Ursache, wird mit Antiparasitika oder speziellen Entwurmungsmitteln behandelt.

Entropium

Beim Entropium handelt es sich um eine Einwärtswendung des Lidrands zur Hornhaut hin. Ein Entropium kann an beiden Augen oder nur an einem Auge auftreten. Es ist entweder angeboren – wie beim Chow Chow, beim Bernhardiner, bei der Deutschen Dogge, beim Pudel – oder auf einen Lidkrampf (in Folge einer schmerzhaften Augenerkrankung) oder Narbenbildung (in Folge eines Traumas oder einer chronischen Lidentzündung) zurückzuführen.
SYMPTOME Leitsymptome sind ein Reizzustand des Auges, Hornhaut- und Bindehautentzündung sowie Tränenfluss. Der Hund leidet und reibt sich das – oft halb geschlossene Auge – mit den Pfoten.
MASSNAHMEN Ein Entropium wird je nach Ursache entweder medikamentös (antibiotische Augentropfen) oder chirurgisch (operative Korrektur) behandelt.

Enzephalitis, Enzephalomyelitis (Gehirnentzündung)

Schwere Erkrankung auf Grund multipler Störungen des Zentralnervensystems, d. h. von Gehirn und Rückenmark. Ursache der Erkrankung können Viren (Staupe, Tollwut), seltener Bakterien (Tuberkulose) oder auch Parasiten (Toxoplasmose, Komplikationen einer Babesiose) sein.
SYMPTOME Man unterscheidet je nach Erreger neurologische Störungen (Lethargie, Krämpfe,

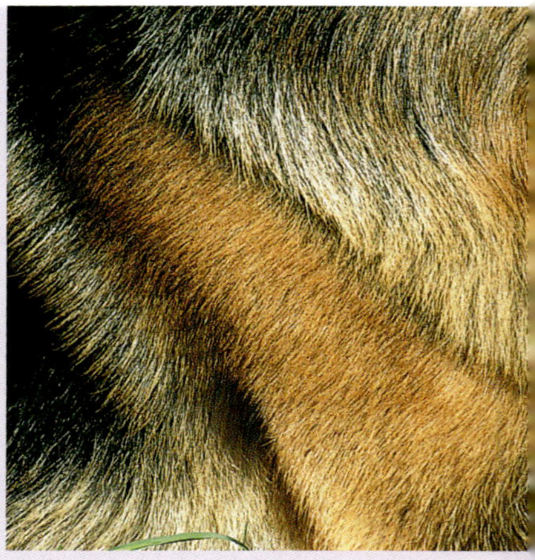
▲ Eine Dermatitis zieht häufig Haarausfall nach sich.

Lähmung, Koma) und generalisierte Symptome.
MASSNAHMEN Für eine durch Viren ausgelöste Enzephalomyelitis gibt es keine spezifische Behandlung. Ist sie durch Bakterien oder Parasiten ausgelöst, können durch Behandlung mit Antibiotika und Infusionen die Symptome manchmal gelindert werden.

Epilepsie

Meist angeborene neurologische Störung des Hundes, die häufig im Alter von 3 bis 4 Jahren auftritt. Manche Rassen wie Pudel, Cocker Spaniel, Deutscher Schäferhund und Dackel trifft es besonders häufig. Siehe auch S. 353. Epilepsie kann man in verschiedene Verlaufsformen einteilen. Bei generalisierten, sogenannten großen Anfällen treten die Symptome abrupt und unvorhersehbar in starker Intensität auf. Nach einer kurzen Phase der Lethargie stürzt der Hund, verliert das Bewusstsein, speichelt, uriniert und kotet unter sich. Der Anfall dauert einige Minuten, danach erholt sich das Tier und nimmt – manchmal nach einem kurzen Erholungsschlaf – seine normalen Aktivitäten wieder auf. Bei einem leichteren, partiellen Anfall zeigt der Hund nur flüchtige Symptome – Schwanken der Hinterhand, Pupillenerweiterung, Zittern. Die Anfallshäufigkeit ist sehr unterschiedlich und reicht von mehreren Anfällen pro Tag bis zu mehreren

Anfällen pro Woche oder sogar pro Jahr.
MASSNAHMEN Bei hoher Anfallshäufigkeit wird der Tierarzt Untersuchungen durchführen, um eventuell andere vorliegende Erkrankungen auszuschließen. Bei häufigen und heftigen Anfällen ist eine Behandlung angeraten. Dabei werden bestimmte Medikamente verabreicht, deren Dosierung nicht ganz einfach ist, da die Empfänglichkeit je nach Tier unterschiedlich ist. Diese Präparate müssen auf Lebenszeit gegeben und ihre Verabreichung darf nicht abrupt unterbrochen werden. Man sollte noch wissen, dass die Behandlung zwar die Anfallsintensität lindert, einen Anfall jedoch nicht immer unterdrückt.

F

Fisteln
Eine Fistel ist eine röhrenartige Verbindung zwischen einem inneren Organ und der Körperoberfläche, aus der chronisch Eiter austritt und die nicht von allein abheilt.
Siehe Grannen und Analdrüsen.

Flohallergie-Dermatitis (FAD)
Beim Stechen sondern Flöhe Speichelsekrete in die Haut des Wirts ab, die bei manchen Hunden Überempfindlichkeitsreaktionen in Form von heftigem Juckreiz und Haarausfall, hauptsächlich in der Lendenregion, auslösen und Sekundärinfektionen nach sich ziehen können. Bei manchen Rassen wie dem Deutschen Schäferhund und dem Cocker Spaniel können sich äußerst schnell (innerhalb nur weniger Stunden) Hautwunden bilden. An manchen Körperstellen kann man auch Kratzwunden feststellen. Diese Erkrankung tritt zumeist im Sommer auf. Einfacher ist es, den Hund gleich im Frühjahr gegen Flohbefall zu schützen (siehe S. 261), als hinterher einen ganzen Symptomkomplex behandeln zu müssen: Überempfindlichkeit, Flohbefall des Hundes und seiner Wohnumgebung.

Flöhe
Flöhe verursachen Juckreiz und können lokale Allergien auslösen (man spricht hier von Flohallergiedermatitis). Der Hund kratzt sich heftig, dies kann dazu führen, dass innerhalb weniger Stunden bakteriell bedingte Superinfektionen hauptsächlich an der Hinterhand und am oberen Teil der Oberschenkel auftreten.
MASSNAHMEN Die Auswahl der Antiparasitika will gut bedacht sein, da diese Präparate an sich bereits eine Allergie auslösen können! Im Falle einer Allergie müssen dem Tier juckreizstillende Präparate gegeben werden, damit sich das Tier nicht selbst verstümmelt, und die Haut lokal mit einem Antiseptikum desinfiziert werden.

Fremdkörper
Hunde verschlucken schnell einmal einen Fremdkörper, der die Ursache für einen Darmverschluss sein kann. In einem solchen Fall ist der Hund abgeschlagen, erbricht, sobald er zu fressen und trinken versucht, und kann manchmal sogar keinen Kot mehr absetzen. Bei heftigen Schmerzen nimmt er eine gebeugte „Gebetshaltung" ein (wie die Sphinx, die Hinterhand angehoben).
MASSNAHMEN Eine Röntgenaufnahme des Unterleibs bestätigt das Vorhandensein eines Darmverschlusses. Der Fremdkörper muss schnellstens operativ entfernt werden.

G

Gastritis, Gastroenteritis
Magenschleimhautentzündung oder -reizung, die sich vorwiegend durch Erbrechen äußert.
Akute Gastritis. Sie kann harmlos sein, wenn der Hund zu schnell oder Gras im Garten gefressen hat. Sie kann auch durch eine Infektion nach Aufnahme verdorbenen Futters ausgelöst werden. Als Begleiterscheinung zu anderen Symptomen der Staupe oder Leptospirose kann sie einen schweren Verlauf nehmen.
Chronische Gastritis. Von chronischer Gastritis spricht man, wenn das Erbrechen mehrere Wochen oder Monate lang persistiert. Das Erbrechen geht einher mit unverdautem oder galligem, teilweise blutigem Auswurf, dessen Ursache ein Geschwür, eine chronische Entzündung oder ein Magentumor sein kann. Des Weiteren kann die Ursache für solchen Auswurf eine Uterusinfektion (Pyometra) oder eine Allgemeinerkrankung wie Nieren-, Leber- und Nebenniereninsuffizienz in akuter oder chronischer Form sein.
MASSNAHMEN Die Behandlung erfolgt sowohl symptomatisch (Gabe von Antiemetika und Präparaten, die einen Schutzfilm über der Magenschleimhaut bilden) als auch ursächlich.

Gelbsucht
Siehe S. 347.

Gingivitis (Zahnfleischentzündung), Stomatitis (Mundhöhlenentzündung)
Entzündung der Mundhöhle, von der sowohl das Zahnfleisch als auch die Mundschleimhaut betroffen ist. Gingivitis und Stomatitis können lokale Ursachen haben (Zahnstein, Karies, Parodontose) oder Teil der Symptome einer Allgemeinerkrankung wie Niereninsuffizienz oder Autoimmunerkrankung sein.
SYMPTOME Solange die Entzündung leicht und lokal begrenzt ist, sind kaum Symptome bemerkbar. Die Entzündung kann den Hund beim Fressen behindern und zu vermehrtem Speichelfluss führen oder aber der Hund frisst gar nichts mehr, weil die Schmerzen zu groß sind.
MASSNAHMEN Diese Erkrankungen können eingedämmt oder geheilt werden durch Zahnsteinentfernung, Einnahme von Antibiotika und die Behandlung einer möglicherweise vorliegenden Allgemeinerkrankung.

Glaukom (Grüner Star)
Ein Glaukom ist ein erhöhter Augendruck in Folge von Abflussstörungen des Kammerwassers. Das Auge reagiert mit Weitstellung der Pupille, Schmerzen und Vergrößerung des Auges. Ein Glaukom kann spontan auftreten oder als Folge eines Traumas. Im fortgeschrittenen Stadium kann es zum Verlust des Sehvermögens kommen. Die Behandlung gestaltet sich schwierig.

Grannen
Kleine Grasgrannen, die in ein Ohr, ein Nasenloch oder die Pfote eindringen können.
SYMPTOME Bei Grannen im Ohr schüttelt der Hund heftig den Kopf, kratzt sich am Ohr, ist unruhig und hält den Kopf auf die Seite geneigt, auf der sich die Granne im Ohr befindet. Bei Grannen in der Pfote setzt der Hund die Pfote nicht auf, lahmt manchmal und leckt häufig an der Stelle, wo die Granne eingedrungen ist. Bei Grannen im Nasenloch niest der Hund und ist unruhig. Später tritt ein einseitiger Nasenausfluss auf.
MASSNAHMEN Die Behandlung besteht in der Entfernung der Granne. An der Pfote dringt die Granne oft sehr tief ein, was die Operation erschwert.

H

Harnleiterobstruktion
Entsteht durch Harnsteine (siehe dort) oder, seltener, durch Tumoren.

Harnsteine
Harnsteine sind Kristalle, die in der Niere, der Blase oder dem

Harnleiter vorgefunden werden. Harnsteine im Harn verursachen rezidivierende (immer wiederkehrende) Harnblasenentzündungen oder noch schlimmer ein Unvermögen, Harn abzusetzen. Dies geschieht, wenn der Harnstein relativ groß ist und, besonders beim Rüden, den Harnleiter verstopft.
MASSNAHMEN Harnsteine können durch Harnanalyse nachgewiesen werden, so dass auch die Kristallart festgestellt werden kann. Zur Sichtbarmachung der Harnsteine in Niere, Blase oder Harnleiter ist Ultraschall die Methode der Wahl. Die Behandlung variiert je nach Größe der Harnsteine: Bei mikroskopisch kleinen Harnsteinen wird medikamentös vorgegangen, bei zu großen Harnsteinen, die nicht durch den Harnleiter ausgeschieden werden können, ist der operative Eingriff geboten.

Hernien (Eingeweidebrüche)

Es wird zwischen mehreren Arten von Hernien unterschieden. Die Umbilikalhernie (Nabelbruch) kommt am häufigsten vor und kann beim Welpen direkt nach der Geburt beobachtet werden. Sie äußert sich in einer kleinen Vorwölbung, die zurückgedrückt werden kann und ist erblich bedingt. Ein Nabelbruch entsteht, wenn sich die Bauchdecke um den Ansatz der Nabelschnur nicht schließt und macht einen kleinen chirurgischen Eingriff erforderlich. Die Inguinalhernie (Leistenbruch) ist der Durchbruch einer Dünndarmschlinge in den Leistenkanal. Der für den Abstieg der Hoden in den Hodensack (siehe Kryptorchismus) vorgesehene Raum hat sich nicht geschlossen und kann den Durchbruch einer Dünndarmschlinge bewirken. Die Perinealhernie (Dammbruch) ist die Folge eines Bruchs des Beckenbodens (unterhalb des Afters) und führt zum Hervortreten der inneren Organe aus dem Bauchraum, die nun unter der Haut des Perineums liegen. Die selten auftretende Zwerchfellhernie (Zwerchfellriss) ist traumatisch bedingt – auf Grund der Ablösung des Zwerchfells ragen die inneren Organe aus dem Bauchraum in den Thorax. Zu Bandscheibenvorfall siehe Paralysien.

▲ Grannen im Gehörgang sind äußerst schmerzhaft.

Herzgeräusche

Beim herzgesunden Hund sind die Herzgeräusche zusätzliche Geräusche, die bei der Kontraktion der Ventrikel hörbar sind. Sie entstehen auf Grund einer atrioventrikulären Klappeninsuffizienz und des Rückströmens des Blutes in das Ventrikel. Diese Klappeninsuffizienz hat entweder eine Rechtsherzoder Linksherzinsuffizienz zur Folge, je nachdem, ob die Erkrankung rechts oder links lokalisiert ist. Siehe Herzinsuffizienz.

Herzinsuffizienz

Herzinsuffizienz bedeutet eine verminderte Pumpfunktion des Herzens. Dadurch kann die notwendige Blutmenge nicht durch den Körper gepumpt werden, so dass es zu Sekundärerkrankungen wie Lungenödem bei Linksherzinsuffizienz und Aszites (Flüssigkeitsansammlung im Bauchraum) bei Rechtsherzinsuffizienz kommen kann. Die Ursachen hierfür sind entweder angeboren (Fehlbildungen) oder erworben (Mitralklappeninsuffizienz, Kardiomyopathien).
MASSNAHMEN Die Einnahme von speziellen Medikamenten (gefäßerweiternd, harntreibend) sowie eine angepasste Ernährung dämmen den Husten ein, führen zum Rückgang des Ödems und zur Verbesserung des Gesundheitszustandes des Hundes. Leider müssen die Medikamente lebenslang verabreicht werden, da in den meisten Fällen die Schädigung irreversibel ist.

Herzrhythmusstörungen

Arrhythmien beim Hund sind häufig und werden durch Auskultation und EKG entdeckt. Die häufigste Störung ist das Vorhofflimmern. Der Herzrhythmus ist arrhythmisch und schnell. Das Tier atmet schwer und hat oft Synkopen. Die atrioventrikuläre Blockierung (AV-Block) entsteht durch eine Verlängerung der Impulsweiterleitung, die die Kontraktion der Ventrikel bewirken. Als Folge kommt es nicht mehr zu geordneten Ventrikelkontraktionen. Man unterscheidet verschiedene Typen von AV-Blockierungen je nach Lokalisation der Störung in verschiedenen Graden, wobei in den schwersten Fällen eine Herzinsuffizienz (siehe dort) entstehen kann.

Hitzschlag (Hirnschwellung)

Siehe S. 353.

Hodentumoren

Beim älteren Hund. Beim älteren Hund können die Hoden Tumoren ausbilden. In der Regel wird nur ein Hoden kanzerös. Der Hoden vergrößert sich und muss schnellstmöglich entfernt werden, um eine mögliche Metastasierung zu vermeiden. Die Methode der Wahl ist daher die Kastration des Hundes.
Beim Hund mit Kryptorchismus. Kryptorchide Hunde, d. h. deren Hoden nicht abgestiegen sind, zeigen eine Disposition zur Ausbildung von Tumoren. Ein im Bauchraum oder Leistenkanal verbliebener Hoden entartet häufig. Daher sollte man den nicht abgestiegenen Hoden noch vor dem vollendeten 5. Lebensjahr operativ entfernen. Da Kryptorchismus erblich ist, wird von der Verwendung eines solchen Hundes als Deckrüde abgeraten.

Hornhautgeschwüre

Hornhautgeschwüre werden als Defekte mit Gewebeverlust unterschiedlichen Ausmaßes und unterschiedlicher Tiefe bezeichnet, die die folgenden typischen Symptome zeigen: Kratzen am Auge oder Reiben des Auges am Boden, halb geschlossenes Auge, vermehrter Tränenfluss und weiße Trübung im Bereich des Geschwürs. In bestimmten Fällen sind auch kleine Blutgefäße in der Hornhaut am Rand des Geschwürs zu erkennen. Die Ursache für ihre Entstehung ist häufig eine Verletzung, kann aber auch eine Infektion oder eine Fehlleistung des Immunsystems sein.
Verwenden Sie ausschließlich eine Spülung mit physiologischem Serum oder antiseptische Augentropfen und suchen Sie den Tierarzt auf. Die Behandlung erfolgt zunächst medikamentös und bei Bedarf operativ.

Hüftgelenksdysplasie (HD)

Hier handelt es sich um eine meist erblich bedingte Erkrankung, die vor allem großwüchsige Rassen betrifft und deren Ursache sehr komplex ist. Dabei handelt es sich um eine einoder beidseitig vorkommende Fehlentwicklung des Femurkopfes und/oder der ihn aufnehmenden Hüftgelenkspfanne. Sie entsteht auf Grund genetischer und individueller Faktoren (Ernährung, körperliche Bewegung).
SYMPTOME HD manifestiert sich am Ende der Wachstums-

phase durch Schmerzen und dadurch bedingtem unregelmäßigen Gang, „enggestellte“ Sprunggelenke, Schwierigkeiten beim Springen und Traben sowie starken Schmerzen bei der Manipulation – besonders beim Strecken – der betroffenen Gliedmaße(n). Die klinischen Symptome verstärken sich noch durch das Einsetzen arthrotischer Prozesse und zunehmende Schmerzen, was letztendlich zu dauerhaftem Lahmen führt.
MASSNAHMEN Die Diagnosestellung erfolgt mittels Röntgenaufnahmen. Die medizinische Behandlung ist dieselbe wie bei Arthrose. Ein operativer Eingriff kann erforderlich werden, dabei gibt es verschiedene Behandlungsmethoden. Idealerweise wird das komplette Gelenk durch ein künstliches Gelenk ersetzt. In mehreren Ländern werden Zuchtprogramme zum Zuchtausschluss schwer betroffener Zuchttiere durchgeführt, was zu einem Rückgang dieser nach wie vor sehr verbreiteten Erkrankung geführt hat.

Husten
Husten wird durch eine Reizung der Luftröhre oder der Bronchien hervorgerufen.
SYMPTOME Es gibt verschiedene Arten von Husten. Er äußert sich häufig anfallsweise, kann aber auch trocken oder feucht mit Sekretförderung begleitet sein. Die akute Form tritt bei einer akuten infektiösen Bronchitis auf. Die chronische Form verläuft über mehrere Wochen bzw. Monate hinweg. Bei einem Jundhund einer kleinwüchsigen Rasse (Yorkshire, Pudel) kann der Husten auf eine Fehlbildung der Luftröhre zurückzuführen sein, den sogenannten Trachealkollaps. Husten tritt häufig bei älteren Hunden auf, dessen Ursache dann eine Mitralklappeninsuffizienz oder eine chronische Bronchitis sein kann.
MASSNAHMEN Akuter Husten wird mit Antibiotika und Antiphlogistika behandelt. Man kann auch in der Humanmedizin verwendeten, alkoholfreien Hustensaft oder Tabletten verwenden. Lediglich die Dosierung muss angepasst werde. Beim jungen Hund muss der Husten sehr schnell ausgeheilt werden. Eine Röntgenaufnahme des Thorax lässt die Ursache eines chronischen Hustens erkennen, so dass eine entsprechende Behandlung eingeleitet werden kann.

I

Inkontinenz
Ein Hund ist inkontinent, wenn er seinen Harnabsatz nicht mehr kontrollieren kann. Inkontinenz kann chronisch oder intermittierend sein. Wichtig ist, ob der Hund zu normalem Harnabsatz in der Lage ist oder nicht. Die Ursachen der Inkontinenz sind vielfältig: Traumata am Becken, Störungen der Nervenversorgung von Blase oder Blasenmuskel (Entzündung, Tumoren, usw.).
MASSNAHMEN Je nach Grunderkrankung erfolgt die Behandlung medikamentös oder operativ.

K

Kardiomyopathien
Bei Kardiomyopathien handelt es sich um Erkrankungen der Herzmuskelfasern in unterschiedlichen Formen. Ihre Ursache ist weitgehend unbekannt. Manche Autoren gehen von einer Mitwirkung genetischer Faktoren aus. Zugegebenermaßen sind häufiger großwüchsige Hunderassen davon betroffen. Dabei wird immer die Kontraktionsfähigkeit der Herzmuskelfasern eingeschränkt und somit das ausgestoßene Blutvolumen reduziert. Siehe Herzinsuffizienz.

Katarakt
Der Katarakt ist eine Trübung der Linse. Man unterscheidet zwischen dem juvenilen, erblich bedingten Katarakt, der vor dem zweiten Lebensjahr auftritt, und dem senilen Katarakt, der nach dem achten Lebensjahr auftritt.
MASSNAHMEN Die Behandlung zielt lediglich auf eine Verlangsamung des Krankheitsverlaufs ab. Sind beide Augen betroffen und das Tier erblindet, kann man operativ behandeln. Bei der Operation wird die Linse entfernt und eine Kunstlinse eingesetzt. Dieser Eingriff macht nur dann Sinn, wenn die Netzhaut nach wie vor intakt ist.

Knochenbruch
Der Knochenbruch ist ein mehr oder weniger vollständiger Riss im Knochengewebe. Am häufigsten davon betroffen sind Gliedmaßen, Kiefer, Becken oder Wirbel. In der Mehrzahl der Fälle werden Knochenbrüche durch Gewalteinwirkung, meist durch Verkehrsunfälle, hervorgerufen. Beim Bruch einer Gliedmaße lahmt der Hund stark und setzt die Pfote nicht auf. Bei einer Becken- oder Wirbelfraktur kann das Tier gelähmt sein und stark leiden.
MASSNAHMEN Als Erstbehandlung wird die betroffene Stelle entweder mit Kunstharz oder chirurgisch stabilisiert, je nach Lokalisation und Art der Fraktur. Knochenfragmente werden wieder in die richtige Lage befördert durch Stifte, Platten, Schrauben oder Fixateurs externes.

Kolitis
Nahezu immer chronisch verlaufende Entzündung des Grimmdarmes oder Dickdarmes. Die Ursachen hierfür sind vielfältig: parasitär, ernährungsbedingt (zu hoher Rohfaseranteil, gärende Nahrungsmittel. . .), allergisch, metabolisch, psychologisch (Angst) oder entzündlich. Sie macht sich bemerkbar durch breiige, schleimige oder mit Schleim überzogene Stühle abwechselnd mit Durchfällen. Des Weiteren kann man Schmerzen beim Kotabsatz beobachten.

Konjunktividen (Bindehautentzündungen)
Die Bindehaut ist eine Membran, die die Augenlider, den vorderen Teil der Sklera und die Nickhaut überzieht. Eine Konjunktivitis äußert sich durch eine Entzündung der Bindehäute, die gerötet und gereizt sind. Dabei kann auch ein schleimiger bis eitriger Ausfluss im Augenwinkel auftreten. Bei starken Schmerzen sind die Augen bzw. das Auge nur halb geöffnet.
Akute Konjunktivitis.
Die Auslöser sind in der Regel Bakterien oder Allergene.
Chronische Konjunktivitis.
Von chronischer Konjunktivitis spricht man, wenn sie seit mehreren Wochen anhält oder trotz Behandlung rezidiviert. Die Ursache hierfür kann auch mechanischer Natur sein: Entropium, Fremdkörper (Grasgranne) oder Wimpernfehlstellung.
MASSNAHMEN Verwenden Sie eine antiseptische Augenlösung zur Reinigung der Augen und träufeln Sie je nach Ursache antibiotische oder antiphlogistische Augentropfen ein. Man kann auch die störenden Wimpern entfernen oder bei einem Entropium operativ vorgehen.

Krämpfe
Durch Nervenimpulse ausgelöste Muskelkrämpfe können bei zahlreichen Infektionskrankheiten auftreten (Staupe, Vergiftungen durch Strychnin, Epilepsie, Eklampsie, Hirnschwellung). Sie bedürfen dringend sofortiger Behandlung.

Krebs
Die Formen von Krebs beim Hund sind genauso zahlreich wie beim Menschen. Die häufigsten Krebsarten sind Mammakarzinome, Leberkrebs, Lungenkrebs, Darmkrebs und Knochenkrebs.
SYMPTOME Krebs manifestiert sich erst dann durch Symptome, wenn der Tumor bereits sichtbar ist, was bei Mammakarzinomen der Hündin oder Hodenkrebs

beim Rüden der Fall ist. Ein verborgener Tumor äußert sich erst dann durch Symptome, wenn umgebendes Organgewebe bereits geschädigt ist. Bei Lungenkrebs ist dies ein chronischer Husten, bei Darm- und Bauchhöhlenkrebs ein Darmverschluss, usw. Ab einem bestimmten Stadium ruft Krebs schwere Gesundheitsstörungen hervor: Fressunlust, Gewichtsverlust, starke Müdigkeit.
MASSNAHMEN Krebs wird häufig operativ behandelt. Der Eingriff muss frühzeitig erfolgen und den Tumor in Gänze entfernen, ebenso die Tumorumgebung. Manchmal werden sogar die Lymphknoten in unmittelbarer Tumorumgebung entfernt. Die in der Humanmedizin sehr häufig angewandte Chemotherapie muss beim Hund wesentlich restriktiver gehandhabt werden. Die Strahlenbehandlung ist bestimmten Tumorarten wie zum Beispiel dem Stickerschen Sarkom, der venerischen Lymphosarkomatose bei Rüde und Hündin (Tumore der Vaginal- und Penisschleimhaut), vorbehalten. Sie kann auch bei anderen, stark örtlich begrenzten Krebsarten eingesetzt werden, jedoch erfordert die präzise Anwendung die Fixierung des Hundes unter Vollnarkose. Auf Grund der erforderlichen Häufigkeit der Anwendung verbietet sich diese oft von selbst.

Kryptorchismus
Während der Embryonalentwicklung befinden sich die Hoden im Bauchraum. Danach erfolgt ihr Abstieg durch den Leistenring in den Hodensack und zwar spätestens innerhalb weniger Tage nach der Geburt. Diese Wanderung ist zwingend notwendig zur Produktion von Spermien, da die erhöhte Temperatur in der Bauchhöhle diese nicht ermöglichen würde. Nach dem Abstieg sollte sich der Leistenring wieder schließen. In den ersten paar Monaten nach der Geburt können die Hoden unter Umständen vorübergehend wieder in den Leistenkanal aufsteigen. Verbleiben beide Hoden im Bauchraum, spricht man von „Kryptorchismus“, verbleibt nur ein Hoden, spricht man von „Monorchismus“. Angesichts des Risikos einer Tumorbildung ist eine Entfernung der im Bauchraum verbliebenen Hoden dringend angeraten. Die Veranlagung zu Kryptorchismus wird latent vererbt.

L

Lähmungen
Eine Lähmung bedeutet den Verlust der Motorik eines Muskels oder einer Muskelgruppe infolge einer Nerven- oder Muskelstörung. Je nach Lokalisation unterscheidet man mehrere Arten von Lähmungen. Am häufigsten tritt die Radialislähmung auf. Sie rührt von einer Schädigung oder Komprimierung des Radialisnervs her, die eine Lähmung der Streckmuskeln an Schulter und Zehen sowie einen Verlust des Schmerzempfindens des Vorderlaufs bewirken. Bei einer Trigeminuslähmung ist der Trigeminusnerv im Kiefer beeinträchtigt. Es zeigen sich Symptome wie Lähmung des Kiefers, Probleme bei der Futter- und Wasseraufnahme. Die Gesichtslähmung hat ihre Ursache in einer Schädigung des Gesichtsnervs und äußert sich durch eine Seitenverschiebung des Gesichts und den Verlust des Muskeltonus der Lefze, die nunmehr herabhängt. Der Krankheitsverlauf dieser Lähmungen ist unterschiedlich. Die Vorstellung des Hundes beim Tierarzt ist unabdingbar.
Lähmungen der Hinterhand können drei Ursachen haben:

- Das Eindringen von Bandscheibenmaterial in den Rückenmarkskanal (Bandscheibenvorfall). Ursächlich hierfür kann ein Sprung, ein Sturz oder Ausrutschen sein. Dadurch wird das Rückenmark komprimiert und führt zu plötzlichem Auftreten einer Lähmung der Hinterhand sowie zur Verringerung oder zum Totalverlust des Schmerzempfindens.
- Eine Metaplasie der Fasern des Bandscheibenkerns, allmählich fortschreitend und ohne Austritt von Bandscheibensubstanz, löst dieselben Symptome aus. Die Komprimierung des Rückenmarks erfolgt daher langsam.
- Beim fibrokartilaginären Rückenmarksinfarkt, auch Faserknorpelembolie genannt, bewirkt fibrokartilaginäres Material aus der Bandscheibe den Verschluss von arteriellen Gefäßen und führt zu einer lokalisierten Nekrose, die zum Verlust der Motorik sowie zum Totalverlust oder zur Verringerung des Schmerzempfindens führt.

MASSNAHMEN Der Erfolg einer medikamentösen Behandlung hängt von der Schwere der Schädigung ab. Die operative Behandlung in Form der Bandscheiben-Dekompression mit anschließender Physiotherapie ist nahezu immer die Methode der Wahl.

Leberinsuffizienz (Leberversagen)
Akute oder chronische Leberfunktionsstörung.
Akute Form. Die akute Form geht einher mit plötzlicher Mattigkeit, Fieber, Verdauungsstörungen (Erbrechen, unbeherrschbarer Durchfall) und Austrocknung, manchmal kann Gelbsucht auftreten. Die akute Form kann durch eine Infektion oder Giftstoffe (Bleivergiftung) oder eine im Körper ablaufende Entzündung infolge einer Kolitis oder akuten Pankreatitis hervorgerufen werden.
Chronische Form. Die Symptome sind unterschiedlich: vermehrte Trinkwasseraufnahme und vermehrte ausgeschiedene Harnmenge, chronische Verdauungsbeschwerden, Gelbsucht und Aszites (Flüssigkeitsansammlung im Bauchraum). Die chronische Form kann von gleichermaßen chronischen Entzündungen (Hepatitis), Leberzirrhose, Tumoren oder auch anatomischen Fehlbildungen herrühren.
MASSNAHMEN Es gibt zwei Arten der Behandlung. Bei akuter Leberinsuffizienz ist Eile geboten: Infusionen zur Flüssigkeitstherapie des Hundes, Gabe von Spasmolytika zur Eindämmung des Durchfalls. Bei chronischer Leberinsuffizienz wird symptomatisch (Antiemetika, Antidiarrhöika und Antiphlogistika) und diätetisch behandelt.

Leishmaniose
Erkrankung, die durch einen Parasiten (Leishmania) hervorgerufen wird, der durch den Stich eines Insekts auf den Hund übertragen wird und dort die weißen Blutkörperchen befällt. Überträger ist die Sandmücke. In den letzten Jahren hat sich die Erkrankung von Südfrankreich aus nach Norden und Osten verbreitet. Hauptsächlich tritt sie im Mittelmeerraum auf. Nach der Infektion kann die Inkubationszeit bis zu mehrere Jahren betragen. Die Erkrankung äußert sich in symmetrischem Haarverlust, trockener, schuppiger Haut und Hautverdickungen, Hautgeschwüre und einer Vergrößerung der Lymphknoten. Neben Abmagerung, Mattigkeit können noch weitere Störungen auftreten. Ohne Behandlung verläuft die Krankheit tödlich. Die Therapie ist langwierig und schwierig, eine vollständige Heilung beim Hund ist nicht möglich. Die Behandlung sollte immer unter tierärztlicher Aufsicht erfolgen. Leishmaniose ist auch auf den Menschen mit denselben schweren Folgen übertragbar, jedoch ist die Behandlung beim Menschen weitaus wirksamer.

Leptospirose
Leptospirose ist eine sehr schwere, beim Hund, beim Men-

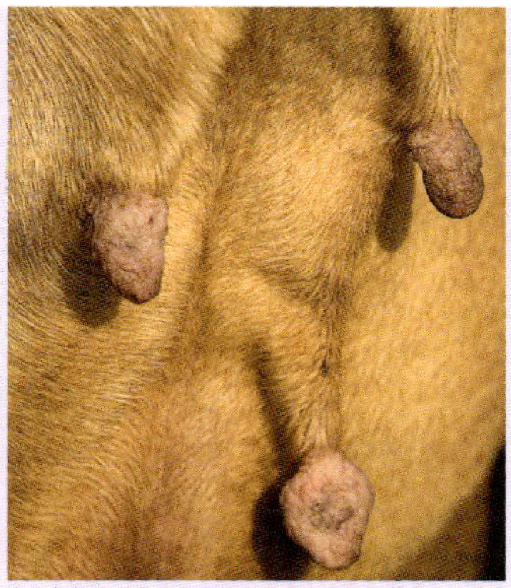

▲ Die Milchdrüsen können von Mammakarzinomen befallen sein.

schen und zahlreichen anderen Tierarten vorkommende ansteckende Infektionskrankheit. Sie wird durch die sogenannten Leptospiren hervorgerufen, die sich im Blut und im Gewebe verbreiten. Übertragen wird sie durch den Harn von Ratten und Feldmäusen. Hunde können sich damit auch über Trinken aus Pfützen, in denen die Bakterien vorkommen, infizieren. Die Inkubationszeit beträgt 5 bis 6 Tage.

SYMPTOME Es können unterschiedliche Symptome auftreten wie akutes Nierenversagen, schwere hämorrhagische Gastroenteritis, die sich rasch durch eine Niereninsuffizienz, eine Myokarditis, Sehstörungen (Uveitis) und Enzephalitis sowie Gelbsucht verschlechtert.

MASSNAHMEN Es muss umgehend durch Gabe hochdosierter Antibiotika und durch Infusionen direkt bei Auftreten der Erkrankung behandelt werden. Die Krankheit ist lebensbedrohlich.

PROPHYLAXE Eine Prophylaxe ist äußerst wichtig, denn auch der Mensch kann sich infizieren: Baden in Tümpeln und Teichen sollte man unterlassen. Zudem gibt es einen Impfstoff, der im 1. Lebensjahr zwei Mal und danach ein Mal jährlich geimpft werden sollte.

Leukämie

Leukämie ist ein Krebs des Blutes und des lymphatischen Gewebes. Dabei handelt es sich um die unkontrollierte Vermehrung bestimmter weißer Blutkörperchen. Symptomatisch zeigen sich generalisierte Vergrößerungen der Lymphknoten, Fieber und Müdigkeit, später dann fortschreitende Erschöpfung bis hin zum Tod. Manche Leukämieformen sprechen gut auf Chemotherapie an und es tritt eine Besserung, seltener eine vollständige Heilung, ein. Siehe auch Lymphosarkom.

Lungenödem

Siehe S. 355.

Luxation

Luxation bezeichnet eine angeborene oder erworbene Gelenkinstabilität. Am häufigsten beobachtet werden Luxation des Hüftgelenks (als Folge eines Traumas), des Tarsus, des Karpus, des Ellbogens und des Knies mit der Kniescheibenluxation (Patellaluxation). Bei der Patellaluxation handelt es sich um einen genetisch bedingten und bei Kleinrassen (Yorkshire Terrier, Pudel) sehr häufig auftretenden Defekt. Er macht sich bemerkbar durch immer wieder auftretendes Lahmen und einen hüpfenden Gang.

MASSNAHMEN Je nach Schwere der Erkrankung rutscht die Kniescheibe wieder von allein in ihre Stellung. Im fortgeschrittenen Stadium sollte man operativ eingreifen. Die chirurgische Behandlung der Patellaluxation hat dieselben Standards wie in der Humanmedizin.

Lyme-Borreliose

Von Zecken übertragene Krankheit, die zu Fieber und Müdigkeit führt.

Lymphadenitis (Drüsenentzündung)

Entzündliche Reaktion eines Lymphknotens auf parasitäre und bakterielle Infektions- sowie Tumorherde im Lymphknoten-Einzugsgebiet. Sind mehrere Lymphknoten in mehreren Körperregionen betroffen (Polyadenie), spricht man von Lymphosarkomen: maligne (bösartige) Entartung der Lymphzellen in unterschiedlichen Verlaufsformen, deren Behandlung schwierig ist. Häufig lassen sich höchstens Remissionen erzielen. Polyadenie kann mit einer Leishmaniose (siehe dort) zusammenhängen.

Lymphosarkom

Bösartiger Tumor an Lymphknoten, Rachenmandeln, Milz und Knochenmark, der häufig beim erwachsenen Hund zwischen 6 und 9 Jahren auftritt. Manche Rassen weisen hierfür eine genetische Disposition auf: Deutscher Boxer, Schottischer Terrier, Briard. Der Patientenbesitzer bemerkt ungewöhnliche Gewebsverdickungen unterhalb des Halses, vor der Schulter und an der Oberschenkelinnenseite. Dabei handelt es sich um hypertrophierte tumoröse Lymphknoten. Der Allgemeinzustand des Tieres kann zunächst asymptomatisch und erst später mit Allgemeinstörungen verbunden sein: Apathie, Anorexie, Fieberschübe. Zusätzliche Untersuchungen – Lymphknotenbiopsie, Blutbild, Röntgen – sind notwendig, um die Diagnose zu bestätigen und die Vergrößerung der Lymphknoten zu messen. Die Behandlung durch Chemotherapie erlaubt manchmal eine Lebensverlängerung um mehrere Monate.

M N

Mammatumoren (Gesäugetumoren)

Diese sehr häufig bei Hündinnen auftretenden Turmoren sind entweder bösartig (Mammakarzinom) oder gutartig. Sie können einzeln oder multipel auftreten, sind von raschem, infiltrativem Wachstum und manchmal schlecht abgrenzbar, wenn sie bösartig sind. Es ist sehr wichtig, das Gesäuge der Hündin mindestens ein Mal jährlich abzutasten bzw. abtasten zu lassen.

MASSNAHMEN Bei Mammatumoren ist die Methode der Wahl ihre großzügige operative Entfernung. Bei Mammakarzinomen ist die Chirurgie symptomatisch, jedoch nicht immer kurativ, denn es ist unmöglich, sicher zu sein, sämtliche malignen Zellen entfernt zu haben. Bei manchen Mammatumoren kann die vollständige Entfernung des Gesäuges und der Lymphknoten erforderlich sein. In manchen Fällen ist eine Chemotherapie und Bestrahlungstherapie angezeigt.

Metritis (Gebärmutterentzündung)

Die Metritis ist eine Entzündung der Gebärmutter. Die akute Form wird als Metritis bezeichnet, die chronische als Pycmetra. Metritis zeigt sich in der Regel zwei Monate nach der Läufigkeit durch eitrigen Scheidenausfluss. Bei der Pyometra verläuft die Infektion bei geschlossenem Gebärmutterhals und ist daher umso heimtückischer, weil kein Sekret austritt. Eine Pyometra ist lebensbedrohlich, da der Hundehalter sie erst bemerkt, wenn sich der Allgemeinzustand der Hündin stark verschlechtert und sich als Begleiterscheinung eine Niereninsuffizienz eingestellt hat, die einen chirurgischen Eingriff ernsthaft gefährdet.

Während des gesamten Krankheitsverlaufs sind die Symptome eher unauffällig – Müdigkeit, unregelmäßige Läufigkeit, Polydipsie. Eine Behandlung mit Kontrazeptiva oder eine unvollständige Eierstockentfernung ist ebenfalls eine mögliche Ursache für eine Pyometra. Metritis und Pyometra sind Notfälle! Die Behandlung mit Antibiotika ist häufig unzureichend, der Einsatz von Medikamenten zur Auslösung von Gebärmutterkontraktionen führt nicht immer zum gewünschten Erfolg. Häufig wird eine Ovariohysterektomie (operative Entfernung der Gebärmutter) notwendig.

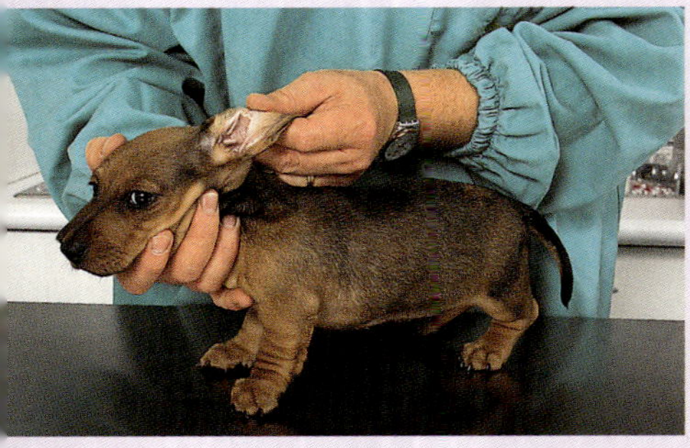

▲ Die Ohren müssen regelmäßig gepflegt werden.

Metrorrhagie (Gebärmutterblutung)

Gebärmutterblutung von unterschiedlicher Intensität als Folge eines Tumors, eines Fibroms, einer Hormonstörung oder eines Risses bei der Geburt.

Milchdrüsenerkrankungen

Ein Milchstau tritt bei übermäßiger Milchbildung auf. Die von saugenden Welpen verursachten Mikroverletzungen können eine Infektion nach sich ziehen (Mastitis), die für die Welpen auf Grund des hohen Keimgehalts in der Muttermilch ein Risiko darstellt. Zudem werden die Milchdrüsen häufig von in der Regel bösartigen Tumoren (Mammakarzinome) befallen. Schließlich sind noch Fehlbildungen der Brustwarzen zu erwähnen.

Mykose

Eine durch Pilze hervorgerufene Erkrankung. Siehe auch Dermatophytose. Manche Mykosen der Haut werden auch Pilzflechten genannt. Sie führen zu unspezifischem oder auch kreisförmigem Haarausfall. Das Tier steckt sich häufig in Zwingern oder unsauberen Zuchtbetrieben an. Eine streunende Katze ist ebenfalls ein häufiger Überträger.
Die Pilzflechte ist auf den Menschen übertragbar. Die Behandlung von Mykosen der Haut erfolgt durch Auftragen von Cremes oder Salben oder durch Einnahme von Antimykotika. Die Behandlung ist langwierig und dauert 4 bis 6 Wochen. Daneben gibt es noch die Mykosen der Schleimhäute des Verdauungstraktes (Kandidosen) sowie Pilzinfektionen der Lunge (Aspergillose), die zu einer tödlich verlaufenden Lungenentzündung führen.

Nephritis

Siehe Niereninsuffizienz.

Nickhautdrüsenvorfall

Diese zusätzliche Tränendrüse kann entweder bei genetisch bedingter Fehlpositionierung oder bei Vergrößerung vorfallen. Sie wird dann am Rand der Nickhaut (drittes Augenlid) sichtbar. Die ideale Behandlung ist die mikrochirurgische Reposition, jedoch ist diese Methode schwierig und kostspielig und führt nicht regelmäßig zum gewünschten Erfolg. Im Allgemeinen wird die partielle Resektion des Nickhautknorpels bevorzugt.

Niereninsuffizienz

Sie ist auf eine Veränderung der Nierenfunktionen zurückzuführen, die normalerweise den Organismus reinigen und Abfallprodukte ausscheiden soll. Niereninsuffizienz kann in akuter oder chronischer Form auftreten.
Akute Niereninsuffizienz tritt spontan auf und ist durch Oligoanurie gekennzeichnet (der Hund setzt sehr wenig Harn ab, nahezu gar keinen), ferner durch Mattigkeit, Futterverweigerung und Austrocknung. Diese Form der Insuffizienz kann durch bestehende Nierenerkrankungen ausgelöst werden, manchmal auch als Folge von unbeherrschbaren Durchfällen, wiederholtem Erbrechen, Blutungen oder plötzlichen Harnleiterverstopfungen (Harnsteine). Es handelt sich um eine schwerwiegende Erkrankung, die dringender Behandlung bedarf.
Chronische Niereninsuffizienz tritt häufig bei älteren Hunden auf. Es handelt sich um eine schwere Erkrankung auf Grund irreversibler Schäden an den Nieren. Ein Hund mit beginnender chronischer Niereninsuffizienz weist Polydipsie und Polyurie auf, ferner Maulgeruch (urämischer Geruch), sporadisches Erbrechen, hat zeitweise Durchfälle oder auch Verstopfung. Die Erkrankung entwickelt sich schrittweise, mit oft monate- bzw. jahrelangen Phasen, in denen der Hund einen guten Allgemeinzustand aufweist. Akute Schübe beschleunigen den Verlauf der Erkrankung, das Tier frisst nicht mehr, magert ab und dehydriert. Im Endstadium fällt das Tier ins Koma und stirbt.
MASSNAHMEN Die Behandlung besteht hauptsächlich darin, ein eiweißreduziertes Diätfutter zu füttern. Bei sich verschlechterndem Allgemeinzustand sind als einzig wirksame Behandlung mehrtägige Infusionen zur Ausscheidung des Harnstoffs angezeigt.

O P

Osteochondrose

Osteochondrose ist eine Störung der Verknöcherung in den Wachstumsfugen oder Gelenken. Sie ist genetisch bedingt oder die Folge von zu reichhaltiger Ernährung und Übergewicht. Die am häufigsten betroffenen Gelenke sind das Ellbogen-, Schulter- und Kniegelenk. Siehe Ellbogengelenksdysplasie.

Osteomyelitis

Infektiöse Entzündung des Knochenmarks eines langen Knochens/Röhrenknochens, in der Regel als Folge eines offenen Knochenbruchs.

Otitis (Ohrentzündung)

Entzündung des Gehörgangs, ausgelöst durch eine bakterielle Infektion, Parasitenbefall (Ohrräudemilbe), Pilzbefall oder aber durch einen Fremdkörper (Grasgranne). Bei einem Fremdkörper im Ohr (einseitig) kratzt sich das Tier heftig am Ohr, schüttelt häufig den Kopf und neigt ihn zur befallenen Seite hin.
MASSNAHMEN Bei Parasitenbefall erfolgt die Behandlung medikamentös und lokal. Ein Fremdkörper im Ohr muss möglicherweise operativ entfernt werden. Eine infektiöse Otitis darf man nicht auf die leichte Schulter nehmen. Sie muss antibiotisch behandelt werden, da sie sonst auf das Mittel- bzw. Innenohr übergreift. Dann muss operativ eingegriffen werden.

Ovariektomie

Unter Ovariektomie versteht man die operative Entfernung der Eierstöcke zur Ausschaltung der Läufigkeiten. Bei einer jungen Hündin verringert dieser Eingriff zudem das Risiko einer Genitalerkrankung sowie das Auftreten von Gesäugetumoren.

Pankreasinsuffizienz

Ein Tumor oder eine Entzündung können eine Störung der Bauchspeicheldrüse verursachen. Letztere hat zwei Funktionen: zum einen die Regulierung des Blutzuckerspiegels durch die Sekretion von Insulin. Bei einer Insuffizienz führt die Funktionsminderung zu einem Diabetes mellitus (siehe dort). Zum anderen produziert die Bauchspeicheldrüse auch Verdauungsenzyme. Eine ungenügende Produktion von Verdauungsenzymen führt zur Abmagerung des Hundes sowie abwechselnd zu Durchfall und Verstopfung. Die Behandlung besteht in der Verabreichung von Pankreasenzympräparaten sowie einer Spezialdiät. Die Funktionsstörungen können einzeln oder auch gemeinsam auftreten.

Pankreatitis

Entzündung der Bauchspeicheldrüse. Siehe Pankreasinsuffizienz.

Parvovirose

Auslöser dieser ansteckenden Erkrankung ist ein Parvovirus,

der beim jungen Hund eine hämorrhagische Gastroenteritis auslöst. Die Inkubationszeit beträgt drei bis vier Tage.
SYMPTOME Nach der Inkubationszeit machen sich beim Welpen Mattigkeit, Fressunlust, Erbrechen, unbeherrschbarer hämorrhagischer Durchfall und gravierende Austrocknung bemerkbar.
MASSNAHMEN Der äußerst schnelle Krankheitsverlauf (zwei bis fünf Tage) führt meist zum Tod, wenn das Tier nicht umgehend intensiv behandelt wird: Infusionen, Antiemetika, Spasmolytika, Antibiotika.
PROPHYLAXE Als wirksamste Maßnahme wird der Welpen ab der 8. Woche geimpft, die Impfung wird im Alter von 3 Monaten wiederholt und danach lebenslang ein Mal jährlich als Auffrischungsimpfung gegeben, da sich auch erwachsene Hunde mit dieser Krankheit infizieren können.

Peritonitis (Bauchfellentzündung)

Schwere Erkrankung der Bauchhöhle auf Grund einer Entzündung des Bauchfells, die als Begleiterscheinung bei bestimmten Infektionskrankheiten, Rupturen von Hohlorganen oder einer Pyometra (siehe Metritis) auftritt.

Pleuritis

Pleuraerguss in den Thorax als Folge von Infektionen. Der Erguss äußert sich durch Fieber, Mattigkeit, Fressunlust und Atemnot, die manchmal von schwachem, trockenem und schmerzhaftem Husten begleitet ist. Pleuraergüsse können durch die Ausweitung einer Lungenentzündung, Tumoren oder einen Fremdkörper, der die Speiseröhre durchbohrt, entstehen.
MASSNAHMEN Die Behandlung erfolgt durch Antibiotika- und Antiphlogistikagaben. Manchmal kann eine Pleurapunktion zur Gewinnung der Pleuraflüssigkeit zur Untersuchung sowie zur Verminderung der Atemnot erforderlich werden.

Polyarthritis

Siehe Arthritis.

Progressive Retinaatrophie

Degeneration der Netzhaut, die zur Erblindung führt. Die PRA ist eine bei manchen Hunderassen wie dem Pudel erblich bedingte Augenerkrankung. Die Veranlagung zu PRA wird latent vererbt.

Prostata

Beim Rüden sind Prostataerkrankungen keine Seltenheit und treten in der Regel nach dem Alter von 5 Jahren auf. Sie gehen grundsätzlich mit einer Vergrößerung der Prostata einher.
Benigne Prostatahyperplasie BPH (gutartige Prostatavergrößerung). Symptome sind Harnabsatzschwierigkeiten, Blut im Harn und schließlich Inkontinenz. Andere Symptome wie Koprostase (siehe S. 363), steifer Gang und schlechter Allgemeinzustand können damit einhergehen. Behandelt wird mit Antiandrogenen (Hormonen zur Unterdrückung der Vergrößerung der Prostata) und mit Antibiotika zur Bekämpfung der Sekundärinfektion.
Prostatitis. Bei der Prostatitis handelt es sich um eine akute und schmerzhafte Entzündung der Prostata. Häufig sind unterschiedlich große Abszesse im Prostatagewebe feststellbar, die Fieberschübe auslösen. Die Behandlung erfolgt medikamentös mit Antibiotika oder operativ bei großen Abszessen.
Tumoren. Prostatatumoren sind maligne Karzinome.

Pyodermie

Pyodermie ist eine bakterielle Superinfektion einer bereits bestehenden Dermatose, die sich in multiplen Abszessen am Körper und zwischen den Zehen manifestiert. Eine Pyodermie muss immer ernst genommen werden, da sie in fortgeschrittenem Stadium sehr schwer heilbar sind. Häufig tritt eine Pyodermie als Begleiterscheinung der Demodikose auf. Zur Bekämpfung dieser Erkrankung wird zur Langzeitbehandlung Antibiotika in hohen Dosierungen eingesetzt. Der Erfolg ist manchmal trügerisch, häufig tritt die Krankheit wieder auf. Ausbleibende Behandlungserfolge sind häufig auf Immundepression zurückzuführen.

Pyometra

Siehe Metritis.

R

Rachitis

Rachitis ist eine Erkrankung des Knochengewebes, die aus einem Nährstoffmangel herrührt, selten aus einem endokrinen Ungleichgewicht. Diese Erkrankung kommt bei Hunden praktisch nie vor.

Räude

Bei Räude handelt es sich um eine parasitäre Hauterkrankung, die ansteckend für den Menschen ist. Räude umfasst verschiedene Erkrankungen, darunter die Otakariose (hervorgerufen durch den Parasiten *Otodectes cynotis*), die sich auf den Gehörgang beschränkt und „Ohrräude" genannt wird und die Körperräude, von der hier die Rede ist. Der für diese Erkrankung verantwortliche Erreger ist eine kleine Milbe *(Sarcoptes scabiei)*, die die Haut befällt.
SYMPTOME An Gliedmaßen, der Körperunterseite, Kopf und Ohren erscheinen Hautrötungen. Der Hund hört nicht mehr auf zu kratzen, es entstehen Kratzwunden am ganzen Körper und es ist ein generalisierter Haarausfall festzustellen. Die Haut ist verdickt, fettig und mit Papeln und Krusten bedeckt. Typische Läsionen treten an Ellbogen (genau abgegrenzter Haarausfall, Abschuppung, nässende Krusten) und Ohren (starke Schuppung) auf. Die Räude kann sich durch eine bakterielle Superinfektion noch verschlechtern, sich generalisieren und zum Tod führen.
MASSNAHMEN Bei gutem Allgemeinzustand des Tieres und sofortigem Behandlungsbeginn ist die Prognose gut. Der Hund muss umgehend isoliert werden, da die Sarkoptesräude hochansteckend ist. Bei einfacher Erkrankung ist sie durch Anwendung von Akariziden in Shampooform gut behandelbar. Bei sekundärer Bakterieninfektion muss mehrere Tage lang ein Antibiotikum verabreicht werden.

Ranula (Froschgeschwulst)

Schwellung der Unterkieferspeicheldrüsen in Folge einer Obstruktion der Speichelgänge. Diese Obstruktion rührt von einer Verkrampfung der den Speichelgang umgebenden Muskelfasern her, die durch Speichelsteine oder eine Infektion verursacht wird.

Respiratorische Insuffizienz (Ateminsuffizienz)

Behinderung des Gasaustauschs in den Lungenbläschen und dadurch eine Verminderung der Sauerstoffzufuhr. Ateminsuffizienz kann traumatisch (Rippenbruch), infektiös, allergisch (diverse Lungenerkrankungen), parasitär, tumoral und metabolisch bedingt sein. Sie kann auch eine Begleiterscheinung einer Herzerkrankung (Lungenödem) sein.

Rhinitis (Nasenkatarrh)

Akute oder chronische, ein- oder beidseitige Entzündung der Nasenlöcher. Die häufig durch Infektionen oder Allergien ausgelöste Erkrankung äußert sich beidseitig durch anfänglich klaren, später dann schleimig-eitrigen Nasenausfluss, begleitet von sporadischem Niesen. Blutiger oder einseitiger Nasenausfluss deutet auf einen Fremdkörper oder einen Tumor hin.

S

Scheinträchtigkeit
Rund zwei Monate nach der Läufigkeit kann es zu einer Scheinträchtigkeit bei der Hündin kommen. Die Hündin zeigt ähnliche Verhaltensmuster wie kurz vor einer Geburt und zu Beginn des Säugens: Die Hündin ist unruhig und sie bemuttert verschiedene Gegenstände wie Spielzeuge. Ihre Milchdrüsen sind angeschwollen und sondern Milch ab, wenn man sie drückt.
MASSNAHMEN Die Behandlung kann gleichzeitig lokal als auch generell erfolgen mit dem Ziel, die Milchsekretion zum Versiegen zu bringen. Die Hündin erhält 48 Stunden lang nur Wasser zum Trinken. Zudem wird ihr jeglicher Welpenersatz weggenommen. Bei Verhaltensmustern wie Ängstlichkeit, Zittern, Winseln, Futterverweigerung wird eine Behandlung mit Anxiolytika vorgenommen. Bei sehr häufig rezidivierender Scheinträchtigkeit ist eine Ovariektomie ins Auge zu fassen.

Schlaganfall
Per definitionem ereignet sich ein Schlaganfall in einer Arteriole und führt zu einem Bluterguss im Hirngewebe. Dafür gibt es drei mögliche Auslöser: einen Krampf, der den Innendurchmesser der Arteriole verengt, eine Ruptur der Arteriole oder die Verstopfung der Arteriole. Als Folge davon wird das von diesem Gefäß ursprünglich versorgte Hirngewebe nicht mehr versorgt. Dies führt zu irreversiblen Schäden, während sich gleichzeitig erhöhter Blutdruck sowie ein Ödem einstellen, besonders im Falle geplatzter Blutgefäße und Hirnblutungen.
SYMPTOME Sie variieren je nach Lokalisation, Ausmaß des nicht mehr versorgten Gebiets und Größe des Ödems: Gleichgewichtsstörungen, seitenbetonte Kopfhaltung, lateraler Dekubitus (Druckgeschwür durch Seitenlage des Tieres), manchmal begleitet von Krämpfen, Mydriase (Pupillenerweiterung), lokale Lähmungserscheinungen, beschleunigter Herzrhythmus. Das Auftreten dieser Symptome erfolgt immer schlagartig. Das Risiko von Folgeerscheinungen ist trotz Behandlung zur erneuten Gewebsdurchblutung und verschiedener kompensatorischer Maßnahmen nach wie vor hoch.

Seborrhö
Eine übermäßige Talgproduktion, die Haut und Fell fett erscheinen lässt und manchmal einen unangenehmen Geruch aufweist. Eine Seborrhö kann bestimmte Dermatosen nach sich ziehen. Seborrhö ist behandelbar, hierfür gibt es Spezialshampoos.

Staupe
Die Staupe ist eine ansteckende Viruserkrankung bei Hunden und anderen Carnivoren. Von der Erkrankung sind vor allem Welpen betroffen, aber auch erwachsene Tiere. Die Ansteckung erfolgt über Kontakt mit einem an Staupe erkrankten Tier. Die Inkubationszeit beträgt drei bis sieben Tage. Die Krankheit zeigt drei Verlaufsformen – Atmungsapparat, Magen-Darm-Trakt und Nervensystem – die jedoch kombiniert auftreten können.
SYMPTOME Der Hund hat anhaltendes Fieber, seine Augen sind gerötet und er hat Nasenausfluss. Hinzu kann noch ein trockener Husten kommen als Symptom für eine Luftröhrenentzündung, die sich noch durch eine Bronchitis oder Bronchopneumonitis komplizieren kann. Durchfall und Erbrechen führen zur Dehydrierung und Schwächung des Tieres. Gelegentlich kann man das Auftreten von Bläschen und Pusteln am Bauch beobachten. Die sehr schwere Verlaufsform, wenn das Nervensystem betroffen ist, kann entweder akut oder schleichend auftreten: wiederholte Krämpfe, andauerndes Muskelzittern (Schüttelkrämpfe), Lethargie und Koma im Endstadium kennzeichnen das Vorhandensein einer Enzephalitis oder Meningoenzephalitis.
MASSNAHMEN Es muss früh und intensiv behandelt werden: Infusionen des Magen-Darm-Traktes mit Spasmolytika und Gabe von Antikonvulsiva. Entweder nimmt die Krankheit einen milden Verlauf bis hin zur völligen Erholung, unter Umständen von Nebenwirkungen begleitet (epileptiforme Anfälle, persistierende Schüttelkrämpfe, Defekte des Zahnschmelzes nach Einnahme bestimmter Antibiotika) oder aber sie führt zum Tod, besonders wenn das Nervensystem betroffen ist.
PROPHYLAXE Impfungen des Welpen im Alter von zwei Monaten, danach eine Wiederholungsimpfung einen Monat später, also im Alter von drei Monaten, sind die wichtigste Prophylaxe. Der erwachsene Hund muss sein Leben lang regelmäßige Auffrischungsimpfungen erhalten.

Septikämie (Blutvergiftung)
Allgemeininfektion infolge konstanten Eindringens von Bakterien in die Blutbahn.

Sinusitis
In der Regel werden von einer Sinusitis die Stirnhöhlen betroffen. Symptomkomplex und Behandlungsansatz wie bei Rhinitis.

Stomatitis
Siehe Gingivitis.

T

Tendinitis (Sehnenentzündung)
Entzündung der Sehnen, die zu Lahmen und Schmerzen führt.

Tetanus
Eine bei Hunden selten auftretende und schwächer verlaufende Erkrankung als bei anderen Arten. Tetanus wird durch das Tetanus-Bakterium ausgelöst und führt zu Steifheit der Gliedmaßen und Muskelkrämpfen. Die Ursache für Tetanus sind verunreinigte Wunden. Tetanus kann mit Antibiotika geheilt werden.

Tollwut
Tollwut ist eine durch ein Virus, das sogenannte Rhabdovirus, hervorgerufene Erkrankung. Sie ist auch auf den Menschen übertragbar. Die Ansteckung des Menschen erfolgt durch Bisse, Kratzer oder Kontakt mit Speichel eines befallenen Tieres. In Deutschland war besonders die Fuchspopulation betroffen. Dank einer intensiven Fuchsimpfkampagne durch Auslegen von Impfködern über mehrere Jahre hinweg konnte diese Erkrankung fast ausgerottet werden. Beim Hund zeigt die Tollwut sehr unterschiedliche klinische Formen nach einer durchschnittlichen Inkubationszeit von 15 bis 60 Tagen, selten von mehreren Monaten bzw. Jahren.
SYMPTOME Die Symptome der Tollwut sind eine Encephalitis, Wesensveränderungen, heiseres Bellen, zunehmende Aggressivität, Krämpfe und Lähmungen. Der Krankheitsverlauf führt ausnahmslos nach zwei bis zehn Tagen zum Tod des Tieres. Es ist daher zwingend notwendig, den Tollwutverdacht bestätigen zu lassen, um eine Prophylaxe bei Personen, die Kontakt zu dem betroffenen Tier hatten, durchzuführen.
PROPHYLAXE Für Haustiere ist eine Tollwutimpfung für den grenzüberschreitenden Reiseverkehr Pflicht. Eine Tollwutimpfung wird auch für alle Turniere und Prüfungen verlangt. Die Impfung erfolgt ab dem 3. Lebensmonat und wird in den Impfausweis oder in den inter-

nationalen Heimtierausweis eingetragen. Eine Auffrischungsimpfung vor Ablauf des jeweiligen Gültigkeitsdatums ist erforderlich, sofern der Impfschutz aufrechterhalten werden soll. Bei der Einreise in manche Länder muss außer der Impfbescheinigung ein Tollwuttiternachweis vorgelegt werden.

Trachealkollaps
Fortschreitend verlaufende Abflachung der Luftröhre, infolgedessen zuerst Husten und später dann Atemnot auftritt. Diese Erkrankung betrifft zumeist Hunde kleinwüchsiger Rassen. Die Krankheit verläuft in der Regel langsam, aber schwerwiegend, denn eine medikamentöse Behandlung ist nur zu Beginn der Erkrankung erfolgreich und die beschriebenen Operationsmethoden sind insgesamt wenig erfolgreich.

Tracheitis (Luftröhrenentzündung)
Die Luftröhrenentzündung ist eine Entzündung der Luftröhrenschleimhaut, meist in Kombination mit einer Laryngitis (Kehlkopfentzündung) und einer Bronchitis. Eine lokale Tracheitis kann auf Grund lokaler Reizung (Rauch, kalte Luft, anhaltendes Bellen) akut auftreten oder als sekundäre Erkrankung infolge einer Virusinfektion (Zwingerhusten, Staupe). Ihr Verlauf kann auch chronisch sein. Das Leitsymptom einer Tracheitis ist starker, anfallsartiger Husten, der häufig von Erbrechen gefolgt wird.
MASSNAHMEN Eine Tracheitis wird mit Antiphlogistika behandelt. Bei bakteriellen oder viralen Infektionen helfen Antibiotika. Der Husten wird durch Hustensaft eingedämmt.

Trennungsangst
Siehe S. 319.

Tumoren
Gewebeveränderungen (Neoplasien), die von einem Organ ausgehen und entweder gutartig oder bösartig sein können. Alle Krebsformen, mit Ausnahme von Blutkrebs, zeigen sich als Tumoren.

U

Urämie (Harnvergiftung)
Ein Anstieg von Harnstoff im Blut kann schwere Störungen wie Probleme des Magen-Darm-Trakts oder neurologische Störungen zur Folge haben.

Uveitis
Eine Uveitis ist eine Bakterien- oder Virusinfektion der Iris. Die Hypothese einer immunologischen Ursächlichkeit wird zunehmend in Betracht gezogen. Eine Uveitis ruft die teilweise Schließung des Auges, Konjunktivitis, Schmerzen, vor allem aber eine dauerhafte Pupillenverengung hervor. Später treten dann Veränderungen an der Iris selbst auf (Farbveränderung, Ödem). Unbedingt sollte hier der Tierarzt aufgesucht werden, denn das spontane Auftreten einer Uveitis bedeutet den Verlust der Sehkraft des betroffenen Auges.

V

Vaginitis
Entzündung der Scheide. Sie tritt häufig bei sehr jungen Hündinnen auf. In solchen Fällen verschwindet sie spontan bei Einsetzen der ersten Läufigkeit. Andere Arten der Vaginitis werden lokal behandelt.

Verstopfung
Eine Verstopfung äußert sich durch ausgetrockneten und harten Stuhl. Sie ist entweder ernährungsbedingt oder aber eine Folge von Beckenverletzungen, einer Prostatavergrößerung oder eines Dammbruchs. Unbehandelt kann sie zu einer Koprostase führen, d. h. einer Anhäufung von Kot im Grimmdarm (Fäkalom, Stuhlstein).
MASSNAHMEN Verabreichen Sie bei akuter Verstopfung Paraffin und ein Abführmittel. Bei chronischer Verstopfung ist eine angepasste Ernährung die Methode der Wahl.

Virushepatitis oder Hepatitis contagiosa canis H.c.c.
SYMPTOME Diese durch ein dem Staupevirus sehr ähnliches Virus hervorgerufene Erkrankung manifestiert sich beim Welpen durch Allgemeinstörungen (Fieber, Mattigkeit) mit den Begleiterscheinungen einer Gastroenteritis (Erbrechen, Durchfall), von Augenerkrankungen (Konjunktivitis, typische Augenhornhauttrübung, das sog. Blue-Eye-Syndrom) und einer Lymphadenitis (Lymphknotenentzündung).
MASSNAHMEN UND PROPHYLAXE Die Behandlung erfolgt ähnlich wie bei Staupe. Die Impfung gegen die H.c.c. erfolgt gemeinsam mit der Staupeimpfung.

W

Würmer
Siehe Endoparasiten.

Z

Zahnstein
Werden dem Hund nicht regelmäßig die Zähne geputzt, entwickelt er mit der Zeit Maulgeruch.
MASSNAHMEN Zahnstein kann man vom Tierarzt oder anderen Spezialisten nach Bedarf entfernen lassen. Manche Hunde entwickeln schneller Zahnstein als andere. In schwerwiegenden Fällen muss die Zahnsteinentfernung in der Regel unter Narkose erfolgen, wobei eine Narkose besonders bei einem älteren Hund mit Herzinsuffizienz riskant ist. In solchen Fällen wird mit Antibiotika behandelt, um die durch Zahnstein ausgelöste Infektion (Pyorrhoe) einzudämmen.

Zystitis (Harnblasenentzündung)
Entzündung der Blasenwand, die oft von einer bakteriellen Infektion herrührt. Ein an Zystitis leidender Hund weist häufigen Harndrang mit geringen Harnmengen (jedes Mal ein paar Tropfen) auf. Gelegentlich sind eine leichte Rosafärbung oder Blut im Harn zu beobachten. In manchen Fällen verschlechtert sich der Allgemeinzustand des Hundes: Er frisst nicht mehr und bekommt Fieber. Die Ursachen einer Zystitis sind meist Infektionen, sie kann aber auch als Folge eines Blasentumors, von Harnsteinen, einer chronischen Entzündung der Blasenwand oder einer Niereninfektion sein. Nicht zuletzt kann die Ursache auch außerhalb der Blase liegen: Metritis oder Vaginitis bei der Hündin, Prostatitis (Prostataentzündung) beim Rüden.
MASSNAHMEN Die Behandlung mit Antibiotika hemmt zumeist den weiteren Verlauf einer Zystitis im Anfangsstadium. Kommt die Erkrankung immer wieder, müssen zusätzliche Untersuchungen (Harnanalyse, Röntgen bzw. Ultraschall) durchgeführt werden, um die Ursache festzustellen und eine entsprechende Behandlung einzuleiten.

Praktischer Ratgeber

Hundepflege rund ums Jahr

Wann	Was	Tipp	Wichtig
Täglich	Wassernapf reinigen und mit frischem Wasser auffüllen		
	Futternapf nach jeder Fütterung reinigen		
	Augen kontrollieren	Getrocknetes Sekret mit einem feuchten Tuch entfernen	Bei Veränderungen, z. B. Rötungen, Tierarzt fragen
	Kot kontrollieren: Ist er normal geformt und von der üblichen Farbe? Wie oft?	Bei Auffälligkeiten Kotprobe für den Tierarzt sammeln	Bei Veränderungen, z. B. Durchfall, den Tierarzt fragen
	Zähne putzen	Alle ein bis drei Tage	
	Wenn nötig, bürsten und kämmen	Im Fellwechsel 1 x täglich bürsten	
	Allgemeinzustand überprüfen: Benimmt sich der Hund „wie immer“?		Bei jedem Krankheitsanzeichen den Hund dem Tierarzt vorstellen bzw. dort nachfragen
Wöchentlich	Ohren kontrollieren: Sind sie sauber? Riechen sie unangenehm? Kratzt der Hund sich häufig am Ohr?	Bei leichten Verschmutzungen das äußere Ohr mit einem weichen, fusselfreien Tuch reinigen	Bei Veränderungen, z. B. Rötungen, Geruch, Schwellungen oder starker Verschmutzung zum Tierarzt
	Gründlich bürsten und kämmen		
	Den Hund am ganzen Körper abtasten und untersuchen	Mit einer Schmusestunde verbinden	Bei Veränderungen den Tierarzt fragen
Monatlich	Krallen kontrollieren: Sind sie zu lang oder gesplittert? Wenn nötig, kürzen	Lassen Sie sich das Kürzen der Krallen vom Tierarzt zeigen.	Die Krallen nicht zu kurz abschneiden, um kein Blutgefäß zu verletzen
Alle 6 Monate	Den älteren Hund vom Tierarzt gründlich untersuchen lassen	Große Hunde ab sechs Jahren, kleine Hunde ab etwa acht Jahren	
	Den Hund entwurmen	Tragen Sie eine Notiz etwa eine Woche vor der nächsten Entwurmung in Ihren Kalender sein. So können Sie prüfen, ob Sie noch ausreichend Entwurmungsmittel haben bzw. dies rechtzeitig beim Tierarzt holen. Statt in regelmäßigen Abständen können Sie beim Tierarzt Kotsammelproben abgeben und auf eine Infektion mit Würmern untersuchen lassen. Es muss dann nur entwurmt werden, wenn ein positiver Befund vorliegt – so vermeiden Sie unnötige Entwurmungen bei Ihrem Hund	Je nach Infektionsdruck kann auch eine häufigere Entwurmung notwendig sein, z. B. alle drei Monate. Auch bei kleinen Kindern im Haushalt sollte öfters entwurmt werden
Jährlich	Notwendige Impfungen vornehmen lassen	Nicht jede Impfung muss jährlich gemacht werden. Kontrollieren Sie den Impfpass bzw. den EU-Heimtierausweis: Tragen Sie sich dazu einen Monat vor der nächsten Impfung eine Notiz in den Kalender ein	Etwa eine Woche vorher den Hund entwurmen, um den Impferfolg zu steigern
	Den Hund vom Tierarzt gründlich untersuchen lassen	Wird dann auch eine Blutprobe genommen, hat der Tierarzt hilfreiche Vergleichswerte im Krankheitsfall	
Frühjahr bis Herbst	Mit dem Tierarzt besprechen, wie der Hund am besten vor Parasiten geschützt werden kann		Manche Parasiten sind nicht nur lästig, sondern sie können auch Krankheiten übertragen
Winter	Bei Eis und Schnee die Pfoten den Hundes z. B. vor Schädigungen durch Streusalz schützen	Verwenden Sie Vaseline, spezielle Pfotenschutzcreme oder Hundeschuhe	
Wenn es kalt oder nasskalt ist	Hunde ohne Unterwolle, sehr alte oder kranke Hunde ggf. mit einem Mantel schützen		Der Mantel muss gut sitzen, damit der Hund nicht in seiner Bewegungsfreiheit eingeschränkt wird

Was tun, wenn der Hund weg ist?

Ist Ihr Hund mit Mikrochip oder einer Tätowierung gekennzeichnet, stehen die Chancen besser, ihn wieder zu finden. Halten Sie immer folgende Telefonnummern bereit:

- Telefonnummer des örtlichen Tierheims
- Telefonnummer der Polizei
- Telefonnummern der Tierärzte aus der Umgebung
- Telefonnummer des Haustierregisters, sofern Ihr Hund dort eingetragen ist.

Darüber hinaus können Sie Handzettel verteilen (in die Briefkästen, bei den Kaufhäusern), Aushänge bei Supermärkten, Tierärzten und Geschäften machen, eine Zeitungsannonce aufgeben oder eine Belohnung für das Wiederauffinden Ihres Hundes aussetzen.

Verreisen mit dem Hund

Innerhalb der EU muss der Hund mindestens 3 Monate alt, entweder tätowiert oder ab 2011 ausschließlich gechippt, gültig gegen Tollwut geimpft sein (je nach geltenden Vorschriften des Mitgliedslandes, wo die Impfung erfolgt ist) und einen von einem zugelassenen Tierarzt ausgestellten Europäischen Heimtierausweis besitzen, in dem die Gültigkeit der Tollwutimpfung bestätigt wird.
Mehrere Länder haben noch zusätzliche Vorschriften – also vor Reiseantritt unbedingt Erkundigungen einziehen:

- Tierkennzeichnung mit Mikrochip ist Pflicht (Irland, Malta, Vereinigtes Königreich).
- Tollwuttiterbestimmung durch ein anerkanntes Labor (30 Tage nach erfolgter Impfung und 6 Monate vor der Einreise nach Irland, Malta und in das Vereinigte Königreich sowie zwischen 120 und 365 Tagen nach Impfung für die Einreise nach Schweden.
- Behandlung gegen Parasiten, vom Tierarzt im Europäischen Heimtierausweis bestätigt (gegen Zecken und Echinococcus 48 bis 24 Stunden vor Einreise nach Irland, Malta und in das Vereinigte Königreich; mit Praziquantel gegen Echinococcus frühestens 10 Tage vor der Einreise nach Schweden und frühestens 30 Tage vor der Einreise nach Finnland.
- Transport mit einem zugelassenen Transportmittel (Malta und Vereinigtes Königreich).

Ein aus einem Drittland kommender Hund muss die folgenden Einreisedingungen erfüllen:

- Tierkennzeichnung durch Tätowierung oder mit Mikrochip.
- Gültige Tollwutimpfung
- Tollwuttiterbestimmung durch ein anerkanntes Labor mindestens 3 Monate vor Einreise in EU-Gebiet, wobei die Probe einen Titer von 0,5 IE/ml oder mehr aufweisen muss.
- Gesundheitszeugnis im Original, ausgestellt von einem im Drittland zugelassenen Tierarzt (Formular gemäß Bestimmungen des Entscheids Nr. 2004/203/CE vom 18. Februar 2004) oder bei Wiedereinreise, ein gültiger Europäischer Heimtierausweis.

Tiere aus bestimmten Drittländern (darunter Australien, Kanada, USA, Japan, Norwegen, Neuseeland und die Schweiz) sind von der Tollwuttiterbestimmung befreit. Ebenfalls von der Tollwuttiterbestimmung befreit sind alle Tiere, die auf EU-Gebiet wiedereinreisen, vorausgesetzt, es erfolgte eine Titerbestimmung mit positivem Ergebnis vor der Ausreise aus dem EU-Gebiet. Hundehalter, die ihren Wohnsitz in einem EU-Land haben und sich mit einem Hund in einem Drittland aufhalten möchten, sollten unbedingt die notwendigen Maßnahmen beim behandelnden Tierarzt mindestens 2 Monate vor Abreise erledigen.

Versicherungen für Hunde

Hundehaftpflichtversicherung

Laut Bürgerlichem Gesetzbuch ist der Halter oder ggf. eine Aufsichtsperson eines Tieres verpflichtet, für die vom Tier verursachten Personen- und Sachschäden haften. Eine Ausnahme gibt es bei Nutztieren worunter z. B. auch Polizei- oder Blindenführhunde fallen, sofern die erforderte Sorgfaltspflicht eingehalten wurde. Da jeder Hund, auch ein noch so freundliches Tier, einen Schaden verursachen kann, empfiehlt sich immer der Abschluss einer Hundehaftpflichtversicherung. Mitunter ist eine solche Versicherung auch Voraussetzung, um in manchen Bundesländern oder Kommunen Hunde z. B. einer bestimmten Rasse zu halten. Die meisten Versicherungen kommen für alle aus dem Besitz eines Haustiers resultierenden Schäden auf. Dennoch verlangen die Versicherungen mitunter Zuschläge von Haltern von als gefährlich eingestuften Hunden. Manche Versicherer schließen die Haftpflicht bei als gefährlich eingestuften Hunden aus.

Hundekrankenversicherung

Es gibt zusehends mehr Versicherer, die Verträge zur Abdeckung der Tierarztkosten bei Haustieren anbieten. Wird ein Hund krank oder muss operiert werden, erstattet die Gesellschaft dem Besitzer anteilig oder bis zu einem bestimmten Höchstbetrag die Tierarztkosten (Tierarztbesuche, Eingriffe, Röntgen, Blutuntersuchungen, postoperative Kosten, usw.). Manche Versicherungen können z. B. auch nur für Operationskosten und deren Folgeaufwendungen abgeschlossen werden, andere Versicherer übernehmen auch Vorsorgeleistungen, etwa für Impfungen und Entwurmungen. Gegebenenfalls werden bestimmte Krankheiten, die bei Vertragsabschluss bereits bekannt waren aus den Leistungen herausgenommen, z. B. die Kosten für Behandlungen und Eingriffe bei körperlichen Fehlbildungen oder Geburtsmängeln. Lesen Sie sich daher den Versicherungsvertrag vorher genau durch und holen Sie mehrere Angebote ein. Ältere Hunde werden in der Regel nicht mehr von den Versicherungen aufgenommen.

Hundesteuer

Wenn Sie einen Hund bei sich aufnehmen, müssen Sie für ihn Steuern zahlen. Informieren Sie sich am besten schon vor dem Einzug des Hundes über bei Ihrer Kommune geltenden Vorschriften. Die Höhe der zu zahlenden Hundesteuer weicht je nach Kommune erheblich voneinander ab. In der Regel muss für den zweiten oder zusätzlich dazu gekommenen Hund ein höherer Satz entrichtet werden. In vielen Kommunen gibt es auch Sondervorschriften für gelistete Hunde, die als „gefährlich“ eingestuft werden, für diese Hunde muss manchmal ein Vielfaches des üblichen Satzes bezahlt werden. Die Erlaubnis zur Haltung der „Listenhunde“, individuell als gefährlich eingestufter Hunde oder Hunde ab einer bestimmten Größe oder eines bestimmten Gewichts kann mit bestimmten Auflagen oder von dem Ablegen eines Sachkundenachweises abhängig gemacht werden.

Europäisches Recht

Europäisches Übereinkommen vom 13. November 1987 zum Schutz von Heimtieren (Auszüge)

Liste der Länder, die das vorstehend genannte Übereinkommen unterzeichnet, ratifiziert und umgesetzt haben:
Deutschland, Österreich, Belgien, Bulgarien, Zypern, Dänemark, Finnland, Frankreich, Griechenland, Litauen, Luxemburg, Mazedonien, Norwegen, Portugal, Rumänien, Schweden, Schweiz, Tschechien, Türkei. Frankreich hat bei Ratifizierung erklärt, nicht an den Absatz von Art. 10 über das Verbot des Kupierens der Rute gebunden zu sein.

Auszüge aus dem EU-Tierschutzrecht

Kapitel II – Grundsätze für die Haltung von Heimtieren

Art. 3 – Grundsätze für das Wohlbefinden der Tiere

1. Niemand darf unnötig einem Heimtier Schmerzen oder Leiden zufügen oder es in Angst versetzen.
2. Niemand darf ein Heimtier aussetzen.

Art. 4 – Haltung

1. Wer ein Heimtier hält oder sich bereit erklärt, es zu betreuen, ist für dessen Gesundheit und Wohlbefinden verantwortlich.
2. Wer ein Heimtier hält oder betreut, sorgt für Unterkunft, Pflege und Zuwendung, die den ethologischen Bedürfnissen des Tieres entsprechend seiner Art und Rasse Rechnung tragen; insbesondere:
   a. gibt er dem genügend geeignetes Futter und Wasser,
   b. sorgt er für angemessene Bewegungsmöglichkeiten für das Tier,
   c. trifft er alle zumutbaren Maßnahmen, um zu verhindern, dass das Tier entweicht.
3. Ein Tier darf nicht als Heimtier gehalten werden:
   a. wenn die Bedingungen des Absatzes 2 nicht erfüllt werden oder
   b. wenn das Tier sich trotz Erfüllung dieser Bedingungen nicht an die Gefangenschaft gewöhnen kann.

Art. 5 – Zucht

Wer ein Heimtier zur Zucht auswählt, ist gehalten, die anatomischen, physiologischen und ethologischen Merkmale zu berücksichtigen, die Gesundheit und Wohlbefinden der Nachkommenschaft oder des weiblichen Elternteils gefährden könnten.

Art. 6 – Altersgrenze für den Erwerb

Ein Heimtier darf nicht ohne ausdrückliche Zustimmung der Eltern oder anderer Personen, welche die elterliche Gewalt innehaben, an Personen unter 16 Jahren verkauft werden.

Art. 7 – Abrichtung

Ein Heimtier darf nicht in einer Weise abgerichtet werden, die seine Gesundheit und sein Wohlbefinden beeinträchtigt, insbesondere dadurch, dass es gezwungen wird, seine natürlichen Fähigkeiten oder Kräfte zu überschreiten, oder dass künstliche Hilfsmittel angewendet werden, die Verletzungen oder unnötige Schmerzen, Leiden oder Ängste verursachen.

Art. 10 – Chirurgische Eingriffe

1. Chirurgische Eingriffe zur Veränderung der äusseren Erscheinung eines Heimtiers oder zu anderen nicht der Heilung dienenden Zwecken sind verboten, insbesondere:
   a. das Kupieren des Schwanzes
   b. das Kupieren der Ohren
   c. das Durchtrennen der Stimmbänder
   d. das Entfernen der Krallen und Zähne
2. Ausnahmen von diesen Verboten sind nur gestattet:
   a. wenn ein Tierarzt nicht der Heilung dienende Verfahren entweder aus veterinärmedizinischen Gründen oder zum Wohl eines bestimmten Tiers für notwendig hält,
   b. zur Verhütung der Fortpflanzung.
3. a. Eingriffe, bei denen das Tier erhebliche Schmerzen erleiden wird oder erleiden könnte, dürfen nur unter Betäubung von einem Tierarzt oder unter seiner Aufsicht vorgenommen werden.
   b. Eingriffe, bei denen keine Betäubung erforderlich ist, können von einer Person vorgenommen werden, die nach den innerstaatlichen Rechtsvorschriften sachkundig ist.

Nützliche Adressen

Fédération cynologique internationale (F.C.I.)
(Kynologischer Weltverband)
13, place Albert 1er, 6530 Thuin
Belgien
Telefon: 0032 / 71 59 12 38
www.fci.be

Die wichtigsten der F.C.I. angeschlossenen Verbände (eine vollständige Auflistung aller Verbände und Mitgliedsländer kann man unter der Internetadresse der F.C.I. – siehe oben – abfragen) in Europa:

Deutschland
Verband für das Deutsche Hundewesen (VDH)
Westfalendamm 174
44141 Dortmund
Telefon: 0231 / 5 65 00–0
www.vdh.de

Schweiz
Société Cynologique Suisse
Brunnmattstrasse 24
Case Postale 8276
3001 Bern
Telefon: 0041 / 31 306 62 62
www.hundeweb.org

Österreich
Österreichischer Kynologenverband
Siegfried-Marcus-Strasse 7
2362 Biedermannsdorf
Telefon: 0043 / 2236 710 667
www.oekv.at

Belgien
Union Royal Cynologique Saint-Hubert
Avenue A. Giraud, 98
1030 Bruxelles
Telefon: 00322 / 245 48 40
www.srsh.be

Frankreich
Société Centrale Canine
155, avenue Jean Jaurès
93535 Aubervilliers Cédex
Telefon: 0033 / 1 49 37 54 00
www.scc.asso.fr

Niederlande
Raad van Beheer op Kynologisch Gebied in Nederland
Postbus 75901
1070 AX Amsterdam Z
Telefon: 0031 / 20 664 44 71
www.kennelclub.nl

Luxemburg
Union Cynologique Saint Hubert du Grand Duché de Luxembourg
Boîte Postale 69
4901 Bascharage
Telefon: 00352 / 50 28 66
www.UCHL.LU

Großbritannien
The Kennel Club
1–5 Clarges Street
Piccadilly
London W1J 8AB
Telefon: 0044/ 870 606 6750
www.thekennelclub.org.uk

1873 gegründet und damit ältester Zuchtverein für alle Hunderassen.

Kanada
The Canadian Kennel Club
89 Skyway Avenue, Suite 100
Etobicoke, Ontario
M9W 6R4
Telephone: 001 / 800 250 8040
www.ckc.ca

USA
American Kennel Club
Headquarters
260 Madison Ave
New York, NY 10016
Telefon: 001 / 212 696 8200
www.akc.org

Tierregistrierung

Haustierzentralregister
Erstes Haustierzentralregister Deutschlands und größtes in Europa mit europaweitem Such-Service
Tasso e.V.
Frankfurter Strasse 20
65795 Hattersheim
Telefon: 06190 / 937300
www.tiernotruf.org

Das Deutsche Haustierregister
Haustierregister des Deutschen Tierschutzbundes
Telefon: 0228 – 60 49 635 oder
Hotline 01805 – 23 14 14
www.deutsches-haustierregister.de

Hundepensionen, Dog-Sitting, Gastfamilien etc.

Dog-Sitting

Top-Fit-Gesund Beratungs-GbR
Vertretungsberechtigte Gesellschafter (Bundesrepublik Deutschland)
R.H. Bubenzer, M. Kaden
Lützowstraße 47
10785 Berlin
Telefon: 030 / 20 23 60 60
www.gassi-gassi.de

Bietet die Möglichkeit zur Suche nach einem Hundesitter oder sich als Hundesitter anzubieten. Suche erfolgt nach Postleitzahl.

Gastfamilien

Tiersitterexpress
VIP Betreuung in Gastfamilien
Geschäftsleitung:
Petra Ostermann
Vandalenstraße 21
46147 Oberhausen
Telefon: 0208 / 621 58 91
www.tiersitterexpress.de

Vermittlungsservice für Tierhalter, die ihren Liebling während ihrer Abwesenheit in liebevolle und qualifizierte Hände geben möchten.

Hinweis
Der Verlag Eugen Ulmer ist nicht verantwortlich für den Inhalt von Links

Glossar

Medizinische Begriffe finden Sie im Lexikon der Hundekrankheiten auf den Seiten 360–373.

Afterkralle. An der Innenseite der Hinterläufe auftretende fünfte Zehe.

Ahnentafel. Vom Rassezuchtverein ausgestellte Urkunde für den reinrassigen Hund. Die Abstammung des Hundes wird über drei Generationen geführt.

Art (Spezies). Gruppe von Lebewesen (Tiere oder Pflanzen), die sich durch ihr Aussehen und ihr Habitat ähneln und sich untereinander fortpflanzen, jedoch keinerlei Nachkommen mit einem Lebewesen einer anderen Spezies hervorbringen.

Birkaugen. Auf Grund fehlender Irispigmentierung unterschiedlich gefärbte Augen.

Blenheim (Fell). Auf perlweißem Grund gut verteilte kastanienrote Abzeichen.

Blesse. Weißer Haarstreifen auf dem Nasenrücken, der sich manchmal bis zum Kopf verlängert.

Deckbescheinigung. Bescheinigung, die vom Besitzer des reinrassigen Deckrüden ausgefüllt wird und an den Zuchtverband sowie in Kopie an den Hündinnenhalter übergeben wird.

Einarbeitung. Aus dem Reitsport von „Einreiten“ abgeleiteter Begriff, der die erste Phase des Abrichtens beim Diensthund bezeichnet.

Einkreuzung. Kreuzung rassereiner Rüden bzw. Hündinnen mit anderen, nicht dieser Rasse angehörigen Artgenossen zur Verstärkung bestimmter Merkmale.

Familie. Rangstufe einer Gruppe, die Tier-(oder Pflanzen-)gattungen mit zahlreichen gemeinsamen Merkmalen umfasst. Die internationalen wissenschaftlichen Bezeichnungen der Familiengruppen sind lateinisch. Ihre deutsche Entsprechung in der Zoologie lautet „-iden“. Der Hund zählt zur Familie der Caniden.

Fehler. Abweichung vom Rassestandard und den jeweiligen Arbeitsanlagen.

Formwert. Prüfung der Morphologie des Hundes durch einen Richter, ob der Hund dem Rassestandard entspricht.

Gattung. Gruppe von Lebewesen, die sich in der Nomenklatur zwischen der Familie und der Art befinden und eng verwandte Arten umfasst.

Gefleckt (Fell). Fellmuster aus Flecken in einer unverdünnten Farbe auf hellem Grund derselben, jedoch verdünnten Farbe.

Gedrungener Typ. Hund mit sehr ausgeprägtem Stop, mit einem Nasenrücken, der in der Linienführung kürzer als die Stirn ist, mit konkavem Profil und von kompakter und massiver Erscheinung.

Halskrause. Langes Haar in der Halsregion.

Harlekin (Fell). Fellmuster aus Flecken auf grauem oder blauem Grund oder aus schwarzen Flecken auf weißem Grund.

Haustierregister. Datenbank, mit deren Hilfe bei Verlustmeldungen von Tieren durch Diebstahl, Entlaufen oder aus anderen Gründen Suchmeldungen herausgegeben werden. Die Registrierung eines Hundes (oder auch anderen Haustieres) in diesen Datenbanken ist kostenlos und erlaubt es, die Herkunft bzw. den Halter des Tieres z. B. bei Verlust des Tieres festzustellen bzw. das Tier zurückzuvermitteln (siehe Seite 377).

Kupieren der Ohren. In vielen europäischen Ländern inzwischen verbotene Praxis (siehe Seite 375).

Kupieren der Rute. Eine inzwischen in vielen europäischen Ländern verbotene Praxis (siehe Seite 375), die jedoch unter anderem noch in Frankreich und Belgien zugelassen ist.

Langgestreckt. Hund mit mäßigem Stop, sehr langer Nasenrückenlinie, konvexem Profil, von langgestreckter Gestalt und mit langen Gliedmaßen.

Mantel. Dunklere Fellfarbe auf dem Rücken als am übrigen Körper. Bekannt zu machen.

Maske. Dunklere Fellfarbe im Gesicht eines Hundes.

Mischling. Ein aus der Vereinigung zweier unterschiedlicher, angeblich reinrassiger Hunde oder eines reinrassigen Rüden mit einer Hündin unbestimmter Herkunft (oder umgekehrt) oder aus Elterntieren unbestimmter Herkunft hervorgegangener Hund.

Mittelgroß. Hund mit ausgeprägtem Stop, mit gleichlanger, parallel verlaufender Linie von Stirn und Nasenrücken, von ausgewogenen Proportionen (z. B. Spaniel, Setter, Briard).

Molossoide. Hunde von massigem Körperbau mit wuchtigem, rundem oder quadratischem Kopf, kleinen herabfallenden Ohren, kurzem Fang und langen und dicken Lefzen.

Nasenrücken. Vorderer Teil des Kopfes beim Hund, der vom Stirnansatz bis zum Nasenschwamm verläuft.

Nickhaut. Diese auch drittes Augenlid genannte, in der Regel nicht sichtbare Bindehautfalte befindet sich im nasenseitigen Augenwinkel und schützt das Auge vor zu starkem Lichteinfall. Bei bestimmten Beschwerden fällt die Nickhaut vor und bedeckt nahezu den gesamten Augapfel.

Particolor oder Mehrfarbig (Fell). Fell mit zwei oder mehreren deutlich voneinander abgegrenzten Farben.

Rasse. Unterart der Spezies, die auch Hunde umfasst, die bestimmte gemeinsame Erbmerkmale aufweist: morphologische, physiologische und psychische Merkmale, ebenso Beschaffenheit und Färbung von Haarkleid, Zähnen und Krallen.

Rassestandard. Gesamtheit charakteristischer Merkmale verschiedener Körperpartien sowie des Haarkleides, die ein Rassetier aufweisen muss.

Sattel. Ein kleinerer Mantel.

Scheckung (Fell). Kleine dunkle Flecken auf weißem Grund.

Schimmelung (Fell). Dichte Mischung aus weißen und falbfarbenen Haaren oder aus drei Farben (weiß, rot, schwarz oder braun).

Schwarz ohne Abzeichen (Fell). Gleichmäßig gefärbtes Haarkleid, ohne Abzeichen und ohne ein weißes Haar.

Stammbuch. Register, in dem alle Rassehunde eines Rassezuchtvereins eingetragen sind. Ein Hund wird endgültig ins Zuchtbuch eingetragen, wenn seine Eltern reinrassig und er Inhaber einer Ahnentafel ist. Auch ein nach Deutschland importierter Rassehund kann in das Zuchtbuch des entsprechenden Vereins eingetragen werden, wenn feststeht (meist durch die Beurteilung von Ausstellungsrichtern), dass er dem Anschein nach rasserein ist.

Stockhaar. Haarkleid bestehend aus Unterwolle und längerem und dichterem Deckhaar, so dass die Haut, wenn man das Fell teilt, nicht sichtbar wird.

Stop. Stirnabsatz zwischen Schädel und Nasenbein. Je nach Rasse kann der Stop sehr stark oder nur gering ausgeprägt sein.

Stromung (Fell). Haarkleid in rotem, falb- oder auch sandfarbenem Grundton mit einem oder mehreren schwarzen Streifen.

Tüpfelung. Kleiner heller Tupfen auf einem Fell von heller Grundfarbe.

Unterwolle. Weiche und feine unter dem Deckhaar befindliche Haare, die als Wärmeisolierung dienen.

Varietät. Ein Unterscheidungsmerkmal innerhalb einer Rasse (Größe, Farbe, usw.) kann eine Varietät bestimmen.

Vorbiss. Vorstehender Unterkiefer.

Wettbewerbe. Veranstaltung, in deren Verlauf Arbeitsprüfungen abgehalten werden für Wach-, Gebrauchs- oder Schutzhunde, für Jagdhunde, Hüte- oder Windhunde.

Widerrist. Erhöhter Übergang vom Hals zum Rücken bei großen Vierbeinern. Die im Rassestandard angegebene Größe des Tieres entspricht der Widerristhöhe.

Wolfsähnlich (lupusähnlich). Hunde mit konischem Kopf, aufrechten Ohren sowie einem länglichen und geraden Fang.

Zuchtschau (Ausstellung). Veranstaltung, die die Auswahl der besten Exemplare der Art zum Ziel hat, unter Berücksichtigung des Formwerts ihrer jeweiligen Rasse. Das zweite Ziel einer Ausstellung ist es, die Hunderassen in der breiten Öffentlichkeit

Zwingername. Wort zur Bezeichnung eines Hundes. Der Zwingername kann auch als „Familienname" des Hunde bezeichnet werden, dazu kommt noch der individuelle Name des Hundes.

Zuchtauslese oder Zuchtwahl. Eine Rasse oder eine Varietät kann entweder aus einem natürlichen Selektionsprozess heraus (sogenannten Spontanmutationen) entstehen oder aus der vom Menschen vorgenommenen künstlichen Zuchtwahl.

Definitionen und geläufige Abkürzungen

C.A.C. Certificat d'aptitude au Championnat (Anwartschaft auf einen nationalen Siegertitel).

C.A.C.-J Certificat d'aptitude au Championnat (Anwartschaft auf einen nationalen Siegertitel als Jugendchampion) in der Jugendklasse.

C.A.C.I.B. Certificat au Championnat international de beauté (Anwartschaft auf den international Schönheitschampion-Titel). Darf auf Ausstellungen nur an einen mit V1 (vorzüglich 1) bewerteten Hund in der offenen Klasse, der Zwischenklasse, der Gebrauchshunde- oder der Champion-Klasse vergeben werden, sofern der Hund außergewöhnliche Vorzüge aufweist.

C.A.C.I.T. Certificat d'aptitude au Championnat international de travail (Anwartschaft auf den internationalen Arbeitschampion-Titel bei Gebrauchshunden). Kann auf Prüfungen an einen mit V1 (vorzüglich 1) bewerteten Hund vergeben werden. Voraussetzung hierfür ist ein fehlerloser Durchgang mit außergewöhnlicher Leistung.

C.A.C.T. Certificat d'aptitude au Championnat de travail (Anwartschaft auf den nationalen Arbeitschampion-Titel bei Gebrauchshunden). Kann auf Prüfungen an einen mit V1 (vorzüglich 1) bewerteten Hund vergeben werden. Voraussetzung hierfür ist ein fehlerloser Durchgang mit außergewöhnlicher Leistung.

JP. Jagdprüfung.

JEP. Jagdeignungsprüfung.

Jüngsterklasse. Ausstellungsklasse für Hunde im Alter von 6–9 Monaten. In dieser Klasse erfolgt keine Titelvergabe, sondern die Hunde erhalten eine Richterbewertung.

Jugendklasse. Ausstellungsklasse für Hunde von 9–18 Monaten. In dieser Klasse kann das Jugend-C.A.C. nach Ermessen des Richters vergeben werden.

Zwischenklasse. Ausstellungsklasse für Hunde von 15–24 Monaten, mit den gleichen Bewertungsstufen wie die Jugendklasse.

Offene Klasse. Ausstellungsklasse, in der alle Hunde mit vollendetem Lebensalter von 15 Monaten starten dürfen.

Gebrauchshundeklasse. Ausstellungsklasse für Hunde ab 15 Monaten, ohne Altersbegrenzung nach oben, die bereits eine von der F.C.I. anerkannte Arbeitsprüfung abgelegt haben.

Championklasse. Ausstellungsklasse für Hunde ab 15 Monaten. Zur Meldung berechtigen die Titel VDH-Champion, Club-Champion und Internationaler Champion der F.C.I.

Ehrenklasse. Ausstellungsklasse für Hunde, die bereits Inhaber des Titels „Internationaler Schönheitschampion der F.C.I." sind.

Veteranenklasse. Ausstellungsklasse für Hunde ab dem vollendeten 8. Lebensjahr, deren Bewertung durch den Zuchtrichter nach dem Standard erfolgt.

B.O.S. Best Opposite Sex. Aus den Gewinnern der einzelnen Klassen werden der beste Rüde und die beste Hündin einer Rasse ermittelt.

B.O.B. Best of Breed. Bester Hund einer Rasse, der ermittelt wird durch den Vergleich des besten Rüden und der besten Hündin einer Rasse

B.I.S. Best in Show. Bester Hund einer Ausstellung, auf der mehrere Rassen vorgestellt werden. Für die Titelvergabe B.I.S. stehen sich alle Hunde aus der Kategorie B.O.B. gegenüber.

Nachzuchtgruppen-Wettbewerb. Als Nachtzuchtgruppen gelten sämtliche Nachkommen eines Rüden oder einer Hündin. Die Gruppe besteht aus einem Elternteil und 5 Nachkommen beiderlei Geschlechts aus mindestens 2 Würfen. Alle vorgestellten Hunde müssen zuvor auf einer Ausstellung mindestens die Formwertnote „gut" erhalten haben, mindestens 2 der vorgestellten Hunde müssen am gleichen Tag ausgestellt worden sein.

Paarklassen-Wettbewerb. Eine Paarklasse besteht aus einem Rüden und einer Hündin, die Eigentum eines Ausstellers sein müssen. Die Beurteilung der Paarklassen ist gleich der Beurteilung der Zuchtgruppen. Gesucht wird das idealtypische Zuchtpaar.

Zuchtgruppen-Wettbewerb. Ausstellungsklasse, in der mindestens drei Hunde einer Rasse aus gleichem Zwinger, also mit gleichem Zwingernamen und vom gleichen Züchter gezüchtet, ausgestellt werden. Sie müssen am gleichen Tag bei der Einzelbewertung mindestens die Formwertnote „gut" erhalten haben oder in der Ehrenklasse oder Veteranenklasse ausgestellt worden sein.

Junior Handling (Vorführwettbewerb für Jugendliche). Das Junior Handling ist die Vorbereitung junger Hundefreunde auf ein späteres Vorführen von Rassehunden bei jeglichen Zuchtschauen. Dabei ist es unerheblich, welche Qualität die von den Jugendlichen vorgestellten Hunde besitzen. Die Jugendlichen starten in den beiden Altersklassen von 9 bis 12 Jahren und 13 bis 17 Jahren.

F.C.I. Fédération cynologique internationale. Kynologischer Weltverband

VDH Verband für das Deutsche Hundewesen. Führende Interessenvertretung aller Hundehalter in Deutschland. Dachorganisation von bundesweit 168 Mitgliedsorganisationen, darunter vorwiegend Rassezuchtvereine. In den Zuchtvereinen des VDH werden über 250 Rassen gezüchtet.

Register

Bildnachweise

Alle Fotos von Jean-Louis Klein und Marie-Luce Hubert, ausgenommen:

Titelfoto und Einklinker © Heike Schmidt-Röger
13 © E. Planchard
21 © E. Planchard
33 © A. Le Gall/Jacana/HFP
35 © A. Bacchella/Jacana/HFP
39 o. © Yves Lanceau
41 u. © C. Rossignol
43 © A. Le Gall/Jacana/HFP
45 © A. Baccella/Jacana/HFP
48 © A. van Kempen
52 u. © Phone/Bios
63 © C. Rossignol
65 © A. van Kempen
75 © A. van Kempen
78 u. © A. van Kempen
83 u. © A. van Kempen
94 o. © A. van Kempen
95 © A. van Kempen
97 o. © Klein und Hubert/Bios
99 © C. Rossignol
103 © E. Planchard
106 © A van Kempen
108 © N. Benvie/Corbis
113 © A. Le Gall/Jacana/HFP
123 © A. van Kempen
130 © A. van Kempen
131 © Yann Arthus-Bertrand/Corbis
135 © A. Le Gall/Jacana/HFP
141 © C. Rossignol
144 © Français/Arioko.com
147 © Français/Arioko.com
149 © A. Bacchella/Jacana/HFP
151 © M. Villemeit/Jacana/HFP
154 o. © A. van Kempen
154 u. © A. Baccella/Jacana/HFP
156 © Français/Arioko.com
162 © A. van Kempen
164 © A. van Kempen
168 o. © A. van Kempen
175 l. © B. Brinkmann/Phone
178 © A. van Kempen
179 © A. van Kempen
182 © A. van Kempen
183 o. © A. van Kempen
185 © C. Rossignol
188 © A. van Kempen
191 © A. van Kempen
193 © A. van Kempen
199 © A. van Kempen
202 © Phone/Bios
209 © A. van Kempen
214 © A. van Kempen
217 © C. Rossignol
220 © A. van Kempen
222 © Français/Arioko.com
223 © A. van Kempen
228 © Français/Arioko.com
229 © C. Rossignol
236 © E. Planchard
245 © E. Planchard
251 © E. Planchard
254 © P. Delprat
255 © E. Planchard
258 © E. Planchard
262 © E. Planchard
268 © E. Planchard
285 © E. Planchard
295 © E. Planchard
305 © The Scotsman/Corbis Sygma
312 © A. Bacchella/Jacana/HFP
314 © E. Planchard
319 © E. Planchard
345 © M. Pipart
357 © G. Hutzler
358 und 359 © Bernard Bouvy (Kliniktierarzt Frégis)

Wir bedanken uns bei den Tierärzten Drs. Gilles Hutzler und Bernard Bouvy, die freundlicherweise ihre Fotos zur Verfügung gestellt haben.